DICTIONARY OF CHEMISTRY
최신 화학용어사전

John Daintith 편

일 러 두 기

● 일반항목인 경우

찾아보기 항목   한 자   영어명   설명본문

십수화물【十水和物 decahydrate】 결정성 수화물 중, 화합물 1몰(mole)당 결정수(water of crystallization) 10몰을 함유하고 있는 것을 말한다.

● 화학물질(원소)인 경우

찾아보기 항목   한자   영어명   원소기호   양자수   상대원자질량
 융점   비점   (원자번호)   (원자량)
                               상대밀도
                               (비중)

아연【亞鉛 zinc】 [기호] Zn [양성자수] 30 [상대원자질량] 65.39 mp 420℃, bp 908℃ 상대밀도(비중) 7.1 천이금속원소의 하나이다. 천연에는 황화물(섬아연광 閃亞鉛鑛), 탄산염(능아연광 菱亞鉛鑛) 등으로 산출된다. 광석은 공기 중에서 배소(焙燒)하여 산화아연의 형태가 되고 탄소로 환원하여 금속이 된다. 【이하 생략】

악티늄 등과 같이 반감기가 짧은 핵종만이 존재하고 있는 경우에는 상대

원자 질량 대신에 [최장 수명 동위체]와 그 반감기를 ^{227}Ac(21.6년)와 같이 기재하고 있다.

● **화학물질(화합물)인 경우**

                                                                    CAS명명

        등록번호   화학식

염화 안티몬(Ⅲ) 【antimony (Ⅲ) chloride】 (CAS) stibine, trichloro
- REG#=10025-91-9 SbCl$_3$ 삼염화안티몬(antimony trichloride)이라고도 한다. 백색 조해성의 고체이다. 안티몬과 염소를 직접 반응시켜서 만든다. 쉽게 가수분해되고 백색이며 물에 용해되지 않는 산화염안티몬(Ⅲ)(염화안티모닐), 이른바 안티몬버터(antimony butter)가 된다.

$$SbCl_3 + H_2O \rightarrow SbOCl + 2HCl$$

● **영어 찾아보기**

책 끝에 영어 찾아보기가 수록되어 있으므로 영어만 알고 있는 경우에는 해당 페이지를 찾아서 참조한다.

가

가교【架橋 cross linkage】 중합체(polymer)중에서 2개가 긴 쇄상골격(鎖狀骨格)을 연결하는 짧은 원자 또는 원자단(原子團)을 말한다.

가돌리늄【gadolinium】 [기호] Gd [양성자수] 64 [상대원자질량] 157.25 mp 1313℃ bp 3266℃ 상대밀도(비중) 7.9 연성과 전성이 풍부한 은백석(銀白石)의 란탄족원소(lanthanoids)의 하나이다. 다른 란탄족원소에 따라 산출한다. 합금이나 자성체 또는 일렉트로닉스(electronics) 재료 등 (GGG, 가돌리늄갈륨가네트 등)에 사용된다.

가성 소다【苛性 - caustic soda】 수산화나트륨(sodium hydroxide)의 항 참조.

가성 칼리【苛性 - caustic potash】 수산화칼륨(potassium hydroxide)의 항 참조.

가속기【加速器 accelerator】 선형가속기(線型加速器, LINAC, 리니어 액셀러레이터) 또는 사이클로트론 등 하전입자(荷電粒子)를 전기장이나 자기장 등의 작용에 의해 에너지를 주어서 가속하는 장치.

가속제【加速劑 accelerator】 반응속도를 증대시키기 위해 가하는 촉매(觸媒 catalyst)를 말한다.

가솔린【gasoline】 석유의 항 참조.

가수【價數 valence(valency)】 원소[때로는 원자단(기:基)]의 결합능력. 다르게 표현하면 원소의 1개 원자를 치환하거나 결합할 수 있는 수소원자의 수라고도 한다. 간단한 공유결합성 분자의 경우에는 원자가(原子價)를 바로 구할 수 있다. 예를 들면 메탄(methane) CH_4 중의 탄소는 4가(價), 암모니아(ammonia) NH_3 중의 질소는 3가이다. 이온의 경우에는 하전수(荷電數)와 같은 뜻으로 사용된다. Ca^{++}는 2가의 양이온

(cation), CO_3^{2-}는 2가의 음이온(anion)이 된다. 희유기체원소(noble gases)의 대부분은 화합물을 만들지 않는 이상은 제로(zero)가이다. 몇 가지 원소의 가수는 일정하기 때문에 반드시 수소를 대조하지 않아도 가수를 결정할 수 있다. 염소의 원자가는 HCl에서 1이다. 따라서 $AlCl_3$ 중의 알루미늄은 3이 된다. 물 안의 산소는 2가이기(H_2O) 때문에 SiO_2 중의 규소는 4가가 된다. 화합물 안에 있는 각 원소의 하전(荷電 charge)과 가수를 곱한 합은 제로가 된다. 예를 들면 Al_2O_3에서는 3가의 알루미늄 2개와 2가의 산소가 3개이기 때문에 $+(2\times3)-(3\times2)=0$ 이 된다. 즉 알루미늄에 대한 곱 $(2\times3)=6$과 산소에 대한 곱 $(3\times2)=6$은 서로 같다. 원소의 가수는 일반적으로 8에서 가전자수(價電子數)를 뺀 것이나 또는 가전자수 그것과 같다. 천이금속(遷移金屬) 이온에서는 더욱 여러 가지 가수가 나타난다.

가수분해【加水分解 hydrolysis】 어떤 화합물과 물과의 반응. 몇 가지 예를 다음에 든다.
① 약산(弱酸 weak acid)의 염(鹽)
$Na_2CO_3 + 2H_2O \longrightarrow 2NaOH + H_2CO_3$
② 에스테르(ester)
$CH_3COOC_2H_5 + H_2O \longrightarrow CH_3COOH + C_2H_5OH$
③ 어떤 종류의 무기(無機) 할로젠화물
$SiCl_4 + 4H_2O \longrightarrow Si(OH)_4 + 4HCl$

가스 크로마토그래피【gas chromatography】 유기화합물의 혼합물 분리에 잘 사용되는 분리법. 가스 크로마토그래피는 대개 고정상(固定相)으로서 고체를 사용하는 기고(氣固) 크로마토그래피(GSC, gas-solid chromatography)와 액체를 사용하는 기액(氣液) 크로마토그래피(GLC, gas-liquid chromatography)로 크게 나눈다. 고체상을 관(column)에 채우고 상온(常溫)으로 한 가열실 안에 설치하여 한쪽 끝에서 시료를 주입기로 주입한다. 그 뒤에 질소 등의 반응성이 약한 기체를 운반 기체(carrier gas)로 전개시킨다. 각 성분은 운반 기체(이동상, 移動相)와 고정상 사이에 분배되면서 이송된다. 각 물질마다 이동상과 고정상 사이의 분배 양상이 다르다. 어떤 물질은 고상(固相)에 흡착되기 쉽거나, 액상(液相)에 용해되기 쉽든가 할 때에는 고정상에 보존되는 비율이 커진다. 그 결과 관을 통과하는데 필요한 시간은 각각 다른 값을 나타내게 된다. 관을 결정하면 통과시간에 따라 물질이 동일하다는 것도 확인할 수 있다. 관에서 유출하는 기체는 검출기에 통과시켜서 운반 기체 안에 있는 여러 가지 성분의 존재와 양을 검출한다.

검출기에는 몇 가지 종류가 있는데 오래 전부터 사용한 것으로는 카사로미터(katharometer)와 FID가 있다. 전자는 열전도도의 변화를 이용한 것이다. FID는 플레임 이온화(flame ionization)를 이용하며 휘발성 성분을 불꽃 속에서 이온화하여 전기전도도의 변화에 의해 검출한다. 새로운 검출방법으로 연(軟) β선에 의한 이온화 등 여러 가지가 개발되었으나, 그 중에서도 질량분광계(質量分光計)에 연결한 것은 GC-MS로 약칭되어 널리 이용되고 있다.

가시광선 【可視光線 visible ray】 사람의 눈으로 감지할 수 있는 전자파 영역. 파장으로는 400nm(보라)에서 700nm(적색)에 이르는 범위의 것이다. 개인 차이가 심하므로 이 두 경계는 별로 엄밀하게 정해지지는 않는다. 또한 연령에 따라 감지 한계가 변화한다.

가역반응 【可逆反應 reversible reaction】 어떤 방향으로도 진행될 수 있는 화학반응, 예를 들면

$$N_2 + 3H_2 \leftrightarrows 2NH_3$$

의 반응은 어떤 방향으로도 진행될 수 있다. 일반적으로는 반응계와 생성물의 평형 혼합물에 있어서 가역반응이 진행된다.

가역변화 【可逆變化 reversible change】 계(system)가 평형을 유지한 상태에서 계의 압력이나 부피 등의 성질이 변화하는 것을 말한다. 이러한 변화라면 같은 단계의 변화를 반복함으로써 처음 상태를 재현할 수가 있다. 실제로는 이러한 변화는 존재하지 않는다. 예를 들면 기체의 등온가역압축(等溫可逆壓縮)은 마찰이 전혀 없는 피스톤을 무한하게 천천히 움직이게 하지 않고서는 불가능하다. 그러나 이상적인 에너

지의 이동은 이러한 조건으로 기체와 외계사이에서 비로소 가능할 수 있다.

실제로 일어나는 변화는 모두 비가역변화이며 변화의 중간에서 평형상태에 도달하는 일이란 있을 수 없다. 비가역 변화에서도 계를 처음 상태로 되돌리게 하는 것은 가능하지만 이런 경우는 같은 단계를 경유해서는 불가능하다. 폐쇄계에서는 비가역변화에 따라서 엔트로피(entropy)는 항상 증가한다.

가우스 【gauss】 cgs 단위계에서 자속밀도(磁束密度)의 단위. 10^{-4} T(Tesla)에 해당한다.

가황 【加黃 vulcanization】 고무의 여러 가지 성질 중, 특히 경도(硬度 hardness)나 온도 변화에 대한 저항성을 개선하기 위해 사용되는 공정. 황을 첨가하여 약 150℃로 가열한다. 염화황 등 다른 황화합물도 가황하는데 사용된다.

갈락토오스 【galactose】 (CAS) D-galactose REG#=59-23-4 $C_6H_{12}O_6$ 많은 다당류중에서, 또한 유당(乳糖)의 구성 성분으로서 천연에서 산출된다. 앨도헥소스(aldohexose)이며 포도당(글루코스 : glucose)의 이성질체(異性質體)이다. 당(糖 sugar)의 항 참조.

갈륨 【gallium】 [기호] Ga [양성자수] 31 [상대원자질량] 69.72 mp 29.78℃ bp 2403℃ 상대밀도(비중) 5.90(고체) 6.09(액체) 연한 은백색인 저융점의 금속이다. 주기표에서는 제 ⅢB족에 속한다. 섬아연광이나 보크사이트 등에 미량 성분으로 함유되어 있다. 저융점 합금재료 외에 고온용의 온도계, 반도체의 도우프(dope)용 재료 등의 용도가 있다. 비소화갈륨(gallium arsenide, GaAs 갈륨비소라고 하는 것은 잘못된 명칭임)은 전자공업 분야에서의 응용이 증가하고 있다.

갈색환 시험 【褐色環試驗 brown ring test】 질산염의 검출에 사용되는 정성분석법이다. 새롭게 생성된 황산철(Ⅱ)(iron(Ⅱ) sulfate) 용액을 시료와 혼합하여 시험관에 넣고 진한 황산을 천천히 피펫 등으로 첨가하여 두 개의 층이 되도록 한다. 두 층의 경계면에 갈색 고리가 생기면 질산염의 존재를 나타내는 것이다. 이갈색은 황산철니트로실 [Fe(NO)]SO$_4$에 의한 것이며 흔들면 없어진다.

감극제 【減極劑 depolarizer】 볼타전지(voltaic cell)에서 분극이 생기는 것을 방지하기 위해 사용되는 물질. 예를 들면 이산화망간을 첨가하여 전극표면에서 수소기포가 발생하는 것을 방지하는 것도 감극제로서의 이용이다.

γ선 【gamma ray】 에너지가 높은 전자파를 말한다. γ선 방사 및 전자방사(electromagnetic radiation)의 항 참조.

γ선 방사 【gamma radiation】 원자핵의 전이에 의해 방출되는 전자파방사의 한가지 형식. 대단히 강한 에너지를 갖고 있다. 즉, 단파장·고파수(高波數)이다. γ선은 파동으로의 성질보다는 입자(photon)로서의 성질을 현저하게 나타내는 경우가 많다. γ선의 에너지 E는 다음과 같이 플랑크 상수(planck constant) h를 사용해서 나타낸다(ν는 파수(波數)이다).

$$E = h\nu$$

10^{24}Hz에 대한 γ선의 포톤 1개는 6.6×10^{-10} J의 에너지를 갖고 있다. 전자방사의 항 참조.

감압증류 【減壓蒸溜 vacuum distillation】 압력을 낮게 해 비등점을 내리고 저온에서 액체를 증류하는 것. 비교적 불안정하며 상압(常壓)에서 비등점까지 가열하면 분해해 버리는 화합물을 분리하고 정제하는데 잘 사용된다.

감홍 【甘汞 calomel】 염화수은(I)(mercury(I) chloride)의 항 참조.

감홍전극 【calomel electrode】 수은의 표면을 염화수은(I)(감홍, calomel이라 함)으로 피복한 것을, 염화칼륨수용액에 염화수은(I)을 포화한 것에 담궈 만든 반전지(half cell). 표준수소전극에 대한 전위는 정확히 구할 수 있으므로 보통 흔히 사용되는 이차표준전극이다. SCE라고 기입하는 것은 포화감홍전극(saturated calomel electrode)의 약칭이다. 전위는 -0.2415V(25℃)이다.

감화【鹼化 saponification】 에스테르를 수산화물 이온에 의해 가수분해하는 것. 카르복시산은 나트륨염이 된다(즉 비누가 생긴다). 수산화나트륨에 의한 가수분해반응(감화반응)은 다음과 같이 된다.

RCOOR′ + NaOH ⟶ RCOONa + R′OH

유지의 감화에서는 장쇄(長鎖)로 된 카르복시산의 나트륨염(나트륨 비누)과 글리세린이 생성된다.

강철【鋼鐵 steel】 철과 소량의 탄소를 합금한 것에 여러 가지 소량의 다른 금속이 함유된 것을 말한다. 탄소강은 0.05~1.5%의 탄소를 함유한다. 탄소량이 많을수록 단단해진다. 합금강은 크롬(chromium), 망간(manganese), 바나듐(vanadium) 등과 다른 금속을 함유한다. 그 성질은 조성에 따라 크게 다르다. 여기에 함유되는 소량의 금속성분은 10~25%의 크롬과 0.7%미만의 탄소이다.

개미산【formic acid】 REG=64-18-6 HCOOH 메탄산(methanoic acid)이라고도 한다. 액체의 카르복시산(carboxylic acid) 및 의산(蟻酸) 나트륨(sodium formate)과 황산을 반응시켜서 얻는다. 강력한 환원제이다. 처음에는 개미를 증류시켜서 얻었기 때문에 의산(蟻酸)이라고 한다. 이외에 쐐기풀 안에도 함유되어 있다.

갤버닉전지【Galvanic cell】 셀(cell)의 항 참조.

갱내 폭발성 가스【firedamp】 탄광의 갱도 안에서 발생하는 메탄을 주로 하는 기체. 어느 농도 이상으로 메탄이 증가하면 폭발의 가능성이 있다. 폭발한 뒤에 남는 공기는 blackdamp라고 한다. 폭발로 인해 생기는 맹독성의 일산화탄소 등을 함유하는 가스를 afterdamp(후가스)라고 한다.

건염 염료【建染染料 vat dyes】 배트(vat) 염료라고도 한다. 색소(염료) 자체는 불용성이나 우선 환원시켜서 염기(base)로 만들어 용해될 수 있는 형태로 하고 이것을 적당한 섬유(예를 들면 목면(木綿))에 흡수시켰을 때에 공기속에서 산화하면 불용성의 색소가 재생하여 색채가 고착한다. 인디고(indigo), 인단드렌(indanthrene) 등이 건염 염료의 전형이다.

건전지 【乾電池 dry cell】 전해액(electrolyte)을 젤리 모양이나 페이스트 모양으로 만든 전지의 총칭. 가장 보편적으로 사용되는 것은 르클랑셰 건전지(leclanché dry cell)이며 회중전등이나 휴대용 라디오 등 많은 용도에 응용되고 있다. 르클랑셰 전지의 항 참조

건조 【乾燥 desiccation】 물질의 수분을 제거하는 것을 말한다.

건조기 【乾燥機 dryer】 고체에서 액체를 증발시켜 제거하기 위해서 화학 과정에서 사용하는 기기를 말한다. 건조기는 습한 고체에 열을 전달하는 방법에 의해 몇 가지로 분류된다. 가열가스에 의한 것(직접 건조기), 금속용기 벽을 통해 열을 전달하는 것(간접 건조기), 적외선 방사에 의한 것(적외선 건조기) 등이 있다.

건조제 【乾燥劑】 ① (desiccating agent) 기체 또는 액체 속의 수분을 제거하기 위해 사용되는 약품. 많이 사용되고 있는 건조제로는 염화칼슘, 수산화나트륨, 진한 황산, 과염소산 마그네슘, 오산화인 등이 있고 실리카겔도 쓰이고 있다. 액체의 건조에는 염화칼슘, 염화나트륨, 황산마그네슘, 탄산칼륨, 수산화칼륨, 오산화인, 산화칼슘, 산화바륨 외에 수소화칼슘, 금속나트륨도 사용된다. 건조제는 기체나 액체와 반응하지 않는 것을 선정할 필요가 있으며, 액체인 경우에는 건조제가 액체를 결정 용액으로 받아들일 수가 있으므로 주의해야 한다.
② (siccative, drier) 유지계 도료에서 유지의 산화중합을 촉진하고 건조를 빠르게 하는 물질을 말한다. 드라이어라고 일컬어지며 코발트, 망간, 납, 경우에 따라서는 철, 아연 등의 유용성 금속염, 예를 들면 지방산염, 수지산염, 나프텐산염 등이 있다. 코발트염은 가장 작용이 강하긴 하나 이것만으로는 막의 표면만 건조하여 균일한 도막을 얻지 못하므로 다른 금속염과 같이 사용한다.

게르마늄 【germanium】 [기호] Ge [양성자수] 32 [상대원자질량] 72.59 mp 937.4℃ bp 2830℃ 상대밀도(비중) 5.32 단단하고 연한 회색으로 된 반금속 원소이다. 주기율표에서는 제Ⅳ족에 위치한다. 황화물의 알지로

다이트 $4Ag_2S \cdot GeS_2$로서 산출하는 외에 아연광 또는 석탄 속에도 존재한다. 초기의 반도체 공업에 널리 사용되었으나 현재는 규소를 많이 사용하고 있다. 합금소재, 촉매, 형광체, 적외선 장치 등 많은 용도가 있다.

게이뤼삭의 법칙 【Gay-Lussac's law】 ① 동일한 온도와 압력하에서 기체끼리 반응하여 기체의 생성물을 생성하는 경우, 그 부피 사이에는 간단한 정수비가 성립된다. ② 샤를의 법칙(charle's law)과 같다.

겔 【gel】 친액성(親液性 lyophilicity)의 안정된 콜로이드가 어떤 조건 하에서 응결을 일으킨 것. 이 결과로 생긴 것이 젤리 모양의 응고체이며 변형되는 일이 많으므로 겔이라고 한다. 콜로이드 입자가 서로 연결되어 있고 그 사이에 분산매(分散媒)의 입자가 포함되어 있다. 탄성 겔(젤라틴 등)과 강성(剛性) 겔(실리카겔 등)로 크게 나눌 수 있다.

겔 여과 【gel filtration】 분자채(molecular sieve)의 항 참조.

격자 【格子 lattice】 점의 규칙적인 3차원 배열을 말한다. 원자, 이온, 분자 등의 구성입자가 결정성(結晶性 crystalline) 고체 속에서 어떻게 위치하는가를 나타내는데 사용된다. 격자의 구조는 X-선회절법(X-ray diffraction)에 의해 정해진다(자기공명(磁氣共鳴) 등에서는 대상으로 하는 스핀(spin)계 주위를 일괄해서 격자라고 한다. 반드시 3차원 규칙 배열을 의미하지는 않는다).

격자간 결함 【格子間缺陷 interstitial defect】 격자결함의 항 참조.

격자간 화합물 【格子間化合物 interstitial compound】 결정성 화합물로서 금속(대개 천이금속)의 격자 사이에 비금속원소(수소, 탄소, 질소 등)가 들어 있는 것을 말한다. 격자간 화합물의 대부분은 비화학양론적(非化學量論的)인 조성을 취한다. 물리적 성질은 금속과 같이 광택이 나고 전도성이 크다.

격자 결함 【格子缺陷 defect】 결정 격자에서 입자의 규칙적인 배열 중에 나타나는 결함을 말한다. 격자결함은 점결함(點缺陷)과 어긋나기

(dislocation)로 크게 나뉜다. 점결함은 격자점에서 볼 수 있다. 하나는 공위(空位)로서 격자점에 원자가 결여되어 있는 것으로 쇼트키 결함(Schottky defect)이라고도 한다. 또 하나의 결함은 격자간 원자이며 정상적인 격자점 이외에 존재하는 원자를 가리킨다. 어떤 원자가 정상적인 격자점에서 벗어나 격자 사이로 이동하였을 때 생기는 공위와 격자 사이에 있는 원자의 쌍을 프렌켈 결함(Frenkel defect)이라 한다. 절대 0도보다 위의 온도의 고체에서는 반드시 격자결함이 존재하며 그 수는 온도와 함께 변화한다. 점결함은 변형되었거나 외부로부터의 조사(照射)에 의해서도 생긴다.

어긋나기는 고체가 변형한 결과로 생긴다. 결정격자점 중 하나의 선을 따른 여러 개의 원자가 관계하는 흐트러짐이다.

격자 에너지【lattice energy】 반대 부호를 갖고 있는 이온을 한없이 먼 곳에서부터 결정 격자를 만드는 데까지 접근시켰을 때, 1몰(mole)의 결정을 생성하는데 방출되는 에너지를 말한다. 이 에너지는 가스상태의 이온에 대한 고체 이온성 물질의 안정성을 측정하는 척도에 해당한다. 보른-하버사이클(Born-Haber cycle)의 항 참조.

결정【結晶 crystal】 일정한 기하학적인 형상을 가진 고체 물질을 말한다. 결정에서는 면이 이루는 각도가 정해져 있어 명확히 모서리(edge)를 식별할 수 있다. 결정면은 빛을 반사할 수 있는 조건하에서는 섬광(flash)을 나타낸다. 일정한 면각(面角)은 이온, 원자, 분자 등의 구성입자가 규칙적인 배열에 따른 것에 기인한다. 큰 결정이 파괴되어도 파편은 역시 작은 결정이다. 결정 속에서는 원자나 이온 또는 분자는 정해진 배열을 가지고 있고 결정면이나 면각은 이 배열과 밀접한 관계를 지니고 있다.

결정계【結晶系 crystal system】 단위 격자의 형상에 따른 결정의 분류를 말한다. 단위 격자를 평행육면체로서 나타내고 면간격 a, b, c, 각도 α (b면과 c면이 이루는 각도), β (a면과 c면이 이루는 각도), γ (a면과 b면이 이루는 각도)를 사용하여 분류하면 표와 같이 된다.

명 칭	영어명	면간격	면 각
입방정계(등축정계) 立方晶系(等軸晶系)	cubic	a=b=c	$\alpha=\beta=\gamma=90°$
정방정계(正方晶系)	tetragonal	a=b≠c	$\alpha=\beta=\gamma=90°$
사방정계(斜方晶系)	orthorhombic	a≠b≠c	$\alpha=\beta=\gamma=90°$
육방정계(六方晶系)	hexagonal	a=b≠c	$\alpha=\beta=90°\ \gamma=120°$
삼방정계(三方晶系)	trigonal	a=b≠c	$\alpha=\beta=\gamma>90°$
단사정계(單斜晶系)	monoclinic	a≠b≠c	$\alpha=\gamma=90°\ \beta>90°$
삼사정계(三斜晶系)	triclinic	a≠b≠c	$\alpha=\beta≠\gamma>90°$

(* 사방정계는 단순히 rhombic이라고도 한다)

결정 구조 【結晶構造 crystal structure】 결정 속에서 특정한 주기적인 구조를 취한 원자나 분자 또는 이온의 배열을 말한다. 여기서 구조라고 하는 것은 입자의 배열을 나타내며 결정의 외관을 가리키는 것은 아니다.

결정성 【結晶性 crystalline】 어떤 물질이 결정을 형성하는 성질을 말한다. 결정성 물질은 가령 기하학적으로 정연(整然)한 결정을 만들지 않아도 원자의 규칙적인 배열구조를 함유하고 있다. 예를 들면 납과 같은 금속도 결정성이다. 이와 같은 결정성 물질은 미결정(微結晶)의 집합체인 것이다. 무정형(無定形)의 항 참조.

결정수 【結晶水 water of crystallization】 결정성 화합물 속에 일정한 비율로 존재하고 있는 물을 말한다. 결정수를 함유하는 화합물은 수화물(水化物)이라고 한다. 황산구리(II)(copper(II)sulfate) 오수화물[$CuSO_4 \cdot 5H_2O$], 탄산나트륨(sodium carbonate) 십수화물[$Na_2CO_3 \cdot 10H_2O$] 등은 결정수를 갖는 화합물의 예이다. 많은 결정수는 가열하면 증발한다. 수화결정을 가열할 때 결정수는 단계적으로 상실되는 일이 많다. 예를 들면 앞에서 말한 $CuSO_4 \cdot 5H_2O$는 100℃에서 $CuSO_4 \cdot H_2O$가 되고 250℃에서는 $CuSO_4$(무수염 無水鹽)가 된다. 결정성 수화물 속의 물분자는 수소 결합으로 보존되어 있는 경우와 금속이온에 배위(配位)한 아쿠아 착(錯)이온의 형태를 취하고 있는 경우가 있다.

결정학 【結晶學 crystallography】 결정의 생성과 구조 및 여러 가지 성질을 연구하는 학문을 말한다. X-선 결정학(X-ray crystallography)의 항 참조.

결합 【結合】 ① (coupling) 둘 이상의 계에 상호작용을 갖게 하여 이어 붙이는 것으로 커플링이라고도 한다. 그 경우의 상호작용을 가리키는 것도 있다. 입자계에 대해서도 같은 의미로 쓰여지는데, 보통은 비교적 안정적인 복합 입자를 만드는 경우를 말한다. ② (bond) 화학결합.

결합 에너지 【bond energy】 화학결합을 생성하는데 할당되는 에너지를 말한다. 예를 들면 암모니아의 경우, N—H로 결합한 결합 에너지는 다음과 같은 원자화 반응에 대한 에너지의 1/3이다.

$$NH_3 \longrightarrow N+3H$$

결합의 해리(解離)에너지(dissociation energy)는 결합에너지와 전혀 다른 양이다. 이것은 다음 식과 같이 화합물 속에 있는 특정한 결합만을 절단하는 데 필요한 에너지이기 때문이다.

$$NH_3 \longrightarrow NH_2+H$$

경도(물의) 【硬度 hardness】 물 속에 칼슘이나 마그네슘 또는 철 등의 이온이 용존(溶存)하고 있어 비누를 사용해도 거품이 잘 나지 않는 물을 경수(硬水)라고 한다. 경수는 비누와 불용성의 찌꺼기(scum)를 형성하므로 세제의 유효성은 대단히 나쁘다.

물의 경도에는 두 가지 종류가 있으며 하나는 일시경도이고 다른 하나는 영구경도이다. 일시경도는 물을 끓이면 저하한다. 물의 경도는 대개 용존물질이 탄산칼슘(이온의 형태로)으로서 나타난다(이것은 미국 경도이며 1ppm의 $CaCO_3$이 용해되어 있을 때를 1도라 한다. 독일 경도는 약간 다르며 1mg $CaO/100$mℓ/H_2O이다). 경도를 구할 때, 전에는 표준 비누액에 의한 측정을 사용했으나 지금은 EDTA에 의한 킬레이트

(chelate) 적정(適定)이나 원자흡광분석 등을 주로 사용한다.

경상체【鏡像體 mirror image】 거울면에 비쳐 보았을 때와 같이 반전된 모습을 말한다. 예를 들면 오른손과 왼손은 서로 경상을 이루고 있다. 손과 같이 대칭면을 갖지 않은 것은 경상체와 겹칠 수 없다. 유기화합물(아미노산 등)의 광학활성(optical activity)의 근원은 이러한 경상체가 겹치지 않도록 된 원자단이다.

경석고【硬石膏 anhydrite】 REG#=14798-04-0 천연산 무수황산칼슘

경수【硬水 hard water】 경도의 항 참조

경수 연화【硬水軟化 water softening】 물속에 용존하고 있는 칼슘, 마그네슘, 철 등의 이온을 제거하여 물의 경도를 내리는 것. 이들 염류는 보일러의 파이프속 등에 침적하여 막대한 손해를 입히고 위험을 초래하며 또한 비누와 반응하여 불용성의 찌꺼기를 주어서 세척효과를 저하시킨다. 일시경도(temporary hardness)는 물을 끓이는 것만으로 제거된다. 영구경도(permanent hardness)를 저하, 제거하는 데는 다음과 같은 몇 가지 방법이 있다. ①증류 ②탄산나트륨의 첨가 : 칼슘의 용존분(溶存分)을 탄산칼슘의 형태로 침전시킨다. ③폴리인산염의 첨가 : 안정된 착체(錯體 complex)를 만들어서 비누 등과 반응하지 않도록 한다. ④이온 교환. 경도의 항 참조.

경진공【硬眞空 hard vacuum】 진공의 항 참조.

경화【硬化 hardening】 액상의 식물유(植物油)를 고체의 유지로 변화하는 것이다. 기름은 대개 불포화지방산의 글리세리드(glyceride)이다. 이 불포화결합에 니켈 촉매의 존재하에서 수소를 첨가하면 포화된 글리세리드가 되고 용융점이 상승한다. 식물유에 수소를 첨가하는 것은 마가린 등을 제조할 때 이용되고 있다.

계면활성제【界面活性劑 surface-active agent, surfactant】 표면활성제라고도 한다. 물에 대하여 센 표면활성을 나타내고 용액 표면에 있어서 임계미셀농도 이상으로 미셀과 같은 회합체를 형성하는 물질.

분자내에 친수성과 소수성(친유성) 부분을 모두 갖추고 있으며, 그 친수친유밸런스에 의해 물-기름 2상 계면에 강하게 흡착되어 계면의 자유에너지(계면장력)를 현저하게 저하시키는 작용을 나타낸다.

고리 【ring】 벤젠이나 시클로헥산(cyclohexane)과 같이 분자 속에 원자가 연결되어서 생긴 동그라미를 말한다. 축합고리(縮合- fused ring)란 고리 서로가 원자를 공유해서 결합한 것으로 나프탈렌이나 데칼린(decalin) 등이 좋은 예이다.

고리형 탄소 화합물 【carbocyclic compound】 벤젠이나 시클로헥산과 같이 탄소고리를 분자 속에 함유하는 화합물의 총칭이다.

고리형 화합물 【cyclic compound】 원자가 결합하여 고리를 형성한 원자고리를 함유하는 화합물을 말한다. 두 종류 이상의 원자로 고리가 되어 있을 때는 이중원자고리(heterocyclic)화합물이라 한다(전부가 동일한 원자이면 homocyclic이라고 하나 별로 사용되지 않는다).

고리화 【cyclization】 곧은 사슬의 화합물이 고리를 형성해서 고리화합물을 이루는 반응으로 닫힌 고리라고도 한다.

고립 전자쌍 【孤立電子雙 lone pair】 한 개의 원자에 위치하고 반대 평형의 스핀을 갖는 가전자(價電子 valence electron)의 한쌍이며 결합에 관여하고 있지 않는 것. 영어 발음대로 론페어라고 하는 일이 많다. 고립전자쌍은 결합전자쌍과 같은 공간을 점유하고 그 결과 분자의 형상을 정하는데 중요한 역할을 한다. 고립전자쌍을 갖는 분자는 전자쌍을 다른 데 줄 수 있으므로(루이스 염기 Lewis base) H^+나 금속이온과 배위결합(配位結合 dative bond)을 만든다. 착체와 루이스산 및 염기의 항 참조.

고무 【rubber】 탄성의 폴리머이며 자연산과 합성으로 된 것이 있다. 천연고무는 이소프렌(isoprene, 2-메틸-1, 3-브타디엔)의 폴리머이다. 합성고무로는 여러 가지가 제작되고 있는데 클로로프렌고무(2-글로로-1, 3-브타디엔의 폴리머)나 실리콘고무가 유명하다. 가황의 항 참조

고분자 【高分子 macromolecule】 합성폴리머 또는 녹말이나 단백질

등의 천연물 중에서 분자량이 큰 것에 대한 총칭이다.

고분자성 결정 【高分子性結晶 macromolecular crystal】 공유결합에 의해 많은 원자가 3차원 구조 또는 2차원 망상구조(網狀構造)를 이룬 거대한 분자 모양의 결정이다. 다이아몬드 등이 고분자성 결정의 전형이다.

고슈 형태 【gauche conformation】 입체배좌(立體配座 conformation)의 항 참조.

고염 【苦鹽 bittern】 간수라고도 한다. 바닷물을 농축하여 염화나트륨을 정출(晶出)시킨 뒤에 남는 액체를 말한다.

고용체 【固溶體 solid solution】 분자의 레벨에서 두 가지 종류 이상의 물질이 혼재되어 있는 고체를 말한다. 어떤 성분(용질 溶質)의 원자나 이온 또는 분자 등은, 원래는 용매의 입자가 차지해야 할 격자점을 점유하고 있다. 어떤 종류의 합금 등은 전형적인 고용체이다. 동형결정(同形結晶)은 고용체를 만들기 쉽다. 명반(alum)이나 타튼염 등이 좋은 예이다.

고체 【固體 solid】 물질이 존재하는 상태의 한가지이다. 성분 입자가 고정된 위치를 차지하고 그 결과로 일정한 외형을 유지한다. 각 입자는 화학결합에 의해 보존되고 있다. 입자를 고정하는 상호작용에는 이온성, 공유결합성, 분자 사이의 상호작용 등 3가지 종류가 있다. 이들 상호작용이 효력을 발휘할 수 있는 것은 짧은 거리에 한정되어 있기 때문에 고체에서의 입자 간격은 대단히 작다. 위에 말한 3가지 상호 작용의 크기는 각각 다르기 때문에 고체라고 해도 여러 가지 성질의 것이 있게 된다.

골드슈미트법 【Goldschmidt process】 테르밋의 항 참조.

공극 【空隙 vacancy】 격자 결함의 항 참조.

공기 【空氣 air】 지구를 둘러싸고 있는 기체의 혼합물이다. 건조한 공기의 조성은 다음 표와 같다. 공기 속에는 이외에 수증기도 있으나 조건에 따라 함유량은 크게 변한다. 먼지나 꽃가루 등도 떠 있으며 그밖의 기체도 소량으로 포함되어 있으나 함유량이 일정하지 않은 것은 수증기와 동일하다.

물질명	부피백분율(%)	물질명	부피백분율(%)
질 소	78.08	네 온	0.0018
산 소	20.95	헬 륨	0.0005
아르곤	0.93	크립톤	0.0001
이산화탄소	0.03	크세논	0.00001

건조한 공기의 조성

공명【共鳴 resonance】 단순한 단일결합(single bond)이나 이중결합(double bond)만을 사용한 단일 구조식에서는 정확하게 설명할 수 없는 많은 화합물이 존재한다. 이러한 경우에 결합전자가 분자내에서 분포하는 것은 단순한 구조식으로 나타내는 것과는 별도의 양상으로 되어있다. 실제로 분자내의 결합은 공명 구조 또는 카노니칼형(canonical form)이라고 하는 몇 가지 구조의 혼성으로 나타난다. 이런 결과를 공명혼성체라고 한다. 예를 들면 케톤(kotone)의 카르보닐기(carbonyl group)에서는 산소 원자에 음의 전하(electric charge)가 존재한다. 이것은 공명혼성의 개념에 의하면 다음과 같이 설명할 수 있다. 즉, C와 O 사이에 결합전자가 균등하게 배분되어 있는 $-C=O$ 구조와 결합전자가 산소쪽으로 편재하고 있는 $-C^+-O^-$ 구조가 공명구조를 이루고 있어서 공명혼성체로 되어 있다고 생각하면 좋다. 각 공명구조의 기여도는 꼭 같을 필요는 없다. 벤젠의 결합은 두 가지 종류의 케쿨레 구조(Kekule structure)에 첨가해서 기여는 훨씬 적지만 3가지 종류로 된 듀워 구조(Dewar structure)의 공명혼성이다. 벤젠의 항 참조.

공비 증류【共沸蒸溜 azeotropic distillation】 단일증류로서는 분리할 수 없는 액체의 혼합물을 분리하는데 사용하는 분리법을 말한다. 이와 같이 분리할 수 없는 액체를 공비혼합물이라고 한다. 공비혼합물에 제3의 성분을 첨가하여 한쪽의 성분과 새로운 공비혼합물을 만들어서 증류 분리하고 이어서 나머지를 증류한다. 이러한 예로는 96%의 에탄올(물-에탄올의 공비혼합물)에 벤젠을 첨가해서 증류하는 것을 들 수 있다. 공비증류는 별로 응용되지 않는데 그 이유는 새로운 공비혼합물로부터는, 쉽게 제거될 수 있고 해가 없으며 또한 부식성이 없는 값싼 용매가 존재하지 않기 때문이다.

공비 혼합물 【共沸 混合物 azeotrope】 기상(氣相)의 조성과 액상(液相)의 조성이 서로 같은 액체 혼합물을 말한다. 이러한 액상은 증류해도 조성의 변화를 일으키지 않기 때문에 비등점의 변화도 없다. 즉 정비점(定沸点 constant boiling point)이 된다. 공비혼합물의 비등점은 압력에 의해 변화하고 조성도 변화하기 때문에 혼합물이며 화합물이 아닌 것을 알 수 있다. 제3의 성분을 첨가하든가 분별정화, 흡착 또는 화학반응에 의해 공비조건을 파괴시키지 않으면 증류분리를 할 수 없다. 정비점 혼합물의 항 참조.

공액 【共軛 conjugated】 이중결합(double bond)과 단일결합(single bond)이 한 개씩 떨어져서 배열되어 있는 화합물을 공액화합물이라고 한다. 부타디엔(부타-1,3디엔, $CH_2=CH-CH=CH_2$)은 공액화합물이다. 이러한 화합물에서는 이중결합의 전자는 분자 전체에 걸쳐서 비편재화되어 있다.

공유 결합 【共有結合 covalent bond】 두개의 원자 사이에서 전자쌍(electron pair)을 나누어 가져서(공유하여) 생기는 화학결합을 말한다. 공유결합을 나타내는 데는 직선(가표(價標)라고 한다)을 사용하고 H-Cl과 같이 표기한다. 이것은 수소원자와 염소원자가 각각 한 개의 가전자(價電子 valence electron)를 공출(供出)하여 반평행(反平行) 스핀(spin)의 전자쌍을 만들고 결합력은 두 원자 사이에 한정되어 있다는 것을 나타낸다. 분자'는 공유결합으로 연결된 원자의 집합을 가리킨다. 공유결합한 에너지는 거의 $10^3 kJmol^{-1}$이다. 새로운 화학결합의 이론에서는 전자쌍의 생성을 원자궤도(오비탈 orbital) 사이의 상호작용으로 취급하고 공유결합을 기술하는 데는 결합성궤도와 반결합성궤도를 사용한다.

공유 결합 반지름 【covalent radius】 공유결합을 형성할 때 가정되는 각 원자의 반지름을 말한다. 등핵 2원자 분자(Cl_2 등)에서는 핵간거리의 절반에 해당한다. 이핵결합(異核結合)에서는 치환법에 의해 추정한다. 예를 들면 플루오르화브롬(bromine fluoride)의 핵간 거리는 180pm이나 플루오르의 공유결합 반지름을 F_2에서 구하면 71pm이므로 180pm에서 빼면 109pm이 브롬의 공유결합반지름에 대한 추정값이 된다. 일반적으로 인정되고 있는 값은 114pm이다.

공유 결합성 결정 【covalent crystal】 결정 속의 원자가 공유결합으로 연결되어 있는 결정이다. 거대 격자 또는 거대 분자라고도 한다. 가장 전형적인 공유결합성 결정은 다이아몬드이다.

공융 혼합물 【共融混合物 eutectic】 두 가지 성분의 혼합물 중에서 가장 낮은 융점(melting point)을 나타내는 것을 말한다. 공융혼합물에 해당하는 액상을 냉각하면 공융점에 이르기까지 다른 조성으로 된 고체의 생성은 없고, 공융점에서 두 가지 종류의 고상(固相)이 액상과 같은 비율로 혼합물로서 석출된다. 한 쪽의 성분이 물인 경우에는 공융혼합물은 한제(寒劑)가 되고 생성되는 고상은 함빙정(含氷晶 cryohydrate)이라 한다.

공작석 【孔雀石 malachite】 REG#=1319-53-5 구리를 함유하는 녹색의 광물이며 조성은 거의 수산화탄산구리 $CuCO_3 \cdot Cu(OH)_2$와 같다. 구리광석으로 채굴되는 외에 안료(pigment)로도 사용된다.

공중합 【共重合 copolymerization】 중합의 항 참조.

과냉각 【過冷却 supercooling】 액체를 어떤 압력 하에서 천천히 냉각시켰을 때 융점(melting point)보다도 낮은 온도가 되어도 액체의 상태로 존재하는 일이 있다. 이 경우 액체의 입자는 에너지를 상실하여도 규칙적인 격자(lattice)를 이루어 고체가 되지는 않는다. 이와 같은 상태를 과냉각 액체라고 한다. 과냉각은 준안정 상태(metastable state)이며 작은 결정의 파편을 핵으로 투입하면 즉시 결정의 생성을 볼 수 있다.

온도는 융점까지 상승하고 모두가 고체화할 때까지 그 상태로 있다.

과당 【果糖 fructose】 (CAS)D-fructose REG#=57-45-9 $C_6H_{12}O_6$ 프룩토우스(fructose), 레불로스(levulose)라고도 한다. 과즙이나 벌꿀 또는 사탕수수의 당(糖) 속에 존재한다. 케토헥소스(ketohexose)에서 유리(遊離)된 것은 피라노스(pyranose) 구조이며 좌선성(levorotatory)이다. 설탕 속에서 결합된 형태는 프라노스(furanose) 구조를 취하고 있다.

과망간산염 【permanganate】 MnO_4^- 이온을 함유한 염(salt)을 말한다. 짙은 붉은 자색이며 강력한 산화제이다. 염기성 용액 속에서는 암녹색의 망간산 이온(MnO_4^{2-})을 생성한다(카멜레온 수(chameleon water)라고 하는 것은 이 변색하는 수용액을 말한다).

과망간산칼륨 【potassium permanganate】 (CAS) permanganic acid, potassium salt REG#=7722-64-7 $KMnO_4$ 물에 쉽게 용해되는 자색의 고체이며 망간산칼륨 K_2MnO_4을 염소로 산화시켜서 만든다. 용량 분석에서 산화시약으로서의 용도 외에 살균이나 소독용으로 널리 사용된다. 산화제로서의 거동은 수용액(aqueous solution)의 pH에 의해 크게 변화한다.

과산화 나트륨 【sodium superoxide】 REG#=12034-12-7 NaO_2 이산화나트륨(sodium dioxide)이라고도 한다. 담황색의 고체이다. 산소 속에서 과산화나트륨을 490℃로 가열하면 얻을 수 있다. 물과 반응하여 수산화나트륨, 과산화수소, 산소가 된다. 일반적인 과산화나트륨에는 10% 내외의 초산화나트륨이 함유되어 있다.

과산화나트륨 【sodium peroxide】 REG#=1313-60-6 Na_2O_2 황백색 고체이며 과량의 산소 속에서 금속나트륨을 연소시켜서 얻는다. 물과 반응하여 수산화나트륨(sodium hydroxide)과 과산화수소(hydrogen peroxide)가 된다.

표백제로서 양모나 목재펄프 등을 대상으로 사용된다. 과산화나트륨은 산화질소 NO를 질산나트륨으로, 요오드(iodine)를 요오드산나트륨으로 산화시킬 수 있다.

과산화마그네슘 【magnesium peroxide】 REG#=1335-26-8 MgO_2 백색 불용성 고체. 과산화나트륨이나 과산화바륨을 가용성 마그네슘염의 수용액에 첨가해서 만든다. 염료의 탈색이나 천을 표백하는 데 사용된다.

과산화물 【過酸化物 superoxide】 무기화합물이며 음이온으로 O_2^- 를 함유한 것이다.

과산화물 【過酸化物 peroxide】 ① $O^- - O^-$, 즉 O_2^{2-} 을 포함한 산화물. ② $-O-O-$ 원자단을 포함한 화합물.

과산화바륨 【barium peroxide】 REG#=1304-29-6 BaO_2 산화바륨(barium oxide)을 조심스럽게 산소 중에서 가열하여 만든다. 회백색의 무거운 분말이며 공업적으로는 천이나 짚을 표백하는 데 사용되고 있지만 실험실에서는 과산화수소의 원료가 된다.

과산화수소 【過酸化水素 hydrogen peroxide】 REG#=7722-84-1 H_2O_2 무색의 시럽(syrup) 모양으로 된 액체이다. 대개 수용액으로서 사용된다. 이산화망간과 접촉시키면 산소를 방출한다. 이산화망간은 촉매로서 작용한다.

$$2H_2O_2 \rightarrow 2H_2O + O_2$$

과산화수소는 산화제로서 철(II)이온을 철(III)이온으로 산화하는 데 사용되지만 조건에 따라서는 환원제(reducing agent)로도 작용하여 과망간산칼륨을 환원시킬 수도 있다. 표백제 외에 로켓연료로도 사용된다. 과산화수소의 농도를 표시하는 편의적인 단위로서 volume strength가 사용되는 경우가 있다. 이것은 수용액 $1\ell(=1dm^3)$ 당 몇 ℓ의 산소(STP)를 얻게 되는가를 나타낸 것이다.

과산화은 【過酸化銀 argentic oxide】 산화은(II)의 항 참조.

과산화 칼륨 【potassium superoxide】 REG#=12030-88-5 KO_2 과량의 산소 속에서 금속칼륨을 연소시켜서 얻을 수 있는 황색의 상자성(paramagnetism) 고체이다. 냉수 또는 묽은 산과의 반응으로 과산화 수소를 얻을 수 있다. 강하게 가열하면 산소를 방출하여 일산화칼륨이 된다. 대단히 강력한 산화제이다.

과열 【過熱 superheating】 압력을 가해서 액체의 온도를 비등점 이상으로 상승시키는 것을 말한다.

과염소산 【perchloric acid】 REG#=7601-90-3 $HClO_4$ 무색의 액체이다. 습한 공기 속에서 발연(發煙)한다. 과염소산칼륨(potassium perchlorate)과 진한 황산의 혼합물을 진공 증류해서 만든다.

유기화합물과 접촉하면 폭발하기 때문에 대단히 위험하다. 일수화물 $HClO_4 \cdot H_2O$은 상온에서 백색 결정의 형태를 취하고(용융점 50℃) (H_3O^+) (ClO_4^-)의 이온결정이 된다(이것은 85% $HClO_4$에 해당한다).

과요오드산 【periodic acid】 REG#=10450-60-9 H_5IO_6 요오드(Ⅶ)산이라고도한다. 진한 요오드산 용액을 저온으로 가수분해해서 얻게 되는 백색 결정성 고체로서 몇 가지 형태를 취하나 가장 일반적인 것은 파라(para)과요오드산이다.

강력한 산화제이며 진공 속에서 가열하면 디메소과요오드산, $H_4I_2O_9$를 거쳐서 메타(meta)과요오드산 HIO_4가 된다. 이 3가지 종류의 화합물은 모두 $Mn(Ⅱ)$을 MnO_4^-까지 산화시킬 수 있는 강력한 산화제이며 철강 속의 망간 등을 비색분석(比色分析 colormetric analysis)하는 데 잘 사용된다.

과인산비료 【superphosphate】 비료로서 사용되는 인산수소칼슘(calcium hydrogen phosphate)과 황산칼슘(calcium sulfate)의 혼합물이다. 인광(燐鑛)을 황산으로 처리해서 만든다.

과포화 용액 【過飽和 溶液 supersaturated solution】 포화 용액의 항 참조.

과포화 증기 【過飽和蒸氣 supersaturated vapor】 포화 증기의 항 참조.

관능기 【官能基 functional group】 유기화합물의 형태와 같은 특징적인 반응을 일으키는 원자단을 말한다. 예를 들면 다음 표와 같은 것이 있다.

명 칭	화 학 식	명 칭	화 학 식
알 콜	$-OH$	니트로	$-NO_2$
알데히드	$-CHO$	설폰산	$-SO_2OH$
아 민	$-NH_2$	니트릴	$-CN$
케 톤	$-CO-$	디아조늄염	$-N_2^+$
카르본산	$-COOH$	아 조	$-N=N-$
할로겐화 아실	$-COX$		

광분해 【光分解 photolysis】 가시광이나 자외광에 의하여 일어나는 화학반응을 말한다. 대부분의 광분해 반응은 라디칼(radical)의 생성을 함유한다.

광석 【鑛石 ore】 무기원소를 얻기 위한 광물자원이다.

광이온화 【photoionization】 전자방사(electromagnetic radiation)에 의해 원자나 분자에서 전자가 방출되어 이온화가 일어나는 것을 말한다. 원자에 광자(photon)가 흡수될 때 원자핵에 의한 구속력 이상의 광자에너지가 있으면 일어난다.

$$M + h\nu \rightarrow M^+ + e$$

로 표시되는 과정이다. 광전효과(photoelectric effect)와 같이 전자방사의 에너지에는 어떤 한계값(threshold)이 있다. 방출된 광전자(photoelectron)의 에너지 W는 이온화 포텐셜(ionization potential)을 I 로 했을 때 $W = h\nu - I$ 가 된다.

광전자 【光電子 photoelectron】 광전효과(photoelectric effect)에 의해 물질에서 방출되는 전자이다.

광전자 방출 【光電子放出 photoemission】 광이온화 또는 광전효과에 의해 광전자가 물질에서 방출되는 것을 말한다.

광전 효과 【光電效果 photoelectric effect】 · 고체 또는 액체의 표면

을 전자파(electromagnetic wave)로 조사(照射)하였을 때 표면에서 전자가 방출되는 현상을 말한다. 대부분의 물질은 자외선과 같이 단파장(고에너지)의 전자파로 조사되는 경우에 나타나지만 가시광선으로 광전효과를 일으키는 것도 있다.

광전효과로 방출되는 전자의 수는 조사광(照射光)의 강도에 의존하고 주파수(에너지)에는 의존하지 않는다. 방출되는 전자의 운동에너지는 입사광(入射光)의 에너지에 의존한다. 이것이야말로 아인슈타인에 의해 '전자파는 광자(photon)의 흐름이다'라고 하는 착상의 기초가 된 것이다. 광자의 에너지는 $h\nu$ (h는 플랭크 상수, ν는 주파수이다)로 표시된다. 고체에서 전자 한개를 제거하는데는 작업함수 φ라고 하는 어떤 최저의 에너지보다도 큰 에너지를 필요로 한다. 따라서 전자방출(electron emission)을 일으키는 최저의 주파수 ν_0가 존재하게 되며 이때 $h\nu_0 = \varphi$로 된다. 만약 주파수가 이보다 크면 전자의 방출이 일어난다. 전자의 운동에너지의 최대값(W)은 아인슈타인의 식에 따라

$$W = h\nu - \varphi$$

로 표시된다.

기체에서도 광전효과가 일어난다. 광이온화의 항 참조.

광학 분할【光學分割 optical resolution】라세미 혼합물(racemic mixture)을 두개의 광학이성질체로 분할하는 것을 말한다. 일반적인 증류나 결정화의 조작으로는 광학이성질체의 물리적인 성질이 동일하기 때문에 나누어지지 않는다. 주된 방법의 몇 가지를 다음에 든다.

① 기계적인 분리 : 자연분정(自然分晶)을 이용한다. 어떤 종류의 광학활성화합물은 명확한 오른쪽 반면상(半面像, 반거울상)과 왼쪽 반면상을 나타내는 별도의 결정을 만든다. 이것을 손으로 나눈다. 파스퇴르 이래의 방법이다.

② 화학적인 분리 : 혼합물을 광학활성이 있는 다른 화합물과 반응시킨다. 생성물은 이미 서로가 광학이성질체의 관계에 있지 않기 때문에 (부분입체이성질체(diastereoisomer)라 한다) 물리적으로 나눌 수가 있다. 예를 들면 어떤 산(酸)에서 D-, L-의 두 이성질체 혼합물에 L-

의 염기(base)로 된 순품을 가하면 양쪽에 염(salt)이 생기기 때문에 분별결정에 의해 분리할 수 있다.
③ 생물 화학적인 분리 : 어떤 종류의 유기화합물에서는 박테리아(bacteria, 세균)가 한쪽의 광학이성질체만을 소비하므로 나머지의 광학이성질체를 얻게 된다.

광학 이성질체 【光學異性質體 optical isomerism】 이성질체 및 광학활성의 항 참조.

광학 활성 【光學活性 optical activity】 어떤 종류의 화합물 속에 빛을 통과시켰을 경우, 편광면이 회전하는 능력을 말한다. 결정이나 용액, 또는 액체 이외에 기체에서도 볼 수 있다. 편광면의 회전량은 농도에 의존한다. 광학활성의 원인은 분자 내의 전자와 빛의 전기장과의 상호작용에 의한다. 분자가 대칭면(경면(鏡面))을 갖지 않은 경우에도 볼 수 있다. 이러한 분자는 경상체(鏡像體 mirror image)를 이루어도 원래의 분자와 겹쳐질 수가 없다. 유기화합물에서는 4개의 다른 원자단과 결합한 탄소(부제탄소, 不齊炭素)가 키랄 중심(chiral center)이 된다.

이와 같은 비대칭분자의 경상(鏡像) 한쌍을 광학이성질체라고 한다. 한쪽의 이성질체가 편광면을, 예를 들면 오른쪽으로 회전시키는 경우에 다른 쪽의 이성질체는 왼쪽으로 같은 정도로 편광면을 회전시킨다.

편광면을 오른쪽으로 회전시키는 성질을 dextrorotatory, 즉 우선성(右旋性)이라 한다. 이에 대해 왼쪽으로 회전하는 성질을 levorotatory, 좌선성이라 한다. 좌선성이란 관측자측에서 보아 편광이 시계방향으로 진행해 나가는 것을 나타낸다. 우선성 화합물을 표시하는 데는 $(+)-$를, 또는 $d-$를 사용하고 좌선성은 $(-)-$, 또는 $l-$를 사용한다. 양쪽에 있는 이성질체의 같은 몰(mole) 화합물은 선광성을 표시하지 않는다. 이러한 화합물을 라세미 혼합물(racemic mixture) 또는 라세미체(體)라고 한다.

광학이성질체는 편광면의 회전 이외에는 물리적 성질의 차이를 나타내지 않고 분별결정(fractional crystallization)이나 증류에서도 분리되지 않는다. 화학적 성질도 대부분 동일하나 다른 광학활성물질과의 반응에서는 크게 성질의 차이가 나타난다.

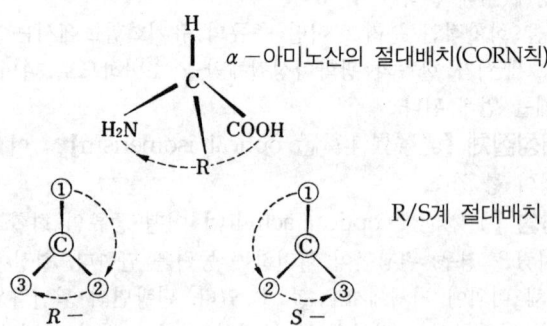

천연으로 산출되는 물질 중에는 광학활성을 띠고 있는 것이 많으며 생화학 반응은 천연에 존재하는 이성질체에 한해서만 일어나는 것이 보통이다. 예를 들면 천연으로 산출되는 글루코스(glucose, 포도당)는 모두 d-글루코스이며 생체는 l-글루코스를 대사(代謝 metabolism)하지 못한다.

우선성이나 좌선성이라는 표현은 다만 편광면의 회전이라는 실험 사실에 의한 것이다. 더욱이 일반적으로 두 종류의 광학이성질체를 구별하는데는 대문자의 D와 L을 사용한다. 이것에 의해 절대구조를 계열화해서 편의적으로 정하는 것이 가능하게 되었고 그 후 X선으로 정확하다는 것이 확인되었다.

당(sugar)의 경우, 글리세르알데히드(2, 3-디히드록시프로파날)의 구조를 기본으로 한다. a-아미노산에 대해서는 이른바 corn칙(則)이 사용된다. $RC(NH_2)(COOH)H$에서 H가 가장 위에 오도록 그렸을 때, 오른쪽 방향으로 카르복실(CO), 알킬(R), 아미노(N), 즉 'CORN'의 순서대로 치환기(substituent)가 배치하는 것을 D-형, 반대로 되는 것을 L-형이라 한다. 이 대문자의 기호는 선광도(旋光度)를 나타내는 것은 아니다. 예를 들면 D-알라닌(alanine)은 우선성, D-시스테인(cysteine)은 좌선성이다.

최근에는 입체구조를 나타내는데 R/S계를 많이 사용하고 있다. 이것은 결합하고 있는 원자단에 결합하고 있는 양성자의 수(數) 등에 따라 일정한 중요도의 순서를 정해 놓고, 가장 중요도가 낮은 것이 중심의 탄소에 가려져 있는 방향에서 분자를 보았을 때, 시계방향으로 중요도 순서가 작아질 때는 $R-$, 반시계 방향이면 $S-$로 한다. 중요도의 순서는 다음과 같으며 H가 최하위이다.

$I > Br > Cl > SO_3H > OCOCH_3 > OCH_3 > OH > NO_2 > NH_2$
$> COOCH_3 > COONH_2 > COCH_3 > CHO > CH_2OH > C_6H_5$
$> C_2H_6 > CH_3 > H$

광학활성이 나타날 때 부제탄소의 존재는 필수가 아니다. 분자 자체가 비대칭인 것이 중요하다. 따라서 무기의 팔면체 착화합물에서도 광학활성이 있으며 광학이성질체의 분리도 가능하다. 또한 부제탄소원자를 갖는 데도 분자가 경면을 가지고 있는 경우도 있다.

전형적인 예로는 이른바 메소타르타르산이 있다. 그림과 같이 상반부와 하반부는 대칭으로 되어 있으며 광학활성을 나타내지 않는다.

광학 분할의 항 참조.

유산의 광학이성질체

D-유산(乳酸)   L-유산(乳酸)

주석산의 광학이성질체

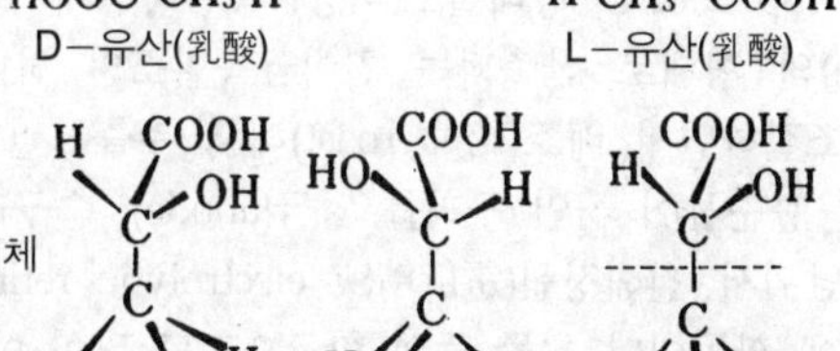

D-형   L-형   meso-형

광합성 【光合成 photosynthesis】 ① 광화학 반응에 의한 화학합성을 말한다. 광니트로소화반응에 의한 옥심의 합성은 공업적으로도 성공한 예이다. 즉 시클로헥산에 염화니트로실과 염화수소의 혼합 가스를 주입하여 빛을 비추면 시클로헥산온옥심의 2염산염이 생성한다. 열반응에서는 전혀 생성되지 않는 화합물도 합성될 수 있다는 특징이 있다.
② 빛에너지로서 탄소를 동화하여 유기물을 합성하는 생물과정을 말한다. 독립영양의 한 형식으로서 탄산가스의 환원에 수반되고, 고등식물이나 클로렐라, 황화수소 그 밖의 물질을 산화하는 홍색세균이 있다. 광합성에 의한 탄소고정은 연간 2×10^{10} t 정도로서, 지구 위에 현존하는 유기물의 대부분 또는 대기 속의 산소분자는 광합성으로 생긴다.

광화학 【光化學 photochemistry】 가시광(visible ray) 또는 자외광선(ultraviolet)에 의해 일어나는 화학반응을 다루는 화학의 한 분야이다.

광화학 반응 【光化學反應 photochemical reaction】 빛에 의해 일어나는 화학반응이며 예로는 착색 물질의 퇴색, 할로겐화은(化銀)의 착색, 탄수화물의 광합성 등이 있다. 화학변화가 일어나려면 반응하는 원자나 분자가 적당한 에너지의 광자(photon)를 흡수할 필요가 있다. 반응한 물질의 양은 흡수된 에너지의 양에 비례한다. 예를 들면 수소와 염소가 반응할 때 반응의 속도를 정하는 것은 수소와 염소의 농도가 아니고 조사(照射)된 빛의 양이다.

구리 【銅 copper】 [기호] Cu [양성자수] 29 [상대원자질량] 63.55 mp 1083℃ bp 2582℃ 상대밀도(비중) 8.9 자연에서는 주로 황화물(黃化物 sulfide)의 형태로 산출되는 천이금속원소의 하나이다. 광석을 공기의 양을 조절하면서 배소(焙燒 roast)해서 추출시킨 다음 황산구리(II) 수용액에 불순물이 섞인 구리를 양극(anode), 순구리를 음극(cathode)으로 하여 담궈서 전해정련(電解精鍊 electrolytic refining)한다. 전선용(電線用) 외에 황동이나 청동 등의 합금으로도 많이 이용된다.

금속 자체는 특징있는 색조를 가지고 있으나 구리(I)화합물(제1구리화합물)은 백색이며 예외는 아산화구리(산화구리(I))이며 적색이다. 구리(Ⅱ)화합물은 용액 속에서 청색을 나타낸다. 구리는 묽은 질산(窒酸 nitric acid) 이외에 일반적으로 묽은 산(酸 acid)에는 용해되지 않는다. 구리(Ⅰ)화합물은 용액 속에서 불안정하고 불균화(不均化)하며 금속구리와 구리(Ⅱ)화합물이 되기 쉽다. 구리(Ⅰ)과 구리(Ⅱ)의 이온은 모두 착체(錯體 complex)로 형성되기 쉬우며 많은 착체가 알려지고 있다. 과잉된 암모니아의 존재에서 짙은 청색의 $[Cu(NH_3)_4]^{2+}$ 이온은 확인하는 데도 이용된다.

구리화합물 【copper compound】 산화수 1 및 2인 화합물이 보통으로 3인 착물도 있다. 극저온에서는 산화수 0인 카르보닐도 존재한다.

① 구리(Ⅰ)화합물. $2Cu^+ \rightarrow Cu + Cu^{2+}$의 불균일화로 일어나기 쉽다. $Cu^{2+} + e \rightarrow Cu^+$, $Cu^+ + e \rightarrow Cu$ 및 $Cu^{2+} + 2e \rightarrow Cu$의 표준산화환원전위는 각각 +0.153 V, +0.521 V 및 +0.337 V(NHE에 대해서). Cu^+의 이온반지름은 4배위에서 0.62Å, 6배위에서 0.79Å. 산화물(적색), 황화물(흑색) 할로겐화물(무색) 등의 난용성염은 건조한 공기 속에서 안정. 착물에는 2배위 직선형(예 : $[CuCl_2]^-$), 3배위 평면3각형(예 : $[Cu(CN)_3]^{2-}$), 4배위 4면체형(예 : $[Cu(NH_3)_4]^+$) 등이 있다. 또 겉보기상 산화수 1인 클러스터착물도 알려져 있다.

② 구리(Ⅱ)화합물. 일반적으로 구리(Ⅰ)화합물보다 안정. 대부분의 고체는 꽤 진한 색을 가진다. Cu^{2+}의 이온반지름은 4배위에서 0.59Å, 6배위에서 0.75Å. 수용액 속에서는 평면 4각형구조의 아쿠아착물 $[Cu(H_2O)_4]^{2+}$로서 존재하고(Cu-O는 1.9~2.0Å), 축 방향에서 약간 떨어진 위치(Cu-O 2.32Å)에도 배위수가 있다. 늘어난 8면체배치는 d^9 전자배치에 의한 얀-텔러효과가 원인이다. 다른 구리착물에도 유사한 구조가 많다.

③ 구리(Ⅲ)화합물. 일반적으로는 환원되기 쉽고 불안정하나 배위자에 따라서는 안정된 착물이 된다(예 : $[CuBr_2\{S_2CN(t-C_4H_9)_2\}]$).

④ 그 밖의 화합물. 유기금속화합물은 CuR(R은 알킬기)의 중합체, $[Cu(\eta^1-C_5H_5)\{P(C_2H_5)_3\}]$ 등 Cu-C의 σ결합을 가진 것이 많다. 생체 속에는 Cu(Ⅰ 또는 Ⅱ)에 펩티드인 N, O, S 등이 배위한 착물(예 : 프라스트시아닌)이 있고, 생체 내 전자전달계로 작용하는 것도 있다. 수용성화합물

에는 유독한 것도 있다.

구전자 부가 【求電子附加 electrophilic addition】 불포화 화합물에 작은 분자가 부가하여 다중결합의 양측에 원자가 보존되는 반응을 말한다. 이 반응은 구전자시약(electrophile)의 전자밀도가 높은 부분에 대한 공격에서부터 시작한다. 구전자 부가반응의 기구는 이온성이라고 생각된다. 예로서 에틸렌(ethylene)에 대한 브롬화수소(hydrogen bromide 가를 생각해 보기로 한다.

$$H_2C=CH_2 + H^+ \rightarrow H_3CCH_2^+$$
$$H_3CCH_2^+ + Br^- \rightarrow H_3CCH_2Br$$

탄소 원자수가 3이상의 고급 알켄(alkene)인 경우에는 몇 개의 이성질체가 생길 가능성이 있다. 중간체의 안정성에 의해 특정한 이성질체가 생성할 때의 경험칙을 종합한 것을 마르코브니코프(Markovnikoff)의 규칙이라고 한다. 부가 반응의 항 참조.

구전자 시약 【求電子試藥 electrophile】 유기화학반응에서 반응에 관여하는 전자(electron) 부족의 원자, 원자단이다. 구전자 시약으로는 양이온(H^+, NO_2^+)이나 전자쌍(electron pair)의 수용능력이 있는 분자(SO_3, O_3 등)가 있다. 구전자 시약은 분자 내에서 음으로 하전된 부분을 공격한다. 이와 같이 음으로 하전된 부분은 분자 내에 전기적인 음성의 원자 또는 π결합의 존재에 의해 생긴다. 구핵 시약의 항 참조.

구전자 치환 【求電子置換 electrophilic substitution】 유기화합물을 구전자 시약이 공격해서 원자나 원자단을 치환하는 반응을 말한다. 방향족 화합물(aromatic compound)에서는 구전자 치환이 일반적으로 일어난다. 이런 경우 구전자 치환은 고리 위에서 일어난다. 이의 좋은 예로서 니트로화(nitration)를 들어 본다.

$$C_6H_6 + NO_2^+ \rightarrow C_6H_5NO_2 + H^+$$

니트로늄이온은 진한 질산과 진한 황산을 혼합하면 얻을 수 있다.

$$HNO_3 + H_2SO_4 \rightarrow H_2NO_3^+ + HSO_4^-$$
$$H_2NO_3^+ \rightarrow NO_2^+ + H_2O$$

벤젠의 구전자치 환반응기구로서인정되고 있는 것은 중간체로서 $C_6H_6HNO_2^+$

의 생성을 고려한 것이다. 치환 반응의 항 참조.

구조식 【構造式 structural formula】 화합물의 성분원자의 종류와 수에 더하여 어떠한 결합상태에 있는가를 나타낸 화학식을 말한다. 경우에 따라서는 원자단으로 종합해서 기재하는 일도 있다. 예를 들면 아세트산 $C_2H_4O_2$를 $CH_3-CO-OH$와 같이 기입한다. 실험식 및 분자식의 항 참조.

구조 이성질 【構造異性質 structural isomerism】 이성질의 항 참조.

구핵 부가 【求核附加 nucleophilic addition】 불포화 화합물에 작은 분자가 부가하는 반응의 한가지 형태를 말한다. 반응은 우선 구핵시제(求核試劑)에 의해 일어나므로 불포화결합에는 전기적인 음성의 원자가 함유될 필요가 있다. 그러므로 알데히드(aldehyde)나 케톤(ketone) 등과 같은 카르보닐(carbonyl) 화합물에서 잘 볼 수 있다. 또한 작은 분자(물 등)의 탈리(脫離 elimination)를 따르는 일도 있다. 아세톤에 대한 시안화수소의 부가반응 등이 이러한 예이다.

$$CH_3COCH_3 + HCN \rightarrow (CH_3)_2C(OH)CN$$

구핵 시약 【求核試藥 nucleophile】 전자를 많이 가지고 있는 이온 또는 분자이며 유기화학반응에 관여하는 것이다. 이온의 예로는 음이온(CN, Br), 분자로는 론페어(lone pair)를 갖는 것(NH_3, H_2O) 등이다. 구핵시제(求核試劑)의 반응이 일어나는 장소는 분자 중에서 양전하(positive electric charge)를 띠고 있는 부분이다. 이것은 분자가 다른 장소에 전기적으로 음성(陰性)의 기(基 radical)가 있기 때문에 전자를 잡아당기고 그 결과로 전자밀도가 작아진 곳이다. 구전자 시약의 항 참조.

구핵 치환 【求核置換 nucleophilic substitution】 유기화합물 속의 어떤 원자에 구핵시제가 반응해서 일어나는 치환반응을 말한다. 구핵시제는 전자를 여분으로 가진 원자(또는 원자단)이기 때문에 원래 전기적인 음성이 큰 원자나 원자단을 포함하는 분극된 결합을 갖는 화합물에서 일어나기 쉽다. 전자가 부족한 장소에 대하여 전자를 풍부하게 가진 구핵시제가 근접해서 치환이 일어난다. 지금 구제시약을 Nu^-, 방출되는 원자단을 Le로 나타낸다고 하면

$$R-Le+Nu^- \rightarrow R-Nu+Le^-$$ 가 된다.

구핵치환반응에는 두 가지 반응기구를 생각할 수 있다. 하나는 S_N1 반응이며 분자에서 우선 카르보늄 이온이 생기고 이어서 구핵시제와 반응하는 것이다.

$$RCH_2Cl \rightarrow RCH_2^+ + Cl^-$$
$$RCH_2^+ + OH^- \rightarrow RCH_2OH$$

공격시약은 중간체의 어디에서도 반응되기 때문에 부제중심(不齊中心)이 있는 원료에서 라세믹 혼합물(racemic mixture)이 생긴다.

구핵 치환 S_N1 반응 기구

또 한가지는 S_N2반응이며 이 경우에는 구핵시제가 분자에 가까워짐과 동시에 다른 쪽의 원자단이 떨어져 나가므로 5개의 원자단을 갖는 천이 상태(transition state)를 생각할 수 있다.

```
    X                              X
    |                              |
    C──Cl      ────→    HO┄┄┄┄┄┄┄┄C┄┄┄┄┄┄┄┄Cl⁻
   / |                           / |
  Y  Z                          Y  Z
                                    ↓
공격시약은 반대 방향에서 분                    X
자로 들어오기 때문에 반전이                    |
일어난다.                          HO──C
                                      / \
                                     Y   Z
```

구핵 치환 S$_N$2 반응 기구

어떤 쪽의 반응 기구가 탁월한가는 여러 가지 요인에 따른다.
예를 들면
① S$_N$1 반응에 대한 중간체의 안정
도
② S$_N$2 반응에서는 반응 중간체의 생성에 대한 입체적인 인자
③ 반응 용매의 영향(극성)이 큰 용매는 극성의 중간체를 안정화시키기 때문에 S$_N$1 반응을 유리하게 한다.
그러나 실제로는 양쪽의 반응이 경합해서 진행되고 있는 경우가 대부분이다. 치환 반응의 항 참조.

국재화 결합 【局在化結合 localized bond】 결합에 관여하고 있는 전자가 결합을 만들고 있는 2개의 원자 사이에 머무르고 있는 결합을 말한다. 즉, 결합 오비탈(orbital)이 국재화하고 있는 것이다. 대부분의 화학결합은 이러한 형식이다.

규산염 【silicates】 금속이온과 규소 및 산소로 이루어지는 극히 많은 화합물이다. 음이온은 SiO_4^{4-}, $Si_2O_7^{6-}$ 등 여러 가지가 있다. 대부분은 중합체 음이온이며 SiO_4단위는 곧은 사슬, 이중사슬, 평면 등의 연결구조

를 취하고 있다. 규소의 일부가 치환된 규산알루미늄(aluminosilicate)이나 그밖의 규산염도 많이 있다.

규소 【硅素 silicon】 [기호] Si [양성자수] 14 [상대원자질량] 28.086 mp 1414℃ bp 2355℃ 상대밀도(비중) 2.32-2.34 연한 회색의 견고한 반금속원소이다. 제 Ⅳ족의 제 2번째이다. 네온형으로 된 전자심의 외측에 4개의 전자가 있다. 즉 [Ne] $3s^23p^2$이다. 규소는 지각 속에 중량비로 27.7% 포함된다. 자연에서는 다른 금속과 함께 규산염의 형태로 산출된다. 모래(석영사)는 대부분이 이산화규소(silicon dioxide)이다. 점토광물, 운모(mica), 장석 등과 같은 조암광물(암석을 이루는 광물)은 모두 규산분을 함유한다.

단체규소를 생성하려면 이산화규소에 탄소를 혼합해서 환원(reduction)시킨다. 탄소 대신에 탄화칼슘을 사용하는 일도 있다. 반도체용의 고순도 규소를 얻는 데는 거칠게 만든 규소에 HCl/Cl_2의 혼합기체를 직접 반응시켜서 사염화규소(silicon chloride)를 만들고 증류하여 정제(refining)한다. 계속해서 수소기류 속에서 열분해(pyrolysis)하고 가열선상에 석출시킨다. 다시 고순도로 하는 데는 대용융(帶溶融 zone melt법)을 사용한다. 탄소와는 달리 규소에는 동소체(allotrope)가 없고 다이아몬드 구조로 된 것 뿐이다.

단체수소와 단체규소와의 직접적인 반응은 대개 일어나지 않는다. 염소를 공존시켜 고온으로 가열하면 $HSiCl_3$(트리클로로실란(trichlorosilane), 실리코클로로포름(silicochloroform))이 생긴다. 수소화물(hydride) SiH_4는 규소화마그네슘을 가수분해해서 생성시키든가(규소화수소는 Si_6H_{14}까지 생성된다) 또는 사염화규소를 $LiAlH_4$로 환원해서 생성시킨다.

$$SiCl_4 + LiAlH_4 \rightarrow SiH_4 + LiCl + AlCl_3$$

실란(silane)은 발화성이나 폭발성은 별로 심하지 않다. 플루오로클로로실란(fluorochlorosilane)은 심한 폭발성을 나타낸다. 규소는 공기 중에서 가열하면 이산화규소가 된다. 규산염 광물에는 여러 가지로 변화성이 풍부한 것이 있는데, 어느 것이든 SiO_4^{2-} 단위가 함유되어 사슬모양, 평면, 삼차원 등 여러 가지 양상으로 결합한 거대한 음이온을 골격으로 갖고 있다. 반금속원소이므로 어느 정도의 양성(兩性)을 나타내지만 규산 자체는 산으로서는 대단히 약한 쪽에 속한다. 융해알칼리에는 용해되어 상당한 규산염이 된다.

유기규소유도체(有機硅素誘導體)는 많은 것이 알려져 있다. 대부분의 경우, 단일결합으로만 이루어져 있는 이들 화합물은 일반적인 탄소화합물과 같으며, 구핵치환은 수소상에서 일어나지 않고 규소상에서 일어난다. 또한 산소나 질소의 결합각은 대개 유기화합물보다도 크다. 광학활성(optical activity) 또는 반전(反轉)도 관측되고 있다. 탄소화합물과 크게 다른 점은 탄소가 $p\pi-p\pi$에 의해 이중결합이 가능한 데 대해 규소에서는 $p\pi-d\pi$ 또는 back bonding에 의하지 않으면 안된다는 점이다. 따라서 대개의 경우, 규소는 이중결합을 하지 않고 산소와의 결합도 에테르형(즉 실록산형 siloxanes type)이 케톤형(ketone type)보다도 일반적이다. Si-OH결합도 알콜에 비하면 훨씬 불안정하며 쉽게 결합해서 실록산(siloxanes)이 된다.

$$2R_3SiOH \rightarrow R_3Si-O-SiR_3$$

규정도 【規定度 normality】 $1dm^3(=1l)$당의 그램 당량수(當量數)를 말한다. SI 단위계에는 없으나 화학분석상 대단히 편리한 것이다.

규정(농도)용액 【normal solution】 용액 $1l$에 대해 1그램 당량의 용질을 함유하는 용액을 말한다. 대개 N을 사용해서 표시한다. 0.2N 또는 N/10과 같이 기입한다. 당량은 모든 화학 반응에 대해 동일하지 않기 때문에 어떤 반응에 대한 규정도는 다른 반응에 대한 규정도와 동일하다고는 할 수 없다. 그러기 때문에 몰농도(molarity)를 사용하는 것이 정확하며 이것을 권장하고 있다.

규조토 【硅藻土 diatomaceous earth】 주로 규조류의 유해가 해저에 퇴적되어 형성된 토양으로 순수한 규산껍질은 SiO_2 94%, H_2O 6%의 양질이다. 백색 또는 회백색을 나타내고 부드럽고 약하여 참비중 2.1~2.3, 부피비중 0.32~0.45의 다공질(공극률 70~90%)이다. 해성종과 담수종이 있으며 담수종이 양질이다. 치밀한 것은 무게로 4배나 되는 수분을 흡수·유지할 수 있다. 열전도율이 낮고 산에 침해되기 힘들다. 여과조제·

단열용 충전제·흡수제·연마제·안료 등에 쓰인다.
규화물 【silicide】 규소와 더욱 전기적인 양성(陽性)의 원소와의 화합물을 말한다.
균일계 【homogeneous】 단일상(單一相)에 속하는 것을 말한다. 균일계의 혼합물은 다만 하나의 상(相 Phase)으로 이루어진 혼합물이다.
그래파이트 【graphite】 REG#=7782-42-5 석묵(石墨) 또는 흑연이라고도 한다. 탄소동위체의 하나이다. 열이나 전기의 도체이다. 탄소 원자는 층모양으로 배열되고 고체의 윤활제로도 사용된다. 탄소의 항 참조.
그램 【gram】 [기호] g 킬로그램의 1/1000로서 정의된다. cgs 기본 단위의 한가지이다
그램 당량 【gram-equivalent】 물질의 당량을 그램 단위로 표기한 것이다.
그램 분자 【gram-molecule】 몰의 항 참조.
그램 원자 【gram-atom】 몰의 항 참조.
그레이 【gray】 [기호] Gy SI단위계에서 단위 질량당 흡수하는 에너지를 표시하는 단위이다. 생체 조직에 대한 이온화성(ionization)의 방사선 작용 등을 표현하는데 사용된다. 1Gy는 1kg의 질량당 1J의 에너지를 흡수하는데 상당하는 단위이다.
그레이엄의 법칙 【Graham's law】 기체의 확산에 관한 법칙이다. '작은 구멍에서 유출하는 기체의 속도는 기체밀도의 제곱근에 반비례하고 용기 내외에 있는 압력 차이의 제곱근에 비례한다' 라고 하는 우라늄의 동위원소분리(확산법) 등의 기반을 이루는 법칙이다.
그레인 【grain】 금속상(metal phase) 속에 나타나는 결정 중에 규칙적으로 성장하는 것이 방해되는 것을 말한다.
그리냐르 시약 【Grignard reagent】 일반식 RMgX로 표시되는 유기금속화합물을 말한다. R은 알킬기(alkyl group)나 아릴기(aryl group), X는 할로겐(halogen)이다. 할로알칸(haloalkane) 또는 할로겐 아릴(halo-

gen aryl)과 금속 마그네슘을 건조한 에테르 속에서 반응시켜 얻는다 CH_3MgCl을 예로 들어 본다.

$$CH_3Cl + Mg \rightarrow CH_3MgCl$$

그리냐르 시약의 구조는 $R_2Mg \cdot MgCl_2$인 것으로 추정되고 있다. 유기화학에서 널리 사용되고 있다.

포름알데히드와 반응하면 탄소수가 1개 많은 알콜이 된다.

$$RMgX + HCHO \rightarrow RCH_2OH + Mg(OH)X$$

다른 알데히드와의 반응에서는 제 2급 알콜이 생긴다

$$RMgX + R'CHO \rightarrow RR'CHOH + Mg(OH)X$$

알콜이나 카르복시산과의 반응에서는 탄화수소가 된다

$$RMgX + R'OH \rightarrow PR' + Mg(OH)X$$

물과 반응해도 탄화수소가 된다.

$$RMgX + H_2O \rightarrow RH + Mg(OH)X$$

산성 수용액 속에서 고체탄산(dry ice)과 반응시키면 카르복시산이 된다.

$$RMgX + H_2O + CO_2 \rightarrow RCOOH + Mg(OH)X$$

극성 【polar】 영구 쌍극자(雙極子)를 갖는 분자를 극성분자라고 한다. 물이나 염화수소 등이 전형적이다.

극성 분자 【polar molecule】 분자 속에 있는 극성결합이 완전히 대칭적으로 배열하지 않아서 전자적 균형을 이루지 않는 것을 말한다. 결합 중의 전자의 편재에 의해 분자 전체에 영구쌍극자가 생긴다.

극성 용매 【polar solvent】 중간 정도 이상의 쌍극자 모멘트(dipole moment)를 갖는 분자로 이루어진 용매이다. 극성이나 이온성의 화합물에 대해서는 우수한 용해성을 나타낸다. 그러나 무극성인 물질에 대해서는 용매로서 적합하지 않다. 예를 들어 물은 $NaCl$, KNO_3 등의 이온성 화합물에 대해서는 좋은 용매이다. 그러나 파라핀과 같은 무극성 물질은 대부분 용해하지 못한다.

극성용매에 대한 분자의 쌍극자 모멘트는 용질분자(이온)와의 사이에 적당한 크기의 인력이 생기므로 용매화를 일으킨다. 용매화의 에너지가 격자에너지보다 크면 물질은 용해한다. 무극성용매의 항 참조.

글라스 【glass】 생석회, 탄산, 소다, 규사 등을 가열, 용해해서 만든 것으로 단단하고 투명한 물질이다. 이러한 방법으로 만든 글라스는 연질글라스(soda glass)라고 한다. 용도에 따라 산화붕소(boron oxide)를 가한 붕규산글라스나 연글라스(lead glass) 또는 바륨글라스라고 하는 것이 있다. 글라스는 무정형물질(amorphous)의 전형이며 격자 속에 원자나 이온과 같이 긴 주기의 규칙성을 갖지 않는다. 오히려 아직 결정화되지 않은 과냉각된 액체로 보아야 할 것이다. 그러나 이와 같이 비정질의 구조를 취하고 있는 고체도 역시 유리(glass)라고 한다.

글라스질 【vitreous】 유리(glass)와 비슷한 외형을 가진 것 또는 유리와 같은 구조로 된 것을 말한다.

글라우버염 【Glauber's salt】 황산나트륨의 항 참조.

글루코오스 【glucose】 (CAS) D-glucose REG#=50-99-7 $C_6H_{12}O_6$ 덱스트로스(dextrose) 또는 포도당(grape sugar)이라고도 하며 자연에는 D형이 많이 산출된다. 설탕, 녹말, 셀룰로스(cellulose) 등 속에도 글루코오스 단위로서 존재한다. 대사계에서 중요한 역할을 한다. 에너지의 저장, 방출에도 관여하고 있다.

글루타민 【glutamine】 REG#=56-85-9(L-체) $HOOCCH(NH_2)CH_2CH_2CONH_2$ 약호 $GluNH_2$, 글루타민산(glutamic acid)의 모노아미드(mono-amide)이다.

글루타민산 【glutamic acid】 REG#=56-86-O(L-체) $HOOCCH(NH_2)CH_2CH_2COOH$ 약호 Glu 아미노산의 하나이다. 이것의 모노나트륨염이 조미료로 쓰인다. 모노아미드는 글루타민($HOOCCH(NH_2)CH_2CH_2CONH_2$)이다. 아미노산의 항 참조.

글리세리드 【glyceride】 글리세린(프로판-1,2,3-트리올)의 카르복시산 에스테르이다. 글리세린에는 3개의 알콜성 수산기가 있기 때문에 3개가 모두 에스테르화한 것은 트리글리세리드(triglyceride)라 한다. 자연에 존재하는 유지류(油脂類)는 긴 사슬로 된 카르복시산의 트리글리세리드이다(이 때문에 카르복시산을 지방산이라 한다). 유지 속에 함유되는 카르복시산으로는 다음과 같은 것이 있다.

포화지방산
스테아르산(옥타데칸산) $C_{17}H_{35}COOH$
팔미트산(헥사데칸산) $C_{15}H_{31}COOH$
미리스트산(테트라데칸산) $C_{13}H_{27}COOH$
불포화지방산
올레인산(cis-9-옥타데센산)
$CH_3(CH_2)_7CH=CH(CH_2)_7COOH$

글리세린 【glycerine】　(CAS) 1,2,3-propanetriol REG#=56-81-5 $CH_2(OH)CH(OH)CH_2OH$ 프로판 1,2,3-트리올. 글리세롤(glycerol)이라고도 한다. 동물 지방을 수산화나트륨으로 가수분해[鹼化]하여 비누를 제조할 때 부산물로서 대량으로 얻게 된다. 단맛이 나는 액체이며 용매(solvent)나 가소제 등으로 사용된다. 글리세리드의 항 참조.

글리신 【glycine】　REG#=56-40-6 아미노산의 항 참조.

글리코겐 【glycogen】　$(C_6H_{10}O_5)_n$ 동물 체내에 널리 존재하는 다당으로서 식물계에 있어 저장물질인 녹말에 해당한다. 식물로서 섭취된 단당이나 글리세롤 등으로부터 생체 내에서 우리딘이(二)인산글루코오스를 거쳐 합성된다. 간장이나 근육 속에 특히 다량 들어 있다. 간장글리코겐은 체내에 에너지보존의 역할을 하고, 근육글리코겐은 근 수축의 에너지원으로 쓰인다. 굴이나 새우류에도 들어 있다. 식물계에서는 균류, 효모나 옥수수 종자에서도 발견된다. 맛도 냄새도 없는 비결정성 백색 가루로서, 알콜 및 에테르에는 녹지 않으나 물에는 녹아서 콜로이드 용액을 만들지만 풀이 되지는 않는다.

금 【金 gold】　[기호] Au [양성자수] 79 [상대원자질량] 197.0 mp 1063℃ bp 2970℃ 상대 밀도(비중) 19.3 천이금속원소의 하나이며 가장 오래 사용되어온 금속이라고 한다. 아름다운 황색, 광택이 있는 금속이며 면심입방격자. 대부분이 석영맥 속에 자연금으로 산출된다. 모암의 풍화

결과 하천 바닥에 침적한 사금으로서도 얻어진다. 광석(Au로서 5 mg/kg 이상)에서 금을 캐내는 방법으로 아말감법·청화법·건식법 등이 있으며, 구리 은 등을 전기제련할 때의 전해조 침전물에서도 얻어진다.

Au(Ⅰ)와 Au(Ⅲ)의 화합물이 있는데 Au(Ⅲ)가 안정되어 있다. 전기나 열의 양도체이며 강산화제(强酸化劑)에도 저장하나 왕수에는 용해된다. 장식품외에 전자부품에도 빼놓을 수 없는 재료로 되었다.

금속 【金屬 metal】 금속 원소의 항 참조.

금속 결정 【金屬結晶 metallic crystal】 금속원자만으로 이루어진 고체(결정)이다. 각 금속원자는 외각전자를 모두 내놓아 생기는 전자의 바다(또는 전자 가스) 속에 있으며 전자의 이동은 자유롭다. 금속이온은 규칙적인 격자모양으로 배열되어 있다. 격자를 통해 전자가 쉽게 이동할 수 있기 때문에 전기전도율과 열전도율은 모두 높은 값을 나타낸다.

금속 결합 【金屬結合 metallic bond】 금속원소의 원자가 산화수(酸化數) 0으로 규칙적인 배열을 하고 있는 경우의 원자간 결합을 말한다. 각 원자의 최외각전자는 금속결정의 전역에 걸쳐 분포되어 마치 '전자 가스'와 같이 거동한다. 금속결합을 형성하는 것은 많은 금속원소의 원자핵과 전자가스 사이의 인력이다. 양자역학에 의하면 이 전자가스의 에너지는 어떤 밴드구조(band structure)를 형성하고 있는데, 이 구조 안의 전자의 거동에 의해 도체나 반도체 같은 물성의 차이가 나타난다.

금속 원소 【金屬元素 metals】 몇 가지 특별한 성질을 가진 일련의 원소를 말한다. 일반적인 의미로 '금속'이라고 할 때는 철, 알루미늄, 구리 등의 단일체와 그 합금으로 전기와 열의 양도체이며 광택이 있고 전성(展性)이 풍부한 고체를 가리킨다. 그러나 이것은 엄밀한 정의가 되지 못한다. 어떤 종류의 금속은 별로 전도성이 높지 않으며 수은과 같이 액체인 원소도 있다. 화학에서 '금속원소'는 당연히 화학적 성질을 기준하여 정의되므로 두 가지로 크게 나눌 수 있다.

한가지는 반응성이 풍부한 원소군으로 알칼리금속, 알칼리토류금속(alkaline-earth metals)의 각 원소가 여기에 속한다. 전기적인 양성이 현저하고 전기화학계열에서도 처음에 위치하여 쉽게 전자를 상실해서 양이온이 된다. 산화물이나 수산화물(hydroxide)의 어느 것이든 모두 강염기(强鹽基)가 된다. 이러한 금속성은 주기율표의 오른쪽으로 가면 감소되고 아래쪽으로 내려갈수록 증대한다. 또 한가지 금속 원소군은 이른바 천이금속(transition metals)이라 하는 것이다. 반응성은 별로 심하지 않으나 여러 가지 원자가(原子價 : 산화수)를 나타내며 다종 다양한 착체(錯體 complex)를 형성한다. 고체상과 액체상 중에서 금속의 원자는 금속결합에 의해 양(陽)으로 대전(帶電)한 이온과 자유 전자의 바다를 형성하고 있다. 비금속 원소의 항 참조.

금속 카르보닐 착체 【metal carbonyl complex】 일산화탄소가 금속에 배위하여 생기는 착체를 말한다. 니켈테트라카르보닐(nickel tetra carbonyl) $Ni(CO)_4$ 등이 예이다.

금속회 【金屬灰 calx】 공기 중에서 금속광석을 고온으로 가열해서 얻을 수 있는 금속의 화합물이다.

금화합물 【金化合物 gold compound】 산화수 1 및 3인 화합물이 알려져 있는데, 일반적으로 산화수 3의 화합물이 안정적이다. 산화수 2에 해당하는 화합물의 대부분은 1과 3이 공존하고 있는 것으로 생각할 수 있다. 모두 가열·환원 등에 의해 금이 유리되기 쉽다.

① 금(Ⅰ)화합물. AuX(X=F, Cl, Br, I, CN, OH), 산화물 등에서 은(Ⅰ)화합물과 비슷하지만, 일반적으로 불안정하여 물에 녹으면 다음 식과 같이 불균일화 되기 쉽다.

$$3Au^+ \rightarrow 2Au + Au^{3+}$$

요오드화물 및 시안화물은 용해도가 작고 안정되며 티오산염 M^I[AuS], $M^I_3[AuS_2]$ 등도 알려져 있다. 셀렌화물, 텔루르화물은 금속적 성질을 나타낸다.

② 금(Ⅲ)화합물. 수산화물, 산화물, 황화물, 염화물 등이 있는데, 수용액 속에서는 착이온으로 존재하는 경우가 많으며 수용액에서 얻어지는

대부분은 착물이다. 금을 왕수에 녹여서 증발시키면 테트라클로로금산 $HAuCl_4$(평면4각형)이 얻어지고, 이것에서 다른 여러 금(Ⅲ)화합물이 얻어진다. 적색의 Au $(OH)_3$는 금산이라고 하는데, 3가의 산으로 pK_a 11.7, 14.3 및 15.3이다. 대응하는 금산염이 알려져 있다. 알칼리염만이 물에 녹는다. $Au^{3+} + 2e \rightarrow Au^+$의 표준산화환원전위는 +1.50 V(NHE에 대해서). 대표적인 유기금화합물에 $AuRX_2$, AuR_2X(R=알킬기, X=할로겐)가 있으며 저온에서 AuR_3도 얻어지고 있다. 구조는 모두 평면형4배위.

③ 기타화합물. 플루오르화물에는 AuF_5가 있고, 또 $[Au\{S_2C_2(CN)_2\}_2]^{2-}$ 등인 Au^{II}가 있다. 금속원소사이에서 대부분의 금속간화합물을 생성할 수 있다.

기가【giga】 [기호] G 10억 배(10^9배)를 나타내는 접두사이다. 1GHz= 10^9Hz.

기고(氣固) 크로마토그래피【gas solid chromatography】 가스 크로마토그래피의 항 참조.

기기화【機器化 instrumentation】 화학공장에서 반응과정의 여러 가지 상태를 측정하거나 제어하기 위한 기기장치로서 크게 세 가지로 나눌 수 있다.

① 기압계, 압력계, 칭량기 등에 의해 현재 상태의 데이터를 얻기 위한 기기
② 점도, 압력, 액체의 흐름, 온도 등을 기록하기 위한 기기
③ pH나 물질이동 등을, 요구되는 조건대로 제어, 보존하기 위한 장치

기본 단위【基本單位 fundamental unit】 길이, 질량, 시간 등 각각의 단위이며 이것을 기준으로 하여 다른 모든 단위가 유도된다. SI 단위계에서는 미터, 킬로그램, 초(second) 등 이 세 가지가 기본 단위이다.

기상 확산 분리【氣相擴散分離 gaseous diffusion separation】 질량이 다른 기체를 분리하는데 사용되는 방법을 말한다. 예를 들면 우라

늄의 동위체(^{235}U와 ^{238}U)는 우라늄광에서 UF_6을 만들고 이것을 기화시킨 뒤에 확산 분리법으로 분류한다. 이 혼합물을 세공층을 연결시킨 것에 통과시키면 질량이 작은 분자쪽이 확산 속도가 빠르므로 점점 가벼운 분자의 비율이 커진다. 계속 되풀이하면 ^{235}U를 99% 이상까지 농축할 수 있게 된다. 중수소(deuterium)를 분리하는데도 이 방법이 사용된다.

기압 【氣壓 atm(atmosphere)】 압력의 단위이다. 101325파스칼(Pa)과 같다. 화학분야에서는 비교적 거친(rough) 취급을 하는 경우에 사용한다. 예를 들면 고압공업과정에서 압력을 기재할 때 등이다.

기액(氣液) 크로마토그래피 【gas-liquid chromatography】 가스 크로마토그래피의 항 참조.

기저 상태 【基底狀態 ground state】 원자나 분자 등의 계통에서 가장 낮은 에너지를 갖는 에너지 상태를 말한다. 여기 상태의 항 참조.

기전력 순열 【起電力順列 electromotive series】 전기 화학 계열의 항 참조.

기질 【基質 substrate】 효소의 작용을 받아서 변화하는 물질을 그 효소의 기질이라고 한다. 효소는 일정한 화학반응을 일으키는 작용을 한다. 즉 특이적으로 작용한다. 이와 같은 작용을 받는 물질이 기질이다.

기체 【氣體 gas】 물질이 존재하는 상태의 하나이다. 물질을 구성하고 있는 입자 사이의 인력이 작은 상태를 말한다. 각 입자는 자유로이 이동될 수 있기 때문에 기체는 일정한 현상이나 부피를 갖지 않는다. 기체 속의 분자나 원자는 항상 운동하고 있으며 서로 충돌을 반복하고 또는 용기의 벽면과도 충돌한다. 벽면과의 충돌이 기체 압력의 기본이다.

기체 상수 【氣體常數 gas constant】 [기호] R 이상기체(ideal gas)의 상태방정식에 나타나는 상수를 말한다. 8.31434 $Jmol^{-1}K^{-1}$(0.08206 l atm $mol^{-1}K^{-1}$ 또는 1.987cal $mol^{-1}K^{-1}$).

기체의 법칙 【gas laws】 일정한 양의 기체에 관해 압력, 온도, 부피의 관계를 나타내는 법칙을 말한다. 보일(Boyle)의 법칙이나 샤를(Charles)의 법칙 등을 가리킨다. 실제의 기체에 대해서 이 법칙들은 엄밀하게 성립되지 않으나 고온 또는 저압 조건에서는 그 차이가 비교적 적게 된다. 기체의 법칙에 엄밀하게 따르는 기체를 이상기체 또는 완전기체라고 한다.
보일의 법칙과 샤를의 법칙을 종합해 보면 다음과 같은 식이 된다(이것이 보일-샤를의 법칙이다).

$$pV_m = RT$$

여기서 R은 기체상수, V_m은 몰부피(1몰의 기체가 차지하는 부피)이다. n몰의 기체에 대해서는 다음과 같이 된다(이상기체의 상태방정식).

$$pV = nRT$$

실제의 기체는 모두 이 이상기체의 법칙에서 다소나마 차이를 나타내지만 입자의 부피가 무시되고 분자내력(分子內力)의 기여도가 거의 없는 경우에는 이 관계식을 적용할 수 있다(저압, 고온하에서). 실제기체의 거동을 기술하는 여러 가지 상태방정식이 제안되어 있으나 가장 잘 알려진 것이 반 데르 발스(Van der Waals)의 상태방정식이다.

기초 단위 【基礎單位 base unit】 재현성이 있는 물리 현상에 의해 정의되거나, 또는 원리적으로 정확하게 정해지는 단위를 말한다. 예를 들면 미터는 특정한 발광 스펙트럼선(emission spectrum line)의 파장에 따라서 엄밀하게 정의된 기초단위이다. SI 단위계의 항 참조.

기하 이성질 【幾何異性質 geometrical isomerism】 이성질의 항 참조.

기화(증발) 【氣化(蒸發) vaporization】 액체 또는 고체에 열을 가했을 때 기체나 증기가 되는 현상을 말한다. 비등(boiling)과는 달리 별도로 일정한 온도 조건을 필요로 하지 않는다. 기화속도는 온도상승과 동시에 커진다. 액체인 경우에는 증발이라고 하는 일이 많다.

깁스 함수 【Gibbs function】 깁스의 자유 에너지, 기호 G로 나타낸다. 다음과 같은 정의로 된 열역학적인 함수이다.
$$G=H-TS$$
H 는 엔탈피(enthalpy), T 는 열역학 온도, S 는 엔트로피(entropy)이다. 정온, 정압 조건하에서 화학 평형 조건을 구하는데 유용하다. 이때에 G 는 극소가 된다. 자유 에너지의 항 참고.

나노- 【nano-】 [기호] n 10^{-9}배를 표시하는 접두사이다. 예를 들면 1nm(나노미터)=10^{-9}m

$$H_2N-(CH_2)_6-NH_2 + HOOC-(CH_2)_4-COOH$$
$$\downarrow$$
$$-C-HN-(CH_2)_6-NH-C-(CH_2)_4-C-NH-$$
$$\quad \parallel \qquad\qquad\qquad\qquad \parallel \qquad\qquad \parallel$$
$$\quad O \qquad\qquad\qquad\qquad\quad O \qquad\qquad O$$

나일론의 합성

나일론 【nylon】 폴리아미드계의 합성섬유를 말하며 원래는 상품명이었다. -NH-CO-, 즉 펩티드(peptide) 결합으로 형성된 긴 사슬 모양의 고분자이다. 지방족디아민(diamine)과 지방족디카르복시산(dicarboxylic acid)의 중합체(重合體 polymer) (6, 6-나일론 등) 및 랙팀(lactam)의 열린고리중합체(6-나일론 등)가 있다.

나타법 【Natta process】 입체규칙성의 폴리프로필렌을 지글러(Ziegler) 촉매에 의해 공업적으로 합성하는 방법을 말한다. 중합 및 지글러법의 항 참조

나트륨 【sodium】 [기호] Na [양성자수] 11 [상대원자질량] 22.993 mp 97.8℃ bp 883℃ 상대밀도(비중) 0.97 주기율표 제 IA족(알칼리금속원

소)의 일원이며 반응성이 풍부하고 유연한 금속이다. 네온형(neon type)의 전자심(電子芯) 외측에 가전자(價電子 valence electron)로서 3s 전자를 한 개만 가지고 있다. 불꽃 속에서 여기(勵起 excitation)되면 특징 있는 황색의 선스펙트럼(line spectrum)을 방출한다. 나트륨 램프도 또한 같으며 이 선(線)은 소위 나트륨 D선 쌍이다. 이온화 에너지는 비교적 작으며 그 결과 나트륨원자는 쉽게 전자를 방출한다(즉 환원성이 크다). 따라서 나트륨의 화학은 대부분이 1가(價) 양이온 Na^+로 된 것이다.

나트륨은 자연계에서는 바닷물 속에 NaCl의 형태로 많이 존재하고 있는 외에 호소(湖沼) 등의 건조퇴적물로 산출된다. 암석권(巖石圈) 속에는 2.6% 정도 존재한다. 공업적으로는 융해염화나트륨을 전기분해해서 얻지만 융점(融點 melting point)을 낮추기 위해 염화칼슘을 첨가한다. 철음극(鐵陰極)을 사용하여 금속나트륨을 석출(析出)시킨다(다운즈법 Downs cell).

금속나트륨은 현저하게 반응성이 풍부하며 할로겐이나 물과 폭발적으로 반응한다. 나트륨의 화학은 다른 알칼리금속원소의 화학과 비슷한 것이다.

나트륨의 화합물은 대부분 물에 용해된다. 수산화나트륨은 진한 식염수를 전해(電解 electrolysis)해서 만드는데 수은법(水銀法 영국에서는 이것이 주류이다)이나 격막법(隔膜法 일본, 미국 등의 방식)을 각각 사용하고 있다. 전해할 때 염소가스가 부산물로 생성된다.

액체암모니아에 금속나트륨을 용해해서 얻게되는 청색의 용액은 대단히 큰 전도도(電導度)를 나타낸다. 이 용액에서의 전류반송체(電流搬送體)는 용매화전자(溶媒和電子 solvation electron)이다. 이 용액은 유기화학이나 무기화학을 막론하고 강력한 환원제로서 유용하다. 해당하는 알킬수은(alkyl mercury) 또는 아릴수은(aryl mercury)과의 반응으로 각각 알킬나트륨, 아릴나트륨을 얻게 된다.

$$(CH_3)_2HG + 2Na \rightarrow 2CH_3Na + Hg$$

이러한 유기나트륨화합물은 중합반응의 촉매로서 잘 사용된다. 금속나트륨의 결정구조는 체심입방격자(體心立方格子)이다.

나트륨 아미드 【sodium amide(sodamide)】 REG # =7782-92-5
$NaNH_2$ 백색의 이온성 고체이며 건조한 암모니아를 300~400℃로 가열한 금속나트륨 위를 통과시키면 얻게 된다. 물과 심하게 반응하여 암모니아와 수산화나트륨이 된다. 붉게 가열된 탄소와 반응시키면 시안화나트륨이 된다. 또한 아산화질소(亞酸化 窒素 dinitrogen oxide) N_2O와의 반응에서는 아지화나트륨(sodium azide)을 얻게 된다. 이것은 카스터너(Castner)법이라 불린다. 폭약(爆藥)의 원료이기도 하다.

나프타 【naphtha】 ① 석유·석탄타르·혈암유를 증류하여 얻어지는 저비점 탄화수소의 혼합물로 이루어진 기름으로 석유나프타라고도 한다. 크래킹에 의해 올레핀유를 만든다. ② 비점 110~210℃ 부근에서 유출되는 중질가솔린을 말한다.

나프탈렌 【naphthalene】 REG # =91-20-3 $C_{10}H_8$ 백색 결정성(白色 結晶性)의 고체이며 방충제(防蟲劑)로 사용된다. 특이한 냄새가 난다. 원유(原油 crude oil)를 분류하면 중유(中油)와 중유(重油)의 프랙션(fraction)에 들어가기 때문에 분별결정(分別結晶 fractional crystallization)으로 분리한다. 무수프탈산(phthalic anhydride, acid phthalic anhydride)의 원료로서 공업적으로 많이 사용되며 이것으로 염료나 플라스틱을 만들 수 있다. 나프탈렌의 구조는 벤젠고리 2개를 연결한 것이며 반응도 방향족화합물(aromatic compound)의 반응처럼 특징적인 것이다. 방향족 화합물의 항 참조.

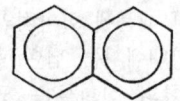 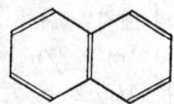

나프탈렌

남극석【南極石 antarcticite】 REG # =29854-80-6 $CaCl_2 \cdot 6H_2O$ 남극 드라이밸리의 돈팬 연못에서 발견된 남극대륙의 최초 신광물(新鑛物)이다.

납【鉛 lead】 [기호] pb [양성자수] 82 [상대원자질량] 207.19 mp 328℃ bp 1755℃ 상대밀도(비중) 11.34 밀도가 크고 암회색(暗灰色)이며 연(軟)한 금속원소의 하나이다. 주기율표에서 제 V족의 가장 아래쪽(5번째)에 위치한다. 여러 가지 광물 속에 많이 존재하고 있으나 경제적으로 중요한 것은 소수의 광석뿐이다. 가장 중요성이 높은 광물은 방연광(方鉛鑛 galena PbS)이며 미국, 호주, 멕시코, 캐나다 등에서 대량 산출된다. 이 밖에 황산연광(黃酸鉛鑛 lead spar) $PbSO_4$, 밀타승(密陀僧 litharge) PbO, 백연광(白鉛鑛 cerussite) $PbCO_3$ 등이 중요한 납광물(鉛鑛物)이다.

방연광은 섬아연광(閃亞鉛鑛 sphalerite)과 함께 산출되는 일이 많고 정련조작도 비슷하기 때문에 공장도 통합되는 일이 많다. 광석은 부선조작(浮選操作 flotation operating)으로 농축시킨 뒤에 배소(焙燒 roast)하고 산화물의 형태로 한 다음 환원한다.

$$2PbS + 3O_2 \rightarrow 2PbO + 2SO_2$$
$$PbS + 2O_2 \rightarrow PbSO_4$$
$$PbO + C \rightarrow Pb + CO$$
$$2PbO + PbS \rightarrow 3Pb + SO_2$$
$$PbSO_4 + 2C \rightarrow pb + 2CO + SO_2$$

거친 납 속에는 은(銀)이 함유되어 있으며 이것을 회수하여 경제적으로 이익을 보는 일도 많다. 주석(朱錫 tin)과 납의 최외곽 전자(最外殼電子)는 s^2p^2의 배치를 취하고 있는데 이 때문에 화학적인 성질도 상당히 비슷하다. 그러나 2가(bivalent)의 상태에서는 납이 훨씬 안정되어 있다. PbO와 PbO_2로 된 두 가지 종류의 산화물은 모두 양성(兩性 amphoterism)을 나타내며 알칼리에 용해되어 각각 납(Ⅱ)산염(鉛(Ⅱ)酸鹽)(아·납산염 亞·鉛酸鹽)과 납(Ⅳ)산염을 생성한다. 혼합산화물로는 Pb_2O_3(황색 고체, Pb(Ⅱ)Pb(Ⅳ)O_3라고 기입하는 것이 정확하다), Pb_3O_4

(연단 鉛丹 red lead $Pb_2(II)Pb(IV)O_4$)가 알려지고 있다. 주석과 같이 납도 저융점(低融點)에서 묽은 광산(鑛酸)에는 침해되지 않으나 농후한 질산(窒酸 nitric acid)에는 용해된다(주석은 질산과 가열할 경우, 메타(meta)주석산(朱錫酸)이라고 하는 불용성(不溶性 insolubility)의 수화산화물(水和酸化物)로 되어 침전한다). 농후한 염산은 납을 용해시키지 않는다.

$$3Pb + 8HNO_3 \rightarrow 3Pb(NO_3)_2 + 2NO + 4H_2O$$

납의 할로겐화물 중, 2가의 할로겐화물 PbX_2는 모든 할로겐에 대해 생성하지만 4가(quadrivalent)의 할로겐화물로서는 $PbCl_4$만이 알려지고 있다(주석의 경우 SnX_4는 F, Cl, Br, I의 모두에 대해 존재한다). $Pb(II)$의 큰 안전성은 $Pb(IV)$ 화합물이 강력한 산화제인 것이 원인이다.

납축전지 【鉛蓄電池 lead-acid accumulator】 자동차의 배터리로서 널리 사용되고 있는 축전지의 전형이다. 2조의 전극판(電極板)이 있으며 한쪽은 금속납이고 다른쪽은 이산화납(二酸化鉛 lead dioxide)으로 되어 있다. 이산화납판(二酸化鉛版)은 양극(陽極 anode)이고 금속납판(金屬鉛版)은 음극(陰極 cathode)이다. 전극물질은 경질(硬質)로 된 격자모양의 합금상에 보존되고 격막(隔膜 separator)에 의해 서로 격리되어 있다. 전해액(電解液 electrolyte)은 묽은 황산이다.

완전하게 충전되었을 때 이 축전지의 기전력(起電力 electromotive force)은 약 2.2V이다. 전류를 공급하면 안정된 2V까지 내려간다. 방전시키면 기전력은 점점 저하한다. 이 때 전해액 속의 황산은 점점 희박해지고 비중도 적어진다. 충전할 때는 방전과 반대방향으로 전류를 공급하면 전극방향이 반대로 진행되어 전해액의 비중도 커진다(완전히 충전하였을 때는 비중이 1.25로 된다).

전해액은 수소이온 H^+와 황산이온 SO_4^{2-}을 함유한다. 방전할 때 H^+는 이산화납과 반응하여 산화납(II)(litharge)을 생성시킨다.

$$PbO_2 + 2H^+ + 2e^- \rightarrow PbO + H_2O$$

위와 같은 반응은 외부에서 전자가 공급되어 일어나므로 이 쪽이 양극이 된다. 다시 반응이 진행되면 황산납(II)(lead(II) sulfate)이 생성된다.
$$PbO + 2H^+ + SO_4^{2-} \rightarrow PbSO_4 + H_2O$$
한편 금속납은 다음과 같이 반응하여 전자를 방출하고 음극이 된다.
$$Pb + SO_4^{2-} \rightarrow PbSO_4 + 2e^-$$
충전할 때의 전극 반응은 이의 반대가 된다. 즉
음극 : $PbSO_4 + 2e^- \rightarrow Pb + SO_4^{2-}$
양극 : $PbSO_4 + 2H_2O \rightarrow PbO_2 + 4H^+ + SO_4^{2-} 2e$

내부 에너지【內部 — internal energy】 [기호] U 계(系)의 성분입자(成分粒子) 모두에 대한 운동에너지와 위치에너지의 총합(總合)을 가리킨다. 계(系)에 에너지를 주면 온도는 상승하고 입자의 속도는 증가하여 내부에너지도 증대한다. 계에 일을 시키면 내부에너지는 감소된다. 열, 일, 내부 에너지의 관계를 나타낸 것이 열역학의 제 1법칙이다. 때때로 계의 내부에너지를 다만 '열'이라든가 '열 에너지(heat energy)'라고 표현하는 일이 있는데 이것은 엄밀히 말하면 정확하지 않다. 열이란 온도 차이에 의한 에너지의 수송형태(輸送形態)를 가리키기 때문이다.

내부 저항【內部抵抗 internal resistance】 전원(電源 power supply) 자체가 갖는 저항을 말한다. 전지의 경우, 전극단자 사이의 전위차(電位差) V는 전지 자체의 기전력(起電力 electromotive force) E보다도 대개 적다. 이 차이는 사용전류에 비례한다. 그리하여 내부저항 r 은 다음과 같이 구한다.
$$r = (E - V)/I$$

내화물【耐火物 refractory】 고온도에 견디고 화학적으로 안정한 비금속무기물질 또는 그 제품의 총칭. 보통 내화도 SK 18(1500℃에 해당) 이상의 공업용 노재(爐材)를 가리킨다. 공업용 노(爐)의 구축에 좋은 형상을 갖는 정형(定形)내화물을 내화벽돌이라 하고, 일정한 형상을 갖지 않고 필요한 형태로 시공하여 쓰는 것을 부정형(不定形)내화물이라고 한다. 재질적으로는 산화물계가 보통이지만 비산화물계, 산화물·비산화물복합계도 있다. 산화물계 내화벽돌로는 규석벽돌·샤모트벽돌·납

석벽돌·고알루미나질벽돌·알루미나벽돌·크롬마그네시아벽돌·마그네시아벽돌·돌로마이트벽돌 등이 있다. 비산화물계로는 탄화규소벽돌·질화규소벽돌 등이 있다. 복합계로는 알루미나탄소벽돌·마그네시아카본벽돌 등이 있다. 부정형내화물에는 내화모르타르·캐스터블내화물·플라스틱내화물 등이 있다. 내화물의 성질로서는 내화도, 하중연화점, 스폴링, 슬래그에 대한 내식성 등이 중요하다.

내화성【耐火性 refractory】 무기산화물 등에서 융점이 높은 것을 말한다. 산화지르코늄(zirconium oxide) 등은 내화성 산화물이다.

냉각곡선【冷却曲線 cooling curve】 물질계에서 열을 빼앗을 때 온도가 내려가는 상태를 온도-시간의 관계도로 나타낸 곡선. 일정한 속도에서 열을 빼앗을 때 얻어지는 냉각곡선에서는 융해물이 고화(固化)할 때, 고체가 변태를 일으킬 때, 용체에서 그 성분의 일부가 석출할 때 등으로, 그 해당하는 온도에서 잠시 일정한 온도로 유지되거나 꺾이거나 한다. 융점이나 전이점의 결정, 상태도의 작성 등에 쓰인다.

네오디뮴【neodymium】 [기호] Nd [양성자수] 60 [상대원자질량] 144.24 mp 1021℃ bp 3068℃ 상대밀도(비중) 6.8~7.0 은백색의 금속이며 두 가지 종류의 변태(變態 transformation)를 갖는다. 란탄족원소의 하나이며 다른 란탄족원소와 함께 산출된다. 여러 가지 금속과의 합금으로서 또한 촉매, 탄소아크, 서치라이트, 유리 등에 사용된다.

네오프렌【neoprene】 합성고무의 일종이며 2-클로로-부타-1, 3-디엔(클로로프렌)의 중합(重合)으로 얻게 된다. 천연고무보다도 내유성, 내열성이 대단히 우수하다.

네온【neon】 [기호] Ne [양성자수] 10 [상대원자질량] 20.18 mp -248.67℃ bp -246.05℃ 밀도 0.9kgm^{-3} 불활성기체(不活性氣體 inert gas)이다. 무색, 무취의 단원자 기체원소(單原子氣體元素)이며 희유기체원소(제 0족)에 속한다. 공기 속에 아주 적은 양(체적비 0.0018%)이 함유되어 있다. 네온사인이나 조명 등에 사용된다.

넵투늄【neptunium】 [기호] Np [양성자수] 93 [최장수명동위원소]

^{237}Np(2.2×10^{6}년) mp 640℃ bp 3902℃(추정값) 상대밀도(비중) 20.25 독성이 강한 은백색의 방사성 원소이다. 악티늄족 원소의 한 가지이며 1940년에 처음으로 인공적인 방법으로 제조된 초우라늄 원소이다. 지구상에서는 우라늄광 속에 흔적량(痕迹量)의 존재가 확인되고 있다. 주로 플루토늄-239를 제조할 때의 부산물로 얻게 된다.

노벨륨 【nobelium】 [기호] No [양성자수] 102 악티늄족 원소의 한 가지이며 자연에는 존재하지 않는다. 대단히 짧은 수명의 동위원소가 인공적으로 제조될 뿐이다.

녹 【rusting】 공기 속에서 철이 부식하여 산화물을 생성하는 현상을 말한다. 녹이 생기는 데는 산소와 수분의 공존이 필요하다. 녹의 생성은 수화(水和)이온에 의한 전기화학반응이다.

$$Fe(s) \rightarrow Fe^{2+}(aq) + 2e^-$$
$$H_2O + O_2(aq) + 2e \rightarrow 2OH^-(aq)$$

이 반응에서 수산화철(Ⅱ)가 침전하고 이어서 공기 속의 산소에 의해 적갈색의 수화산화철(水和酸化鐵)(Ⅲ) $Fe_2O_3 \cdot H_2O$가 된다.

녹말 【綠末 starch】 $(C_6H_{10}O_5)_n$, 전분(澱粉)이라고도 한다. 자연에서는 식물계에 널리 존재하는 다당류이다. 공업적으로는 옥수수, 밀, 보리, 쌀, 감자, 수수 등에서 추출된다. 녹말은 식물의 영양저장형이며 적당한 효소(enzyme)에서 저분자량의 당류(糖類)로 분해되어서 생체에 필요한 에너지를 공급한다. 동물에게 필요한 식품이다.

녹말은 단일분자가 아니고 아밀로스(amylose)와 아밀로펙틴(amylopectin)의 혼합체이다. 아밀로스는 물에 용해되며 요도(iodo)에서 청색으로 정색(呈色)하나 아밀로펙틴은 물에 용해되기 어려우며 요도에서 자색(紫色)으로 된다. 원료에 따라 아밀로스와 아밀로펙틴의 비는 다르고 찹쌀에서 얻게 되는 녹말은 대부분이 아밀로펙틴이다. 멥쌀녹말에서는 10~20%가, 옥수수녹말(corn starch)에서는 20~25%가 아밀로스이다.

녹반유 【綠礬油 oil of vitriol】 황산(sulfuric acid)을 말한다. 이전에는 녹반(황산철(Ⅱ))을 건류(乾留)시켜서 만들었기 때문에 이러한 명칭이 되었다.

녹주석 【綠柱石 beryl】 베릴륨(beryllium)의 원료가 되는 광물이다. 조성(組成)은 $3BeO \cdot Al_2O_3 \cdot 6SiO_3$이다. 여러 가지 변종이 있으나 보석이 되는 짙은 녹색의 에메랄드(emerald)나 청록색의 아쿠아마린(aquamarine)도 이의 일종이다. 에메랄드의 짙은 녹색은 흔적량(痕迹量)의 크롬(III)이 존재하기 때문에 나타난다.

농도 【濃度 concentration】 일반적으로는 단위부피당의 용액 속에 함유되는 용질(溶質 solute)의 양으로 나타낸다(부피농도). 몰농도란 용액의 단위부피당 몇 몰(mole)의 용질이 함유되어 있는가를 나타낸다. 중량몰농도는 단위중량(대개 1kg)의 용매(溶媒 solvent)에 몇 몰의 용질이 용해되어 있는가를 나타낸다.

농후 【濃厚 conc.(concentrated)】 용액 속의 용질농도가 상대적으로 상당히 큰 것을 나타낸다(상대적인 것에 주의). 진한 황산(conc. H_2SO_4)은 대개 96%의 황산을 함유하며, 진한 염산(conc. HCl)은 36%의 염화수소, 진한 염소산칼륨(potassium chlorate)에서는 10% 정도의 $KClO_3$을 함유하고 있는 것을 말한다. 희박의 항 참조.

뉴랜즈의 법칙(음계율 音階律) 【Newlands' law】 원소를 원자량의 증가 순서로 배열하면 8번째마다 비슷한 성질의 원소가 배열한다. 즉 리튬(lithium)-나트륨(sodium), 베릴륨(beryllium)-마그네슘(magnesium)의 순서로 이하 똑같다. 이 관계는 뉴랜즈가 1863년에 발견하였다. 멘델레프가 주기율(週期律 periodic law)을 발견(1869년)한 것보다 훨씬 이전의 일이었다. 이 법칙은 오늘날의 단주기형 주기율표의 시초라고도 볼 수 있다.

뉴튼 【newton】 [기호] N SI단위계에서 힘의 단위이다. 1kg의 질량에 $1ms^{-2}$의 가속도를 주는데 필요한 힘과 같다. $1N=1kgms^{-2}$.

능고토광 【菱苦土鑛 magnesite】 마그네사이트의 항 참조.

니오브 【niobium】 [기호] Nb [양성자수] 41 [상대원자질량] 92.91 mp 2500℃ bp 4930℃ 상대밀도(비중) 8.6 천이금속원소(遷移金屬元素

transition elements)의 하나이며 특수강(特殊鋼 special steel), 용접 등의 용도 외에 원자로(原子爐 nuclear reactor)재료에 사용된다. 미국에서는 콜럼븀(columbium)이라고도 한다.

니켈 【nickel】 [기호] Ni [양성자수] 28 [상대원자질량] 58.70 mp 1450℃ bp 2840℃ 상대밀도(비중) 8.9 자연에서는 황화물(黃化物 sulfide)이나 규산염(珪酸鹽 silicates)으로 산출되는 천이금속원소이다. 이른바 몬드(Mond)법, 즉 산화니켈을 일산화탄소로 환원시켜 니켈카르보닐(nickel carbonyl)로 하고 이것을 분해하는 방법에 의해 광석에서 추출제련한다. 알켄(alkene)의 수소화촉매로 마가린 등을 제조하는 데 응용되는 외에 화폐용(백동화(白銅貨), 니켈화)의 합금으로 사용된다. 주된 산화수(酸化數)는 +2이며 화합물은 대개 녹색 계통의 색을 나타낸다.

니켈-철축전지 【―鐵蓄電池 nickel-iron accumulator】 에디슨전지(Edison cell) 또는 알칼리 축전지(alkaline storage battery)라고 부르는 일이 많다. 강철격자를 사용하고 양극(陽極 anode)에는 니켈과 산화니켈의 혼합물을, 음극(陰極 cathode)에는 산화철을 사용하며 수산화칼륨수용액을 전해액(電解液 electrolyte)으로 한다. 납축전지(lead-acid accumulator) 보다도 가볍고 또한 내용기간(耐用期間)이 길며 공급하는 전류밀도도 높다. 기전력(起電力 electromotive force)은 1.3V이다.

니켈 카르보닐 【nickel carbonyl】 REG # =13463-39-3 Ni(CO)$_4$ 대단히 독성(毒性)이 강한 증기를 발생하는 무색(無色)의 액체이다. 약 60℃로 가열한 니켈 미세분말에 일산화탄소의 기류(氣流)를 통과시켜서 얻게 된다. 더 가열하면 분해되어 순니켈(pure nickel)이 생긴다. 촉매로서의 용도 외에 니켈의 제련(몬드법 Mond process)에 중요하다.

니코틴산 【―酸 nicotinic acid】 피리딘-3-카르복시산에 해당한다. 비타민B 복합체의 하나로서 항펠라그라인자 또는 나이아신(niacin)이라고도 한다. 융점 236~237℃. 니코틴을 질산 등으로 산화시키거나 β-피콜린의 산화 등으로 얻어지고, 또 피리딘으로도 합성된다. 구리염은 물에 녹기 어렵다. 이 메틸베타인은 트리고넬린(trigonelline)이라고 하여 식물계에 분포하고 또 동물체에서도 배설된다.

니크롬 【nichrome】 원래는 상품명이다. 니켈 - 크롬 - 철의 합금이며 16%의 크롬과 60~80%의 철을 함유한 총칭이다. 탄소나 규소 등을 첨가하는 일도 있다. 고온에 견디고 또한 높은 전기저항을 나타내므로 가열선(加熱線)으로 널리 사용된다.

니트로글리세린 【nitroglycerine】 (CAS) 1,2,3-propanetriol ester, trinitrate REG# =55-63-0 $C_3H_5(ONO_2)_3$ 니트로화합물이 아니고 질산에스테르이며 정확하게는 삼질산(三窒酸) 글리세린이라고도 할 수 있으나 오래전부터 니트로글리세린이라 불러왔다. 대단히 폭발성이 풍부하며 다이나마이트의 원료이기도 하다. 글리세린은 진한 질산과 진한 황산의 혼합물로 처리해서 얻을 수 있다.

니트로기 【nitro group】 —NO_2라는 원자단(原子團)이며 니트로화합물에 공통된 관능기(官能基 functional group)이다.

니트로늄 이온 【nitronium ion】 (CAS) nitryl ion REG# =14522-82-8 NO_2^+ 니트릴이온(nitryl ion)이라고도 한다. 니트로화의 항 참조.

니트로벤젠 【nitrobenzene】 (CAS) Benzene, 1-nitro- REG# =98-98-3 $C_6H_5NO_2$ 황색(순정품은 대부분 무색)의 유상(油狀) 유기화합물이다. 벤젠을 진한 황산과 진한 질산의 혼합물로 환류(還流 reflux)해서 얻을 수 있는 특징 있는 방향(芳香)의 액체이다. 니트로화(nitration)는 니트로늄이온 NO_2^+의 벤젠링(benzene ring)에 대한 전형적인 구전자치환(求電子置換 electrophilic substitution) 반응이다.

니트로셀룰로스 【nitrocellulose】 질산셀룰로스의 항 참조.

니트로페놀 【nitrophenol】 (CAS) phenol, 2-nitro- REG# =88-75-5, phenol, 3-nitro- REG# =554-84-7, phenol, 4-nitro- REG# =100-02-8 3가지 종류의 이성질체가 있다. 페놀의 직접적인 니트로화에서 o-니트로페놀, p-니트로페놀을 얻을 수 있으나 m-니트로페놀은 니트로벤젠에서 m-디니트로벤젠(dinitrobenzene)을 만들고 환원

해서 $m-$니트로아닐린(nitroaniline)으로 하여 디아조화(diazotization), 분해에 의해 만든다.

니트로화 【nitration】 유기화합물 속에 $-NO_2$(니트로기 nitro group)를 도입하는 것을 말한다. 방향족 화합물(芳香族化合物 aromatic compound)의 니트로화에는 진한 질산과 진한 황산의 혼합물이 사용된다. 상세한 조건은 화합물마다 상당히 다르다. 반응하는 화학종류는 NO_2^+(니트로늄 양이온 nitronium cation)에서 전형적인 구전자치환반응을 한다.

니트로 화합물 【nitro compound】 니트로기(nitro group)($-NO_2$)를 함유하는 유기화합물의 한 집단이다. 주로 방향족 화합물이다. 방향족의 니트로 화합물은 진한 질산과 진한 황산의 혼합물에 의한 니트로화로 생성된다. 환원하면 방향족아민이 된다.

$$RNO_2 + 3H_2 \rightarrow RNH_2 + 2H_2O$$

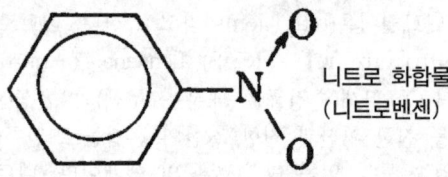

니트로 화합물
(니트로벤젠)

벤젠링(benzene ring) 위에는 다시 니트로기를 도입할 수 있으나 니트로기는 3-의 위치(메타 위치)에 배향치환(配向置換)을 일으킨다.

니트릴 【nitrile】 $-CN$기(基)를 함유하는 유기화합물이다. 대부분은 무색의 액체이며 방향(芳香)을 갖는다. 유기할로겐화물과 시안화칼륨의 알콜용액을 환류(還流 reflux)하여 끓이든가 카르복시산(carboxylic acid)의 아미드를 산화인(V)(phosphorus(V) oxide)으로 탈수(脫水 dehydration)

해서 얻는다. 특징적인 반응으로는 가수분해(加水分解 hydrolysis, 카르복시 산과 암모니아가 생성된다)와 수소기류(水素氣流)에 의한 환원(아민이 된다) 등이 있다.

니트릴 이온 【nitryl ion】 니트로늄이온 NO_2^+의 다른 이름이다.

NIFE 전지 【NIFE cell】 니켈 철축전지의 항 참조.

닌히드린 【ninhydrin】 (CAS) 1H-indene-1, 3(2H)-dione, 2, 2-dihydroxy- REG#=485-47-2 $C_9H_6O_4$ 트리케토히드로인덴히드라트. 무색의 유기화합물이다. 아미노산과의 반응에서는 특징이 있는 청자색(靑紫色)을 띠므로 종이 크로마토그래피(paper chromatography) 등에서 아미노산의 검출시약으로 널리 사용된다

다가 알콜【多價— polyhydric alcohol】 분자 내에 많은 수산기(水酸基)를 갖는 알콜을 말한다.

다결정질【多結晶質 polycrystalline】 미세한 결정이 많이 모여서 한 덩어리로 되어 있는 것을 말한다.

다니엘 전지【Daniell cell】 1차 전지의 일종이다. 다공질의 격벽을 경계로 하여 두 가지 종류의 전해액(電解液 electrolyte)을 두고 각각에 전극(電極 electrode)을 담근 것이다. 양극(陽極 anode)에는 황산구리(Ⅱ) 용액에 구리판(銅版)을 담그고, 음극(陰極 cathode)에는 황산아연(또는 묽은 황산)에 아연판이나 아연아말감을 사용한다.

다공질의 격벽에는 대개 도기(陶器)로 된 통(筒)을 사용하고 여기에 이온을 통과시켜서 전해액이 혼합되지 않도록 한다. 황산아연을 사용했을 때의 기전력(起電力 electromotive force)은 약 1.10V, 묽은 황산을 사용했을 때는 약 1.08V이다.

구리극에서는 용액 속의 구리이온(copper ion)이 전자를 받아서 구리원자(銅原子)가 되고 전극에 침착(沈着)한다.

$$Cu^{2+} + 2e^- \rightarrow Cu$$

따라서 구리극은 양(陽 positive)의 전하(電荷 electric charge)를 갖게 된다. 아연극에서는 아연원자가 전자를 방출해서 아연이온을 생성하고 이것이 용액 속으로 이동한다. 따라서 음(陰 negative)의 전하가 전극에 남게 된다.

$$Zn \rightarrow Zn^{2+} + 2e$$

다당류【多糖類 polysaccharide】 단당류(單糖類 monosaccharide)의 중합(重合 polymerization)으로 되어 있는 고분자 탄수화물이다. 주기적인 반복 구조부를 함유하고 있다. 적당한 효소에 의해 분자량이 적은 당질(糖質)로 분해되고 이당류(二糖類 disaccharide, 셀비오스 등) 서부터 단당류까지 가수분해된다. 효소 없이도 단당류로의 가수분 해를 할 수 있다. 중요한 다당류로는 이눌린(inulin), 전분(starch), 글리코겐(glycogen), 셀룰로스(cellulose) 등이 있다. 탄수화물 및 당의 항 참조.

다운즈법【Downs process】 융해된 염화나트륨(sodium chloride)을 전해(電解 electrolysis)해서 염소를 얻는 방법이다. 원통 모양으로 된 스테인리스강의 음극중심에 탄소양극(炭素陽極)을 설치하고 양자 사이에 격자와 반구(半球)의 격벽을 두어서 생성물이 혼합되지 않도록 한다.

다원자【多原子 polyatomic】 분자, 이온, 라디칼(radical) 등에서 3개 이상의 원자로 되어 있는 것을 말한다. 메탄 CH_4, 벤젠 C_6H_6 등은 다원자 분자이다.

다이아몬드【diamond】 REG # =7782-40-3 탄소가 다형(多形)으로 된 것 중의 하나이다. 자연에 존재하는 물질 중에서 최고의 경도(硬度 hardness)를 나타낸다. 보석용, 연마, 천공용(穿孔用 boring)으로 사용된다. 각 탄소원자의 주위에는 4개의 탄소원자가 있고 사면체구조로 결합되어 있다. 이러한 결과로 탄소원자는 3차원의 거대한 분자가 되고 결합각도 109.5℃, 결합거리 0.154nm(1.54A)이다. 다이아몬드 속의 원자는 모두 공유결합으로 결합되어서 거대한 분자를 구성하고 있는데 이러한 구조의 강도(强度 strength)도 공유결합에 따르는 것이다.

다인【dyne】 cgs계(系 system)에서 사용된 힘의 단위이다. 1 dyne= 10^{-5}N.

다중 결합【多重結合 multiple bond】 일반적인 결합(σ결합)을 만드는 한 쌍의 결합전자 외에 다시 한 쌍 또는 두 쌍의 결합전자쌍을 함유하는 결합을 말한다. 이 결과로 2중결합, 3중결합이 생긴다. 이러한 여분의 결합전자는 σ결합과는 직각인 방향으로 위치한다. σ결합을 z축으로 잡으면 x축상(또는 y축상)에서 결합전자의 중복은 xz면(yz면)의 π결합이 된다.

다중심 결합【多中心結合 multicenter bond】 3개 이상의 원자에 대해 2개 전자의 결합이 오비탈(orbital)의 중복에 의해 생성되는 경우를 다중심 결합이라고 한다. 원자의 수는 대개 3이다. 디보란(diborane) B_2H_6에서 2개의 붕소(boron) 원자를 연결하는 결합은 각각에 대한 붕소의 sp^3 혼성오비탈과 가교수소원자의 1s 오비탈과의 중복으로 된 삼중심결합이다. 이러한 분자는 전자부족분자가 된다. 전자부족화합물의 항 참조.

다형(동질 다형) 【多形(同質多形) polymorphism】 어떤 화학물질이 물리적으로 두 가지 종류 이상의 고체상태를 취하는 현상을 말한다. 단일체인 경우에는 동소체(同素體 allotropy)라 한다. 두 개의 다른 상(相 phase)뿐이면 동질이형(同質二形) 또는 호변이형(互變二形)이라 한다.
결정구조는 입자의 패킹(packing)이 온도에 의해 변화하는 경우에는 변할 수도 있으며 일정한 전이온도(轉移溫度 transition temperature)가 나타난다. 그 결과 두 가지 상의 밀도는 대개 상당히 다르다.

다환【多環 polycyclic】 1개 분자 속에 2개 이상의 고리를 함유하는 화합물을 다환화합물이라 한다.

단당류【單糖類 monosaccharide】 가수분해해도 그 이상 간단한(탄소의 수가 적다) 탄수화물로 되지 않는 당(糖 sugar)을 말한다. 포도당이나 과당(果糖 fructose) 등은 단당류이다.

단백질【蛋白質 protein】 아미노산(amino acids) 이 다수, 사슬(chain) 모양으로 결합하여 이루어진 모든 생체물질(生體物質) 속에서 볼 수 있는 천연유기화합물이다. 1차 구조는 아미노산의 배열 순서를 나타낸다. 2차 구조는 펩티드사슬(peptide chain)이 나선 모양으로 감겨 있는지, 특정한 장소에 결합하여 주름이 겹친 모양으로 된 것인지를 나타낸다. 3차 구조는 공간(3차원)적으로 펩티드사슬의 구조를 나타낸 것이다.
2차 구조는 펩티드 결합에 함유되는 N-H기와 O=C기(基) 사이의 수소결합으로 보존되어 있다. 3차 구조는 수소결합 외에 시스테인(cysteine)의 $-S-S-$ 결합으로 보존되고 있다. 아미노산 및 펩티드의 항 참조.

단분자 반응 【單分子反應 unimolecular reaction】 화학반응 중 단일분자만이 관여하는 반응단계를 말한다. 예를 들면 방사성붕괴(放射性崩壞)는 전형적인 단분자반응이라 할 수 있다.

$$Ra \rightarrow Rn + \alpha$$

각 붕괴는 항상 문제가 되는 한 개의 분자 밖에 관여하고 있지 않다. 단분자 화학반응에서 분자는 필요로 하는 에너지를 어떤 방법으로든지 얻은 다음에 스스로 반응하게 된다. 대부분의 화학반응은 이 단분자반응과 2분자반응의 어느 쪽으로 구분된다. 다음 반응은 어느 것이나 단분자반응이다.

$$N_2O_4 \rightarrow 2NO_2$$
$$PCl_5 \rightarrow PCl_3 + Cl_2$$
$$CH_3CH_2Cl \rightarrow CH_2CH_2 + HCl$$

단사 결정 【單斜結晶 monoclinic crystal】 결정계의 항 참조.

단열 변화 【斷熱變化 adiabatic change】 에너지계(energy system)에서 출입이 일어나지 않는 변화를 말한다. 기체의 단열팽창에서는 부피의 증가에 따라 기체가 일을 하기 때문에 기체의 온도는 낮아진다. 이상기체(理想氣體 ideal gas)에서 가역단열변화(可逆斷熱變化)를 일으키게 하면 다음과 같은 관계식이 성립한다.

$$pV^r = K_1$$
$$T^r p^{1-r} = K_2$$
$$TV^{r-1} = K_3$$

여기서 K_1, K_2, K_3은 각각 상수이다. r은 정압비열(定壓比熱)과 정적비열(定積比熱)의 비율(= C_P / C_V)이다. 등온변화의 항 참조.

단원자 【單原子 monoatomic】 분자, 라디칼(radical), 이온 등에서 원자 한 개만으로 구성된 것을 말한다. '헬륨(helium)은 단원자 기체이다' 라든가 'H·는 단원자 라디칼이다'와 같이 사용한다.

단위【單位 unit】 동일한 양(量)의 틀린 값을 표현하기 위해 사용할 때에 표준으로 하는 값을 말한다.

단위 격자【單位格子 unit cell】 3차원 중에서 결정격자를 이루기 위한 최소의 원자, 분자 또는 이온의 집단을 말한다. 단위격자에는 결정계(結晶系 crystal system)라 불리는 7가지 종류의 기본형이 있다. 결정계의 항 참조.

단일 결합【單一結合 single bond】 두 개의 원자 사이에 한 쌍의 결합전자가 존재하는 공유결합을 말한다. 가표(價標)에서는 한 개의 선으로 나타낸다(예 : H−Br, Cl−Cl). σ 결합이라고도 한다.

단주기【短週期 short period】 주기 및 주기율표의 항 참조.

담금질【quenching】 금속의 기계적인 성질을 변화시키기 위해 사용하는 방법의 하나이다. 고온으로 가열한 금속을 기름이나 물 등의 욕조에 넣어 급랭시켜서 미세한 입자 모양의 조직을 만드는 것을 말한다. 이것으로 경도(硬度 hardness)는 상승하지만 동시에 연성을 나타내는 일이 많다.

담반【膽礬 blue vitriol】 황산구리(Ⅱ) 오수화물(五水和物 pentahydrate) $CuSO_4 \cdot 5H_2O$를 말한다.

당【糖 sugar】 탄수화물 중 저분자량이며, 대부분은 단맛을 갖는 한 집단의 화합물에 대한 총칭이다. 당의 분자에 공통되고 있는 것은, 곧은 사슬의 탄소에 수산기(水酸基)가 결합되어 있고 알데히드(aldehyde) 또는 케톤(ketone)을 관능기(官能基 functional group)로 포함하고 있는 것이다.

연장된 직쇄의 형태로서 또는 카르보닐기가 분자 내의 수산기와 헤미아세탈 축합(hemiacetal condensation)한 고리식의 구조로서 존재한다. 단당류(單糖類 monosaccharide)는 가수분해해도 그 이상 탄소의 수가 적은 간단한 당으로는 되지 않는다. 2개의 단당류 단위가 축합해서 생기는 것이 2당류(disaccharide), 3개의 축합에서는 3당류가 된다.

단당류는 탄소의 수에 따라 구분한다. 오탄당(五炭糖 pentose)은 탄소의 수가 5이고 육탄당(六炭糖 hexose)은 탄소의 수가 6이다. 알데히드기(aldehyde group)를 함유하는 당은 알도오스(aldose), 케톤기(ketone group)를 함유하는 당은 케토오스(ketose)라고 한다. 알도헥소오스(aldohexose)란 알데히드기를 함유하는 육탄당, 케토펜토오스(ketopentose)란 케톤기를 함유하는 오탄당을 말하게 된다.

단당류의 링(ring) 구조는 카르보닐기와 수산기 사이에서 일어나는 헤미아세탈 축합에 의한다. 육원환(六員環 피라노스고리)과 오원환(五員環 푸라노스고리)의 두 가지 형태가 가능하다. 탄수화물 및 다당류의 항 참조.

글루코스 피라노스 링

프럭토우스 푸라노스 링

리보우스 푸라노스 링

α-글루코스

β-글루코스

스크로우스

당량 【當量 equivalent】 이전에 화학반응을 계산하는 데 잘 사용된 것으로 결합능력을 표시하는 척도이다. 어떤 원소의 당량은 1g의 수소(또는 8g의 산소, 35.5g의 염소)와 결합할 수 있는 그램 수로 표시되었다. 즉, 원자량(原子量 atomic weight)을 원자가(原子價 valence)로 나눈 것에 해당한다. 화합물에 대해서는 어떠한 반응인가에 따라 당량은 별도의 값을 취한다. 예를 들면 산(酸 acid)의 경우, 중화반응에서는 분자량(分子量 molecular weight)을 이온화할 수 있는 수소원자수로 나눈 것이 당량이 된다.

당량점 【當量點 equivalence point】 적정(適定 titration)에서 반응시약이 당량만 가해지고 과부족이 없는 점을 말한다. 적정의 종점(終點)과는 약간 다르다. 적정종점은 반응이 완결된 것을 지시약(指示藥 indicator)이나 과잉된 시약 등에 의해 관측할 수 있는 점을 가리킨다.

당질 【糖質 saccharide】 당의 항 참조.

대기 【大氣 atmosphere】 천체의 표층을 둘러싸고 있는 기체. 주로 행성을 둘러싸고 있는 기체를 가리키는 경우가 많다. 목성·토성의 대기는 원시태양계 성운을 구성하고 있는 수소나 헬륨이 행성의 표층에 중력으로 포착된 1차 공기이다. 금성·지구·화성의 대기는 1차대기가 소실한 후에 행성 내부의 가스방출로 생긴 2차대기라고 볼 수 있다. 지구대기의 조성이 금성(90% 이상 CO_2)·화성(80% 이상 CO_2)이 서로 다른 것은 생물활동의 결과이다. 지구대기는 항상 태양에서 내리쬐는 플라스마입자의 흐름(태양풍)으로 되어있고, 지구자기장에 포착된 플라스마대기 사이에 확실한 경계면이 형성되고 있다. 그 안쪽을 지구자기권이라 부른다.

지구 표면에서 고도 약 100km까지는 전기적으로 중성의 기체분자로 이루어진 대기층이 지구를 구(球)모양으로 둘러싸고 있다(중성대기). 대기조성(질소 78%, 산소 21%, 아르곤 1%, 이산화탄소 0.03%, 수증기 약 0.3%, 단 수증기의 함유율은 뚜렷하게 변동함)은 지표면 부근에 있어 생성과 소멸이 큰 이산화탄소와 수증기를 제외하고 고도 100km 부근까지 거의 일정하다(균질권). 그보다 상공에서는 분자량이 작은 기체의 비율이 증가한다(비균질권). 고도 25~35km 부근에 오존 농도가 큰 층이 있는 것을 오존층*이라고 부른다. 고도 100~400km에는 전리층이 존재한다. 중성대기의 주요 성분은 가시광선에 대하여 비활성이므로 대기는 투명하다. 대기는 주로 미량 성분과 지표면에 의한 태양복사의 흡수로 가열된다. 즉 지구대기에는 세 개의 고온부(지표 부근, 고도 50km, 고도 500km 부근)와 두 개의 기온극소부(고도 10km 부근, 고도 80km 부근)가 존재한다. 지표 부근의 고온은 지표면에서의 열의 공급에 따라, 고도 50km 부근의 고온은 오존에 의한 자외선의 흡수에 따라, 고도 500km 부근의 고온은 산소원자와 산소분자에 의한 자외선의 흡수에 따라 생긴다.

기온 분포는 근사적으로 태양복사에 의한 가열율과 열복사(지구복사)에 의한 냉각율과의 평형(복사평형)에 따라 결정된다. 고도 100km 이상에서는 복사 냉각의 매체(주로 이산화탄소와 수증기)가 적으므로 평형온도는 1000℃ 이상으로 된다. 반대로 고도 10km 부근과 80km 부근은 그 상하보다 가열율이 작으므로 기온의 극소부가 생긴다. 기온의 극소부와 극대부를 경계로 대기층을 밑에서 대류권·성층권·중간권·열권이라고 부르고, 대류권과 성층권의 경계면을 권계면이라고 부른다. 고도 550km보다 상공을 일출권(逸出圈)(또는 외기권)이라고 부르기도 한다. 기압측고법(氣壓測高法)에 따라 고도를 측정할 때 기준이 되는 표준대기가 대표적인 대기의 연직구조로 정해져 있다. 지상기압 1013.25 hPa(헥토파스칼, 또는 mb), 지상기온 15℃, 11km 이하인 기온감률 6.5℃/km로 정한다. 실제의 대기에서는 수평방향에 온도차가 생기기 때문에 대기순환이 형성된다. 대기순환은 수평방향으로 열을 수송하므로 일반적으로 국소적인 복사평형은 성립하지 않는다. 일기의 변화(구름과 강수)는 오히려 대류권 내부에서 생긴다. 그보다 상공의 대기순환은 성층권·중간권·하부열권을 포함한 영역(고도 10~120km)에서 생기므로, 그 곳을 중층대기(middle atmosphere)라고 부르는 경우가 있다.

대리석 【大理石 marble】 탄산칼슘(calcium carbonate) $CaCO_3$이 고밀도의 암석으로 된 것을 말한다.

대사 【代謝 metabolism】 세포 안에서 일어나는 화학반응을 말한다. 이것에 관여하는 물질을 대사물질(metabolite)이라고 한다. 대사는 여러 가지 작은 대사과정의 집적이다. 분자의 파괴에 의한 에너지의 방출(호흡작용)과 간단한 분자에서 복잡한 물질을 조성하는 동화작용(同化作用 anabolism)이 포함된다.

대사 물질 【代謝物質 metabolite】 영어 그대로 메타볼라이트라고 부르는 일도 많다. 대사반응에 관여하는 물질을 말하며 유기체 안에서 합성되거나 소비되는 것을 가리킨다.

데시 【deci-】 0.1 즉 10분의 1을 표시하는 접두사이다. 예를 들면 1dm(데시미터)=10^{-1}m.

데시케이터 【desiccator】 실험실에서 고체를 건조하거나 고체를 무수상태(無水狀態)로 유지하기 위해 사용되는 기구이다. 일반적으로는 염화칼슘(calcium chloride)이나 실리카겔(silica gel)이 들어있는 용기이다.

데옥시리보핵산 【—核酸 deoxyribonucleic acid】 DNA로 약기한다. 데옥시리보뉴클레오티드의 선모양 중합체로서, 각 뉴클레오티드 사이에 당의 3′와 5′탄소가 붙은 OH기가 인산디에스테르결합에 의해 연결된 폴리데옥시리보뉴클레오티드이다. DNA를 구성하고 있는 염기는 보통 푸린(Pu)인 아데닌(A)과 구아닌(G) 및 피리미딘(Py)인 티민(T)과 시토신(C)의 4종류가 있다.

DNA에 공통인 화학 조성상의 특징은 구성 염기의 함량이 [A]=[T], [G]=[C]로서, 결국 [Pu]=[Py]이고([ ]는 각각의 분자수), 생물 하나하나의 DNA는 GC 함량(G+C 몰백분율 함량) 또는 A+T 함량으로 특징을 가지게 된다. 고등생물에서는 미량이면서 C의 일정량이 5-메틸시토신이고, 대장균 T파지에서는 C의 모두가 5-히드록시메틸시토신으로 치환되어 있다. DNA의 입체 구조는 왓슨-크릭의 DNA모델에서 보이는 바와 같이, 공통의 중심축 주위에 2가닥으로 된 사슬이 나선모양으로 꼬인 2중 나선구조를 취하고 있다.
염기는 중심축을 향하여 다른 사슬의 염기와 마주 보는 자리에서 수소결합에 의해 구조가 안정화되어 있다. 이때 A와 T는 2가닥의 수소결합으로 특이적인 염기쌍을 만들고, G와 C는 3가닥의 수소결합으로 염기쌍을 만들고 있다.

DNA사슬

DNA의 구조 특성은 1가닥 사슬 위의 염기배열에 따라 정해지고, 다른 사슬은 염기쌍에 의해 규정되는 것과 상보적인 관계에 있다. 이와 같은 사슬 위의 염기배열이 유전정보의 기초를 이루고 있다.

DNA는 자외선을 세게 흡수하고 파장 260 nm에 흡수 극대를 가진다. 변성에 따르는 흡광도의 증가 즉 농색효과(→ 담색효과)를 나타낸다. 유전자로서의 DNA는 보통 분자량 100만 이상의 실모양 분자로서 1염색체당 1분자, 1바이러스 입자당 1분자의 존재가 알려져 바이러스나 세균에서는 꼬인 고리모양구조가 전자현미경으로 관찰된다. 바이러스에는 드물게 1가닥 사슬 DNA분자만 알려져 있다.

DNA가 유전자 본체인 것은 다음과 같은 특색에서 나타난다. ① 염색체 위에 국부적으로 존재함. ② 생물의 종류에 따라 체세포 내의 DNA 함량은 일정하고, 염색체수의 배수성(倍數性)에 비례함. ③ 고등생물일수록 세포 내의 DNA 함량은 많음. ④ 생물의 변이가 원인이 되는 물리적 요인 및 화학 시약은 DNA에 직접 반응함을 알 수 있음. ⑤ 세균 DNA가 변이주(變異株)의 형질 전환을 유전적으로 지배함. ⑥ 바이러스의 세포 감염에 있어서 내부로 침입하는 주체는 DNA이고, DNA만으로 복제증식이 이루어짐. ⑦ 미토콘드리아와 엽록체의 유전 지배는 핵과 독립으로 이루어지고, 각각 고유의 DNA가 존재한다.

데카 【deca-】 [기호] da 10배를 표시하는 접두사이다. 예를 들면 1dam(데카 미터)=10m.

덱스트린 【dextrin】 녹말을 산 또는 아밀라아제로 가수분해할 때 반응의 중간과정(녹말 미셀의 붕괴과정)으로 얻어지는 각종 중합도 분해 생성물(분자 또는 미셀)의 혼합물을 말한다. 호정(糊精)이라고도 한다. 요오드녹말반응의 정도에 따라 아밀로덱스트린(amylodextrin, 반응은 청색), 에리트로덱스트린(erythrodextrin, 적색), 아크로덱스트린(achrodextrin, 발색하지 않음), 말토덱스트린(maltodextrin, 발색하지 않음) 등으로 구별된다. 백색 또는 황색의 무정형 분말. 물·묽은 알콜에 녹고 진한 알콜에서 침전한다. $\alpha 1 \to 4$, $\alpha 1 \to 6$인 사슬모양 올리고-D-글루코피라노시드 외에 고리모양인 $\alpha 1 \to 4$ 올리고-D-글루코피라노시드(시클로덱스트린 또는 샤르딩거덱스트린)가 있다. 이것은 유기화합물과 포접화합물을 만들어 물리적 성질을 변하게 하므로 의약품, 식품첨가물 등에 쓰인다. 아라비아고무의 대용품으로 여러 가지 용도가 있다.

δ 결합 【δ-bond】 2원자 사이의 결합축을 포함하고 서로 직교하는 두 면에 반대칭인 파동함수의 중첩으로 안정화하는 결합을 말한다. σ 결합 또는 π 결합에 대한 개념으로 그림과 같이 서로 평행인 두 개의 d_{xy} 또는 $d_{x^2-y^2}$ 인 원자궤도가 z축 방향에 서로 중첩되어 생기는 결합인데, 실제 이 δ 결합에 대한 것은 아직 알려져 있지 않다.

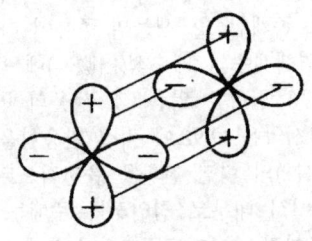

도가니 【crucible】 용융 · 하소(煆燒 alcination) 등의 고온처리 때 쓰이는 용기. 석영 제품 · 도자기 제품 · 금속 제품(백금, 금, 은, 니켈, 철 등) · 흑연 제품 등, 용도에 따라 여러 가지 재질의 것이 선정된다.

도금 【鍍金 galvanizing】 금속 바탕 위에 별도의 금속을 피복(被覆)하는 것을 말한다. 좁은 뜻으로는 전기 도금(電氣鍍金 electroplating)을 말한다(영어의 galvanizing은 철판에 아연을 입혀서 침지함석(浸漬含錫 : 아연을 입힌 철판)을 만드는 것에 주로 사용되고 반드시 일반적인 전기 도금을 의미하지 않는다).

도너 【donor-】 전자 공여체의 항 참조.

독중석 【毒重石 witherite】 탄산바륨(barium carbonate)이 자연에서 산출되는 것을 말한다.

돌로마이트【dolomite】 고회석 또는 백운석이라고도 한다. 이상적인 화학조성은 $CaMg(CO_3)_2$. 삼방결정계. 마름모결정. 쪼개짐은 방해석과 마찬가지. 무색, 백색에서 회색을 나타낸다. 모스경도 3.5~4.0. 밀도 2.85~3.02g/cm^3. 방해석과 비슷하긴 하지만 차가운 산에 CO_2를 내면서 녹는 속도가 느리다거나, 돌로마이트 쪽이 보다 대칭성이 낮다는 점에서 방해석과 구별된다. 광대한 고회암지층에서, 또 퇴적암으로 산출되고 초염기성 중에서 맥을 이루며, 상온 내지 저온 열수광맥의 맥석광물로서 산출된다. 금속마그네슘, 벽 재료, 제철용 내화물 등에 사용된다.

돌비【突沸 bumping】 가열한 액체 속에서 대기압 이상의 압력으로 거품이 발생할 때에 일어나는 심한 비등(沸騰 boiling)현상을 말한다.

돌턴의 법칙【Dalton's law】 분압의 법칙의 항 참조.

돌턴의 원자론【Dalton's atomic theory】 1803년 존 돌턴에 의해 제출된 것으로 원소에서 화합물의 생성을 설명하는 이론이다. 화학적인 여러 가지 성질에 대해 원자를 사용해서 표현하려고 한 근대적인 최초의 시도이다. 이 이론은 몇 가지 전제를 기초로 하고 있다.
① 모든 원소는 미소한 입자로 되어 있다. 돌턴은 이것을 원자(atom)라고 불렀다.
② 동일 원소의 원자는 어느 것이나 같고 차이는 없다.
③ 원자는 새로이 생기는 일이나 소멸하는 일도 없다.
④ 원자는 간단한 비(比)로 결합하고 '화합 원자' 즉, 분자를 형성한다.
돌턴은 원소 기호를 제안하였다. 이 이론에 따라 질량보존법칙, 정비례, 배수비례(倍數比例)의 법칙을 상세하게 설명할 수 있었다.

동결건조【凍結乾燥 freeze-drying, lyophilization】 수용액을 동결시켜 놓고 냉동실을 갖춘 진공장치로 동결상태인 채 수분을 직접 승화시켜 건조하는 방법. 냉동공조라고도 한다. 진공건조의 특수한 경우이다. 열에 대해 불안정하여 수용액으로 방치해 두면 변화하기 쉬운 물질, 또는 보통 방법으로는 거품이 생기는 이유 등으로 감압 농축이 어려운 물질이나 동식물 조직의 건조에 쓰인다.

동소체【同素體 allotrope】 동일한 원소에서 여러 가지로 다른 단일체(單一體)가 생길 때 각각의 단일체를 동소체라고 한다. 탄소, 인(燐 phosphorus), 유황 등이 유명하다. 제 IV, V, VI족의 원소에서는 다른 원소보다도 이러한 동소체의 존재가 보편적으로 인정된다. 동소체를 만드는 성질을 알로트로피(allotropy)라고 한다. 모노트로피의 항 참조.

동소환식 화합물【同素環式化合物 homocyclic compound】 동일한 원소의 원자만으로 되는 고리를 함유하는 화합물을 말한다. 벤젠(benzene), 시클로헥산(cyclohexane) 등이 전형적이다. 복소환식 화합물의 항 참조.

동위원소【同位元素 isotope】 동일한 원소의 핵종(核種 nuclide) 중에 핵 속에 있는 중성자수(中性子數 neutron number)의 차이에 따라 질량수(mass number)가 서로 다른 것을 말한다. 아이소토프(isotope)라고 영어 그대로 부르는 일도 많다. 동일한 원소이기 때문에 핵 속에 있는 양자(陽子 proton)의 수는 서로 같다(원소를 특징짓는 것은 것은 양성자수(원자 번호)이기 때문에 이것은 당연하다). 동위원소는 대단히 비슷한 성질을 나타내는데 이것은 전자배치(configuration)가 같기 때문이다. 물리적인 성질에서는 어느 정도 큰 차이가 나타난다. 불안정한 동위원소는 방사성 동위원소, 즉 라디오아이소토프(radioisotope)라고 한다.

동위원소는 화학반응기구를 해명하는데 대단히 유용하다. 표준적인 방법으로 화합물 속에 있는 특정한 원자를 동위원소로 표식해 두고 반응과정에서 이 원자가 어떻게 거동하는가를 관측할 수 있다. 예를 들면 에스테르화 반응에서 어느 쪽의 결합이 절단되는가를 조사하는 경우에 알콜의 O를 ^{18}O로 표식해 둔다.

$$ROH + R'COOH \rightleftharpoons H_2O + R'COOR$$

생성되는 에스테르 속에서 ^{18}O가 검출되면 이 반응에서 카르복실기(carboxyl group) 속의 C−OH결합이 절단된 것을 판명할 수 있다. 표식해둔 것을 방사성 동위원소로 했을 때는 검출하는 데 방사선 검출기

(계수기 計數器)를 사용하지만 안정동위원소(安定同位體)인 경우에는 질량 스펙트럼(mass spectrum)을 사용한다.

반응속도론에도 동위원소가 이용되는 일이 많다. 예를 들어 결합 X−Y 가 절단되는 곳이 속도결정단계인 경우, Y를 질량수가 큰 동위원소로 치환하면 반응속도는 어느 정도 감소하게 된다. 이러한 속도론적인 동위원소 효과는 중수소화합물(重水素化合物)에서 특히 현저하게 나타나는데 이것은 질량의 비가 크기 때문이다.

동위원소 수 【同位元素數 isotopic number】 특정한 핵종에서의 중성자수와 양성자수의 차이를 가리킨다.

동위원소질량 【同位元素質量 isotopic mass, isotopic weight】 어떤 원소의 특정한 핵종의 질량수(mass number), 즉 핵에 포함되는 핵자(核子 nucleon)의 수를 말한다. 양성자수와 중성자수의 합과 같다.

동족열 【同族列 homologous series】 유기화합물 중 동일한 관능기(官能基 functional group)를 갖고 규칙적인 구조양식, 즉 탄소수의 차이에 따른 일련의 골격을 갖는 한 집단(group)을 동족열이라고 한다. 동족열의 각 성분(동족체)은 일반식으로 표시된다. 예를 들면 알콜에서는 CH_3OH, C_2H_5OH,…… 이기 때문에 $C_nH_{2n+1}OH$가 된다. 각 동족체 성원은 앞의 것과 CH_2만이 다르다. 이 동족열 안에 있는 임의의 2개는 '서로 동족이다'라고 한다. 즉, 동족체이다.

동족체 【同族體 homologues】 동족열의 항 참조.

동중성자체 【同中性子體 isotone】 중성자수가 서로 같고 양성자수가 다른 두 가지 종류 이상의 핵종을 말한다.

동중원소 【同重元素 isobar】 핵종 중, 양성자수는 다르지만 질량수가 같은 것들을 동중원소라고 한다.

동형 【同形 isomorphism】 별개의 화합물이 동일한 결정구조를 취하는 것을 말한다.

동형 법칙 【同形法則 law of isomorphism】 미체르리히의 법칙의 항 참조.

동화 작용 【同化作用 anabolism】 대사과정(代謝過程) 중, 간단한 분자에서부터 복잡한 분자를 조성하는 반응을 말한다.

되베라이너의 삼개조 원소 【Doebereiner's triad】 화학적으로 비슷한 성질의 원소 3가지 종류를 원자량이 증가하는 순서로 배열하면 중간에 있는 원소의 원자량은 양쪽 외측에 있는 두 가지 원소의 평균값과 같다. 또한 다른 물리적 화학적인 성질도 중간에 있는 원소의 성질은 역시 양쪽에 있는 원소의 평균적인 것으로 된다. 되베라이너는 이 관계를 1817년에 지적하였다. 현재의 주기율표 안에도 Ca, Sr, Ba나 Cl, Br, I 등 이 3개조 원소의 열이 그대로 포함되어 있다.

뒤마법 【Duma's method】 뒤마법이라고 부르는 것에는 ① 분자량 측정법 ② 질소의 정량법(定量法) 등 두 가지가 있다.
① 분자량 측정법 : 휘발성이 있는 액체의 분자량을 구하는 방법이다. 가는 관(管) 모양으로 된 구(球 bulb, 뒤마의 밸브(valve)라고 한다)의 중량을 측정해두고 이어서 시료(試料 sample)를 주입한 다음 항온조(恒溫槽 constant-temperatur oven)에 담궈 내용물을 기화(氣化 vaporization)시켜 내부에 있는 공기를 방출시킨다. 여분의 증기가 모두 나갔으면 밸브를 닫고 냉각, 건조시킨 뒤에 칭량한다. 이어서 가는 관을 깨뜨려 물을 붓고 내부가 모두 물로 채워진 다음 다시 칭량하여 여기에서 내용적(內容積)을 구한다. 최초의 칭량값은 공기가 충전된 몫의 값이기 때문에 공기의 밀도를 미리 알고 있으면 구하려는 증기의 밀도를 계산할 수 있다. 호프만법과 빅터마이어법의 항 참조.
② 유기화합물 속에 있는 질소의 정량법 : 시료를 산화구리와 혼합하여 가열하고 질소를 산화질소의 혼합물로 바꾼다. 이것을 가열한 구리층을 통해 N_2의 형태로 바꾸고 생성된 질소의 부피를 측정해서 질소의 함량을 구한다.

듀랄루민 【Duralumin】 강력한 알루미늄 합금이며 3~4%의 구리(銅 copper)와 미소한 양의 마그네슘, 망간을 함유한다. 때로는 규소(珪素 silicon)를 첨가하는 일도 있다. 항공기용으로 널리 사용되고 있다.

듀워 구조 【Dewar structure】 벤젠구조 중에서 6각형의 대각(對角)에 1개의 단일결합을 갖고 그 밖에 2조(組)의 이중결합이 이루어진 것을 말한다. 듀워 구조는 벤젠의 공명혼성체(共鳴混成體 resonance hybrid)에 포함되어 있다. 벤젠의 항 참조.

듀워병 【Dewar flask】 보온병을 말한다. 이중(二重)의 유리벽 사이에서 공기는 빼서 진공으로 봉하고 열의 전도와 대류를 차단한 용기이다. 유리 내면은 은도금해서 복사(輻射)를 감소시키고 있다. 영국의 Dewar 명칭을 땄다.

듀테륨 【deuterium】 중수소의 항 참조.

둘롱-프티의 법칙 【Dulong-Petit's law】 고체원소의 몰열용량은 거의 $3R$과 같다는 경험법칙이다. R은 기체상수($8.3 \text{JK}^{-1}\text{mol}^{-1}$)이다. 이 법칙이 성립하는 것은 간단한 결정구조를 가진 원소가 상온인 경우에만 한정된다. 저온에서 몰열용량은 온도의 3제곱에 비례하여 작아진다. 몰열용량은 이전에는 '원자열(原子熱)'이라 하였다. 즉 원자량과 비열(比熱)의 곱으로 구해지기 때문이다.

드라이아이스 【dry ice】 고체탄산(固體炭酸) 이라고도 한다. 고형(固形)의 이산화탄소이며 냉각용으로 사용한다. 원래는 상품명이다.

드 브로이파 【de Broglie wave】 전자나 양성자 등의 입자에 따르는 파동이다. 1924년 루이 드 브로이가 제안한 것이며 전자파가 입자[光子 photon]로서 취급되면 입자도 파동으로서의 성질을 나타낸다는 것이다. 이 파장 λ는 전자복사(電磁輻射)와 같이 운동량 P와 다음 관계로 결합되어 있다.

$$\lambda = h/P$$

여기서 h는 플랭크 상수(plank constant)이다. 양자론의 항 참조.

등방성 【等方性 isotropy】 물질 또는 공간의 물리적 성질이 방향에 따라 다르지 않는 성질을 의미한다. 비등방성에 대응하는 말. 보통 기체·액체·무정형고체는 대부분 등방적이다. 결정체에서도 대칭성이 높은 입방결정계에서는 대부분의 물리량이 등방성을 나타낸다. 일반적으로 문제삼는 물리량을 지정하지 않으면 등방성을 말할 수 없다.

등압선 【等壓線 isobar】 압력이 같은 점을 연결해서 된 선을 말한다.

등온변화 【等溫變化 isothermal change】 일정한 온도 조건하에서 일어나는 과정을 말한다. 등온변화에서 계(系 system)는 외계와 열적 평형(熱的平衡)에 있다. 예를 들면 정온상자(定溫箱子)에 접촉시킨 피스톤이 달린 실린더에 들어있는 기체를 천천히 압축해 가는 경우를 생각해 본다. 압축에 의해 계에 에너지가 공급되는데 이 에너지는 열로서 이동하여 계는 정온(定溫)을 유지하게 된다. 등온변화의 대조가 되는 것은 단열 변화(斷熱變化 adiabatic change)이다. 이 경우 외계와의 열의 출입은 없으나 계의 온도는 변화한다. 실제로는 완전한 등온변화나 완전한 단열변화라는 것은 존재하지 않지만 이와 같은 이상적인 변화계에 근사할 수 있는 과정은 존재하고 있다.

등온선 【等溫線 isotherm】 그래프나 차트 상에서 동일한 온도에 상당하는 점을 연결하여 이루어지는 선을 말한다. 등온변화의 항 참조.

등유 【燈油 kerosene】 원유를 증류하여 비점 150~280℃에서 유출하는 유분(留分). 무색 또는 연한 황색을 나타내고 형광을 발한다. 비중 0.790~0.830. 용도로는 주로 스토브용 연료·농업발동기용 연료로 쓰이고, 또한 등화용·연료용·농약분무용·용제용·기계세척용 등에도 쓰인다.

등장 【等張 isotonic】 삼투압이 서로 같은 용액을 등장용액이라 한다. 혈액과 등장(等張)의 용액 속에서 적혈구는 팽윤에 의해 파열하는 일은 없다. 생리식염수는 혈액과 등장의 용액이다.

등전자 구조 【等電子構造 isoelectronic structure】 동일한 전자수의 화합물(CO와 N_2, CN^- 등)을 나타내는 것이 본래의 의미지만 결합전자(외각전자) 수가 같은 화학종류까지 확장해서 사용하는 일이 많다 (예 : CO_2와 CS_2).

등축정계 【等軸晶系 cubic】 입방정계의 항 참조.

디그레데이션 【degradation】 큰 분자가 단계적으로 더욱 간단한 분자로 분해되어 가는 반응을 말한다. 호프만 분해(Hofmann degradation) 등이 전형적이다. 호프만 분해의 항 참조.

디바이【debye】 [기호] D 전기 쌍극자(電氣雙極子 electric dipole) 능률의 단위이다. 분자쌍극자(molecular dipole) 능률을 표시하는 데 사용된다. $1D = 3.33564 \times 10^{-30}$ coulomb meter에 해당한다.

d-블록원소【d-block elements】 장주기형 주기율표에서 제1, 제2, 제3 장주기(long period)를 형성하는 원소군이다. 즉 Sc에서 Zn, Y에서 Cd, La에서 Hg까지를 말한다. 전자배치가 $(n-1)d^x ns^2$라는 공통성을 갖는다(x=1-10). 천이금속원소의 항 참조.

디스프로슘【dysprosium】 [기호] Dy [양성자수] 66 [상대원자질량] 162.50 mp 1412℃ bp 2562℃ 상대밀도(비중) 8.56 연하고 전성이 풍부한 은백색의 란탄족 금속원소이다. 천연으로는 다른 란탄족원소와 함께 산출된다. 용도는 극히 한정되어 있으며 원자로용의 중성자 흡수재가 주용도이다.

디슬로케이션【dislocation】 격자 결함의 항 참조.

디아조늄염【diazonium salt】 방향족기(芳香族基)를 R, 음이온(anion)을 X^-로 하였을 때 $RN_2^+X^-$로 나타낼 수 있다. 디아조늄염은 디아조화반응으로 생성된다. 단리(單離 isolation)도 가능하나 대단히 불안정하다. $-N_2^+$기는 방향고리 위에 구전자치환보다도 쉽게 구핵치환을 한다. 전형적인 반응으로는
① 가수분해 : 반응용액을 그대로 따뜻하게 한다.
$RN_2^+ + H_2O \rightarrow ROH + N_2 + N^+$
② 할로겐이온과의 반응(Cl^-에 대해서는 CuCl을 촉매로 한다).
$RN_2^+ + I^- \rightarrow RI + N_2$
디아조늄이온은 그 자체가 구전자시약으로서 다른 방향고리에 작용한다(디아조커플링 diazocoupling). 아조화합물의 항 참조.

디아조화【diazotization】 아닐린과 같은 방향족아민과 아질산의 반응을 저온에서 행하면(5℃ 이하) 다음과 같은 반응이 일어난다.

$$C_6H_5NH_2 + HNO_2 \rightarrow C_6H_5-N^+ \equiv N + H_2O + OH^-$$

아질산은 대개 아질산나트륨과 질산을 혼합해서 만든다. 생성된 디아조늄이온은 구핵시약의 공격을 받기 쉽고 방향고리에 구핵치환기를 도입하는데 사용된다.

디에틸에테르 【diethyl ether】 $(C_2H_5)_2O$ 간단히 에테르라고 하는 경우가 많다. 특유한 방향(芳香)과 마취작용으로 잘 알려져 있다. 심한 인화성(引火性)이 있다. 현대의 새로운 마취제가 적용되지 않는 경우의 마취약으로서 지금도 상당히 이용되고 있다. 용매로도 우수한 성질을 가지고 있다. 공업적인 제조법도 실험실의 제조법을 대규모로 한 것이다. 에탄올 증기를 140℃로 가열한 진한 황산과 에탄올의 혼합물 속에 통과시켜서 얻는다.

$$C_2H_5OH + H_2SO_4 \rightarrow C_2H_5O \cdot SO_3H + H_2O$$
$$C_2H_5O \cdot SO_3H + C_2H_5OH \rightarrow (C_2H_5)_2O + H_2SO_4$$

디올 【diol】 글리콜(glycol)이라고도 한다. 1개 분자 속에 2개의 알콜성 수산기(水酸基)를 갖는 알콜이다.

디클로로아세트산 【dichloroacetic acid】 (CAS) acetic acid, dichloro- REG# =79-43-6 $CHCl_2COOH$ 클로로아세트산의 항 참조.

디클로로에탄산 【dichloroethanoic acid】 클로로아세트산의 항 참조.

디포스판 【diphosphane】 디포스핀의 항 참조.

디포스핀 【diphosphine】 REG# =13445-50-6 P_2H_4 디포스판이라고 하는 일이 많다. 포스핀(phosphine)(PH_3)을 한제(寒劑 freezing mixture)로 냉각했을 때 황색의 액체로서 응축(凝縮 condensation)한다. 공기 중에서 자연발화되어 연소한다.

***d*-형 【*d*-form】** 광학 활성의 항 참조.

D-형 【D-form】 광학 활성의 항 참조.

***dl*형- 【*dl*-form】** 광학 활성의 항 참조.

땜납 【solder】 금속을 연결하는 데 사용되는 합금이다. 용해된 땜납은 연결하려는 금속의 표면을 용해시키지 않고 냉각 후 견고하게 접속한다. 따라서 납땜을 하는 금속면(金屬面)은 산화물의 막이 남지 않도록 깨끗이 해야 한다. 그러기 위해서 납땜용매(flux)나 페이스트(paste)가 흔히 사용된다. 연질 땜납은 주석 함유량이 60% 미만의 것이며 183~280℃에서 융해한다. 전기회로를 접속하는 데는 거의 연질 땜납을 사용한다. 더욱 용융점이 높은 금속을 견고하게 접착하는 데는 경질 납땜을 사용한다. 황동 땜납은 구리와 아연의 합금이다. 은을 첨가한 것은 은땜납이라 한다.

라

라니 니켈 【Raney nickel】 니켈과 알루미늄의 합금을 수산화나트륨으로 처리해서 얻는 촉매활성이 우수한 금속니켈이다. 알루미늄은 알루민산이온의 형태로 용해되고 스폰지 모양의 덩어리로서 라니니켈이 남는다. 건조하면 발화한다. 촉매적인 수소첨가 반응에 잘 사용된다.

라돈 【radon】 [기호] Rn [양성자수] 86 mp $-71°C$ bp $61.8°C$ 밀도 $9.73 kgm^{-3}$ 희유기체원소(noble gases)의 하나이다. 무색의 단일원자기체이며 방사성을 갖는다. 방사성동위원소가 19종 알려져 있는데 가장 수명이 긴 것은 ^{222}Rn이며 반감기(半減期 half-life)는 3.82일이다. 이것은 ^{226}Rn의 α붕괴생성물이며 α붕괴에 의해 폴로늄의 동위원소 $^{218}Po(RaA)$가 된다. 방사선 치료에 잘 사용된다.

라듐 【radium】 [기호] Ra [양성자수] 88 [상대원자질량] 226.02 mp $700°C$ bp $1140°C$ 상대 밀도(비중) 5(?) 알칼리토금속(alkaline-earth metals)에 속하는 백색의 방사성원소이며 형광성이 있다. 가장 수명이 긴 동위원소는 ^{226}Ra(반감기 1602년)이며 그 외에는 비교적 수명이 짧다. 라듐은 우라늄광, 예를 들면 피치블랜드나 카르노석 안에 존재한다. 중성자원(中性子源)이나 형광도료 또는 의료용 등에 사용된다.

라드 【rad】 이온화성 방사선의 흡수선량(吸收線量)을 표시하는 단위이다. 1kg의 물질에 $10^{-2} J$의 에너지가 흡수된 때를 흡수선량 1rad라고 한다.

라디안 【radian】 [기호] rad SI 단위계에서 각도(평면각)의 단위이다. 2π radian은 $360°$와 같다.

라디오카본 데이팅 【radiocarbon dating】 탄소연대측정법의 항 참조.

라디오파 【radiowaves】 수 밀리미터 이상의 파장을 갖는 전자파의 총칭이다. 전자 방사의 항 참조.

라디칼 【radical】 원자나 분자의 집합을 말한다. 이전에는 '기(基)'라고 하였다. 유리기의 항 참조.

라세미 혼합물 【racemic mixture】 광학 활성의 항 참조.

라세미화 【racemization】 광학이성질체가 광학쌍장체(光學双掌體)의 같은 몰혼합물(molar compound, 라세미혼합물)로 변화하여 광학활성을 상실하는 현상을 말한다.

라세미 화합물 【racemate】 광학활성의 항 참조.

라시히법 【Raschig process】 벤젠으로 클로로벤젠을 만들고 이어서 페놀로 하는 공업적인 제조법이다. 230℃로 가열한 염화구리(Ⅱ)상에 벤젠과 염화수소 및 공기의 혼합기체를 통한다.

$$2C_6H_6 + 2HCl + O_2 \rightarrow 2C_6H_5Cl + 2H_2O$$

생성된 기체를 다시 425℃로 가열하여 규소촉매에 의해 페놀로 변화시킨다.

$$C_6H_5Cl + H_2O \rightarrow HCl + C_6H_5OH$$

라우르산 【lauric acid】 (CAS) dodecanoic acid REG # =143-07-7 $C_{12}H_{23}COOH$ 탄소의 수가 12개인 지방산(脂肪酸 fatty acid). 도데칸산(dodecanoic acid)이라고도 한다.

라우리-브뢴스테드의 이론 【Lowry-Brønsted's theory】 산의 항 참조.

라울의 법칙 【Raoult's law】 용질이 공존할 때의 용매의 증기압을 표시하는 관계식이다. 용액과 평형을 이루는 용매의 분압(分壓 partial pressure)은 용액 안에 있는 용매의 몰분율에 비례한다. 분압 P 와 용매의 몰분율 X와의 비례 상수는 동일한 온도에서의 순용매의 증기압 P_0과 같다. 즉 $P = P_0 X$가 된다.

라울의 법칙에 따르는 용액은 이상용액(理想溶液 ideal solution)이라 한다. 2성분계의 용액에서 거의 전농도(全濃度) 범위에 걸쳐 라울의 법칙이 성립하는 예도 몇 가지 존재한다. 이러한 용액을 '완전용액'이라 한다. 완전용액 속에서는 용질분자 사이와 용매분자 사이, 또한 용질분자와 용매분자 사이의 상호작용이 거의 같다고 본다. 클로로벤젠과 브로모벤젠의 계통은 이러한 예이다. 용매화력(溶媒化力)의 차이가 존재하는 이상, 이와 같이 넓은 영역에 걸쳐 라울의 법칙이 성립되는 것은 드문 일로서, 일반적으로는 묽은 용액에 대해서만 성립된다.

이상용액이기는 하나 완전용액이 아닌 것에 대해서는 용질의 분압 Ps는 용질의 몰분율 Xs에 비례한다. 그러나 비례상수는 순용매의 증기압과는 다르게 실험적으로 구하게 되는 값 P가 된다. 이 경우의 라울 법칙의 식은 $Ps=PXs$로 되는데 이것이 바로 헨리의 법칙인 것이다. 분자 사이의 인력 때문에 보통은 Po보다도 P쪽이 작다.

라이먼 계열 【Lyman series】 여기수소원자(勵起水素原子)의 스펙트럼 중, 자외부(紫外部)에 나타나는 일련의 계열로 된 것을 말한다. 이것은 수소 원자의 여기준위(勵起準位)에서 가장 낮은 에너지 준위로 천이(遷移 transition)하는데 따른 전자파 방출에 해당한다. 파장 λ는 리드베리 상수(Rydberg constant) R을 사용하여 다음과 같이 표시한다.

$$1/\lambda = R(1/1^2 - 1/n^2)$$

n은 2이상의 정수(整數)이다. 스펙트럼 계열의 항 참조.

락탐 【lactam】 분자 안에 $-NH-CO-$를 일부로 하는 링(ring)을 함유하는 유기화합물을 말한다. 직쇄(直鎖 straight chain)의 화합물이며 한 끝에 아미노기(amino group), 다른 끝에 카르복실기(carboxyl group)를 가지고 있는 것에서 생기기 쉽다. 예를 들면 ω-아미노카프로산(amino acid)에서는 카프로락탐이 생긴다. 다른 아미노산의 경우에도 똑같이 아미노산과 카르복실기가 탈수축합(脫水縮合)하여 링모양의 락탐이 생긴다.

락토오스【lactose】 이당(二糖)의 하나. Lac으로 약기. 젖당이라고도 한다. 구조는 $4-O-\beta-\text{D}-$갈락토피라노실$-\text{D}-$글루코피라노오스. 모든 포유류 젖의 특유 성분으로서 약 5% 들어 있다. 또 그밖에 개나리의 화분 등 식물에서도 발견된다.

락톤【lactone】 분자 안에 $-O-CO-$ 원자단을 함유하는 링을 갖는 유기화합물이다. 동일한 분자 안에 수산기(水酸基)와 카르복실기(carboxyl group)를 함유한 화합물이 탈수반응에 의하여 에스테르화(esterification)를 일으켜서 락톤이 생기는 것이다. 분자내의 에스테르이다.

란타논【lanthanons】 란탄족원소의 항 참조.

란타니드 원소【lanthanides】 란탄족원소의 항 참조.

란탄【lanthanum】 [기호] La [양성자수] 57 [상대원자질량] 138.9055 mp 920℃ bp 3469℃ 상대밀도(비중) 6.174 희토류 원소(rare earths)에 속하는 제Ⅲ족 원소의 하나이다. 은백색의 금속이며 원자가는 보통 +3가를 취한다. 근래에는 수소저장용의 금속으로 주목받고 있다. 산화물은 광학재료나 전자재료로서의 용도가 최근에 와서 증가되고 있다.

란탄족원소【lanthanoids】 란타논 또는 란타니드라고도 한다. 4f전자각(電子殼 shell)을 충전시켜서 생기는, 비슷한 성질을 갖는 일련의 원소이다. 란탄은 57번 원소이며 4f전자는 갖지 않기([Xe] $5d^1bs^2$) 때문에 엄밀하게는 란탄족원소라고는 할 수 없으나 대개는 포함되어 있다. 따라서 $_{57}La$에서 $_{71}Lu$에 이르는 15개 원소의 총칭으로 사용된다. 란탄을 별도로 한다면 모두 $4f^66s^2$의 전자배치를 갖고 있으나 유로퓸(europium)과 가돌리늄(gadolinium)만은 $5d^1$전자를 갖고 있다.

특징적인 산화수는 3이다. 이온의 크기가 거의 변화하지 않으므로 화학적 성질은 매우 비슷한 것이어서 일반적인 방법으로는 분리와 정제(精製)가 어렵다. 크로마토그래피(chromatography)나 용매추출법 등의 개발에 의해 란탄족원소의 분리는 훨씬 쉽게 되었다.

램프블랙 【lamp black】 흑색의 안료나 유기화합물의 불완전 연소에 의해 생성된다. 탄소의 미세한 분말을 말한다.

레늄 【rhenium】 [기호] Re [양성자수] 75 [상대원자질량] 186.21 mp 3180℃ bp 5630℃ 상대밀도 20.0 대단히 드물게 산출되는 천이금속원소이다. 몰리브덴과 함께 산출되는 일이 많다. 화학적 성질은 망간과 비슷하다. 합금으로서 사용된다.

레올로지 【rheology】 레올로지는 물질의 변형과 유동에 관한 과학으로 정의된다. 1922년 미국의 화학자 빙엄(G. Bingham)이 제안한 명칭으로서, 그리스어의 '흐른다는 뜻'에 유래하여 유동학으로 번역되기도 한다. 레올로지로 다루어지는 대상은 예를 들면 기름·점토·플라스틱·고무·유리·아스팔트·셀룰로오스·녹말·단백질 등 화학적으로 복잡한 조성 또는 구조를 가지고, 역학적으로도 고체와 액체와의 중간적 성질을 나타내는 것이 많다.

이들의 물질 또는 그들을 포함하는 용액에 대해서 관측되는 현상으로서는 비정상점성·소성·식소트로피·점탄성 등이 있다. 이들 현상과 물질의 구조와의 관계를 명확하게 하는 것은 콜로이드학·고분자학·물성론의 입장에서도 매우 중요한 문제로서, 레올로지는 이들 여러 분야의 경계영역이라고도 볼 수 있다. 또 화학반응에 의해 물질의 변형이 생기는 경우를 케모레올로지라고 하기도 한다. 또 다루어지는 재료는 대개 일상적·공업적으로 중요한 것이기 때문에 응용면에 있어서도 발전이 기대되는 분야이다.

더욱 생체에 함유된 세포액·혈액 등의 역학적 거동은 레올로지의 연구대상이 되는데, 특히 생체물질에 관해서 바이오레올로지의 부문이 열려 있다. 또 레올로지와 심리학의 경계영역으로서 인간의 역학감상과 레올로지적 성질과의 관련을 해명하고자 하는 사이코레올로지의 부문도 있다.

레이온 【rayon】 목재펄프(셀룰로스)를 원료로 하여 제조하는 합성섬유이다. 인조견이라고도 한다. 두 가지 종류의 레이온이 있다. 비스코스레이온(viscose rayon)은 셀룰로스(cellulose)를 수산화나트륨과 이황화탄소에 용해시킨다(크산토겐산염으로 한다). 다음에 용액을 노즐에서 산욕(酸浴 acid bath) 안으로 압출시켜 방사(紡絲)하면 섬유가 재생된다. 아세테이트레이온(acetate rayon)이라는 것은 셀룰로스의 아세트산에스테르를 유기용매(有機溶媒)에 용해시켜 노즐에서 분출시킴과 동시에 용매를 휘발시켜 방사한다. 이 밖에 벰베르크레이온(Bemberg rayon, 구리암모니아 인조견, 큐플라라고 한다)이나 샤르돈네인조견(니트로셀룰로스) 등도 레이온의 한 부류이다.

레이저【laser】 유도방출을 이용한 빛의 증폭기 또는 발진기. light amplification by stimulated emission of radiation의 머리글자를 따서 명명하였다. 처음에는 광메이저라고 불렀다. 대표적인 형태의 레이저는 광공진기 속에 넣은 레이저 매질을 들뜨므로써 반전분포 상태로 해서 동작시킨다. 매질의 종류에 따라 고체레이저 · 기체레이저 · 반도체레이저 · 색소레이저 · 엑시머레이저 · 자유전자레이저 등이 있다. 레이저는 다른 광원이 발생하는 자연방출광과 달라서 대부분 완전히 위상이 갖추어진 코히어런트한 광파(코히어런트광)를 발생하므로, 레이저광은 스펙트럼 폭이 매우 좁은 단색광으로서 간섭성이 뚜렷하고 지향성이 예리한 가느다란 빔으로 되어 있다. 이것을 집속하면 초점에서는 파장과 같은 정도의 크기 속에 전출력이 집중된다. 연속발진출력은 $10\mu W$ 정도인 것부터 100kW에 이르는 것까지, 펄스 출력에서는 1W 정도부터 100TW(10^{12}W) 정도인 것까지 있다. 펄스 폭은 $1\mu s \sim 1ps$가 보통인데, $10 \sim 100fs(10^{-15}s)$의 초단펄스도 연구 중에 있다. 레이저는 이러한 특징을 가지므로 원자 · 분자 · 고체 · 액체 · 플라스마계측 · 레이저가공 · 레이저통신 · 레이저분광 · 레이저화학 · 레이저의료 · 레이저핵융합 · 비선형광학 · 홀로그래피 등에 응용되고 있다. 광컴퓨터, 고온 · 고압 · 고전자기장의 발생, 신기능재료에 대한 응용도 연구중에 있다.

레이크【lake】 유기색소와 무기화합물의 결합으로 생긴 것이며 물에 용해되지 않는 유색물질(안료)이다.

레토르트 【retort】 유리구(球)에 길고 구부러진 헤드 부분이 있는 반응용기(反應容器)(이전에는 도자기로 만든 것도 있었다)를 말한다. 공업 화학 분야에서는 약품이나 반응을 일으키는 반응가마를 일반적으로 레토르트라고 한다.

렘 【rem】 인체에 대한 방사선의 영향을 나타내는 단위이다. 1렘은 평균적으로 성인 남자 한 사람이 1라드(rad)의 방사선량을 흡수한 것에 상당한다. 생물학적인 영향은 kg당 방출된 에너지만이 아니고 어떠한 방사선인가에 따라서도 다르다. 직장인에 대한 작업시 조사량(照射量)의 허용치는 영국의 법령으로는 5렘/년(年)이다.

로듐 【rhodium】 [기호] Rh [양성자수] 45 [상대원자질량] 102.91 mp 1970℃ bp 3720℃ 상대 밀도(비중) 12.4 천이금속원소의 하나이다. 캐나다 등에서 산출된다. 가공은 어려우나 부식에 대한 저항성이 강하다. 보호용의 도금 끝마무리나 거울을 전착(電着 electroplating)으로 제조하는 데 이용된다. 백금과의 합금은 열전쌍(熱電双 thermo-couple)에 사용된다.

로렌슘 【lawrencium】 [기호] Lr [양성자수] 103 악티늄족원소(actinoids)의 하나이다. 초우라늄 원소이며 자연에서는 산출되지 않는다. 수명이 짧은 동위원소가 몇 개 인공적으로 제작되고 있다.

로이신 【leucine】 REG # =61-90-5(L-체) $(CH_3)_2CHCH_2 CH(NH_2)COOH$ α-아미노이소카프론산이나 필수아미노산의 일종이다. 이솔로이신(isoleucine)은 메틸기의 치환 위치가 다른 이성질체이다.

로제 합금 【Rose's metal】 50%의 비스무스(bismuth), 25~28%의 납, 나머지는 주석으로 이루어진 합금이다. 쉽게 융해하는 합금의 전형이다. 대부분 100℃에서 융해하므로 방화장치 등에 사용되고 있다.

로터리 건조기 【rotary dryer】 화학공업에서 고체물질의 건조, 혼합, 소결(燒結 sintering) 등에 널리 사용되는 장치이다. 심장부는 경사진 회전축이 있는 중공원통(中空圓筒)이며 길이가 지름보다 약간 길게 되어 있다. 기체를 실린더에 통과시키는데 이 방향은 고체물질의 흐름과 역방향일 때와 동일방향일 때가 있다. 배치법, 연속법의 어느 방법에서도 이용가능하다.

뢴트겐 【roentgen】 [기호] R X선이나 γ선에 대해 공기 속의 이온화능(化能)에 따라 정의한 방사능의 단위이다. 1R(뢴트겐 단위)은 건조 공기 1kg 속에 2.58×10^{-4}C의 전하(電荷 charge)를 발생시킬 만한 방사선 강도에 해당한다.

루멘 【lumen】 [기호] lm SI단위계에 의한 광속밀도(光束密度 lumi- luminouss flux density)의 단위이다. 1cd(칸델라 candela)의 광원에서 나오는 입체각 1sr(스테라디안 steradian) 속의 광속을 1lm(루멘)으로 정의한다. 1lm=1cd sr.

루미네센스 【luminescence】 물질 중의 입자가 에너지를 흡수하여 높은 에너지 상태를 이룬 후 다시 에너지를 전자파의 형태로 방사하여 낮은 에너지 상태로 이행한다. 이 때의 방사를 루미네센스라 한다. 조사선원(照射線源)을 차단하면 즉시 방사가 중단되는 것을 형광(螢光), 원천을 차단하여도 잠시 동안 지속되는 것을 인광(燐光)이라 한다.

루비듐 【rubidium】 [기호] Rb [양성자수] 37 [상대원자질량] 85.47 mp 38.89℃ bp 688℃ 상대밀도(비중) 153(고체) 1.47(액체) 알칼리 금속원소의 하나이며 대단히 반응성이 풍부한 은백색의 금속이다. 자연에는 두 가지 종류의 동위원소가 산출되는데 ^{87}Rb는 방사선핵종(放射線核種)이며 반감기는 5×10^{10}년이다. 여러 가지 규산염광물 속에 소량으로 존재하고 있다. 홍운모(리티아운모) 등이 주요한 광물이다. 진공관, 광전지, 특수유리 등의 원료이다.

루이스산 【Lewis acid】 외부로부터 전자쌍을 받아들여 배위결합을 이루는 물질이다. 이것에 대해 전자쌍의 공여체는 루이스염기라 한다. 이 모델에 의하면 루이스산과 루이스염기의 '중화(中和)' 반응은 완전한 옥테트(octet)를 생성한다. 예를 들면

$$Cl_3B + : NH_3 \rightarrow Cl_3B : NH_3$$

착체화합물(complex compound)속에서 금속이온은 대부분 전자쌍수용

체이며 따라서 루이스산에 해당한다. 이 정의는 브뢴스테드의 산(acid)
도 포함한다(H^+는 우수한 전자쌍수용체, 즉 루이스산이므로). 그러나
대개 루이스산이라든가 루이스염기라는 말은 산 양성자(acidic proton)
을 갖고 있지 않은 것을 대상으로 하여 사용한다.

루이스 염기 【Lewis base】 루이스산의 항 참조.

루이스의 옥테트 이론 【Lewins' Octet theory】 옥테트의 항 참조.

루테늄 【ruthenium】 [기호] Ru [양성자수] 44 [상대원자질량] 101.07
mp 2430℃ bp 3700℃ 상대밀도(비중) 12.4 자연에서는 백금과 함께 산
출되는 천이금속원소의 하나이다. 백금과 합금하여 전기접점(電氣接點)
에 사용한다. 팔라듐(palladium)과 합금하여 보석장식에도 이용되며 촉
매로서의 용도도 최근에 개발되었다.

루테튬 【lutetium】 [기호] Lu [양성자수] 71 [상대원자질량] 174.97 mp
1663℃ bp 3395℃ 상대밀도(비중) 9.84 은백색의 금속이며 란탄족원소
중에서 가장 뒤에 위치한다. 자연에서는 다른 란탄족원소와 함께 산출
된다. 용도는 거의 없으나 촉매로 사용되고 있다.

룩스 【lux】 [기호] lx SI단위계에서 조도(照度)의 단위이다. 1lm(루멘)의
광속(光束 luminous flux)이 $1m^2$의 면적에 비쳤을 때의 조도를 1lx로
정의한다. $1lx = 1lmm^{-2}$.

르노법 【Regnault's method】 기체의 밀도를 측정하는 방법의 한
가지이다. 미리 알고 있는 용적의 구(球)를 진공으로 하고 칭량(稱量)한
다음, 진공 라인에 연결하여 미리 알고 있는 압력의 시료가스를 충만
시켜 다시 칭량한다. 온도도 측정해두고 표준온도와 압력으로 환산한
다. 이 방법에 의하면 기체시료에 대한 분자량의 근사값을 쉽게 구할
수 있다.

르블랑법 【Leblanc process】 탄산나트륨을 공업적으로 생산하는 방
법의 한가지인데 이미 과거의 것이다. 식염(食鹽)과 황산을 반응시켜서
황산나트륨을 만들고 여기에 석회석과 석탄을 반응시켜서 탄산나트륨
(소다회 soda ash)을 얻는다. 생성물을 물로 추출하고 건조, 하소(煆燒)

해서 탄산나트륨을 분리한다. 고온조작을 필요로 하기 때문에 솔베이법(solvey process)이나 전해소다법의 출현으로 쓸모 없게 되었다.

르샤틀리에의 원리 【Le Chatelier's principle】 계가 평형을 이룰 때, 주위의 조건을 변화시키면 평형은 이 변화와는 역방향으로 이동한다. 이 원리는 화학반응에서 압력이나 온도의 영향을 나타내는 데 사용된다. 예를 들면 하버법(Haber process)에 의한 암모니아 합성의 경우를 생각해 보자.

$$N_2 + 3H_2 \rightleftharpoons 2NH_3$$

오른쪽 방향(암모니아 생성)의 반응은 발열반응(發熱反應)이다. 따라서 온도를 내리면 이 반응은 암모니아의 생성에 유리하게 되어 온도가 상승하는 방향으로 평형이 이동한다. 압력을 증가시키면 모든 기체분자 수가 감소되는 방향(즉, 전체 압력이 낮아지는 방향)으로 평형이 이동하므로 역시 이 평형은 오른쪽으로 이동하게 된다.

르클랑셰 전지 【Leclanché cell】 1차 전지의 일종이다. 습전지(濕電池)로는 아연음극과 탄소양극을 사용하고 염화암모늄의 10~20% 수용액(水溶液 aqueous solution)을 전해액으로 한다. 양극(陽極 anode)은 다공질의 포대나 단지로 싸고 그속에 이산화망간과 탄소분말의 혼합물을 충전해둔다. 이것은 감극제(減極劑 depolarizer)이다.

건전지로서 가장 널리 사용되는 것은 전해액 대신에 염화암모늄, 염화아연을 탄소와 함께 섞어서 개어붙인 전해 페이스트(paste)를 쓴 것으로, 플래시라이트나 트랜지스터 라디오 등의 전원으로 사용된다. 적층건전지(積層乾電池)는 이러한 건전지를 직렬로 여러번 접속하여 한 덩어리로 한 것이다.

리보오스 【ribose】 REG # =50-69-1(D-체) $C_5H_{10}O_5$ RNA(리보핵산)의 구성성분의 하나인 오탄당(五炭糖)이다.

levo형 【levo - form, laevo - form】 광학 활성의 항 참조.

리보 핵산 【ribonucleic acid】 RNA로 약기한다. 리보뉴클레오티드 사이에서 당의 3′과 5′탄소에 붙은 OH기가 인산디에스테르결합을 한 사슬모양 중합체. RNA를 구성하는 염기는 주로 아데닌(A), 구아닌(G), 시토신(C) 및 DNA에서의 티민(T) 대신에 우라실(U)인 4종류가 있다. 생세포 속에 있는 RNA는 기능에 따라 메신저RNA(mRNA), 전이RNA(tRNA), 리보솜RNA(rRNA)로 나누어진다. 또 진핵세포의 핵에는 저분자의 RNA가 존재하는 것으로 알려지고, 이 밖에 바이러스유전자를 구성하는 바이러스RNA가 있다.

일반적으로 세포 안에서는 rRNA가 주성분을 이루고, tRNA가 그 다음이며 mRNA는 수% 이하로 존재하는 경우가 많다.

RNA사슬

세포 안 RNA는 단백질의 생합성을 분담하고 있다. 바이러스RNA는 DNA와 마찬가지로 유전자의 역할을 하고 있으나, 무세포단백질 합성계에 첨가됨으로써 mRNA의 전형적 성격을 나타내는 일면도 있다.

리비히 냉각기 【Liebig condenser】　　실험실에서 사용하는 가장 간단한 냉각기이다. 직선 모양의 유리관 주위에 냉각수를 흐르게 하는 재킷(jacket)을 설치하여 유리관 속에서 증기가 응축할 수 있도록 한 것이다.

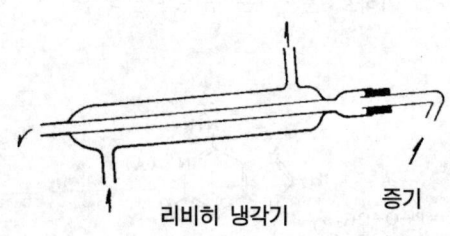

리비히 냉각기　　증기

리신 【lysine】　　REG # =56-87-1(L-체)　NH$_2$(CH$_2$)$_4$CH(NH$_2$)COOH 염기성 아미노산의 하나이다. 최근에는 리신이라 부르게 되었지만 피마자의 단백(蛋白)인 리신(ricin)과 혼동하므로 리진이라고 하는 경우도 있다. α, ε-디아미노카프론산(diaminocaproacid)이다.

리터 【litre, liter】　　[기호] ℓ 부피의 단위이다. 현재는 10^{-3}m^{3}로서 엄밀하게 정의되어 있다. 즉 1ℓ=1dm^{3}이다. 마찬가지로 1mℓ는 1cm^{3}와 같다. 정밀한 논의를 할 때에는 ℓ, mℓ 대신에 dm^3, cm^{3}을 사용하도록 되어 있다. 그 이유는 이전의 ℓ의 정의로는 '1kg의 순수한 물이 4℃, 상압(常壓) 하에서 차지하는 부피'가 쓰여졌기 때문이다. 이 정의에서는 1ℓ=1000.028cm^{3}가 된다.

리튬 【lithium】　　[기호] Li　[양성자수] 3　[상대원자질량] 6.9　mp 179℃　bp 1336℃　상대밀도(비중) 0.82 가볍고 중간 정도의 반응활성을 갖는 은백색의 금속이다. 알칼리금속원소(제 1A족원소)의 첫번째에 위치한다. 자연에서는 여러 종류의 복잡한 규산염광물로서 산출된다. 리티아 운모(lithia mica), 리티아휘석(lithia pyroxene), 페탈석(petal stone) 등이 그 예이다. 인산염광물로는 트리필라이트(triphylite)가 있다.

지각 중에는 0.0065% 밖에 없고 희귀원소에 속한다. 리튬의 정련은 광석을 진한 황산으로 처리하여 황산리튬을 정출(晶出 crystallization)시켜 분리한다. 이것을 염화물로 바꾸어 융해염 전해(融解鹽電解)하거나 염화리튬의 피리딘용액을 전기분해하면 금속리튬이 생성된다.

리튬의 전자배치는 $1s^2 2s^1$이다. 따라서 리튬의 화학은 모두 1가의 양이온뿐이다. 단 리튬(Ⅰ)이온은 다른 알칼리 금속의 이온보다도 훨씬 적기 때문에 분극성(分極性 polarizability)이 크고 그로 인해 어느 정도 공유결합성이 높아지고 있다. 리튬의 이온화 포텐셜도 알칼리 금속 중에서는 가장 큰 값을 나타낸다.

금속리튬은 수소와 반응하여 수소화리튬 LiH를 만든다. 무색의 고융점 고체에서 전기분해하면 양극(anode)에서 수소가 발생한다. 즉, Li^+H^-와 같은 이온성화합물인 것을 알 수 있다. 이 화합물은 물과 반응하여 수소를 발생하는데 유기금속화합물이 합성할 때에는 환원제로서 잘 사용된다. 리튬과 산소의 반응에서는 산화물(Li_2O)이 생성되고 나트륨과 같이 과산화물만이 생성되는 일은 없다. 천천히 가열시키는 것만으로 질소와 화합하여 질소화리튬 Li_3N이 된다. 금속리튬과 물의 반응은 별로 심하지 않으나 생성물은 수산화리튬 LiOH이다. 산화리튬과 물의 반응은 이보다 훨씬 심하다. 질소화리튬은 가수분해하여 암모니아를 생성한다.

금속리튬과 할로겐의 반응에서는 LiX형의 할로겐화물(halide)이 생성된다. 플루오르화리튬 이외의 할로겐화리튬은 물에 쉽게 용해되며 그밖의 산소를 함유하는 유기용매에도 잘 용해된다. 이러한 성질은 나트륨보다는 마그네슘과 비슷한 것이라 할 수 있는데 이것은 전하/반지름의 비가 마그네슘에 가깝기 때문이다. 다른 알칼리금속원소와 비교하면 탄산리튬은 열적(熱的)으로 불안정하여 Li_2O와 CO_2로 분해된다. 이것은 Li^+이온이 작아서 Li_2O의 생성이 쉬울수록 큰 격자에너지를 가지고 있기 때문이다.
알킬리튬과 아릴리튬도 많이 알려져 있는데 유기합성에는 꼭 필요한 것이다. 리튬화합물은 특징 있는 자홍색의 불꽃색 반응을 나타낸다.

리트머스 【litmus】 이끼류의 리트머스 이끼를 원료로 하는 천연색소이다. 산과 염기에 의해 변색한다. pH 8.3 이상에서는 청색, pH 4.5 이하에서는 적색이 된다. 용액의 산성도에 대한 대략적인 지표가 되나, 정밀한 실험에서는 사용되지 않는다. 리트머스는 용액으로 사용되는 일도 있으나 시험지로서 사용하는 경우가 많다.

리티아 【lithia】 산화리튬의 항 참조.

리티아수 【lithia water】 탄산수소리튬의 항 참조.

리포밍 【reforming】 원유(原油 crude oil) 중의 장쇄(長鎖 long chain)로 된 탄화수소를 가압한 상태하에서 촉매의 존재로 반응시켜 고리를 일으키는(환화(環化) cyclization) 조작을 말한다. 촉매로는 알루미나에 담지(擔持)시킨 백금을 사용한다. 예를 들면 헵탄에서 톨루엔을 만들려면 우선 고리화로 메틸시클로헥산을 만들고 이어서 수소 6개를 떼어내서 톨루엔을 만든다. 스팀(증기)리포밍의 항 참조.

$$C_7H_{16} \rightarrow C_6H_{11}CH_3$$
$$C_6H_{11}CH_3 \rightarrow C_6H_5CH_3 + 3H_2$$

마

마그네사이트【magnesite】 REG＃=13717-00-5 자연에서 산출되는 탄산마그네슘의 광물명이며 능고토광(菱苦土鑛)이라고도 한다.

마그네슘【magnesium】 [기호] Mg [양성자수] 12 [상대원자질량] 24.305 mp 651℃ bp 1107℃ 상대밀도(비중) 1.74 경금속원소의 하나이다. 제 ⅡA족의 위에서부터 두 번째에 위치한다(알칼리토금속원소). 네온형 전자심(電子芯)의 외측에 $3s^2$의 전자구조를 갖고 있다. 지각 속에는 2.09% 함유되어 있으며 8번째로 많은 물질이다. 자연에서는 여러 가지 형태로 산출된다. 브르스석 $Mg(OH)_2$ 카날석 $MgCl_2 \cdot KCl \cdot 6H_2O$, 엡솜염 $MgSO_4 \cdot 7H_2O$(사리염이라고도 한다), 능고토광, 즉 마그네사이트 $MgCO_3$, 백운석 $MgCO_3 \cdot CaCO_3$ 등이 있다. 바닷물에도 $MgCl_2$로서 다량 함유되어 있다. 금속을 얻는 데는 몇 가지 방법이 있으나 원료에 따라 어떤 방법을 사용할 것인가는 다르다. 그러나 최종적으로는 염화마그네슘 무수물의 형태로 해서 용융점전해에 의하여 금속마그네슘을 얻는 것은 마찬가지다.

마그네슘은 이온화 포텐셜이 별로 크지 않으므로 전기적인 양성(陽性)의 원소로 분류된다. 산소와 직접 반응하고 가열하면 황이나 질소와도 반응한다. 생성하는 것은 산화마그네슘 MgO, 질소화마그네슘 Mg_3N_2, 황화마그네슘 MgS이다. 모두 가수분해에 의해 수산화물을 생성한다.
할로겐화마그네슘은 금속마그네슘과 할로겐을 직접 반응시켜서 얻는다. 물에 용해시키면 상당한 가수분해를 일으키고 용액을 가열하면 할로겐화수소가 증발한다.

$$MgX_2 + 2H_2O \rightarrow Mg(OH)_2 + 2HX$$

수산화마그네슘은 다른 더 무거운 제 ⅡA족원소의 수산화물에 비하면 훨씬 약한 염기이며 물에도 잘 용해되지 않는다. 황산염, 염소산염, 질산염은 모두 물에 잘 용해된다. 무거운 알칼리토금속의 공통점으로 용해되지 않는 탄산염 $MgCO_3$를 형성하나 이중에서는 가장 열적(熱的)으로 불안정하다. 칼슘과는 다르게 탄화물은 만들지 않는다.

금속마그네슘은 경합금의 원료로서 공업적으로 중요한 가치가 있다. 알루미늄이나 아연과의 합금에 잘 이용된다. 금속표면은 비활성의 산화물로 피복되어 있으므로 그 이상의 산화는 진행되지 않고, 내부까지 침식이 진행되는 일도 없다.

마그네슘은 이온성이 풍부하므로 배위화합물(配位化合物)의 예는 대단히 적다. 수용액 중에서의 착화합물 생성에 있어서도 생성되는 착화합물은 수명이 짧은 것 뿐이다. 브롬화마그네슘과 요오드화마그네슘은 알콜이나 케톤 등의 전자공여성용매에 용해되며 충분한 전자수용체성을 나타낸다. 마그네슘은 생물체에게도 중요한 원소의 하나이며 클로로필 속에 존재하는 것은 잘 알려진 사실이다.

마그네슘의 유기금속화합물은 합성유기화학에서 대단히 중요하다. 그리냐르 시약 RMgX와 관련이 있는 디알킬마그네슘 R_2Mg는 금속마그네슘과 할로겐화알킬, 특히 브롬화알킬이나 요오드화알킬을 에테르 중에서 반응시켜 얻는다.

금속마그네슘은 육방최밀충전구조의 결정이 된다.

마그네시아 【magnesia】 고토(苦土)라고도 한다. 산화마그네슘의 항 참조.

마노 【瑪瑙 agate】 젖빛과 혼합 또는 서로 층을 이룬 줄무늬가 들어 있는 옥수(玉髓 미결정질 석영)의 집합체를 말한다. 줄무늬는 백색·갈색·청색 등 동심바퀴모양. 모스 굳기 6.5~7. 밀도 $2.6g/cm^3$. 화성암 등의 빈곳에 때때로 규산용액이 침입할 때마다 불순물과 함께 SiO_2가 침전하여 생긴 것이다. 아름다운 것은 장식품으로 쓰이고, 또 마노 유발(乳鉢)에도 쓰인다.

마노미터 【manometer】 압력을 측정하는 간단한 장치이며 U자 모양의 유리관에 수은이 들어 있다(압력 차이가 적을 때는 휘발성이 없는 다른 액체를 사용하는 일도 있다). U자관의 양쪽 압력 차이를 수은주

(또는 액주(液柱))의 차이로 읽는다.

마르코프니코프 법칙 【Markovnikoff's rule】 알켄의 이중결합에 산 (HA)을 첨가할 때 생성물의 예측을 가능케 하는 경험법칙이다.
알켄이 비대칭일 때는 두 가지 종류의 생성물이 고려되며, 예를 들어 이소부틸렌 $(CH_3)_2C=CH_2$에 HA가 첨가되면 $(CH_3)_2CHCH_2A$와 $(CH_3)_3CA((CH_3)_2CA-CH_3)$의 양쪽이 기대되지만, 마르코프니코프 법칙에 의하면 수소원자는 원래보다 많은 수소원자가 결합하고 있는 쪽의 탄소원자에 첨가하게(마타이 법칙이라고도 한다) 된다. 따라서 위와 같은 경우에는 $(CH_3)_2CACH_3$가 주된 생성물이 된다.

마르코프니코프 법칙은 이온성의 반응메커니즘을 고려하면 쉽게 설명할 수 있다. 우선 산의 H^+가 이중결합에 첨가하면 카르보늄이온이 생성된다. 이 카르보늄이온 중에서 안정도가 큰 형태는 양전하(陽電荷)가, 알킬기(alkyl group)가 가장 많이 결합되어 있는 탄소 위에 있는 것이다. 이러한 형태이면 알킬기의 전자방출효과(유도효과) 때문에 부분적으로 안정화 된다.

그러나 이러한 형태의 첨가반응이 모두 마르코프니코프 법칙에 따르는 것은 아니다. 어떤 조건하에서는 이온반응이 아니고 유리기(遊離基 free radical) H·, A· 에 의해 반응이 진행되어 이 경우의 주된 생성물은 반대가 된다. 이것은 역마르코프니코프 법칙에 따르게 된다.

마스킹 【masking, sequestration】 용액 속의 이온과 착체 형성을 시켜 단독이온으로 활동성을 나타내지 않게 하는 것으로 차폐(遮蔽)라고도 한다. 마스킹제(劑)는 킬레이트시약인 것이 많다.

마이크로(미크로) 【micro-】 [기호] μ(입체를 사용한다. 경사체(이탤릭)는 틀린 것이다). 10^{-6}을 표시하는 접두기호이다. 예를 들면 $1\mu m$(마이크로미터)=$10^{-6}m$이다.

마이크로파 【microwave】 전자파 중 1mm에서 120mm까지의 파장을 갖는 영역을 말한다. 1mm는 적외선과의 경계이고 120mm는 라디오파와의 경계이다. 마이크로파는 클라이스트론 등의 기기로 발생시킨다.

마이크로파를 송신하는 데는 도파관(導波管 waveguide)을 사용하는 일이 많다. 마이크로파 영역(밀리파·센티파)의 스펙트럼은 어떤 분자의 회전운동에너지 레벨에 대한 지식을 제공해준다. 전자 방사의 항 참조.

막【膜 membrance】 경계면을 형성할 수 있는 것으로 얇고 유연한 물질을 말한다. 생체막(生體膜) 등 여러 가지 재료가 있다. 천연의 막으로는 세포막이나 피부 등이 있고 천연물질을 약간이나마 합성화학적으로 처리한 것에는 고무나 셀룰로스의 유도체 등도 있다. 물리화학적인 많은 연구에서 여러 가지 다공질(多孔質)의 담체(擔體 carrier)상에 보존시켜 사용하는 일이 많다. 이것은 기계적인 강도를 증가시키기 위해서이다. 막의 투과는 어느 경우에도 어떤 한계가 있다. 어떤 종류의 분자나 이온, 미세입자 등이 투과할 수 있는 막도 만들 수 있다. 이 투과성 차이의 결과로 막의 양면에서의 농도 차이에 따른 막평형의 연구(예를 들면 삼투압, 투석(透析 dialysis), 한외여과(限外濾過) 등)를 광범위하게 할 수 있게 되었다. 반투막의 항 참조.

만곡 결합【彎曲結合 banana bond(bent bond)】 변형을 가진 고리식 화합물(cyclic compound)에서는 오비탈(orbital) 혼성으로부터 예측한 결합각도와, 실제로 각 원자의 중심을 연결해서 얻게 되는 각도와는 동일하지가 않다. 이 경우의 화학결합은 각 원자핵을 연결하는 축 위에는 없고 바나나와 같이 만곡된 오비탈의 겹침(overlap)에 의한 것이라고 설명된다. 시클로프로판 등이 이러한 예인데 결합각도는 60°이나 sp^2 혼성오비탈에서 예측되는 오비탈 사이의 각도는 약 100°이며 이것은 링(ring)에서 외측으로 부풀은 만곡결합을 고려한 것이다.

만노오스【mannose】 REG # =10070-80-5 $C_6H_{12}O_2$ 많은 다당류 속에 존재하고 있는 단당류의 하나이다. 알도헥소오스(aldohexose)이며 글루코스(glucose)의 이성질체(異性體, epimer)이다.

만능지시약【universal indicator】 넓은 pH영역에서 색조의 변화를 나타내는 혼합 pH지시약이다. 자주 사용되는 것으로는 메틸오렌지, 메틸레드, 브로모티몰블루, 페놀프탈레인의 혼합계(MO-MR-BTB-PP)

가 있으며 pH가 3에서 10으로 상승함에 따라 적→등→황→녹→청→자색의 순으로 변색한다. 이밖에도 몇 가지 처방이 있으며 시험지 또는 용액의 형태로 판매되고 있다.

말레산 [maleic acid] 2-butanedioic acid(Z) REG#=110-16-7 부탄이산의 항 참조.

말토오스 [maltose] (CAS) D-glucose, 4-O-α, D-gluco-pyranosyl - REG#=69-79-4 $C_{12}H_{22}O_{11}$ 맥아당이라고도 한다. 발아할 때의 곡물종자 속에 많이 함유되어 있다. 글루코스 2분자가 결합해서 생성된 이당류(二糖類)의 전형이다. 녹말의 효소에 의한 가수분해의 중요한 중간체이다. 다시 가수분해하면 글루코스가 된다.

망간 [manganese] [기호] Mn [양성자수] 25 [상대원자질량] 54.94 mp 1244℃ bp 2040℃ 상대밀도(비중) 7.4 천이금속원소의 하나이다. 자연에서는 연망간광 MnO_2 등의 산화물로서 산출된다. 주된 이용법으로는 전기로(electric furnace) 속에서 철광석과 연망간철을 처리하여 합금(망간강, 페로망간)을 만든다. 금속망간은 냉수 또는 묽은 산과 반응하여 수소를 발생한다. 가열하면 산소나 질소와도 반응하게 된다. 산화수는 +7, +6, +4, +2 등을 취하나 +2의 상태가 가장 안정하다. Mn(Ⅱ)의 염(鹽)은 핑크색이나 수용액에 염기를 첨가하면 수산화망간(Ⅱ)를 침전시키고, 이것은 공기 속이나 수용액 안의 산소에 의해 신속하게 수화산화망간(Ⅲ)으로 산화된다(용존산소의 정량(定量) 등에 응용되고 있다).

망간산염 [manganate] 산화수+6의 망간을 함유하는 MnO_4^{2-}의 염(鹽)을 말한다. 망간(Ⅵ)산염으로 기입하는 것이 정확하다.

망간(Ⅶ)산염 [manganate(Ⅶ)] 과망간산염의 항 참조.

망간(Ⅶ)산 칼륨 [potassium manganate(Ⅶ)] 과망간산칼륨의 항 참조.

매스 스펙트럼 [mass spectrum] 질량 분석계의 항 참조.

매염제 [媒染劑 mordant] 천에 염색할 때 염료를 고정하는 데 사용하는 무기화합물이다. 수산화알루미늄이나 수산화크롬 등을 천 위에 침전 석출시켜두고 이 위에 염료를 흡착해서 고정시킨다.

매트 【matte】 구리광석 등을 제련할 때 철이나 구리 등 몇 종류의 황화물이 융합해서 생기는 혼합금속황화물을 말한다. 반성품(半成品)으로서 전로공정(轉爐工程 converter process)의 원료가 된다.

매트릭스 【matrix】 연속적인 고체상으로, 그 속에 다른 고체상의 미세한 입자가 분산되어 파묻혀 있는 것(암석·광물학에서는 '모암(母岩)'에 해당하나 이의 미크로판이다)을 말한다.

맥스웰 【maxwell】 [기호] Mx cgs 단위계에서 자속밀도(磁束密度 magnetic flux density)의 단위이다. 10^{-8}Wb=1Mx.

맥아당 【麥芽糖 malt sugar】 =말토오스(maltose). 이당(二糖)의 하나. 구조는 $4-O-\alpha-$D$-$글루코피라노실$-$D$-$글루코피라노오스. 엿기름 속에 다량 들어있는 효소 $\beta-$아밀라아제에 의해 녹말이 당화될 때 생긴다. β형 바늘모양 결정으로, 일수화물 $C_{12}H_{22}O_{11} \cdot H_2O$. 융점 102~103℃. 고유광회전도 $[\alpha]_D=+112° \rightarrow +130°$ ($c=4$, 수용액). 물에 녹고 단맛이 있다. α형은 융점 108℃, $[\alpha]_D=+123°$. 환원당이다. 말타아제 또는 묽은 산으로써 가수분해하면 2분자의 D$-$글루코오스가 생긴다. 효모로 발효된다.

메가 【mega-】 [기호] M 10^6(백만)배를 의미한다. 예를 들면 1MHz(메가헤르쯔)=10^6Hz이다.

메소형 【meso-form】 광학활성의 항 참조.

메타 【meta-】 다음과 같은 두 가지 의미를 갖는 접두사이다.

① 벤젠고리(benzene ring)의 1, 3-위치에 치환기를 갖는 화합물을 메타치환체라 한다. 벤젠의 이치환체의 계통적인 명명법으로 널리 사용된다. 예를 들면 메타-디니트로벤젠(m-디니트로벤젠)은 1, 3 디니트로벤젠을 말한다.

② 어떤 종류의 산(acid)이 무수물(산화물)과 물로부터 생성되었다고 볼 때, 물의 분자수가 적은 쪽을 메타의 산이라 한다. 메타규산 H_2SiO_3(SiO_2+H_2O), 메타인산 HPO_3($\frac{1}{2}P_2O_5$ + $\frac{1}{2}H_2O$)등은 각각 더욱 수화수(水和數)가 큰 오르토규산 H_4SiO_4(=$Si(OH)_4$, SiO_2+2H_2O), 오르토인산 H_3PO_4($\frac{1}{2}P_2O_5$ + $\frac{3}{2}H_2O$)와 대비된다. 오르토 및 파라의 항 참조.

메타날 【methanal】 포름알데히드의 항 참조.

메타세시스 【metathesis】 복분해(複分解)라고도 한다. 예를 들어 AB+CD → AD+BC와 같은 반응을 말한다.

메타알데히드 【metaldehyde】 아세트알데히드의 항 참조.

메탄 【methane】 REG#=74-82-8 CH_4 기체의 알칸(alkane)이며 탄소수가 가장 적은 것이다. 천연가스는 거의 99%의 메탄을 함유한다. 여러 가지 유기화학공업의 출발원료로서 사용된다. 직접 염소화하면 일련의 크로로메탄이 된다. 부분산화 또는 가열 수증기와의 반응으로 개질(改質 reforming)할 수 있으며 일산화탄소와 이산화탄소 및 수소의 혼합물이 된다.

메탄산 【methanoic acid】 포름산의 항 참조.

메탄산나트륨 【sodium methanoate】 포름산나트륨의 항 참조.

메탄산에스테르 【methanoate】 포름산에스테르의 항 참조.

메탄산염 【methanoate】 포름산염의 항 참조.

메탄올 【methanol】 REG#=67-56-1 CH_3OH 메틸알콜이라고도 한다. 무색의 액체이며 용매로서 널리 사용되는 외에 포름알데히드(formaldehyde)의 원료로서 플라스틱이나 약품공업에 넓은 용도가 있다. 목정(木精)이라고도 했던 이유는 원래 목재를 건류(乾留)해서 얻었기 때문이다. 오늘날에는 천연가스에서 얻게되는 메탄의 부분산화로 만든다.

메탈로센 [metallocene] 금속원자가 2개의 시클로펜타디에닐이온으로 샌드위치 모양으로 끼어 있는 화합물을 말한다. 잘 알려진 것으로 페로센 $Fe(C_5H_5)_2$가 있다. 넓은 뜻으로는 반드시 샌드위치 구조가 아닌 것도 포함한다(예 : 티타노센).

메톡시기 [methoxy group] CH_3O- 원자단이다.

메티오닌 [methinine] REG#-63-68-3(L-체) $CH_3SCH_2CH_2CH(NH_2)COOH$ 아미노산의 하나이다. 인간에게는 필수아미노산이다. 의약품으로서 금속중독증 등에 사용된다. 아미노산의 항 참조.

메틸레드 [Methyl Red] (CAS) benzoic acid, 2-[(4-dimethylamino) phenyl] azo-REG#-493-52-7 $(CH_3)_2NC_6H_4N=NC_6H_4COOH$ 산염기지시약으로 pH4.2이하에서는 적색, 6.3이상에서는 담황색을 나타낸다. 메틸오렌지와 같이 사용되나 변색역(變色域)이 중성(pH7)에 가까우므로 대상은 약간 다르다. 메틸오렌지와 비슷한 구조이다.

메틸렌 [methylene] 카르벤의 항 참조.

메틸렌기 [methylene group] $-CH_2-$ 원자단이다.

메틸 벤젠 [methyl benzene] 톨루엔의 항 참조.

메틸 알콜 [methyl alcohol] 메탄올의 항 참조.

메틸 에틸 케톤 [methyl ethyl ketone] (CAS) 2-butanone REG#=78-93-3 $CH_3COC_2H_5$ 부타논이라고도 한다. 부탄의 산화로 제조되는 무색, 휘발성의 액체이며 용매로서 사용된다.

메틸 오렌지 [Methyl Orange] (CAS) benzenesulfonic acid, 2-[(4-dimethy lamino)phenyl]azo-,sodiumsalt REG#=547-58-0 $(CH_3)_2NC_6H_4N=NC_6H_4SO_3Na$ 산염기지시약이며 pH3이하에서는 적색, 4.4이상에서는 황색을 나타낸다. 산성쪽에 변색역이 있으므로 강산(strong acid)을 약

염기(weak base)로 적정(適定)하는 데 적합하다.

메틸 페놀 【methyl phenol】 크레졸의 항 참조.

메틸화 【methylation】 화합물 속에 메틸기(methyl group)를 도입하는 것을 말한다. 할로메탄(halomethane)을 사용하여 프리델크라프츠 반응(Friedel-Crafts reaction)을 일으키는 것 등은 메틸화의 전형이다.

멘델레븀 【mendelevium】 [기호] Md [양성자수] 101 [최장수명동위원소] ^{258}Md(60일) 악티늄족원소의 하나이다. 초우라늄원소에 속하고 지구상에 천연으로는 존재하지 않는다. 수명이 짧은 동위원소 몇 개가 인공적으로 제조되었다.

멘디우스 반응 【Mendius reaction】 알콜 속에서 나트륨에 의해 니트릴을 환원하여 제1급 아민으로 하는 반응을 말한다.

$$RCN + 2H_2 \rightarrow RCH_2NH_2$$

동족체(homologues)에서 탄소수가 한 개가 더 많은 것을 유도하는데 잘 사용된다.

멘톨 【menthol】 $C_{10}H_{20}O$ 단일고리 모노테르펜에 속하는 알콜로서, p-멘탄의 유도체. 8개의 광학활성체와 4개의 비활성체가 있다. 자소과의 박하 *Mentha arvensis* 등의 정유에서 얻어지는 천연품은 박하뇌라고도 하는 무색 결정(그림). 융점 43℃, 비점 216.5℃. 좌회전성. 고유광회전도 $[\alpha]_D^{16} = -49°$ (에탄올 속에서). 박하와 같은 냄새와 맛을 가지고 물에 녹기 어려우며 유기용제 및 진한 황산에는 잘 녹는다.

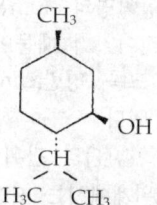

박하유의 주성분으로서 냉각하면 결정을 석출시킨다. 합성도 된다. 식

용향미료 · 진통제 · 지양제(止痒劑) · 방부살균제에 쓰인다. 멘톨을 산화하면 알콜이 케톤으로 된 멘톤 $C_{10}H_{18}O$를 생성한다.

면심 입방 결정 【face-centered cubic crystal】 FCC라고도 표기한다. 원자, 이온, 분자 중, 어느 것도 좋으나 결정의 구성입자가 입방체의 각 정점 외에 여섯개 면의 중심에도 위치하고 있는 결정구조이다. 입방최밀충전(cubic close packing, CCP)이라고도 한다. 배위수(coordination number)는 12이다. 이 구조는 최밀충전구조이며 동일한 평면 내에 6개의 인접원자가 있다. 구리나 알루미늄금속은 면심입방형의 결정구조이다.

이 입자가 이루는 평면은 다음과 같이 되어 있다. 우선 구(ball)를 평면 위에 배열하면 한 개의 층이 생긴다. 제 2의 층은 제 1의 층에 있는 굴곡(움푹 패인 곳) 위에 배열한 입자로 되어 있다. 제 3의 층은 제 2의 층의 굴곡 중 아래쪽에 제1층의 입자가 없는 곳에 배열한 입자로 구성된다. 이 각층을 A, B, C라고 기입하면 FCC 구조는 ABCABC 순서의 배열이다. 육방최밀충전 HCP는 ABABAB 순서의 배열이다.

명반 【明礬 alum】 복염(複鹽)의 일종이다. 일반적으로 다음과 같은 식으로 나타내는 이중 황산염을 말한다.

$$M^I{}_2SO_4 \cdot M^{III}{}_2(SO_4)_3 \cdot 24H_2O$$

M^I, M^{III}은 각각 1가(univalent), 3가(tervalent)의 양이온이다. 좁은 뜻의 명반, 즉 칼리 명반은 황산알루미늄칼륨 $K_2SO_4 \cdot Al_2(SO_4)_3 \cdot 24H_2O$이다. 암모늄명반이라 불리는 것은 황산알루미늄암모늄 $(NH_4)_2SO_4 \cdot Al_2(SO_4)_3 \cdot 24H_2O$이다. 영어명의 alum은 3가의 금속이온으로서 알루미늄을 함유한 것이 일반적이었기 때문이다. 현재는 다른 3가의 이온을 함유한 것에 대해서도 크롬 명반(chrome alum) $K_2SO_4 \cdot Cr_2(SO_4)_3 \cdot 24H_2O$와 같이 사용되고 있다.

모 【mho】 전기전도도(傳導度)의 단위이다. 옴(ohm)의 반대이며 기호도 ℧을 사용한다. SI 단위계에서는 지멘스(S)를 대신 사용하나 전기공학 관련분야에서는 '모'를 그대로 이용하고 있다.

모노머 【monomer】 단량체라고도 한다. 이량체(二量體 dimer), 삼량체(trimer) 또는 중합체(polymer)를 형성하는 분자나 화합물 또는 원자단을 말한다.

모노클로로벤젠 【monochlorobenzene】 클로로벤젠의 항 참조.

모노클로로에틸렌 【monochloroethylene】 (CAS) ethene, chloro REG# =75-01=4 $CH_2=CHCl$ 염화비닐이라고도 한다. 폴리염화비닐(polyvinyl chloride, PVC)의 원료가 되는 기체이다(한때는 에어졸 스프레이에도 사용되었다). 전에는 아세틸렌에 염화수소를 수은촉매의 존재하에 첨가하여 만들었다.

$$C_2H_2 + HCl \rightarrow CH_2=CHCl$$

현재는 석유에서 얻을 수 있는 에틸렌의 값이 싸므로 이것을 원료로 하고 염소화해서 디클로로에탄으로 하며 계속해서 탈염산(脫鹽酸)에 의해 얻는다.

$$H_2C=CH_2 + Cl_2 \rightarrow CH_2Cl \cdot CH_2Cl$$
$$CH_2Cl \cdot CH_2Cl \rightarrow CH_2 = CHCl + HCl$$

모노트로피 【monotropy】 단변(單變)이라고도 한다. 호변(互變)에 대립하는 말이며 일정한 전이온도를 거치는 온도변화에 대해 상승 또는 하강의 한쪽만으로 상변화를 일으키는 것을 말한다. 벤조페논등이 이의 예이다.

모래 【sand】 암석이나 광물의 작은 입자 중 자갈(礫)과 진흙(泥)의 중간 입도로서, 입자지름 2~1/16mm인 것을 말한다. 입도에 따라 조립사(粗粒砂)·중립사(中粒砂)·세립사(細粒砂)로 세분되고, 석영·장석·암편(岩片)의 양비(量比)나 조성으로도 분류된다. 고화된 것을 사암(砂岩)이라 부른다.

모세관 현상 【毛細管現象 capillarity, capillary phenomenon】 액체 속에 가는 관(모세관)을 세우면 관 안에서 액면이 관 바깥보다도 올라가거나 내려가는 현상. 액체 분자 사이의 응집력과 액체와 관 벽 사이의 부착력과의 대소관계에 따라 액체가 관을 적실(부착력이 큼)때 액면은 올라가고, 적시지 않을 때는 내려간다. 관 안팎의 액면 높이차를 h, 관의 반지름을 γ, 액체의 밀도를 ρ, 액체의 표면장력을 γ, 접촉각을 θ, 중력가속도를 g로 하면, $h=2\gamma\cos\theta/\gamma\rho g$이 된다. 이 관계는 액체의 표면장력 측정에 쓰인다.

모액 【mother liquor】 결정을 생성시켰을 때 뒤에 남는 용액을 말한다.

모즐리의 법칙 【Moseley's law】 특성 X선의 주파수가 원자번호의 함수로 나타내는 법칙을 말한다. 일련의 원소에서는 원자번호에 대해 X선 주파수의 평방근을 플로트(plot)해서 그래프를 그리면 각각의 천이 계열에 따른 직선이 된다.

목정 【木精 wood alcohol】 메탄올을 말한다.

목탄 【木炭 charcoal】 목재와 같은 유기물질을 가열하였을 때(반드시 공기를 차단한다) 얻게되는 무정형탄소를 말한다. 활성탄(activated charcoal)은 목탄을 가열하여 흡착되고 있는 기체를 제거한 것이다. 기체의 수착(收着)이나 액체 속의 불순물을 제거하는데 이용된다.

몰 【mole】 [기호] mol SI기본단위 중에서 물질의 양을 나타내는 것이다. 탄소-12의 0.012kg(12g)속에 함유되는 원자수(아보가드로 수)만큼의 입자집합을 말한다. 여기서 말하는 '입자'란 원자, 분자, 이온, 전자, 광자(光子 photon)등과 같이 어떤 소립자도 좋으나 확실하게 정의할 필요가 있다. 물질의 양은 당연히 성분입자수에 비례한다. 1몰에 상당하는 원자수, 즉 아보가드로 수는 6.022045×10^{23}이다. 상대원자질량 A의 원소 1몰은 Ag이 된다. 이 양은 이전에 '그램 원자'라고 하였던 것이다. 상대분자질량(분자량) M을 갖는 어떤 화합물의 1몰은 Mg이 되는데 이것은 이전에 '그램 분자'라고 불렀다.

몰농도 【molarity, molar concentration】 1몰의 용질이 용액 $1dm^3$ ($=l$)에 용해되어 있을 때 1몰(M)의 용액이라 한다. 이것은 용량 몰농도이다. 몰농도 0.5M의 염산이면 용액 $1dm^3$당 $0.5\times(1+35.5)$g의 HCl을 함유하고 있는 것을 나타낸다.

몰량 【molar amount】 여러 가지 물리적인 성질과 양을 물질 1몰(아보가드로수 개의 단위입자의 집합)당으로 나타낸 것을 말한다. 예를 들면 부피(V)를 몰수 n으로 나눈 값은 몰부피 $Vm(=V/n)$이다(이것을 분자부피라고 불렀던 일도 있다).

몰레큘러시브 【Molecular Sieve】 분자체(molecular sieve)의 기능을 갖는 합성제올라이트(zeolite)의 상품명이다. 분자체의 항 참조.

몰리브덴 【molybdenum】 [기호] Mo [양성자수] 42 [상대원자질량] 95.94 mp 2620℃ bp 4800℃ 상대밀도(비중) 10.2 자연에서는 휘수연광(MOS_2)으로 산출되는 천이금속원소의 하나이다. 합금강용이나 전구용 등에 사용된다. 몰리브덴산 암모늄을 질산에 용해시킨 것은 인산염을 검출하는데 사용된다.

몰분률 【mole fraction】 혼합물 속에 있는 목적성분의 몰수를 전체성분에 대한 몰수의 합으로 나눈 값을 말한다. 성분 A의 몰분률 x_A는 다음과 같이 된다(n_A는 A의 몰수).

$$x_A = n_A/(n_A + n_B + n_C + \cdots\cdots)$$

무기 화학 【無機化學 inorganic chemistry】 탄소 이외의 모든 원소의 단일체와 화합물에 대해 조제(調製)와 반응 및 여러가지 성질을 취급하는 화학의 분야이다. 탄소화합물 중에서도 몇 가지 간단한 것은 무기화학에서 취급된다. 예를 들면 산화물, 황화물, 할로겐화물, 시안화수소, 탄산염이나 탄산수소염, 시안산염과 시안화물 등이다.

무수물 【無水物 anhydride】 다른 화합물에서 물을 제거한 뒤에 얻게되는 화합물을 말한다. 여러가지 비금속의 산화물은 산(acid)의 무수물이다. 예를 들면 이산화탄소 CO_2는 탄산 H_2CO_3, 삼산화황 SO_3은 황산 H_2SO_4에 대응하는 무수물이다. 유기화학에서 무수물은 2개의 카르복실원자단으로부터 물이 제거되어 $-CO-O-CO-$라는 원자단을 포함하게 된 것을 말한다. 즉, 카르복시산 무수물에 불과하다. 산무수물의 항 참조.

무수 알콜 【absolute alcohol】 물을 함유하지 않는 에틸알콜(에탄올)을 말한다.

무수 크롬산 【chromic anhydride】 산화크롬(Ⅵ)의 항 참조.

무정형 【無定形 amorphous】 고체물질이며 원자의 규칙적인 배열을, 단주기(short period)의 것이나 장주기(long period)의 것도 포함하고 있지 않는 것, 즉 결정질이 아닌 것을 말한다.

무정형물질에는 여러 가지가 있으며 유리도 그 중의 하나이다. 이 중에는 미립자의 집합체도 있다. 고체 안에서 원자의 배열이 일정하지 않고 임의(random)로 된 것이 무정형, 즉 어멀퍼스(amorphous)한 고체인 것이다. X선 해석의 결과, 오래전부터 무정형이라고 믿었던 여러 가지 물질이 실은 미세한 결정의 집합체인 것을 알게 되었다.

그 예로는 목탄이나 코크스 또는 매연(그을음) 등 이전에는 '무정형' 탄소라고 했던 것이 흑연과 비슷한 구조로 된 미세한 결정의 집합체인 것으로 판명된 것을 들 수 있다.

물 【water】 REG#=7732-10-5 H_2O 무색액체이며 0°C에서 결빙되고 100°C에서 끓는다. 기체는 H_2O단일 분자로 된 수증기이다. 분자는 삼각형을 이루고 있으며 2개의 O-H결합이 이루는 각도는 105°이고 O-H결합의 길이는 0.099nm이다. 얼음에서는 수소결합이 인접한 물분자 사이에 생기고 이 길이(수소와 인접한 물의 산소와의 거리)는 0.177nm이다. 또한 얼음은 입방정계(cubic)이며 밀도는 $916.8 kgm^{-3}$(STP)이다.

고압하에서는 별도의 상(相 phase)인 얼음도 존재한다. 얼음이 융해하면 물이 된다. 입방정계의 얼음 속에 있던 산소 주위의 사면체형 구조가 무너져 있으나 어느 정도는 잔존하여 회합한 물분자$(H_2O)_n$가 이량체(二量體 dimer)의 물$(H_2O)_2$ 또는 단량체(monomer)와 공존하고 있다. 이 혼합물은 개방구조로 된 얼음결정보다도 고밀도이며 최대밀도는 3.98°C에서 $999.97 kgm^{-3}$이다. 얼음이 물에 뜨는 것이나 수도관이 겨울에 파열되는 것도 이 때문이다.

물은 주로 공유결합성을 나타내는 화합물이기는 하나 매우 조금이지만 자기해리(自己解離 자체이온화)를 일으킨다($H_2O \rightleftarrows H^+ + OH^-$). 표준상태의 물에서 H^+, OH^-는 모두 $10^{-7} mol\ dm^{-3}$ 정도의 농도이다. pH는 수소이온농도(정확하게는 활량)에 대한 역수의 상용로그이므로 중성수의 pH는 7이 된다.

극성용매 중에서도 물은 대단히 강력한 용매의 하나이다. 이 성질은 큰 유전율(誘電率)과 수화(水和)이온의 생성에 의한다. 수화이온은 용액 속 뿐만 아니라 이온성결정 속에도 결정수로서 함유된다. 물은 나트륨과 같이 반응성이 큰 금속으로 분해된다. 반응성이 약한 철과 같은 금속에서는 가열할 때 수증기를 통과함으로써 분해가 일어난다. 전기분해에 의해 수소와 산소로도 된다.

물리 화학【物理化學 physical chemistry】 화합물의 물리적인 성질을 취급하는 화학의 한 분야이다. 또한 이들의 성질이 화학결합에 어떻게 의존하고 있는가를 연구하는 학문이다.

물리 흡착【物理吸着 physisorption】 흡착의 항 참조.

물리적 변화【物理的變化 physical change】 물질의 화학적인 성질에 영향을 주지 않는 물질변화를 말한다(예 : 융해, 비등, 용해). 어느 것이나 반대로 진행되는 것이 쉽다.

물질의 삼태【物質-三態 states of matter】 물질이 존재하는 세 가지 종류의 상태를 말한다. 즉, 고체, 액체, 기체이다. 에너지를(대개 열의 형태로) 주거나 받음으로써 하나의 상태에서 다른 상태로 이행할 수가 있다.

각각의 상태에서의 큰 차이는 성분입자의 운동에너지와 입자 사이의 거리에 있다. 고체에서 입자는 작은 운동에너지밖에 갖지 못하고 긴밀하게 채워져 있다. 기체에서는 입자가 갖는 운동에너지는 크며 입자 사이의 거리도 크다. 액체는 이 두 가지의 중간이다.

고체는 일정한 형상을 갖고 정해진 공간을 차지한다. 즉, 액체나 기체와 같이 유동하는 일은 없다. 또한 압축하는 것도 어렵다. 고체 안에서는 원자, 분자, 이온이 정해진 위치에 있다. 대부분의 고체는 규칙적인 원자의 배치를 취한다. 이것이 결정이다.

액체는 한정된 부피를 나타내지만(즉, 압축시키기 힘들다) 용기의 형상에 따라 변형된다. 원자나 분자는 액체 속에서 자유로이 이동되나 원자 사이의 거리는 가까우며 그로 인해 다른 입자의 움직임을 방해할 수도 있다.

기체는 일정한 형상 또는 일정한 부피라는 것이 없다. 자연히 팽창하여 용기를 채워주거나 압축시켜서 작은 용기로 이동시킬 수가 있다. 분자는 대부분 완전하게 임의적인(randam) 운동을 하고 있다.

플라즈마(plasma)를 제 4의 존재상태라고 보는 사람도 있다.

물질의 양【amount of substance】 어떤 물질 속에 존재하는 특정한 존재(entity)의 수에 대한 척도를 말한다. 기호는 n으로 표시한다. 몰의 항 참조.

뮤 메탈【Mu metal】 상품명이다. 75%의 니켈과 철, 구리, 크롬, 몰리브덴 등을 합쳐서 25%의 합금이다. 자화(磁化)와 소자(消磁)가 용이하며 투자율(透磁率)도 높으므로 변압기(trans 트랜스)의 자심(慈心) 또는 전기기기 등에 사용된다.

미결정【微結晶 crystallite】 크게 성장할 능력을 가진 미세한 결정을 말한다. 결정핵이라고 하는 경우가 많다. 광물학에서는 화학조성 또는 결정구조 등이 불명한 미세결정의 집합체를 크리스탈라이트(crystallite)라고 한다.

미세 구조【微細構造 fine structure】 스펙트럼선(spectral line) 또는 밴드(band) 속에서 분해능을 높이면 명백해지게 되는 접근한 다중선을 말한다. 이러한 미세구조의 원인은 여러 가지가 있으나 분자 또는 전자의 진동 등에 따르는 일이 많다. 초미세구조는 더 고분해능으로 하였을 경우에 명확해지게 되므로 원자핵으로부터의 각 에너지상태에 대한 영향이 나타나는 것이다.

미시 메탈【Misch metal】 세륨(cerium)과 그 밖에 란탄족원소와 철 등의 합금이다. 라이터의 돌, 불꽃 등에 사용된다.

미체르리히의 법칙 【Mitscherlich's law】 동형률(同形律)이라고도 한다. '동형의 결정(결정형이 동일하며 혼정(混晶)도 생성하는 것)은 화학조성도 같은 것이다'라는 법칙을 말한다. 이에 따라 여러 가지 화합물의 조성식이 밝혀졌다. 예를 들면 산화크롬의 구조는 산화알루미늄 Al_2O_3이나 산화철(III) Fe_2O_3과 동형이기 때문에 Cr_2O_3이라는 화학식을 갖는 것을 예측할 수 있다.

미크론 【micron】 μ으로 표시하는 길이의 단위이다. SI 단위계에서는 바람직한 단위로 보지 않는다. $1\mu = 10^{-6}m(1\mu m)$

미터 【meter, metre】 [기호] m SI 기본단위의 하나이다. 진공 중에서 크립톤(krypton)-86원자의 $2p_{10}$과 $5d_5$의 두 에너지 준위(準位) 사이에서 일어나는 천이에 의해 생긴 전자파가 갖는 파장의 1650 763.73배(정확하게)로 정의되어 있다.

미터 단위계 【metric system】 미터와 킬로그램을 기본단위로 하고 10의 누승만을 사용하는 단위계이다. SI 단위계, MKS 단위계, cgs 단위계는 모두 과학적인 미터단위계에 포함된다.

미터톤 【metric ton】 [기호] t 야드 파운드(yard pound)법의 톤과 구별해서 10^3kg을 이렇게 부른다.

밀도 【密度 density】 [기호] ρ 물질의 단위부피당의 질량을 말한다. 일반적으로 사용되는 단위는 $kgdm^{-3}$ 등이다. 비중 및 상대밀도의 항 참조.

밀리- 【milli-】 [기호] m 10^{-3}배를 표시하는 접두기호이다. 예를 들면 $1mm = 10^{-3}m$이다.

밀리미터 수은주 【millimeter of mercury】 간단하게 mmHg로 기입하는 일이 많다. 이전에는 압력을 표시하는 데 사용하였지만 특정한 조건하에서 수은주의 높이 1mm에 상당하는 압력을 나타낸다. 이것은 133.3224Pa(파스칼)과 같다. 독일 등에서 잘 사용되는 torr(토르, 토리첼리)와 거의 같다고 보아도 된다.

밀타승【密陀僧 litharge】 산화납(Ⅱ)의 항 참조.

바

바 【bar】 [기호] b 10^5Pa(파스칼)에 해당하는 압력의 단위. 기상자료에서는 밀리바가 잘 알려져 있다. 기압의 측정 등에 쓰여진다.

바나듐【vanadium】 [기호] V [양성자수] 23 [상대원자질량] 50.94 mp 1920℃ bp 3380℃ 상대밀도 6.1 여러 가지 광물 속에 존재하는 천이금속원소이며 함유량은 그리 많지 않다. 합금강의 첨가물로 사용된다. 산화수는 +5, +4, +3, +2의 4가지 종류가 현저한 것이다. 여러 가지 다채로운 색을 띠는 이온을 생성한다.

바라이타【baryta】 수산화바륨을 말한다.

바륨【barium】 [기호] Ba [양성자수] 56 [상대원자질량] 137.34 mp 714℃ bp 1537℃ 상대밀도(비중) 3.51 무겁고 비교적 융점이 낮은 금속으로 반응성이 풍부하고 주기율표 제ⅡA족의 다섯번째 구성원이며 전형적인 알칼리토금속원소이다. 전자배치는 크세논구조의 전자심 외측에 6s전자 2개를 보유한다. 자연에서는 독중석 $BaCO_3$(毒重石 witherite), 중정석 $BaSO_4$(重晶石 baryte)로서 산출된다. 금속을 얻는 데는 무수(無水)의 염화바륨(barium chloride)을 용해하여 냉음극을 사용해서 전기분해하고 노(melt)로부터 천천히 전극을 뽑아낼 필요가 있다.

융점과 비등점이 모두 별로 높지 않기 때문에 쉽게 금속바륨을 진공증류로 정제(refining)할 수 있다. 금속바륨은 '게터(getter)'로서 진공계 안에 있는 흔적량의 산소를 제거하기 위해 잘 쓰이고 있다.

바륨의 이온화포텐셜은 낮고 이온반지름은 크다. 따라서 전기적으로 양성이 크고 화합물도 칼슘이나 스트론튬화합물과 대단히 비슷한 성질을 나타낸다. 다른 알칼리토금속과 성질이 다른 점만을 들어보기로 한다.

① 탄산염의 안정성이 훨씬 크다.

② 800℃ 이하에서 과산화물을 생성시킨다. 더욱 고온으로 가열하면

산소와 산화바륨으로 분해한다.

$$BaO_2 \rightarrow BaO + O(\frac{1}{2}O_2)$$

이러한 평형관계는 이전에 산소의 공업적 제조법이었던 브린법(Brin process, 현재는 역사적인 가치밖에 없다)의 기초가 되었던 것이다. 바륨의 황산염은 매우 작은 용해도만을 나타내는 것으로 유명하다. 이것에 의해 바륨 또는 황산이온의 중량분석이 이루어져 왔다. 불용성(insolubility)의 염류를 별도로 한다면 바륨의 염류는 예외없이 맹독하다. 금속바륨은 체심입방구조를 이루고 있다.

바르프트법 【Barft process】 이전에는 철의 녹방지에 사용되었던 방법으로, 철을 수증기 안에서 가열하여 표면에 사산화삼철(四酸化三鐵 triiron tetroxide, Fe_3O_4 · 자철광)의 층을 만드는 방법이다.

박층 크로마토그래피 【thin-layer chromatography】 TLC라고도 한다. 혼합물을 분석하는데 널리 사용되는 방법의 하나이다. 알루미나(alumina)나 실리카겔 등과 같은 고체를 고정상(固定相)으로 하고 이것을 유리면 위에 얇은 층이 되도록 바른다. 하단에 가까운 장소에 바늘로 주의 깊게 기선(基線)을 긋고 이 위에 시료(sample)를 유리 모세관으로 스폿(spot)해서 건조시킨다. 다음에 박층판을 수직으로 세워서 아래 끝을 전개용매에 담근다. 모세관 현상의 결과, 용매는 박층 속을 상승하여 스폿에 있는 시료를 용해시켜서 윗쪽으로 이동시킨다. 그러나 시료의 성질에 따라 박층에 잘 포착되지 않는 것도 있어서 그 때문에 용매와 함께 이동하는 양상도 달라진다. 따라서 여러 가지 성분의 혼합물로 이루어진 시료의 각 성분은 최종점에서는 각각 분리된 분획(fraction, 스폿)이 되게 마련이다. 용매의 상승이 박층의 상단까지 도달하면 박층판을 전개조(展開槽)로부터 꺼내서 신속하게 건조시켜, 자외선 조사(照射) 또는 적당한 현색(顯色)시약(developed sample)을 분사(spray)해서 스폿의 위치를 정한다. 스폿의 위치에서 R_f 값을 계산하거나 또는 동일한 조건의 표준시료의 이동과 비교해서 물질이 동일하다는 것을 밝혀서 확인한다.

반 【barn】

[기호] b $10^{-28} m^2$, 즉 $10^{-24} cm^2$에 해당하는 면적의 단위이다. 원자핵의 단면적(핵반응이나 입자의 산란, 흡수 등)을 나타낼 때 또는 핵사극자능률(核四極子能率 nuclear quadrupole ability)을 나타낼 때의 단위로 잘 사용된다.

반감기 【半減期 half-life】

대개 $T_{1/2}$의 기호로 표시한다. 방사선의 원자핵(핵종)이 분열하여 그 수가 처음의 절반이 될 때까지의 시간을 말한다. 반감기는 핵종의 안정성을 측정하는 척도이기도 하다. 안정한 핵종은 무한대의 반감기를 갖는 것으로 여겨도 좋다. 만약 어떤 시점에서 $N0$개의 방사성원자핵이 있다고 하면 $T_{1/2}$ 후에는 $N0/2$개, $2T_{1/2}$ 뒤에는 $N0/4$개와 같은 식으로 감소해 간다. 원자핵의 '수명'이라는 것은 옳은 표현이 아니다.

반결합 오비탈 【antibonding orbital】

오비탈의 항 참조.

반극성 결합 【反極性結合 semipolar bond】

배위결합(coordination bond)의 다른 이름으로 사용되는 일이 있다.

반금속 원소 【半金屬元素 metalloid】

금속과 비금속의 중간성질을 가지고 있는 원소이다. 게르마늄(germanium), 비소(arsenic), 텔루륨(tellurium) 등이 있다. 금속과 비금속 사이에는 명확한 경계선을 그을 수는 없다. 주기율표에서 금속성은 왼쪽에서 오른쪽으로 갈수록 감소하고 하단으로 갈수록 증대한다. 따라서 주기율표의 경사진 띠 모양의 영역(B, Si, As, Te)이 금속원소와 비금속원소의 경계가 되는데 이 양쪽의 원소도 포함해서 반금속 원소라고 하는 일이 많다. 게르마늄, 비소, 텔루륨은 모두 반도체이다. 그 밖의 원소는 화학적인 성질에서 금속성과 비금속성을 함께 가지고 있다.

예를 들면 주석은 산에 대해서 염(salt)을 형성하나(금속성), 염기(base)에 대해서는 주석산염과 아주석산염을 형성하는(비금속성) 양쪽성 성질을 나타낸다. 산화물은 양쪽성이다. 주석의 단일체에는 금속성의 백색주석과 비금속성의 회색주석 등과 같이 두 종류의 다형(多形, 동소체 allotrope)이 있다는 것에 주의해야 한다.

반데르발스력 【van der Waals force】 분자 사이에 대한 인력의 한가지이다. 분자 상호간의 정전상호작용에 의하는 것으로 $1Jmol^{-1}$이하의 크기이며 화학결합에 비하면 훨씬 약하다. 반데르발스 상호작용에는 크게 나누어 3가지 종류가 있다. 즉, ① 극성분자 사이에서 영구 쌍극자끼리의 상호작용 ② 쌍극자(dipole)에 의해 유기된 쌍극자의 상호작용 -이것은 분극성이 높은 결합에 대해 쌍극자의 영향으로 전하가 이동한 결과로 생기는 쌍극자에 의한다. ③ 분산력(dispersion force)-이것은 원자핵 주위에 있는 전자의 분포가 비대칭이기 때문에 일어나는 일시적인 극성의 결과이다. 희유기체원자는 대칭적이며 ①, ②의 상호 작용은 없으나 ③의 분산력만은 존재한다.

반데르발스의 상태 방정식 【van der Waals' equation】 실제 기체의 상태방정식의 한가지이다. 1몰(mole)의 기체에 대해서는 다음과 같이 된다.

$$(p+a/V_m^2)(V_m-b)=RT$$

여기서 p는 압력, V_m은 몰부피, T는 절대 온도, a, b는 물질에 의해 정해지는 상수, R은 기체상수이다. 이상기체(ideal gas)의 상태방정식 (보일-샤를의 법칙 $pV = RT$)보다도 훨씬 실제에 적합한 표현이 가능하다.

여기서 사용하는 두개의 파라미터 a, b의 보정항목으로서의 의미는 다음과 같다. b는 기체분자의 크기가 무시될 수 없는 데에 따른 보정, a/V_m^2은 분자 사이의 인력에 의한 보정이다. 이것은 이상기체에 비해 외관상의 압력을 적게 하는 방향으로 작용하기 때문이다. 기체법칙의 항 참조.

반도체 【半導體 semiconductor】 실온에서 전기전도율 σ가 금속과 절연체 중간의 $10^3 \sim 10^{-10}$ S/cm 정도의 물질. 대부분 σ는 절대영도에서 0에 가깝지만, 온도 T와 함께 증대하는 활성형으로 $\exp(-E/k_BT)$에 비례하는 온도변화를 나타낸다. E는 활성화에너지. 이상적인 결정의 반도체에서는 절대온도에 있어서 전자가 완전히 충만된 가전자 띠가 금지 띠에 의해 빈 전도띠로 가로질러 있다. 금지띠폭(에너지갭)이 비교적 좁을 때는 유한온도에서 전도띠에는 전자가, 또 가전자띠에는 그 빠져나갈 구멍인 양공이 열적 들뜨기에 의해 발생한다. 이것이 운반체가 되어 전류가 흐르는 것을 진성반도체라고 한다.

그 이외의 반도체에서는 불순물이나 격자결함에 의한 국재준위(불순물준위)가 금지띠 내에 형성되고 거기서 운반체가 되는 전자나 양공이 공급된다. 즉 n형 반도체에서는 도너준위에서 전도띠에 전자가 들뜨게 되고, p형 반도체에서는 가전자띠에서 전자가 억셉터준위로 들뜨게 되어 양공이 생긴다. 그림은 이들 모형을 나타내고 있다. 실리콘·게르마늄 등 매우 고순도의 단결정에서는 미량의 불순물을 첨가하여 그 운반체의 종별과 농도를 제어할 수 있다. 이와 같이 운반체가 미량 불순물에서 공급되어 있는 반도체를 불순물반도체라고 한다.

Ⅲ-Ⅴ화합물, ZnTe 등 일부 Ⅱ-Ⅵ화합물이 있는데, 이들은 4면체배위구조를 취하는 공유결합적인 성질을 갖는다. 그밖에도 칼코겐화합물, 산화물, 각종 유기물질 등 반도체가 되는 물질은 매우 많다. 특히 폴리아세틸렌 등의 층상물질, 칼코겐화물유리 등의 비결정질 물질 등은 이들 구조의 특수성을 반영한 흥미깊은 성질을 나타낸다.

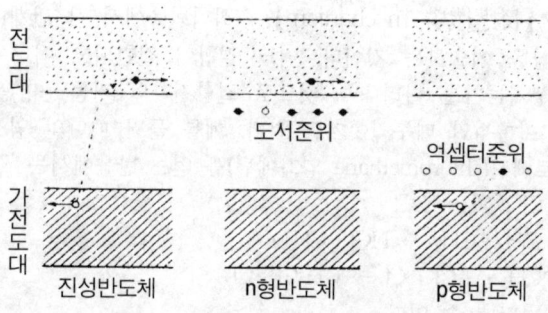

특수한 반도체의 예로서는 이온을 운반체로 하는 전해형 반도체나 산

화니켈, 자철석과 같은 자성반도체도 있다. 최근에는 분자선에피택시, 이온때리기, 유기금속 기상 에피택시 등의 기술에 따라 초격자, 헤테로계면, 혼정(混晶)등의 인공적인 반도체 물질을 만들 수도 있다.

반도체는 전기전도율이 뚜렷한 온도변화, 큰 열기전능 등 금속이나 절연체에 없는 다양한 특징을 갖고 있다. 물질에 따라서는 현저한 비선형 전도 및 자기장효과를 나타낸다. CdS 등인 피에조 반도체(piezoelectric semi-conductor)에서는 결정에 응력을 가하면 전기분극이 나타나며 음향전기효과도 크다. 계면에서 소수 운반체의 주입이나 빛에 의한 운반체의 들뜨기에 의해 전기전도를 쉽게 제어할 수 있는 것도 반도체의 특징이다. 이들 효과를 이용하여 반도체는 다양한 용도로 널리 응용되고 있다. 다이오드, 트랜지스터, 발진소자, 집적회로 등 전기신호를 다루는 소자, 발광다이오드, 광전관, 반도체레이저 등인 광·전기변환소자, 태양전지, 초음파의 발진·증폭기, 서미스터 및 다양한 센서, 반도체전극 등 그 응용 영역은 대단히 넓다.

반사로 【反射爐 reverbatory furnace】 금속을 융해하기 위한 노(furnace)의 일종이다. 열이 하향으로 반사되도록 반구(半球) 모양의 피복(cover)으로 되어 있다. 연료는 노의 한쪽 끝에서, 광석은 다른쪽 끝에서 내부에 넣는다.

반응 기구 【反應機構 mechanism】 화학반응에서 각 단계마다 일어나는 현상을 기술하는 것이다. 어느 결합이 절단되고 어디에 새로운 결합이 생기는가를 나타내는 것으로 결합전자의 거동(운명)을 예측할 수 있는 이론적인 테두리이기도 하다. 예를 들면 메탄의 염소화에 의해 클로로메탄(chloromethane 염화메틸)을 얻는 반응에서는

제1단계 $Cl : Cl \rightarrow 2Cl \cdot$
제2단계 $Cl \cdot + CH_4 \rightarrow HCl + CH_3 \cdot$
제3단계 $CH_3 \cdot + Cl : Cl \rightarrow CH_3Cl + Cl$

과 같이 나타낼 수 있다.

반응 단계 【反應段階 step】 화학반응에서 한 개의 분자에서 다른 분자로 에너지의 주고받음이 이루어지거나 결합의 절단이나 생성 또는

전자의 이동 등이 일어나는 기본과정을 말한다. 예를 들면 하이포염소산이온에 의한(수용액 안에서의) 요오드화물이온의 산화를 생각해 보자. 이 경우에는

제1단계 $OCl^-(aq) + H_2O(l) \rightarrow HOCl(aq) + OH^-(aq)$
제2단계 $I^-(aq) + HOCl(aq) \rightarrow HOI(aq) + Cl^-(aq)$
제3단계 $OH^-(aq) + HOI(aq) \rightarrow H_2O(l) + OI^-(aq)$

와 같이 된다.

반응물【反應物 reactant】 화학반응을 일으키는 쪽의 화합물을 말한다. 생성물에 대응하는 말이다.

반응 분자수【反應分子數 molecularity】 어떤 화학반응에 있어서 각 반응단계에서의 반응분자의 전체수를 가리킨다. 단일분자의 반응과정에서는 반응분자수가 1이며, 2분자 반응이면 2와 같이 된다. 반응분자수는 항상 자연수이며 반응차수(order of reaction)와 반드시 일치하지는 않는다. 어떤 반응에서 반응분자수는 실제로 어떠한 반응이 일어나고 있는가에 관해서는 아무런 정보도 제공하지 않는다.

반응 속도【反應速度 rate of reaction】 단위시간 내에 어떤 화학반응에서 소비되는 반응물의 소비량을 측정하는 척도이다. 따라서 반응계의 분자에 대한 유효충돌수의 척도이기도 하다. 반응이 진행되는 속도는 반응물질의 감소나 생성물질의 형성속도를 측정해서 얻는다. 반응속도에 영향을 미치는 주요한 원인은 온도, 압력, 반응물의 농도, 빛, 촉매의 작용 등이다. 반응속도는 대개 $mol\ dm^{-3}s^{-1}$의 단위로 나타낸다. 질량작용의 법칙의 항 참조.

반응 속도론【反應速度論 kinetics】 물리화학의 한 분야이다. 반응동력학이라고도 한다. 화학반응의 속도에 대한 여러 가지 물리적인 조건(온도, 빛, 농도 등)의 영향을 연구한다. 여러 가지 조건하에서의 반응속도의 변화양상에서 반응기구의 해명이 가능하다. 예를 들면 반응물질이 어떠한 일련의 과정을 통하여 생성물이 되는가를 명백히 밝힐 수 있다.

반응 속도론적 동위원소 효과 【反應速度論的同位元素效果 kinetic isotope effect】 동위원소의 항 참조.

반응 속도 상수 【反應速度常數 rate constant】 [기호] k 화학반응 속도식의 비례상수이다. 예를 들면 A+B → C와 같은 반응에서 반응 속도는 A와 B 각각의 농도를 곱한 수로 나타낸다. 즉,

$$\text{반응 속도} = k[A][B]$$

이 k가 반응에서의 반응속도상수이다. 상수인 이상, A나 B의 농도에는 의존하지 않으나 온도의존성을 나타낸다. 따라서 k의 수치를 기재하는 데는 온도의 데이터가 없고서는 무의미하게 된다. k의 디멘션(dimension)은 반응 속도식에 따라 변하지만 반응속도가 [농도]s^{-1}의 단위인 것을 잊지 않으면 쉽게 유도된다.

반응열 【反應熱 heat of reaction】 대상물질 1몰(mole)이 완전하게 반응했을 때의 에너지 차이를 말한다.

반응 차수 【反應次數 order of reaction】 반응속도식을 여러 가지 물질농도의 제곱으로 나타낼 때, 이 제곱수의 총합을 말한다. 예를 들면

$$\text{반응 속도} = h[A]^x[B]^y$$

인 경우 x는 A의 차수, y는 B의 차수라고 하는데 간단히 반응차수라고 할 때는 $x+y$를 가리킨다. x나 y는 화학 방정식 안의 계수와는 반드시 같지 않다. 반응차수는 반응식이나 반응기구와는 독립하여 실험적으로 구해지는 양이며 분수가 될 수도 있다. 예를 들면 아세트알데히드로부터 메탄을 생성하는 반응

$$CH_3CHO \to CH_4 + CO$$

에서 반응속도는 $[CH_3CHO]^{3/2}$로 비례한다. 즉, 반응차수는 1.5가 된다.

반자성 【反磁性 diamagnetism】 자성의 항 참조.

반전 【反轉 inversion】 어떤 광학활성체가 반대로 된 입체구조의 광학이성체로 변화하는 것을 말한다.

반전지 【半電池 half-cell】 어떤 전극과 이온의 용액을 접촉시킨 것

을 말한다. 일반적으로는 전극과 용액 사이에 전자의 이동이 생기고 그 결과로 기전력(electromotive force)이 발생하게 된다. 그러나 반전지의 기전력은 직접 측정할 수 없으므로 다른 반전지와 조합시킨 다음 기전력을 측정한다.

반투막【半透膜 semipermeable membrane】 용매분자는 통과시키나 용질은 통과시키지 못하는 성질을 가진 막을 말한다. 자연적인 것과 합성으로 된 것이 있다. 합성품은 다공질의 지지체(비스킷(biscuit, 유약을 바르기 전에 소결(燒結)시킨 점토제품을 말한다) 또는 망으로 만든 스크린 등)에 보존시켜서 사용하는데 셀룰로스계로 된 것이 많다. 완전한 것은 없으나 삼투현상의 연구 외에 기체의 분리 또는 의료용(인공신장 등)에 사용된다.

반투막의 양쪽에 화학평형이 성립하는 것은 양쪽의 화학포텐셜(chemical potential)이 동등하게 된 때이며 용매분자가 진한 용액쪽으로 이동해서 평형이 이루어진다. 이 용매분자의 이동을 방지하는데 필요한 압력을 삼투압이라 한다.

반트호프 계수【van't Hoff factor】 [기호] i 용액 속에 존재하는 입자의 수와 용질이 이온화(해리(解離) dissociation)되지 않은 채로 있을 때의 입자수와의 비를 말한다. 이것은 용액의 총괄적 성질(colligative properties)을 연구하는 수단의 하나로서, 존재하는 입자의 수에만 의존하고 종류에는 의존하지 않는다. n몰의 용질을 용액에 용해시켰을 때 이온으로 해리한다고 가정하는 경우, 용액 속에 존재하는 용질 입자수는 in이 된다. 삼투압 π는 총괄적인 성질의 하나이며 다음과 같이 된다.

$$\pi V = inRT$$

반트호프의 등압식【van't Hoff isochore】 평형 상수 K의 열역학적인 온도 T에 대한 관계를 나타낸 식이며 다음과 같이 나타낸다.

$$(\mathrm{d}\ln K)\mathrm{d}T = \Delta H/RT^2$$

여기서 ΔH는 반응 엔탈피이다.

발광 스펙트럼 분석 【spectrographic analysis】 분석방법의 한가지이며 시료를 전기적(아크, 스파크 등)으로 여기(勵起 excitation)시켜서 행한다. 방출되는 빛은 성분원자에 따른 특유한 것이다. 방출광을 슬릿(slit)을 통해 광학계로 유도하여 프리즘이나 회절 격자로 분광한 다음 스펙트럼을 기록한다.

이전에는 사진건판법에 의했으나 광기전력(photoelectromotive force)도 사용할 수 있다. 사진법은 정성분석이나 반정량분석에 널리 사용되어 왔으나 광전 측광에 의해 정량분석도 할 수 있게 되었다

발덴 반전 【Walden inversion】 광학활성(optical activity)인 화합물이 다른 시약과 반응했을 때 역시 광학활성이기는 하나 입체배치가 반대 방향인 생성물을 만드는 반응을 말한다. 이러한 반응은 S_N2메커니즘에서 진행한다. 구핵 치환의 항 참조.

발레르산 【valeric acid】 pentanoic acid REG#=109-52-4 C_4H_9COOH 무색, 액체의 카르복시산(carboxylic acid)이며 향료의 원료가 된다.

발린 【valine】 REG#=72-18-4(L-체) $(CH_3)_2CHCH(NH_2)COOH$ 필수아미노산의 하나이다. 케라틴이나 에데스틴 등의 단백질에 많이 함유되어 있다.

발머 계열 【Balmer series】 여기(excitation)된 수소원자에서 발생하는 일련의 선스펙트럼 계열의 하나이다. 이 계열은 전자가 기저상태(ground state)보다 한 개 위의 에너지 레벨로 천이함으로써 생긴다. 발머 계열의 파장은 다음과 같이 표시된다.

$$\frac{1}{\lambda} = R(\frac{1}{2^2} - \frac{1}{n^2})$$

여기서 n은 3이상의 정수(整數), R은 리드베리 상수이다. 보어이론 및 스펙트럼계열의 항 참조.

발산 【decrepitation】 결정성 고체(結晶性 固體)를 가열하면 대개 결정수(結晶水 water of crystallization)가 방출되고 두드리는 소리가 난다. 이러한 현상을 말한다(원래의 뜻은 쇠잔, 노후 등이다).

발색단 【發色團 chromophore】 분자내에서 화합물의 색채를 나타내는 원자단을 말한다.

발생기의 수소 【nascent hydrogen】 예를 들면 마그네슘이나 아연 등에 산(acid)을 첨가시켰을 때 생성하는 수소의 발생직후의 상태는 대단히 반응성이 풍부한 것으로 여겨져 이것을 발생기의 수소라고 한다. 이 반응활성은 생성반응의 자유에너지가 짧은 시간 동안 수소분자 내에 보존되어 있기 때문으로 여겨지고 있다. 발생기의 수소는 인이나 비소 또는 안티몬 등의 수소화물을 합성하는데 사용된다. 이러한 화합물은 단일체끼리의 반응에서는 대개 생성되지 않는다.

발생로 가스 【發生爐- air gas, producer gas】 백열된 코크스 위에 수증기를 통해서 얻는다. 일산화탄소(25~30%), 질소(50~55%), 수소(10~15%)의 혼합기체와 코크스의 가열 및 수증기와의 반응을 일으키는 노(furnace)를 발생로라고 한다. 생성된 발생로 가스는 열손실이 없도록 고온 상태로 공업용 열원(유리노(glass furnace)나 레토르트의 가열 등)으로 사용한다. 수성가스의 항 참조.

발연 황산 【發煙黃酸 oleum】 피로황산(pyrosulfuric acid) $H_2S_2O_7$에 해당한다. 무색인 발연성의 액체이며 진한 황산에 삼산화황산(sulfur trioxide)을 흡수시켜서 만든다. 물로 희석시키면 황산이 된다. 접촉법의 항 참조.

발열량 【發熱量 calorific value】 일정한 양의 연료를 연소시켰을 때 방출되는 열량으로서 정의된다(고체, 액체 연료이면 1kg당, 기체 연료이면 $1m^3$당 연소할 때의 발열량을 kcal단위로 표시하는 것이 보통이다).

발열반응 【發熱反應 exothermic reaction】 ① 열의 방출을 수반하는 화학반응을 말하고, 흡열반응에 대응하는 말이다. 상온에서는 화학반응의 대부분이 발열반응이다. 발열반응에 의해 계의 엔탈피는 감소한다.
② [exoergic reaction] 에너지 방출을 수반하는 핵반응.

발열적 【發熱的 exothermic】 화학반응의 진행에 따라 열이 방출되는 것을 나타낸다. 계의 온도가 상승하거나 혹은 계에서 외부로 방출하게 된다. 연소 등은 전형적인 발열과정이다. 흡열적의 항 참조.

발화성 【發火性 pyrophoric】 ① 공기 중에서 자연히 연소를 일으키는 성질을 말한다. ② 타격에 의해 불꽃이 생기는 금속이나 합금 등을 '발화(성)합금'이라고 한다(예 : 라이터 돌, 부싯돌).

발화점 【發火點 ignition point】 가연성 물질을 공기 속(또는 산소 속) 외부에서 가열할 때 자연적으로 발화를 일으키는 최저온도를 말한다. 착화점·자연발화온도라고도 한다. 가열에 의해 반응속도가 증가하여 발화점에 이르면 열의 발생속도 쪽이 열의 소비속도(물질을 가열하거나 계 밖으로 달아나거나 하는)보다도 커져서 자체 가열을 일으켜 발화한다. 발화점의 값은 가열시간·공기의 혼입도·용기의 재질과 형상 등의 조건에 따라 뚜렷하게 변동하므로 물질 고유의 상수라고 볼 수 없다. 각종 측정법이 있으나 측정값이 다른 값 끼리를 서로 비교하는 것은 무의미하다.

발효 【醱酵 fermentation】 미생물(효모나 누룩, 세균 등)에 의해 일어나는 화학반응의 일종이다. 설탕에서 알콜을 만드는 에탄올 발효 등이 전형적인 것이다.

$$C_6H_{12}O_6 \rightarrow 2C_2H_5OH + 2CO_2$$

밧데리 【battery】 원래는 비슷한 단위가 모여서 동일한 기능을 발휘하는 집합체를 말한다. 전지의 집합은 적층 전지(積層電池)라고 하는 일이 많다. 라디오나 플래시 라이트(flash light) 등에서 사용되는 적층 건전지는 언뜻 보아 하나의 전지이다. 동일한 전지를 직렬로 접속하면 전체 기전력은 접속갯수와 전지기전력의 곱이 된다(병렬로 접속한 경우에는 한 개의 전지 기전력과 같으나 개개의 전지가 부담하는 전류의 양은 적어진다. 즉, 전체의 공급 전류를 각각 분담하게 된다).

방사 【放射 radiation】 어떤 원천(source)에서 에너지를 방출하는 것을 말한다. 방출되는 것은 파(波 wave : 빛, 소리 등)도 있고 입자(α 입자, β입자 등)도 있다.

방사능 【放射能 radioactivity】 불안정한 핵종(nuclide)이 입자의 방출에 의해 붕괴되는 것을 말한다.

방사능 연대 측정법 【放射能年代測定法 radioactive dating】 방사능에 의해 시료의 연대를 결정하는 방법을 말한다. 탄소 연대 측정법의 항 참조.

방사선 분해 【放射線分解 radiolysis】 고에너지의 방사선(X선, γ선 등의 입자)에 의해 일어나는 화학반응을 말한다.

방사성 【放射性 radioactive】 원소 또는 핵종이 방사능을 가지고 있는 것을 말한다.

방사성 동위원소 【放射性同位元素 radioisotope】 라디오 아이소토프라고 영어 그대로도 사용되고 있다. 원소의 동위원소 중에서 방사성을 나타내는 것으로, 예를 들면 트리튬(tritium, 3중수소)은 수소의 방사성동위원소이다. 방사성동위원소를 이용하는 범위는 넓으며 방사선원(radiation source) 외에 화학반응의 추적자(tracer) 등에 주로 쓰인다. 즉, 어떤 화합물 속에 있는 특정한 원자를 같은 원소의 방사성동위원소로 치환하면(표식화) 화학반응의 과정을 추적할 수가 있다. 의료면에서도 진단이나 치료에 널리 사용되고 있다.

방사 스펙트럼 【emission spectrum】 스펙트럼의 항 참조.

방사 연대 측정법 【放射年代測定法 radiometric dating】 방사능 연대 측정법의 항 참조.

방사 화학 【放射化學 radiochemisty】 방사성 동위원소의 화학을 말한다. 이 중에는 방사성 화합물의 합성, 화학반응에 의한 동위원소의 분리, 반응기구를 연구할 때의 표식부착 화합물의 이용, 초우라늄 원소(transuranic elements)의 화학반응이나 화합물의 실험 등이 포함된다.

방연광 【方鉛鑛 galena】 REG#=12179-39-4 황화연(II)의 광물이다. 납의 주된 광석이다.

방위각【方位角 azimuth, bearings】 지구좌표에서 나타난 1점을 포함하는 연직면과 기준연직면 사이의 각. 방위각은 북점에서 동쪽으로 0°에서 360°까지 측정하는 경우가 많다. 지자기의 자기장 방향 방위각을 편각이라고 부른다.

방해석【方解石 calcite】 석회석이나 대리석 등의 속에서 볼 수 있는 탄산칼슘광물이다.

방향족성【芳香族性 aromaticity】 방향족 화합물의 항 참조.

방향족 화합물【芳香族化合物 aromatic compound】 유기화합물 중에서 벤젠고리를 함유하는 것을 말한다. 방향고리(벤젠고리)는 평면 6각형이며 단일결합, 때로는 이중결합으로 다른 원자단과 결합한다. 방향족화합물의 특징은 불포화화합물로서 예측되는 여러 가지 성질을 나타내지 않는다는 것이다. 고리 위에 있는 수소원자 등의 치환기는 구핵치환반응을 하나 불포화화합물과 같은 첨가반응(addition reaction)을 일으키는 것은 대단히 특수한 반응 조건하에서 뿐이다. 이와 같은 방향족화합물의 특성은 이중결합에 따른 π 전자가 편재하고 있지 않아서, 고리 전체에 균일하게 분포하여 벤젠고리의 6개의 결합이 단일결합과 이중결합의 중간적인 것으로 되어 있기 때문이다. 이 π 전자는 고리의 위와 아래에 있는 고리모양의 분자오비탈(molecular orbital)에 분포하고 있다. 벤젠에서의 이와 같은 π 전자의 비편재화(delocalization)에 대한 증거로는 다음과 같은 것을 들 수 있다.

① 벤젠고리 안에 있는 6개의 탄소-탄소결합의 길이는 모두 같고 단일결합과 이중결합의 중간 길이이다.

② 벤젠고리 중 인접한 2개의 수소원자를 다른 원자단으로 치환했을 때 얻게되는 화합물은 한 개 종류뿐이다(만약 단일결합과 이중결합에 차이가 있으면 두 종류의 화합물이 생기게 된다).

③ 벤젠은 케쿨레 구조보다도 $150 kJmol^{-1}$ 만큼 여분의 안정화 에너지를 가지고 있다.

벤젠이나 그외의 유도체가 알켄 등의 지방족 화합물과 크게 다른 것은 이와 같이 고리에 있는 π 전자의 비편재화가 있기 때문이다. 이러한 현상을 방향족성(aromaticity)이라고 한다. 휘켈(Hückel) 법칙은 π 전자 수가 $4n+2$개의 평면고리에서 방향족성이 인정된다는 것이다. 이것에 의하면 벤젠 이외의 탄소고리가 방향족으로서의 성질을 지니는가의 여부를 결정할 수 있다. 이러한 종류의 방향고리를 비벤젠계 방향고리라고 한다. 단일결합과 이중결합이 하나 건너 이어져 연결되어 고리를 만들고 있으나 위의 휘켈 법칙에 따르지 않는 것, 예를 들면 시클로옥타테트라엔 등은 방향족이 아니다. 이러한 것은 유사방향족(pseudoaromatic)이라 한다. 공명 및 지방족화합물의 항 참조.

배수 비례의 법칙 【倍數比例法則 law of multiple proportions】 1804년에 돌턴(Dalton)에 의해 제출되었다. '두 종류의 원소 A와 B가 화합하여 두 종류 이상의 화합물을 생성할 때, A원소의 일정량과 결합하는 B원소의 양은 간단한 정수비로 나타난다'는 것이다. 예를 들면 아산화질소 N_2O, 일산화질소 NO, 사산화이질소 N_2O_4에서 산소의 일정한 양과 화합하는 질소의 양은 4 : 2 : 1이 된다.

배위 결합 【配位結合 coordination bond, dative bond】 공유결합 속에서 결합을 이루는 전자쌍이 한쪽 화학종의 고립전자쌍이어서 이것을 다른 쪽에 공여함으로써 결합이 생기는 경우를 배위결합이라 한다. 한쪽은 도너(donor 전자쌍공여체, 루이스 염기)이고, 다른 한쪽은 억셉터(acceptor 전자쌍수용체, 루이스산)에 해당한다. 이 정의에 의하면 고립전자쌍의 공여이기 때문에 암모니아 NH_3이 억셉터 H^+, Cu^{2+}와 반응하여 NH_4^+, $[Cu(NH_3)_4]^{2+}$를 생성하는 것은 모두 착이온을 형성하고 이때 생기는 결합도 배위결합이 된다. 루이스산과 루이스염기의 결합 중 가장 간단한 예로는 $H_3N \rightarrow BF_3$ 등이 있다. 이러한 것은 부가물(adduct)이라고 불리기도 하나 역시 배위결합으로 연결되어 있다.

배위수 【配位數 coordination number】 어떤 금속원자 또는 이온에 결합하고 있는 배위결합의 수를 말한다.

배위자 【配位子 ligand】 금속원자 또는 이온에 대해 배위결합을 형성하는 분자나 이온을 말한다. 착화합물, 킬레이트의 항 참조.

배치법【batch process】 공업적인 과정 중에서 반응물을 일정한 양(batch)으로 한정하여 반응시키는 방법이다. 연속법에 대응하는 용어이다. 어떤 특정 시점에 한정시켜 보면 반응물의 전부가 처음부터 최종 생성물까지의 어느 하나의 단계에 총괄적으로 존재할 때가 있다. 케이크를 굽는 것 같은 것이 배치법의 전형이다. 이 배치법은 자동화나 기계화 또는 에너지 절약 등의 점에서 여러 가지 문제를 포함한다. 따라서 공업적인 규모로 배치법이 채용되는 데는 매우 귀중하고 값이 비싼 제품을 소량으로 생산할 때 등에 한정된다. 귀금속이나 약품 등을 생산하는데 이용된다. 연속법의 항 참조.

배타 원리【排他原理 exclusion principle】 1925년에 파울리(Pauli)에 의해 제안되었다. '같은 원자 내에서 같은 양자수의 조(group)를 갖는 전자가 2개 존재할 수는 없다' 라는 원리이다. 파울리의 원리라고도 한다.

백금【白金 platinum】 [기호] Pt [양성자수] 78 [상대원자질량] 195.09 mp 1770℃ bp 3830℃ 상대밀도(비중) 21.5 천이금속의 한가지이며 자연에서는 호주나 캐나다 등에서 산출된다. 단독으로도 산출되지만 대개 다른 백금족원소와 합금의 형태로 산출된다. 산화에 저항하며 산이나 염기에는 부식되지 않는다(왕수에는 용해된다). 촉매로서 암모니아에서 질산을 합성할 때 사용되며 보석, 장식품에도 이용된다.

백금 이리듐【platinum - iridium】 백금과 이리듐의 합금이며 이리듐의 함유량이 30%미만인 것을 말한다. 이리듐의 양이 많을수록 화학적인 저항이 커진다. 장식품이나 전기접점 외 주사기바늘 등에 사용된다.

백금족 원소【白金族元素 platium metals】 천이금속원소중, 루테늄(Rh), 오스뮴(Os), 로듐(Rh), 이리듐(Ir), 팔라듐(Pd), 백금(Pt) 등 6개 원소를 말한다. 산출이나 화학적 성질도 비슷한 점이 많으므로 모두 일괄해서 백금족 원소라고 한다.

백금흑 【白金黑 platinum black】 비활성기체 중에서 표면에 금속백금을 증착(蒸着)시켜 만든 미세한 분말모양으로 된 흑색의 백금을 피복한 것을 말한다. 전기분해나 전지 등의 극판을 피복하는데 사용되며 표면적이 넓게 되어 있는 것을 이용한다. 또한 카본 블랙(carbon black)과 같이 표면을 피복해서 복사광선을 흡수하는데도 사용된다.

백랍 【白鑞 pewter】 주석과 납의 합금으로 주석을 80~90% 함유한 것을 말한다. 땜납의 일종이기도 하다. 근래의 백랍은 안티몬이나 구리를 첨가하여 납의 함량을 적게 한 것이 대부분이며 납을 함유하지 않은 것도 있다. 예전의 땜납에 비하면 가볍고 광택이 나며 윤활하게 다듬질되어 있으므로 장식품이나 의식용품에 사용되고 있다.

백묵 【白墨 chalk】 자연에서 산출되는 탄산칼슘 $CaCO_3$이며 해서(海棲)의 생물기원이다. 흑판용의 백묵에는 황산칼슘도 많이 사용되고 있다.

백연광 【白鉛鑛 cerussite】 REG#=14476-15-4 자연에서 산출되는 탄산납(II)이며 납 중 중요한 광물의 하나이다. 사방정계(斜方晶系 rhombic system)에서 방연광(galena)과 공생하는 일이 많다.

백운석 【白雲石 dolomite】 REG#=16381-88-9 $CaCO_3 \cdot MgCO_3$ 돌로마이트. 마그네슘 원료나 제철 등에 사용된다.

밴드 스펙트럼 【band spectrum】 흡수, 발광 스펙트럼에서 몇 가지 띠 모양의 구조로 보이는 것을 말한다. 밴드 스펙트럼은 '분자'에 특유한 것이다. 이 스펙트럼을 상세하게 관찰하면 극히 접근된 선스펙트럼(line spectrum)의 집합인 것을 알 수 있다. 이러한 밴드 구조는 분자 내에서 전자궤도의 변화에 대응하고 있다. 분해능(resolving power)을 증대시키면 볼 수 있는 근접한 많은 스펙트럼선(spectral line)은 분자의 진동상태 차이에 따르는 것이 많다. 스펙트럼의 항 참조.

버밀리온 【vermillion】 주사(朱砂), 즉 황화수은(II)(mercury(II) sulfide)을 말한다.

버클랜드-아이드법 【비르켈란-아이데법 Birkeland-Eyde process】

전기 아크(electric arc) 속에 공기를 통하여 일산화질소의 형태로 해서 질소 고정(nitrogen fixation)을 하는 공업적인 방법이다. 질소 고정의 항 참조.

버클륨 【berkelium】　　[기호] Bk　[양성자수] 97　[최장수명동위원소] ^{247}Bk(1400년) 악티늄족원소의 제9번째에 해당하는 방사성초우라늄원소이다. 지구상에서는 천연으로 산출되지 않는다. 여러 종류의 방사성동위원소가 인공적으로 제조되고 있다.

베르기우스법 【Bergius process】　　석탄에서 탄화수소연료를 제조하는, 소위 석탄액화법의 일종이다. 분쇄한 석탄과 중유의 혼합물에 촉매를 첨가해 고압하에서 가열수소화 한다.

베릴륨 【beryllium】　　[기호] Be　[양성자수] 4　[상대원자질량] 9.01　mp 1280℃　bp 1500℃　상대밀도(비중) 1.85 저밀도의 금속원소이며 알루미늄과 비슷하지만 경도가 약간 크다. 주기율표에서 제 Ⅱ족의 첫번째에 위치한다. 헬륨의 외측에 2s 전자 2개의 전자배치를 취한다. 자연에서는 여러 가지 광물의 형상으로 산출된다. 예를 들면 벨리론석($NaBePO_4$), 크리소베릴($Be(AlO_2)_2$), 벨트란드석($4BeO \cdot 2SiO_2$)이나 녹주석($3BeO \cdot Al_2O \cdot 6SiO_2$)이 있다. 지각 속의 베릴륨 함유량(클라크수 Clarke number)은 0.0006%이다.

금속을 정련하는 데는 광석을 고온, 고압하에서 진한 황산과 반응시켜 황산베릴륨을 만들고 염화물로 바꾼 다음 용융염전해법에 의해 금속베릴륨을 얻는다. 별개의 방법으로 플루오르화수소(hydrogen fluoride)를 추출하여 플루오르화베릴륨을 만들고 융해된 플루오르화베릴륨을 전해하는 방법도 있다. 베릴륨금속은 리튬이나 마그네슘 이하의 다른 알칼리토금속에 비해 반응성이 매우 약하다. 합금의 항산화(抗酸化)나 경화제로서 구리 또는 인청동 등에 첨가해서 사용한다.

베릴륨은 알칼리토 금속원소중에서 최대의 이온화 포텐셜(ionization potential)과 최소의 원자 반지름을 나타낸다. 따라서 마그네슘 이하의 다른 알칼리토금속원소에 비하면 전기적인 양성(陽性)의 정도는 적고 분극을 일으키기 쉽다. 이러기 때문에 노출(bare)된 Be^{2+} 라는 형태의 이온은 고체나 용액 중 어느 것에도 존재하지 않는다. 가령 전기음성도 (electronegativity)가 최대의 부류에 속하는 원소와의 화합물에서도 역시 부분적인 공유결합성을 생각해야 한다.

베릴륨금속은 고온하에서 산소, 질소, 황, 할로겐의 단일체와 직접 반응하여 각각 산화물 BeO, 질화물 Be_3N_2, 황화물 BeS, 할로겐화물 BeX_2를 생성한다. 모두 공유결합성의 화합물이다. 수소와 베릴륨은 직접 반응하는 일은 없으나 디메틸베릴륨 $(CH_3)_2Be$를 수소화알루미늄리튬 $LiAlH_4$로 환원하면 중합체의 수소화물$(BeH_2)_x$가 생긴다.

베릴륨은 양쪽성원소이며 $[Be(OH)_4]^{2-}$나 $[Be_3(OH)_3]^{3+}$와 같은 히드록시착화합물을 생성한다. 수산화물은 대단히 약한 염기이다. 탄산베릴륨은 불안정하여 정염(正鹽 normal salt)으로는 순수한 형태를 얻지 못하나 베릴륨 화합물 수용액에 탄산나트륨을 첨가하면 히드록시탄산베릴륨 $BeCO_3 \cdot Be(OH)_2$이 침전으로서 생성된다.

수소화베릴륨, 디메틸베릴륨, 염화베릴륨은 모두 가교폴리머구조(cross linkage polymer structure)를 취하고 있다. 염화베릴륨에서는 염소원자상의 전자쌍의 공여에 의한 배위결합으로 가교가 이루어져 있으나, 수소화베릴륨과 디메틸베릴륨에서는 2전자 3중심 결합의 가교이다. 베릴륨은 다종 다양한 배위 화합물을 형성한다. $[BeCl_4]^{2-}$, $(R_2O)_2BeCl_2$, $[Be(NH_3)_4]Cl_2$ 등이 있다. 알킬베릴륨화합물도 많이 알려져 있으며 배위결합에 의해 안정화하는 것도 적지 않다.

베릴륨은 대단히 유독하다.

베세머법 【Bessemer process】 선철(銑鐵)에서 강철(steel)을 제조하는 공정의 한가지이다. 내화물(耐火物)을 내장한 수직의 원통 모양의 노(furnace(전로 converter))를 사용한다. 융해된 선철 속에 공기를 불어넣어 용해되어 있는 탄소를 산화시키고 제거한다. 규소, 황, 인 등의 불순물도 산화된다. 다량의 인을 불순물로서 함유하는 선철을 처리하는 경우에는 염기성의 안에서 팽창하는 것을 이용하여 인산염 슬랙으로서 제거되도록 한다. 끝으로 필요한 양의 탄소를 첨가해서 구하려는 질의 강철을 만든다.

베이킹 파우더 【baking powder】 베이킹소다(baking soda)라고도 한다. 부풀게 하는 가루이다. 탄산수소나트륨의 항 참조.

베크만 온도계 【Beckmann thermometer】 온도 그 자체보다도 온도 차이를 정밀하게 측정할 수 있도록 디자인된 온도계이다. 일반적인 온도계에 비해 큰 수은구부(水銀球部 mercury bulb)와 관의 지름이 작은 막대로 되어 있다. 5℃의 온도 차이가 관에 30cm 정도로 확대되어 있다. 구부(球部)의 수은은 목적으로 하는 온도범위를 측정할 수 있도록 여분을 절단하여 격리하도록 되어있다. 이에 따라 어떠한 온도 영역에서도 사용할 수 있다.

벤젠 【benzene】 REG#=50-29-3 C_6H_6 특징 있는 냄새가 나는 무색의 액체이다. 벤젠은 대단히 독성이 강해 연속적으로 증기에 접촉시키면 심한 상해를 일으킨다. 이전에는 콜타르(coal tar)를 원료로 하여 제조하였다. 현재는 n-헥산(hexane)을 원료로 하여 10기압, 500℃에서 백금 촉매 위를 통과시켜서 얻는다.

$$C_6H_{14} \rightarrow C_6H_6 + 4H_2$$

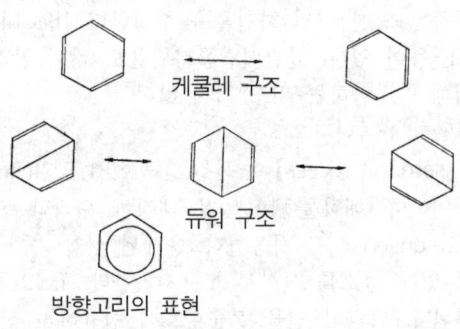

케쿨레 구조

듀워 구조

방향고리의 표현

벤젠 구조

벤젠은 가장 간단한 방향족탄화수소이다. 화학식에서 예상되는 큰 불포화와는 달리 특징있는 치환반응(substitution reaction)을 나타낸다. 벤젠고리(방향고리)는 그림과 같이 6각형의 안쪽에 원을 그려서 나타낸다. 방향족화합물의 항 참조.

벤젠설폰산 【benzenesulfonic acid】　　REG#=98-11-3　$C_6H_5SO_3H$ 벤젠을 직접 설폰화(sulfonation)하여 만드는 백색결정성 고체이다. 벤젠고리로 치환되는 것은 설폰기의 존재 때문이며 3-(메타) 위치에서 일어난다.

벤젠카르보닐기 【benzenecarbonyl group】　　벤조일기의 항 참조.

벤젠카르보알데히드 【benzenecarbaldehyde】　　C_6H_5CHO 벤즈알데히드의 조직명이다.

벤젠카르복시산 【benzenecarboxylic acid】　　벤조산의 항 참조.

벤젠카르복시산 나트륨 【sodium benzenecarboxylate】　　벤조산나트륨의 항 참조.

벤조산 【benzoic acid】　　REG#=65-85-0　C_6H_5COOH 백색결정성고체(白色結晶性固體)로서 가장 간단한 방향족화합물(aromatic compound)이다. 식품보존용 첨가제에 사용된다. 또한 열측정이나 산염기적정(酸鹽基適定) 등의 표준물질로서도 유용하다. 카르복실기(carboxyl group)의 존재에 따라 방향환(芳香環)상에서 치환되는 것은 3-의 위치(메타 위(位))에서 일어난다.

벤조산 나트륨 【sodium benzoate】　　(CAS) benzoic acid, sodium salt REG#=532-32-1　C_6H_5COONa 벤젠카르본산나트륨(sodium benzenecarboxylate)이라고도 한다. 백색결정성분말이다. 벤조산을 수산화나트륨으로 중화(中和 neutralization)하고 용액을 농축하면 석출(析出)한다. 염색공업, 식품첨가제 외에 소독, 방부제 등의 용도가 있다.

벤조일기 【benzoyl group】　　C_6H_5CO- 원자단이다.

벤조일화 【benzoylation】　　아실화의 항 참조.

벤즈알데히드 【benzaldehyde】　　REG#=100-52-7　C_6H_5CHO 조직명으로는 benzenecarbaldehyde이다. 아몬드와 비슷한 방향(芳香)을 갖는

황색의 기름 모양인 액체이다. 알데히드 특유의 반응을 모두 나타내며 실험실에서 합성할 때도 일반적인 알데히드 합성법이 적용된다. 식품 첨가물(방향), 염료, 항생물질의 원료가 된다. 공업적으로는 톨루엔의 염소화(chlorination)에 의해 디클로로메틸벤젠(염화 벤젠)을 만들고 가수분해한다.

$$C_6H_5CH_3 + Cl_2 \rightarrow C_6H_5CHCl_2$$
$$C_6H_5CHCl_2 + 2H_2O \rightarrow C_6H_5CH(OH)_2 + 2HCl$$
$$C_6H_5CH(OH)_2 \rightarrow C_6H_5CHO + H_2O$$

벤질기 【benzyl group】 $C_6H_5CH_2-$ 원자단이다.

벤질 알콜 【benzyl alcohol】 (CAS) benzenemethanol REG#=100-51-6 $C_6H_5CH_2OH$ 벤즈알데히드에서 카니차로반응(cannizzaro reaction)의 결과로서 벤조산(benzoic acid)과 함께 얻게 된다. 이 반응은 수산화나트륨수용액과 벤즈알데히드를 환류(還流 reflux)하면 일어난다.

$$2C_6H_5CHO \rightarrow C_6H_5CH_2OH + C_6H_5COOH$$

벤질알콜은 알콜로서의 전형적인 반응성을 나타낸다. 특히 반응중간체로서 안정된 카르보늄 이온(carbonium ion) $C_6H_5CH_2^+$을 생성하는 반응을 하기 쉽다. 벤젠고리상에서의 치환도 일어나는데 $-CH_2OH$기의 전자공여성 때문에 2-(오르토-) 및 4-(파라-) 위치가 치환을 받는다.

벵갈라 【jeweller's rouge】 산화철(Ⅲ), 즉 Fe_2O_3을 말한다. 보석 가공할 때에 유연한 연마재로서 사용된다. 이 명칭은 인도의 Bengal지방에서 산출되는 천[布]의 색채에서 유래되었다고 한다.

벽개 【劈開 cleavage】 결정이 어떤 원자면에 의해 원활한 면을 이루고 나누어지는 것(이 면을 벽개면이라 한다) 을 말한다.

변선광 【變旋光 mutarotation】 용액의 선광도(旋光度)가 시간과 함께 변하는 것을 말한다.

변성 【變性 denaturing】 에탄올에 미량의 다른 물질을 혼입해서 음료용에 부적합한 것으로 하는 것을 말한다. 대개 메탄올을 첨가하며 이와 같이 해서 얻게 되는 알콜은 음료용 알콜보다도 세율이 훨씬 낮아진다.

변성 알콜 【denatured alcohol(methylated spirits)】 에탄올에 대해 메탄올이나 가솔린, 피리딘 등을 첨가해서 음료용에 적합하지 않게 한 것이다. 색소를 첨가하는 일도 있다. 연료로서 낮은 세율로 거래하기 위해 분리하기 어려운 변성제를 첨가하고 있다.

보란 【borane】 붕소의 항 참조.

보슈법 【Bosch's process】 일산화탄소와 물로부터 수소를 만드는 반응을 말한다.

$$CO + H_2O \rightarrow CO_2 + H_2$$

위의 반응을 가열된 촉매 위에서 진행시켜 하버(Haber)법에 사용하는 수소를 얻는 과정이다.

보어 이론 【Bohr theory】 1911년에 수소의 원자스펙트럼을 설명하기 위해 덴마크의 닐스 보어가 도입한 이론이다. 이 모델에서는 중심에 $+e$의 전하를 갖는 핵이 있고 그 주위를 반지름 r 의 원궤도를 그리면서 전하 $-e$를 갖는 전자가 돌고 있다. 전자의 속도를 v 라고 하면 이 원심력은 mv^2/r 이 되는데 이것은 핵과 전자 사이의 정전기 인력, 즉 $e^2/4\pi\varepsilon_0 r^2$ 과 같다. 이것으로 전자가 갖는 전체에너지(운동에너지와 위치에너지의 합)는 $-e^2/8\pi\varepsilon_0 r$로 되는 것을 알 수 있다. 만약 전자가 파동성을 갖는다면 궤도의 전체길이는 파장의 정수배가 되어야 한다 (그렇지 않으면 감쇠하고 만다). 이를 위해서는

$$n\lambda = 2\pi r$$

가 된다. 여기서 n은 자연수(1, 2, 3, 4……)이다. 파장 λ는 플랭크 상수 h와 운동량 mv를 사용하면 $\lambda = h/mv$로 표시되기 때문에 각각의 궤도에 대하여

$$nh/2\pi = mvr$$

가 된다. 이러한 것은 궤도로서 가능한 것이 $h/2\pi$의 정수배인 각운동량(角運動量 mvr)만을 갖고 있는 것을 나타낸다. 이와 같이 해서 각

운동량이 양자화(量子化 quantization)된다(실제로는 보어 자신이 전자의 파동성을 고려하여 이러한 관계를 유도한 것은 아니다. 그는 최초로 '각운동량의 양자화'를 가정한 것이다).

위의 식을 전자의 전체에너지에 넣으면

$$E = -me^4/8\varepsilon_0^2 n^2 h^2$$

가 되어서 전자의 에너지도 양자화하게 된다 n의 다른 값 각각에 대해 다른 에너지를 갖는 서로 다른 궤도가 대응하게 된다. n은 주양자수(主量子數)라고 한다. 주양자수 n_1의 궤도에서 n_2의 궤도로 전자가 천이(transition)하면 이 때의 에너지 차이 $\varDelta W$는 양쪽의 에너지 W_1과 W_2의 차이가 된다.

$$\varDelta W = W_1 - W_2 = me^4(1/n_1^2 - n_2^2)/8\varepsilon_0^2 n^2 h^2$$

이것은 천이에 따라서 방출과 흡수되는 전자파의 진동수를 ν로 했을 때, $h\nu$와 같게 된다.

즉, $\nu \lambda = c$ 이므로

$$1/\lambda = me^4(1/n_1^2 - 1/n_2^2)/8\varepsilon_0^2 ch^3$$

이 이론은 수소원자의 스펙트럼 실험자료를 교묘하게 설명할 수 있으나 더욱 큰 원자에 대해서는 설명하기 어려웠다. n_1과 n_2의 서로 다른 조합은 각각 계열(스펙트럴 계열)을 이룬다. R을 리드베리 상수라고 하면

$$1/\lambda = R(1/n_1^2 - 1/n_2^2)$$

R의 실측값은 $1.09678 \times 10^{-7} m^{-1}$이나 보어 이론에 의한 계산값은 $1.09700 \times 10^{-7} m^{-1} (me^4/8\pi\varepsilon_0^2 n^2 ch^2)$이다. 원자의 항 참조.

보온하버 사이클 【Born - Haber cycle】 결정의 격자에너지를 계산하기 위해 사용되는 사이클을 말한다. 다음과 같은 스텝(step)을 포함한다(염화나트륨을 예로 한다).

원자화(나트륨의)

Na(s) → Na(g) $\varDelta H_1$

이온화(나트륨의)

$Na(g) \rightarrow Na^+(g) + e^- \quad \Delta H_2$
원자화(염소의)
$1/2\ Cl_2(g) \rightarrow Cl(g) \quad \Delta H_3$
이온화(염소의)
$Cl(g) + e^- \rightarrow Cl^-(g) \quad \Delta H_4$
결정의 생성
$Na^+(g) + Cl^-(g) \rightarrow NaCl(s) \quad \Delta H_5$

이 5가지 단계 ΔH_5는 격자 에너지에 해당한다. ΔH_1에서 ΔH_5까지의 총합은 단일체 상호간의 생성열 ΔH_f와 같다. 따라서
$$Na(s) + 1/2 Cl_2(g) \rightarrow NaCl(s) \quad \Delta H_f$$
$$\Delta H_5 = \Delta H_f - (\Delta H_1 + \Delta H_2 + \Delta H_3 + \Delta H_4)$$

보울 분급기 【bowl classifier】 고체입자와 액체의 혼합물 중에서 고체입자를 분리하는 장치이다. 얕은 보울(bowl) 중심에 회전하는 날(blade)을 장치한 것이며 중심부에 혼합물을 주입하면 거칠고 큰 입자는 밑으로, 미세한 입자는 주변부로 분리된다.

보일의 법칙 【Boyle's law】 일정한 온도에서 일정한 양의 기체 압력은 그 부피에 반비례한다. 즉
$$pV = K(상수)$$
K의 값은 온도와 기체의 성질에 따라 다르다. 이 법칙이 엄밀하게 성립하는 것은 이상기체(ideal gas)에서만이다. 실제기체의 거동은 고온, 저압의 조건에서는 보일의 법칙과 잘 일치한다. 기체의 법칙의 항 참조.

보조 단위 【補助單位 supplementary units】 라디안(radian), 스테라디안(steradian)과 같은 디멘션(dimension)을 갖지 않는 단위로서, 유도단위계를 조성하는데 사용된다. SI단위계의 항 참조.

보조 효소 【補助酵素 coenzyme】 원어대로 코엔짐 또는 코엔자임이라고 부르는 일이 많다. 효소분자보다도 훨씬 작은 유기화합물이며 효소에 활성을 주는 기능을 가지고 있는 것이다. 니코틴아미드 아데닌

디뉴클레오티드(nicotin amide adenine dinucleotide, NAD), 우비키논(coenzyme Q) 등을 예로 들 수 있다. 어떤 종류의 보조효소는 효소가 존재하지 않아도 촉매작용을 나타내는데 효소가 존재하는 것에 비하면 반응속도는 훨씬 적다. 보조효소는 반응과정 중에서 화학반응을 받으므로 진짜 촉매는 아니다.

보크사이트【bauxite】 REG#=1318-16-7 알루미늄의 주요 광석이며 수산화알루미늄의 일종이다.

복소환식 화합물【複素環式化合物 heterocyclic compound】 두가지 종류 이상의 원자로 된 고리를 함유하고 있는 화합물을 말한다. 일반적으로는 유기화합물이며 고리의 구성원자 한 개 이상이 탄소 이외로 된 것을 가리킨다. 피리딘이나 포도당 등이 이의 예이다. 탄소 이외의 원자를 헤테로(hetero)원자라고 한다. 동소환식 화합물의 항 참조.

복염【複鹽 double salt】 어떤 종류의 염류(鹽類)를 수용액 속에서 혼합하고 증발 농축시킬 때 얻게 되는 염류를 말한다. 예를 들면 몰염(Mohr's salt) $FeSO_4 \cdot (NH_4)_2SO_4 \cdot 6H_2O$ 등을 말한다. 수용액 속에서는 두가지 종류의 염(salt)으로 된 혼합물의 성질밖에 나타내지 않는다. 이러한 점이 착염(complex salt)과 다른 것이며 착염은 용액 중에서 착이온(complex ion)을 생성한다.

볼 밀【ball mill】 화학공업에서 고체물질을 세립화 하는데 잘 이용되는 기계이다. 강철로 만든 볼(ball) 또는 세라믹볼 등과 시료를 천천히 회전하는 강철이나 돌로 만든 드럼 속에 넣는다. 내용물은 회전에 따라 충격과 갈아서 으깨지는 작용에 의하여 분말로 된다. 해머밀의 항 참조.

볼츠만 상수【Boltzmann constant】 [기호] k $1.38054 \times 10^{-23} JK^{-1}$의 크기를 갖는다. 기체상수 R을 아보가드로 상수 N_A로 나눈 것과 같다. 자유도의 항 참조.

볼타전지【-電池 voltaic cell】 아연과 구리를 묽은 황산용액에 담가두면 양쪽 금속간에 전류가 흐르는 것을 볼타(A. Volta)가 발견하였기 때문에, 이 조합의 전지를 볼타전지라고 한다. 또 일반적인 화학전지를 볼타전지라고 하는 경우도 있다. 구리와 아연의 원판에 젖은 헝겊을 끼우고 여러 번 감아 원통모양으로 한 것이 높은 전압을 얻는데 이용된 것으로, 이것을 볼타의 전퇴(電堆 voltaic pile)라고 한다. 이 볼타전지는 미소 전류에 있으나 고전압이 얻어진다.

볼트【volt】 [기호] V SI단위계에서 전위, 전위차, 기전력의 단위이다. 회로 안의 2점 사이에 직류가 1A 흐르고 1W의 전력이 방출되는 전위차를 1V로 정의한다. $1V = 1JC^{-1}$

볼프람【wolfram】 텅스텐의 다른 명칭이다. 독일에서는 지금도 이 명칭을 사용한다.

봄 열량계【bomb calorimeter】 식품이나 열량 등을 연소시켜 발생하는 열량(열에너지)을 측정하는 밀봉·격리된 용기이다. 일정한 부피 안에서 이미 알고 있는 양의 시료를 산소분위기로 하여 연소시킨다. 반응 전후에 있어서의 온도차로부터 방출된 열에너지의 양을 구한다 (열에너지값은 Jkg^{-1}) 필요에 따라 단위중량(예를 들면 kg) 또는 몰(mole)당의 줄(칼로리) 값으로 표시한다.

뵐러의 합성【Wöhler's synthesis】 1828년에 프리드리히 뵐러(Friedrich Wöhler)가 무기화합물에서 처음으로 유기화합물(요소: urea)을 만들었으며, 이러한 합성반응을 말한다. 시안산암모늄 NH_4NCO의 수용액을 증발 건고 하였더니 얻어진 것은 $(NH_2)_2CO$(요소)이었다. 이 실험에서 유기화합물의 생성은 무기화합물을 출발물질로 해도 가능하다는 것을 나타낸 최초의 예이다.

부가 반응【附加反應 addition reaction】 알켄(올레핀)이나 케톤 등과 같은 불포화화합물에 물이나 할로겐화수소 또는 할로겐 등 별도의 원자나 원자단이 반응하여 새로운 화합물이 생기는 반응을 말한다. 간단한 예로는 에틸렌에 브롬(臭素 bromine)의 부가반응을 들 수 있다.

$$CH_2=CH_2 + Br_2 \rightarrow BrCH_2-CH_2Br$$

부가반응은 구전자시약에서나 구핵시약에 의해서도 일어난다. 구전자

부가 및 구핵부가의 항 참조.

부가 중합【附加重合 addition polymerization】 중합의 항 참조.

부동상태【不動狀態 passive state】 금속표면에 보호력이 있는 얇은 막이 생겨서 반응할 수 없는 현상을 말한다. 예를 들면 금속철이 진한 질산에 용해되지 않는 것은 표면에 얇은 산화물의 막이 생성되기 때문이다.

부르츠의 반응【Wurtz reaction】 할로알칸을 건조한 에테르 안에서 금속나트륨으로 환류(reflux)한다.

$$2RX + 2Na \rightarrow RR + 2NaX$$

이 반응은 2개의 알킬기를 연결한다. 피티그반응(Fittig reaction)은 할로알칸과 할로벤젠을 동일하게 혼합해서 알킬벤젠을 만드는 것이다. 예를 들면 톨루엔은 염화메틸과 클로로벤젠으로 다음과 같이 만들 수 있다.

$$CH_3Cl + C_6H_5Cl + 2Na \rightarrow CH_3C_6H_5 + 2NaCl$$

당연히 비페닐 $C_6H_5C_6H_5$와 에탄 CH_3CH_3이 부성(副成)된다.

부반응【副反應 side reaction】 주반응(main reaction)과 동시에 한정된 비율내에서 일어나는 다른 반응을 말한다. 이 결과, 주반응의 생성물은 이 부반응의 생성물을 불순물로서 함유할 가능성이 있다.

부분 이온성【partial ionic character】 원자 또는 원자단에서, 전기음성도(electronegativity)가 다른 공유결합에 있어서 전자는 전기음성도가 큰 쪽으로 끌린다. 이 영향의 정도는 결합의 이온성에 의해 나타난다. 이 영향이 적을 때는 단순히 분극한 공유결합으로 생각되기 때문에 쌍극자 모멘트를 사용하여 다룰 수가 있다. 그러나 이 분극의 영향이 점점 커지면 이온성에 대해 더욱 진보된 이론적인 취급이 필요하게 된다. 핵사극자공명(核四極子共鳴 nuclear quadrupole resonance)에서 구해진 부분이온성의 비율은 $H-I$에서 21%, $H-Cl$에서는 40%, $Li-Br$은 90%($NaCl$은 100%)이다.

부성품【副成品 by-product】 주생성물을 합성할 때 함께 얻게되는 별도의 물질을 말한다. 예를 들면 아세톤은 2-프로판-1-올(ol)에서도 만들어지나 쿠멘법(cumene process)에 의해 페놀을 제조하는 부성품으로도 얻게 된다. 부생물, 부산물이라고도 한다.

부식 【腐蝕 corrosion】 금속과 산이나 산소 또는 그밖의 화합물의 반응에 의해 금속표면이 파괴되는 현상을 말한다. 녹은 보통 볼 수 있는 부식의 한가지 형태이다.

부유 선광 【浮遊選鑛 froth flotation】 광석 중에서 필요한 부분만을 나누어서 불필요한 성분과 분리하는데 사용되는 방법이다. 원광석을 분말로 만들고 물과 혼합하여 기포제를 첨가시켜 통기(通氣)한다. 생성되는 포말의 표면에 구하려는 성분이 부착되어서 운반되도록 하고 이 포말을 모아 농축한다. 입자 표면의 성질에 따라 여러 가지 첨가물이 고려된다.

부타날 【butanal】 부티르알데히드의 항 참조.

부타논 【2 - butanone】 메틸에틸케톤의 항 참조.

부타놀 【butanol】 1-butanol REG#=71-36-3, 2-butanol REG#=78-92-2, t-butanol((CAS) propanol, 2-methyl) REG#=78-83-1 C_4H_9OH 세가지 종류의 부타놀이있다.즉,부탄-1-올(ol) $CH_3(CH_2)_2CH_2OH$, 부탄-2-올 $CH_3CH(OH)CH_2CH_3$, 2-메틸-2-프로파놀$(CH_3)_3C-OH$(t-부타놀)이다. 앞의 두가지는 무색이고 휘발성의 액체이며 용제에 사용된다. t-부타놀은 무색의 고체(융점 25℃)이다.

부타디엔 【buta-1, 3-diene】 (CAS) 1, 3-butadiene REG#=106-99-0 부타-1, 3-디엔이 정식명이다. 무색의 기체이며 부탄의 접촉탈수소 반응으로 생성된다. 중합시켜 합성고무의 원료로 한다. 부타디엔의 2중결합은 공액(conjugated)하고 있으므로 π전자는 다소라도 분자 전체에 비편재화하고 있다.

부탄 【butane】 REG#=106-97-8 C_4H_{10} 원유의 기체유분 또는 중유의 열분해로 얻게 되는 기체의 탄화수소이다. 쉽게 액화되므로 휴대용 연료로 잘 사용된다(예 : 가스라이터). 부탄은 지방족탄화수소(알칸)의

4번째에 위치한다. 이소부탄(2-메틸프로판) 은 이성질체이다.

부탄산 【butanoic acid】 부티르산의 항 참조.

부탄 이산 【butanedioic acid】 숙신산(호박산)의 항 참조.

부텐 이산 【butenedioic aoid】 두가지 종류의 이성질체가 존재한다.

① trans-부텐이산(푸말산 fumalic acid)은 어떤 종류의 식물 속에 존재하는 결정성 고체이다. (CAS) 2-butenedioic acid(E) REG#=110-17-8

② cis-부텐이산(말레산 maleic acid)은 합성수지의 원료도 된다. 120℃로 가열하면 푸말산으로 전위(rearrangement)한다. (CAS)2-butenedioic acid(Z) REG#=110-16-7

시스(Z-) 부텐 이산
(말레산)

트랜스(E-) 부텐 이산
(푸말산)

부티르산 【butyric acid】 (CAS) butanoic acid REG#=107-92-6 C_3H_7COOH 무색, 액체의 카르복시산이다. 부티르산에스테르는 버터 속에도 함유되어 있다. 부탄산(butanoic acid)이라고도 한다.

부티르알데히드 【butyraldehyde】 (CAS) butanal REG#=123-72-8 무색이고 나쁜 냄새(은행의 악취)가 나는 액체의 알데히드이다. 정식명은 부타날이다.

부틸기 【butyl group】 $CH_3(CH_2)_2CH_2-$ 직쇄(straight chain), 탄소수가 4인 알킬기(alkyl group)이다.

분광기 【分光器 spectrometer】 ① 스펙트로미터라고 영어 그대로 부르는 일도 많다. 여러 가지 전자파(electromagnetic wave)의 파장을 구별해서 검출하는 장치이다. 전형적인 것으로는 광원에서 나오는 빛을 슬릿(slit)이나 렌즈로 콜리메이트(collimate)하고 프리즘이나 회절격자로 성분을 나누어 사진 또는 광전관(光電管 phototube)을 사용하여 기록하는 것이다. 전자파가 갖는 광범위한 각각의 영역에 따라, 여러 가지 형태의 분광기가 있다.

② 에너지, 질량 등, 여러 가지 물질입자가 지니는 성질의 측정이나 해석을 하는 장치의 총칭이다. 질량분광계(massspectrometer) 등은 이의 예이다.

분광학【分光學 spectroscopy】 ① 스펙트럼의 생성과 해석, 물질에서 방출되거나 물질에 흡수되는 전자파를 연구하기 위해서는 여러 가지 방법이 존재한다. 분광학은 여러 가지 형태로 이용되는데 혼합물의 분석으로부터 시작하여 화합물의 동정(同定), 구조결정 더욱이 원자, 이온, 분자 등 화학종류의 에너지 상태의 연구에까지 이른다. 가시부(可視部)에서 근자외부(近紫外部)까지의 스펙트럼은 원자나 분자의 전자에너지 사이의 천이(transition)에 기인한다. 원자외부의 스펙트럼은 이온에 의한 것이 많다. X선 영역의 스펙트럼은 내각 전자(inner electron)의 천이에 의한다. 적외부의 스펙트럼은 분자의 진동이나 회전에 의한 것이며 회전스펙트럼은 장파장의 영역에 나타난다.

② 입자 빔(particle beam)의 에너지스펙트럼을 해석하는 방법 또는 질량스펙트럼을 해석하는 것이다.

분극【分極 polarization】 전지전류가 화학반응(전극반응)의 생성물 때문에 감소하는 현상을 말한다. 일반적으로 전극면 위에 기포막이 생성(수소 등)되기 때문에 일어난다. 이로 인해 전극판의 유효면적이 감소하여 전지의 내부 저항이 커진다. 반대 방향의 기전력(역기전력)이 생긴다고도 볼 수 있다. 이산화망간과 같은 감극제(減極劑 depolarizer)를 사용하면 수소가스의 발생을 방지할 수 있다. 분극성의 항 참조.

분극 결합【分極結合 polar bond】 공유결합에서 결합전자가 양쪽 원자에 균등하게 분배되어 있지 않은 것을 말한다. 전기음성도(electronegativity)가 크게 다른 원자 사이의 공유결합은 전기음성도가 큰 쪽으로 전자가 끌린다. 이 결과, 결합쌍극자가 생긴다. 예를 들면 플루오르화수소에서는 플루오르의 전기음성도가 크므로 H←F 또는 $H^{\delta+}-F^{\delta-}$와 같이 분극되어 있다. 전하의 분리는 이온결합의 경우만큼 크지는 않다. 결합의 분극이 심한 분자는 부분적으로 이온성인 것을 표현한다. 전기음성도가 큰 원자의 효과는 인접한 원자보다도 멀리까지 미친다. 그러므로 CCl_3CH_3 또는 CH_3CHO 등과 같은 C-C결합도 부분적으로는 극성(polar)을 갖는다. 쌍극자 모멘트 및 분자간력의 항 참조.

분극성 【分極性 polarizability】 전자구름(electron cloud)이 변형되기 쉬운 성질을 말한다. 이온이면 반지름이 큰 것일수록 분극성이 증가한다. 이러한 개념이 특히 중요한 것은 파얀스 법칙(Fajans' rule)으로 설명되며 주로 이온성의 결합에서 공유결합의 기여를 취급하는 경우이다. I^-, Se^{2-}, Te^{2-}와 같이 크기가 큰 이온은 공유결합성을 많이 가지고 있으며 특히 쌍이온의 전하가 크고 반지름이 작은 이온의 경우에는 분극되기 쉽다. 분자의 분극성은 분자내의 전자구름이 변형되기 쉬운 것을 나타내는 것이다. 특히 전자파에 의한 전자구름의 변형은 분광학에서도 중요하다.

분기쇄 【分岐鎖 branched chain】 쇄식화합물 및 지방족화합물의 항 참조.

분말야금 【粉末冶金 powder metallurgy】 1종 또는 수종의 금속분말을 적당한 모양으로 압축성형하고 소결시켜서 충분한 강도를 가진 금속제품을 만드는 방법. 융점이 높아서 융해주조가 어려운 텅스텐·몰리브덴·탄탈·백금 등의 금속은 이 방법으로 굳혀서 가공한다. 이 방법으로 만든 합금을 소결합금이라고 한다.

분배 상수 【分配常數 partition coefficient】 서로 혼합되지 않는 두 가지 종류의 액체혼합물에 어떤 용질(solute)이 용해되었을 때 양쪽의 액체(용액) 속의 용질농도의 비를 분배상수(정확하게는 분배비)라고 한다.

분별 결정 【分別結晶 fractional crystallization】 혼합물용액에서 하나의 성분을 결정화시키는 것을 말한다. 액체나 용액 속에 두 종류 이상의 성분이 용해되어 있을 때 액체의 온도를 내리면 하나의 성분이 우선적으로 결정(結晶)되고 다른 것은 액상으로 남게 되면 분리가 가능하다. 결정시킬 때에 정확한 조건을 알고 있으면 혼합물에서 순수한 물질을 분해·정제하는데 이용할 수 있다.

분별 증류 【分別蒸溜 fractional distillation】 부분적으로 환류(reflux)를 하기 위해 사용되는 것으로, 수직으로 세운 긴 증류관을 부착해서 행하는 증류방법이다. 액체상 혼합물과 평형을 이룬 기체상은 대부분 증기압이 큰 성분이 풍부한 점을 이용한 것이다. 환류가 일어나고 있는 부분이 길다면 두 종류 이상의 액체를 각각 별도의 유분(留分 fraction)으로서 분리할 수 있다. 원유를 정제하는 기본적인 과정이다.

일반적인 환류와는 달리 분별증류용의 관(column)은 손실(loss)을 적게 하고 액체상과 기체상의 접촉면을 크게 하도록 특별히 설계된 것을 사용한다.

분산력 【分散力 dispersion force】 분자 사이에서 작용하는 약한 힘이다. 반 데르 발스력의 항 참조.

분산매(연속상) 【分散媒(連續相) continuous phase】 콜로이드의 항 참조.

분산상 【分散相 disperse phase】 콜로이드의 항 참조.

분산 염료 【分散染料 disperse dyes】 물에 불용성인 색소이며 주로 아세테이트레이온 섬유 속에 미세한 분산입자로 보존되어서 염색을 하는 것을 말한다. 염색할 때는 분산제와 염료를 합쳐서 $45℃ \sim 50℃$로 가온(加溫)한 욕조를 만들고 섬유를 담근다. 이 방법을 약간 변경하면 아크릴계나 폴리에스테르계의 섬유도 염색할 수 있다. 황색에서부터 오렌지색의 색조로 된 것은 니트로아릴아민의 유도체이며 녹색에서부터 청색계통의 색조로 된 것은 1-아미노안트라키논의 유도체이다. 아조화합물계의 색소에도 분산염료로서 사용할 수 있는 것이 있으며 이것은 여러 가지 색조로 된 것이 있다.

분석 【分析 analysis】 시료(sampling)에 포함된 성분이나 시료의 구성 등을 정하는 과정이다. 정성분석(定性分析 qualitative analysis)과 정량분석(定量分析 quantitative analysis)의 두 가지로 크게 나눌 수 있다. 정성분석은 '이것은 무엇인가?'라는 물음에 답하는 것이며 정량 분석은 '이러 이러한 성분이 어느 정도 존재하는가?'라는 물음에 답하는 것이다. 분석수단은 대단히 다종 다양하다. 그 중에는 중량분석, 용량분석, 계통적인 정성분석 등과 같이 고전적인 습식분석이라고 하는 것과 스펙트럼분석, 형광분석, 폴라로그래피(polarography), 방사화학분석 등과 같이 기기분석이라고 하는 것이 있다.

분압 【分壓 partial pressure】 기체혼합물에서 하나의 성분이 전체의 압력에 공헌하는 비율을 나타내는 양을 말한다. 혼합기체와 동일한 부피를 문제로 하는 성분기체만이 차지하였을 때의 압력을 말한다. 분압 법칙의 항 참조.

분압 법칙 【分壓法則 Dalton's law】 '혼합기체의 전체압력은 각 성분기체의 분압의 합과 같다'라는 것이다. 여기서 분압이란 용기 안에 그 성분기체만이 있었다고 할 때 그 기체가 나타내는 압력을 말한다. 이 법칙은 이상기체(ideal gas)에 대해서만 엄밀하게 성립된다.

분자 【分子 molecule】 원자가 정수비(整數比)로 결합해서 생기는 화합물의 미세한 입자를 말한다. 단일원소의 원자만으로 이루어지는 분자(예 : O_2)와 화합물분자(예 : HCl)가 있다. 분자 한개라고 해도 각각의 원소단일체 또는 화합물의 성질을 가지고 있다. 따라서 어느 화합물을 보더라도 어떤 양이든지 이 성분분자의 집합으로 되어 있다. 분자의 크기는 $10^{-10} \sim 10^{-9}$m이다.

자연에서 산출되는 분자에는 더 큰 것도 적지 않으나 이것은 거대분자 또는 고분자라고 한다. 몇 천 또는 몇 만의 원자로 되는 분자를 확인, 동정(同定)하기 위해서는 여러 가지로 고도의 방법이 필요하게 된다.

화학식 및 상대분자질량의 항 참조.

분자간력 【分子間力 intermolecular forces】 분자 내에서 작용하는 인력(화학결합)과 구별하여 분자 사이에 작용하는 인력을 말한다. 분자간력이 약하면 물질은 기체가 되는데, 간력이 커짐에 따라 액체나 고체로 된다. 분자간력은 수소결합, 반 데르 발스력, 쌍극자 사이의 정전인력 등 3가지로 크게 나눌 수 있다. 수소결합 및 반 데르 발스력의 항 참조.

분자(성) 결정 【分子(性)結晶 molecular crystal】 이온결정이나 금속결정과는 달리 분자가 각 격자점을 차지해서 생긴 결정을 말한다. 요오드(I_2)나 드라이아이스(CO_2), 즉 이산화탄소 등은 전형적인 예이다. 분자 사이에 작용하는 힘은 약하므로 분자성 결정은 모두 융점이 낮다. 분자가 작은 경우에 결정구조는 최밀충전구조에 극히 가까운 것이 된다. 최밀충전의 항 참조.

분자량 【分子量 molecular weight】 상대분자질량의 항 참조.

분자 스펙트럼 【molecular spectrum】 어떤 분자에 특유한 흡수 또는 발광스펙트럼을 말한다. 분자스펙트럼은 대개 띠스펙트럼(band spectrum)이다.

분자식 【分子式 molecular formula】 어떤 화합물 속에 존재하는 각 원자의 종류와 수를 나타낸 화학식을 말한다. 원자의 배열까지는 표현하지 않는다. 예를 들면 C_2H_6O는 에탄올(C_2H_5OH)과 디메틸에테르(CH_3OCH_3)의 두가지 화합물에 대한 분자식이다. 분자식은 분자량이 이미 알려진 경우에만 정해진다. 실험식 및 구조식의 항 참조.

분자 오비탈 【molecular orbital】 오비탈의 항 참조.

분자 운동론 【分子運動論 kinetic theory】 입자의 운동에 기초하여 물리적인 성질을 설명하는 이론이다. 기체분자운동론은 기체 안의 분자나 원자가 일련의 무질서(random)한 운동을 하여 압력 p는 이러한 입자가 용기의 벽면과 충돌한 결과로 생긴다고 가정해서 이론을 시작한다. 기체의 온도가 상승하면 입자의 운동속도는 커지기 때문에 압력도 커진다. 일정한 부피내에 다량의 입자를 밀어 넣든가 또는 입자의 수는 그대로 하고 부피를 적게 하면 용기 벽면의 단위면적당 충돌하는 입자수는 증가하기 때문에 압력은 커진다. 입자가 용기 벽면과 충돌하면 운동량이 변화하는데 이것은 입자가 용기 벽면에 주는 압력에 대응한다. 많은 입자가 존재하면 단위면적당에 안정된 힘, 즉 압력이 나타나게 된다. 몇 가지 기본적인 가정을 사용하면 분자운동론에서 이상기체(ideal gas)가 나타내는 압력을 유도해낼 수 있다. 가정으로는

① 입자는 모두 강체(剛體)이고 유연하며 완전히 탄성적인 질점(質點)으로 본다.
② 충돌 이외에 입자 사이에 작용하는 힘은 없다.
③ 입자 자체가 차지하는 공간은 기체의 부피에 비해 무시할 수 있다.
④ 충돌하는데 필요한 시간은 충돌 간격에 비해 무시할 수 있을 정도로 짧다.

이러한 4가지 조건의 가정하에서 입자가 용기의 벽면에 충돌했을 때 운동량의 변화를 생각해 보면 다음과 같은 식을 얻게 된다.

$$p = \rho c^{2/3}$$

여기서 ρ는 기체의 밀도, c는 입자의 근평균제곱속도이다. 평균제곱속도는 절대온도에 비례한다. $Nmc^2 = RT$. 자유도의 항 참조.

분자체 【molecular sieve】 일정한 크기로 된 분자만을 통과시킬 수 있는 물질이며 기체의 혼합물을 분리하는데 사용된다. 제올라이트(zeolite) 등과 같은 알루미노규산염이며 일정한 사이즈의 구멍이 있는 구조로 된 것이 공업적으로 제작하고 있다. 시료를 이 분자체의 관(column)에 통과시키면 특정한 사이즈의 물질은 구멍 안으로 들어갈 수 있으므로 여기에서 포착된다. 나머지 물질은 관의 다른쪽 끝으로부터 흘러나간다. 몰레큘러시브(Molecular Sieve)라는 상품명의 분자체를 사용한 크로마토그래피(chromatography)는 화학이나 생화학에서 중요한 분리수단이다.

분자체의 변형으로 '겔여과(gel filtration)'가 있다. 다당류의 겔 등으로 만든 겔을 분자체로서 사용한다.

이러한 경우 구멍의 크기보다 큰 분자는 관에 남는 일 없이 분리할 수가 있다. 몰레큘러시브의 항 참조.

분젠 버너 【Bunsen burner】 수직으로 된 금속관의 밑부분에 조절가능한 공기도입구를 설치한 가스버너(gas burner)이다. 연료가스는 관의 밑으로 들어가고 관의 정상부에서 공기와 혼합물이 되어 연소한다.

공기의 양이 적으면 황색의 화염이 되고 그을음이 생긴다. 정확하게 조절하면 버너의 꼭대기에는 담청색의 내부화염(불완전연소의 가스에 의한다)과 대부분 무색의 외부화염(완전하게 산화반응이 일어나고 있다)이 보인다. 약1500℃까지의 고온을 얻을 수 있다. 현재 실험실에서 사용되는 것은 개량형의 태클 버너이지만 역시 분젠 버너라고 부르는 일이 많다.

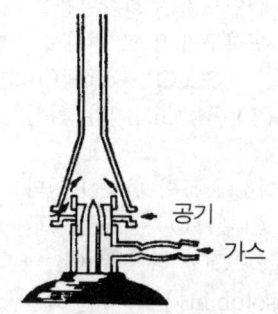

분젠 버너(태클 버너) 단면도

분젠 전지 【Bunsen cell】 1차 전지의 일종이다. 탄소봉을 질산에 담근 것을 양극(anode), 아연판을 황산에 담근 것을 음극(cathode)으로 한 것이다.

분해 【分解 decomposition】 어떤 화합물이 더 간단한 화합물로 파괴되는 반응을 말한다.

분해 증류 【分解蒸溜 destructive distillation】 유기물질을 공기를 차단시키고 가열하여 휘발성의 화합물을 만들어 이것을 즉시 응축시키는 프로세스이다. 석탄의 분해증류는 석탄가스나 콜타르를 공업적으로 생산하기 위해 사용된다. 이전에는 목재를 분해증류해서 메탄올을 만들었다(이러한 이유로 목정(木精 wood alcohol)이라고 한다).

불가역 반응 【不可逆反應 irreversible reaction】 생성물로 전환하는 것이 거의 완전하며 반대반응이 존재하지 않는(무시되는) 반응을 말한다.

불균일 【不均一 heterogeneous】 두개 이상의 상(相 phase)을 포함하는 것을 가리킨다. 불균일한 계(系)의 혼합물은 두 종류 이상으로 된 별도의 상을 포함하는 것이다.

불균화 반응 【不均化反應 disproportionation】 동일한 화합물이 산화와 환원을 동시에 일으키는 화학반응을 말한다. 예를 들면 염화구리(I)가 금속구리와 염화구리(II)로 변화하는 반응 등이 있다.

$$2CuCl \rightarrow Cu + CuCl_2$$

여기서는 산화($Cu(I) \rightarrow Cu(II)$)와 환원($Cu(I) \rightarrow Cu(0)$)이 동시에 일어나고 있다.

또하나의 예로는 염소와 물의 반응이 있다.

$$Cl_2 + H_2O \rightarrow 2H^+ + Cl^- + ClO^-$$

여기서는 산화($Cl_2 \rightarrow ClO^-$)와 환원($Cl_2 \rightarrow Cl^-$)이 일어난다.

불용성 【不溶性 insolubility】 어떤 화합물이 특정한 용매에 대해 대단히 작은(무시할 수 있는 정도) 용해도(solubility) 밖에 나타내지 않는 것을 말한다.

불투강 【不銹鋼 stainless steel】 강의 항 참조.

불포화 용액 【不飽和溶液 unsaturated solution】 포화용액의 항 참조.

불포화 증기 【不飽和蒸氣 unsaturated vapor】 포화증기의 항 참조

불포화 화합물 【不飽和化合物 unsaturated compound】 유기화합물 중에서 두개의 탄소원자가 이중결합(또는 3중결합)으로 결합한 것이

적어도 1개조가 포함된 것을 말한다. 이러한 다중결합은 반응활성이 풍부하므로 쉽게 부가반응(addition reaction)을 일으켜 단일결합이 되어 포화화합물로 변한다. 포화화합물의 항 참조.

불활성 기체 【不活性氣體 inert gas】 희유기체 원소의 항 참조.

붕괴율 【壞變率 activity】 방사선 물질에서 단위시간당에 붕괴하는 평균원자수를 말한다.

붕규산염 【硼珪酸鹽 borosilicate】 규산염과 비슷한 화합물인데 SiO_4 원자용 외에 BO_3, BO_4와 같은 원자단을 함유하고 있는 복잡한 구조로 된 것이다. 자연에는 광물로서 산출되는 것도 있다.

붕규산유리라고 하는 것은 유리를 제조할 때 규산(이산화규소)에 산화붕소를 첨가해서 만든다. 일반적인 유리보다도 내열성이 훨씬 우수하다.

붕사 【硼砂 borax】 사붕산이나트륨십수화물의 항 참조.

붕사구 시험 【硼砂球試驗 borax bead test】 무기정성분석에서 어떤 종류의 금속으로 된 존재를 알기 위해 행하는 예비시험이다.

붕사구를 시험한 색조

금속명	산화화염		환원화염	
	가열시	냉각시	가열시	냉각시
크 롬	녹 색	녹 색	녹 색	녹 색
코발트	청 색	청 색	청 색	청 색
동	녹 색	청 색	탁한 백색	탁한 백색
철	붉은 갈색	황 색	녹 색	녹 색
망 간	보라색	보라색	무 색	무 색
니 켈	–	붉은 갈색	–	회흑색

백금선으로 작은 고리를 만들고 여기에 소량의 붕사를 얹어놓고 가열, 융해하여 작은 구(球)를 만든다. 여기에 미세한 양의 시료를 첨

가하여 분젠버너의 산화염과 환원염에 각각 넣었을 때의 색조를 관찰한다. 구를 냉각시킨 뒤의 색조도 기록한다.

붕산 【硼酸 boric acid, boracid acid】 REG#=10043-35-3 H_3BO_3
물에 용해되는 백색결정성의 고체이며 수용액은 매우 약한 산이다. 붕산은 작용이 완만한 방부제이며 점안약으로 사용되고 또한 이전에는 식품보존용의 첨가물로도 사용되었다. 파이렉스유리의 성분이기도 하며 칠보 세공할 때 유약으로도 쓰인다.

완전한 계통명에 의하면 트리옥소붕(III)산이 된다. 고체나 묽은 용액 안에서는 이러한 형태이다. 진한 용액에서는 중합이 일어나고 폴리디옥소붕(III)산(소위 메타붕산)이 생성된다.

붕산염 【硼酸鹽 borate】 붕소의 항 참조.

붕소 【硼素 boron】 [기호] B [양성자수] 5 [상대원자질량] 10.81 mp 2300℃ bp 2500℃ 상대밀도(비중) 2.34 제III족의 반금속원소이다. 견고하지만 조금은 연하다. 전자구조는 $1s^2 2s^2 2p$이다. 지각 속의 평균함유량 (클라크 수)은 적어서 0.0003%에 지나지 않으나 많이 포함된 광물로는 붕사 $Na_2B_4O_7 \cdot 10H_2O$나 콜만석 $Ca_2B_6O_{11}$ 등이 있다.

단일체붕소를 만들려면 붕산을 탈수하여 산화붕소 B_2O_3로 하고 금속마그네슘에 의해 환원한다. 반도체용의 고순도붕소를 만드는 데는 삼염화붕소(boron trichloride)의 형태로 증류정제하여 수소로 환원하는 방법을 취한다. 단일체붕소의 수요는 대단히 적으며 공업제품으로는 붕사나 붕산의 형태가 대부분이다.

붕소는 높은 이온화포텐셜과 작은 원자반지름을 갖고 있으므로 화합물은 대부분이 공유결합성이며 B^{3+}이온은 존재하지 않는다.

붕소는 수소와 직접 반응하는 일은 없다. 소위 보란(borane, 붕소화수소)은 붕소화마그네슘의 가수분해에 의해 생성되는 B_4H_{10}, B_5H_9, B_6H_{10} 등을 열분해하면 가장 간단한 형태의 디보란 B_2H_6으로 생성된다. BH_3이라는 화학종류는 대단히 짧은 시간에, 그것도 반응중간체로서만 존재한다.

잘게 분쇄한 붕소는 산소 중에서 600℃ 이상으로 가열하면 연소되어서 산화물 B_2O_3이 된다. 산화붕소는 산성산화물이며 물에 용해되면 붕산 $B(OH)_3$이 된다. 염기와 반응하면 붕산염(예 : $Na_2B_4O_7$)이 된다. $B-B$, $B-O$결합을 함유하는 다종다양한 폴리머 화학 종류가 알려지고 있다. 예를 들면 산화물 $(BO)_x$나 메타붕산 $(HBO_2)_n$ 등이다. 붕산 자체는 매우 약산(弱酸 weak acid)이나 붕산이온을 함유하는 염류는 많이 알려져 있다. 그러나 화학양론(化學量論)으로 구조에 관해서는 별로 상세한 지식은 얻지 못하지만 대부분은 고리 또는 사슬모양의 폴리머이다. 모두가 평면의 BO_3원자단과 BO_4의 사면체 구조를 포함한다. 붕산이나 붕산염은 가열에 의해 여러 가지 유리 상태의 물질을 생성한다. 이 중에는 $B-O-B$ 결합이 그물이나 가교, 사슬 모양으로 포함되어 있다. 융해상태에서는 금속이온이 이들과 반응하고 냉각하면 각각 특징있는 색조를 띤다(붕사구 시험).

붕소와 질소는 1000℃로 세게 가열하면 반응해서 질소화붕소 BN이 된다. 흑연과 같은 구조인 미끄러운 백색의 층상구조이며 B와 N이 하나씩 떨어져서 서로 배열한 것이다. 이 물질은 대단히 높은 용융점을 가지고 있으며 열적(熱的)으로 안정되어 있으나 $B-N$ 결합에는 극성(polar)이 있으므로 물에 의해 천천히 가수분해되어 암모니아를 생성한다. 다이아몬드 구조의 질소화붕소도 존재하는데 이는 다이아몬드보다 훨씬 단단하다.

단일체 붕소는 플루오르나 염소와 직접 반응하나 할로겐화물의 실용상의 합성은 붕산에서 삼플루오르화붕소를 경유하여 만든다.

$$B_2O_3 + 3CaF_2 + 3H_2SO_4 \rightarrow 3CaSO_4 + 3H_2O + 2BF_3$$
$$BF_3 + AlCl_3 \rightarrow BCl_3 + AlF_3$$

할로겐화물은 모두 공유성화합물이며, 분자구조는 평면삼각형이다. 할로겐화붕소는 프리델크라프츠 반응(Friedel-Crafts reaction)이나 중합반응 등과 같은 여러 가지 유기반응의 촉매로서 공업적으로 대단히 중요하다. 수소분위기 안에서 할로겐화붕소를 가열하면 반도체 재료가 되는 고순도 붕소를 열분해의 결과로 얻게 된다.

붕소는 전기음성도가 보다 낮은 여러 가지 원소와 화합하여 붕화물을 생성한다. 지르코늄이나 티탄의 붕소화물(ZrB_2, TiB_2)은 단단하고 내화성이 우수한 물질이며 화학적으로 비활성을 나타내고 또한 높은 전도성을 갖고 있다. 붕소화물에는 M_4B에서 MB_6까지 광범위하게 걸친 조성(組成)으로 된 것이 있으며 최밀충전구조 외에 사슬모양 또는 2차원 그물 구조를 이루는 것도 있다. 천연동 위원 소조성은 ^{10}B(18.83%), ^{11}B(81.17%)로 되어 있어서 적외흡수 또는 NMR 스펙트럼으로 분열(동위원소변이)을 볼 수 있을 정도의 농도비이다.

붕사와 붕산은 모두 작용이 완만한 소독, 살균제이며 독성은 거의 없다. 그러나 수소화붕소, 특히 저분자량으로 된 것은 현저한 독성이 있다.

붕소화물 【硼素化物 boride】 붕소보다 전기적으로 양성인 원소와 붕소의 화합물을 말한다.

뷰렛 【burette】 가변량의 액체를 정확히 측정할 수 있는 양으로 첨가되도록 구상된 기구를 말한다. 반지름이 일정한 유리관에 눈금을 새기고 아래쪽 끝에 스톱콕(stop cock)과 가늘고 뾰족한 분출 구멍이 있는 모양으로 된 것이 일반적이다. 반응용기에 액체를 떨어뜨릴 수 있도록 되어 있다.

뷰렛이 가장 잘 사용되는 것은 용량분석(적정)이다. 표준 뷰렛의 공차(公差)는 전체용량 $50cm^3$인 것에서 $0.005cm^3$이내이다. 이 밖에도 미량용(微量用)으로 여러 가지 마이크로뷰렛이 있다.

브라운 운동 【Brownian motion】 유체(流體) 속에서 미세한 입자의 난잡한 운동을 말한다. 예를 들면 공기 속에서 연무입자 등이 움직이는 것을 말한다. 입자는 현미경으로 볼 수 있는 정도의 크기로 된 것도 좋으나 이 운동은 유체분자(流體分子)가 입자에 끊임없이 충돌하는 결과이다.

브래그 방정식 【Bragg's equation】 X선을 물질표면에 조사해서 얻게되는 데이터로부터 결정구조(crystal structure)를 구하는데 사용되는 식이다. 결정에서 반사되는 X선의 강도가 극대를 나타내는 조건은 입사각(=반사각)을 θ로 하였을 때

$$n\lambda = 2d \sin\theta$$

가 된다. θ는 브래그각이라고 한다. 여기서 n은 작은 자연수, λ는 X선의 파장, d는 결정의 면간격이다.

브래디 시약 【Brady's reagent】 2, 4-디니트로페닐히드라진의 항 참조.

브로모메탄 【bromomethane】 (CAS) methane, bromo- REG#=74-83-9 CH_3Br 브롬화메틸이라고도 한다. 용제로도 사용되는 무색의 휘발성이 있는 화합물이다. 메탄과 브롬을 반응시켜 만든다.

브로모에탄 【bromoethane】 (CAS) ethane, bromo- REG#=74-96-4 C_2H_5Br 브롬화에틸이라고도 한다. 무색, 휘발성의 화합물이며 냉각매로서 사용된다. 에틸렌에 브롬화수소를 부가시켜서 만든다.

브로모포름 【bromoform】 (CAS) methane, tribromo- REG#=75-25-2 무색의 유기용매이다. 할로포름의 항 참조.

브롬 【bromine】 [기호] Br [양자수] 35 [상대원자질량] 79.909 mp-7.2℃ bp 58.7℃ 상대밀도(비중) 3.12. 짙은 적색이며 중간 정도의 반응성이 있는 제Ⅶ족(할로겐) 원소이다. 해수, 염호, 염류퇴적물 속에서(브롬화물의 형태로) 산출되며 염소보다는 훨씬 미량이다. 단일체의 브롬은 대부분의 금속과 반응하나 그 반응은 염소의 경우만큼 심하지는 않다. 염소보다는 산화력이 약하므로 브롬화물의 수용액에 염소가스를 통과시키면 브롬을 유리시킬 수가 있다. 실험실에서는 이산화망간에 의한 산화법이 간단하므로 잘 사용된다. 공업적으로는 수용액의 염소에 의한 산화나 전기분해에 의해 단리(單離 isolation)한다.

브롬단일체나 브롬화합물은 여러 가지 용도가 있는데 약제(藥劑), 사진, 발연제(發煙劑), 화학합성용 등과 같이 많은 종류의 원료 이외에도 1, 2-디브로모에탄(삼브롬에틸렌)을 생산하는데 대규모로 사용되고 있다.

전기적으로 양성인 원소와는 대부분 이온성의 브롬화물을 생성하나 양

성이 부족한 원소나 반금속과는 부분적으로 공유성의 브롬화물을 만든다. 비금속의 브롬화물은 모두 공유성이다. 안정성은 대응하는 염화물 보다는 못하다. 금속의 브롬화물은 대략 대응하는 염화물 보다는 물에 잘 용해되나 이것은 브롬이온의 크기가 크므로 격자에너지가 작아지기 때문이다.

염소와 동일하게 브롬의 산화물도 생성되나 Br_2O, BrO_2는 모두 불안정하다. 각각에 대한 옥시산 $HBrO$, $HBrO_3$의 이온(BrO^-, BrO_3^-)은 브롬과 냉알칼리수용액 또는 열알칼리수용액을 반응시켜 만든다. 아브롬산은 알려져 있지 않으나 과브롬산염은 브롬산염의 강산화제(XeF_4, OF_2 등)에 의한 산화로 비로소 얻게 되었다(과브롬산염은 얻지 못한다고 씌어진 책도 적지 않다).

브롬 그 자체와 할로겐 사이의 화합물은 모두 심한 독성을 가지고 있다. 액체브롬 혹은 브롬의 용액은 모두 심한 부식성을 나타내며 보호안경과 장갑 없이 다루는 것은 대단히 위험하다.

브롬산 【bromic(V) acid】　REG#=7789-31-3 $HBrO_3$ 브롬산바륨에 황산을 첨가해서 수용액의 형태로 만들 수 있는(50%까지 농축 가능) 무색의 액체이며 강산(strong acid)이다. 정식으로는 브롬(V)산이라고 한다.

브롬(I)산 【bromic(I) acid】　하이포브롬산의 항 참조.

브롬화 【bromination】　할로겐화의 항 참조.

브롬화 나트륨 【sodium bromide】　REG#=7647-15-6 NaBr 가열한 수산화나트륨의 용액에 브롬을 통해 만들 수 있는 백색고체이다. 브롬화수소산을 탄산나트륨 또는 수산화나트륨으로 중화시켜도 만들 수 있으며 물에 잘 용해된다. 염화나트륨과 동일한 결정구조를 취한다. 수화물 $NaBr \cdot 2H_2O$를 생성한다. 약품용이나 사진용으로 사용된다.

브롬화 메틸 【methyl bromide】　브로모메탄의 항 참조.

브롬화물 【bromide】　브롬의 화합물이며 브롬이 음성인 경우를 말한다. 직접 브롬을 작용시켜서 만드는 경우가 많다. 브롬화물 중에 이온화하는 것은 질산은(silver nitrate)이고 황색 침전이 생기며 염소수에서 브롬이 유리(遊離)한다. 유기브롬화물은 카리우스법(carius' method)으로 정량한다. 인화지나 사진을 의미하는 브로마이드(bromide)는 브롬화은 (silver bromide) 인화지에서 나온 말이다.

브롬화 수소 【hydrogen bromide】 (CAS) hydrobromic acid REG# =10035-10-6 HBr 물에 잘 용해되며 심한 악취가 나는 무색의 기체이다. 백금을 촉매로 하여 수소와 브롬을 반응시키든가 삼브롬화인 (phosphorus(Ⅲ) bromide)을 물로 분해하면 생성된다. 물에 용해되면 브롬화수소산이 된다. 브롬화수소는 액화해도 전기를 유도하는 일이 없기 때문에 공유화합물인 것을 알 수 있다.

브롬화 수소산 【hydrobromic acid】 REG#=10035-10-6 HBr 브롬화수소를 물에 흡수시켜서 만든다. 강한 산이며 환원제로도 강력하다. 브롬화수소산을 간단하게 얻으려면 브롬수에 황화수소를 통과시키면 된다. 염산처럼 강한 산이며 수용액 속에서 거의 완전하게 해리하여 양성자공여체(proton doner)로서 작용한다.

브롬화 알루미늄 【aluminum bromide】 REG#=7727-15-3 $AlBr_3$ 유기용매에 용해되며 물에도 용해되는 백색 고체이다(6수화물 $AlBr_3 \cdot 6H_2O$는 유기용매에 용해되지 않는다).

브롬화 에틸 【ethyl bromide】 브로모에탄의 항 참조.

브롬화은 【silver bromide】 REG#=7785-23-1 AgBr 질산은 수용액에 가용성의 브롬화물 수용액을 첨가하면 침전되어 생기는 담황색의 고체이다. 짙은 암모니아수에는 용해되나 묽은 암모니아수에는 용해되지 않는다. 감광유제(感光乳劑 sensitive emulsion)의 주요한 원료로 사진계에서는 건판이나 필름에 도포해서 대량으로 소비된다. 브롬화은은 염화나트륨과 동일한 암염형의 구조를 이루고 있다. 염화은이나 요오드화은과는 달리 브롬화은은 암모니아가스를 흡수하지 않는다.

브롬화인(Ⅲ) 【phosphorus(Ⅲ) bromide】 (CAS) phosphorus tribromide REG#=7789-60-8 PBr_3 삼브롬화인이다. 무색의 액체이며 인과

브롬을 직접 반응시켜 만든다. 물에 쉽게 분해되고 브롬화수소와 포스폰산(phosphonic acid)이 된다. 유기화학에서는 수산기(hydroxyl group)를 브롬원자로 치환하는데 잘 사용된다.

브롬화인(V) 【phosphorus(V) bromide】 (CAS) phosphoraone, pentabromo- REG#=7789-69-7 PBr_5 오브롬화인이라고도 한다. 황색의 결정성 고체이며 쉽게 승화한다. 브롬과 브롬화인(III)을 반응시켜서 만든다(고체에서는 $[PBr_4]^+Br^-$). 물에 쉽게 분해하여 인산과 브롬화수소가 된다. 유기화합물의 수산기를 브롬원자로 치환하는데 사용된다.

브롬화 칼륨 【potassium bromide】 REG#=7758-02-3 KBr 물에 잘 용해되는 백색결정성 고체이다.

수산화칼륨열수용액(熱水溶液)에 브롬을 작용시키거나 탄산칼륨을 브롬화수소산으로 중화시켜 만든다. 무색의 입방정을 이룬다. 사진 건판이나 필름 또는 감광지 등에 대량으로 사용되는 외에 진정제(브롬칼리)로도 사용된다.

브뢴스테드-라우리의 이론 【Brønsted-Lowry's theory】 산의 항 참조.

브린법 【Brin process】 과산화바륨(barium peroxide)을 열분해해서 산소를 얻는 방법을 말한다.

블랑픽스 【blanc fixe】 황산바륨의 항 참조.

비가역과정 【非可逆過程 irreversible process】 비가역변화(非可逆變化 irreversible change). 가역적이 아닌 변화. 열전도, 확산, 마찰, 폭발, 줄 열의 발생 등의 현상은 모두 열역학적으로 비가역적인 변화이다. 또 이와 같은 변화가 일어나는 과정을 비가역과정이라고 한다.

비국재 결합 【非局在結合 delocalized bond】 σ 결합에 가산(加算)하는 형태로 나타나는 분자 내의 결합의 일종이다. 비국재 결합을 형성하는 전자는 2개의 원자 사이에 머물러 있지는 않다. 즉, 비국재 전자의 전자밀도는 결합된 몇 개에 걸쳐 확산을 보이고 있으며 때로는 분자 전체에 미치는 일도 있다. 비국재 결합의 전자밀도는 비국재화

분자오비탈에 의해 확산된다. 예로서 몇 가지 원자에 공액(共軛 conjugated)인 일련의 π 결합(부타디엔, 탄산 이온 CO_3^{-2} 등)을 들 수 있다.

비국재화 【非局在化 delocalization】   분자 내에서 어떤 결합된 전자가 문제의 결합보다도 더 광범위하게 걸쳐서 존재하는 것을 말한다.

비극성 용매 【非極性溶媒 non-polar solvent】   용매분자가 영구쌍극자를 갖지 않아 그 결과로 극성의 화학종류에 분자간회합을 일으킬 힘이 없는 용매를 말한다. 비극성용매는 보통 비극성화합물에 대한 우수한 용매이다. 사염화탄소(carbon tetrachloride), 헥산, 벤젠 등은 요오드(I_2)에 대해 우수한 용매이다.

용매화(solvation)의 에너지는 일반적으로 적다. 비극성용매의 용해력의 근원은 용액 안에서 무질서도(엔트로피)가 증대하는 것이다.

비극성 화합물 【非極性化合物 non-polar compound】   영구쌍극자를 갖지 않는 화합물을 말한다. 수소(H_2), 사염화탄소(CCl_4), 이산화탄소(CO_2) 등이 전형적인 비극성화합물이다.

비금속 【卑金屬 base metal】   철이나 구리, 납 등을 말한다. 금, 은, 백금 등과 같은 귀금속에 대하는 말이다.

비금속원소 【非金屬元素 non-metal】   화학원소를 분류하는 한 구분이며 비금속 원소는 장주기형 주기율표에서 우측 위의 영역을 차지하고 있다. 모두 전기적으로 음성원소이며 공유결합성의 화합물 또는 음이온(anion)을 생성하기 쉽다. 산성의 산화물이나 수산화물(hydroxide)도 형성한다. 고체에서는 공유결합성분자성의 휘발성결정 또는 거대한 분자결정을 만든다. 금속원소의 항 참조.

비누 【soap】   물의 세척력을 증가시키기 위해 사용한다. 어떤 종류의 유기산으로 된 나트륨염(또는 칼륨염)이다.

비누는 오래전부터 알려진 세제(detergent)이다. 초기에는 식물유나 동물성유지를 가성소다 또는 가성칼리(caustic potash)의 짙은 용액으로 처리하고 가수분해에 의해 스테아르산(stearic acid) 등의 형태로 하여 과량의 염(salt)에 의해 염석(鹽析)시켜 스테아르산나트륨 등을 침전시켜 모았다. 물 속에서 비누의 분자는 해리(dissociation)하여 이온이 되며 계면활성제(surface active agent)로서 세척능력을 향상시키는데 유용하다. 세제의 항 참조.

비닐기 【vinyl group】 $CH_2=CH-$ 원자단을 말한다.

비대칭 원자 【非對稱原子 asymmetric atom】 이성질 및 광학활성의 항 참조.

비등 【沸騰 boiling, ebullition】 비등점에서 액체가 기체(증기)로 변화하는 과정을 말한다. 비등점에서는 액체의 증기압이 외압과 같게 되고 액체의 내부에서 증기의 거품이 생성된다.

비등점 【沸騰點 boiling point】 액체의 증기압이 대기압과 같게 되는 온도를 말한다. 특정한 액체에 관해서는 일정한 압력하에서 항상 동일한 온도가 된다. 비교를 하기 위해서는 일반적으로 표준압력(1기압)하의 값을 취한다. 비등점 상승의 항 참조.

비등점도 【沸騰點圖 boiling point diagram】 액체 2성분계의 기액평형(氣液平衡)에서 기상(氣相)과 액상(液相)에 대한 각각의 성분비가 비등점에 따라 어떻게 변화하는가를 나타낸 것이다.

그림과 같이 A와 B의 2성분 혼합물에서 조성 L_1을 가열하면 비등점 T_1에서 기상과 평형이 되는데 이 때에 기상의 조성은 V_1이 된다.

이 기상을 응축시켜서 액상 L_2를 얻게 되는데 액상 L_2와 비등점 T_2에서 평형된 기상은 V_2이다. 이것은 액상 L_3과 등조성이다. …… 이하 동일하게 진행되어 나간다. 따라서 이 증류와 분획의 과정을 계속해 나가면 저비등점 성분A가 점점 유출물 속으로 농축되어 간다.

라울의 법칙(Raoult's law)에 따른 완전용액에서는 2개의 곡선(기상선 V와 액상선 L)은 합치하게 되나 실제의 경우에는 분자 사이의 상호작용이 상당한 정도로 존재하기 때문에 큰 차이(어긋남)가 나타난다.

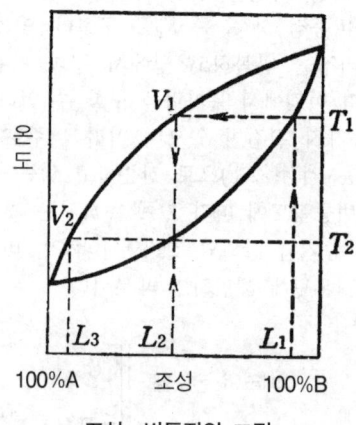

조성 - 비등점의 그림

2개의 곡선이 분기되는 방법과 비등점의 차이는 분류컬럼(fractionating column 증류탑)의 능률을 결정한다.

비등점 상승 【沸點上昇 elevation of boiling point】
비점상승이라고도 한다. 용액의 비등점은 순용매의 비등점보다도 높게 된다는 것이며 용액이 갖는 속일적인 성질(colligative properties)의 하나이다. 상승하는 비율은 용액 속에 있는 용매의 분자수에 비례하고 용질에 대한 개개의 성질에는 따르지 않는다. 이러한 비례상수를 비등점상승상수(K_B)라고 한다. 비례관계는 다음과 같다.

$$\Delta t = K_B C_M$$

여기서 Δt 는 비등점 상승의 온도폭, C_M은 중량 몰농도이다. K_B의 단위는 $kgmol^{-1}$이다. 이런 현상을 사용해서 비휘발성 용질의 분자량을 측정할 수 있다. 정확하게 칭량한 순용매를 안정된 압력하에서 비등시키고 비등점을 측정하며 이어서 분자량을 미리 알고 있는 표준물질의 일정한 양을 투입하고 베크만 온도계에 의해 비등점의 상승을 측정한다. 몇번이고 이러한 과정을 반복하여 Δt 를 C_M에 대해 작도(作圖 plot)함으로써 몰비등점 상승, 즉 K_B를 구한다. 알지 못하는 시료를 사용하여 동일한 과정을 반복하고 앞에서 구한 K_B를 사용하면 반대로 C_M을 구하게 되며 이것에서 분자량을 구할 수 있다.

이 방법에는 몇 가지 결점이 있으며 따라서 주로 예비시험에 사용된다. 가장 문제점은 액상(液相)으로 잔존하고 있는 순용매의 양을 정확히 알지 못하며 비등속도에 따라 크게 변화하는 것이다.

이론적인 취급은 증기압 강하와 같다. 왜냐하면 비등점은 증기압이 대기압과 같게 되는 온도에 해당하기 때문이다.

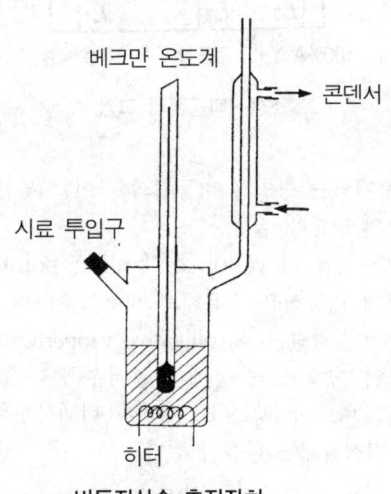

비등점상승 측정장치

비등점 상승 상수【沸騰點上昇常數 ebullioscopic constant】 비등점 상승의 항 참조.

비량【比量 specific amount】 단위질량당의 물리량을 나타내는 접두사이다. 단위질량 m당의 부피 V 를 비용적(또는 비체적)이라고 한다.

어떤 종류의 물리량에서는 반드시 이 정의에 맞지 않는 사용법을 쓰고 있는 것도 있다. '비중' 등이 이러한 예이며 '비중'은 오히려 상대밀도라고 해야 한다.

비벤젠계 방향족 【non-benzenoid aromatic】 방향족 화합물의 항 참조.

비색 분석 【比色分析 colorimetric analysis】 착색한 용질의 농도를 색조의 진한 상태에 따라 정하는 정량분석법을 말한다. 시료용액과 표준용액을 비교한다.

비선광도 【比旋光度 specific rotatory power】 [기호] α_m 일정한 용액 속에 목적물질을 1g/ml의 농도로 함유하는 용액의 두께(광로 길이 optical length) 10cm에 의해 생기는 평면편광의 회전각을 말한다. 용액 안에 있는 물질의 광학 활성(optical activity)을 측정하는 척도이다. 특별히 기재하지 않는 한 20℃, 나트륨 D선을 사용하여 측정한 것으로 생각해도 좋다.

비소 【砒素 arsenic】 [기호] As [양성자수] 33 [상대원자질량] 74.92 mp 817℃(회색형, 3MPa의 압력하) 승화점 613℃(회색형) 상대밀도(비중) 5.73(회색형) 몇가지 동소체 형태를 취하는 맹독의 반금속 원소이다. 가장 안정된 형태는 연한 회색의 금속형이다. 주기율표에서는 제V족에 속한다. 자연에서는 단일체[自然砒素] 외에 계관석(red arsenic, As_4S_4), 웅황(雄黃 yellow arsenic, As_2S_3), 황비철광(黃砒鐵鑛 arsenopyrite) 등의 형태로 산출된다. 반도체 재료나 합금 등으로 사용된다. 화합물은 의약, 농약(살충제) 및 독약으로 이용된다.

비스무스 【bismuth】 [기호] Bi [양성자수] 83 [상대원자질량] 208.98 mp 271.3℃ bp 1560℃ 상대밀도(비중) 9.75 주기율표 제VA족에 속한다. 부드러운 담홍색의 금속원소이다. 자연에서는 황화물 Bi_2S_3, 산화물 Bi_2O_3 형태의 광석 외에 원소단일체(자연비스무스)로도 얻을 수 있다. 비스무스는 합금으로서 널리 사용되나 특히 저용점 합금원료로도 중요하다. 화장품이나 약제로도 사용된다.

비스무틸 화합물【bismuthyl compound】 BiO^+이온 또는 BiO원자단을 함유하는 화합물이다.

비시날 위【vicinal position】 분자속에서 이웃한 원자와 결합하고 있는 결합위치를 나타낸다. '1, 2-디클로에탄의 염소는 비시날 위에 결합하고 있다' 등이라고 말한다.

BCC【b.c.c.】 체심입방격자결정을 말한다.

비중【比重 specific gravity】 상대밀도의 항 참조.

비튜멘【bitumen】 석탄이나 석유 등에서 얻을 수 있는 고체 또는 반고체로 된 탄화수소의 화합물이다.

비틀림형【staggered conformation】 입체배좌의 항 참조.

빅터마이어법【Victor Meyer's method】 증기밀도를 측정하는 방법의 한가지이다. 미리 알고 있는 양의 시료를 기화시켜서 치환된 공기의 부피를 측정한다. 실험할 때는 가열욕조에 담근 원구(圓球)에, 수욕조에 담근 기체포집용의 장치를 긴 유리관으로 결합한 것을 사용한다. 우선 장치를 평형상태로 한 다음에 시료를 첨가한다. 이 때 대기가 장치 속에 들어가지 않게 하기 위해 유리로 만든 소구(小球)를 낙하시켜서 나누는 방법을 취한다. 시료의 증기로 공기가 치환되면 생성된 부분에 상당하는 공기는 수상치환으로 수집될 수 있으므로 이 부피를 구한다. 필요하면 수증기압이나 온도를 보정한다. 물에 용해되기 쉬운 증기를 생성하는 물질이면 이 방법은 잘 적용되지 않는다.

빙점 강하 상수【氷點降下常數 cryoscopic constant】 응고점 강하의 항 참조.

빙정석【氷晶石 cryolite】 REG#=15096-52-3 Na_3AlF_6 자연에서 산출되는 헥사플루오로 알루민산나트륨(sodium hexafluoro aluminate)이다.

빙초산【氷醋酸 glacial acetic acid】 순수한(물을 함유하지 않는) 아세트산을 말한다. 융점(melting point)이 16.6℃이기 때문에 겨울철에는 결정화한다(대개 순도 99%이상이면 빙초산이라 부른다).

사

4가 【4價 quadrivalent】 원자나, 산화수가 4인 것을 말한다.

사마륨【samarium】 [기호] Sm [양자수] 62 [상대원자질량] 150.35 mp 1077℃ bp1790℃ 상대밀도(비중) 7.5 란탄원소(lanthanoids)의 하나이며 은백색의 금속이다. 다른 란탄족원소와 함께 산출된다. 유리, 자성체, 원자로 재료 등에 사용된다.

사면체형 화합물【四面體型化合物 tetrahedral compound】 메탄(methane)과 같이 중심원자의 결합손이 4면체의 정점을 가리키는 방향으로 연결되어 있는 화합물이다. 이러한 화합물의 결합각은 이른바 4면체각을 이루고 있으며 약 109°이다.

사방결정【斜方結晶 rhombic crystal】 orthorhombic crystal이라고도 한다. 결정계의 항 참조.

사방향 유사성【斜方向類似性 diagonal relationship】 주기율표에서는 전기음성도가 같은 주기일 때는 오른쪽으로 갈수록 증가하고 아래로 내려갈수록 감소한다는 일반적인 법칙이 있다. 따라서 주기율표 안에서 경사지게 오른쪽 아래로 한칸씩 이동하면 전기음성도의 증가와 감소는 상쇄되어 거의 같은 정도의 값이 된다. 원자나 이온의 크기에 대해서도 동일한 관계가 성립한다.

화학적인 성질에도 이와 같은 경사방향의 유사성이 나타난다. 전형적인 예로서 들 수 있는 것은 Li-Mg : Be-Al : B-Si의 3가지 쌍이다.
Li-Mg인 경우
① 두 원소의 탄산염은 가열하면 CO_2를 방출한다.
② 두 원소가 모두 공기 중에서 연소되나 과산화물은 생성하지 않고 정상적인 산화물만을 만든다.
③ 함께 질화물(nitride)을 만든다.

④ 두 원소 모두 수화염화물을 생성하나 천천히 가수분해된다.

Be-Al인 경우
① 두 원소 모두 염기(base)에 용해되어 수소를 발생한다.
② 수산화물(hydroxide)은 모두 물에 용해되지 않고 염기에 용해된다.
③ 착이온(BeF_4^{2-}, AlF_6^{3-} 등)을 형성하기 쉽다.
④ 공유결합성의 염화물을 생성한다.

B-Si인 경우
① 함께 산성산화물을 생성한다. 고융점, 거대분자의 공유결합성 산화물이다.
② 수소화물(hydride)은 불안정하며 공기 중에서 연소한다.
③ 염화물은 쉽게 가수분해한다. 공기 중에서 발연하는 것도 공통이다.
④ 단일체는 무정형(amorphous)과 결정형(crystal type)의 두 가지 형태를 취한다. 산화물을 염기성의 산화물과 가열·융해하면 유리가 된다.

사붕산 이나트륨 십수화물 【disodium tetraborate decahydrate】

(CAS) borax, boric acid disodium salt, decahydrate REG#=12447-74-7 붕사(硼砂 borax)라고도 한다. 백색고체이며 냉수에는 용해되기 어렵고 뜨거운 물에 용해된다. 자연에서는 함호(鹹湖 : 염분이 많은 호수) 등의 호상(湖床)퇴적물로서 얻을 수 있으며 미국의 캘리포니아 등이 유명한 산지이다. 에나멜이나 유리공업 등에 널리 사용되는 중요한 공업원료이다. 정식계통명명법으로는 헵타옥소테트라(hetaoxtetra)붕산(Ⅲ)나트륨(Ⅰ)십수화물이 된다. 물속에서 가수분해를 일으킨다.

$$B_4O_7^{2-} + 7H_2O \rightarrow 2OH^- + 4H_3BO_3$$

붕사구 시험(borax bead test)은 어떤 종류의 금속이온이 특유한 색조를 나타내는 것을 이용한 것이다. 붕사구 시험의 항 참조.

사산화삼납 【四酸化三鉛 dilead(Ⅱ) lead(Ⅳ) oxide】

(CAS) lead oxide(Pb_3O_4) REG#=1314-41-6 Pb_3O_4 철단(鐵丹)이라고도 한다. 산화2납(Ⅱ)납(Ⅳ)으로 기재하는 것이 정식이나 별로 사용되지 않는다. 산화이납(Ⅱ) 또는 히드록시탄산납(Ⅱ)(연백(鉛白) white lead)을 400℃로

가열하면 얻게 되는 분말이다. 가열할 때는 흑색, 냉각할 때에는 적색이나 오렌지색이다. 더욱 가열하면 산화납(Ⅱ)과 산소로 분해된다. 사산화삼납은 안료(연단 red lead)로서의 용도 외에 유리제조에도 사용된다. 실제의 조성은 화학식으로 나타내는 것보다 산소가 약간 적은 것이다.

사산화삼철【四酸化三鐵 triiron tetroxide】 (CAS) iron oxide(Fe_3O_4) REG#=1317-61-9 Fe_3O_4 자연에서는 마그네타이트(magnetite 자철광)로서 산출된다. 붉게 가열한 철에 수증기 또는 이산화탄소를 통하면 생성되는 흑색의 고체이다. 황화철(Ⅱ)을 가열한 것에 수증기를 통과시켜도 얻을 수 있다. 물에는 용해되지 않는다. 산에 용해하면 Fe(Ⅱ)의 염(salt)과 Fe(Ⅲ)의 염이 몰비 1:2로 생성된다. 전기의 양도체이나 화학적으로는 비활성이다.

사산화 이질소【四酸化二窒素 dinitrogen tetroxide】 (CAS) nitrogen oxide(N_2O_4) REG#=10544-72-6 N_2O_4 무색의 기체이다. 21℃에서 액화하여 엷은 황색을 띤다. -11℃ 이하에서 고체화한다. 가열하면 이산화질소로 해리(解離 dissociation)한다.

$$N_2O_4(g) = 2NO_2(g)$$

이 해리는 140℃에서 완전하게 된다. 액체의 사산화이질소는 우수한 용매이며 또한 니트로화시약으로도 사용된다.

사수화물【四水和物 tetrahydrate】 사수염 또는 사수화물이라고도 한다. 화합물 1분자당 4개의 결정수(water of crystallization)를 함유하는 고체이다.

사염화 탄소【四鹽化炭素 carbon tetrachloride】 (CAS) methane, tetrachloro-REG#=56-23-5 CCl_4 테트라클로로메탄(tetrachloromethane)이라고 한다. 무색, 불연성의 기체이며 메탄을 염소화(鹽素化 chlorination)해서 만든다. 용제(溶劑)나 소화제로서 사용된다.

산【酸 acid】 좁은 뜻으로는 물에 용해될 때 옥소늄이온(oxonium ion)(H_3O^+)을 생성하는 물질이다. 산의 수용액 pH는 7보다 작다. 이 정의에서는 다만 수용액을 대상으로 하고 산의 강도 차이 등은 고려하지 않고 있다.

가장 널리 사용되는 브뢴스테드-로우리(Brønsted-Lowry)의 정의에 의하면 양성자를 방출하는 능력을 가진 것이 산이며 양성자를 수용할 수 있는 것이 염기이다.

따라서 어떤 산으로부터 양성자가 방출되면 남은 이온은 원래 산의 '공액염기(共軛鹽基 conjugate base, 짝염기)'가 된다. 질산과 같은 강산(强酸 strong acid)은 물과 거의 완전하게 반응하여 H_3O^+를 공여한다. 즉, HNO_3은 H_3O^+보다 강한 산이며 공역염기(짝염기) NO_3^-는 대단히 약한 염기이다. 아세트산이나 벤조산과 같은 약산(weak acid)은 H_3O^+가 유리산(遊離酸 free acid)보다 강한 산이기 때문에 일부분 밖에 해리하지 않는다. 이러한 경우 CH_3COO^-, $C_6H_5COO^-$ 등의 이온은 중간 정도로 강한 염기이다. 루이스산의 항 참조.

산가 【酸價 acid value】 유지(油脂), 수지류(樹脂類), 플라스틱 또는 용제 등의 속에 존재하고 있는 유리산(free acid)의 양을 측정하는 척도이다. 일반적으로 1g의 시료를 중화하는데 필요한 수산화칼륨의 몰 수에 의해 나타낸다.

산도 상수 【酸度常數 acidity constant】 해리상수의 항 참조.

산무수물 【酸無水物 acid anhydride】 일반적으로 RCO-O-CO-R'로 나타내는 유기화합물이다. 여기서 R, R'는 알킬기(alkyl group)나 아릴기(aryl group)이다.

산무수물

카르복시산의 알칼리염과 할로겐화아실과의 반응으로 얻는다.

$$RCOCl + R'COO^-Na^+ \rightarrow RCO-O-COR' + NaCl$$

카르복시산을 탈수시켜도 얻을 수 있다. 할로겐화아실과 같이 아실화제로서 반응성이 풍부하므로 자주 사용된다. 가수분해에 의해 원래의 카르복시산으로 환원한다. anhydride라고도 한다.

$$RCO-O-COR' + H_2O \rightarrow RCOOH + R'COOH$$

아실화의 항 참조.

산성【酸性 acidic】 양성자를 방출하는 성질 또는 도너(donor 전자공여체)에서 전자쌍을 받아들이는 성질을 말한다. 수용액에서는 pH가 산성도의 척도가 된다. 산성수용액에서는 H_3O^+의 농도가 순수(純水)보다 크므로 pH는 7보다 작게 된다.

산성염【酸性鹽 acid salt, acidic salt】 다염기산의 수소(양성자)의 일부가 금속이온 등의 양이온으로 치환된 것을 말한다. 황산수소나트륨 $NaHSO_4$, 세스퀴탄산나트륨 $Na_3H(CO_3)_2 \cdot 2H_2O$ 등을 예로서 들 수 있다. 일염기산에 대해서도 플루오르화수소칼륨 KHF_2 등이 산성염이다. 이전에는 정염(正鹽)과 산의 부가물(adduct)로서 KF·HF와 같이 기입하였으나, 수소가교음이온으로서 $K^+(F-H-F)$로 기재해야 한다.

산성 염료【酸性染料 acid-dye】 견직물이나 양모 등을 염색하는데 사용되는 염료이며 설폰산기나 카르복실기를 함유하는 유기색소의 나트륨염이다. 염색할 때 아세트산이나 묽은 황산으로 산성화한 염액욕(染液浴)을 사용하기 때문에 이런 명칭이 되었다.

산소【酸素 oxygen】 [기호] O [양자수] 8 [상대원자질량] 15.9994 mp −218.4℃ bp −183℃ 밀도 1.429kgm^{-3} 무색, 무취한 2원자기체원소이다. 제Ⅵ족의 최초의 구성원이며 전자구조는 [He] $2s^22p^4$이다. 화학적인 성질로는 2개의 전자를 받아들여서 음이온 O^{2-}를 만들든가 2개의 공유결합을 생성하는 것 중의 어느 한가지이다. 어느 경우든 산소 주위의 전자구조는 옥테트 법칙(octet rule)을 만족시켜 네온구조를 이룬다. 산소는 지각 속에 가장 다량으로 함유되어 있는 원소이며 중량비는 거의 40%이상이 된다. 대기 속에는 약 20%정도 존재하며 암석이나 광물 속에도 주성분의 형태로 함유되어 있다. 사암, 석영, 석회석, 점토광물 등은 모두 다량의 산소이온을 함유하고 있다. 물론 바닷물에도 물의 주성분으로서 존재한다. 단일체의 산소에는 O_2외에 O_3, 즉 오존이 존재한다. 오존은 방전관(discharge tube) 속에 산소(O_2) 기류를 통과시키면 생성된다. 산소를 얻는데는 다음과 같은 몇가지 방법이 있다.
① 불안정된 산화물의 열분해
  $2HgO_2 \rightarrow 2Hg + O_2$
② 과산화물의 분해
  $2H_2O_2 \rightarrow 2H_2O + O_2$
③ 옥소(oxo)산염의 열분해
  $2KClO_3 \rightarrow KCl + 3O_2$
  $2KMnO_4 \rightarrow K_2MnO_4 + MnO_2 + O_2$

공업적으로는 액체공기를 분류해서 얻을 수 있으며 제강용, 의료용 등에 사용된다.

산소는 희유기체원소(noble gases) 이외의 모든 원소와 반응한다. 희유기체와는 직접 반응하지 않지만 몇 가지 산소화합물(XeO_3, XeO_4, $XeOF_2$, XeO_4^{4-} 등)을 생성하는 것이 알려져 있다. 산화물의 성질에 따라 원소를 금속원소와 비금속원소로 구별하는 것은 오랫동안 대단히 편리한 수단으로 되어 왔다. 금속원소가 산소와 결합하여 산화물을 생성하면 물과 반응하여 염기를 생성하나 전기적인 양성이 강한 것일수록 산소와의 반응은 심해진다. 알칼리금속이나 알칼리토금속의 대부분은 O^{2-}를 함유하는 일반적인 산화물 외에, O_2^{2-}를 함유하는 과산화물(Na_2O_2, BaO_2 등)이나 O_2^-를 함유하는 초산화물(RbO_2, CsO_2 등)을 생성한다. 금속원소의 산화물은 고체이며 X선의 결과에서 개개의 O^{2-} 이온이 존재하는 것을 알 수 있다. 수용액 속에서 O^{2-}는 물과 반응하기 때문에 존재하지 않는다.

$$O^{2-} + H_2O \rightarrow 2OH^-$$

비금속원소의 산화물은 SO_2, ClO_2, NO_2와 같이 기체이다. 만약 물에 용해되면 대개 산이 된다. 비금속 중 전기음성도가 작은 원소의 산화물은 약산이 된다. H_3BO_3, H_2CO_3 등이 그 예이다. 반대로 전기음성도가 큰 원소일수록 강산을 생성한다.

산화수가 클수록 강산이 되는 경향이 있다($HClO$<$HClO_2$<$HClO_4$). 비금속원소의 산화물로는 기체(CO_2, NO_2), 액체(N_2O_4), 고체(P_4O_{10}) 중 어느 것이나 존재한다. 규소와 같이 금속성이 부족한 원소의 산화물은 염기가 없으면 물에 용해되지 않는 것이 많고 또한 폴리머 구조를 취하고 있는 것이 적지 않다.

산성산화물과 염기성산화물의 중간에는 양쪽성의 산화물이 있어, 강산에 대해서는 염기로서 작용하고 강염기에 대해서는 산으로서 반응한다. 이것은 물리적으로는 금속원소이지만 화학적으로는 금속성이 부족한 원소의 산화물을 나타내는 성질이다. 예를 들면 ZnO는 산에 용해되어서 Zn^{2+}를 생성하나 염기 속에서는 $Zn(OH)_4^{2-}$, 즉 아연산이온이 된다.

몇 가지의 혼합산화물은 여러 가지 점에서 중요하다. 이것은 염기성산화물과 산성산화물에서 생기는 것이 대부분이다. 예를 들면 마그네타이트 Fe_3O_4는

$$FeO + Fe_2O_3 \rightarrow Fe(FeO_2)_2 = Fe_3O_4$$

광명단(red lead) (Pb_3O_4)은

$$2PbO + PbO_2 \rightarrow Pb_3O_4$$

로 간주한다.

중성의 산화물로는 N_2O, NO, CO, F_2O(이것은 아마도 플루오르화산소 OF_2라고 해야 한다) 등이 있으며 이것들은 물에 용해되지 않는다. 더욱 극단적인 조건하에서는 일산화탄소는 산의 성질을 나타낸다.

$$CO + OH^- \rightarrow HCOO^-$$

산소의 자연동위체 조성은 ^{16}O 99.76%, ^{17}O 0.0374%, ^{18}O 0.2039%로 되어 있다. ^{17}O, ^{18}O는 표시부착(트레이서 tracer)에 사용되며 여러 가지 반응기구 등의 연구에 응용된다.

산소원자 상호간에 긴 사슬을 이루는 성질은 약하고 불과 $O-O$결합이

생성될 뿐이다. O-O결합을 함유하는 것에는 O_2^{2-}(과산화물), O_2^-(초산화물), O_2(산소분자) 외에 옥시게닐양이온 O_2^+가 있다. O-O결합의 거리는 이러한 순서대로 작아진다. 과산화물의 생성은 Na, Ca, Sr, Ba에서 인정되며 형식적으로는 과산화수소의 염이라고도 할 수 있다. 초산화물은 K, Rb, Cs 등의 금속을 공기 중에서 연소시키면 생성한다. Na, Mg, Zn도 초산화물을 생성하나 위에서 말한 것보다는 훨씬 불안정하다. O_2^+는 현저한 전자친화력(electron affinity)을 갖는 강산화제 PtF_6과 O_2의 실온에서의 반응으로 얻어진다. 이밖의 옥시게닐이온을 함유하는 화합물은 제V족 원소의 플루오르착물이 얻어지고 있을 뿐이다. 예를 들면 $O_2^+AsF_6$ 등이 그 예이다.

산의 수소(산프로톤) 【acidic hydrogen】 유기화합물 중에서 용매에 용해되었을 때 해리평형에 관여하는 수소 원자(양자)를 말한다. 예를 들면 아세트산 CH_3COOH에서 산프로톤은 카르복실기-COOH의 프로톤이다.

산적정 【酸適定 acidimetry】 산의 표준용액을 사용하여 알지 못하는 농도의 염기시료를 중화적정(용량분석)해서 정량하는 방법을 말한다. 염기적정(alkalimetry)은 이의 반대로 염기의 표준용액을 뷰렛에 넣고 적정한다.

산할로겐화물 【acid halide】 할로겐화아실의 항 참조

산해리상수 【酸解離常數 acid dissociation constant】 산도상수 (acidity constant)라고도 한다. 화학반응의 평형관계를 나타내는 상수의 하나. 산해리의 정도에 관한 것을 말하고 K_a로 나타낸다. 예를 들면 아세트산 CH_3COOH의 수용액에서 평형일 때

$$K_a = \frac{[CH_3COO^-][H^+]}{[CH_3COOH]}$$

[ ]는 농도를 나타내는데, 이것이 활량인 경우도 있다. 전자인 경우에 얻어지는 평형상수를 농도평형상수라고 하고, 후자인 경우를 열역학적 평형상수라고 한다. 또 염기에 대해서도 상기와 마찬가지의 논의가 성

립한다.

산화【酸化 oxidation】 원자, 분자, 이온 중 어느 것이나 전자를 빼앗기는 것을 산화라고 한다. 화학적으로는 산화제를 사용하지만 전기적으로 양극산화(anodic oxidation)를 할 수도 있다. 예를 들면 다음과 같은 반응에서는

$$2Na + Cl_2 \rightarrow 2Na^+ + 2Cl^-$$

Cl_2가 산화제이며 나트륨이 산화된 것이다. 또한

$$4CN^- + 2Cu^{2+} \rightarrow C_2N_2 + 2CuCN$$

의 반응에서는 Cu^{2+}가 산화제이며 CN^-이 산화한 것이 된다.

산화수는 중성원자로부터 몇 개의 전자가 부족한 것을 나타낸다. 그러므로 음이온의 경우에는 음의 산화수, 단일체는 제로이며 괄호 안에 로마숫자로 표시한다. P(V), Cl(-I)와 같이 된다. 산화는 환원의 반대 반응이다. 환원의 항 참조.

산화 게르마늄(IV)【germanium(IV) oxide】 (CAS) germanium oxide (GeO_2) REG#=1310-53-8 GeO_2 공기 중에서 게르마늄을 강하게 가열하거나 사염화게르마늄을 가수분해해서 얻는다. 두 가지 형태가 있으며 하나는 물에 약간 용해되어서 약산성의 용액을 생성하나 다른 것은 물에 용해되지 않는다. 염기에 용해되어서 게르마늄산이온 GeO_3^{2-}를 생성한다.

산화구리(I)【copper(I) oxide】 (CAS) copper oxide(Cu_2O) REG#=1317-39-1 Cu_2O 산화제1구리 또는 아산화구리라고도 한다. 불용성의 적색분말이며 금속구리와 산화구리(II)를 혼합해서 가열하거나 염기성의 황산구리(II) 수용액을 환원해서 얻는다. 자연에서도 적동광(赤銅鑛)으로서 산출된다. 가열해서 수소와 반응시키면 쉽게 환원된다. 공기 중에서 가열하면 산화구리(II)로 변한다. 유리공업 등에 사용된다. 산성용액 중에서는 금속구리와 구리(II) 이온으로 불균화한다. 진한 염산에 용해되어 $[CuCl_2]^-$ 이온을 생성한다. 산화구리(I)은 공유결합성 고체이다.

산화구리(Ⅱ) 【copper(Ⅱ) oxide】 (CAS) copper oxide(CuO) REG# =1317-38-0 CuO 산화제2구리라고도 한다. 흑색고체이며 질산구리(Ⅱ), 수산화구리(Ⅱ), 탄산구리(Ⅱ) 등을 열분해해서 얻는다. 염기성의 산화물이며 묽은 산에 용해되어 구리(Ⅱ)염을 생성한다. 산화구리(Ⅱ)는 수소기류 속이나 일산화탄소기류 속에서 가열하면 쉽게 환원된다. 탄소와 혼합하여 가열하는 것만으로도 쉽게 금속구리가 된다 산화구리(Ⅱ)는 용융점까지 가열해도 안정하나 용융점 이상에서는 산소와 산화구리(Ⅰ)로 분해한다. 다시 가열하면 금속구리가 된다.

산화납(Ⅱ) 【lead(Ⅱ) oxide, litharge】 (CAS) lead oxide(PbO) REG#=1317-36-8 PbO 황색의 결정성분말이며 공기 중에서 금속납을 융해해서 만든다. 산화납(Ⅱ)을 용융점 이상으로 가열한 다음 냉각시키면 리사아지(litharge 밀타승)라 불리는 산화납을 얻게 되는데, 용융점 이하에서 조제한 것은 마시코트(massicot)라고 하는 별도의 형태가 된다. 리사아지는 고무공업 외에 도료나 바니시(varnish), 도기(유약) 등의 용도가 있다.

산화납(Ⅳ) 【lead(Ⅳ) oxide】 (CAS) lead oxide(PbO_2) REG#=1309-60-0 PbO_2 이산화납이라고도 한다. 이전에는 과산화납이라고도 불렸으나 과산화물은 아니기 때문에 이것은 잘못 쓰여졌던 것이다. 암갈색의 6방정계결정이며 310℃로 가열하면 산소를 방출하고 산화납(Ⅱ)로 변한다. 전해산화(電解酸化)로 생성되나 산화납(Ⅱ)을 염소산칼륨으로 산화시켜도 생성된다. 성냥 제조에 쓰이나 산화제로서도 널리 사용된다.

산화 니켈(Ⅱ) 【nickel(Ⅱ) oxide】 REG#=1313-99-1 NiO 담녹색의 분말이며 수산화니켈이나 탄산니켈 또는 질산니켈을 공기를 차단하고 가열하면 얻을 수 있다. 염기성산화물로서 산에 용해되어 니켈(Ⅱ)염의 녹색용액을 만든다. 산화니켈(Ⅱ)는 탄소나 수소 혹은 일산화탄소에 의해 환원된다.

산화 니켈(Ⅲ) 【nickel(Ⅲ) oxide】 REG#=1314-06-03 Ni_2O_3 공기

중에서 산화니켈을 가열하면 생성되는 흑색의 분말이다. 질산니켈이나 탄산니켈을 공기 중에서 가열해도 생성된다. 수화물 $Ni_2O_3 \cdot 2H_2O$도 존재한다.

산화 리튬 【lithium oxide】 REG#=12057-24-8 Li_2O 금속리튬을 공기 중에서 용융점 이상으로 가열해서 연소시키면 생성되는 백색고체이다. 탄산리튬(lithium carbonate)이나 수산화리튬(lithium hydroxide)을 열분해 시켜도 생성된다. 산화리튬은 물과 천천히 반응해서 수산화리튬이 되나 이 반응은 발열적이다. 플루오르화 칼슘형의 구조를 이룬다.

산화 마그네슘 【magnesium oxide】 REG#=1309-48-4 MgO 마그네시아(magnesia)라고도 한다. 백색고체이며 자연에서도 페리클레스(periclase)로서 산출된다. 금속마그네슘을 산소 중에서 가열하거나 수산화물이나 탄산염의 열분해로 얻을 수 있다. 약염기성을 나타내나 이것은 산화물이온이 물분자로부터 양성자를 빼앗기 때문이다.

$$O^{2-} + H_2O \rightarrow 2OH^-$$

산화마그네슘의 용융점은 2800℃이며 금속이나 유리 또는 시멘트 등을 제련할 때의 내화라이닝(fireproof lining)으로 이용된다.

산화 망간(Ⅱ) 【manganese(Ⅱ) oxide】 (CAS) manganese oxide(MnO) REG#=1344-12-8 MnO 자연에서는 망가노사이트로서 산출된다. 탄산망간(Ⅱ) 또는 옥살산망간(Ⅱ)(manganese(Ⅱ) oxalate)을 공기를 차단하고 가열하면 생성되는 녹색의 분말이다. 높은 산화상태에 있는 망간의 산화물을 수소기류 안에서 가열, 환원해도 생성된다. 산화망간(Ⅱ)는 염기성산화물이나 물에는 거의 용해되지 않는다. 고온에서 수소에 의해 금속망간으로까지 환원된다. 공기에 접촉하면 급속히 산화된다. 산화망간(Ⅱ)의 결정구조는 염화나트륨(암염(岩鹽)) 구조와 같이 면심입방형이다.

산화 망간(Ⅲ) 【manganese(Ⅱ) oxide】 (CAS) manganese oxide(Mn_2O_3) REG#=1317-34-9 Mn_2O_3 세스퀴산화 망간(manganese sesquioxide)

또는 산화제2망간(manganic oxide)이라고도 한다. 공기 중에서 산화망간(Ⅱ) 또는 산화망간(Ⅳ)을 800℃로 가열하면 얻을 수 있다.

냉각할 때에 묽은 산과 반응하여 망간(Ⅲ)염을 생성한다. 자연에서는 브라운광($3Mn_2O_3 \cdot MnSiO_3$ 갈석이라고도 한다)속에 함유되어 있다. 일수화물 $Mn_2O_3 \cdot H_2O$도 수(水)망간광 속에 있다고 한다. 산화망간(Ⅲ)의 결정격자는 $Mn^{3+}O^{2-}$로 되어 있으나 진한 알칼리수용액과 반응하면 불균화 반응에 의해 Mn(Ⅱ)와 Mn(Ⅳ)가 된다.

산화 망간(Ⅳ) 【manganese(Ⅳ) oxide】 (CAS) manganese oxide(MnO_2) REG#=1313-13-9 MnO_2 이산화망간(manganese dioxide)으로 널리 알려져 있다. 흑색의 분말이며 질산망간(Ⅱ)을 가열하면 무수물로서 생성된다. 수화물은 자연에서도 연망간광(파이로루스 pyrolusite) 또는 와트라고 불리는 불순한 망간광으로서 산출된다. 물에 용해되지 않으며 강력한 산화제이다. 진한 염산과 가열하면 염소를 발생하고 따뜻한 황산에 용해하면 산소를 생성한다. 이수화물(二水化物) $MnO_2 \cdot 2H_2O$는 염기성수용액 안에서 과망간산칼륨을 환원하여 얻는다. 실험실에서는 촉매로서 산소나 염소의 제조에 사용된다. 건전지의 감극제(depolarizer)로도 다량으로 소비되고 있다. 500~600℃로 가열하면 분해하여 산화망간(Ⅲ)과 사산화삼망간 Mn_3O_4가 된다. 산화망간(Ⅳ)는 상당히 높은 전기전도성을 나타낸다.

산화물 【酸化物 oxide】 가장 넓은 뜻으로는 산소와 다른 원소와의 화합물을 의미하지만, 일반적으로는 산소를 산화수 -2인 상태에서 포함하는 것을 말한다. 염기와 작용하여 염을 만드는 산성산화물, 산과 작용하여 염을 만드는 양쪽성 산화물, 산성·염기성과 관계없는 중성산화물(예 : CO, N_2O)로 나누고, 또 2종 이상의 산화물이 복합한 산화물을 복산화물 또는 혼합산화물이라고 한다. 일반적으로 금속원소의 산화물은 염기성산화물로서 이온성 결합이 강하고, 고산화수 금속원소의 산화물 및 비금속원소의 산화물은 산성산화물이 많아서 공유결합성이 뚜렷하다. 또 구조상 O_2^{2-}를 포함한 것을 과산화물, O_2^- 등을 포함한 것을 초산화물, O_3^-를 포함한 것을 오존화물이라고 하여 이 산화물들은 별도로 취급한다.

유기화학에서는 다음과 같은 것을 의미한다. ① 탄소사슬로 결합되어 있는 2원자의 탄소를 산소원자로 연결한 고리모양 에테르화합물이다. 알킬렌의 산화물에 그 예가 많다. 예를 들면 산화에틸렌(그림 왼쪽), 산화트리메틸렌(그림 오른쪽), 산화부틸렌, 산화아밀렌 등. 산화에틸렌과 같이 3원자고리일 때에는 에폭시화물이라고도 한다. ② 3차 아민의 질소원자에 산소원자가 배위 결합된 화합물. 이와 같은 것을 N-산화물이라고도 한다. 예를 들면 산화트리메틸아민$(CH_3)_3N{\rightarrow}O$.

$$\begin{array}{cc} CH_2-CH_2 & CH_2-CH_2 \\ \diagdown\ \diagup & |\quad\quad | \\ O & CH_2-O \end{array}$$

산화 바나듐(V) 【vanadium(V) oxide】 (CAS) vanadium oxide REG#=1314-62-1 V_2O_5 오산화바나듐(vanadium pentoxide)이라고도 하며 여러 가지 산화반응의 촉매로 사용된다. 접촉법으로 황산을 제조할 때 촉매로도 사용된다.

산화 바륨 【barium oxide】 REG#=1304-28-5 BaO 산소 중에서 금속바륨을 가열하거나 탄산바륨을 열분해해서 얻게 되는 백색의 분말이다. 윤활유 첨가물의 제조원료로서 사용된다.

산화방지제 【酸化防止劑 antioxidant】 자동산화를 일으키기 쉬운 물질에 첨가하여 산화에 의한 변질, 노화, 부패 등을 방지·억제하기 위한 물질을 말한다. 기구 위에서 라디칼 연쇄정지제, 과산화물 분해제 및 금속비활성화제로 크게 나눈다. 고무나 합성섬유 등의 고분자물질을 비롯하여 유지, 식품, 비누, 윤활유, 그밖의 석유제품 등에 첨가된다.

산화 베릴륨 【beryllium oxide】 REG#=1304-56-9 BeO 금속베릴륨을 산소기류 속에서 가열하든가 수산화베릴륨이나 탄산베릴륨을 열분해해서 얻을 수 있다. 산화베릴륨은 물에 용해되지 않으나 염기성을 나타내고 산에 용해되어서 베릴륨염이 된다.

$$BeO + 2H^+ \rightarrow Be^{2+} + H_2O$$

산화베릴륨은 염기에 대해서는 산의 성질도 나타내서 베릴륨산염이 된다.

$$BeO + 2OH^- + H_2O \rightarrow Be(OH)_4^{2-}$$

따라서 산화베릴륨은 양쪽성산화물이다. 산화베릴륨은 금속베릴륨의 생산에 사용되는 외에 내화물(베릴륨-구리계)의 제조나 고출력 트랜지스터 또는 프린트배선회로 등의 절연체로 사용된다(전열성과 절연성이 우수한 것을 이용하고 있다). 산화베릴륨의 화학적인 성질은 산화알루미늄과 상당히 비슷하다.

산화 붕소【酸化硼素 boron oxide】 REG#=1303-86-2 B_2O_3 유리 모양의 흡습성 고체이며 물을 흡수하면 최후에 붕산이 된다. 여러 가지 붕산염이 생성되나 약간이지만 양쪽성산화물의 성질도 나타낸다.

산화 비소(Ⅲ)【酸化砒素 arsenic(Ⅲ) oxide】 (CAS) arsenic oxide (As_2O_3) REG#=1327-53-3 As_2O_3 삼산화비소(arsenic trioxide, arsenious oxide) 또는 무수아비산(無水亞砒酸)이라고도 한다. 백색결정성고체이며 대단히 유독(치사량 0.1g정도)하다. 고체나 증기의 분자량 등으로 보아 As_4O_6라는 이량체(二量體 dimer)구조가 정확한 것으로 여겨지고 있다. 양쪽성의 산화물이며 물에는 거의 용해되지 않으나 수용액은 산의 성질을 나타낸다. 단일체의 비소를 산소 중 또는 공기 중에서 연소시키면 생성된다(무취, 무미하다).

산화 비소(Ⅴ)【酸化砒素 arsenic(Ⅴ)oxide】 (CAS) arsenicoxide(As_2O_5) REG#= 1303-28-2 As_2O_5 다만 arsenic oxide라고도 한 백색무정형의 조해성(潮解性 deliquescene) 고체이다. 산화비소(Ⅲ)을 가열된 진한 질산에 용해시켜서 산화한 다음에 결정화시키고 210℃로 가열, 탈수해서 얻는다.

산화성 산【酸化性酸 oxidizing acid】 진한 황산이나 질산과 같이 산화력을 갖는 산을 말한다. 이러한 산에는 전기화학계열에서 수소보다도 양(陽 positive)의 전극전위(electrode potential)를 갖는 것이라도 용해한다.

$$2HNO_3 + M \rightarrow MO + 2NO_2 + H_2O$$
$$MO + 2HNO_3 \rightarrow M(NO_3)_2 + H_2O$$

산화수【酸化數 oxidation number】 분자 등의 원자단이 갖는 전자를 일정한 방법으로 각 성분 원자에 할당할 때, 그 원자가 갖는 전하를 전기소량으로 나눈 수를 말한다. 원자의 전자 분포를 정확히 나타낸 것은 없지만, 주로 무기화합물에서 원자의 상태를 대충 구별하는 기준을 정하는 것으로 이용된다. 전자의 할당규칙은 완전히 일의적(一義的)인 것은 아니나 다음과 같은 것들이 있다. 이온결합을 하고 있는 원자 사이에서는 각 원자에 그 이온으로서 갖는 전자를 할당하여 산화수에 대한 기여는 0으로 한다. 공유결합을 하고 있는 분자에서는 전자쌍을 공유하는 원자 중에서 전기음성도가 큰 쪽으로 그 전자쌍의 전부를 할당한다. 동종 원자에 따라 공유되는 전자쌍은 양쪽 원자로 등분하여 산화수에 대한 기여는 0으로 한다. 또 구조가 확실하지 않은 분자 또는 원자단에서는 그것을 구성하는 원자에 적합하다고 인정되는 산화수를 할당하고, 산화수의 합이 그 분자 또는 원자단이 갖는 전하수와 같아지도록 원자의 산화수를 결정하기도 한다. 플루오르는 가장 전기음성도가 크므로 모든 화합물 중에서 산화수는 -1, 다음으로 전기음성도가 큰 산소인 경우, 화합물 중에서 산화수는 보통 -2, 비금속 원소와 결합한 수소의 산화수는 $+1$로 둔다. 예를 들면 NaCl의 Na는 $+1$이고, Cl은 -1, NH_3의 N은 -3, NO_2의 N은 $+4$, P_2H_4의 P는 -2, SO_3^{2-}의 S는 $+4$가 된다.

산화 수은(I)【酸化水銀 mercury(I) oxide】 (CAS) mercury oxide (Hg_2O) REG#=12683-71-8 Hg_2O 산화제1수은(mercurous oxide)이라고도 한다. 이 화합물의 존재에 대해서는 약간의 의문도 있다. 질산수은(I)의 수용액에 수산화나트륨을 가하면 흑색의 침전이 생긴다. 이것이 산화수은(I)에 해당하나 의문이 나는 것은 이 흑색고체 안에 상당한 유리수은의 존재가 X선에 의해 확인되기 때문이다. X선의 결과로는 오히려 산화수은(II)와 금속수은의 균일한 혼합물이라고 측정할 수 있다.

산화 수은(Ⅱ) 【酸化水銀 mercury(Ⅱ) oxide】 (CAS) mercury oxide (HgO) REG#=21908-53-2 HgO 산화제2수은(mercuric oxide)이라고도 한다. 질산수은(Ⅱ) 수용액에 수산화나트륨을 첨가하면 황색고체로서 침전한다. 맹독하다. 금속수은을 장시간 350℃로 가열해도 얻을 수 있으나 이 경우는 적색형이다. 이와 같은 색조의 차이는 주로 입자지름에 따른다. 더욱 고온으로 가열하면 수은과 산소로 분해한다.

산화 스트론튬 【strontium oxide】 REG#=1314-11-0 SrO 회백색의 분말이다. 탄산스트론튬(strontium carbonate)이나 수산화스트론튬(strontium hydroxide)을 열분해해서 얻는다. 물에 용해되어 강염기성을 나타내나 이것은 산화물이온이 물분자에서 양성자를 빼앗기 때문이다.

$$O^{2-} + H_2O \rightarrow 2OH^-$$

산화 시약 【酸化試藥 oxidizing agent】 산화의 항 참조.

산화 아연 【酸化亞鉛 zinc oxide】 REG#=1314-13-2 ZnO 탄산아연 또는 질산아연을 열분해해서 생성시킨다. 냉각시에는 백색이며 가열시에는 황색이다. 아연화(hydrozincite)라고도 한다. 양쪽성 산화물이며 물에는 거의 용해되지 않으나 산과 염기에는 모두 용해된다. 탄소 분말과 함께 붉게 가열시키면 금속으로 환원된다. 페인트, 도료, 요업 등에 사용된다. 징크유(zinc oil)나 아연화연고로서 약용에도 사용된다.

산화안티몬(Ⅲ) 【antimony(Ⅲ)oxide】 (CAS) antimony oxide(Sb_2O_3) REG#=1309-64-4 Sb_2O_3 삼산화안티몬(antimony trioxide)이라고도 한다. 물에 용해되지 않는 양쪽성산화물이나 염기로서의 성질이 강하다. 안티몬을 산소 또는 가열수증기에 의해 직접 산화시켜 만든다. 또한 염화안티몬(Ⅲ)을 과량의 비등수(沸騰水)로 가수분해해도 얻을 수 있다.

산화 안티몬(Ⅴ) 【antimony(Ⅴ) oxide】 (CAS) antimony oxide(Sb_2O_5) REG#=1314-60-9 Sb_2O_5 황색의 고체이다. 안티몬과 진한 질산과의 반응 또는 염화안티몬(Ⅴ)을 가수분해해서 얻는다. 산성산화물이나 물에는 극히 조금밖에 용해되지 않는다. 오산화안티몬(antimony pentoxide)이라고도 한다.

산화 알루미늄(알루미나)【aluminum oxide】 REG#=1344-28-1 Al_2O_3 백색분말이며 거의 물에 용해되지 않는다. 양쪽성산화물이므로 산이나 알칼리와도 반응한다. 자연에서는 코런덤(corundum), 사파이어(sapphire, 백색) 및 수화물의 보크사이트(bauxite) 등의 형태로 산출된다. 공업적으로는 수산화알루미늄을 가열시켜 생산한다. 알루미늄금속의 제조, 연마제(코런덤), 노(furnace)의 내화라이닝(fireproof lining), 또는 알콜탈수용의 촉매 등으로 사용된다.

산화 염화 비스무트(Ⅲ)【bismuth(Ⅲ) chloride oxide】 BiOCl 염화비스무트(Ⅲ)의 항 참조.

산화 염화 안티몬(Ⅲ)【antimony(Ⅲ) chloride oxide】 (CAS) stibine, chlorooxo- REG#=7791-08-4 SbOCl 소위 안티몬 버터(antimony butter)이다. 염화 안티몬(Ⅲ)의 항 참조.

산화 염화인【酸化鹽化燐 phosphorus chloride oxide】 (CAS) phosphoryl chloride REG#=10025-87-3 $POCl_3$ 옥시염화인(phosphorus oxychloride) 또는 염화포스포릴(phosphoryl chloride)이라고도 한다. 염화인(Ⅲ)과 산소와의 반응 또는 염화인(Ⅲ)과 염소산나트륨의 혼합물을 증발시켜 얻는다. 염화인(Ⅴ)와 비슷한 반응을 나타내며 염소원자를 알킬(alkyl)로 치환하는 데는 그리냐르 반응(Grignard reaction)에 의한다. 알콜과 반응시키면 인산에스테르를 얻는다. 다른 금속이온과의 착물형성도 뚜렷하다.

산화은(Ⅰ)【酸化銀 silver(Ⅰ) oxide】 (CAS) silver oxide(Ag_2O) REG#=20667-12-3 Ag_2O argentous oxide라고도 한다. 질산은(silver nitrate)수용액에 수산화나트륨이나 수산화칼륨을 첨가하면 침전한다. 갈색의 무정형 고체이다. 습한 적색 리트머스 종이를 청색으로 변화시킨다. 160℃에서 분해하여 산소를 방출하며 단일체의 은을 남긴다. 진한 암모니아수에 용해되어 디암민은이온($Ag(NH_3)_2]^+$을 형성한다. 유기화학에서는 습한 산화은은 할로겐화알킬을 알콜로, 건조 산화은은 역시 할로겐화알킬로부터 에테르를 합성하는데 사용된다.

산화은(Ⅱ)【silver(Ⅱ) oxide】 (CAS) silver oxide(AgO) REG#= 1301-96-8 AgO 과산화은(argentic oxide)이라고도 한다. 흑색반자성 (反磁性 diamagnetism) 고체이며 금속은, 또는 산화은(Ⅰ)과 오존의 반응으로 생성된다. 별도의 방법으로는 질산은 수용액을 과황산칼륨 등으로 산화시켜도 얻을 수 있다. 산화은(Ⅱ)는 황화아연(zinc sulfide)과 같은 구조이다. 즉, $Ag^IAg^{III}O_2$이다.

산화은전지【酸化銀電池 silver oxide battery】 양극을 Ag_2O, 음극을 Zn으로 하여 알칼리 전해액을 사용하는 전지로서 은전지라고도 한다. 1차 전지 외에 2차 전지도 있으나 보통 단추형의 1차 전지가 쓰이고 있다. 양극의 반응은

$$Ag_2O + H_2O + 2e^- \rightarrow 2Ag + 2OH^-$$

공칭전압 1.55 V. 고가(高價)라는 결점도 있지만 각종 1차 전지와 비교하여 고출력으로 안정적인 동작 특성을 나타내며 저온특성도 좋다. 손목시계·소형 전자계산기·카메라 등의 전원으로 널리 쓰이고 있다.

산화 이염소(일산화염소)【酸化二鹽素(一酸化鹽素) dichlorine oxide】 (CAS) chlorine oxide(Cl_2O) REG#=7791-21-1 Cl_2O 산화수은(Ⅱ)에 염소를 통과시켜 얻을 수 있는 오랜지색의 기체이다. 강력한 산화제이며 물에 용해되어 하이포아염소산(hypochlorous acid)이 된다.

산화인(Ⅲ)【酸化燐 phosphorus(Ⅲ) oxide】 (CAS) 2, 4, 6, 8, 9, 10-hexaoxa-1, 3, 5, 7-tetraphospha-tricyclo[3.3.1.1^{3,7}]decane REG# =12440-00-5 P_4O_6 삼산화인(phosphorus trioxide)이라고도 하나 정확하게는 6산화4인이다. 백색으로 땜납과 같은 고체이며 마늘 냄새가 난다. P_4O_6라는 분자의 형태로 존재하며 유기용매에 잘 용해된다. 인(燐)에 한정된 양의 공기를 반응시켜 조제한다. 공기 중에서 쉽게 산화되어 산화인(V)이 된다. 70℃ 이상에서는 발화한다. 냉수에는 천천히 용해되어 포스폰산(phosphonic acid)을 생성한다. 염기와의 반응은 빠르며 포스폰산염이 생성된다. 뜨거운 물과는 심하게 반응하여 포스핀

과 인산으로 불균화한다.

산화인(Ⅴ)【酸化燐 phosphorus(Ⅴ) oxide】 (CAS) 2, 4, 6, 8, 9, 10-hexaoxa-1, 3, 5, 7-tetraphospha-tricyclo[3.3.1.1^{3,7}] decane-1, 3, 5, 7-tetroxide REG#=16752-60-6 P_4O_{10} 오산화인(phosphorus pentoxide)이라고 한다. 백색의 고체이며 유기용매에 용해된다. 분자 모양의 형태로 존재한다. 산소를 부족하지 않도록 공급하여 인(phosphorus)을 연소시키면 생성된다. 물과 쉽게 결합하여 인산(phosphoric acid)이 되므로 기체의 건조제로서 사용된다. 강력한 탈수작용을 하므로 다른 화합물에서(예 : 옥소산(oxo acid)) 물에 상당하는 산소와 수소를 제거하는 데도 사용된다. 예를 들면 질산 HNO_3에서 N_2O_5를 생성시킬 수도 있다.

산화제【酸化劑 oxidant】 산화에 사용하는 시약(reagent)을 말한다. 로켓연료에서는 연소에 필요한 산소를 공급하는 것으로 액체산소나 과산화수소가 사용된다. 환경오염에서 말하는 옥시던트(oxydant)는 산화성의 물질을 가리키는데 오존이나 이산화질소 등을 말한다.

산화 제이 망간【酸化第二- manganic oxide】 산화망간(Ⅲ)의 항 참조.

산화 제이 수은【酸化第二水銀 mercuric oxide】 산화수은(Ⅱ)의 항 참조.

산화 제이철【酸化第二鐵 ferric oxide】 산화철(Ⅲ)의 항 참조.

산화 제이 코발트【酸化第二- cobaltic oxide】 산화코발트(Ⅲ)의 항 참조.

산화 제이 크롬【酸化第二- chromic oxide】 산화크롬(Ⅲ)의 항 참조.

산화 제일 망간【酸化第一- manganous oxide】 산화망간(Ⅱ)의 항 참조.

산화 제일 수은【酸化第一水銀 merrcurous oxide】 산화수은(Ⅰ)의 항 참조.

산화 제일철 【酸化第一鐵 ferrous oxide】 산화철(Ⅱ)의 항 참조.

산화 제일 코발트 【酸化第一－ cobaltous oxide】 산화코발트(Ⅱ)의 항 참조.

산화 제일 크롬 【酸化第一－ chromous oxide】 산화크롬(Ⅱ)의 항 참조.

산화 주석(Ⅱ) 【酸化朱錫 tin(Ⅱ) oxide】 (CAS) tin oxide(1:1) REG#=21651-19-4 SnO 암녹색에서부터 흑색의 고체이다. 불안정한 적색의 형태로도 존재한다(공기 중에서는 검게 변색한다), 주석(Ⅱ)염의 수용액에서 수화산화물로 침전시켜 100℃에서 탈수하면 생성된다. 산화제일주석이라고도 한다.

산화 주석(Ⅳ) 【酸化朱錫 tin(Ⅳ) oxide】 (CAS) tin oxide(1:2) REG#=18282-10-5 SnO_2 무색결정성고체이나 일반적으로는 혼재하는 불순물 때문에 착색되어 있다. 육방정계나 사방정계인 것과 무정형고상(固相)으로 된 것이 있다. 물에는 용해되지 않는다. 유리나 금속의 연마용으로도 사용되고 있다. 산화제이주석이라고도 한다.

산화 질산 비스무트(Ⅲ) 【酸化窒酸－ bismuth(Ⅲ) nitrate oxide】 (CAS) bismuthyl nitrate $BiONO_3$ 실제로는 복잡한 조성의 염기성염(basic salt)이다. 질산비스무틸이라고도 한다. 백색 고체이며 물에 용해되지 않는다. 질산비스무트의 진한 용액을 물로 묽게 하면 생성된다. $(BiO)^+$를 함유한다. 산화질산비스무트(차질산비스무트)는 의약으로서 사용된다.

산화 질소 【酸化窒素 nitric oxide】 일산화질소의 항 참조.

산화철(Ⅱ) 【酸化鐵 iron(Ⅱ) oxide】 (CAS) iron oxide(FeO) REG#=1345-25-1 FeO 산화제일철(ferrous oxide)이라고도 한다. 산화철을 수소나 일산화탄소에 의해 환원시키면 얻을 수 있는 흑색분말이다. 옥살산철(Ⅱ)(iron(Ⅱ) oxalate)을 공기를 차단하고 가열시켜도 얻게 된다. 고온에서는 안정되나 냉각함에 따라 천천히 산화철(Ⅲ)과 금속철로 불균화한다. 공기 중에서는 산화철(Ⅲ)으로 산화된다. 염기성의 산화물이며 묽은 산에 용해되어 철(Ⅱ)염을 공여한다. 비활성기체속에서 고온으로 가열하면 불균화를 일으켜 금속철과 사산화삼철로 변화한다.

산화철(Ⅲ) 【酸化鐵 iron(Ⅲ) oxide】 (CAS) iron oxide(Fe_2O_3) REG# =1309-37-1 Fe_2O_3 산화제2철(ferric oxide)이라고도 한다. 청갈색의 고체이며 수산화철(Ⅲ) 또는 황산철(Ⅱ)을 가열하면 얻을 수 있다. 자연에서는 적철광으로 산출된다. 공업적으로는 황철광을 배소(焙燒)시켜도 얻을 수 있다. 산화철(Ⅲ)은 묽은 산에 용해되어 철(Ⅲ)염을 생성한다. 적열시켜도 안정되지만 1300℃ 근처에서 분해하기 시작하여 사산화 삼철(triiron tetroxide) Fe_3O_4가 된다. 수소 안에서 1000℃로 가열하면 금속철로 환원된다. 산화철(Ⅲ)은 이온성이 부족하나 구조는 알루미나(산화알루미늄)와 같다.

산화 칼슘 【酸化- calcium oxide】 REG#=1305-78-8 CaO 금속 칼슘을 산소 안에서 연소시키거나 탄산칼슘을 열분해하여 얻을 수 있는 백색고체이다. 대규모로 생산하는 데는 큰 석탄킬른(kiln) 속에서 석회석을 550℃로 가열한다. 이러한 분해반응은 가역적(可逆的)이나 킬른 밑에서 공기를 통과시켜 이산화탄소를 제거하면 반응은 오른쪽으로 진행한다.

$$CaCO_3 \rightleftharpoons CaO + CO_2$$

산화칼슘은 생석회(quicklime)라고도 한다. 금속을 제련할 때 불순물을 슬랙(slag)으로 제거하는데 많이 사용되나 건조제 또는 수산화칼슘의 원료로도 널리 사용되고 있다.

산화 코발트(Ⅱ) 【酸化- cobalt(Ⅱ) oxide】 (CAS) cobalt oxide (CoO) REG#=1307-96-6 CoO 산화제1코발트(cobaltous oxide)라고 불렸다. 공기를 차단하고 수산화코발트를 가열하면 얻을 수 있는 녹색의 분말이며, 또한 같은 방식으로 공기를 차단해서 황산코발트(Ⅱ)나 탄산코발트(Ⅱ) 또는 질산코발트(Ⅱ)를 가열해도 얻을 수 있다.

염기성의 산화물로서 산과 반응하여 코발트(Ⅱ) 이온의 용액이 된다. 공기 중에서도 600℃이하에서는 안정되나 더욱 고온에서는 산소를 흡수하여 사산화삼코발트 Co_3O_4가 된다. 산화코발트(Ⅱ)는 수소 또는 일산화탄소 기류 안에서 가열하면 금속으로 환원된다. 도자기나 유리 등과 같이 요업 방면에 용도가 있다.

산화 코발트(Ⅲ) 【酸化- cobalt(Ⅲ) oxide】 (CAS) cobalt oxide(Co_2O_3) REG#=1308-04-9 Co_2O_3 산화제2코발트(cobaltic oxide)라고도 하였다. 질산코발트나 탄산코발트를 공기 중에서 열분해하여 얻을 수 있다. 공기 중에서 계속 가열하면 얼마 뒤에 산소를 방출하고 스피넬 구조(spinel structure)의 사산화삼코발트 Co_3O_4가 된다.

산화 크롬(Ⅱ) 【酸化- chromium(Ⅱ) oxide】 (CAS) chromium oxide (CrO) REG#=12018-00-7 CrO 오래전에는 산화제일크롬(chromous oxide)이라고 하였다. 크롬아말감(chromium amalgam)을 묽은 질산으로 처리하여 얻을 수 있는 흑색의 분말이다. 1000℃에서 수소와 반응하여 환원된다.

산화 크롬(Ⅲ) 【酸化- chromium(Ⅲ) oxide】 (CAS) chromium oxide (Cr_2O_3) REG#=1308-38-9 Cr_2O_3 오래전에는 산화제이크롬(chromic oxide)이라고 하였다. 녹색고체이며 물에 거의 용해되지 않는다. 산화철(Ⅲ)이나 산화알루미늄과 동일한 형이다. 수산화크롬(Ⅲ)을 가열하거나 이크롬산암모늄의 열분해로 얻을 수 있다. 염화암모늄과 이크롬산칼륨의 혼합물을 가열해도 된다. 또한 염화크로밀(chromyl chloride)을 적열관을 통해 열분해시켜도 얻을 수 있다. 산화크롬(Ⅲ)의 용도는 안료 외에 유리공업용으로 주로 쓰인다.

산화 크롬(Ⅳ) 【酸化- chromium(Ⅳ) oxide】 (CAS) chromium oxide (CrO_2) REG#=12018-01-3 CrO_2 이산화 크롬(chromium dioxide)이라고 하는 경우도 많다. 수산화크롬(Ⅲ)을 산소분위기 속에서 300~350℃로 가열해서 얻을 수 있는 흑색의 고체이다. 불안정하다.

산화 크롬(Ⅵ) 【酸化- chromium(Ⅵ) oxide】 (CAS) chromium oxide(CrO_3) REG#=1333-82-0 CrO_3 삼산화 크롬(chromium trioxide) 또는 무수크롬산(chromic anhydride)이라 하는 경우가 많다. 적색결정성의 고체이다. 이크롬산칼륨(potassium dichromate)의 냉포화용액에

진한 황산을 가했을 때(이 용액을 '크롬산혼액'이라고 한다) 생성된다. 긴 바늘모양이며 현저한 조해성(潮解性 deliquescene)을 갖는다. 산화크롬(Ⅵ)은 물에 쉽게 용해되어서 여러 가지로 조성된 폴리크롬산을 생성한다. 가열하면 분해하여 산화크롬(Ⅲ)이 된다. 강산화제이다.

산화 티탄(Ⅳ) 【酸化- titanium(Ⅳ) oxide】 (CAS) titanium oxide (TiO_2) REG#=13463-67-1 TiO_2 이산화티탄(titanium dioxide)이라고도 하는 백색 고체이다. 자연에는 3종의 다른 결정계의 것이 존재한다. 즉, 금홍석(rutile, 정방정계), 브루카이트(brukite, 사방정계), 예추석(anatase, 정방정계) 등이다. 산과는 천천히 반응한다. 할로겐과의 반응도 고온에서만 일어난다. 산화티탄(Ⅳ)는 양쪽성산화물이다. 백색안료로서 용도가 많다. 진한 황산에 용해되어 황산티타닐을 생성한다($TiOSO_4$). 알칼리와 융해하면 티탄산염이 된다.

산화 환원 【酸化還元 redox】 생략하지 않고 oxidation-reduction이라고도 한다. 화학물질 사이에서 전자의 주고 받기에 의한 산화와 환원의 두 과정을 총괄한 것이다. 어떤 물질이 산화된다는 것은 반드시 동시에 다른 물질이 환원되고 있다는 뜻이다. 전기화학적으로 산화반응은 양극(anode)에서 환원반응은 음극(cathode)에서 일어난다. 총괄적으로 '산화환원계'라 한다.

산화력과 환원력을 정량적으로 표시하는 데는 산화환원전위(레독스 전위)를 사용한다. 일반적으로는 환원전위의 형태로 기입하고 H^+/H_2의 표준수소전극을 전위의 기준으로 한다. 전기화학적으로 전지를 만들어서 전위를 측정하나 표준전극전위 $E°$ 가 마이너스일수록 산화되기 쉽고 환원되기 어렵다. 산화환원반응을 절반으로 나누어 $E°$ 의 가장 플러스의 것(환원쌍)과 가장 마이너스의 것(산화쌍)과의 두 개의 반쪽전지 반응으로 구분해서 생각할 수도 있다. 전극전위의 항 참조.

살 암모니악 【sal ammoniac】 염화암모늄(ammonium chloride)을 말한다.

살균제 【殺菌劑 fungicide】 유용작물, 과수 등 식물병해 병원균에

한 병해 제거를 위한 살균제. 사용법에 따라 토양처리제·종묘(種苗)처리제·경엽(莖葉)산포제 등으로 나누어진다. 토양소독제로는 클로로피크린·할로겐화탄화수소·히드록시이소옥사졸 등이 대표적인 것이다. 종묘소독제로서 전에는 수은계 약제가 사용되었지만, 현재는 전혀 사용하지 않고 항생물질이나 카르밤산 계열 약제가 사용되고 있다.

경엽산포제로서는 벼도열병균에 대한 항생물질인 카수가마이신 및 블라스토사이진S 등이 유명한 살균제이다. 식물병해 병원균은 바이러스·박테리아·진균 등 넓은 범위의 미생물이 있으므로, 구리살균제(보르도액)·무기황산살균제·유기비소살균제·퀴논류·벤즈이미다졸·핵산합성제 등 여러 가지에 걸쳐 약제가 개발되고 있다. 잔류성이 없는 것이나 작용의 특이성이 중대한 조건이다.

살리실산 【-酸 salicylic acid】 o-히드록시 벤조산에 해당하는 무색 바늘모양 결정. 융점 159℃, 비점 약 211℃(20 Torr). 유리상태 또는 유도체로서 여러 가지 식물 속에 들어 있고, 동록유(冬綠油) 속에는 메틸에스테르로 들어 있다. 차가운 물에는 약간 녹는다. $pK_{a1}=$ 2.81, $pK_{a2}=13.4$. 공업적으로는 콜베반응을 이용하고 건조한 페놀나트륨에 120~140℃, 가압 하에서 이산화탄소를 흡수시키면 나트륨염이 생기므로, 이것을 산으로 처리하여 유리된 산을 얻는다. 염화철(Ⅲ) 용액을 가하면 보라색을 나타낸다. 살리실산은 방부제로 쓰이고, 그 유도체로서 의약으로 쓰이는 것이 많다.

삼가 【三價 tervalent】 원자가, 산화수가 3인 것을 나타낸다. trivalent 라고도 하나 이것은 옳지 않다.

삼가 알콜 【trihydric alcohol】 글리세린과 같이 3개의 수산기를 한 분자내에 함유하는 알콜을 말한다.

삼량체 【三量體 trimer】 동일한 3개의 분자가 첨가되어 생긴 분자 또는 화합물을 말한다.

삼방 양추 【三方兩錐 trigonal bipyramid】 착물의 항 참조.

삼방정계 【三方晶系 trigonal】 결정계의 항 참조.

삼분자 반응 【三分子反應 trimolecular reaction】 화학반응 과정에서 동시에 3개의 분자가 상호작용한 결과로 생성물이 생기는 반응 또는 그 단계에 대하여 말한다. 예를 들면 과산화수소와 산성의 요오드화 칼륨(potassium iodide) 수용액과의 반응에서 최종적인 단계는 다음과 같으며 이것은 명백히 삼분자 반응이다.

$$HOI + H^+ + I^- \rightarrow I_2 + H_2O$$

삼분자 반응의 과정을 포함하는 실례는 대단히 적다. 예를 들면 산화질소 NO의 이산화질소로의 산화반응은 삼분자 반응으로 분류되어 있으나 2조의 2분자 반응으로 여겨지고 있다.

$$2NO + O_2 = 2NO_2$$

삼브롬화 붕소 【boron tribromide】 (CAS) borane, tribromo−REG#=10294−33−4 BBr_3 무색의 액체이다. 삼염화붕소 항 참조.

삼브롬화인 【phosphorus tribromide】 브롬화인(Ⅲ)의 항 참조.

삼사정계 【三斜晶系 triclinic】 결정계의 항 참조.

삼산소 【三酸素 trioxygen】 오존을 말한다. 이에 대해 O_2를 이산소라고 하는 일도 있다

삼산화 안티몬 【antimony trioxide】 산화안티몬(Ⅲ)의 항 참조.

삼산화인 【三酸化燐 phosphorus trioxide】 산화인(Ⅲ)의 항 참조.

삼산화황 【三酸化黃 sulfur trioxide】 (CAS) sulfur oxide(1:3) REG#=7446−11−9 SO_3 발연성의 백색고체이다. 이산화황과 산소의 혼합기체를, 가열한 오산화바나듐(vanadium pentoxide) 촉매 위에 통과시켜 생성물을 얼음으로 냉각하면 얻을 수 있다. 물과는 심하게 반응하여 황산이 된다. 접촉법의 항 참조.

삼성분계 화합물 【三成分系化合物 ternary compound】 3가지 종류의 원소로 된 화합물이며 예를 들면 황산나트륨 Na_2SO_4나 수소화알

루미늄리튬 LiAlH₄ 등을 가리킨다.

삼수화물【三水化物 trihydrate】 화합물 1개 분자당 3개 분자의 결정수를 함유하는 결정성수화물을 말한다. 삼수염(三水鹽)이라고도 한다.

삼염화 붕소【三鹽化硼素 boron trichloride】 (CAS) borane, trichloro REG#=10294-34-5 BCl₃ 가열한 붕소에 건조된 염소를 통과시키면 얻게 되는 발연성의 기체이다. 물로 급속하게 가수분해하면 붕산이 된다.

$$BCl_3 + 3H_2O \rightarrow 3HCl + H_3BO_3$$

붕소 원자의 외각에는 3쌍의 결합전자쌍밖에 없으므로 암모니아와 같이 고립전자쌍(lone pair)을 갖는 분자와 배위결합으로 화합하여 극히 안정된 부가화합물을 생성한다. 이러한 생성으로 붕소 원자의 주위는 옥테트(octet) 구조가 된다. 삼플루오르화붕소(boron trifluoride)나 삼브롬화붕소(boron tribromide)도 같은 루이스산(Lewis acid)으로서의 성질을 나타낸다.

삼염화 비스무트【bismuth trichloride】 염화비스무트의 항 참조.

삼염화 안티몬【antimony trichloride】 염화안티몬(Ⅲ)의 항 참조.

삼염화 요오드【iodine trichloride】 육염화이요오드의 항 참조.

삼염화인【三鹽化燐 phosphorus trichloride】 염화인(Ⅲ)의 항 참조.

삼원자【三原子 triatomic】 분자, 이온, 라디칼(radical) 등에서 원자가 3개로 되어 있는 것을 말한다. 오존(O_3)이나 물(H_2O)은 삼원자분자이다.

삼중 결합【三重結合 triple bond】 2원자 사이의 공유결합에서 3개조의 전자쌍(electron pair)이 결합에 관여하고 있는 것이다. 하나의 결합쌍(bonding pair)이 σ결합을 만들고 나머지는 2개조의 π결합을 형성하고 있다. 3개의 평행선으로 $H-C\equiv C-$와 같이 나타내는 경우가 많다. 다중결합의 항 참조.

삼중점【三重點 triple point】 단일물질의 기상(氣相), 액상(液相), 고

상(固相)의 3상이 공존할 수 있는 조건은 압력과 온도가 모두 정해진 하나의 점이 된다. 예를 들면 물에서는 273.16K. 610.62Pa가 삼중점이다.

삼투압【滲透壓 osmotic pressure】 [영osmotic pressure 불pression osmotique 독osmotischer Druck 러осмотическое д-авление] 용매는 자유로이 통과하지만 용질을 통과하지 않는 반투막을 고정하고, 그 한쪽에 용액 다른 한쪽에 순용매를 두었을 때 용매의 일부가 용액 속으로 스며들어 평형에 도달한다. 온도가 일정한 조건 하에서 이 때 양쪽 압력의 차를 용액의 삼투압이라고 한다. 막을 사이에 두고 삼투압의 차에 따라 용매의 이동이 일어난다고 볼 수 있다. 용액의 몰농도를 C, 절대온도를 T로 하면, 묽은 용액에서 삼투압 Π는 $\Pi=RTC$로 정해진다. 이 관계는 반트호프에 의해 유도(1887)되었으므로 반트호프의 삼투압법칙이라고 부른다. 용질이 전해질일 때에는 용액이 묽은 것이라도 위의 관계를 따르지 않는다. 그 이유는 이온화가 일어나기 때문인데, 이 경우에는 $\Pi=iRTC$와 같이 써서 i를 반트호프의 계수라고 부른다

삼플루오르화 붕소【boron trifluoride】 (CAS) borane, trifluoro— REG#=7637-07-2 BF_3 산화붕소와 플루오르화칼슘의 혼합물에 진한 황산을 첨가해서 가열하면 얻을 수 있는 무색발연성의 기체(일반적으로 에테르부가물 등과 같은 형태로 사용되고 있다)이다. 삼염화붕소의 항 참조.

삼플루오르화 브롬【bromine trifluoride】 (CAS) bromine fluoride(1 : 3) REG#=7787-71-5 BrF_3 무색발연성의 액체이다. 브롬(bromine)과 플루오르(fluorine)를 직접 화합시켜서 만들 수 있다. 반응성이 풍부하다. 비수용매(非水溶媒)로도 사용된다.

상【相 Phase】 화학적인 계 중, 물리적으로 나눌 수 있는 부분의 하나 하나를 상이라고 한다. 예를 들면 얼음(고상)과 물(액상)의 혼합물은 2상이다. 단일의 상으로만 되는 계는 균일계라고 한다. 2상 이상으로 이루어진 계는 불균일계가 된다.

상규칙【相律 phase rule】 성분수 C 와 상의수 P 및 자유도(온도, 압력 등)의 수 F 와의 사이에는 다음과 같은 관계가 있다.
$$P+F=C+2$$
깁스(Gibbs)에 의해 고안되었으므로 깁스의 상규칙이라고도 한다.

상대 밀도【相對密度 relative density】 [기호] d 구하는 물질의 밀도를 표준물질의 밀도로 나눈 값을 말한다. 액체의 상대밀도는 4℃의 순수에 대해 측정하는 것이 일반적이다. 기체인 경우에는 표준상태(STP)의 공기에 대해 측정한다. 시료의 온도는 특별히 기재하지 않는 한 20℃이며 그 이외인 경우에는 정확하게 기재할 필요가 있다. 이전에는 '비중'이라 했던 것이다.

상대 분자 질량【相對分子質量 relative molecular mass】 [기호] M 자연동위체존재비(存在比)의 원소로 된 단일체 또는 분자의 평균 분자 1개의 질량과 ^{12}C 원자 1개 질량의 1/2의 비율을 말한다. 이전에는 '분자량'이라고 했던 것이다. 상대분자질량은 반드시 독립한 분자가 아니라도 사용할 수 있다. 이온성의 화합물(NaCl 등)이나 거대분자(BN 등)에 대해서는 분자 대신에 식량단위(式量 單位)를 사용한다.

상대 원자 질량【相對原子質量 relative atomic mass】 종래에는 '원자량'이라고 했던 것이다. 기호 A_t 자연에서 산출되는 원소의 평균 원자질량을 ^{12}C원자 1개의 질량으로 나눈 것이다. 비(比)이기 때문에 무명수로 표시한다.

상도【相圖 phase diagram】 압력과 온도가 정해진 조건하에서 물질의 존재상태를 그림에 표현한 것을 말한다. 상도 안에 나타내는 선은 평형으로 2상 이상이 존재하는 조건을 표시한다. 1성분계에서 세가지 종류의 상이 공존될 수 있는 곳은 1점이 된다(삼중점이라고 한다). 물의 경우이면 수증기, 얼음, 물의 3상이 평형하게 존재하는 삼중점은 273.16K, 610.62Pa(4.58 torr)이다.

상자성【常磁性 paramagnetism】 자성의 항 참조.

상태밀도【狀態密度 state density】 양자역학적인 계에서 정상상태의 에너지에 관한 분포밀도. 에너지 값이 작은 구간($E, E+\Delta E$)에 포함되는 정상상태의 수를 ΔN으로 할 때 $\Delta N/\Delta E = D(E)$인 식으로 나타낼 수 있다. 준위가 충분히 서로 접근하여 존재하는 한, $D(E)$는 좋은 근사로서 E의 연속적인 함수로 볼 수 있다. 결정 안의 전자인 경우와 같이 준위가 존재할 수 없는 에너지 범위가 있으면 위 식에서 $D=0$이다. 상태밀도의 역수 $1/D(E)$는 E 부근에 있는 에너지준위의 평균간격이 된다. 많은 입자를 포함하는 계에서 E가 충분히 커지면 E에 대응하는 엔트로피를 $S(E)$로 할 때, $1/D(E) \propto \exp\{-S(E)/k_B\}$로 된다(볼츠만의 원리).

상평형 【相平衡 phase equilibrium】 정해진 어떤 화학물질의 계(系)에서 서로 다른 상의 비율이 일정하게 된 상태를 상평형이 성립된 상태라고 한다. 일정한 온도와 일정한 압력하에서 2개 이상의 상이 존재하는 경우에는 성분 개개의 입자가 하나의 상에서 다른 상으로 이동함으로써, 이와 같은 동적인 입자의 이동이 반대방향에도 동일한 수만큼 일어나는 상태가 상평형이다. 따라서 각 상의 비율은 변화하지 않는다.

색 【色 color】 눈의 망막에 상이 맺히는 가시광선의 양(면밀도) 및 질(분광분포)에 대응하여 생기는 명암의 대소나 '적색' '선명한' '옅은 청색' 등의 명칭으로 구별되는 시각을 색감각이라고 한다. 그 원인이 되는 빛을 색자극이라고 한다.

색이란 단어는 양자(兩者)를 가리키며, 또 색자극을 일으키는 광원 또는 비발광성 물체의 특성도 나타낸다. 색감각에는 밝기, 색상, 채도로 대표되는 3차원성이 있는데, 이런 것들을 색의 3속성이라고 한다. 망막세포 중에 밝은 곳에서 작용하는 추체시세포(錐体視細胞)에는 주로 적, 녹, 청색에서 느끼는 3종류가 있으며, 그러한 출력이 신경세포에 있어서 명-암, 적-녹, 황-청인 3종류의 신호로 변환되어 뇌세포추에 전달된다. 그런 이유로 3차원의 색감각이 생기는 것으로 생각할 수 있다. 동일한 색자극에서도 그 색감각은 주위의 시야나 관측자의 상태 또 개인차에도 다르지만, 색표시에서는 일반적으로 표준적인 조건 하에서 평균적인 관측자의 색감각에 대응하는 색자극을 이용한다. 색의 표시

방법으로는 색의 3속성에 따라 계통적으로 배열한 색표계와 혼색실험에서 구한 3종류 추체의 분광감도 1차 변환에 해당하고 등색함수를 이용하는 혼색계가 있다. 색표계는 먼셀의 색표계가 대표적인 것으로서, 색상·명도·채도를 나타내는 수치와 기호로 표시한다. 혼색계는 CIE 표색계가 대표적인 것으로서, 색도좌표 x. y와 밝기에 대응하는 3자극 값인 Y로 표시한다.

샌드마이어 반응 【Sandmeyer reaction】 디아조늄염(diazonium salt)과 할로겐화 제일구리를 가열해서 할로겐 벤젠(halogeno benzene)을 만드는 반응을 말한다. 예를 들면 다음과 같은 방법이 있다.

$$C_6H_5N_2^+ + CuBr \rightarrow C_6H_5Br + N_2 \uparrow + Cu^+$$

샌드위치 화합물 【sandwich compound】 천이금속의 이온과 방향족화합물(aromatic compound)의 사이에서 생기는 화합물로서 방향고리의 사이에 금속이온이 끼워진 형태로 된 것을 말한다. 이 경우에 금속이온의 d오비탈(orbital)과 방향고리의 π오비탈과의 상호작용에 의해 결합이 생긴다. 금속이온으로는 V, Cr, Mn, Co, Ni, Fe, Ru 등이고 또한 방향고리로는 4원자고리에서 8원자고리까지의 것이 알려져 있다. 페로센 (ferrocene)$(C_5H_5)_2Fe$ 등이 가장 잘 알려진 예이다.

생석회 【生石灰 quicklime】 산화칼슘을 말한다.

생성열 【生成熱 heat of formation】 1몰의 물질이 성분단일체에서 생성될 때 에너지가 변화하는 것을 말한다.

생화학 【生化學 biochemistry】 생체계 속에 존재하는 화학물질 또는 생체계 안의 화학반응을 연구하는 학문을 말한다. 19세기 말부터 20세기에 걸쳐 발효나 해당(解糖)에 관계되는 효소 연구를 중심으로 발전하였다. 생물체를 구성하는 단백질·핵산·지질·다당 등의 구조 및 기능, 그 합성과 분해, 생물체가 외계에서 에너지를 얻기 위한 물질수송·물질대사와 그 조절 등의 연구를 통하여 발생·분화·유전·면역·암·감각지각 등 생물 독특한 현상이 생체 구성 분자의 구조 또는 성질을 바탕으로 설명하게 되었다. 분자 수준에서 생명 현상의 해명을 목적으로 하는 분야를 특히 분자생물학, 분자유전학 등이라고 부르기도 한다. 유전자공학 등 응용면에서의 진보도 뚜렷하다.

생화학적산소요구량 【生化學的酸素要求量 biochemical oxygen demand】 BOD로 약칭. 수질오염 지표의 일종. 호기적(好氣的) 미생물이 호기적 조건 하에서 일정 시간 안에 물 속의 유기물을 분해하는 데 소비하는 용존산소량을 의미하는 것으로, 배수나 하천 물 속의 생물 분해성 유기물량에 대응한다. 물을 밀폐용기에 넣고 필요하면 미생물군을 첨가해서 보통 20℃에서 5일간 보존한 후 용존산소의 감소량을 측정한다. 이 측정값을 $O_2 mg/dm^3$로 나타내고 BOD_5로 쓴다. 유기물의 종류에 따라서는 미생물 분해를 받지 않는 것도 있는데, 반드시 BOD 값에 반영되는 것은 아니지만 오염의 실태를 나타내는 양으로서 화학적산소요구량(COD)과 함께 하천수·배수 등의 검사 및 기준 작성에 널리 쓰이고 있다.

샤를의 법칙 【Charles' law】 일정한 압력하에서 일정한 양의 기체부피는 섭씨 0도의 부피에 대해서 항상 일정한 비율로 섭씨 1도의 온도가 상승함에 따라 증대한다. 일정한 비율(α)은 모든 기체에 있어서 같고 그 값은 1/273이다. 따라서 θ℃에서 기체의 부피를 V, 0℃에서 체적을 V_0이라고 하면

$$V = V_0(1 + \alpha_V \theta)$$

가 된다. α_V는 열팽창계수이며 이상기체에서는 1/273.15가 된다.
이와 동일한 관계식은 부피가 일정한 조건에서 기체를 가열했을 경우의 압력에 대해서도 기입할 수 있다.

$$p = p_0(1 + \alpha_p \theta)$$

여기서 α_p는 압력의 온도계수이다. 이상기체(ideal gas)에서는 $\alpha_V = \alpha_p$가 된다. 그러나 실제 기체에서도 그렇게 큰 차이는 없다.
일정한 압력하에서 기체를 가열하면 샤를의 법칙에서

$$V/T = K$$

가 된다. 여기서 T는 열역학적인 온도(켈빈온도), K는 상수가 된다. 동일하게 일정한 부피하에서는 p/T가 상수가 된다.

샤를의 법칙은 때로 게이-뤼삭(Gay-Lussac)의 법칙이라고도 하는데 이것은 각각 독립적으로 발견이 이루어졌기 때문이다. 절대온도 및 기체법칙의 항 참조.

석고 【石膏 gypsum】 깁스라고도 한다. 황산칼슘의 항 참조.

석면 【石綿 asbestos, asbestus】 섬유모양의 규산염광물을 솜처럼 비벼 풀어놓은 것이다. 아스베스토스라고도 한다. 유연성, 내열성, 화학적 불활성이기 때문에 보온용이나 내화재료 등에 쓰인다. 공업적으로는 주로 사문암의 일종인 온석면(chrysotile) 또는 섬유모양의 각섬석(투섬석, 청색석면(crocidolite) 등)이 쓰인다. 아스베스토스의 섬유조각을 빨아들이면 석면폐(肺), 폐암 등이 걸릴 확률이 크기 때문에 취급 시 주의하여야 한다.

석묵 【石墨 graphite】 그래파이트(흑연)의 항 참조.

석순 【石筍 stalagmite】 종유석의 항 참조.

석영 【石英 quartz】 이산화규소로 자연에서 일반적으로 존재하는 형태이다. 투명한 것은 수정이라 한다.

석유 【石油 petroleum】 바다에 사는 생물과 식물 등에 의해 형성되어 땅 속의 암석층 안에 저장되어 있던 탄화수소의 혼합물이다. 보링(boring, 시추)에 의해 얻을 수 있다. 이것을 석유라 한다. 각각의 유전(油田)에서 원유의 조성은 다르다. 수직으로 된 분류컬럼을 사용하여 정류(精溜)하고 많은 부분(fraction)으로 나눈다. 주된 것으로는

① 디젤유(가스유) : 비등점 220~350℃ 주로 $C_{13} \sim C_{25}$ 범위의 탄화수소이며 디젤엔진에 사용된다.

② 케로신(파라핀) : $C_{11} \sim C_{12}$의 부분이며 비등점 160~250℃, 제트연료 및 가정용열원.

③ 가솔린 : 비등점 40~180℃, $C_5 \sim C_{10}$의 탄화수소이며 자동차연료 이외 여러 가지 화학제품의 원료이다.

④ 정유(精油) 가스 : $C_1 \sim C_4$ 기체의 탄화수소가 있다. 이외에 잔류분에서 파라핀왁스나 윤활유를 얻을 수 있다. 최후에 남는 흑색 잔분은 비

튜멘탈(bitumental)이라고 한다.

석탄【石炭 coal, mineral coal】 식물이 땅속에 매몰되어 장기간 물리적·화학적 작용을 받아 생기며 주로 탄소질로 이루어진 암석 모양의 가연성 물질. 한국에서 석탄에 대한 기록으로 추측되는 것은 609년(신라 진평왕 31)에 모지악(毛只嶽)에서 동토함산지가 불탔다는 기록이 있다. 모지악의 현재 지명은 분명하지 않지만 동토함산지는 현재 경북 영일군의 갈탄지역일 것으로 짐작된다. 석탄은 그 탄화도(수분·회분을 무시하고 베이스로 표시)에 따라 이탄(~60%), 아탄(~70%), 갈탄(70~78%), 역청탄(비점결탄 78~80%, 약점탄 80~83%, 점착탄 83~85%, 강점탄 85~90%), 무연탄(90%~)으로 분류된다. 또 이 밖에도 점결성의 유무, 휘발분과 수분의 함유량, 발열량 등에 따라 분류하기도 한다. 석탄은 천연고분자물질로 생각할 수 있으며, 그 평균적 구조단위는 축합도가 다른 여러 고리 방향족의 구조 부분, 사슬모양 및 고리모양 지방족의 구조 부분이 주(主)가 되고, 이들 구조 부분이 직접 또는 함산소기(含酸素基) 등이 개입되어 서로 결합한 구조를 취하고 있다. 석탄은 연료로 쓰이는 것 외에 건류에 의해 만들어지는 가스는 도시가스나 합성화학원료로 쓰인다. 타르에서는 나프탈렌·안트라센 등의 타르 제품이 얻어진다. 코크스는 연료 외에 합성화학원료로서도 쓰인다. 또 석탄의 액화·가스화 등에 따라 얻어지는 것도 연료나 합성화학원료로서 유용하다. 1950년경까지는 중요한 합성화학원료로 쓰였지만, 석유화학이 번성함에 따라 석탄의 화학원료로서의 가치는 저하하였다. 그러나 최근 석유자원이 고갈됨에 따라 석탄의 가스화 및 액화 연구, 또 그에 따라 얻어지는 것을 원료로 하는 화학반응의 개발이 정력적으로 진전되고 있다.

석탄산【石炭酸 carbolic acid】 페놀(phenol 히드록시벤젠(hydroxy benzene) C_6H_5OH)의 속칭이다.

석회【石灰 lime】 산화칼슘 및 수산화칼슘의 항 참조.

석회석【石灰石 limestone】 자연산 탄산칼슘이며 칼슘화합물이나 이산화탄소의 원료이다. 시멘트도 이것으로 만든다.

석회수【石灰水 lime water】 수산화칼슘의 수용액이다. 이산화탄소를 통과시키면 탄산칼슘의 백색침전이 생기는데 오랜 시간 통과시키면 탄산수소칼슘이 생성되고 용액은 다시 무색투명하게 된다.

선광【旋光 optical rotation】 광학활성물질을 통과한 직선편광의 편광면이 회전하는 것을 말한다.

선광분산【旋光分散 optical rotatory dispersion】 ORD라고 약해서 불린다. 광학활성물질에 의해 편광면이 회전하는데 파장의 의존성이 있는 현상을 말한다. 파장에 대해 선광도를 플로트[作圖 plot]해서 얻을 수 있는 곡선에서 광학활성물질의 입체구조를 추정할 수 있다.

선스펙트럼【line spectrum】 원자나 단일원자(monoatomic) 이온에서 생기는 스펙트럼을 말한다. 휘선스펙트럼(line spectrum)과 암선스펙트럼(dark line spectrum)의 두 가지 종류가 있다. 선폭이 매우 좁고 사실상 단색광으로 간주한다. 각 선은 원자나 단일원자이온 속의 전자 천이(electron transition)에 따른 에너지의 방출과 흡수에 대응하고 있다.

선철【銑鐵 pig iron】 용광로에서 얻을 수 있는 불순한 철로서 탄소의 함유량이 많은 것을 말한다. 규소와 같은 불순물을 함유하고 있다. 용광로 안에서 용해된 선철을 홈 모양의 유로(流路)에서 인출하여 몇 개의 분기(分岐)로 나누어 냉각부로 유도한다(큰 유로를 sow(어미 돼지), 분기된 곳을 pig(새끼 돼지)라고 부르므로 pig iron이라 하는 것이다).

설파제【sulfa drugs】 설폰아미드의 항 참조.

설폰산【sulfonic acid】 유기화합물 중에 탄소와 직접 결합한 $-SO_2OH$ 원자단을 함유하는 것을 말한다. 더욱 간단한 것으로서 벤젠설폰산이 있다($C_6H_5SO_2OH$). 설폰산은 강산이다. 설폰산기(sulfonic acid group)는 구전자치환을 촉진하고 링의 3-위치(메타 자리)에 2번째의 치환이 일어난다.

설폰아미드【sulfonamide】 일반식 RSO_2NH_2로 나타내는 일련의 화합물이다. 설폰산의 아미드이나 세균에 대한 독성이 우수하고 약제에 사용되는 것이 많다.

설폰화 【sulfonation】 유기화합물 중에 $-SO_2OH$원자단을 도입하는 것을 말한다. 방향족화합물을 설폰화하는 데는 진한 황산과 수시간 동안 환류(還流 reflux)하여 끓이는 방법을 사용하고 있다. 반응시제는 SO_3이며 전형적인 구전자치환반응의 하나이다.

설피드 【sulfide】 티오에테르의 항 참조.

섬광 분해 【閃光分解 flash photolysis】 기상(氣相) 속의 유리기(遊離基 free radical) 등을 연구하는데 사용되는 방법을 말한다. 긴 석영이나 유리로 만든 관(cell)속에 저압의 기체를 넣고 흡수스펙트럼이 측정될 수 있도록 해둔다. 측면에서 강력한 빛의 펄스(pulse)를 조사(照査)하면 라디칼(radical)이 생성되는데 이것은 흡수스펙트럼에 의해 확인될 수 있다. 스펙트럼선(spectral line)의 강도변화는 오실로스코프 (oscilloscope) 등에 의해 관찰한다. 극히 고속 반응에 대한 속도론 등을 연구하는 데는 이 방법으로 할 수 있게 되었다.

섬아연광형 구조 【閃亞鉛鑛型構造 zincblende structure】 결정구조의 기본적인 것 중의 하나이다. 아연과 황이 각각 면심입방격자를 이루고 1개의 아연은 4개의 황원자에 사면체형으로 싸여 있다. 황의 원자도 동일하게 사면체형으로 4개의 아연원자에 싸여 있다. 공유결합성이 모두 같은 강도와 길이의 결합으로 보아 거대분자(다이아몬드 구조)로 되어 있다. 아연과 황을 모두 탄소로 바꾸어 놓으면 이 구조는 다이아몬드 그 자체가 된다. 부르츠(Wurtz)광형 구조도 이것과 비슷하며 역시 아연과 황의 조합으로 되어 있으나 이것은 육방정계이다.

섬아연석 【閃亞鉛石 sphalerite, zincblende】 이상적인 화학조성은 ZnS. Fe, Mn, Cd, As 등이 치환한다. 섬아연석구조의 대표적인 예. 우르차이트광과 다형(多形)을 이룬다. 입방결정계. 4면체 또는 8면체 결정, 덩어리 또는 입자모양. 쪼개짐 {110} 완전. 단구(斷口)는 조개껍질모양. 모스굳기도 3.5~4. 밀도 3.9~4g/cm^3. 황·갈·흑·적·녹·백색 등으로 순수한 것은 무색이다. 투명에서 반투명. 수지 또는 금속광택. 극성 결정. 초전성이 있고 마찰 발광하여 자외선이나 X선으로 형광을 낸다. 1020℃ 이상에서 우르차이트광(6방결정계)으로 전이한다. HCl에 녹아서 H_2S를 발생한다. 흑광광상·교대광상·열수광상에서 산출한다. 아연의 중요한 광석으로서 황화물 형광체에 쓰인다.

섭씨 온도 눈금 【Celsius scale】 빙점을 0°, 물의 비등점을 100°로 하는 온도눈금(모두 1기압하의)을 말한다. 미국과 영국에서는 1948년까지 centigrade scale이라고 하였다. 섭씨온도눈금은 켈빈온도(절대온도) 눈금과 같은 폭이다. 원래의 섭씨온도눈금은 현재와 반대로 비등점이 0°, 빙점이 100°였다. 온도눈금의 항 참조.

성분 【成分 component】 화학반응이 속에서 일어나지 않고 있는 혼합물에 포함되어 있는 각각의 화학물질을 말한다. 예를 들면 물과 얼음의 혼합물은 단일성분으로 이루어지나 산소와 질소의 혼합기체는 2성분으로 되어 있다. 혼합물 속에서 화합반응이 일어나고 있는 경우에는 (독립)성분의 수는 거기에 존재하는 화학물질의 수에서 평형 반응의 수를 뺀 것이 된다.

예를 들면 암모니아 합성계

$$N_2 + 3H_2 \rightleftarrows 2NH_3$$

에서는 2성분계가 된다. 상규칙의 항 참조.

세라믹스 【ceramics】 고융점의 무기질 재료 중의 하나이다. 일반적으로 규산염, 알루미노규산염, 내화성의 금속 산화물이나 금속질소화물, 붕소화물 등의 총칭이다. 도기나 자기 등은 세라믹스의 예이다.

세륨 【cerium】 [기호] Ce [양성자수] 58 [상대원자질량] 140.12 mp 799℃ bp 3430℃ 상대밀도(비중) 6.7 은백색이며 연성(延性 ductility)과 전성(展性 malleability)이 풍부한 란탄족금속의 한가지이다. 많은 광물 속에 다른 란탄족원소와 함께 존재한다. 모나즈석(monaze stone), 바스트네사이트(bastnaesite) 등이 광석으로서 유명하다. 세륨의 용도로는 발화합금(라이터돌 등), 촉매, 탄소아크, 서치라이트, 유리공업재료 등이 있다.

세린 【serine】 REG#=56-45-1 (L-체) HOCH_2CH(NH_2)COOH β-히드록시(hydroxy)-α-아미노프로피온산이다. 많은 단백질의 성분이나 견(생사)의 세리신에 다량으로 함유되고 있다. 아미노산의 항 참조.

세미카르바존 【semicarbazone】 유기화합물 중에 C=NNHCONH_2 원자단을 함유하는 것을 말한다. 알데히드(aldehyde) 또는 케톤(ketone)과 세미카르바지드(semicarbazide)와의 반응으로 생성된다. 결정성이 좋고 예민한 용융점을 나타내므로 원래의 카르보닐 화합물(carbonyl-compound)의 확인에 사용된다.

세슘 【cesium】 영국식으로는 caesium이라고 기입한다. [기호] Cs [양성자수] 55 [상대원자질량] 132.91 mp 28.5℃ bp 690℃ 상대밀도 1.87 연하고 은백색이며 대단히 반응성이 풍부한 알칼리금속이다. 자연에서는 폴크스석(石) CsAlSiO_5 등과 같은 규산염광물로서 산출된다. 세슘의 용도는 광전관(光電管), 원자시계, 촉매 등 외에 최근에는 우주선의 이온추진약(推進藥)으로 이용하는 것을 고려하고 있다.

세스키 【sesqui-】 비율이 2:3인 것을 나타내는 접두사이다. 예를 들면 세스퀴산화물은 M_2O_3, 세스퀴수화물은 수화수(水化數)가 3/2인 것이다.

세스키산화망간 【manganese sesquioxide】 산화망간(Ⅲ)의 항 참조.

세제 【洗劑 detergent】 용매(solvent), 특히 물의 세척작용을 개선하는 작용을 하는 일군의 약품을 말한다. 대부분의 세제는 비누 등과 같이 긴 탄화수소사슬(尾部 : 꼬리부분)과 작은 친수기(親水基, 頭部 : 머리부분)를 갖고 있다. 꼬리부분은 물과 친숙하지 않아 이른바 소수성(疎水性 hydrophobicity)을 나타내며 머리부분은 쉽게 이온화하거나 물분자를 끌어 당긴다(친수기). 이러한 세제는 물의 표면장력을 저하시키고 습윤력을 크게 한다. 세제는 친수기를 물속으로, 소수성기를 물에서 먼 쪽으로 향해 배열하는 성질이 있으며 그 결과 물의 표면이 파괴되어 유분이나 먼지 등이 세제에 의해 물속으로 끌려 들어간다. 교반(攪拌)을 하면 이렇게 해서 모인 먼지가 뜨게 되므로 분리할 수도 있다. 소수성이 있는 세제의 꼬리부분은 유지(油脂)에 용해된다. 따라서 유적(油滴 : 기름 방울) 주위에는 친수기의 머리부분이 배열하여 재결합을 막고 에멀션(emulsion)이 되기 쉽다. 비누는 가장 오래된 세제이다. 합성세제는 신개발품이지만 불용성의 스컴(scum)을 만들기 어려우므로 중요하게 여겨지고 있다.

합성세제는 크게 3가지 종류로 나눈다. 음이온성 세제는 탄화수소사슬에 설폰기(sulfonic group)나 황산에스테르기(sulfate group)가 붙은 것이다. 이러한 금속염은 물에 잘 용해된다. 양이온성 세제는 알킬암모늄염형의 양이온 RNH_3^+이며 R은 긴 사슬 알킬기(alkyl group)이다. 비이온성 세제는 에스테르나 알콜 등과 같이 복잡한 화합물이다. 분자 내에 많은 친수성의 산소분자를 함유하며 표면의 물분자와 결합하여 표면장력을 저하시킬 수 있다. 비누의 항 참조.

세탁 소다 【washing soda】 탄산나트륨(sodium carbonate)을 말한다.

센티 【centi-】 [기호] c 10^{-2}를 의미하는 접두사이다. 예를 들면 1cm는 1/100m에 해당한다.

센티그레이드 눈금 【centigrade scale】 섭씨온도눈금의 항 참조.

셀 【cell】 전도성의 액체(전해액 electrolyte)에 두 장의 전극판을 담근 계(system)를 말한다. 전해셀(electrolytic cell)은 계에 전류를 보내고 속에서 화학반응을 일으키는데 사용한다. 갤버닉 전지(Galvanic cell) (볼타전지, volta cell)는 반대로 화학반응에 의한 기전력을 측정한다. 전자는 전극 사이(음극에서 양극으로)를 흐르기 때문에 여기에 기전력이 생긴다(볼타전지에서). 전지반응을 표시하는 데는 다음과 같은 기입방법을 취한다. 다니엘 전지(Daniell cell)를 예로 든다. 이것은 다공성의 원통을 격벽으로 하고 Zn^{2+}이온의 용액에 담근 아연전극과 Cu^{2+}이온의 용액에 담근 구리전극을 조합시킨 구성으로 되어 있다. 전극상의 반응은 각각 다음과 같이 된다.

$$Zn \rightarrow Zn^{2+} + 2e$$
$$Cu^{2+} + 2e \rightarrow Cu$$

즉, 아연의 산화와 구리이온의 환원이 일어나고 있다. 이러한 형태의 전지 반응은

$$Zn \mid Zn^{2+}(aq) \mid Cu^{2+}(aq) \mid Cu$$

와 같이 기입한다. 이 전지의 기전력은 오른쪽 전극에 있는 리드선(lead wire)의 전위(電位 electric potential)에서부터 왼쪽 전극에 있는 리드선의 전위를 뺀 값이 된다. 위와 같은 경우에는 동이 양(+)으로 되고 기전력은 +1.10V가 된다($[Zn^{2+}]=[Cu^{2+}]=1.0M$일 때). 축전지, 다니엘전지, 전기분해 및 루클렌셰 전지의 항 참조.

셀렌【selenium】 [기호] Se [양자수] 34 [상대원자질량] 78.96 mp 217℃(회색형) bp 684.9℃(회색형) 상대밀도(비중) 4.79(회색형) 반금속성을 많이 갖는 칼코겐 원소(chalcogens)의 한가지이며 몇 개의 동소체가 있다. 황화광(blende) 속에 미량의 성분이 존재하고 있으며 슬러지(sludge)에서도 회수된다. 회색 셀렌은 광기전력이 있으므로 광전지(photo cell)나 태양전지(solar cell) 또는 제로그래피 등에 사용된다.

셀룰로스【cellulose】 식물 세포벽의 주요 구성 성분인 다당류 $(C_6H_{10}O_5)_n$이며 목재펄프에서도 얻는다.

소결【燒結 sintering】 금속이나 세라믹스 등으로 만든 미세한 분말을 용융점보다도 약간 낮은 온도로 가열해서 고결(固結)시키는 과정을 말한다. 소결 유리(sintered glass)는 유리필터의 여과판에 사용된다.

소광【消光 quenching】 형광이나 인광(phophorescene) 등에서 여기(勵起 excitation)에 의해 생긴 빛이 다른 물질의 존재에 따라 약해지는 것을 말한다.

소기【沼氣 marsh gas】 식물이나 생물 등이 늪지대나 습지 등에서 분해된 결과로 생기는 메탄 CH_4를 말한다.

소기【笑氣 laughing gas】 일산화이질소(nitrogen monoxide)를 말한다.

소다 석회 【sode lime】 담회색의 고체이다. 산화칼슘(생석회)을 진한 수산화나트륨 용액으로 처리해서 생기는 $Ca(OH)_2$와 $NaOH$의 혼합물이다. 실험실에서 건조제나 이산화탄소의 흡수제로서 사용된다.

소다회 【soda ash】 탄산나트륨(sodium carbonate)을 말한다.

소석회 【消石灰 slaked lime】 수산화칼슘의 항 참조.

소수성 【疎水性 hydrophobicity】 물에 반발하는 성질을 말한다. 형용사형은 hydrophobic이다. 소액성의 항 참조.

소액성 【疎液性 lyophobicity】 용매를 멀리하는 성질을 말하며 용매가 물인 경우는 소수성이라 한다. 다음과 같은 경우에 사용된다.

① 분자 내의 이온이나 원자단에 대해 : 수용액 또는 다른 극성용액(polar solution) 속에서 소수성기(疎水性基)는 비극성(非極性)인 것이다. 예를 들면 비누분자 속의 탄화수소기는 소액성(이 경우에는 소수성) 원자단이다.

② 콜로이드 분산상(colloid disperse phase)인 경우 : 소액(疎液) 콜로이드에서 분산상(分散相 disperse phase)의 입자는 분산매(分散媒 continuous phase)와 친화성을 갖지 않는다. 금(金)콜로이드 또는 황의 콜로이드가 좋은 예이며 쉽게 콜로이드 상태가 파괴된다. 친액성의 항 참조.

속일적 성질 【束一的性質 colligative properties】 용액이 나타내는 여러 가지 성질 중에 존재하는 입자의 수에만 의존하고 입자의 특성에는 별로 의존하지 않는 일련의 성질에 대한 총칭이다. 다음과 같은 것을 들 수 있다.

① 증기압 강하　② 비등점 상승
③ 응고점 강하　④ 삼투압

이러한 용액의 속일적인 성질은 모두 실험적인 관찰결과에 따르고 있는 것이다. 이와 같이 서로 밀접하게 관련된 현상을 해명하는 데는 분자 사이의 힘과 입자의 운동성 등, 기체분자의 운동론을 조성하는데 사용된 여러 성질과 거의 같은 취급이 이루어진다.

솔 【sol】 고체 입자의 분산계(分散系)가 액체의 분산매(分散媒 continuous phase) 안에 분산하고 있는 콜로이드를 말한다. 여러 가지 종류로 된 것이 알려지고 있으나 색조는 주로 입자지름에 따른다. 에어로졸은 고체입자 또는 액체입자가 기체 매질 속에 분산하고 있는 것을 말한다. 콜로이드의 항 참조.

솔베이법 【Solvey process】 암모니아 소다법이라고도 한다. 탄산나트륨을 공업적으로 얻는 방법이다. 거친 원료는 탄산칼슘과 염화나트륨 및 암모니아이다. 우선 탄산칼슘을 열분해하면

$$CaCO_3 \rightarrow CaO + CO_2$$

이산화탄소를 암모니아로 포화한 염화나트륨수용액 속에 통과시키면 탄산수소나트륨이 침전하고 염화암모늄이 용액에 남는다. 탄산수소나트륨은 열분해해서 탄산나트륨, 물, 이산화탄소가 된다. 암모니아는 염화암모늄수용액에 생석회를 가해서 재생시킬 수 있다.

$$2NaHCO_3 \rightarrow Na_2CO_3 + H_2O + CO_2$$
$$2NH_4Cl + CaO \rightarrow CaCl_2 + 2NH_3 + H_2O$$

솔볼리시스 【solvolysis】 가용매분해라고도 한다. 문제가 되는 화합물과 용매가 용해할 때 반응을 일으키는 것을 말한다. 가수분해의 항 참조.

쇄식 화합물 【鎖式化合物 acyclic compound】 화합물 중에 고리(ring)를 함유하지 않은 것을 말한다. 비환식(非環式) 화합물이라고도 한다.

쇼텐-바우만 반응 【Schotten-Baumann reaction】 수산화나트륨수용액 안에서 카르복시산의 염화물과 알콜, 또는 아민을 반응시켜 에스테르나 아미드를 얻는 반응을 말한다. 아닐린(aniline)과 염화벤조일(benzoyl chloride)의 반응에서는 벤즈아닐리드(benzanilide)가 생긴다.

$$C_6H_5NH_2 + C_6H_5COCl + NaOH \rightarrow$$
$$C_6H_5NHCOC_6H_5 + NaCl + H_2O$$

쇼트키 결함 【Schottky defect】 격자결함의 항 참조.

수류 펌프 【filter pump】 아스피레이터(aspirator)라고도 한다. 수류를 노즐에서 분출시켜 공기와 함께 배출하는 형태로 된 간이형 진공펌프이다. 따라서 수증기압보다 낮은 압력은 만들지 못한다. 실험실에서 진공증류나 승화(昇華 sublimation) 또는 여과 등과 같이 별로 고도의 진공을 필요로 하지 않을 때 잘 사용된다.

수산화 나트륨 【sodium hydroxide】 REG#=1310-73-2 NaOH 공업적인 호칭은 가성소다라고 한다. 백색반투명의 조해성고체(潮解性固體 deliquescence solid)이며 섬유 모양의 표면구조로 되어 있다. 수용액은 강염기성이며 전기를 유도한다. 실험실에서는 산화나트륨(Na_2O) 또는 과산화나트륨(Na_2O_2)을 물과 반응시킨다. 공업적으로는 수은음극전해(세스트너·케르너법) 또는 격막전해법을 사용한다. 탄산나트륨을 가성화(可性化)시켜서 얻을 수 있다. 물에 잘 용해되며 발열한다. 수용액은 비누물과 같이 미끈미끈한 감촉을 나타내는데 부식성이 매우 높다. 산성의 기체, 예를 들면 이산화탄소 또는 이산화황이 잘 흡수된다. 공업적으로도 많은 용도가 있다. 비누의 제조, 보크사이트의 제련, 종이나 펄프 등을 제조하는데 반드시 필요하다.

수산화 리튬 【lithium hydroxide】 REG#=1310-65-2 공업적으로는 리튬광석을 석회와 반응시켜 일수화물(一水化物)로서 얻는다. 다른 리튬염을 사용할 수도 있다. 수산화리튬은 다른 알칼리금속의 수산화물보다는 알칼리토금속의 수산화물과 유사성이 크다.

수산화 마그네슘 【magnesium hydroxide】 REG#=1309-42-8 $Mg(OH)_2$ 물에 잘 용해되지 않는 백색고체이다. 표면부유액(表面浮遊液 supernatant)은 염기성을 나타낸다. 가용성의 마그네슘염 수용액에 과량의 염기를 첨가하면 침전한다. 제산제(制酸劑)로서 이용된다.

수산화물 【水酸化物 hydroxide】 수산화물이온 OH^- 또는 원자단 OH를 함유하는 화합물을 말한다.

수산화 바륨 【barium hydroxide】 REG#=17194-00-2 $Ba(OH)_2$ 바리타(baryta)라고도 한다. 일반적으로 팔수화물 $Ba(OH)_2 \cdot 8H_2O$의 형태

이다. 알칼리토금속의 수산화물 중 가장 용해성이 큰 것으로 약산(弱酸 weak acid)을 적정시약하는 데 잘 사용된다. 이때 지시약으로는 페놀프탈레인(phenolphthalein)을 사용한다.

수산화 베릴륨 【beryllium hydroxide】 REG#=13327-32-7 Be(OH)$_2$ 베릴륨이온을 함유하는 수용액에 염기를 가해 침전으로 얻게되는 백색 고체이다. 과다량의 염기를 첨가하면 베릴륨산이온 Be(OH)$_4^-$를 생성하고 침전(precipitate)된 것은 다시 용해되고 만다. 수산화알루미늄과 같이 수산화베릴륨도 양쪽성수산화물이다.

수산화 스트론튬 【strontium hydroxide】 REG#=18480-07-7 Sr(OH)$_2$ 일반적으로 팔수화물 Sr(OH)$_2$·8H$_2$O로서 결정한다. 산화스트론튬을 물에 용해시킨 액체에서 얻을 수 있다. 물에 용해되고 강염기성을 나타낸다. 당(sugar)을 정제하는 데 사용된다.

수산화 알루미늄 【aluminum hydroxide】 REG#=21645-51-2 Al(OH)$_3$ 알루미늄염의 용액에 수산화나트륨을 첨가하면 얻어지는 젤라틴 모양의 침전에서 만들어지는 백색분말이다. 양쪽성수산화물이며 매염제(媒染劑 mordant) 또는 소화액의 기포제로서 사용된다. 양쪽성수산화물이므로 과량의 수산화나트륨이 존재하면 알루민산이온이 생겨서 용해한다.

$$Al(H_2O)_3(OH)_3 + OH^- \rightarrow Al(H_2O)_2(OH)_4^- + H_2O$$

탄산염의 용액은 모두 수산화알루미늄이 침전할 정도의 염기성을 나타내기 때문에 수용액에서 탄산알루미늄을 만들 수는 없다. 침전된 수산화알루미늄은 여러 가지 색소를 흡착하여 레이크(lake)를 만들고 이 성질이 매염(媒染)에 이용된다.

수산화 칼륨 【potassium hydroxide】 REG#=1310-58-3 KOH 일반적으로 가성칼리(caustic potash)라고 한다. 수은양극전해에 의해 염화칼륨수용액에서 얻어진다. 다른 방법으로는 탄산칼륨이나 황산칼륨과 소석회(消石灰 slaked lime)의 혼합물을 가열시켜서 만들 수도 있다(Gossage법의 변법). 실험실적으로는 금속칼륨이나 일산화칼륨 또는 초산화칼륨(potassium superoxide)과 물을 반응시켜서 만든다. 수산화칼륨은 수산화나트륨보다도 물에 잘 용해되며 알콜에도 녹는다. 용해도가 크므로 이산화탄소나 이산화황의 흡수제로는 수산화나트륨보다도 잘 사용된다(원소 분석용의 칼리구(球) 등). 니켈-철알칼리건전지(에디슨 전지)의 전해액 또는 연질비누의 원료이다. 수화물로는 일수화물 외에 이수화물이나 세스키수화물이 알려져 있다.

수산화 칼슘 【calcium hydroxide】 REG#=1305-62-0 Ca(OH)$_2$ 소석회로 알려져 있다. 물에 잘 녹지 않는 백색고체이다. 포화용액을 석회수(lime water)라 한다. 수산화칼슘은 산화칼슘에 물을 첨가해서 만든다. 이 과정을 '소화(消化)'라고 하는데 이 때 다량의 열이 발생한다. 적절한 양의 물과 반응시키면 미세한 분말모양의 수산화칼슘을 얻을 수 있다. 물이 지나치게 많으면 수산화칼슘의 현탁액, 이른바 석회유(石灰乳)가 생긴다.

수산화칼슘에는 여러 가지 용도가 있다. 산성토양을 중화시키거나 가스제조공장에서 폐액으로부터 암모니아를 회수하는 데 쉽고 값싼 염기로서 사용한다. 솔베이법에서도 반드시 필요한 것이다. 모르타르나 표백분 또는 경수(硬水)를 연화하는 데도 많이 사용된다.

수산화 탄산납(Ⅱ) 【lead(Ⅱ) carbonate hydroxide】 (CAS) lead, bis[carbonate(2-)] dihydroxytri- REG#=1319-46-6 2PbCO$_3$·Pb(OH)$_2$ 연백(鉛白 white lead)으로 알려져 있다. 염기성탄산납 중에서 가장 중요한 것이다. 공업적으로는 전기분해로 생산한다. 백색안료로서 페인트나 그림물감 등에 널리 사용되었으나 독성이 있는 큰 결점이 있다.

수성 가스 【water gas】 일산화탄소와 수소의 혼합기체이다. 붉게 가열한 코크스(coke)에 수증기를 통과시키거나 또는 탄화수소(천연가스, 메탄)와 가열수증기를 반응시켜 만든다.

$$C(s) + H_2O(g) \rightarrow CO(g) + H_2(g)$$
$$CH_4(g) + H_2O(g) \rightarrow CO(g) + 3H_2(g)$$

암모니아를 합성해서 수소를 제조할 때는 메탄에서 수소를 제조하는 공정이 대단히 중요하다. 발생로 가스의 항 참조.

수소【水素 hydrogen】 [기호] H [양성자수] 1 [상대원자질량] 1.0079 mp$-259℃$ bp$-252℃$ 밀도 $0.0899 kgm^{-3}$ 무색으로 된 기체 모양의 원소이다. 수소는 알칼리금속(제I족)원소와 할로겐(제Ⅶ족)원소의 양쪽에 각각 어느 정도의 유사성을 가지고 있다. 그런 이유 때문인지 특정한 족(族 group)으로 분류하는 것은 어렵다. 우주에서 가장 풍부한 원소이며 지각(대기권을 포함해서)에 있어서도 두번째(질량으로 하여)로 많은 원소이다. 주로 물의 형태로 존재하나 탄화수소(석유)의 주성분이기도 하다. 천연가스 속이나 상층대기 속에도 흔적량의 수소가 존재하는 것이 인정되고 있다.

실험실에서 수소를 만드는 데는 전기화학계열(이온화경향열(傾向列))로 수소보다도 앞에 있는 금속과 묽은 염산을 반응시키면 된다. 마그네슘이나 아연 등을 잘 사용한다.

$$Zn + 2HCl \rightarrow H_2 + ZnCl_2$$

아연이나 알루미늄과 같이 양쪽성을 나타내는 금속에서는 묽은 염기수용액과 반응시켜도 수소가 발생한다. 생성물은 아연산염(zincate)이나 알루민산염이다. 무기산의 희박한 수용액을 전기분해해서 수소를 발생시키는 방법도 잘 사용되지만 이 경우에는 양극(陽極 anode)에서 발생하는 산소가 혼입되지 않도록 주의해야 한다(수소와 산소의 혼합기체는 '폭명기(爆鳴氣)'라고 불릴 정도로 폭발성이 높으며 위험하다). 공업적으로는 식염수를 전기분해해서 수산화나트륨을 제조할 때 부산물로서 얻을 수 있는 외에, 가열된 코크스(coke)에 수증기를 통과시켜 얻는 수성가스에서도 생성된다.

수소의 주요용도는 암모니아 등의 생산원료이다. 그외에 금속을 정련할 때 환원성 분위기를 만들거나 식용유의 경화, 또는 약품의 제조 등에도 규모는 작지만 중요한 용도로 쓰인다. 연료가스로도 다량으로 사용되고 있다.

수소는 가장 간단한 원자구조로 되어 있으며 따라서 100개 이상의 원소 중에서도 특이한 위치를 차지하고 있다. 한 개의 양성자(proton : 양전하) 주위에 있는 핵외전자 한개($1s^1$)만으로 되어 있다. 따라서 수소의 화학으로는 다음과 같은 3대 구분 중 어느 것엔가에 속하는 것에 한정된다.
① 전자를 상실하여 양이온 H^+가 된다.
② 전자를 얻어서 음이온 H^-가 된다.
③ 다른 원자와 전자를 나누어 합쳐서 공유결합을 만든다(H_2, HCl 등).
1s전자를 빼앗긴 결과로 생긴 수소이온 H^+는 작기 때문에 일반적으로 다른 화학종류와 회합(會合)한 형태, 예를 들면 H^+NH_3, H^+FH의 형태로 존재한다. 수용액 안의 이온도 대개 H^+라고 기입되는데 실제로는 용매화한 H_3O^+(옥소늄이온, 또는 히드로늄이온)이다. 이것은 산을 이온화시켜서 생성된다.

$$H_3O^+ + HCl \rightarrow H_3O^+ + Cl^-$$

양성자에서 물분자 사이의 이동은 대단히 신속하므로 H_3O^+형태로 된 이온의 수명은 대단히 짧다고 여겨진다.
수소는 외부에서 전자를 얻어 수소화물이온 H^-를 함유하는 화합물을 생성하는 일도 있다. 이온성의 수소화물이 생성되는 것은 알칼리금속이나 알칼리토금속 등과 같이 전기적인 양성(陽性)이 큰 원소에 한정된다. 이러한 화합물이 이온성이라는 것은 융해시켜 얻은 멜트(melt 융해물질)가 전기의 양도체이며, 전기분해에 의해 양극(anode)에서 수소가 발생하는 것으로 보아도 확인될 수 있다. 이러한 금속수소화물을 생성하려면 금속을 수소기류 속에서 가열하면 된다.

$$H_2 + 2M \rightarrow 2M^+ + 2H^-$$

공유결합성의 수소화물로는 메탄, 암모니아, 염화수소 등을 들 수 있다. 이것들은 일반적으로 용융점이 낮다. 합성법은 여러 가지가 있으나 다음 두 가지가 주된 것이다.
① 가수분해 'OO화물'을 가수분해하여 OO화수소를 얻는다. 규소화물(silicide), 황화물(sulfide), 인화물(phosphide)로부터 실란(silane 규화수소)황화수소, 포스핀(phosphine, 인화수소) 등을 얻을 수 있다.
② 염화물의 환원 $SiCl_4 + LiAlH_4 \rightarrow SiH_4 + LiCl + AlCl_3$
수소화물에는 이밖에도 천이금속의 격자간 화합물(격자간 수소화물)이

있다 유명한 것은 팔라듐(palladium)이며 PdHx(x는 최고 1.8)형의 수소화물을 생성한다. 이 외에 지르코늄(zirconium)이나 티탄(titanium)도 격자간 수소화물을 생성한다. 그러나 이러한 화합물의 성질은 상세하게 알고 있지 않은 점이 많으며 결합양식도 불확실하다. 자기적인 성질이 변화하는 것으로 보아 어떤 종류의 전자적 상호작용이 존재하는 것으로 추정되며 격자간격도 변화한다. 그러나 MH, MH_2의 조성을 갖는 명확한 상(phase)은 확인되어 있지 않다. 격자간 수소화물로 총칭되어지는 것은 이 때문이다.

원자핵에 핵스핀 1/2을 가진 것이 2원자 분자를 형성하였을 경우 2개의 핵스핀이 평행인 것(오르토 ortho-)과 역평행인 것(파라 para-)이 있다. 수소원자는 작으므로 이 두 가지 성질의 차이가 다른 2원자 분자에 비하면 훨씬 현저하게 나타난다. 이 두 가지 형은 일반적으로는 평형을 유지하나, 상온에서는 75%의 오르토수소와 25%의 파라수소의 혼합물이 평형혼합물로 되어 있으며 저온에서는 파라수소가 더욱 많아진다. 화학적으로는 동일하다고 보지만 파라수소의 용융점과 비등점은 평형혼합물(오르토수소 : 파라수소=3 : 1)보다도 각각 0.1℃ 정도가 낮다.

자연에 존재하는 수소에는 결합상태에 관계없이 대략 2000분의 1(0.05%)의 중수소(重水素 deuterium, D)가 함유되어 있다. 중수소는 수소의 동위체이며 원자핵 안에 양성자 1개와 중성자 1개를 가지고 있다. 동위원소 효과는 대개 극히 작기 때문에 화학적으로는 인식하기 어렵다. 그러나 수소와 중수소인 경우에는 특별하다. 중수소로 치환하였을 경우 반응속도의 현저한 감소 등을 나타낼 수가 있으며 이것을 중수소동위원소효과라고 한다.

수소를 결합하는 양식에는 이외에 약간 묘한 두 가지 종류가 있다. 하나는 보란(borane) 등에서 볼 수 있는 '3중심 2전자 결합'이다. 수소원자가 가교배위자(架橋配位子 cross linkage ligand)와 같은 역할을 해서 2개의 붕소 원자를 결합하고 있는 것이다. 이러한 분자는 '전자부족분자'라고 한다. 일반적으로 공유결합에 필요하게 되는 결합당 각 2개의 전자를 갖고 있지 않기 때문이다. 또 한가지는 H^-가 천이금속원자에 배위된 배위수소화물이다.

수소 결합 【水素結合 hydrogen bonding】 수소원자가 전기음성도가 큰 원자와 결합하고 있는 분자 사이에서 생기는 분자간 결합의 일종이다. 음성원소 X에 의해 결합이 분극하면 수소원자상에 양전하(positive electric charge)가 생긴다($X^{\delta-}-H^{\delta+}$). 그러면 이 양전하를 띠고 있던 수소원자는 다른 분자 안에 있는 음으로 분극한 원자와 상호작용을 일으키게 된다. 이러한 상호작용의 결과가 수소결합이다. 다음 식에서 점선으로 나타낸 것이 수소결합이다.

$$\cdots\cdots X^{\delta-}-H^{\delta+}\cdots\cdots X^{\delta-}-H^{\delta+}\cdots\cdots$$

수소결합의 길이는 0.15~0.2nm이다. 수소가 결합한 결과로 이량체(dimer, 카르복시산 등)가 생성되거나 물 또는 플루오르화수소의 비등점이 높게 되기도 한다.

수소 전극 【水素電極 hydrogen electrode】 수소(기체)를 기준으로 한 반전지(half-cell)이다. 일반적으로 다른 원소의 전극반응을 비교하기 위해 수소전극을 표준전극으로 한다. 표준수소전극(NHE)이라 하는 경우가 많다. 백금흑(platinum black)으로 피복한 백금전극을 사용하여 1기압의 수소와 $1MH^+$(일반적으로 1/2M H_2SO_4) 용액을 평형시킨다. 백금흑은 표면적이 크고 기체의 수소를 흡착, 활성화하며 다음과 같은 평형을 이룬다.

$$1/2H_2 \rightleftharpoons H^+(aq)+e^-$$

백금 자체는 비활성이며 이 반응에는 관여하지 않고 용액 속에 백금이온을 방출하는 일도 없다. 전극전위의 항 참조.

수소화 【水素化 hydrogenation】 어느 화합물과 수소와의 반응을 말한다. 예를 들면 하버법(Haber process)에 의한 암모니아 합성은 질소의 수소화이다. 유기화학의 방면에서 수소화는 대개 다중결합에 대한 수소의 부가반응을 가리킨다. 촉매를 필요로 한다(접촉 수소화). 자연에서 산출되고 불포화지방산이 풍부한 식물유를 수소화하면 고화(固化)하여 고형지방이 된다. 이 과정은 마가린을 제조하는 데 이용되고 있다.

수소화 나트륨 【sodium hydride】 REG#=7664-09-7 NaH 350℃로 가열한 나트륨에 순수한 수소기류를 통과시켜 얻을 수 있는 백색의 고체이다. 나트륨은 비활성의 매질 속에 현탁시켜 둔다. 융해된 수소화나트륨을 전기 분해하면 수소는 양극(陽極 anode)에서 발생한다. 물과 반응하여 수소를 방출하고 수산화나트륨을 생성시킨다. 강력한 환원제이며 물을 수소로, 황산을 황화수소로, 산화철(III)을 금속철로 변화시킬 수 있다. 실온에서 할로겐과 접촉시키면 폭발적으로 반응하여 발화한다. 액체암모니아에 용해하면 나트륨아미드(sodium amide)를 생성한다.

수소화납(IV) 【水素化鉛 lead(IV) hydride】 플럼반의 항 참조.

수소화 리튬 【lithium hydride】 REG#=7580-67-8 LiH 500℃ 이상에서 단일체 사이의 반응에 의해 생기는 백색결정성의 고체이다. 융해된 염(salt)을 전기분해하면 양극(anode)에서 수소가 발생한다. 수소화리튬은 물과 심하게 반응해서 수산화리튬과 수소가 된다. 이 반응은 심하게 발열적이다. 수산화리튬은 강력한 환원제이며 다른 수소화물의 합성에도 사용된다. 입방정계이며 다른 알칼리금속수화물보다 훨씬 안정되어 있다.

수소화물 【水素化物 hydride】 수소의 화합물을 말한다. 이온성의 수소화물은 전기적인 양성이 현저한 원소에서만 볼 수 있으며 H^- 이온을 함유하고 있다. 비금속의 수소화물은 공유결합성이다. 메탄 CH_4, 실란(silane) SiH_4 등이 이런 예이다. 붕소의 수소화물(붕화수소, 보란)은 전자부족화합물(electron-deficient compound)이다. 천이금속의 대부분은 격자 사이의 수소화물을 생성한다.

수소화 붕소 【水素化硼素 boron hydride】 B_2H_6에서 $B_{10}H_{24}$까지 보란(borane)이라 불리는 6종류의 붕소화수소가 알려져 있다. 모두 복잡한 구조로 되어 있으며 삼염화붕소(boron trichloride)를 수소와 반응시켜서 만든다. 착이온으로서 BH_4^- (테트라히드리도 붕산이온)를 생성하며 강력한 환원제로서 잘 사용된다.

수소화 비소 【水素化砒素 arsenic hydride】 아르신의 항 참조.

수소화 알루미늄 리튬 【lithium aluminum hydride】 (CAS) aluminate(1-), tetrahydro-, lithium salt REG#=16853-85-3 테트라히드리도 알루민산리튬의 항 참조.

수소화 주석(Ⅳ)【水素化朱錫 tin(Ⅳ) hydride】 스탄난의 항 참조.

수소화 칼륨【potassium hydride】 REG#=7693-26-7 KH 비활성 기체 안에서 가열한 금속칼륨상에 수소기류를 통과시켜 얻을 수 있는 백색고체이며 강력한 환원제이다.

수용액【水溶液 aqueous solution】 물을 용매로 하는 용액을 말한다. aq라고 약해서 기입하는 일도 있다(예 : NH_3aq).

수율【輸率 transport number】 [기호] t 전해질 용액에서 각 이온이 전하를 운반하는 비율을 말한다.

수은【水銀 mercury】 [기호] Hg [양성자수] 80 [상대원자질량] 200.59 mp-61℃ bp 357℃ 상대밀도(비중) 13.5 자연에서는 진사(辰砂 mercury sulfide, 황화수은(Ⅱ))의 형태 외에 금속수은으로도 산출되는 천이금속원소의 하나이다. 수은증기는 대단히 독성이 높다. 용도로는 온도계, 아말감(amalgam, 야금용, 치과용) 외에 과학기기로도 널리 사용되고 있다. 수은화합물에는 여러 가지 용도가 있으며 살균제, 목재방부제, 도료, 폭발제 등으로 잘 알려져 있다. 아말감 및 아연족원소의 항 참조.

수은 전지【水銀電池 mercury cell】 전해전지(electrolytic cell) 또는 화학전지에서 전극의 한쪽이 금속수은이나 아말감으로 구성된 것을 말한다. 아말감전극은 웨스턴(Weston)의 표준전지(카드뮴전지) 등으로 유명하다. 전해전지에서는 유동수은전극이 잘 사용된다. 식염수를 전기분해할 때 탄소를 양극, 유동수은전극을 음극으로 하여 전기 분해하면 양극에서는 염소가 발생하나 음극에서 석출되는 나트륨은 아말감의 형태가 된다.

수증기 증류【水蒸氣蒸留 steam distillation】 돌턴(Dalton)의 분압법칙을 응용하여 혼합물의 비등점을 낮추어 물질을 단리(單離 isolation) 및 정제(refining)한다.

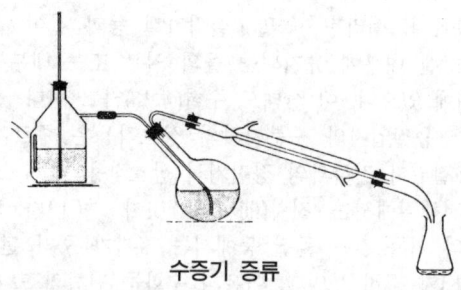

수증기 증류

두 가지 서로 혼합되지 않는 액체를 증류할 때는 비등점은 휘발성이 큰 성분의 비등점보다 낮아진다. 한 성분을 수증기로 하면 물과 혼합하지 않는 고비등점의 유기화합물을 이 방법으로 증류할 수 있다. 타르 등의 혼합물에서 여러 가지 물질을 회수하는 데 사용된다.

수지【樹脂 resin】 복잡한 유기산 및 그 유도체로 이루어진 물질. 부서지기 쉬운 비결정성의 고체 또는 반고체로서, 물에 녹지 않지만 알콜, 에테르 등에는 잘 녹는다. 대부분 침엽수에서 분비되는 발삼의 휘발성 성분이 날아감으로써 고체화된 것으로서, 때로는 화석으로 땅 속에서 산출되기도 하고(화석수지 fossil resin), 또 곤충에 의해 분비되는 것도 있다. 주요한 수지는 콜로포늄·코팔·호박·셸락·다마르 등으로서, 모두 니스의 제조, 전기절연체, 비누의 혼화제 등에 쓰인다. 합성수지와 구별하기 위해 이것을 천연수지라고 부르는 경우도 있다.

수지상 생장【樹枝狀生長 dendritic growth】 분기성(分岐性)의 정벽(晶癖 crystal habit)을 갖는 결정의 생장양식을 말한다.

수착【收着 sorption】 고체에 의해 기체를 흡착하는 것을 말한다.

수화【水和 hydration】 물을 용매로 할 때의 용매화. 물 속에 분산된 입자, 수용액 속의 분자 또는 이온과 용매의 수분자가 상호작용하고, 그 일부분이 결합하여 용질입자와 집단을 만드는 현상. 특히 그 결합이 화합물의 형태를 취하는 경우를 수화(水化)라고도 하고, 그 생성물을 수화물이라고 한다. 고체결정으로서 안정적으로 수화한 물을 결정수라고도 부른다. 젤라틴·녹말·실리카겔 등과 같이 겔 모양으로 되는 것에서는 겔 내부에 유지되는 물의 일부 또는 대부분이 그들 분자와 결합상태에 있으나, 이 상태도 수화(水和)라고 한다.

수화에 의한 용질입자와 수분자와의 상호작용은 주로 수분자의 전기쌍극자와 용질입자 전하와의 정전기적 상호작용 및 수소결합의 형성에 의거한다. 전해질에서는 전자(前者)의 것이 주(主)가 되고, 자당·녹말·친수성의 기를 갖는 물질 등에서는 후자가 주가 된다. 단백질에서는 양자(兩者)가 공히 쓰인다. 이온의 수화는 전하의 크기와 부호, 이온의 크기에 따라 변화한다. 수화의 상태 및 구조의 연구 방법으로는 1) 분광학적방법(NMR, 자외·가시·적외·라만흡수스펙트럼 등) 2) 수송현상에 의한 방법(전기전도율, 점성, 확산 등) 3) 열역학적방법(엔트로피, 압축률, 체적 등) 4) 회절법(X선, 중성자선) 등이 있다.

숙신산【succinic acid】 (CAS) butanedioic acid REG#=110-15-6 HOOC(CH$_2$)$_2$COOH 부탄이산을 말한다. 호박산이라고도 하는데 호박에서 처음 얻었으므로 이런 명칭이 되었다. 어떤 종류의 식물에도 함유되어 있으며 당(sugar)을 발효해서 만든다. 패류(貝類)의 맛이나 청주(淸酒)맛의 근원이라고 한다.

스칸듐【scandium】 [기호] Sc [양성자수] 21 [상대원자질량] 44.96 mp 1541℃ bp2831℃ 상대밀도(비중) 2.99 제1천이금속원소의 첫번째에 위치하는 가벼운 은백색의 금속이다. 미소한 양의 성분으로서 800종류 이상의 광물 속에 있으나 란탄족원소와 함께 산출되는 일이 많다. 용도로는 고휘도(高輝度)의 광원 등에 사용된다.

스탄난【stannane】 REG#=2406-52-2 SnH$_4$ 수소화주석(Ⅳ)이다. 염화주석(Ⅱ)(tin(Ⅱ) chloride)과 수소화알루미늄리튬과의 반응으로 얻을 수 있는 무색이고 유독한 기체이다. 불안정하며 150℃에서는 즉시 분해한다. 강력한 환원제이다.

스테라디안 【steradian】 [기호] sr SI단위계에서 입체각의 단위이다. 구(球)의 표면은 입체각 4π에 해당된다. 어떤 원추의 입체각은 정점을 공유하는 단위구면(單位球面)의 원추내의 면적으로 나타낸다.

스테로이드 【steroid】 시클로펜타노히드로페난트렌 고리($C_{17}H_{28}$)를 갖는 화합물의 총칭. 셀렌수소이탈에 의해 3'-메틸-1,2-시클로펜테노페난톤으로 된다. 곁사슬이 붙은 콜레스탄·코프로스탄 등을 포함하여 스테로이드의 골격을 이루는 탄소원자 및 고리에는 그림과 같이 위치번호와 기호를 붙여서, 입체배치가 고리 평면보다 위의 원자 또는 기(基)는 결합을 실선 또는 굵은 선으로 나타내어 β로 하고, 아래인 것은 결합을 점선으로 나타내어 α로 한다. 3위치에 β-OH를 가진 것은 디기토니드 반응, 즉 디기토닌 사이에 난용성의 분자화합물을 만드는 성질이 있다.

시클로펜타노 히드로페난트렌고리

스테로이드의 알콜을 스테롤이라고 한다. 그 유도체에는 안드로겐·에스트로겐·황체호르몬·부신피질호르몬·엑디손 등이 있고, 또 사포닌(식물심장독을 포함) 등인 게닌 즉 사포게닌으로 되는 것이 많다. 또 담즙산은 보통 스테로이드의 히드록시산이다. 알칼로이드 등에도 스테로이드에 속하는 것이 있다. 또 네고리 트리테르펜에는 스테로이드에 가까운 구조를 가진 것이 많다.

스테아르산 【stearic acid】 (CAS) octadecanoic acid REG#=57-11-4 $C_{17}H_{35}COOH$ 고체의 곧은 사슬 포화지방산이다. 지방 속에 글리세리드(glyceride)로서 존재한다.

스테아르산 에스테르 【stearate】 스테아르산의 에스테르이다.

스테아르산염 【stearate】 스테아르산의 염을 말한다.

스테아르산 칼슘 【calcium stearate】 (CAS) octadecanoic acid, calcium salt REG#=1592-23-0 $Ca(C_{17}H_{35}COO)_2$ 옥타데칸산 칼슘(calcium octadecanoate)이라고도 한다. 스테아르산의 염(비누)이며 불용성이다. 가용성의 스테아르산염(예로 나트륨염)인 비누를 칼슘이온이 함유된 경수에 넣으면 불용성의 스컴(scum)으로 생성된다. 비누의 항 참조.

스테인리스 【stainless steel】 강철의 항 참조.

스트레커 합성 【Strecker synthesis】 아미노산을 합성하는 방법의 하나이다. 우선 알데히드(aldehyde)와 시안화수소(hydrocyanic acid)로부터 시아노히드린(cyanohydrin)을 만든다.

$$RCHO + HCN \rightarrow RCH(CN)OH$$

이어서 암모니아로 수산기(水酸基)를 치환한다.

$$RCH(CN)OH + NH_3 \rightarrow RCH(CN)(NH_2) + H_2O$$

산을 가수분해하여 니트릴기를 카르복시산으로 바꾼다.

$$RCH(CN)(NH_2) + 2H_2O \rightarrow RCH(NH_2)COOH + NH_3$$

α-아미노산의 일반적인 합성법이다.

스트론튬 【strontium】 [기호] Sr [양성자수] 38 [상대원자질량] 87.62 mp 800℃ bp 1366℃ 상대밀도(비중) 2.6 연하고 낮은 용융점으로 된 은백색의 금속이다. 주기율표에서는 제ⅡA족(알칼리토금속)의 네번째에 위치한다. 전자 배치는 크립톤 구조(krypton structure)로 된 전자심의 외부에 5s전자 2개를 가진 $(Kr)5s^2$이다. 바륨(barium)과 같이 지각에서의 존재비율은 적다. 광물로는 천청석(天青石 clestite) $SrSO_4$나 스트론티안석(石) $SrCO_3$이 있다. 공업적으로는 탄산염을 열분해하여 산화물로 하고 금속알루미늄으로 환원해서 금속을 만들고 있다.

$$3SrO + 2Al \rightarrow 3Sr + Al_2O_3$$

스트론튬의 이온화포텐셜은 적고 원자반지름은 크므로 전기적인 양성이 철저하게 나타난다. 따라서 금속스트론튬은 대단히 반응성이 풍부하며 이것은 다른 알칼리금속원소와 동일하다. 산소나 질소, 황, 할로겐, 수소 등과 반응하여 각각 산화물 SrO, 질화물 Sr_3N_2, 황화물 SrS, 할로겐화물 SrX_2, 수소화물 SrH_2를 생성한다. 모두 현저한 이온성을 나타내는 화합물이다. 산화스트론튬(strontium oxide)은 물과 반응해서 $Sr(OH)_2$가 된다. 금속스트론튬 자체도 물과 반응하여 수소를 방출한다. $Sr(OH)_2$는 $Ca(OH)_2$와 $Ba(OH)_2$의 중간적인 성질을 나타내며 염기로서의 강도와 용해도 등도 이 두 가지의 중간이다. 금속 자체가 전기적인 양성이 강하므로 염류는 거의 가수분해하지 않고 대부분은 $[Sr(H_2O)_6]^{2+}$의 형태로 존재한다.

스트론티아 【strontia】 산화스트론튬을 말한다.

스티렌 【styrene】 (CAS) benzene, ethenyl- REG#=100-42-5 $C_6H_5CH=CH_2$ 액체 모양의 탄화수소이며 폴리스티렌의 원료이다. 공업적으로는 에틸벤젠(ethyl benzene)을 탈수소반응시켜서 만든다.

$$C_6H_5CH_2CH_3 \rightarrow C_6H_5CH=CH_2 + H_2$$

스틸 【still】 증류장치를 말하며 포트 스틸(pot still) 등이 있다.

스팀 리포밍 【steam reforming】 900℃로 가열한 니켈 촉매상에 수증기와 메탄의 혼합기체를 통해 일산화탄소와 수소의 혼합기체를 만드는 방법을 말한다. 이러한 방법으로 만든 혼합가스는 메타놀 합성 등과 같이 여러 가지 유기화합물을 합성시키는 출발원료가 된다.

스펙트럼 【spectrum】 ① 영어에서 복수형은 spectra이다. 특정한 상황하에 있는 물질의 방출이나, 흡수하는 일련의 전자방사(electromagnetic radiation)를 말한다. 방출스펙트럼(발광스펙트럼)에서는 시료로부터 방출되는 전자파(electromagnetic wave, 빛 등)를 해석하고 특정한 파장 성분의 유무나 강도 등을 조사한다. 전자방사를 일으키는 데는 여러 가지 방법이 있으며 고온, 전자충격, 고에너지 방사의 **흡수** 등이 사용된다. 흡수스펙트럼을 관측하는 데는 시료에 연속한 전자파를 조사하여 어떤 파장의 전자파가 흡수되는가를 관측한다. 밴드스펙트럼 및 선스펙트럼의 항 참조.
② 가장 일반적인 용어로는 어떤 성질(물성)이 가지고 있는 분포를 나타낸다. 예를 들면 '어떤 입자 빔(beam)은 특정한 에너지스펙트럼을 갖는다'라든가 '어떤 입자빔은 특정한 질량스펙트럼을 갖는다'라는 것과 같이 사용한다(즉, 이온의 질량분포를 나타내는 데 사용한다). 질량분광계의 항 참조.

스펙트럼 계열【spectral series】 흡수스펙트럼이나 발광스펙트럼에서 관련을 갖는 일련의 스펙트럼선의 집합을 가리킨다. 스펙트럼 계열을 이루는 각선(各線)은 특정한 에너지준위(energy level)에 대해 각각 서로 다른 에너지 준위의 천이에 의해 생긴다. 보어 이론의 항 참조.

스펙트럼선【spectral line】 원자, 이온, 분자 등에서 방출되거나 또는 이러한 화학종류에 의해 흡수되는 특정한 파장(진동수)을 가진 빛을 말한다.

스펙트로그래프【speotrograph】 분광사진기라고도 한다. 스펙트럼의 사진을 촬영하기 위한 기기이다.

스펙트로스쿠프【spectroscope】 서로 다른 파장의 전자파를 검출하기 위한 장치를 말한다. 분광기의 항 참조.

스펙트로포토미터【spectrophotometer】 스펙트로미터의 하나이며 다른 파장별로 전자파의 강도 측정이 가능하다. 분광측광계라고도 한다. 적외용, 자외용, 가시부용(可視部用) 등이 있다.

스펠타【speltar】 불순한 아연을 가리킨다. 대개 3%정도의 불순물(대개 납)을 함유한다.

스핀【spin】 소립자(elementary particle)가 갖는 성질의 하나이다. 소립자가 마치 어떤 축의 주위를 회전하는 것 같이 행동할 때 이 소립자에는 스핀이 있다고 한다. 이러한 경우에 각운동량(角運動量)이 있게 된다. 스핀을 갖는 입자는 자기모멘트(magnetic moment)를 갖는다. 자기장 안에서 스핀은 자기장에 대해 어떤 특정한 각도방향으로 정렬하고 이 방향으로 세차운동(precession)을 한다. 자기장 안에서 스핀의 배향은 축방향으로 각운동량의 성분이 $m_sh/2\pi$ (m_s는 자기양자수)로 되는 조건에 한정된다. 전자라면 스핀은 1/2이며 +1/2과 -1/2의 두가지 배향밖에 취할 수 없다.

슬랙 【slag】 광석을 융제(融劑 flux)로 융해하면 불순물이 융제와 반응하여 비교적 용융점이 낮은 유리질의 물질이 생긴다. 이것을 슬랙이라고 한다. 슬랙은 비교적 낮은 용융점이며 액화된 금속 위에 층을 이루고 뜬다. 용광로에서는 융제로 탄산칼슘 $CaCO_3$을 사용하나 철광 속에 있는 주된 불순물은 실리카(silica) SiO_2이므로 생성되는 슬랙은 규산칼슘이다.

$$CaCO_3 + SiO_2 \rightarrow CaSiO_3 + CO_2$$

철도용의 밸러스트(ballast)나 콘크리트 또는 비료 등에 사용된다.

슬러리 【slurry】 액체 속에 고체를 현탁시켜서 죽 모양으로 된 것을 말한다.

습전지 【wet cell】 건전지에 대해 납축전지 등을 습전지라고 한다. 전해질이 액체인 것을 가리킨다. 르클랑세전지의 항 참조.

승화 【昇華 sublimation】 융해하지 않고 고체가 기체로 변화하는 것 또는 그 반대의 현상을 말한다. 일정한 압력하에서는 요오드, 이산화탄소, 염화암모늄 등이 승화한다. 적당한 외적인 조건하에서는 고상과 기상 사이에 평형이 성립된다(승화평형).

승화물 【昇華物 sublimate】 기체상태에서 직접 고체상태로 된(승화한 것) 것을 말한다.

시멘타이트 【cementite】 Fe_3C 어떤 종류의 주철이나 강철(steel)의 성분 중 하나이다. 시멘타이트가 존재하면 금속의 경도(hardness)가 증대한다.

시멘트 【cement】 규산칼슘이나 알루민산칼슘을 분쇄한 혼합물이다. 석회석과 점토를 가열해서 생성물을 분말화 한 것이다. 물을 가하면 반응이 일어나 단단한 알루미노규산염으로 변화한다. 이 때문에 수경성(水硬性) 시멘트라고도 한다.

시스 【cis-】 2개의 원자단이 인접해서 존재하고 있는 것을 나타내는 접두사이다. 이성질의 항 참조.

시스테인 【cysteine】 REG#=52-90-4(L-체) β-메르캅토알라닌(mercapto alanine)이다. 함황(含黃)아미노산(amino acids)의 한가지이며, 환원성이 있고 공기에 의해 산화되어 시스틴(cystine)이 된다. 단백질 성분이 많다. 아미노산의 항 참조.

시스-트랜스 이성질현상 【cis-trans isomerism】 이성질현상의 항 참조.

시스틴 【cystine】 REG#=56-89-3(L-체) 함황아미노산의 하나로 가장 오래 전(1810년)에 발견된 아미노산이다. 명칭은 방광(cystis)에 유래하였으며 처음에 방광결석에서 얻었기 때문에 이러한 이름이 되었다. 환원되면 시스테인이 된다. 단백질의 펩티드사슬을 연결하는 중요한 역할을 하며 생물체 내의 산화환원계에 있어서도 중요하다. 아미노산의 항 참조.

시아노히드린(시안히드린) 【cyanohydrin】 알데히드 또는 케톤(ketone)과 시안화수소가 부가된 화합물이다. 알데히드의 시아노히드린은 일반식 RCH(CN)(OH), 케톤의 시아노히드린은 RR'(CN)(OH)이다. 가수분해에 의해 쉽게 히드록시카르복시산(hydroxy carboxylic acid)이 된다.

알데히드시아노히드린　　　　케톤시아노히드린

예를 들면 아세트알데히드시아노히드린(acetaldehydecyanohydrin), 즉 2-히드록시프로피오니트릴(hydroxypropionitrile)을 가수분해하면 쉽게 젖산(2-히드록시프로피온산: hydroxypropionic acid)이 된다.

$$CH_3CH(OH)(CN) \rightarrow CH_3CH(OH)(COOH)$$

시안 【cyanogen】 REG#=2074-87-5 유독하며 가연성인 기체이다. 시안화수은(Ⅱ)을 열분해해서 만든다. 유사할로겐의 항 참조.

시안아미드법 【cyanamide process】 공업적인 질소고정법(nitrogen fixation process)의 하나이다. 이탄화칼슘(calcium dicarbide)을 공기 속에서 가열한다.

$$CaC_2+N_2 \rightarrow CaCN_2+C$$

생성물인 칼슘 시안아미드(calcium cyanamide)는 가수분해에 의해 암모니아를 생성한다. 이것은 비료로 사용된다(석회질소). 칼슘 카바이드를 만드는 데는 경비가 들고 이 과정 자체가 값이 비싸기 때문에 현재로는 시대에 맞지 않게 되었다.

시안화 나트륨 【sodium cyanide】 REG#=143-33-9 NaCN 고온에서 나트륨아미드와 탄소를 반응시키는 방법(카스트너법 Castner process) 및 금속나트륨과 탄소를 혼합해서 300~400℃로 가열해 두고 암모니아가스를 통과시켜 나트륨아미드를 만들어 즉시 탄소와 반응시키는 방법이 있다. 공업적인 방법에서는 카스트너법으로 제조되는 것이 많고 생성물은 액체암모니아에 용해시켜 재결정한다. 심한 독성을 나타낸다. 시안화물이나 시안화수소[靑酸] 등의 원료가 된다. 금이나 은을 정련할 때에 이른바 청화법(靑化法 cyanide process)에도 이용된다. 수용액은 가수분해에 의해 강염기성을 나타낸다. 흔히 '청산칼리'라고 하는 것이 실제로는 시안화나트륨을 가리키는 일이 많다.

시안화물 【cyanide】 시안화수소의 염(salt)이며 CN^-를 함유한다. 니트릴(nitrile)을 가리키는 일도 있으나(시안화 메틸 아세트니트릴) 근래에는 별로 사용되지 않는다.

시안화 칼륨 【potassium cyanide】 REG#=151-50-8 KCN 백색이

온성 고체로 물에 잘 용해되며 맹독하다. 공업적으로는 탄산칼륨과 탄소의 혼합물을 암모니아 기류 속에서 가열하여 만든다. 여러 가지 시안화물 또는 시안화수소산의 원료이다. 시안화칼륨의 수용액은 가수분해에 의해 강염기성을 나타낸다. 방치하면 시안화수소를 발생한다. 청산칼리라고도 한다.

시약 【試藥 reagent】 다른 물질[基質]에 작용하는 화합물이다. 수산화나트륨, 염산 등과 같이 일반적인 실험실용의 화학약품을 가리키기도 한다.

cgs 단위계 【c.g.s. system】 센티미터, 그램, 초를 기본단위로 하는 단위계이다. 이전의 과학연구의 대부분은 이 시스템이었으나 현재는 SI 단위계로 바뀌었다.

시클로펜타디에닐 이온 【cyclopentadienyl ion】 시클로펜타디엔의 항 참조.

시클로펜타디엔 【cyclopentadiene】 (CAS) 1, 3-cyclopentadiene REG#=542-92-7 C_5H_6 석유의 분해(cracking)로 생기는 고리탄화수소이다. 5원고리로서 2개의 탄소-탄소 2중결합을 함유하며 나머지는 메틸렌기(methylene group)이다. 양성자가 한 개 떨어져 나가면 정오각형의 C_5H_5 음이온(시클로펜타디에닐이온)이 생긴다. 페로센(ferrocene) 등의 샌드위치 화합물(sandwich compound) 중에서 자주 볼 수 있다.

시클로헥산 【cyclohexane】 REG#=110-82-7 C_6H_{12} 무색 액체의 지방족고리탄화수소(alicyclic hydrocarbon)이며 아디프산(나일론 원료)의 제조와 용매 등의 용도가 있다. 시클로헥산 자체는 원유 속에 있는 긴 고리의 탄화수소를 고리모양으로 하여 형성된다. 구조의 점에서 보면 평면이 아니고 기복이 있는 6원고리이며 모든 탄소 사이의 결합각도가 사면체각 109.47°로 되어 있는 점이 중요하다. 상온에서는 2개의 의자형의 입체배좌(conformation) 사이에 주형(舟型)의 입체배좌를 경유하는 신속한 반전이 일어나고 있다. 2개로 된 의자형 형태의 에너지는 서로 같으나 주형이 더욱 높은 에너지를 가지고 있다. 보통 1개선의 6

각형을 사용해서 나타낸다. 입체배좌의 항 참조.

시프 염기 【Schiff's base】 알데히드 또는 케톤과 아민(특히 방향족 아민)과의 결합으로 생기는 화합물이며 결정성이 우수하기 때문에 확인하는 데 사용된다. 아조메틴(azomethine)이라고도 한다. $R_2C=NR'$(또는 Ar)의 일반식을 갖는다.

시프의 시약 【Schiff's reagent】 푹신(fuchsin, 마젠타)의 수용액에 이산화황을 탈색할 때까지 통과시킨 것을 말한다. 알데히드나 케톤을 검출하는 데 사용한다. 지방족알데히드는 즉시 색채를 띠나 지방족케톤, 방향족알데히드는 천천히 색채를 띤다. 방향족케톤은 반응하지 않는다.

식탁염 【食卓鹽 common salt】 염화나트륨의 항 참조.

실란 【silane】 규소의 수소화물을 말한다. 좁은 뜻으로는 SiH_4만을 가리키나 그 밖에 Si_2H_6, Si_3H_8 등이 알려져 있다. 규소화마그네슘을 산으로 처리해서 만든다. 불안정하며 공기 중에서는 발화한다. 알려져 있는 실란의 수는 적으므로 탄화수소에 비교될 수 있는 정도의 규소화수소 계열은 형성되어 있지 않다.

실록산 【siloxanes】 $Si-O-Si$ 원자단을 함유하는 화합물의 총칭이다. Si원자에 유기의 원자단이 결합한 것이 알려져 있다. 실리콘은 실록산의 중합체(polymer)이다.

실리카 【silica】 이산화규소(silicon dioxide)를 말한다.

실리카겔 【silica gel】 규산나트륨겔을 응집시켜 만드는 겔이다. 가열하여 건조시켜 촉매담체(觸媒擔體) 또는 탈수, 건조제로서 사용한다. 데시케이터(decicator)에 넣거나 화학저울의 제습을 위해 그 케이스에 봉입한다. 일반적으로 코발트염이 첨가되어 있으므로 활성의 유무를 색으로 알 수 있게 되어 있다. 청색이면 흡습성, 담홍색이면 비활성임을 알 수 있다.

실리콘 【silicones】 규소와 산소로 구성된 사슬을 함유하는 고분자성의 규소화합물을 말한다. 규소에 유기의 원자단이 결합한 것이다. 실리콘은 발수제나 윤활제 또는 왁스, 바니스(varnish) 등에 사용되고 있다. 실리콘고무는 고온이나 저온에서도 탄력성을 상실하지 않으므로 천연고무보다도 우수하다. 실록산의 항 참조.

실험식【實驗式 empirical formula】 화합물안의 원자비율을 더욱 간단한 정수비(整數比)가 되도록 표시한 식을 말한다. 실험식은 화합물의 분석결과로부터 계산으로 얻을 수 있으며 분자량을 알면 즉시 분자식으로 환산할 수 있다. 예를 들면 산화인(V)의 실험식은 P_2O_5이나 분자식은 P_4O_{10}이다. 분자식 및 구조식의 항 참조.

십수화물【十水和物 decahydrate】 결정성 수화물 중, 화합물 1몰(mole)당 결정수(water of crystallization) 10몰을 함유하고 있는 것을 말한다.

쌍극자 모멘트【dipole moment】 결합 또는 분자의 극성(polar)을 정량적으로 표시하는 척도를 말한다. 일반적으로 디바이 단위(debye unit) $(3.34 \times 10^{-30}$ coulombmeter)로 표시한다. HF, H_2O, NH_3, $C_5H_5NH_2$ 등의 분자는 쌍극자모멘트가 0(zero)은 아니나 CCl_4, N_2, C_6H_6, PF_5 등은 쌍극자모멘트를 갖지 않는다. 분자쌍극자모멘트는 각각 결합된 쌍극자모멘트의 벡터합으로써 추정할 수 있다. 쌍극자모멘트가 존재하면 전계(電界 electric field)와의 상호작용 또는 전자파의 전기성분과 상호작용을 할 수 있다.

아

아각 【亞殼 sub-shell】 전자각(電子殼 shell)의 상세분류. 자유원자에서는 같은 에너지를 갖는(축중합(縮重合)하고 있다) 오비탈의 조(組)를 말한다. 예를 들면 M각(제3번째의 각)에는 3s, 3p, 3d의 각 아각이 있으며 3p, 3d의 각 아각은 각각 3중, 5중으로 축중합되어 있다.

아닐린 【aniline】 (CAS) benzeneamine REG#=62-53-3 아미노벤젠(aminobenzene)이다. 니트로벤젠 $C_6H_5NO_2$를 환원하여 얻게 되는 오일(oil)모양의 무색 액체이다. 염료나 그 밖의 유기화합물의 원료로서 사용된다.

아덕트 【adduct】 배위결합의 항 참조.

아데닌 【adenine】 6-아미노푸린에 해당한다. 핵산을 구성하는 염기의 일종으로 A로 약기. 여러 가지 보효소 속에서 볼 수 있다.

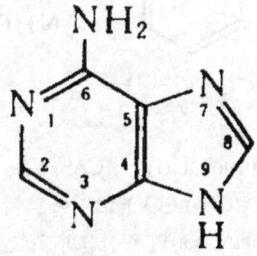

흡수극대파장은 pH2에서 263nm, pH12에서 269nm. 아질산·아데닌아미노히드롤라아제 작용으로 탈아미노화되어 히포크산틴이 된다.

아드레날린 【adrenalin(e)】 4-[1-히드록시 2-(메틸아미노)에틸]-

1,2-벤젠디올에 해당한다. A로 약기. 부신수질호르몬으로서 일본의 타카미네조키치(高峰讓吉)가 부신의 추출물에서 발견하여 명명한 것이다. 에피네프린이라고도 한다. 교감신경말단에서 분비되는 노르아드레날린과 동등하게 교감신경흥분작용을 나타내는 대표적인 카테콜아민이다. 아드레날린의 레셉터는 2종류로 대별함으로써 설명이 가능하다(R.P. Ahlquvist, 1948). 아드레날린은 티로신→DOPA→도파민→노르아드레날린→아드레날린의 경로로 생합성되며, α 레셉터와 작용해서 혈관수축, β 레셉터와 작용해서 박수증대·장관평활근의 이완·신진대사의 촉진작용(β_1작용)과 기관확장·혈관확장·자궁평활근육의 이완(β_2작용)을 주관하고 있다. 이 효과는 대단하나 효소류에 따라 신속하게 분해되므로 작용하는 시간은 짧다. 또 아드레날린이 β 레셉터에 결합한 후 아데닐산시클라아제의 활성이 높아지고, 사이클릭AMP 생성을 촉진하여 작용이 발현된다.

아디프산 【헥산이산, adipic acid】 (CAS) 1,6-hexanedioic acid REG# =1204-04-9 HOOC (CH$_2$)$_4$COOH 시클로헥산(cyclohexane)의 산화 또는 시클로헥산올(cyclohexanol)의 질산산화(窒酸酸化)로 만들어진다. 나일론이나 알킬수지(alkyd resin) 또는 폴리에스테르수지(polyester resin)의 원료로서 중요한 디카르복시산(dicarboxylic acid)이다. 고급 알콜의 에스테르는 가소제(可塑劑)에도 사용된다. 1,4-부탄디카르복시산(butane dicarboxylic acid)이라고도 한다.

아레니우스의 식 【Arrhenius equation】 화학반응속도와 반응이 일어나고 있을 때의 온도와의 관계를 종합한 다음의 식을 말한다.
$$k = A\exp(-E/RT)$$
여기서 A는 상수, k는 반응속도 상수, T는 절대온도(열역학온도), R은 기체상수이며 E는 반응의 활성화에너지이다. 여러 온도에서 반응속도를 구하면 각각 다른 값이 된다. 즉, 반응속도 상수의 온도의존성을 종합한 것이다. 아레니우스의 식은 대수(對數 logarithm)의 식으로 잘 표현된다. 즉

$$\log_e k = \log_e A - E/2 - 3RT$$

이다. 이 식에서 반응의 활성화에너지를 구할 수가 있다.

아렌계 탄화수소 【arene】 벤젠고리를 함유하는, 즉 방향족(芳香族 aromatic)의 탄화수소를 말한다.

아르곤 【argon】 [기호] Ar [양성자수] 18 [상대원자질량] 39.95 mp-189.2℃ bp-85.7℃ 밀도 1.78kgm^{-3} 영족 기체족원소의 하나이다. 비활성, 무색, 무취의 단일원자(monoatomic) 분자이며 대기 중에 부피비로 0.93% 포함되어있다. 비활성 분위기를 만들므로 용접 또는 합성반응, 형광등이나 백열전구 등에 이용된다. 예전에는 단순히 A만이 원소기호였다.

아르기닌 【arginine】 REG#=74-79-3(L-체)H$_2$NC(NH)NH(CH$_2$)$_3$CH(NH$_2$)COOH 1-아미노-4-구아니딜 발레르산이다. 염기성 아미노산의 하나이다. 어류의 정소(精巢, 이리(白子))에 있는 프로타민(protamine) 속에 다량으로 존재한다. 아미노산 참조.

아르신 【arsine】 REG#=7784-42-1 AsH$_3$ 비소화수소(砒素化水素 hydrogen arsenide) 또는 수소화비소(水素化砒素 arsenide hydride)라고도 한다. 불쾌한 냄새가 나는 유독한 기체이며 230℃에서 단일체비소와 수소로 분해한다. 비소의 분석에 이용된다(마슈 시험법(Marsh test method), 무염원자흡광법(無炎原子吸光法) 등).

아린산 【亞燐酸 phosphorous acid】 포스폰산의 항 참조. 에스테르(ester)만이 알려지고 있다.

아릴기 【aryl group】 방향족 탄화수소(芳香族炭化水素)에서 수소를 한 개 떼어낸 나머지를 말한다.

아말감 【amalgam】 수은과 다른 금속과의 합금을 말한다. 반드시 두 가지 성분만으로 한정되지 않고 여러 가지 성분으로 된 아말감도 있다. 액체 모양으로 된 것이나 고체로 된 것도 존재한다. 나트륨아말감(sodium amalgam)(Na/Hg)은 물과 반응해서 발생기(發生期)의 수소를 생성한다.

아메리슘 【americium】 [기호] Am [양성자수] 95 [최장수명동위체] ^{243}Am(7.3×10^3년) mp 994℃ bp 2607℃ 상대밀도 13.67 악티늄족 원소의 하나이다. 은백색의 방사성 원소이며 독성이 강하다. 지구상에서 천연으로는 산출되지 않고 플루토늄을 원료로 하여 핵반응에 의해 만든다. 아메리슘-241은 연기감지기나 γ선 방사선사진법(radio graphy)에 사용되고 있다.

아미노기 【amino group】 $-NH_2$ 원자단이다.

아미노벤젠 【aminobenzene】 아닐린의 항 참조.

아미노산 【amino acids】 카르복시산의 유도체(誘導體)이며 알킬기(alkyl group)의 수소가 아미노기(amino group)로 치환된 것의 총칭이다.

비이온화형   양쪽성 이온성

아미노산

따라서 아세트산(acetic acid)의 메틸기(methy group)에 있는 양성자를 아미노기로 치환한 것(2-아미노에탄산)은 가장 간단한 아미노산(글리신 glycine)이다. 글리신 이외의 아미노산은 광학활성을 갖는다. 모두 백색고체이며 물에는 비교적 잘 용해된다.

생물체 내에 있는 단백질은 여러 가지 아미노산이 결합하여 형성된 것이다. 따라서 몇 가지의 아미노산은 충분한 양이 공급되지 않으면 안 된다. 22종의 일반적인 아미노산 중, 14종은 인체내에서 다른 화합물로부터 합성되지만 나머지 8종의 아미노산은 합성되지 않는다. 이 8종을 필수 아미노산이라 하며 음식물로써 공급해야 한다. 단백질 속에 존재하는 아미노산은 모두 동일한 탄소에 카르복시기와 아미노기가 결합된 α-아미노산이라 불리는 것이다(카르복시기와 인접한 탄소를 α-탄소라고 부르기 때문이다). 각각의 아미노산은 복잡한 구조를 갖고 있으며, 계통명보다는 관용명으로 불리는 경우가 많다(또한 3개 문자의 약자도 국제적으로 결정되어 있으므로 함께 기입해 둔다).

글리신	$CH_2(NH_2)COOH$	Gly
알라닌	$CH_3CH(NH_2)COOH$	Ala
페닐알라닌	$C_6H_5CH_2CH(NH_2)COOH$	Phe
티로신	$HOC_6H_4CH_2CH(NH_2)COOH$	Tyr
발린	$(CH_3)_2CHCH_2(NH_2)COOH$	Val
류신	$(CH_3)_2CHCH_2CH(NH_2)COOH$	Leu
이소류신	$C_2H_5CH(CH_3)CH(NH_2)COOH$	Ile
세린	$HOCH_2CH(NH_2)COOH$	Ser
트레오닌	$CH_3CH(OH)CH(NH_2)COOH$	Thr
시스테인	$HSCH_2CH(NH_2)COOH$	Cys
시스틴	$[-SCH_2CH(NH_2)COOH]_2$	$(Cys)_2$
메티오닌	$CH_3S(CH_2)_2CH(NH_2)COOH$	Met
아스파라긴	$NH_2COCH_2CH(NH_2)COOH$	$Asp-NH_2$
아스파라긴산	$HOOCCH_2CH(NH_2)COOH$	Asp
글루타민	$NH_2CO(CH_2)_2CH(NH_2)COOH$	$Glu-NH_2$
글루타민산	$HOOC(CH_2)_2CH(NH_2)COOH$	Glu
리신	$NH_2(CH_2)_4CH(NH_2)COOH$	Lys

아르기닌	$NH_2C(=NH)NH(CH_2)_3CH(NH_2)COOH$	Arg
히스티딘	$C_3H_3N_2-CH_2CH(NH_2)COOH$	His
트립토판	$C_6H_4NHC_2H-CH_2CH(NH_2)COOH$Trp	Trp
프롤린	$NH(CH_2)_3CHCOOH$	Pro
옥시프롤린	$NHCH_2CH(OH)CH_2CH-COOH$	HyPro

프롤린(proline)과 옥시프롤린(oxyproline)은 엄밀하게 말하면 '아미노산'이 아니고 고리모양의 이미노산(imino acids)이다. 광학활성의 항 참조.

아미노에탄 【aminoethane】 에틸아민의 항 참조.

아미드 【amide】 일반식 $RCONH_2$로 나타내는 일련의 유기화합물이다. 대부분이 백색결정성 고체이다. 카르복시산에 있는 암모늄염(ammonium salt)의 부분적인 탈수에 의해 생성된다.

$$RCOO^-NH_4^+ \rightarrow RCONH_2 + H_2O$$

탈수에는 빙초산(氷醋酸 glacial acetic acid)이 잘 사용된다.

아미드의 반응에는 다음과 같은 것이 있다.

① 가열할 때 산과 반응해서 카르복시산이 된다.

$$RCONH_2 + HCl + H_2O \rightarrow RCOOH + NH_4Cl$$

② 아질산(nitrous acid)과 반응해서 카르복시산과 질소가 된다.

$$RCONH_2 + HNO_2 \rightarrow RCOOH + N_2 + H_2O$$

③ 오산화인(산화인(V))에 의해 탈수되면 니트릴이 된다.

$$RCONH_2 \rightarrow RCN + H_2O$$

아민 【amine】 유기화합물 중에서 수소 또는 탄소원자단과 결합한 일반식 R_3N으로 표시되는 질소원자를 함유하는 화합물을 말한다. 이 R은 알킬기 등의 원자단 외에 수소(양성자)라도 좋다. 아민은 니트로화합물이나 아미드를 환원해서 얻게 된다. 어느 것이나 염기성을 나타내고 R_3NH^+와 같은 양이온(cation)을 형성한다.

제1급 아민　　제2급 아민　　제3급 아민
아민

아밀로스 【amylose】 녹말 중에서 비교적 물에 잘 용해되는 부분을 말한다. 녹말의 항 참조.

아밀로펙틴 【amylopectin】 녹말 속에서 물에 잘 용해되지 않는 부분을 말한다. 녹말의 항 참조.

아보가드로 상수 【Avogadro constant】　[기호] L_A 또는 N。 1몰의 물질 속에 있는 입자수. $L_A = 6.022045 \times 10^{-23} \mathrm{mol}^{-1}$. 아보가드로수(數)

아보가드로의 법칙 【Avogadro's law】 같은 온도(等溫), 같은 압력 (等壓), 같은 부피 속의 기체는 모두 같은 수의 분자를 함유한다는 법칙이다. 아보가드로의 가설(Avogadro's hypothesis)이라고도 하는 일이 많다. 엄밀하게 성립되는 것은 이상기체(idea gas)에서 뿐이다.

아산화 질소 【亞酸化窒素 dinitrogen oxide】 (CAS) nitrogen oxide. REG#=10024-97-2 N_2O 산화이질소(酸化二窒素), 소기(笑氣 laughing gas)라고도 한다. 약간 달콤한 향기와 맛이 있는 무색의 기체이며 물에 잘 용해된다. 0℃에서는 1용기(容器)의 물에 1.3용기가 용해된다. 에탄올에서는 더욱 잘 용해된다. 실험실에서는 질산암모늄(ammonium nitrate)을 조심스럽게 열분해해서 얻을 수 있다. 공업적으로도 같은 방법이 취해진다.

$$NH_4NO_3(s) \rightarrow N_2O(g) + 2H_2O(g)$$

아산화질소는 520℃이상으로 가열하면 쉽게 분해되어 질소와 산소가 된다. 의료용, 특히 치과에서는 완서마취제(緩徐痲醉劑)로서 사용되기 때문에 소형 철제용기에 주입한 것이 시판되고 있다. 흡입하면 기분이 좋아지기 때문에 '소기(laughing gas)'라고 불린다. 최근에는 원자흡광분석(原子吸光分析)에서 산화물이 생기기 쉬운 원소의 분석에도 잘 사용된다.

아세탈 【acetal】 알데히드에 알콜이 부가되어 생기는 유기화합물의 일종이다. 1분자의 알콜과 1분자의 알데히드의 부가반응으로 생기는 것을 헤미아세탈(hemiacetal)이라 한다. 2분자의 알콜이 부가되면 완전한 아세탈이 된다. 케톤과 알콜의 반응에서는 같은 방법으로 헤미케탈(hemi-ketal)과 케탈(ketal)이 생성된다.

아세테이트 【acetate】 셀룰로스의 수산기(水酸基)를 케텐이나 무수아세트산 등과 반응시켜 아세틸화(acetylation)한 아세트산 셀룰로스(cellulose acetate, 아세틸셀룰로스)로 된 반합성섬유(원래는 상품명)이다.

아세톤(프로파논) 【acetone】 (CAS) 2-propanone REG#=67-64-1 CH_3COCH_3. 무색의 액체 케톤이며 용매로서 또는 2-메틸프로피온산 메틸 $(CH_3)_3COOCH_3$의 공업적인 합성원료 등에 사용된다(이것은 퍼스펙스 perspex의 원료가 된다). 아세톤 발효(아세톤-부탄올 발효)나 아세틸렌에서의 합성, 이소프로필 알콜의 산화 또는 쿠멘법에 의한 페놀 합성의 부성품으로 얻을 수 있다. 계통명은 프로파논(propanone)이다.

아세트산(에탄산) 【acetic acid】 REG#=64-19-17 CH_3COOH 공업적으로는 아세트알데히드(acetaldehyde)를 산화시켜 만드는데 아세트산 발효(acetic fermentation)로서도 생성된다. 무색이고 자극적인 냄새가 나는 액체이며 물과 자유로이 혼합된다. 순정품(純正品)은 겨울철에 고화(固化)하므로(용융점 16.6℃) 빙초산이라고 한다. 조미료(식초), 염색, 아세트산비닐 등의 에스테르나 모노클로로(monochloro)아세트산 등의 합성원료로서 널리 사용된다. 생체 내의 대사에도 중요한 기능을 발휘하고 있다. 계통명은 에탄산이다.

아세트산 나트륨 【sodium acetate】 (CAS) acetic acid, sodium salt REG#=127-09-3 CH_3COONa sodium ethanoate, 즉 에탄산나트륨이

라고도 한다. 아세트산을 수산화나트륨 또는 탄산나트륨과 중화시킨 수용액에서 결정으로 생성된다. 황산과 반응하면 아세트산이 유리(遊離)되고 황산수소나트륨이 된다. 수산화나트륨과 가열하면 메탄을 방출하고 탄산나트륨이 된다. 염색공업이나 완충액용 등에 잘 사용된다.

아세트산납(II) 【lead(II) acetate】 (CAS) acetic acid, lead salt(2:1) REG#=301-04-2 $Pb(CH_3COO)_2$ 납당(鉛糖)이라고도 한다. 일반적으로 일수화물 $Pb(CH_3COO)_2 \cdot H_2O$의 단사정계(單斜晶系)결정으로 얻게 된다. 100℃로 가열하면 물과 아세트산을 방출하고 분해하여 히드록시아세트산납이 된다. 100g의 물에 25℃에서 50g을 용해한다.

무수염을 만들 수도 있다. 납(II)의 화합물 중, 물에 쉽게 용해되는 몇 안되는 염(salt)의 하나이다.

아세트산 메틸 【methyl acetate】 (CAS) acetic acid, methyl ester REG#=79-20-9 CH_3COOCH_3 무색 액체의 에스테르이며 방향(芳香)을 갖고 용매로서 사용된다.

아세트산 셀룰로스 【cellulose acetate】 셀룰로스를 아세틸화(acetylation) 시켜서 만들 수 있는 고분자 물질이다. 플라스틱, 아세테이트 레이온, 아세테이트필름 등에 사용된다.

아세트산 알루미늄 【aluminum acetate】 (CAS) acetic acid, aluminum salt REG#=139-12-8 $Al(OOCCH_3)_3$ 백색고체이며 물에 용해되는 물질이다. 일반적으로 염기성염의 $Al(OH)(OOCCH_3)_2$의 형태로 얻게 된다. 수산화알루미늄을 아세트산에 용해시켜 만든다. 염색할 때의 매염제, 종이 풀먹이기 등의 용도가 있다. 수용액은 쉽게 가수분해하여 여러 가지 히드록소알루미늄(hydroxoaluminum) 혼합착물과 콜로이드(colloid) 상태의 수산화알루미늄입자를 함유한다.

아세트산 에스테르 【acetate】 대부분이 방향(芳香)을 가지므로 합성향료의 원료가 된다. 전형적인 지방산에스테르이다. 저급알콜의 아세트산에스테르는 용제로서 우수한 기능을 가지고 있다.

아세트산 에틸 【ethyl acetate】 (CAS) acetic acid, ethyl ester REG#

=141-78-6 CH₃COOC₂H₅ 에탄올과 아세트산으로부터 얻게 되는 에스테르이다. 향기가 있는 액체이며 용매로서 플라스틱, 도료, 향료 등에 사용된다. 계통 명칭은 에탄산에틸이다.

아세트산염(에탄산염) 【acetate】 금속염은 대부분이 수용성이다. 나트륨염 등과 같은 강염기의 염류는 완충액을 만드는데 사용된다. 아세트산우라닐아연나트륨은 몇 안되는 난용성의 아세트산염으로 이전에는 나트륨의 중량을 분석하는 데 사용되었다.

아세트아미드 【acetamide】 REG#=66-35-5 CH₃CONH₂ 아세트산의 아미드이다. 아세트산암모늄과 아세트산무수물을 함께 가열해서 만든다. 실온에서는 고체이며 물이나 에탄올에 쉽게 용해되는 침상결정(針狀結晶)이다. 계통명은 에탄아미드이다.

아세트알데히드 【acetaldehyde】 REG#=75-07-0 CH₃CHO 수용성의 액체이다. 여러 가지 화합물의 출발물질(出發物質)로서 잘 사용된다. 에탄올의 산화(酸化 oxidation)로 만들 수도 있다. 공업적으로는 염화구리(Ⅱ)와 염화팔라듐(Ⅱ)을 촉매로 하여 아세틸렌을 산화시켜 만든다.

$$
\begin{array}{c}
\text{CH}_3 \\
| \\
\text{CH} \\
/ \quad \backslash \\
\text{O} \quad\quad \text{O} \\
| \quad\quad | \\
\text{CH} \quad \text{CH} \\
/ \quad | \quad \backslash \\
\text{CH}_3 \quad \text{O} \quad \text{CH}_3
\end{array}
\qquad
\begin{array}{c}
\text{CH}_3 \\
| \\
\text{O} - \text{CH} - \text{O} \\
| \quad\quad\quad | \\
\text{CH}_3 - \text{CH} \quad\quad \text{CH} - \text{CH}_3 \\
| \quad\quad\quad | \\
\text{O} - \text{CH} - \text{O} \\
| \\
\text{CH}_3
\end{array}
$$

아세트알데히드 삼량체   아세트알데히드 사량체

아세틸렌과 산소의 혼합기채를 위에서 말한 촉매를 함유한 수용액 속을 통과시키면 얻을 수 있다. 이 생성반응은 팔라듐과 유기금속복합체의 생성을 경유하는 것이다. 묽게 한 산(酸)의 존재로 중합(重合 polymerzation)을 일으켜 삼량체(파라알데히드 paraldehyde) C₃O₃H₃(CH₃)₃가 된다(이전에는 최면약으로 이용된 일도 있었다). 0℃이하에서 중합시키면 사량체(메

타알데히드 metaldehyde) $C_4O_4H_4(CH_3)_4$가 생긴다. 괄태충 구충제(括胎蟲驅蟲劑)나 휴대용스토브의 고체연료로서 사용된다. 플라스틱, 가소제(可塑劑), 염료, 합성고무 등의 유기공업약품의 합성원료로서 중요하다.

아세틸기 【acetyl group, 에타노일기(ethanoyl group)】 CH_3CO- 원자단.

아세틸렌(에틴) 【acetylene】 (CAS) ethyne REG#=74-86-2 C_2H_2 이전부터 산소아세틸렌불꽃의 고열(高熱)을 이용하여 용접용의 토치(torch)에 사용되어 왔다. 지금은 염화비닐을 비롯한 비닐화합물의 출발원료로서 극히 중요하다. 얼마 전까지는 아세틸렌의 제조라고 하면 탄화칼슘(칼슘아세틸리드)의 가수분해에 의한 것이었으나 현재는 주로 알칸의 분해에 의해 얻어진다.

아세틸화 【acetylation】 아실화의 항 참조.

아스코르브산 【ascorbic acid】 무색 결정. 융점 190~192℃. L체는 고유광회전도 $[\alpha]_D^{20} = +23°$ ($c=1$, 물 속에서). 물에 녹으나 에탄올에는 녹지 않는다. 열에 약하다.

환원력이 강한 물질에서 산화환원전위는 +0.058 V (pH 7.0). 비타민C와 동일물질로 신선한 과즙·무·푸른 잎 등에 많이 포함되어 항괴혈병(抗壞血病) 작용을 한다. D체는 그다지 효력이 없다. 수용액에서 산성을 나타내는 것은 에올형 히드록시기 1개가 해리하기 때문이고, 수용성인 중성 모노알칼리염 $C_6H_7O_6Na$ 등을 만든다. 생체 내에서는 산화환원계에 관여하여 비타민으로서의 작용을 나타내는 것으로 볼 수 있다.

아스타틴 【astatine】 [기호] At [양성자수] 85 [최장수명동위체] ^{210}At(8.3 시간) mp 302℃ bp 337℃ 할로겐족 원소 중 가장 원자번호가 큰 원소이다. 방사성이다. 우라늄 광석 안에 극히 미량으로 존재한다. 방사성 핵종(放射性核種)은 20개종 정도의 동위체(同位體 isotope)가 알려져 있다. 모두 α방사체이다.

아스파라긴 【asparagine】 REG#=70-47-3 (L-체) $NH_2COCH_2CH(NH_2)COOH$ 아스파라긴산의 모노아미드(monoamide)이다. L-형은 죽순(竹筍), 아스파라거스, 땅두릅 등의 싹 안에 있다. D-형은 콩 싹 안에 들어 있다. 아스파라거스 속에서 발견되었기 때문에 이런 명칭이 되었다. 아미노산의 항 참조.

아스파라긴산 【aspartic acid】 $HOOCH_2CH(NH_2)COOH$ α-아미노 숙신산(amino succinic acid)이다. 아미노산의 하나이다. 많은 단백질에 수% 정도 함유된다.

아실기 【acyl group】 RCO- 원자단(原子團).

아실화 【acylation】 분자 안에 아실기 RCO-를 도입하는 반응이다. 아실화제로는 할로겐화아실(acyl halide) RCOX나 산무수물(酸無水物 acid anhydride) RCO-O-COR 등, H_2O, ROH, NH_3, RNH_2 등의 구핵원자단(求核原子團)과 반응하는 것이 사용된다. 수산기나 아미노기의 양성자가 아실기 RCO-에 의해 치환된다. 아세틸화에서는 CH_3CO-가, 벤조일화(benzoylation)에서는 C_6H_5CO-가 각각 도입된다. 아실화가 자주 사용되는 것은 확인을 위해 결정성의 화합물에 유도하는 경우나 합성반응할 때 수산기를 보호하는 경우 등이다.

아연 【亞鉛 zinc】 [기호] Zn [양성자수] 30 [상대원자질량] 65.39, mp 420℃, bp 908℃ 상대밀도(비중) 7.1 천이금속원소의 하나이다. 천연에는 황화물(섬아연광 閃亞鉛鑛), 탄산염(능아연광 菱亞鉛鑛) 등으로 산출된다. 광석은 공기 중에서 배소(焙燒)하여 산화아연의 형태가 되고 탄소로 환원하여 금속이 된다. 아연에는 여러 가지 용도가 있는데 철판의 피복(함석), 합금(황동 등), 건전지 등이 유명하다. 산이나 염기에는 용해되나 공기중에서는 표면이 침식될 뿐이다. 아연 이온은 수용액에서는 암모니아 또는 수산화나트륨과 반응해서 백색의 침전을 생성하며 과량의 시약에 용해된다.

아연말함침【亞鉛末含浸 sherardizing】 철 또는 강의 대식성(對蝕性)을 개선하기 위해 행하는 처리의 하나이다. 철이나 강을 아연분말과 함께 회전밀폐용기 안에서 375℃로 가열한다. 이 온도에서 아연은 철이나 강의 표면에 합금으로서 부착하고 상층(上層)은 순수한 아연이 된다. 이러한 처리를 하는 것은 장치의 관계로 보아 비교적 작은 부품류, 예를 들면 스프링, 와셔, 너트, 볼트 등에 한정된다.

아연산염【亞鉛酸鹽 zincate】 ZnO_2^{2-}(또는 $Zn(OH)_4^{2-}$)를 많이 함유하는 염(鹽)이다.

아연족 원소【亞鉛族元素 zinc group elements】 주기율표 안의 원소군(元素群)의 하나이다. 아연, 카드뮴, 수은의 3가지 원소로 구성된다. 3원소 모두 각 천이금속원소의 최종 구성체이며 전자구조에서도 $d^{10}s^2$ 형의 배치를 공통으로 가지고 있다. 즉 Zn ; $[Ar]3d^{10}4s^2$, Cd ; $[Kr]4d^{10}5s^2$, Hg ; $[Xe]5d^{10}6s^2$이다. 이 군(群)의 원소는 최외각(最外殼)의 s전자만이 반응에 참여한다. 이것은 하나 앞에 있는 구리, 은, 금의 그룹(group)과는 상당히 다르다. 모두 2가(bivalent)의 양이온이며 이보다 큰 원자가(原子價)는 알려져 있지 않다. 제1수은의 이온은 Hg^+-Hg^+이다. 주기율표에서는 천이금속원소의 끝에 위치하고 있으나 이 3원소는 전형원소(典型元素)의 성질을 나타낸다. 즉

① 천이금속원소는 일반적으로 고융점(高融點)이나 Zn : 419.5℃, Cd : 320.9℃, Hg : -38.87℃로 상당히 낮은 융점을 갖고 있다.
② 천이금속이온은 대개 색이 있는데 반해 이 3원소의 이온은 색이 없다.
③ 원자가로서 2가 밖에 나타내지 않으므로 천이금속의 다종 다양한 원자가와는 비교가 되지 않는다. 그러나 착물형성반응의 다양성은 천이금속과 같으며 $[Zn(NH_3)_4]^{2+}$, $[Hg(CN)_4]^{2-}$ 등이 형성된다.

이 3원소 중에서는 수은이 가장 특이하다. Hg_2^{2+}이온이 대단히 안정되

고 산화가 잘 되지 않기 때문이다. 아연이나 카드뮴은 전기적으로 양성(陽性)이며 공기 중에서 가열하면 연소하여 산화물 MO를 형성한다. 이것은 더욱 강하게 가열하여도 변화하지 않는다. 수은은 산소와 쉽게 반응하지 않고(비등점에서도 천천히 반응이 진행될 뿐이다) 더욱 가열하면 산화수은은 분해한다. 유기금속화합물로서 디알킬(dialkyl) R_2M, 디아릴(diaryl) Ar_2M이 각각의 원소에서 알려져 있다.

아연 페이스트 【killed spirits】 납땜에 사용되는 염화아연(zinc chloride)의 진한 용액이다. 땜납(solder)의 용매로서 사용되며 영국명의 Killed spirits는 염산(spirits of salt)에 아연을 용해시켜 만들기 때문이다.

아염소산 【亞鹽素酸 chlorous acid】 REG#=1389-47-0 이산화염소와 물의 반응으로 얻게 되는 담황색의 수용액. 약산(弱酸 weak acid)이지만 강산화제(强酸化劑)이다.

아염소산염 【亞鹽素酸鹽 chlorite】 아염소산(chlorous acid), 즉 염소(Ⅲ) 산의 염이다.

IP 【ionization potential】 이온화 포텐셜의 항 참조.

IR 【infrared】 적외선의 항 참조.

I-형 【I-form】 광학활성의 항 참조.

아인시타이늄 【einsteinium】 [기호] Es [양성자수] 99 [최장수명동위체] ^{254}Es(276일) 악티늄족원소 중 초우라늄 원소(transuranic elements)에 속하는 방사선 원소의 하나이다. 지구상에는 자연상태로는 존재하지 않는다. 짧은 수명의 방사성 핵종(核種)이 합성되어 있다.

아조 염료 【azo dye】 양모(羊毛)나 면직물 등을 염색하는 데 사용되는 아조화합물이다. 대개는 설폰산의 나트륨염(sodium)이다.

아조이미드 【azoimide】 아지화수소산의 항 참조.

아조 화합물 【azo compound】 일반식 R-N=N-R'를 갖는 유기화합물이다. 일반적으로는 디아조늄염과 방향족아민 또는 페놀과의 커플링반응(coupling reaction)에 의해 생성된다. 대부분은 -N=N- 원자단 때문에 착색되어 있다.

아조 화합물의 예

아지드화물 【azide】 ① N_3^- 이온을 함유한 무기화합물 ② 일반식 R-N_3의 유기화합물.

아지화 나트륨 【sodium azide】 REG#=26628-22-8 NaN_3 가열한 나트륨아미드 위에 아산화질소를 통과시켜 만든다. 가열하면 분해되어 금속나트륨과 질소가스가 된다. 유기화학에서의 시약(크루티우스 반응 등) 외에 기폭제로서 아지드화납의 조제용으로도 사용된다.

아지화 수소산 【hydrazoic acid】 REG#=7782-79-8 HN_3 질화수소산 또는 아조이미드(azoimide)라고도 한다. 무색이고 악취가 있는 액체이다. 대단히 독성이 강하고 산소나 다른 산화제의 존재로 폭발성을 나타낸다. 아지화나트륨을 희산(稀酸)과 혼합하여 주의해서 증류하여 얻는다. 대개 수용액으로서 사용한다. 염(아지화물 azide), 특히 납(鉛 lead)과 같은 중금속염은 충격으로 폭발하기 때문에 기폭제로서 이용한다.

아진 【azine】 평면육원의 고리로 탄소와 질소원자만으로 되어 있는 유기복소화합물(有機複素化合物)이다. 피리딘(pyridine)이 가장 간단한 아진이다.

아질산 【亞窒酸 nitrous acid】 REG#=7782-77-6 HNO_2 약산(弱酸 weak acid)이며 수용액(水溶液 aqueous solution)으로만 알려져 있다. 아질산염(亞窒酸鹽 nitrite)의 수용액에 산을 가하면 생긴다. 가열 또는 진탕(振湯)에 의해 쉽게 분해되어 일산화질소와 질산으로 불균화(不均化)한다. 염료공급에서는 디아조(diazo)화 반응에 반드시 필요한 시약으로 중요하다. 이 경우에 디아조화해야 할 화합물과 아질산나트륨의 혼합수용액에 산을 가하여 아질산을 발생시킨다. 아질산이나 아질산염은 대개 환원제로 작용하지만 특별한 경우(예를 들면 황화수소나 이산화황에 대해)에는 산화제로서 작용하는 일도 있다.

아질산 나트륨 【sodium nitrite】 (CAS) nitrous acid, sodium salt REG#=7632-00-0 $NaNO_2$ 황백색 고체이며 질산나트륨의 열분해에 의해 생긴다. 물에 잘 용해된다. 무수물(無水物 anhydride)은 사방정계(斜方晶系)로 결정한다. 찬 묽은 염산으로 처리하면 아질산이 유리된다. 유기화학에서의 디아조화 시약이다. 공업면에서는 식품방부제로서 널리 사용되고 있다.

아질산 에스테르 【nitrite】 아질산 HONO의 에스테르이며 일반식은 RONO이다. 니트로 화합물 $R-NO_2$와는 이성질체이다.

아질산염 【亞窒酸鹽 nitrite】 아질산 HNO_2의 염이다. 대개 물에 용해된다.

아질산 칼륨 【potassium nitrite】 (CAS) nitrous acid, potassium salt REG#=7758-09-0 KNO_2 물에 잘 용해되며 크림색의 조해성 결정(潮解性結晶 deliquescene crystal)이다. 찬 묽은 산에 용해되어 아질산이 수용액이 된다. 유기화학에서는 디아조화 반응에 잘 사용된다.

아토 【atto-】 [기호] a 10^{-18}을 표시하는 접두기호이다. 예를 들면 1am(attometer)=10^{-18}m.

아황산 【亞黃酸 sulfurous acid】 REG#=7782-99-2 H_2SO_3 수용액에만 존재하는 약산이다. 물에 이산화황을 녹임으로써 얻게 된다(이것을 아황산수(亞黃酸水)라고 한다). 이 수용액은 불안정하며 이산화황의 특수한 냄새가 난다. 환원제이며 철(Ⅲ)을 철(Ⅱ)로, 염소가스를 염화물이온으로, 크롬산(Ⅵ)이온을 크롬(Ⅲ)이온으로 환원한다.

아황산 나트륨 【sodium sulfite】 (CAS) sulfurous acid, sodium salt (1:2) REG#=7757-83-7 Na_2SO_3 수산화나트륨 또는 탄산나트륨에 같은 양의 이산화황을 반응시켜서 얻게 된다. 물에 잘 용해되며 칠수화물(七水和物 heptahydrate)로 결정(結晶)된다. 묽은 산과 함께 가열하면

이산화황을 발생한다. 고온에서는 분해(불균화)해서 황산나트륨과 황화나트륨으로 된다.

아황산 수소 나트륨 【sodium hydrogen sulfite】 (CAS) sulfurous acid mono sodium salt (1:1) REG#=7631-90-5 $NaHSO_3$ 중아황산소다라고도 한다. 탄산나트륨의 포화용액에 이산화황을 포화시켜서 만든다. 수용액에 알콜을 가하면 침전하는 백색의 고체이다. 열분해에 의해 이산화황을 발생시켜 황과 황산나트륨으로 분해한다. 와인통의 살균용 외에 의약용 살균제로 사용된다.

아황산염 【sulfite】 아황산의 염을 말한다.

악티늄 【actinium】 [기호] Ac [양성자수] 89 [최장수명동위체] ^{227}Ac(21.6년) mp 1050℃ bp 3200℃(계산값) 상대밀도 10.07(계산값) 악티노이드 원소의 최초에 위치하는 방사성원소이며 유독하다. 우라늄광 속에 약간 존재하고 α입자를 방출한다.

악티늄족 원소 【actinoids】 이전에는 악티니드 원소(actinides)라고도 했으나 1961년 이후부터 악티늄족 원소가 정식명칭이 되었다. 5f 전자의 충전에 대응한 전자배치를 취하는 원소의 총칭이나 란탄족 원소와 같이 최초의 악티늄은 5f 전자를 갖지 않는다. 즉 [Rn] $6d^17s^2$이다. 이 밖에도 토륨[Rn] $6d^27s^2$이나 버클륨[Rn] $5f^86d^17s^2$과 같이 예상과는 다소 다른 전자배치를 취하고 단순히 5f 전자만의 충전으로 되어 있지 않는 것도 있다. 악티늄족 원소는 모두 방사성 원소이며 이러한 원소의 화학적 성질을 연구하는 데는 많은 곤란이 따르는 일이 있다. 대부분의 원소는 고에너지 입자를 사용한 핵반응에 의해 인공적으로 얻은 것이다. 초우라늄 원소의 항 참조.

악티니드 원소 【actinides】 악티늄족 원소의 항 참조.

안료 【顔料 pigment】 불용성의 착색물질이다. 가용성인 것은 염료이다.

안정제 【安定劑 stabilizer】 화학변화를 방해하기 위해 첨가하는 물질을 말한다. 음촉매(陰觸媒)라고도 한다.

안정화 에너지 【stabilization energy】 화합물에서 항상 생각할 수 있는 편재(偏在)된 전자구조와 비편재화해서 생긴 보다 안정된 구조 사이의 에너지 차이를 말한다. 예를 들면 벤젠에서 케쿨레 구조(시클로헥사트리 엔구조)와 비교하여 환전류(環電流)가 있는 비편재화 구조는 150kJmol^{-1}의 안정화 에너지를 나타낸다. 비편재화형은 대개 낮은 에너지를 가지므로 안정도가 크게 된다. 안정화 에너지는 실험적으로 구할 수도 있다. 벤젠의 경우, 벤젠분자의 수소화열(水素化熱)과 결합에너지데이터를 사용하고 케쿨레 구조에 대해 구한 수소화에너지와의 차이를 알아보면 된다.

안트라센 【anthracene】 REG#=120-12-7 $C_{14}H_{10}$ 백색결정성고체이며 색소나 염료 등의 공업원료로서 널리 이용되고 있다. 원유를 분별증류할 때 중유나 녹유(綠油 green oil) 속에 함유되고 분별결정(分別結晶 fractional crystallization)에 의해 얻을 수 있다. 3개의 벤젠고리가 축합한 구조이며 반응은 방향족화합물의 특징을 나타낸다. 방향족화합물의 항 참조.

안티몬 【antimony】 [기호] Sb [양성자수] 51 [상대원자질량] 121.7 mp 630.7℃ bp 1640℃ 상대밀도 6.69 두 종류의 동소체(同素體 allotrope)의 형태를 갖는 독성(毒性)이 강한 금속이다. 연한 은백색의 금속으로 된 형태가 안정형이다. 제ⅤB족에 속하며 여러 가지 광물의 형태로 산출되나 주된 것은 휘안광(輝安鑛 stibnite, 황화 안티몬(Ⅲ) Sb_2S_3)이다. 합금이나 반도체 재료 외에 의약 등에도 사용된다.

알긴산 【alginic acid】 다당류의 일종. $(C_5H_7O_4COOH)_n$. 마른 해조의 탄산나트륨 추출액을 산으로 처리하면 높은 점성을 가진 침전으로 얻어진다. 이전에는 D-만누론산(M)의 $\beta 1 \to 4$ 중합체로 되어 있었지만, 현재는 L-글론산(G)이 포함되어 있다는 것을 알았다. 구조는 M과 G만이 블록으로, 또 M, G가 섞인 블록이 임의로 결합한 복잡한 블록공중합체이다. 분자량은 약 24만. 시판되고 있는 알긴산은 나트륨염으로 아교처럼 물에 서서히 녹아서 점성이 큰 용액을 만든다. 알칼리금속 이외의 금속염은 물에 녹지 않는다. 아이스크림, 치즈, 샤벳, 시럽, 단팥죽 등 끈적한 식품의 안정제나 날염(捺染), 마무리용 풀 재료, 접착점결제, 청징제(淸澄劑), 청관제, 윤활제, 필름, 섬유제조 등에 쓰인다.

알니코 【Alnico】 상품명이다. 강력한 영구자석용 재료로서 사용된다. 경도(硬度 hardness)가 크고 취성(脆性 brittleness)이 있는 합금이다. 니켈, 알루미늄, 코발트, 구리를 여러 가지 비율로 함유하고 있으나 철이나 니오브 또는 티탄 등을 함유한 것도 있다. 대자율(帶磁率)과 보자력(保磁力)이 우수하다.

알데히드 【aldehyde】 일반식 RCOH로 표시되는 일련의 유기화합물이다. 여기서 -CHO는 알데히드기(aldehyde group)라고 하며 카르보닐기탄소에 직접 결합한 수소원자를 함유한다. 간단한 화합물의 예로는 포름알데히드(메탄알 HCHO)나 아세트알데히드(에탄알 CH_3CHO)가 있다. 알데히드는 제1급 알콜을 산화시켜서 만든다. 실험실에서는 가열한 크롬산혼액(진한 황산에 이크롬산칼륨(potassium dichromate)을 첨가시킨 것)에 알콜을 떨어뜨리면 된다. 단, 비등점이 높은 알데히드는 다시 산화되어 카르복시산으로까지 변화해 버린다. 수용액 속의 나트륨아말감 등을 이용하여 발생기수소(發生期水素 nascent hydrogen)에 의한 환원을 일으키게 하면 원래의 알콜로 된다. 알데히드는 여러 가지 특징이 있는 반응을 나타내는데 그 몇 가지를 들어 본다.

① 환원제로서 작용한다. 스스로 산화되어 카르복시산이 된다. 이것을 이용한 알데히드의 검출반응으로서 펠링 용액(Fehling's solution)이나 톨렌스의 시약(Tollen's reagent)과의 반응이 있다. 후자는 흔히 은경반응(銀鏡反應 silver-mirror test)이라 한다.

② 시안화수소와 반응하여 시안히드린을 만든다. 예를 들면 프로피온알데히드로 부터는 2-옥시부티로니트릴을 얻게 된다.
$$C_2H_5-CHO+HCN \rightarrow C_2H_5CH(OH)CN$$

③ 아황산수소이온 HSO_3^- 와 부가물(adduct)을 만든다.
$$RCHO+HSO_3^- \rightarrow RCH(OH)(OSO_2)^-$$

④ 히드라진, 히드록실아민 및 이들의 유도체와 축합반응(縮合反應

condensation reaction)을 일으킨다.
⑤ 알콜과의 반응에서는 헤미아세탈, 아세탈이 생긴다.
⑥ 쉽게 중합반응(重合反應 polymerization reaction)을 일으킨다.
  포름알데히드는 삼량체(三量體 trimer)의 파라포름알데히드(paraform aldehyde) 또는 더욱 고분자(高分子 macromolecule)의 폴리(포름알데히드)가 각각 적당한 조건하에서 생성된다. 아세트알데히드에서는 삼량체의 파라알데히드, 사량체(四量體 tetramer)의 메타알데히드가 생성된다. 아세탈, 카니차로반응, 축합반응, 케톤 및 알돌반응의 항 참조.

알도오스 【aldose】 알데히드기를 함유하는 당류의 총칭이다. 당의 항 참조.

알도펜토오스 【aldopentose】 당(sugar) 중에서 5개의 탄소로 되어 있으며 알데히드기를 함유하는 것을 말한다. 아라비노오스, 리보오스 등이 이의 예이다. 당의 항 참조.

알도헥소오스 【aldohexose】 탄소 6개의 당류 중에서 알데히드기를 함유한 것을 말한다. 포도당 등이 이의 예이다. 당의 항 참조.

알돌 【aldol】 분자 내에 알데히드기와 알콜성 수산기를 함께 함유하는 화합물이다. 알돌 반응의 항 참조.

알돌 반응(알돌 축합 반응) 【aldol reaction(aldol condensation)】
2개 분자의 알데히드 반응에 의해 알돌, 즉 알데히드기와 알콜성 수산기를 동일한 분자 내에 함유하는 화합물이 생성되는 반응을 말한다. 이 반응은 염기촉매에 의해 가속된다. 예를 들면 아세트알데히드를 수산화나트륨으로 환류하면 다음과 같은 반응이 일어난다.
$$2CH_3CHO \rightarrow CH_3CH(OH)CH_2CHO$$
이 반응기구는 클라이젠 축합(claisen condensation)과 같다. 즉, 수산이온에 의해 양성자가 제거되므로 카르보음이온(carbanion)이 생기고 이것이 또 하나의 분자로 된 카르보닐기와 반응을 일으키는 것이다.
$$CH_3CHO + OH^- \rightarrow {}^-CH_2CHO + H_2O$$

클라이젠 축합의 항 참조.

알라닌 【alanine】 REG#=56-41-7(L-형) α-아미노프로피온산이다. 단백질을 구성하는 아미노산의 한가지이다. 실크피브로인(silk fibroin) 속에는 30%나 함유되어 있다. 물에는 용해되나 알콜에는 잘 용해되지 않는다. 아미노산의 항 참조.

알라바스터 【alabaster】 황산칼슘 이수화물 $CaSO_4 \cdot 2H_2O$의 순수한 미결정(微結晶 crystallite)의 치밀한 집합체로서 자연에서 산출되는 것을 말한다. 외형은 대리석과 비슷한 것도 있으며 혼동되기 쉽다.

알로트로피 【allotropy】 동소체의 항 참조.

알루미나 【alumina】 산화알루미늄의 항 참조.

알루미늄 【aluminum】 [기호] Al [양성자수] 13 [상대원자질량] 26.97 mp 659.8℃ bp 1800℃ 상대밀도 2.702 영국식으로는 aluminium이라고 기입한다. 연하고 중간 정도의 반응성을 나타내는 금속원소이다. 주기율표에서는 제ⅢB족의 두 번째 원소이다. 네온의 전자각(電子殼 shell) 바깥쪽에 3개의 외각전자[價電子 valence electron]를 보존한 전자구조를 가지고 있다. 알루미늄을 함유하는 광물은 대단히 많이 존재한다. 지각구성원소에서는 세 번째이고 중량 백분율로 하여 8.1%나 존재하지만 산업상 중요한 광물자원으로는 수화산화물(水和酸化物)인 보크사이트, 무수(無水)의 산화물인 코런덤 Al_2O_3, 빙정석(氷晶石 cryolite) Na_3AlF_6 외에 점토, 운모 등의 규산알루미늄이 있다. 금속알루미늄을 대량으로 얻는 데는 비전해질의 알루미나를 융해한 빙정석에 용해시켜 전기분해를 한다(홀에르법). 보크사이트는 불순물로서 철을 함유하기 때문에 일단 열알칼리에 용해시켜 용해되지 않은 철분을 여과해 제거한 다음, 산성화해서 얻은 순알루미나를 전해(電解 electrolysis)한다. 석출(析出 precipitation)한 융해알루미늄은 전해조(電解槽 electric cell)의 밑부분에 고이므로 이것을 퍼낸다. 이때 양극(陽極 anode)에서는 산소가 발생한다.

알루미늄은 붕소보다도 원자반지름이 훨씬 크므로 이온화 에너지는 별로 크지 않다. 따라서 알루미늄에서는 3가의 양이온 Al^{3+}가 생긴다. 그러나 비금속적인 성질도 갖고 있기 때문에 양쪽성을 나타내며 수많은 배위화합물도 생성한다. 붕소와 알루미늄의 최대 차이점은 수소화물(水素化物 hydride)의 수이다. 알루미늄에서는 AlH_3과 Al_2H_6은 저압하에서만 존재가 인정되고 있다. 안정된 수소화물로서는 $(AlH_3)n$만이 알려져 있는데 이것은 삼염화알루미늄을 환원해서 만든다. 테트라히드리드알루민(Ⅲ)산이온 AlH_4^-는 $LiAlH_4$(리튬알루미늄하이드라이드)의 형태이며 강력한 환원제로서 잘 사용된다.

금속알루미늄과 산소와의 반응은 매우 발열적(發熱的)이지만 실온에서는 금속 표면에 얇은 산화물의 막(膜 film, membrane)이 생기고 산화반응은 그 이상 진행되지 않는다. 이 산화물의 얇은 막은 산화성의 산(酸)에 대해서도 금속을 보호하는 작용을 나타낸다. 산화알루미늄은 한 개의 종류인 Al_2O_3밖에 알려지지 않고 있으나 수많은 형태를 나타내며 수화물(水和物)도 여러 가지가 있다. 비교적 반응비활성이고 고융점이기 때문에 내화벽돌(fire brick)이나 용광로의 라이닝(lining) 등에 잘 사용된다. 금속알루미늄은 알칼리와는 쉽게 반응해서 수소를 발생하고 우선 $Al(OH)_3$, 이어서 $Al(OH)_4^-$가 된다.

알루미늄은 할로겐과 쉽게 반응한다. 염소와의 반응에서는 염소 중에서 알루미늄리본은 불꽃을 내면서 연소한다. 플루오르화알루미늄은 녹는점이 높으며(1290℃), 이온성 화합물이나 그 이외의 할로겐화알루미늄은 기상(氣相)에서는 이량체로 분자성이며 2개의 할로겐이온에 의한 교차결합구조를 이루고 있다. 황화물 Al_2S_3, 질소화물 AlN, 탄화물 Al_4C가 알려져 있으며 AlN과 Al_4C는 고온에서도 안정하다. 알루미늄은 배위수가 4에서 6으로 증가되는 일도 있으며 AlF_6^{3-}나 $AlCl_4^-$ 등 여러 가지 착체(錯體 complex)가 생성된다. 알킬알루미늄은 모두 반응성이 풍부하며 몇 가지는 중합반응의 촉매로서 중요하다. 제글러법의 항 참조.

알루미늄 트리메틸 【aluminum trimethyl】 트리메틸알루미늄의 항 참조.

알루민산 나트륨 【sodium aluminate】 REG#=1302-42-7 $NaAlO_2$

진한 수산화나트륨 열수용액에 금속알루미늄을 첨가해서 얻을 수 있는 백색고체이다. 반응이 시작되면 수소를 발생하고 상당한 열이 생기므로 반응이 중단되는 일이 없다. 수용액 속에서 알루민산이온은 $Al(OH)_4^-$의 형태로 있는 것과 같이 $NaAl(OH)_4$, 즉 테트라히드록시알루민산나트륨도 알려져 있다. 알루미늄염의 수용액에 수산화나트륨을 첨가하면 젤라틴 모양으로 침전되는데 이것은 수산화알루미늄이다. 과량으로 수산화나트륨을 첨가하면 용해되어 테트라히드록시 알루민산나트륨, 즉 $NaAl(OH)_4$가 생긴다.

R_f 값 【R_f value】 크로마토그래피(chromatography)의 실험에서 시료의 이동거리와 전개용매(展開溶媒)의 이동거리와의 비를 말한다. 페이퍼 크로마토그래피 등에서는 용매의 이동에 따라 나타나는 용매전선(溶媒前線)과 시료 스폿(sample spot)의 원점에서 이동하는 거리와의 비이다. 표준적인 조건하에서는 특정한 물질의 R_f 값은 일정한 값을 취한다. 페이퍼 크로마토그래피 및 박층 크로마토그래피 참조.

알칸 【alkane】 일반식 C_nH_{2n+2}로 표시되는 탄화수소이며 포화탄화수소라고도 한다. 이것은 다중결합(불포화결합)을 함유하지 않기 때문이다. 메탄 CH_4나 에탄 C_2H_6 등이 그 예이다. 알칸은 반응성이 약하다. 이전에 사용되었던 파라핀(paraffin)이라는 명칭은 '반응성이 부족하다' 라는 의미였다. 염소와의 혼합물에 자외선을 조사(照射)하면 염소치환체(鹽素置換體)의 혼합물을 생성한다.

알칸의 제조법에는 여러 가지 방법이 있다.

① 카르복시산의 나트륨염과 소다석회와의 반응

$$RCOONa + NaOH \rightarrow RH + Na_2CO_3$$

② 에탄올중 아연-구리금속쌍에 의해 얻게되는 발생기수소(nascent hydrogen)로 할로알칸을 환원

$$RX + 2[H] \rightarrow RH + HX$$

③ 부르츠의 반응(Wurtz reaction)을 이용 : 건조한 에테르 속에서의 금속나트륨과 할로알칸의 반응

$$2RX + 2Na \rightarrow RR + 2NaX$$

④ 콜베의 전해법(Kolbe electrolysis)
$$2RCOO^- \to RR$$
⑤ 건조한 에테르 속에서 할로알칸과 마그네슘의 반응으로 그리냐르시약(Grignard reagent)을 만든다.
$$RI+Mg \to RMgI$$
다음에 이것을 산으로 분해한다.
$$RMgI+H^+ \to RH$$
탄소수가 적은 알칸의 원료는 천연가스나 원유(原油 crude oil)이다. 특히 메탄은 대부분 천연가스에서 얻는다.

알칼로이드 【alkaloid】 식물 속에서 발견되는 천연유기화합물의 일군(一群)이다. 질소를 함유하고 있으며 대부분이 유독하다. 약용으로도 사용된다. 스트리키닌, 니코틴, 키니네(kinine) 등이 이의 예이다.

알칼리 【alkali】 물에 용해되는 강염기(strong base)이다. 엄밀하게는 알칼리금속(제1A족)의 수산화물을 말한다. 일반적으로는 가용성인 염기의 의미로(즉 넓은 뜻으로) 사용한다. 예를 들면 붕사나 탄산나트륨까지 포함된다.

알칼리 금속 【제1A족 원소 alkali metals】 주기율표의 왼쪽 끝과 새로운 주기의 처음에 위치한다. 어느 것이나 매우 반응성이 높은 연한 금속이다. 영족원소구조(noble gas structure)의 전자각(shell) 외측에 오직 한 개의 가전자(價電子 valence electron)를 가지고 있다. 알칼리 금속원소는 리튬(Li), 나트륨(Na), 칼륨(K), 루비듐(Rb), 세슘(Cs), 프란슘(Fr)의 6개 원소이다. 이들 원소는 모두 쉽게 1가(univalent)의 양이온이 된다. 이 때문에 반응성이 풍부하고 산화성을 갖는 다른 물질과는 상당히 심한 반응을 일으킨다. 주기율표의 아래쪽으로 갈수록 이온화 포텐셜은 점점 감소되고 원자 반지름은 증가한다. 이 효과는 원소의 반응성에 잘 나타난다. 예를 들면 금속리튬은 천천히 물과 반응시키는 것이 가능하나 금속나트륨은 발화성, 금속칼륨에 이르러서는 폭발적으로 반응한다. 원자번호가 커짐에 따라 융해온도(melting temperature), 승화열(heat of sublimation), M^+이온의 수화(水和)에너지, 염류의 격자

에너지, 질산염이나 탄산염의 분해성은 모두 감소한다. 또한 플루오르화물, 수소화물, 산화물, 탄화물, 염화물 등의 생성에너지도 주기율표의 아래쪽으로 갈수록 작아진다.

리튬은 가장 작은 이온을 만들기 때문에 (전하/반지름)비는 최대가 된다. 이 결과, 화학결합에서는 분극의 효과와 공유결합성이 나타난다. 그러나 나트륨에서 아래쪽에 있는 알칼리 금속원소는 모두 전형적인 이온성 화합물 M^+X^- 를 생성한다. 이들의 화합물에서 이온화는 우선 100%로 보아도 좋다. 리튬에서 볼 수 있는 약간의 이상성(異常性)에는 화학적인 성질이 마그네슘과 상당히 비슷한 점을 갖고 있는 것도 들 수 있다. 예를 들면 수산화리튬(lithium hydroxide)은 다른 제ⅠA족의 수산화물에 비하면 훨씬 작은 용해도밖에 나타내지 않는다. 또한 과염소산(perchloric acid)리튬은 여러 가지 유기용매에 상당히 잘 용해된다. 리튬 이온의 크기가 대단히 작기 때문에 격자에너지는 크게 되고 그 결과 수소화 리튬 Li^+H^- 나 질소화리튬 Li_3N 은 상당히 안정된 화합물로서 존재한다. NaH(분해점 345℃)보다는 LiH가 훨씬 안정되어 있으며 Na_3N 이나 K_3N 에 이르러서는 순수한 상태로는 얻지 못하고 실온에서 분해되고 만다. 산화물에 있어서도 원자번호의 증가에 따라 어떤 경향이 인정되고 있다. 리튬의 산화는 M_2O 가 주이며 M_2O_2 는 미량으로 생성될 뿐이나 나트륨은 M_2O_2 가 주이다. 고압, 고온하에서는 MO_2 의 생성이 확인된다. 칼륨, 루비듐, 세슘에 있어서는 공기 중에서 연소하여 생기는 것은 MO_2 이다. 산소의 양을 한정시킨 경우에만 M_2O_2 가 생기게 된다. 산화물의 가수분해 또는 금속과 물의 직접반응에서는 어느 것이나 수산화물이온 OH^- 가 생성된다.

MOH형의 염기는 대부분의 산과 염을 형성한다. 일반적으로는 백색의 결정성고체이다. M^+ 은 물 속에서 수화하고 있으며 대부분의 반응에서는 변화가 나타나지 않는다. M^+ 형의 이온이 형성되기 쉬울 경우도 있어 ML_n^+ 와 같은 배위화합물은 용매화착체(및 크라운 등과 같은 큰 고리모양 배위자와의 착체) 등을 별도로 구분하면 거의 알려져 있지 않다. 알칼리 금속은 여러 가지의 유기금속화합물을 만든다. 그 중에서도 알킬리튬과 아릴리튬에서의 탄소-금속의 결합은 공유결합성이 크다. 나트륨 이하의 금속의 유기화합물은 이온성이다. 이들 유기알칼리금속 화합물, 특히 유기리튬화합물은 유기합성화학에서 널리 응용되고 있다. 프란슘은 방사성붕괴생성물 또는 핵반응의 결과로 얻게 되는 것이나 어느 동위체도 반감기(half-life)가 짧다. 그러나 얼마 안되는 화학적 연구의 결과에서도 다른 알칼리 금속과의 유사성이 나타나고 있다.

알칼리토금속(제ⅡA족 원소) 【alkaline-earth metals】 중간 정도의 반응성을 가지고 있으며 알칼리 금속보다는 단단하고 휘발성은 부족한 금속이다. 알칼리토류(alkaline earth)라는 것은 원래 이들 원소의 산화물(고토(苦土 MgO), 중토(重土 B$_2$O)) 등을 의미하고 있으나 원소 그 자체에도 확장해서 사용된다. 전자구조는 영족가스구조의 외측에 2개의 가전자를 s오비탈에 갖는 구조로 되어 있다. 여기에 속하는 원소는 베릴륨(beryllium, Be), 마그네슘(magnesium, Mg), 칼슘(calcium, Ca), 스트론튬(strontium, Sr), 바륨(barium, Ba), 라듐(radium, Ra)의 6개 종류이다. 이 족의 원소도 원자번호가 커짐에 따라 M^{2+}의 형으로 이온화가 쉽게 되는 경향을 나타낸다. 베릴륨은 이 6개 원소 중에서 최소의 원자 반지름을 가지고 있으며 이온화 포텐셜도 최대이다. 리튬과 같이 (전하/반지름)의 비가 가장 크기 때문에 베릴륨의 화합물은 공유결합성이 큰 것으로 된다.

아래쪽에 있는 원소의 화학적 성질은 예외없이 2가의 양이온이 생김으로써 나타나게 된다. 원자번호가 커짐에 따라 즉, 주기율표의 아래쪽으로 갈수록 원소의 금속적인 성질이 증대해 나가는 것을 잘 알 수 있다. 예를 들면 수산화베릴륨은 양쪽성 수산화물이다. 수산화마그네슘은 거의 물에 용해되지 않고 염기성도 극히 약하다. 수산화칼슘은 물에 잘 용해되지 않지만 현저하게 염기성을 나타낸다. 수산화스트론튬과 수산화바륨은 물에 상당히 잘 용해되고 모두 강염기이다. 황산염의 용해도를 비교해 보면 황산마그네슘은 물에 용해되나 황산칼슘은 녹기 어렵고 황산바륨은 극히 조금밖에 용해되지 않는다는 일련의 경향이 보인다. 금속적인 성질의 증대는 주기율표의 아래쪽에 있는 원소일수록 크고, 탄산염이나 질산염이 열적(熱的)으로 안정된다는(분해온도가 높아진다) 것에서도 알 수 있다.

알칼리토금속은 모두 공기 중에서 연소된다(단, 베릴륨은 분말로 되었을 경우만이며 덩어리로는 연소되지 않는다). 생성물은 MO형의 산화물이며 바륨의 경우는 과산화물(peroxide) MO_2가 부산물로 생성된다. BeO는 공유결합성의 화합물이다. CaO, SrO, BaO는 물과 반응하여 수산화물 $M(OH)_2$가 된다. 산화마그네슘은 고온이 아니면 반응을 일으키지 않으며 산화베릴륨은 물과는 전혀 반응하지 않는다. 금속칼슘, 스트론튬, 바륨은 물과 쉽게 반응하여 수산화물이온이 생긴다.

$$M + 2H_2O \rightarrow M^{2+} + 2OH^- + H_2 \uparrow$$

금속마그네슘을 용해시키는 데는 물 외에 묽은 산이 존재해야 하며 생성물은 수소와 마그네슘염이다. 금속베릴륨은 산에 대해서도 반응하지 않는다. 수소화물의 생성에서도 똑같은 경향이 보인다. 칼슘, 스트론튬, 바륨의 3가지 원소는 온화한 조건하에서 수소와 반응하여 이온성의 MH_2형 수소화물이 생긴다. 수소화마그네슘을 생성시키는 데는 고압이 필요하다. 수소화베릴륨에 이르러서는 금속과 수소의 직접적인 반응으로는 합성되지 않는다. 베릴륨은 분극성이 크고, 열려 있는 p오비탈을 사용한 전자수용체로서 변화가 다양한 착체를 생성한다. 아세틸아세톤 착체, 에테르화물, 테트라플루오로 착체 $[BeF_4]^{2-}$ 등이 있으며 모두 정사면체 구조를 취한다. Mg^{2+}, Ca^{2+}, Sr^{2+}, Ba^{2+}는 모두 수용체로서의 성질은 약하기 때문에 암모니아나 에틸렌디아민테트라아세트산이온 등의 배위자와 함께 매우 약한(불안정한) 착체를 생성할 뿐이다. 마그네슘에서는 유기합성에 중요한 그리냐르 시약 RMgX가 생긴다. 관련 화합물로서 $R_2Mg \cdot MgX_2$와 R_2Mg도 알려져 있다. 칼슘, 스트론튬, 바륨의 유기화합물은 극히 소수만이 알려져 있으나 모두 이온성이다.

라듐(radium)의 동위체는 모두 방사성이다. 이전에는 방사선 치료에 널리 사용되었다. ^{238}U의 방사성붕괴로 생기는 ^{226}Ra(퀴리 부처가 단리(單離) 시킨 것)의 반감기는 약 1600년이다.

알켄 【alkene】 일반식 C_nH_{2n}으로 표시되며 이중결합 1개를 함유하는 탄화수소로 이전에는 올레핀(olefin)이라고도 하였다. 원유의 크래킹(cracking)에 의해 여러 가지 알켄을 얻을 수 있다. 중요한 것으로는 에틸렌(에텐 C_2H_4), 프로필렌(C_3H_6)이 있다. 모두가 플라스틱 원료로서 중요하며 여러 종류의 유기화합물을 제조하는 출발물질이기도 하다 알켄의 합성법에는 다음과 같은 것이 있다.

① 브로모알칸을 알콜성 수산화칼륨과 반응시켜 탈브롬화수소 반응의 결과로 알켄을 얻는다.

$$RCH_2CH_2Br + KOH \rightarrow RCH=CH_2 + KBr + H_2O$$

② 알콜 증기를 400℃로 가열한 경석(輕石) 위로 인도해서 탈수반응을 일으킨다.

$$RCH_2CH_2OH \rightarrow RCH=CH_2 + H_2O$$

알켄의 여러 가지 반응 중, 몇 가지를 나타내 본다.

① 촉매(대개 니켈, 150℃로 가열) 수소 첨가로 알켄이 된다.

$$RCH=CH_2 + H_2 \rightarrow RCH_2CH_3$$

② 할로겐화 수소의 부가 반응 : 할로알칸(haloalkane)이 생긴다.

$$RCH=CH_3 + HX \rightarrow RCH_2CH_2X$$

③ 할로겐의 부가 : 예를 들면 브롬 부가

$$RCH=CH_2 + Br_2 \rightarrow RCHBrCH_2Br$$

④ 진한 황산 처리와 희석, 가온(加溫)에 의한 물의 부가

$$RCH=CH_2 + H_2O \rightarrow RCH(CO)CH_3$$

⑤ 냉과망간산칼륨 수용액에 의한 산화, 디올(diol)의 생성

$$RCH=CH_2 + H_2O + [O] \rightarrow RCH(OH)CH_2OH$$

에틸렌은 은을 촉매로 하여 공기에서 산화하면 삼원환의 에틸렌옥시드(에폭시에탄 C_2H_4O)가 된다.

⑥ 중합에 의해 폴리알켄(폴리에틸렌, 폴리프로필렌 등)이 생긴다. 제글러법, 필립스법 등에 의한다. 요오드법 및 오존 분해의 항 참조.

알콕시드 【alkoxide】 RO^-라는 이온을 함유한 유기화합물이다. 여기서 R은 알킬기이다. 알콕시드는 대개 금속나트륨을 알콜과 반응시켜서 얻는다. 나트륨에톡시드 $C_2H_5O^-Na^+$ 등이 예이다.

알콜 【alcohol】 유기화합물 중에서 일반식 ROH로 나타내는 것이다. R은 탄화수소기이다. 간단한 알콜의 예로는 메탄올 CH_3OH나 에탄올 C_2H_5OH가 있다. 알콜은 방향고리에 포함되지 않는 탄소원자와 결합한 수산기를 함유한 것이다. C_6H_5OH는 방향고리에 직접 결합한 수산기를 갖는 것으로 알콜이 아니고 페놀이다. 벤질알콜(페닐메탄올) $C_6H_5CH_2OH$는 알콜의 특유한 성질을 나타낸다.

알콜은 C-OH 원자단 주위에 있는 원자의 배열에 의해 분류된다. 수산기가 결합한 탄소에 2개의 수소원자가 결합되어 있는 경우에는 제1급 알콜이라고 한다. 탄소원자에 한 개만 수소원자가 결합되어 있는 경우에는 제2급 알콜이라고 한다. 또한 수소원자가 한 개도 없고 3개의 다른 원자단이 결합한 것은 제3급 알콜이다.

알콜을 만드는 데는 다음과 같은 몇 가지 방법이 있다.

알콜

① 할로알칸을 수산화칼륨 수용액과 반응시킨다.

$$RI + OH^- \rightarrow ROH + I^-$$

② 알데히드를 발생기수소로 환원한다(예를 들면 나트륨아말감을 물에 넣어 사용한다).

$$RCHO + 2[H] \rightarrow RCH_2OH$$

알콜의 주된 반응으로는 다음과 같은 것이 있다.

① 황산 중에서 이크롬산칼륨에 의한 산화. 제1급 알콜은 알데히드가 된다. 다시 산화하여 카르복시산이 되는 것도 있다(비등점이 높은

것).
$$RCH_2OH \rightarrow RCHO \rightarrow RCOOH$$
제2급 알콜은 산화에 의해 케톤이 된다.
② 산과 반응하여 에스테르가 생긴다. 에스테르의 생성반응은 가역적이며 H^+이온이 촉매로 된다.
$$ROH + R'COOH \rightleftharpoons R'COOR$$
③ 가열한 경석층(輕石層)을 통과시키면 탈수가 되어 알켄(올레핀)이 된다(400℃).
$$RCH_2CH_2OH \rightarrow RCH=CH_2 + H_2O$$
④ 진한 황산(H_2SO_4)과의 반응. 160℃이상, 산이 과잉하면 탈수가 되어 알켄이 된다.
$$RCH_2CH_2OH + H_2SO_4 \rightarrow RCH_2CH_2HSO_4 + H_2O$$
$$RCH_2CH_2HSO_4 \rightarrow H_2SO_4 + RCH=CH_2$$
140℃ 이하에서 알콜이 과잉하게 존재하는 경우에는 에테르가 생긴다.
$$2ROH \rightarrow ROR + H_2O$$
아실화 및 할로알칸의 항 참조.

알킨 【alkyne】 일반식 C_nH_{2n-2}로 표시되는 삼중결합을 함유한 탄화수소이다. 가장 간단한 알킨은 아세틸렌(에틴 C_2H_2)이다. 탄화칼슘과 물을 반응시켜서 만든다. 알킨은 이전에 아세틸렌계 탄화수소로 불린 때도 있었다.
$$CaC_2 + 2H_2O \rightarrow Ca(OH)_2 + C_2H_2$$
일반적으로 알킨의 제조는 알칸의 분열에 의하나 디브로모알칸과 가열 알콜칼리(알콜성 수산화칼륨)의 반응에 의한다. 예를 들면
$$BrCH_2CH_2Br + KOH \rightarrow KBr + CH_2=CHBr + H_2O$$
$$CH_2=CHBr + KOH \rightarrow CH\equiv CH + KBr + H_2O$$
중요한 알킨반응은 다음과 같다.
① 촉매(대개 니켈, 150℃로 가열)에 의한 수소 첨가
$$C_2H_2 + H_2 \rightarrow C_2H_4$$

$$C_2H_4 + H_2 \rightarrow C_2H_6$$

② 할로겐화 수소의 부가

$$C_2H_2 + HI \rightarrow CH_2=CHI$$
$$CH_2=CHI + HI \rightarrow CH_3CHI_2$$

③ 할로겐의 부가, 예를 들면 사염화탄소에 용해시킨 브롬과의 반응

$$C_2H_2 + Br_2 \rightarrow CHBr=CHBr$$
$$CHBr=CHBr + Br_2 \rightarrow CHBr_2CHBr_2$$

④ 수은(II)을 촉매로 하여 70~80℃에서 묽은 황산과 반응시키면 아세트알데히드를 얻게 된다.

$$C_2H_2 + H_2O \rightarrow H_2C=C(OH)H \rightarrow CH_3CHO$$

이 엔올(비닐알콜)은 즉시 이성질화하여 아세트알데히드(에탄올)가 된다.

⑤ 가열된 관 속에 아세틸렌을 통과시키면 중합하여 벤젠이 된다.

$$3C_2H_2 \rightarrow C_6H_6$$

⑥ 암모니아성의 염화구리(I)나 염화은(I) 용액에 아세틸렌을 통과시키면 금속의 아세틸리드(이탄화물)를 침전물로서 얻게 된다.

알킬기 【alkyl group】 알칸 등의 지방족탄화수소에서 수소 1원자를 제거한 원자단을 말한다.

알킬 벤젠 【alkylbenzene】 벤젠고리에 한 개 이상의 알킬기를 치환한 탄화수소이다. 톨루엔(메틸벤젠 $C_6H_5CH_3$), 크실렌(디메틸벤젠 1, 2-, 1, 3-, 1, 4- $C_6H_4(CH_3)_2$의 각 이성질체가 있다). 에틸벤젠 등이 있다. 알킬벤젠은 프리델크라프츠 반응(Friedel-Crafts reaction)이나 피티히 반응(Fittig reaction)으로 얻는다. 공업적으로는 원유의 하이드로포밍(hydroforming)에 의해 톨루엔이 다량으로 제조되고 있다. 알킬벤젠의 치환반응은 주로 고리 위에서 일어난다. 알킬원자단의 치환배향성은 2^-와 4^-의 위치이다. 알킬기 상에서 양성자의 치환반응도 일어난다.

α 선 【α-rays】 α붕괴 때 방출되는 α입자의 빔을 의미하지만, 넓은 의미에서는 그것과 같은 정도의 에너지를 가진 빔을 포함시키는 경

우도 있다. 이온화작용은 세고 투과력은 약하다.

암모늄 이온 【ammonium ion】 NH_3에 H^+가 배위하여 생기는 이온 NH_4^+를 말한다. 제4급 암모늄 화합물의 항 참조.

암모니아 【ammonia】 REG#=7664-41-7 NH_3 특징있는 자극적인 냄새가 나는 무색의 기체이다. 가압하거나 냉각하면 무색의 액체가 된다. 다시 냉각하면 백색의 고체가 된다. 암모니아는 물에 잘 용해된다 (0℃에서 포화수용액은 36.9%의 암모니아를 함유한다). 수용액은 염기성을 나타내며 유리(遊離)된 암모니아 분자도 함유한다. 암모니아는 에탄올에도 용해된다. 자연에서도 대기속에 약간 존재하고 있다. 실험실에서 소규모로 만드는 데는 암모늄염을 소석회와 가열하면 된다. 또한 공업적으로는 대기 중의 질소와 수소로부터 하버법(Haber process)에 의해 합성시키고 있다.

암모니아는 공기중에서 연소되지 않으나 산소 속에서는 황갈색의 불꽃을 내면서 연소한다. 대기 중의 산소와는 백금이나 중금속의 촉매가 존재하면 반응하여 질산이 된다. 이것은 공업적인 질산의 제작법이다. 이 과정은 암모니아 → 일산화질소 → 이산화질소로 진행하는 산화반응이다. 염화수소와 반응하면 염화암모늄이 생긴다.

$$NH_3(g) + HCl(g) \rightarrow NH_4^+Cl^-(s)$$

암모니아는 비료공업에도 대량으로 사용되고 황산암모늄, 질산암모늄, 요소 등의 원료로 되어 있다. 냉동공업에서도 냉매로 사용되고 있으나 양은 비료공업보다 훨씬 적다. 액체암모니아는 어떤 종류의 물질에 대해서는 대단히 우수한 액매(液媒)이다. 수용액과 같이 자기해리를 일으키므로 용액 속에서 이온반응이 일어난다. 시판하는 암모니아는 봄베(bomb)에 충전된 액화암모니아[無水] 또는 수용액의 형태이다. 수용액(진한 암모니아수)은 대개 비중이 0.880이다.

암모니아성 【ammoniacal】 암모니아수에 용해시킨 용액을 의미한다.

암민 【ammine】 금속이온에 배위한 암모니아분자 또는 암모니아를 배위한 금속착체를 암민이라 할 때도 있다. 예를 들면 구리암민 $[Cu(NH_3)_4]^{2+}$

등이 있다(베르너(A. Werner)가 만든 말이다).

암염【岩鹽 rock salt】 자연산의 염화나트륨 결정이며 광산(염갱 鹽坑)에서 산출되는 것이다.

암염형 구조【岩鹽型構造 sodium chloride structure】 염화나트륨형 구조라고도 한다. 나트륨이온과 염화물이온이 모두 면심입방격자로 결정(crystal)된 구조이다.

정전기적 인력에 의해 반대부호의 이온이 결합, 배열하고 있다. 이러한 결정격자는 2개조의 면심입방격자가 마치 반주기(半周期)만 어긋나서 겹친 것 같이 보이기도 한다. 즉, 나트륨이온의 면심입방격자의 빈틈에 바로 반주기 벗어난 염화물이온과의 면심입방격자가 겹친 것이다.

염화칼륨, 브롬화나트륨 등도 동일한 형태로 배열한 이온의 집합을 가지므로 '염화나트륨형구조(암염형구조)를 취한다'라고 한다.

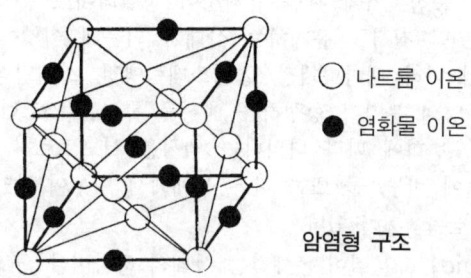

○ 나트륨 이온
● 염화물 이온

암염형 구조

암페어【ampere】 [기호] A SI단위계에서의 전류의 단위이다. 진공 속에서 평형으로 놓여진 단면적이 무시되는 2개의 평행도선의 간격을 1m로 하였을 때에 생기는 힘이 $2 \times 10^{-7} Nm^{-1}$이 되는 전류로서 정의된다.

압력【壓力 pressure】 [기호] p [단위] 파스칼 Pa 단위면적에 대해 직각방향에서 면에 가해지는 힘을 압력이라 한다. $1Pa = 1Nm^{-2}$.

애치슨법 【Acheson's process】 탄소의 항 참조.

액정 【液晶 liquid crystal】 유기결정 속에서 열을 가하면 일정한 온도에서 용융하여 탁한 액체가 되고, 그것을 더욱 가열하면 또 다른 일정한 온도에서 투명한 액체로 변하는 것이 있다. 이 현상은 벤조산콜레스테릴에 관해 라이니처(F. Reinitzer)가 발견하였다(1888). 레만(O. Lehmann)은 이 탁한 액체가 광학적으로 복굴절을 일으키는 사실에서 액정(유동성결정)이란 이름을 제안하였다(1889). 이와 같이 액정은 결정과 액체의 중간에 두고 어느 온도 범위 내에서 존재하는 상태라는 의미에서 중간상(中間相)이라고 불리고 있다. 또 액체·고체와 나란한 제3의 응집상태, 기체·액체·고체와 나란한 제3의 응집상태, 기체·액체·고체와 나란한 물질의 제4의 상태 등의 명칭으로 쓰이고 있다. 액정을 형성하는 물질의 분자는 그 형태가 막대모양의 것이 많다. 이 형태에서 분자 사이에 작용하는 힘은 비등방성에 많기 때문에, 결정이 녹아서 분자의 중심위치에 관한 규칙성이 상실되어도 분자의 배향이 남아 어느 정도의 질서를 유지하는 상태가 되는데 이것이 액정이다. 분자배열방식에 따라 네마틱액정, 콜레스테릭액정, 스멕틱액정으로 분류된다. 원판모양의 분자가 형성하는 액정을 특히 디스코틱액정이라고 부른다. 또 온도변화에 따라 나타나는 액정을 서모트로픽 액정이라고 총칭한다. 그밖에 비누, 물 또는 다른 용매에서 이루어지는 계에서 나타나는 리오트로픽액정이 있다.

액체 【液體 liquid】 물질이 존재하는 상태의 하나이다. 구성입자가 분자간 힘 때문에 느슨하게 결합하고 있는 상태를 말한다. 분자간 힘이 별로 크지 않기 때문에 입자가 이동할 수 있으며 그 결과 액체의 형상은 용기에 따라 좌우된다. 액체에서는 고체와 같이 공간적인 규칙성은 존재하지 않는다. 유리와 같은 무정형 상태(amorphous)는 입자가 난잡한 위치를 차지하고 상호위치를 바꾸기 때문에 액체로 분류할 수가 있다.

액체 공기 【液體空氣 liquid air】 엷은 청색의 액체를 말한다. 액체

질소(비등점 −195.7℃)와 액체산소(비등점−182.9℃)의 혼합물이다. 청색은 액체산소에 기인한다.

액화석유가스【液化石油− liquefied petroleum gas】 상온 상압 하에서는 기체이지만 냉각 또는 가압에 의해 쉽게 액화하는 석유계 또는 천연가스계의 탄화수소이다. LPG라고 약칭하기도 한다. 프로판 및 부탄을 주성분으로 하지만, 석유분해가스에서 회수된 것은 프로필렌 및 부틸렌도 포함한다. 가정용·공업용·내연기관 등의 연료, 도시가스 원료, 화학공업 재료, 냉매, 용제 등 용도는 광범위하다.

앤드류의 실험【Andrews' experiment】 이산화탄소의 일정온도에 있어서의 압력과 부피의 관계에 대해 이루어진 연구(1861년)를 말한다. 이 실험 결과로 얻게 되는 등온선(等溫線 isotherm)은 명확히 임계점(臨界點 critical point)의 존재를 나타내고 있으며 그 이후 기체액화(氣體液化)를 연구하는데 많은 공헌을 이룩하였다.

야금학【冶金學 metallurgy】 금속의 연구, 특히 광석에서 금속을 추출하여 제련하는 것과 여러 가지 합금의 생성 등을 연구하는 학문 분야이다.

약산【弱酸 weak acid】 용액 속에서 완전히 해리(dissociation)되지 않는 산을 말한다.

약염기【弱鹽基 weak base】 용액 속에서 완전히 해리되지 않는 염기를 말한다.

양극【陽極 anode】 전기분해에서 양(possitive)의 전위를 갖는 쪽을 양극이라고 한다(반대는 음극 : cathode). 일반적으로 전기계, 예를 들면 방전관(discharge tube) 등에서 양극은 시스템으로부터 전자가 흘러 나가는 터미널(terminal)이다.

양극니【陽極泥 anode sludge】 전해 정련의 항 참조.

양극 처리【陽極處理 anodizing】 산화성의 전해액(황산 등) 속에서 알루미늄을 전해하여 표면에 산화물의 막을 형성하는 것(알루마이트 생성)을 말한다. 여기서 생긴 산화알루미늄은 다공질이며 착색시킬 수도 있다. 다른 금속에 관해서는 전해연마, 전해가공 등도 양극처리 안에 포함된다.

양백 【洋白 German silver】 양은의 공업적인 호칭법이다.

양성자 【陽性子 proton】 소립자의 하나이다. 양전하(positive electric charge) (1.602192×10^{-19}C)를 갖고 질량 1.672614×10^{-27}kg로서 중성자와 함께 핵자(核子 nucleon)의 하나이다. 유기화학에서는 수소원자를 가리키는 것으로 사용하는 일도 있다.

양성자수 【陽性子數 proton number】 [기호] Z 원자의 원자핵 속에 함유되는 양성자의 수, 즉 원자번호이다. 양성자수는 원자의 전자배치를 결정하므로 화학결합성 등과 같이 원소의 화학적인 성질은 이에 따라 정해진다.

양은 【洋銀 nickel silver, German silver】 니켈, 구리, 아연의 합금이며 여러 가지 조성으로 된 것이 있다(은(銀)이 함유되지 않은 점에 주의). 은백색이고 연마할 수 있으며 부식에 대한 저항성이 크다. 은도금이나 크롬도금을 해서 식기 등에 널리 사용되고 있다.

양이온 【cation】 양(possitive)에 하전(荷電 charge)된 이온이며 원자나 분자에서 전자가 빼앗긴 결과로 생긴다. 전기분해에서 양이온은 음(negative)에 대전(帶電 electrification)한 전극(음극)쪽으로 이동한다. 음이온 참조.

양이온 교환 수지 【cation resin】 외권(外圈)의 H^+나 Na^+ 등과 같은 양이온을 교환하는 이온교환물질의 일종이며 여러 가지 분야에 응용되고 있다. 일반적으로 폴리스틸렌 수지에 설폰산기나 카르복실기를 도입해서 만든다. 전형적인 이온교환반응으로는 다음과 같은 것이 있다.

$$R-SO_3^-H^+ + Na^+Cl^- \rightleftarrows R-SO_3^-Na^+ + HCl$$

동일한 전하와 동일한 크기로 된 양이온의 혼합물을 분리하는 데 강력한 위력을 발휘한다. 이와 비슷한 이온의 혼합물을 양이온교환수지에 흡착시켜 용리(溶離) 하면 각각의 이온이 이온반지름의 역순으로 용출하게 된다. 프로메튬의 단리(單離)가 이런 방법으로 이루어진 것은 유명하다. 이온교환의 항 참조.

양이온성 세제 【cationic detergent】　세제의 항 참조.

양자 【量子 quantum】　복수형은 quanta이다. 어떤 과정에서 흡수, 방출되는 에너지의 일정한 양을 나타낸다. 이 경우에 에너지는 연속적인 양이 아니고 양자화된 것 같이 거동한다. 전자방사(electromagnetic radiation)의 양자는 광자(光子 photon)임에 틀림없다.

양자론 【量子論 quantum theory】　막스 플랑크(Max Planck)가 1900년에 유도(제창)해낸 것이다. 고온 고체로부터 나오는 복사를 설명하기 위해 사용된 수학적인 이론이다. 양자론의 기초가 되는 것은 에너지(및 그 밖의 물리론)는 주어진 계(系 system)에서는 반드시 어떤 이산적(離散的)인 수치에서만 변화할 수 있다는 개념이다. 이의 전개로서 광전효과나 보어의 원자론 등이 있다.

양자역학은 양자론을 기초로 하여 성립된 역학의 한가지 체계이며 원자나 분자 등의 거동을 설명하는데 사용된다. 이 중의 하나는 드 브로이(de Broglie)에 의한 '물질의 파동성'에도 근거하고 있으므로 양자역학의 일부는 특히 파동역학이라고 한다. 파동역학은 근대 물리학의 기본이다. 오비탈의 항 참조.

양자 상태 【量子狀態 quantum state】　원자, 전자, 소립자 등과 같은 상태에서 특정한 양자수의 조합에 따라 기술되는 것을 말한다. 예를 들면 K전자각(電子殼 shell)에 있는 전자 1개의 기저상태(ground state)는 4개의 양자수로 기술할 수 있다. 즉

$$n=1 \quad l=0 \quad m=0 \quad m_s=1/2$$

헬륨 원자에는 이 상태에 2개의 전자가 존재한다. 즉

$$n=1 \quad l=0 \quad m=0 \quad m_s=1/2$$
$$n=1 \quad l=0 \quad m=0 \quad m_s=-1/2$$

양자수 【量子數 quantum number】　양자화된 물리량을 결정하는 정수(整數) 또는 반정수(半整數)를 말한다. 원자, 보어 이론 및 스핀의 항 참조.

양자 역학 【量子力學 quantum mechanics】　양자론의 항 참조.

양자 전자기학 【量子電磁氣學 quantum electrodynamics】　입자와 전자파의 상호작용에 대해 기술하기 위한 양자역학을 뒷받침하는 학문이다.

양자화 【量子化 quantization】　물리량이 연속적인 값을 취하지 않고 이산적인 값을 취하는 것을 의미한다. 예를 들면 원자나 분자 속에 있는 전자는 E_1, E_2 등과 같은 특정한 에너지를 취하지만 이들의 중간값은 취하지 않는다(즉, 양자화된 에너지를 갖는다). 원자나 분자 속에 있는 전자의 스핀 각운동량이나 오비탈 각운동량도 양자화되어 있다.

양쪽성 이온 【zwitterion, ampholyte ion】　동일한 화학 종류 안에 양전하와 음전하를 함유하고 있는 이온을 말한다. 분자 속에 산성기와 염기성기를 함께 함유하고 있는 경우에 분자 속에서 산염기가 반응한 결과 양쪽성 이온이 생긴다. 예를 들면 글리신(glycine)은 NH_2CH_2COOH 이나 중성에서는 양성자가 이동하여 양쪽성 이온 $^+NH_3CH_2COO^-$ 로 된다. pH가 낮은(산성) 영역에서는 양이온의 $^+NH_3CH_2COOH$로서, pH가 높은(염기성) 영역에서는 음이온의 $H_2NCH_2COO^-$ 의 형태로서 존재한다.

양쪽성 전해질 【兩性電解質 amphoteric, ampholyte】　산과 염기의 두 가지 성질을 나타내는 물질을 말한다. 알루미늄이나 아연의 경우와 같이 용액 속에서 양이온과 음이온의 양쪽 형태로 존재하는 산화물이나 수산화물에 대해 잘 사용된다. 예를 들면 산화아연은 아세트산에 용해되면 아연이온 Zn^{2+}가 되지만 염기에 용해시키면 아연산 이온 $[Zn(OH)_4]^{2-}$을 생성한다.

억셉터 【acceptor】　배위결합에서 루이스 염기로부터 전자쌍(electron pair)을 받아들이는 원자 또는 원자단을 말한다. 루이스산에 해당한다.

에난티오머 【enantiomer】　화합물 중, 분자구조가 그 경상체(鏡像體 mirror image)와 겹칠 수 없는 것을 말한다. 즉 광학활성체의 한쪽이다. 이성질현상 및 광학활성의 항 참조.

에너지 【energy】 [기호] W 어떤 계(系)가 갖는 성질의 한가지이며 일을 할 수 있는 능력의 척도이다. 에너지와 일은 동일한 단위인 줄(joule, J)로 측정되며 운동에너지와 위치에너지(potential energy) 등 두 가지로 크게 나누는 경우가 많다.

이 밖에 여러 가지 형태에 따른 명칭이 있으며 화학적인 에너지, 전기에너지, 핵에너지 등이 이러한 분류이다. 이들 사이의 차이는 문제로 하는 계의 차이에 따르는 것 뿐이다. 예를 들면 화학적인 에너지는 화합물 안에 있는 전자의 운동 에너지와 퍼텐셜 에너지의 합이 된다.

에너지 보존 법칙 【law of conservation of energy】 1847년 헬름홀츠(Helmholtz)에 의해 보고되었다. '모든 고립된 계(system)안에서 일어나는 과정에 대해 계가 갖는 에너지는 불변이다' 라는 것이다. 물론 에너지의 형태가 변화하는 것은 허용되고 있다.

에너지의 균등 분배 【equipartition of energy】 어떤 분자가 갖는 전체 에너지는 평균적으로 보면, 허용되는 자유도(degree of freedom)의 각각에 동일하게 분배되어 있다는 개념을 말한다. 대부분의 경우 근사적으로 성립되고 있다. 자유도의 항 참조.

에너지 준위 【energy level】 양자론에 따라 원자나 분자 등이 취하는 개개의 에너지 상태의 하나이다. 원자에서는 전자가 수용되는 특정한 궤도가 각 전자의 에너지 준위에 대응하게 된다. 동일하게 진동이나 회전운동을 하고 있는 분자에서는 각각 진동의 에너지 준위와 회전의 에너지 준위가 존재한다.

에너지 프로파일 【energy profile】 반응 과정에서 계(系)의 에너지가 어떻게 변화하는가를 추적하는 도표를 말한다. 에너지 프로파일은 반응좌표에 대해 반응입자의 위치에너지(potential energy)를 표시하여 작성한다. 반응좌표를 구하려면 상호작용을 나타내는 전체 계의 에너지를 분자의 위치에 대해 표시한다. 반응좌표는 에너지의 최소 부분을 지나는 경로임에 틀림없다. 예를 들면 알켄(alkene)의 수소화를 촉매의 유무 각각에 대해 에너지 프로파일을 작성해 보면 각각 주요한 특징이 나타난다.

촉매가 존재하지 않을 때의 활성화 에너지는 촉매가 존재하는 경우와 비교하여 현저하게 커진다. 또한 가로축상(반응 좌표상)의 어떤 점에 대해서도 입자가 충돌하여 결합이 절단되고 새로운 결합이 생길 때까지 경과되는 변화가 프로파일상에 명료하게 나타난다.

에놀 【enol】 C=CH-OH 원자단 또는 이것을 함유하는 화합물을 말한다. 즉, 수산기가 이중결합(double bond)의 탄소에 결합한 것이다. 케토 에놀 이성질체의 항 참조.

에디슨 전지 【Edison cell】 니켈 철 축전지의 항 참조.

에르그 【erg】 cgs단위계에 사용되는 에너지의 단위이다. $1erg = 10^{-7}J$.

에르븀 【erbium】 [기호] Er [양자수] 68 [상대원자질량] 167.26 mp 1520℃ bp 2863℃ 상대밀도 9.07 연하고 전도성이 풍부한 은백색의 금속이다. 란탄족원소의 한가지이며 다른 란탄족원소와 함께 산출된다. 용도는 야금이나 원자로 재료 외에 유리공업에도 사용된다.

에르스테드 【Oersted(Oe)】 [기호] Oe cgs 단위계에서 자장강도의 단위이다. $1(10^3/4\pi)Am^{-1} = 1Oe$.

에를렌마이어 플라스크 【Erlenmeyer flask】 원추 모양으로 목이 가는 플라스크를 말한다.

에멀젼 【emulsion】 유탁액이라고도 한다. 액체 속에 액체입자가 콜로이드입자 또는 그보다 큰 입자로 분산하여 젖모양을 이룬 것이다(분산계). 기름과 물을 혼합하여 흔들면 일시적으로 에멀젼이 생기지만 즉시 2층으로 분리되어 버린다. 안정적인 에멀젼을 만들기 위해서는 유화제를 쓴다. 유화제는 2상(相)의 계면장력을 내림과 동시에, 계면에 보호막을 만들어 액체 속에 있는 물방울을 안정화시킨다. 물-기름의 에멀젼에는 수중유적(O/W)형 및 유중수적(W/O)형 두 가지가 있으며, 유화제의

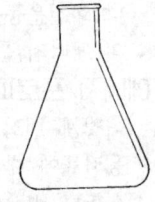

에를렌마이어 플라스크 (삼각플라스크)

종류 등을 선택함으로써 어느 형태라도 만들 수 있다. 에멀젼은 우유·크림·버터·마요네즈 등의 식품 외에 약제·화장품으로도 쓰인다.

에멀젼 【emulsion】 액상이 액상 속에서 미세한 입자(직경 10^{-5}~ 10^{-7}cm의 구모양)로서 분산하고 있는 콜로이드(colloid) 분산계를 말한다. 소수성(疏水性) 에멀젼(hydrophobicity emulsion)이라고 하는 용매(분산매)와의 친화성이 결핍되어서 불안정한 것과, 친수성 에멀젼(hydrophilicity emulsion)이라고 하는 용매와의 친화성이 크게 안정된 것 등의 두 개로 크게 나눈다.

s-블록 원소 【s-block elements】 알칼리금속 및 알칼리토금속의 각 원소를 말한다. 즉, 제ⅠA족(H, Li, Na, K, Rb, Cs, Fr), 제ⅡA족(Be, Mg, Ca, Sr, Ba, Ra)의 13개 원소를 말한다. 외각 전자가 ns^1이거나 ns^2인 것이다. s전자각(shell)의 충전이기는 하지만 천이금속원소[$(n-1)$ d각(殼)의 충전에 따라 ns^1, 또는 ns^2의 전자배치를 취하는 일이 있다]는 s-블록원소로 분류하지 않는다.

SI단위계에 대한 기본단위와 보조단위

물리량	SI단위명	기 호
길 이	미 터	m
질 량	킬로그램	kg
시 간	초	s
전 류	암페어	A
열역학적 온도	켈 빈	K
광 량	칸델라	cd
물질량	몰	mol
평면각*	라디안	rad
입체각*	스테라디안	sr

SI단위계 【SI units】 과학상의 목적을 위해 국제적으로 채용되고 있는 단위계이다. 7개 종류의 기본단위(미터, 킬로그램, 초, 켈빈온도, 암페

어, 몰, 칸델라)와 2개 종류의 보조단위(라디안과 스테라디안)를 기본으로 하여 조성되어 있다. 유도단위는 기본단위의 곱하기와 나누기 계산에 의해 작성되어진다. 각각에 특정한 명칭을 갖는 것이 많다. 10의 제곱승배를 표시하는 데는 특정한 접두사를 사용한다. SI는 프랑스어의 Systeme Internationale d' Unites에서 첫문자를 딴 것이며 일관성을 갖는 유리단위계(有理單位系)이다.

SI단위계에 대한 기본단위와 보조단위

물리량	SI단위명	기 호
길 이	미 터	m
질 량	킬로그램	kg
시 간	초	s
전 류	암페어	A
열역학적 온도	켈 빈	K
광 량	칸델라	cd
물질량	몰	mol
평면각*	라디안	rad
입체각*	스테라디안	sr

*는 보조단위를 표시한다.

SI단위와 함께 사용되는 10의 계승배 기호

배 수	접두사	기 호	배 수	접두사	기 호
10^{-1}	데 시	d	10^1	데 카	da
10^{-2}	센 티	c	10^2	헥 토	h
10^{-3}	밀 리	m	10^3	킬 로	k
10^{-6}	마이크로	μ	10^6	메 가	M
10^{-9}	나 노	n	10^9	기 가	G
10^{-12}	피 코	p	10^{12}	테 라	T
10^{-15}	펨 토	f	10^{15}	페 타	P
10^{-18}	아 토	a	10^{18}	엑 사	E

특별한 명칭을 갖는 SI유도 단위

물리량	SI단위명	기 호
주파수	헤르츠	Hz
에너지	줄	J
힘	뉴 턴	N
전 력	와 트	W
압 력	파스칼	Pa
전 하	쿨 롱	C
전위차	볼 트	V
전기전항	옴	Ω
전기전도율	지멘스	S
정전용량	패 럿	F
자 속	웨 버	Wb
인덕턴스	헨 리	H
자속밀도	테슬라	T
광 속	루 멘	lm
조 도	럭 스	lx
흡수선량	그레이	Gy

에스테르 【ester】 산과 알콜의 반응으로 생기는 유기화합물이다. 일반적으로 카르복시산의 에스테르를 말하며 일반식 RCOOR' (R, R' 는 모두 유기의 원자단)로 표시된다. 저분자량의 산과 알콜에서 생기는 에스테르는 휘발성 방향의 화합물이다. 긴 사슬의 카르복시산의 에스테르는 자연에서는 유지(油脂)나 왁스로 산출된다. 에스테르를 합성하는 데는 산과 알콜에 탈수시약을 첨가하여 평형(equilibrium)을 이동시켜 만든다. 할로겐화아실과 알콜의 반응에서도 에스테르가 생성된다. 카르본산, 글리세리드 및 감화의 항 참조.

에스테르화 【esterification】 산과 알콜에서 에스테르 및 물을 생성하는 반응을 말한다. 이 반응은 다음과 같은 평형에 있다.

$$CH_3COOH + C_2H_5OH \rightleftarrows CH_3COOC_2H_5 + H_2O$$

이 반응계에서 에스테르를 제거하든가 물을 제거시켜서 에스테르의 수거량을 높일 수가 있다. 역반응은 가수분해이다.

STP 【standard Temperature and Pressure 표준상태】 NTP라고도 한다. 표준압력 및 표준온도를 가리킨다. 국제적으로 결정된 조건으로서 101 325Pa, 273.15K, 즉 1기압, 0℃를 따른다. 표준압력 및 표준온도의 항 참조.

에어로졸 【aerosol】 졸의 항 참조.

amu 【atomic mass unit 원자질량단위】 원자질량단위의 항 참조.

에탄 【ethane】 REG#=74-84-0 C_2H_5 원유의 가스 성분으로서 또는 중질유 등을 분해한 결과로 얻게 되는 탄화수소이다. 알칸(파라핀계의 탄화수소)의 제2번째이다.

에탄산 【ethanoic acid】 아세트산의 항 참조.

에탄산 나트륨 【sodium ethanoate】 아세트산나트륨의 항 참조.

에탄산납(Ⅱ) 【lead(Ⅱ)ethanoate】 아세트산납(Ⅱ)의 항 참조.

에탄산 메틸 【methyl ethanoate】 아세트산메틸의 항 참조.

에탄산 에스테르 【acetate】 아세트산에스테르의 항 참조.

에탄산 에틸 【ethyl ethanoate】 아세트산 에틸의 항 참조.

에탄산염 【acetate】 아세트산염의 항 참조.

에탄아미드 【ethanamide】 아세트아미드의 항 참조.

에탄알 【ethanal】 아세트 알데히드의 항 참조.

에탄오일기 【ethanoyl group】 아세틸기의 항 참조.

에탄올 【ethanol】 REG#=64-17-5 C_2H_5OH 에틸알콜을 말한다. 무색이며 휘발성의 액체이다. 술 안에 존재하며 주정(酒精)이라고도 한다. 당류를 발효시켜서 만든다.

$$C_6H_{12}O_6 \rightarrow 2C_2H_5OH + 2CO_2$$

이 반응을 일으키는 데 효모균 등이 사용된다. 부피비로서 알콜 농도가 15%가 되면 효모균은 죽고 이 반응은 중지된다. 더욱 더 고농도의 알콜을 얻는 데는 증류를 한다. 음료의 용도 외에 용매로도 이용된다. 영국에서 알콜의 원료는 이전에는 당밀이었으나 현재는 에틸렌에 물을 첨가시켜 공업적으로 다량의 에탄올을 생산하고 있다. 변성 알콜의 항 참조.

에테르 【ether】 산소를 함유하는 유기화합물이다. R-O-R'의 구조로 되어 있다. R, R'는 알킬기 또는 아릴기이다. R과 R'는 반드시 동일하지 않아도 된다. 저분자량으로 된 것은 기체 또는 휘발성이 현저한 액체이며 인화성이 강하다. 가장 일반적인 것은 디에틸에테르(에톡시에탄)이며 용매로도 널리 사용된다. 실험실에서 에테르를 생성하려면 진한 황산에 의해 알콜을 탈수 반응시키는 방법을 사용하고 있다. 과량의 알콜을 사용하여 2개 분자의 알콜 중, 한쪽만으로 탈수를 일으키게 할 필요가 있다. 반응성은 풍부하지 않으나 HI 또는 PCl_5에 의해 C-O 결합은 절단되고 할로겐화알킬(또는 아릴)을 준다.

에테르

에텐 【ethene】 에틸렌의 항 참조.
에톡시에탄 【ethoxyethane】 디에틸에테르의 항 참조.
에틴 【ethyne】 아세틸렌의 항 참조.
에틸렌 【ethylene】 (CAS) ethene REG#=74-85-1 C_2H_4 계통적인 명명법으로는 에텐이다. 원유 속의 기체성분에는 대개 함유되지 않는다. 중질유의 분해로 대량 산출되며 이것이 공업 원료가 된다. 에탄올이나 폴리에틸렌 등 많은 화학물질의 원료로서 중요하다. 알켄(올레핀계 탄화수소)에서 최초의 것이다.
에틸렌 글리콜 【ethyleneglycol】 (CAS) 1, 2-ethanediol REG#=107

-21-1 CH₂(OH)CH₂OH 에탄-1, 2-디올, 단순히 글리콜이라고도 한다. 시럽(syrup)모양의 유기용매이며 부동액(anti-freeze)으로의 용도 외에 폴리에스테르(테토론 등)의 원료이다. 공업적으로는 에틸렌을 적당한 촉매의 존재하에서 산화시켜 에틸렌옥사이드(에폭시에탄)를 만들고 이어서 가수분해하여 생성한다.

에틸렌디아민사아세트산 【ethylenediaminetetraacetic acid】 EDTA의 항 참조.

$$CH_2 - CH_2$$
$$\diagdown O \diagup$$

에틸렌옥사이드(옥시란)

에틸렌 옥사이드 【ethylene oxide】 (CAS) oxirane REG#=75-21-8 C₂H₄O 무색의 기체이며 삼원고리 구조의 에테르이다. 은을 촉매로 하여 에틸렌을 산화시켜 만든다. 큰 변형을 가진 분자구조이며 반응성도 크다. 중합(重合 polymerization)시켜 에폭시폴리머를 생성한다. 가수분해로 에틸렌글리콜이 된다.

에틸아민 【ethylamine】 (CAS) ethanamine REG#=75-04-7 C₂H₅NH₂ 아미노에탄이다. 무색액상의 아민이며 클로로에탄을 진한 암모니아수와 가열해서 만든다. 염료의 원료로 사용된다.

에틸알콜 【ethyl alcohol】 에탄올의 항 참조.

에폭사이드 【epoxide】 이웃하고 있는 2개의 탄소원자가 동일한 산소원자와 결합하여 삼원고리를 함유하는 화합물을 말한다. 에틸렌옥사이드(에폭시에탄)가 가장 간단한 에폭사이드이다.

에폭시에탄 【epoxyethane】 에틸렌옥사이드의 항 참조.

에프솜염 【Epsom salt】 황산마그네슘 칠수화물(七水化物) 또는 사리염(瀉利鹽 epsomite)이라고도 한다.

FCC 【f.c.c. face - centered cubic crystal】 면심입방결정의 항 참조.

에피머화 이성질체현상 【epimerism】 이성질체현상의 한가지이다. 수산기의 위치만이 다른 이성질체(異性質體 isomer)를 에피머(epimer)라고 한다. α-글루코스(glucose)와 β-글루코스는 에피머이다.

엑사 【exa-】 [기호] E 10^{18}배를 표시하는 접두사이다.

X선 【X - ray】 X - radiation 전자파의 일종이다. 파장이 $10^{-8} \sim 10^{-11}$m 인 것을 말한다. 물질이 높은 에너지의 전자를 흡수하였을 때 생긴다. X선은 여러 가지 물질을 상당한 정도로 투과할 수 있고 의학상의 진단 또는 기계 내부 등을 조사하는데 이용된다. 사진용 유제(寫眞用乳劑) 또는 가이거 뮐러 계수관(Geiger - Müller counter)으로 검지, 계측할 수 있다.

X선의 광자(photo)는 원자의 내각(內殼)에서의 전자 천이(transition)에 따라 방출된다. 높은 에너지의 전자가 물질에 흡수되면 그 결과로 X선의 스펙트럼(선스펙트럼)이 나타난다. 이 스펙트럼은 물질에 따라 다르기 때문에 X선을 분광 분석하는 데 이용된다. 선스펙트럼에 따라 폭이 넓고 연속된 백그라운드 스펙트럼(background spectrum)도 나타난다. 차단파장(cut - off wave), 즉 X선 스펙트럼의 단파장측 말단 λ_0는 X선의 최대에너지 W_{max}에 대응한다. 이 W_{max}는 X선을 방출하는 전자 빔(electron beam)안에서 전자의 최대에너지에 대응한다. 연속 X선 스펙트럼 중에서 λ_0보다도 장파장측으로 된 것은 소위 제동방사(制動放射)의 작용이며 에너지가 천천히 전자에 의해 상실된 결과이다.

X선 결정학 【X - ray crystallography】 X선 회절법에 의해 결정의 내부구조를 연구하는 학문분야이다.

X선 회절 【X - ray diffraction】 X선을 결정에 접촉시켜서 생기는 회절모양(diffraction pattern)을 해석하여 결정구조를 해명하는 방법을 말한다. 특정한 입사각에 대응하여 사진 건판상에 일련의 반점이 나타난다. 이 반점은 X선과 결정격자점에 있는 원자, 분자, 이온 등으로 이루어지는 평면과의 상호작용을 한 결과로 이루어지기 때문에 반대로 원자

배열 등을 해명할 수 있다. 반점의 위치는 브래그의 식(Braggs equation) $n\lambda = 2d \sin\theta$에 의한다.

엑시머 【excimer】 엑사이머라고도 한다. 들뜬 상태의 원자 또는 분자와 바닥상태의 원자 또는 분자가 결합한 2량체를 말한다. 종류가 다른 두 개의 원자·분자로 이루어지는 것을 엑시플렉스(exciplex) 또는 헤테로엑시머(heteroexcimer)라고 부른다. 바닥상태에서는 퍼텐셜이 해리성이므로 발광에서는 볼 수 있지만, 그에 대응하는 흡수가 없는 것이 특징이다. 2원자분자에서는 He_2, Ar_2, Xe_2 등의 비활성기체 2량체 또는 KrF, ArCl 등의 비활성기체 할로겐화물 등이 자주 조사되고 있으며, 자외레이저의 매질로서 이용되고 있다. 또 다원자 분자에서는 피렌 등의 다중고리 방향족화합물이 용액 중에서 엑시머를 만드는 예로서 많이 알려져 있다. 엑시머가 발하는 형광을 엑시머형광이라고 하여 보통 단량체인 형광의 0-0 전이보다 약 $6000cm^{-1}$ 장파장부에 극대를 가진 진동구조가 없는 폭 넓은 스펙트럼을 나타낸다. 그 수명은 단량체의 형광 수명과 거의 같거나 약간 짧은 정도이다. 약간 특수한 경우로서 들뜬 3중항상태에 있는 분자 2개가 회합하여 엑시머가 만들어지는 경우도 있다. 이 경우의 엑시머형광은 인광과 거의 같은 정도의 긴 수명을 가지는데, 이것을 연장엑시머 형광이라고 부른다.

NMR 【nuclear magnetic resonance】 핵자기 공명을 말한다. 핵자기 공명의 항 참조.

엔탈피 【enthalpy】 [기호] H 내부에너지 U 및 계의 압력(p)과 부피(V)를 곱한 값을 더한 것이다.

$$H = U + pV$$

일정한 압력하에서 일어나는 화학반응에 있어서 엔탈피의 변화는 내부에너지의 변화와 계의 부피변화에 의한 일(work)의 합과 같다.

$$\Delta H = \Delta U + \Delta pV$$

엔트로피 【entropy】 [기호] S 어떠한 가역변화에서도 엔트로피는 다음과 같이 정의된다. 즉, 계가 흡수하는 열을 열역학적인 온도로 나눈 것이다.

$$\delta S = \delta Q/T$$

절대엔트로피가 필요하게 되는 경우는 거의 없지만 어떤 계에 대해 엔트로피를 논할 때는 그 변화가 문제가 된다. 계의 엔트로피는 일로 이용할 수 있는 에너지의 척도이기도 하다.

엔트로피의 개념은 확장되어 일반적인 무질서의 고찰에도 적용된다. 엔트로피가 높을수록 계의 무질서(또는 혼란)한 정도는 크다. 예를 들면 중합반응(polymerization reaction)은 분자가 정렬되어 규칙적인 형태를 이룬다면 엔트로피는 감소하게 될 것이다. 열적(熱的)인 엔트로피의 정의는 이 '무질서'를 다루는 특수한 경우이다. 열적인 엔트로피는 여기서 물질입자 사이에 어느 정도의 에너지가 분배되어 있는가를 표시하는 척도이다.

NTP 【Normal Temperature and Pressre】 STP의 항 참조.

엘라스토머 【elastomer】 천연고무나 합성고무 등과 같이 탄성이 풍부한 고분자 물질을 말한다.

L-형 【L-form】 광학활성의 항 참조.

mks 단위계 【m.k.s. system】 미터(m), 킬로그램(kg), 초(s)를 기본 단위로 하는 단위계를 말한다. SI기본 단위계의 기초를 이루고 있다.

여과 【濾過 filtration】 유체 속에 현탁되어 있는 물질을 다공성 물질(多孔性物質, 필터나 여과지)에 통과시킴으로써 제거하는 조작을 말한다. 실험실에서는 여과지나 유리필터를 잘 사용한다.

여과 【濾過 filtration】 다공질의 물체인 필터(여재)를 통과시킴으로써 액체 또는 기체와 그 속에 들어 있는 고체를 분리하는 조작. 필터에는 실험실에서는 일반적으로 여지·유리필터, 생화학분야에서는 멤브레인 필터(상품명 밀리포어필터), 공업적으로는 여포·모래·해면모양금속 등 다공질체가 쓰인다. 보통의 방법으로 여별(濾別)할 수 있는 것은 지름 약 $1\mu m$ 이상의 입자로서 콜로이드입자는 여재를 통과한다. 공업적으로는 케이크여과와 청징여과가 채용되는 경우가 많다. 전자에서는 케이크 즉 여재에 퇴적하는 고체를 여재의 일부로 쓴다. 또 후자는 여액을 얻는 것을 목적으로 하고 있다. 여과 속도를 증가시키는 데는 감압여과 등의 방법이 있으나, 공업적으로는 필터프레스(filter press, 압축여과기)를 사용한 가압여과가 이루어지고 있다. 또 기체 속의 미립자를 여과·분리하는 것을 여과집진(濾過集塵)이라 부른다.

여기 【勵起 excitation】 원자나 분자 등에 에너지를 주어서 높은 에너지의 상태로 하는 것을 말한다.

여기 상태 【勵起狀態 excited state】 원자나 분자 등과 같은 계(system)에서 기저상태(ground state)보다도 여분이 있는 에너지를 갖는 에너지 상태를 모두 포괄해서 말한다. 기저상태의 항 참조.

여기 에너지 【excitation energy】 어떤 양자상태(quantum state)에 있는 원자나 분자 또는 이온 등을 별도로 더욱 높은 에너지를 갖는 상태로 만드는 데 필요한 에너지를 말한다. 여기에너지는 계에서 2개의 에너지 레벨에 대한 차이이다. 여기퍼텐셜이라고도 한다.

역기전력 【逆起電力 back electromotive force (back e.m.f.)】 전기회로 또는 회로요소에서 정규적인 전하의 이동이 반대로 되는 기전력을 말한다. 어떤 종류의 전해전지에서는 음극의 표면 근처에서 수소이온이 전자를 얻어 수소분자를 생성하고, 수소의 기포가 층을 이루어 전하의 이동을 방해해서 생기게 된다. 즉 전극 표면에서 분극의 작용에 의한다.

연단 【鉛丹 red lead】 Pb_3O_4를 말한다. 사산화삼연의 항 참조.

연료 전지 【燃料電池 fuel cell】 연료의 에너지를 직접 전기의 형태로 변환할 수 있도록 한 전지를 말한다. 수산화칼륨 용액에 담근 2매의 다공질 니켈극판에 각각 수소가스와 산소가스를 도입한 것도 연료전지의 하나이다. 산소는 전극에서 반응하여 수산화이온 OH^-가 되고 용액 속으로 이동하기 때문에 한 쪽의 극은 양으로 대전(electrification)한다. 다른 쪽의 극에서는 수소와 OH^-의 반응으로 물이 생성되고 전자를 방출하므로 음극이 된다. 큰 연료전지에는 몇 10암페어라는 전류를 발생시키는 것도 있다. 일반적으로는 0.9V, 효율 60% 내외이다.

연백 【鉛白 white lead】 히드록시탄산염(Ⅱ)를 말한다. 수산화탄산염(Ⅱ)의 항 참조.

연소 【燃燒 combustion】 빛과 열을 방출하여 물질이 산소와 반응하는 것을 말한다. 고체나 액체의 연소는 가연성의 기체를 방출할 때 일어난다. 연소반응은 일반적으로 뚜렷하고 복잡한 유리기(遊離基 free radical)에 의한 연쇄 반응이다. 여기(excitation)된 원자나 이온 또는 분자 등으로부터 빛이 방출된다. 광휘가 강한 화염은 탄소가 백열(白熱)된 미세한 입자가 빛의 근원으로 되어 있다.

경우에 따라서는 산소와 천천히 반응하는 것에 대해서도 연소라는 말을 사용한다. 또한 산소 이외의 기체 안에서 화염이 생기는 반응을 연소라고 하는 일도 많다. 예를 들면 염소 안에서 여러 가지 금속이 '연소'한다고 말한다.

연소설 【燃燒設 phlogiston theory】 플로지스톤(phlogiston)설이라고도 한다. 가연성의 화합물은 연소할 때 어떤 물질[연소(燃燒), 플로지스톤]을 방출하여 재(ash)를 남긴다는 연소의 이론이다. 18세기에 라부아지에(Lavoisier)에 의해 정확하지 않다는 것이 증명될 때까지 일세를 풍미하였다(현대식으로 해석하면 플로지스톤은 전자에 해당한다고도 할 수 있다).

연소열 【燃燒熱 heat of combustion】 어떤 물질 1몰(mole)이 과량의 산소 속에서 완전하게 연소할 때 방출하는 열에너지를 말한다.

연속법 【連續法 continuous process】 공업생산에서 거친 원료를 연속적으로 플랜트(plant)에 공급하는 방법을 말한다. 이것으로 원료는 장치 속을 일관해서 연속적으로 이동하여 최종제품이 된다. 어떤 시점에 있어서도 특정단계에 있는 소재의 양은 적으나 반응의 전체 단계 전반에 걸쳐 분포하게 된다. 원유의 분별증류 등은 이의 좋은 예이다. 이러한 연속법은 자동화하기도 쉽고 제품을 값싸게 생산할 수 있다. 연속법의 결점은 다량의 수요를 공급하는 데 적합하기 때문에 공장 설비에 많은 비용이 필요하게 되며 다른 목적을 위해 동일한 설비를 이용할 수 없다는 점이다. 배치법의 항.

연속 스펙트럼 【continuous spectrum】 일련의 범위에서 이루어지는 발광이나 흡수스펙트럼을 말한다. 연속스펙트럼은 적외, 가시영역에서 고열의 고체로부터 방사된다. 스펙트럼의 항 참조.

연쇄 반응 【連鎖反應 chain reaction】 일련의 계열을 이루고 있는 자기계속성(自己繼續性)의 화학반응을 말한다. 반응하는 각 단계는 전단계의 반응생성물에 의해 시작된다. 전형적인 예로는 수소와 염소의 반응(염소폭명기)이 있다.

$$Cl_2 \rightarrow 2Cl\cdot$$
$$H_2 + Cl\cdot \rightarrow HCl + H\cdot$$
$$H\cdot + Cl_2 \rightarrow HCl + Cl\cdot$$

제1단계는 연쇄개시반응인데 염소분자의 해리(解離 dissociation)로부터 시작된다. 이후의 두 가지 반응에서는 연쇄가 계속된다. 2개 분자의 염화수소가 생성된 다음에 만들어진 염소원자는 다시 수소분자와 반응하여 연쇄가 계속된다.

유도핵분열반응도 연쇄반응에 의존하고 있다. 핵분열이 연쇄반응으로 계속하여 발생하는 데는 1회의 핵분열에 의해 2~3개의 중성자가 방출될 필요가 있다.

연수 【軟水 soft water】 경도의 항 참조.

연실법 【鉛室法 lead-chamber process】 전에 황산을 제조하는 데 사용되었던 방법이다. 이산화황을 일산화질소에 의해 산화하는 공정을 납을 내장한 큰 반응용기 속에서 진행시켰기 때문에 이러한 명칭이 되었다. 현재는 거의 접촉법으로 바뀌었다.

연철 【鍊鐵 wrought iron】 용광로에서 선철(銑鐵 pig iron)을 정련하여 만드는 것으로 탄소량이 0.02~0.2%인 강철을 말한다. 선철을 가열하여 망치로 두들겨 슬랙(slag)의 함유량을 낮추고 또한 고르게 분포토록 한 것이다. 에펠탑의 계단을 만드는 데 사용된 역사적인 것이나 오늘날에는 체인(chain)이나 울타리 등의 용도로 주로 쓰이고 있다.

열 【熱 heat】 온도의 차이에 따라 전달되는 에너지를 말한다. 가끔 내부에너지(계에서 구성입자의 운동에너지와 퍼텐셜에너지의 총합)의 의미로 확장시켜서 사용되는 일이 있다. 화학에서는 연소열이나 중화열(中和熱 heat of neutralization)과 같이 사용된다. 그러나 이것은 실제적으로 1몰당에 대한 엔탈피의 변화량이기 때문에 정확하게는 ΔH_M과 같이 기입해야 한다. 단위로는 킬로줄/몰($kJ\ mol^{-1}$)을 사용한다($kcal\ mol^{-1}$도 사용된다). ΔH가 음(-)이면 발열반응이다.

몰엔탈피 변화는 표준상태[298K(25℃), 101325Pa(1기압)]에서의 화학반응에 대응한 값이다. 그러므로 반응의 표준 몰엔탈피(반응열)란 이 상태에서 반응계 물질이 단일체로부터 생성되는 데 필요한 엔탈피와, 생성계 물질의 단일체로부터의 생성엔탈피와의 차이가 된다. 이러한 경우에 산정 기초가 되는 단일체(표준물질)는 표준 상태에서 안정된 것(탄소이면 흑연(graphite), 산소이면 기체의 이산소 O_2 등)이며 대개 측정하는 데 관계되는 엔탈피 변화는 표준 엔탈피 변화 그 자체는 아니다. 또한 어떠한 상태의 물질을 만드는가에 따라 생성엔탈피의 값은 다르기 때문에 때로는 명기해야 할 필요도 생긴다. 예를 들면 $\Delta H_f\ (H_2O)_l$은 액체인 물의 표준몰생성에너지이다.

열교환기 【熱交換機 heat exchanger】 온도가 높은 유체(流體)로부터 열을 빼앗아서 온도가 낮은 유체로 직접 유체끼리 접촉하는 일 없이 열을 이동시키는 장치를 말한다. 일반적인 것은 한쪽의 유체를 코일모양으로 감긴 관(tube)속을 통하게 하고 외측관 안에는 다른 액체를 충만시켜 둔다. 가열과 냉각의 효과는 화학공장에서의 공정의 제어 등으로 에너지를 절약하는 데 큰 역할을 하고 있다.

열기관 【熱機關 heat engine】 열역학 기관이라고도 하며 열에너지를 일로 변환시키는 장치이다. 열기관은 열을 높은 열원(熱源)에서 낮은 열원으로 이송시켜서 일을 하게 된다. 열기관의 이론적인 취급은 열역학의 이론에 대단히 중요하다. 카르노 사이클의 항 참조.

열분해 【熱分解 pyrolysis】 고온으로 가열하여 화학물질을 분해하도록 일으키는 것을 말한다.

열역학 【熱力學 thermodynamics】 열 및 그 밖의 에너지 형태와 온도, 압력, 밀도 등과 같은 물리량의 에너지와 관련된 변화를 연구하는 학문이다.

열역학 제1법칙, 제2법칙, 제3법칙이라고 하는 세 가지 법칙이 중요하며 다음과 같이 이것을 정리해 둔다.

열역학 제1법칙 : '어떤 닫힌 계의 전체 에너지는 보존된다'(에너지 보존 법칙). 모든 과정에서 에너지는 다른 형태로 변환될 뿐이지 상실되는 일은 없다.

수학적으로 표현하면 열역학 제1법칙은 다음과 같이 나타낼 수 있다.

$$\delta Q = \delta U + \delta W$$

여기서 δQ는 계로 유입하는 열량, δU는 내부에너지의 변화(계에서 온도의 상승과 하강에 대응한다). δW는 계에 대해 이루어지는 일을 나타내고 있다.

열역학 제2법칙 : 몇 가지 표현형식이 있다. 그 한가지는 '냉열원에서 높은 열원으로 열을 이동시키는 데는 반드시 에너지의 나머지 소비가 따른다'는 것이다. 또 한가지는 '열을 완전하게 일로 변환할 수는 없다'는 표현이다. 즉, 열기관의 효율은 절대로 100%가 되지 않는다.

열역학 제3법칙 : '절대 영도(0℃)에서 순수한 물질의 엔트로피는 모두 제로가 된다'.

때때로 열역학의 제영법칙이라는 것이 있다. 이것은 '열평형 상태에 있는 물체 2개가 있을 때 제3의 물체가 이 중 어느 것과 열평형이 되면 이 3개의 물체는 모두 열평형 상태에 있다'라는 것이다. 이러한 표현은 앞에서 말한 3개 법칙보다도 근본적인 것이기 때문에 제영법칙이라고 하는 것이다. 이와 같이 말할 수 있는 것도 앞에서 말한 3개 법칙은 이러한 제영법칙을 가정한 조건하에서 성립하고 있기 때문이다.

열역학적 온도 【熱力學的溫度 thermodynamic temperature】 절

대온도의 항 참조.

열화학 【熱化學 thermochemistry】 화학의 한 분야로서 반응열이나 용매화열과 같이 열에너지의 출입과 관련된 것을 연구하는 학문이다.

염교 【鹽橋 salt bridge】 두 개의 반쪽전지(half-cell)를 연결할 때 양쪽의 액(液)이 혼합하지 않도록 사용하는 간단한 장치를 말한다. 유리로 된 U자관(U-tube)에 염화칼륨(potassium chloride)을 함유하는 한천 겔(agar-gel)을 채운 것을 사용하는 것이 보통이다.

염기 【鹽基 base】 수용액 안에서 OH^-를 방출하는 화합물이다. 염기성 수용액의 pH는 7보다 크다(아레니우스의 정의).

일반적으로 사용되는 브뢴스테드-로우리(Brønsted-Lowry)의 정의에 의하면 '염기란 양성자를 수용할 수 있는 물질이다'라고 하였다. 따라서 OH^-는 H^+를 받아들여 물 H_2O를 생성하기 때문에 염기이나 H_2O 그 자체도 OH^-에 비하면 훨씬 약하다고는 하지만 염기의 성질을 가지고 있다. 즉, H_2O도 양성자를 받아들여 H_3O^+를 생성하기 때문이다. 이러한 정의를 채용하면 SO_4^{2-}나 NO_3^- 등과 같은 무기의 강산이온은 대응하는 산의 '공액'염기이며 더욱이 대단히 약한 염기인 것이 된다. 트리메틸아민이나 피리딘 등의 전자쌍공여체(donor)도 유기염기의 예이다.

염기성 【鹽基性 basic】 수산화이온 OH^-를 방출하는 성질을 말한다. 따라서 순수보다도 다량의 OH^-이온을 함유하는 수용액은 염기성이 된다. 즉, pH가 7이상이 된다.

염기성 슬랙 【basic slag】 슬랙의 항 참조.

염기성 아세트산 알루미늄 【basic aluminum acetate】 아세트산 알루미늄의 항 참조.

염기성염 【鹽基性鹽 basic salt】 정염(正鹽 normal salt)과 수산화물 또는 산화물의 중간적인 조성을 갖는 화합물이다. 수산화할로겐화물(또는 히드록시할로겐화물) 또는 히드로시염, 옥시염 등이라고 한다. 예로는 $Pb(OH)Cl$, $Mg_2(OH)_3Cl \cdot 4H_2O$, $Zn(OH)F$, $PbCO_3 \cdot Pb(OH)_2$(히드록시탄산납), $Cu(OH)_2 \cdot CuCO_3$(히드록시탄산구리), $Cu(OH)_2 \cdot CuCl_2$ 등이 있다. 수산화할로겐화물은 대개 8면체위치에 할로겐이온 대신으로 OH^-가 들어간 최밀충전구조를 이루는데 일반적인 염기성염의 구조는 화학식에서 추정되는 것보다 훨씬 복잡한 구조를 이루는 일이 많다.

염기 적정 【鹽基滴定 alkalimetry】 산적정의 항 참조.

염기 촉매 반응 【鹽基觸媒反應 base-catalyzed reaction】 염기에 의한 촉매작용을 나타내는 화학반응을 말한다. 전형적인 예로는 알돌축합, 클라이젠축합 등이 있다. 모두 제1단계에서 양성자가 염기에 의해 제거되므로 카르보음이온의 생성이 함유된다.

염료 【染料 dye】 섬유나 피혁(가죽) 등을 염색하는 데 사용되는 물질이다. 현재 사용되는 염료의 대부분은 합성 염료이다. 최초의 합성염료는 퍼킨(W.H. Perkin)에 의한 모브(mauve)였다(1856년).

대부분의 염료는 공액의 이중결합을 많이 함유하는 유기화합물이다. 색채를 출현시키는 결합의 그룹을 발색단(chromophore)이라고 한다. 아조화합물의 항 참조.

염류의 수화물 【鹽類水和物 salt hydrate】 금속염류 중, 일정한 수의 물분자가 금속이온의 주위에 결합하고 있는 것을 가리킨다. 물분자와 금속이온의 결합은 이온-쌍극자의 상호작용에 의한다. 고체에서 물분자는 결정구조의 일부를 이루고 있다. 염류의 수화물 안에 있는 물분자는 만약 계의 수증기압이 해리압(dissociation pressure) 보다 낮으면 단계적으로 방출되어 점점 수가 줄어든다. 이러한 현상을 풍해(efflorescence)라고 한다. 반대로 계의 수증기압이 해리압보다 높으면 결정은 수분을 흡수하여 최종적으로는 포화용액이 된다. 이것을 조해(deliquescence)라고 한다.

염산 【鹽酸 hydrochloric acid】 REG#=7647-01-0 염화수소(HCl)의 수용액이다. 무색이며 농축한 것은 발연성이다.

$$HCl(g) + H_2O(l) \rightarrow H_3O^+(aq) + Cl^-(aq)$$

해리도가 매우 크기 때문에 염산은 전형적인 강산(strong acid)의 성질을 나타낸다. 탄산염과 반응하여 이산화탄소를 방출하며 대부분의 금속과 반응하여 수소를 생성한다. 염산의 공업적인 용도는 많지만 염료나 약품 또는 사진공업 등에 많이 이용된다. 전해도금할 때 금속의 표면을 산세척(pickling)으로 깨끗이 하는 데도 사용된다. 할로겐화수소산의 전형이며 강한 양성자 공여체이다. 과망간산칼륨 등의 강산제에 의해 염소로 산화된다.

염소 【鹽素 chlorine】 [기호] Cl [양성자수] 17 [상대원자질량] 35.453 mp $-103℃$ bp $-34.6℃$ 밀도 $3.214 kgm^{-3}$ 할로겐(주기율표 제Ⅶ족)에 속하고 담녹색이며 반응성이 풍부한 기체원소이다. 바닷물 속이나 암염의 지하광상(地下鑛床) 등에 염화물의 형태로 존재한다. 지각 속의 평균 함유율은 0.055%이다.

염소는 산화력이 강하기 때문에 단리(單離 isolation)하는 데는 강산화제가 필요하다. 이산화망간, 과망간산칼륨, 이크롬산칼륨(중크롬산칼륨) 등을 사용한다. 진한 황산도 산화작용을 하지만 염화물에서 염소를 유리(遊離 free)시킬 수 없다는 것에 주의하기 바란다. 공업적으로 염소를 만드는 데는 식염수나 함수(brine, salt water, 짠물)를 전기분해한다(폐염산(廢鹽酸)을 고온으로 산화시켜서 생기는 염소를 회수하기도 한다). 염소의 용도는 많으나 단일체의 형태로는 소위 염소화유기용매라고 하는 클로로폼, 트리클렌, 사염화소 등 탄의 합성 또는 폴리염화비닐(polyvinyl chloride, PVC)의 생산원료가 된다. 또한 표백용의 차아염소산염 형태로 된 용도도 많다(제초제나 화약 등에는 염소산염의 형태로 사용된다. 염소산나트륨의 항도 참조).

단일체의 염소는 여러 가지 원소와 직접 반응하고 격렬한 작용을 나타내는 일도 많다. 수소와의 반응은 햇빛에 의해 폭발적으로 일어나고(염소폭명기) 염화수소 HCl을 생성시킨다. 양성 원소와의 직접반응에서는 금속의 염화물이 생긴다. 제Ⅰ, Ⅱ족의 금속에서는 이온성의 금속염화물이 생긴다. 금속이온의 전하/반지름비가 커지면 분극의 영향이 나타나 공유결합성이 커진다. 예를 들면 염화세슘 CsCl은 거의 완전한 이온성결정이지만 사염화티탄 $TiCl_4$는 공유결합성의 분자이다. 전기적으로 음성인 원소는 모두 휘발성이 풍부한 분자성의 화합물을 만든다. 이 때의 염소결합은 모두 단일결합이다. Pb(Ⅱ), Ag(Ⅰ), Hg(Ⅰ)(Hg_2^{2+}) 이외의 금속염화물은 예외 없이 물에 용해되기 때문에 물속에서는 Cl^- 이온과 수화(水化)된 금속이온으로 변화한다.

전기적인 양성이 극단적이 아닌 원소의 염화물은 수용액을 가열하면 가수분해가 되어서 수산화물이나 히드록시염화물이 된다. 예를 들면 다음과 같은 반응이 일어난다.

$$ZnCl_2 + H_2O \rightarrow Zn(OH)Cl + HCl$$
$$FeCl_3 + 3H_2O \rightarrow Fe(OH)_3 + 3HCl$$

염소의 산화물은 4가지 종류가 있다. 즉

일산화염소	Cl_2O
이산화염소	ClO_2
육산화이염소(삼산화염소)	ClO_3
칠산화이염소	Cl_2O_7

어느 것이나 반응성이 풍부하고 폭발적이다. 이산화염소는 강력한 산화제로서 사용되지만 폭발성이 심하기 때문에 공기 등의 비활성가스로 희석시켜서 사용한다.

염화물이온 Cl^-는 여러 가지 종류의 금속이온에 대해 배위자가 된다. 예를 들면 $[FeCl_4]^-$, $[CuCl_4]^{2-}$, $[CoCl_2(NH_3)_4]^+$ 등이 있다. 클로로착이온의 생성은 금속이온의 음이온을 교환 분리하는 데 응용되고 있다. 금속염화물의 수용액을 가열해서 증발시키고 건조해서 굳게 하면 가수분해가 일어나기 쉽기 때문에 무수염화물을 만드는 데는 특별한 방법을 사용해야 한다.

즉, ① 건조한 염소를 가열한 금속에 작용시킨다. ② 가열된 금속에 건조한 염화수소를 반응시킨다(저원자가 염화물을 만들 때). ③ 건조한 염화수소를 수화염화물에 작용시킨다.

무기금속염화물의 수용성은 금속이온 자체가 독성을 갖는 경우를 달리하면 환경문제의 원인으로는 되지 않는다. 그러나 유기염소화합물 속에서는 살충제 등으로 분해하기 어렵고 농축이나 집적되기 쉬운 것이 큰 문제가 된다. 먹이사슬 속에서는 농축이 일어나므로 고등동물의 조직에 고농도로 집적하게 된다. 염소가스나 염화수소가스는 모두 심한 독성을 나타낸다. 가수분해에 의해 염화수소가스를 발생하는 금속염화물도 독성인 것으로 간주해야 한다. 유기염소화합물에는 더욱 독성이 강한 것도 있어 보호장갑이나 그밖에 상해를 방지하는 준비와 설비가 없는 곳에서는 취급하지 말아야 한다.

염소산【鹽素酸 chloric acid】 REG#=7790-93-4 $HClO_3$ 자극성의 냄새가 나는 무색의 액체(수용액)이다. 염소산바륨과 묽은 황산을 복분해(複分解 double decomposition)해서 만든다. 강산이며 표백능력을 가지고 있다. 종이나 설탕 등의 유기물과 접촉하면 불꽃을 내면서 연소할 정도로 강한 산화력을 나타낸다.

염소(Ⅰ)산【chloric(Ⅰ) acid】 차아염소산의 항 참조.

염소(Ⅲ)산【chloric(Ⅲ) acid】 아염소산(chlorous acid)의 항 참조.

염소(Ⅴ)산【chloric(Ⅴ) acid】 염소산의 항 참조.

염소(Ⅶ)산【chloric(Ⅶ) acid】 과염소산의 항 참조.

염소산 나트륨【sodium chlorate】 (CAS) chloric acid, sodium salt REG#=7775-09-9 $NaClO_3$ 농후한 가열 수산화나트륨 수용액에 염소가스를 작용시켜서 만든다. 또한 진한 식염수를 전기분해시켜도 만들 수 있으며 물에 잘 용해된다. 강력한 산화제이며 가열하면 분해되어 산소를 방출하고 염화나트륨이 남는다. 염소산염은 폭발물로 이용하는 외에 성냥이나 제초제, 또는 섬유공업(표백) 등에 사용된다.

염소산염【鹽素酸鹽 chlorate】 염소산의 염을 말한다. 폭약이나 제초제 등에 사용된다.

염소산 칼륨【potassium chlorate】 (CAS) chloric acid, potassium salt REG#=3811-04-9 $KClO_3$ 물에 용해되는 백색고체이다. 염화칼륨 수용액을 전해산화 시켜 만든다. 공업적으로는 염소산나트륨과 염화칼륨의 혼합용액을 분별결정시켜서 만든다. 가열하면 분해되어 산소를 방출한다. 염소산칼륨은 강력한 산화제이며 폭약, 성냥, 제초제, 불꽃, 소독약 등에 사용된다. 산성 수용액에서는 요오드화물(iodide)을 단일체 요오드(iodine)로 산화한다. 융융점보다 약간 고온으로 하면 과염소산칼륨으로 변화한다.

염소화 【鹽素化 chlorination】 염소에 의한 살균처리, 예를 들면 수영장의 물을 살균하는데 염소가스를 분출시키는 것(염소 처리)을 말한다. 할로겐화의 항 참조.

염화구리(Ⅰ) 【copper (Ⅰ) chloride】 (CAS) copper chloride(Ⅰ) REG#=7758-89-6 CuCl 염화제일구리라고도 한다. 백색고체이며 물에 용해되지 않는다. 염화구리(Ⅱ)를 과량의 금속구리조각(줄질(filing)한 부스러기(chip) 등)과 진한 염산 속에서 가열하면 얻을 수 있다. 반응액이 무색으로 된 다음 정제한 물(또는 아황산수도 좋다)에 부으면 백색의 염화구리(Ⅰ)가 침전으로서 생긴다. 공기 속에 방치하면 백색의 침전은 녹색으로 변색하지만 이것은 염화구리(Ⅱ)의 생성에 기인한다. 염화구리(Ⅰ)는 일산화탄소를 흡수한다. 고무공업에서 촉매로 많이 사용된다. 염화구리(Ⅰ)는 고체에서는 공유결합구조를 취하고 있지만 기체에서는 이량체(Cu_2Cl_2)나 삼량체이다. 유기화학에서는 샌드마이어 반응(Sandmeyer reaction) 등에 사용된다.

염화구리(Ⅱ) 【copper (Ⅱ) chloride】 (CAS) copper chloride(Ⅱ) REG#=7447-39-4 $CuCl_2$ 염화제이구리라고도 한다. 산화구리(Ⅱ) 또는 탄산구리(Ⅱ)를 묽은 염산에 용해시켜서 만든다. 이 용액에서는 에메랄드그린의 이수화물 $CuCl_2 \cdot 2H_2O$를 결정으로서 얻을 수 있다. 무수(無水)의 염화구리(Ⅱ)는 과량의 염소 안에서 금속구리를 연소시키면 갈색의 고체로서 얻을 수 있다. 이수화물을 진한 황산으로 탈수해도 얻을 수 있다. 염화구리(Ⅱ)의 엷은 용액은 청색이지만 진한 용액은 녹색이다. 과량의 염산이 존재하는 데서는 황색을 띤다.

염화금(Ⅲ) 【鹽化金 gold (Ⅲ) chloride】 REG#=13453-07-1 $AuCl_3$ 금을 왕수(王水 aqua regia)에 용해시켜 만든 염화금산을 100℃로 열분

해시키면 생기는 적갈색의 바늘 모양과 같은 결정(針狀結晶)이다. 에테르에 용해된다.

염화나트륨 【sodium chloride】 REG#=7647-14-5 NaCl 식염을 말한다. 염산을 수산화나트륨으로 중화시켜서 만든다. 자연에서는 해수나 함수(鹹水 brine) 속에 다량으로 함유되어 있다. 암염(巖鹽)으로 광산에서 산출되는 일도 있다. 물에 용해될 때는 흡열하지만 용해도는 온도에 따라 별로 변화하지 않는다. 식료품의 조미나 보존에 사용된다. 공업원료로는 탄산나트륨의 원료(솔베이법 solvey process)나 수산화나트륨 또는 비누의 원료로서 중요하다. 알콜에는 거의 용해되지 않는다.

염화 리튬 【lithium chloride】 REG#=7417-41-8 LiCl 백색고체이다. 탄산리튬 또는 산화리튬을 묽은 염산에 용해하여 결정시켜서 만든다. 19℃ 이하에서는 이수화물 $LiCl \cdot 2H_2O$가 석출되나 19℃이상에서는 물분자 1개가 떨어져 나간다. 무수물(無水物 anhydride)은 93.5℃이상으로 가열시켜서 만든다. 염화리튬은 알루미늄을 용접할 때의 융제로 사용된다. 염화리튬은 염화나트륨과 동일한 형태의 입방정계결정이된다. 알콜이나 케톤 또는 에스테르 등의 유기용매에도 용해된다. 염화리튬은 이미 알려진 화합물 중에서 가장 조해성(潮解性 deliquescence)이 현저한 것이다. 결정성 수화물로는 일수화물과 이수화물 외에 삼수화물도 알려지고 있다.

염화 마그네슘 【magnesium chloride】 REG#=2090-64-4 $MgCl_2$ 여러 가지 수화수(水化數)의 결정으로 얻게 되는데 가장 일반적으로 보이는 것은 6수화물 $MgCl_2 \cdot 6H_2O$이다. 가열하면 가수분해가 일어나서 염화수소가 증발하고 뒤에 산화마그네슘이 남는다.

$$MgCl_2 + H_2O \rightarrow MgO + 2HCl$$

무수(無水)한 염화마그네슘을 만드는데는 수용액을 염화수소 분위기 속에서 증발시키고 농축할 필요가 있다. 면방적 등에 사용되나 무수물은 금속마그네슘의 원료이다.

염화 메틸 【methyl chloride】 클로로메탄의 항 참조.

염화물 【鹽化物 chloride】 할로겐화물 및 염소의 항 참조.

염화 바륨 【barium chloride】 REG#=10361-37-2 탄산바륨을 염산에 용해하여 농축, 결정화시키면 이수화물이 된다($BaCl_2 \cdot 2H_2O$). 무수물은 금속바륨 제조용의 전해질로서 사용된다. 이수화물은 살균제나 피혁공업 등에 이용된다.

염화 백금(Ⅱ) 【鹽化白金 platinum (Ⅱ) chloride】 (CAS) platinum chloride(1:2) REG#=10025-65-7 $PtCl_2$ 염화제일백금이라고도 하였다. 회갈색 분말이다. 염화백금(Ⅳ)을 부분적으로 분해해서 만든다. 가열된 백금 위에 염소가스를 통과시켜도 만들 수 있다. 염화백금(Ⅱ)는 물에 용해되지 않으나 진한 염산에는 용해되고 테트라클로로 백금(Ⅱ)산이 된다.

염화 백금(Ⅳ) 【platinum(Ⅳ) chloride】 (CAS) platinum chloride(1:4) REG#=1345-96-1 $PtCl_4$ 염화제이백금 또는 사염화백금이라고도 한다. 적색의 흡습성 고체이며 염화백금산을 열분해시켜서 만들 수 있다. 오수화물의 결정도 만들 수 있다. 이 수화물의 결정을 진한 황산으로 처리하면 무수물이 된다. 물에 용해되어 강산성 용액이 된다. 염화백금(Ⅳ)에는 수화수 1, 2, 4, 5의 수화물이 있는데 사수화물이 가장 안정되어 있다. 강산성의 수용액에는 대부분 $H_2[PtCl_4(OH)_2]$가 함유되어 있다.

염화 백금산 【鹽化白金酸 chloroplatinic acid】 두가지 종류의 화합물이 이러한 명칭으로 불린다. 하나는 H_2PtCl_4, 또 하나는 H_2PtCl_6이다. 일반적으로 뒤에 말한 것(헥사클로로백금(Ⅳ)산)을 가리키는 일이 많다. 금속백금을 왕수에 용해시켜 만드는데 이 용액으로 결정시키면 적색의 육수화물 $H_2PtCl_6 \cdot 6H_2O$가 된다. 바늘 모양의 조해성 결정이다. 강산이며 일련의 헥사클로로백금산염이 알려져 있다.

염화 베릴륨 【beryllium chloride】 REG#=7787-47-5 $BeCl_2$ 산화베릴륨과 탄소의 혼합물을 가열해서 염소를 통과시키면 만들 수 있는 백색 고체이다. 융해상태에서도 별로 좋은 양도체는 아니며 고상에서는 공유결합성의 폴리머 구조를 이루고 있다. 유기용매에는 잘 용해되지만 물이 존재하는 데서는 가수분해를 받아 수산화물이 된다. 무수의 염화베릴륨은 촉매로서 사용된다.

염화 벤젠카르보닐 【benzenecarbonyl chloride】 염화벤조일의 항 참조.

염화 벤조일 【benzoyl chloride】 REG#=98-88-4 C_6H_5COCl 벤조일시약(benzoylation reagent)으로서 잘 사용된다. 염화아실의 한가지이며 액체이다.

염화 비소 【鹽化砒素 arsenic(Ⅲ) chloride】 (CAS) arsenous trichloride REG#=7784-34-1 $AsCl_3$ 삼염화비소(arsenic trichloride) 또는 arsenious chloride라고도 한다. 유독한 유상액체(油狀液體)이고 공유결합성이며 비금속원소의 염화물 성질을 나타낸다. 습한 공기 속에서 발연(發煙)하여 가수분해를 일으킨다.

$$2AsCl_3 + 3H_2O \rightarrow As_2O_3 + 6HCl$$

염화 비스무트(Ⅲ) 【bismuth(Ⅲ) chloride】 (CAS) bismuthine, trichloro- REG#=7787-60-2 $BiCl_3$ 삼염화비스무트라고도 한다. 백색 조해성(潮解性) 고체이다. 비스무트와 염소를 직접 화합시켜서 만든다. 염화비스무트(Ⅲ)는 과량의 묽은 염산에 용해되지만 물에 희석하면 백색의 침전으로서 산화염화비스무트(Ⅲ)(염화비스무틸) $BiOCl$을 얻게 된다.

$$BiCl_3 + H_2O \rightleftharpoons BiOCl + 2HCl$$

이러한 반응은 가역반응의 흔한 예로 잘 사용되며 정성분석에서 비스무트의 확인반응으로도 사용된다. 염화비스무트(V)는 생성되지 않는다.

염화 비스무틸 【bismuthyl chloride】 염화비스무트(Ⅲ)의 항 참조.

염화 설퍼릴 【sulfuryl chloride】 REG#=7791-25-5 SO_2Cl_2 이산화이염화황이라고도 한다. 무색의 발연성 액체이다. 염소와 이산화황의 혼합물에 태양빛을 쪼이면 생성된다. 우수한 염소화시약이다.

염화 세슘형 구조 【cesium chloride structure】 결정구조의 한가지이다. 입방정계 중에서 세슘이온과 염화물이온이 서로 별도의 층을 이루고 각 세슘이온은 8개의 염화물이온에 접촉된 구조(반대로 각 염화물이온은 8개의 세슘이온에 접촉하고 있다)를 말한다. 염화물이온 중, 4개는 세슘이온의 평면 위에 있고 나머지 4개는 아래쪽에 있으며 입방체의 정점(꼭지점) 위치에 온다.

염화 수소【鹽化水素 hydrogen chloride】 (CAS) hydrochloric acid REG#=7647-01-0 HCl 무색의 기체이며 자극적인 강한 냄새가 나고 습한 공기 속에서 발연한다. 염화나트륨에 진한 황산을 반응시켜 만든다. 공업적으로는 염소 안에서 수소기류를 연소시켜서 만든다. 염화수소 그 자체는 별로 반응성이 풍부하지 않으나 암모니아가 있으면 염화암모늄의 진한 연기를 생성한다. 물에 잘 용해되고 대부분 완전하게 이온화한다. 수용액은 염산이라고 한다(염화수소산이라고는 하지 않는다). 염화수소는 톨루엔 등의 유기용매에도 잘 용해된다. 그러나 이러한 유기용매에 용해된 용액에서는 거의 이온화가 일어나지 않고 산으로서의 성질도 전혀 나타나지 않는다. 염화수소는 여러 가지 유기염소화합물의 합성원료로서 사용된다(예 : 폴리염화비닐). 다른 할로겐화수소분자(HBr, HI 등)와는 달라서 염화수소는 가열되어도 거의 해리하지 않는다. 이것은 H-Cl의 공유결합이 단단하고 강하다는 것을 나타낸다. 염산의 항 참조.

염화 수은(Ⅰ)【鹽化水銀 mercury(Ⅰ) chloride】 mercury chloride REG#=7546-30-7 Hg_2Cl_2 칼로멜(감홍(甘汞)) 또는 염화제일수은이라고도 한다. 수은(Ⅰ)이온의 수용액에 묽은 염산을 첨가하면 백색의 침전으로서 얻을 수 있다. 별도의 방법으로 금속수은과 염화수은(Ⅱ)을 함께 승화(sublimation)시키는 방법도 있다. 염화수은(Ⅰ)은 물에 용해되기 어려우며 암모니아에 의해 흑색으로 변한다. 이것은 아미드염화수은의 생성에 의한다. 알칼리에 의해서도 흑색으로 변한다. 설사제로도 사용된다.

염화 수은(Ⅱ)【鹽化水銀 mercury(Ⅱ) chloride】 mercury chloride REG#=7487-94-7 $HgCl_2$ 염화제이수은 또는 승홍(昇汞 corrosive sublimate)이라고도 한다. 무색결정성 고체이며 금속수은과 건조한 냉

각된 염소를 직접 반응시켜 만든다. 물에 용해되나 진한 염산에는 착이온 $HgCl_3^-$, $HgCl_4^{2-}$를 생성하여 더욱 잘 용해된다. 가열하면 쉽게 승화하므로 '승홍'이라는 이름이 되었다. 맹독하다. 0.1%의 승홍수는 소독약으로서 수술할 때 사용된다(일반적으로 착색되어 있다).

염화 스트론튬 【strontium chloride】 REG#=10476-85-4 가열한 금속 스트론튬과 염소를 직접 반응시키거나 수화염화스트론튬을 가열하여 염소가스를 통과시켜 얻게되는 백색의 고체이다. 불꽃을 홍색으로 착색시키는 데 사용된다. 육수화물 $SrCl_2 \cdot 6H_2O$는 수산화스트론튬이나 탄산스트론튬을 염산으로 중화시켜 만든다.

염화 아세틸 【acetyl chloride】 REG#=75-36-5 CH_3COCl 아세트산과 오염화인 등을 염소화제와 반응시켜서 만든다. 자극적인 냄새가 나는 무색의 액체이며 아세틸화제이다.

염화아연 【鹽化亞鉛 zinc chloride】 REG#=7646-85-7 $ZnCl_2$ 가열한 아연과 건조된 염화수소 또는 염소가스를 반응시켜서 만들 수 있는 백색결정성 고체이며 무수염(無水鹽)은 승화성이 있다. 수화물은 금속아연을 염산에 용해하여 결정시켜서 만든다. 수화수 4, 3, 5/ 2, 3/ 2, 1의 각수화물이 알려져 있다. 조해성이 매우 크며 물에 잘 용해된다. 치과치료용, 르클랑셰전지용으로 사용되는 외에 융제(融劑 flux)나 유기화합물의 탈수제로도 사용된다.

염화 안티모닐 【antimonyl chloride】 염화안티몬(Ⅲ)의 항 참조.

염화 안티몬(Ⅲ) 【antimony (Ⅲ) chloride】 (CAS) stibine, trichloro - REG#=10025-91-9 $SbCl_3$ 삼염화안티몬(antimony trichloride)이라고도 한다. 백색 조해성의 고체이다. 안티몬과 염소를 직접 반응시켜서 만든다. 쉽게 가수분해되고 백색이며 물에 용해되지 않는 산화염안티몬(Ⅲ)(염화안티모닐), 이른바 안티몬버터(antimony butter)가 된다.

$$SbCl_3 + H_2O \rightarrow SbOCl + 2HCl$$

염화 알루미늄(무수) 【aluminum chloride】 REG#=7446-70-0 $AlCl_3$ 백색고체이며 습한 공기 속에서 발연한다.

$$AlCl_3 + 3H_2O \rightarrow Al(OH)_3 + 3HCl \uparrow$$

금속알루미늄을 건조염소 또는 건조염화수소 속에서 가열하여 만든다. 증기밀도로 보아 이량체의 Al_2Cl_6의 형태인 것을 알 수 있다. $AlCl_3$의 구조는 전자결손화합물이기 때문에 루이스산(전자쌍 수용체, acceptor)으로서 작용한다. 염화알루미늄은 프리델 크래프츠 반응(Friedel-Crafts reaction)에서 사용된다(육수화물 $AlCl_3 \cdot 6H_2O$는 무수물(無水物 anhydride)과는 달리 발연도 되지 않고 또한 프리델크래프츠 반응의 촉매도 되지 않는다).

염화 암모늄 【ammonium chloride(sal ammoniac)】 REG#=12175 -02-9 NH_4Cl 특유한 맛이 나는 백색의 결정성 고체이며 물에 잘 용해된다(20℃ 물 100g에 37g을 용해한다). 공업적으로는 암모니아와 염산을 반응시켜 만든다. 가열하면 승화하는 데 이것은 다음과 같은 열분해로 인한 평형 때문이다.

$$NH_4Cl(s) \rightleftarrows NH_3(g) + HCl(g)$$

염화암모늄의 용도는 전해액이나 납땜의 용제 또는 액체비료나 나염 등 외에 르클랑세 전지나 건전지 등을 제조하는 데 사용한다.

염화 에탄오일 【ethanoyl chloride】 염화아세틸의 항 참조.

염화 에틸 【ethyl chloride】 클로로에탄의 항 참조.

염화은 【鹽化銀 silver chloride】 REG#=7783-90-6 AgCl 질산은(silver nitrate) 수용액에 가용성의 염화물 수용액을 첨가하면 백색의 침전으로서 얻게 된다. 자연에서는 각은광(角銀鑛)으로서 산출된다. 물에는 용해되지 않으나 진한 염산에는 용해되며 또한 암모니아수에도 용해된다. 반응성은 부족하지만 태양빛에 의해 감광되므로 사진에 이용된다. 염화은과 염화나트륨의 결정구조는 동일한 암염형(巖鹽型)이다. 암모니아를 흡수하여 $AgCl \cdot 2NH_3$, $AgCl \cdot 3NH_3$가 된다.

염화인(Ⅲ) 【鹽化燐 phosphorus(Ⅲ) chloride】 (CAS) phosphorous trichloride) REG#=17719-12-2 PCl_3 삼염화인이라고도 한다. 인과 염소를 직접 화합시켜서 만드는 무색의 액체이다. 물이 있으면 급속하게

분해하여 염화수소와 포스폰산(아인산)이 된다. 유기화합물 안의 수산기를 염소원자로 치환하기 위해 사용된다.

염화인(Ⅴ) 【phosphorus(Ⅴ) chloride】 (CAS) phosphorane, pentachloro-REG#=10026-13-8 PCl_5 오염화인이라고도 한다. 백색승화성의 고체이다. 염화인(Ⅲ)을 염소로 산화시켜 만든다. 물과 반응하여 $POCl_3$, 이어서 인산이 되고 염화수소를 생성한다. 유기화합물의 염소화시약으로서 수산기를 염소원자로 치환하는 데 사용된다. 고상(固相)에서는 $[PCl_4]^+$ $[PCl_6]^-$의 형태를 취한다.

염화 제이금 【鹽化第二金 auric chloride】 auric은 3가(3價 tervalent)의 금을 함유한다는 의미이며 1가의 금은 aurous이다. 염화금(Ⅲ)의 항 참조.

염화 제이 백금 【platinic chloride】 염화백금(Ⅳ)의 항 참조.

염화 제이 수은 【mercuric chloride】 승홍(昇汞 corrosive sublimate)이라고도 한다. 염화수은(Ⅱ)의 항 참조.

염화 제이철 【ferric chloride】 염화철(Ⅲ)의 항 참조.

염화 제일 수은 【mercurous chloride】 칼로멜(감홍(甘汞))이라고도 한다. 염화수은(Ⅱ)의 항 참조.

염화 제일철 【ferrous chloride】 염화철(Ⅱ)의 항 참조.

염화 주석(Ⅱ) 【鹽化朱錫 tin(Ⅱ) chloride】 (CAS) tin, chloride(1:2) REG#=7772-99-8 $SnCl_2$ 지방(脂肪) 모양의 광택을 가진 투명한 고체이다. 금속주석을 염산에 용해시켜 만든다. 환원제이며 암모니아와 부가물을 만들고 수화물도 존재한다. 매염제(媒染劑)이다. 염화 제1주석이라고도 한다.

염화 주석(Ⅳ) 【鹽化朱錫 tin(Ⅳ) chloride】 (CAS) stannane, tetrachloro- REG#=7646-78-8 $SnCl_4$ 무색이며 발연성인 액체이다. 유기용매에 잘 용해되지만 물에서는 가수분해한다. 황, 인, 브롬, 요오드의 단일체를 용해시킨다. 진한 염산에 용해되어 $SnCl_6^{2-}$ 착이온을 만든다. 염화제이주석이라고도 한다.

염화철(Ⅱ) 【鹽化鐵 iron(Ⅱ) chloride】   REG#=7758-94-3 $FeCl_2$ 염화제일철이라고도 한다. 가열된 금속철 위에 건조한 염화수소를 통해서 얻는 백색 깃털모양의 결정[無水物]이다. 수화(水化)된 염화철(Ⅱ)을 만드는 데는 금속철을 과량의 진한 염산(묽은 염산도 좋다)에 용해하여 결정시킨다. 녹색의 육수화물 $FeCl_2 \cdot 6H_2O$가 된다. 물에 잘 용해되고 가수분해 때문에 산화반응을 나타낸다.

염화철(Ⅲ) 【鹽化鐵 iron(Ⅲ) chloride】   (CAS) iron chloride REG# =7705-08-0 $FeCl_3$ 염화제이철이라고도 한다. 무수물은 어두운 적색이고 금속철을 가열하면서 염소가스를 통과시킨다. 생성물은 승화성이며 냉각된 수용기에 모인다. 수화물 $FeCl_3 \cdot 6H_2O$를 얻기 위해서는 산화철(Ⅲ)을 과량의 진한 염산에 용해해서 결정을 이루게 한다. 황갈색의 육수화물이 생성된다. 물에 잘 용해되며 가수분해를 일으키기 쉽다. 400℃이하에서 무수물은 이량체 Fe_2Cl_6이다.

염화 칼륨 【potassium chloride】   REG#=7447-40-7 KCl 백색의 이온성결정이다. 수산화칼륨을 염산으로 중화시켜서 만든다. 자연에서는 실루빈(KCl), 카널라이트 $KCl \cdot MgCl_2 \cdot 6H_2O$ 등의 형태로 산출된다. 가열된 물에는 염화나트륨보다 잘 용해되지만 냉수에는 반대로 잘 용해되지 않는다. 수용액을 증발시켜서 농축하면 무색투명한 입방정이 된다. 결정구조는 암염형이다. 비료나 수산화칼륨을 제조하는 원료이다.

염화 칼슘 【calcium chloride】   REG#=10043-52-4 $CaCl_2$ 백색고체이다. 솔베이법의 부산물로서 여러 가지 수화수가 생긴다. 물에 잘 용해된다. 수용액은 브라인이라는 냉각매로서 공장 등에서 잘 사용된다. 염화칼슘은 흡습성이 크고 또한 수용액의 어는점이 낮으므로 도로에 살포해서 먼지를 나지 않게 하거나 동결을 방지하는 데도 사용된다. 무수염화칼슘은 용해염을 전기분해해서 금속칼슘을 만드는 데도 사용된다.

염화크로밀 【chromyl chloride】   (CAS) chromium, dichloro dioxo- REG#=14977-61-8 CrO_2Cl_2 어두운 적색으로 된 공유결합성의 액체

이다. 건조된 염화나트륨과 이크롬산칼륨의 혼합물에 진한 황산을 첨가해서 증류시키면 만들 수 있다. 별도의 방법으로는 진한 염산에 산화크롬(VI)을 용해하여 진한 황산을 첨가해도 좋다. 매우 쉽게 가수분해된다. 알칼리 수용액과 반응하면 즉시 크롬산이온을 생성한다. 유기화학에서 산화제로 잘 사용된다. 방향고리의 측쇄(側鎖 side chain) 끝에 있는 메틸기는 염화크로밀산화이며 알데히드가 된다(에타르(Étard) 반응).

염화 티오닐 【thionyl chloride】 REG#=7719-09-7 $SOCl_2$ 산화이염화황이라고도 한다. 이산화황을 오염화인위에 통과시켜 생성한 액체를 증류 정제하여 만든다. 유기화학에서 중요한 염소화시약이며 에탄올을 염화에틸로 변화시키거나 그 밖의 염소화 반응에 널리 응용된다. 생성되는 유기화합물의 단리(單離 isolation)는 다른 부성물(副成物)이 모두 기체(SO_2, HCl)이므로 매우 쉽다.

염화 티탄(IV) 【titanium(IV) chloride】 REG#=7550-45-0 $TiCl_4$ 사염화티탄이다. 건조된 염소기류 안에서 산화티탄(IV)과 탄소의 혼합물을 700℃로 가열하여 반응시켜 만든다. 휘발성 액체이다. 무색이며 분류(fractional distillation)로 정제할 수 있다. 습한 공기 속에서 발연하여 옥시염화티탄을 생성한다. 물에서 가수분해하나 과량의 염산이 존재하는 데서는 분해되지 않는다. 염산용액에서는 사수화물이나 오수화물의 결정을 만들 수 있다. 순수한 금속티탄을 제조할 때의 중간체(intermediate) 외에, 광석으로부터 여러 가지 티탄화합물을 제조할 때도 중요한 중간원료이다.

염화 포스포릴 【phosphoryl chloride】 산화염화인의 항 참조.

엽산 【葉酸 folic acid】 F로 약기된다. 프테로일글루탐산(pteroylglutamic acid)에 해당한다. 비타민B복합체의 하나로 그림과 같은 구성단위로 이루어진다. 일반적으로 푸른 잎 야채 속에 분포, 간장에서도 얻어진다. 비타민M으로 불렸던 조혈인자와 같은 물질이며, 2분자의 결정수를 포함하는 황등색 결정이다. 250℃에서 탄화된다. 물·유기용매에 녹

프테딘   p-아미노벤조산   글루탐산

5,6,7,8-테트라히드로엽산   5,10-메테닐 THF

기 어려우나, 뜨거운 물이나 페놀·아세트산·염산·알칼리에 녹고, 산성에서는 열이나 빛에 불안정하다.

글루탐산 잔기 부분에 다시 2개 또는 6개의 글루탐산이 γ-카르복시기의 펩티드결합으로 이어진 복합체(프테로일트리글루탐산 또는 프테로일헵타글루탐산)로 알려져 있으며, 이들도 마찬가지로 증식 촉진, 조혈 작용을 갖는다. 보효소의 작용을 하는 것은 환원형으로서, 엽산은 디히드로엽산데히드로게나아제와 NADPH에서 7,8-디히드로엽산(FH_2)에 의해, 이어서 테트라히드로엽산데히드로게나아제와 NADPH에 의해 5,6,7,8-테트라히드로엽산(tetrahydrofolie acid)(FH_4 또는 THF로 약기됨)으로 환원된다.

이 THF가 보효소로의 작용을 한다. THF의 기능은 탄산 1개 즉 C1 단위(C1 unit)인 기의 전이에 있고, C1 단위의 공급원은 주로 세린이다. 5,10-메테닐 THF, 10-포르밀 THF는 함께 포르밀기의 공여체로서 특히 푸린 생합성에 불가결하다.

영구 경도 【永久硬度 permanent hardness】 칼슘이나 마그네슘 또는 철 등이 염화물이나 황산염의 형태로 용해되어 있는 물의 경도를 말한다. 이러한 종류의 경수(硬水 hard water)는 끓여도 연수(軟水 soft water)가 되지 않는다. 일시경도 및 경수 연화의 항 참조.

영점 에너지 【zero point energy】 절대영도에서 물질의 분자나 원자가 보존하고 있는 에너지를 말한다.

영차 반응 【zeroth order reaction】 반응속도가 반응물질의 농도에 전혀 의존하지 않는 반응이며 다음과 같이 나타낸다.

$$반응속도 = k[X]^0$$

이 경우에 다른 반응물은 점점 소비되지만 목적한 반응물질의 농도는 변하지 않는다. 예로는 2-브로모-2-메틸프로판(브롬화 t-부틸)의 알칼리 가수분해반응은

$$반응속도 = k[(CH_3)_3CBr]$$

가 되고 알칼리 농도에 대해서는 영차(zeroth order)이다. 영차 반응에 대한 속도상수의 디멘션(dimension)은 (농도) s^{-1}이 된다.

5가 【五價 quinquevalent】 원자가(原子價) 또는 산화수가 5인 것을 말한다(pentavalent라고 기입하는 일도 있으나 올바른 것 같지 않다).

오늄 이온 【onium ion】 어떤 분자에 양성자 H^+가 부가해서 생기는 양이온을 말한다. 암모늄이온 NH_4^+, 옥소늄(히드로늄)이온 H_3O^+ 등이 이러한 예이다.

오르토 【ortho-】 ① 2원자 분자에서 양쪽에 있는 원자핵의 스핀(spin) 방향이 평행인 것을 말한다. 오르토수소, 오르토중수소 등.
② 벤젠의 이치환체(二置換體)에서 치환기가 인접 위치에 있는 것을 말한다. 즉, 1, 2-치환체를 말한다. 또한 치환기가 결합된 위치에서 이

웃한 위치를 오르토위(ortho - position)라고 한다. 벤젠유도체의 계통적 명명법에도 사용된다. 오르토디니트로벤젠(o -dinitro benzene)은 1, 2 디니트로벤젠이다.

③ 산무수물(酸無水物 acid anhydride)과 물의 화합에 의해 생기는 산에서 수화수가 최대인 것을 말한다. 수화수가 적은 것은 메타산이라고 한다. 오르토규산($H_4SiO_4=SiO_2+2H_2O$), 오르토인산($H_3PO_4=\frac{1}{2}P_2O_5+\frac{3}{2}H_2O$)은 각각 메타규산($H_2SiO_3=SiO_2+H_2O$), 메타인산($HPO_3=\frac{1}{2}P_2O_5+\frac{1}{2}H_2O$)에 대응한다. 메타 및 파라의 항 참조.

오르토수소【ortho - hydrogen】 수소의 항 참조.

오르토아인산【ortho - phosphorous acid】 포스폰산의 항 참조.

오르토인산【ortho - phosphoric acid】 인산의 항 참조.

오르토인산 나트륨【sodium orthophosphate】 인산삼나트륨의 항 참조.

오브롬화인【五臭化燐 phosphorus pentabromide】 브롬화인(V)의 항 참조.

오비탈【orbital】 대개 '궤도'라고 하지만 오비탈은 '궤도와 같은 것'이라는 의미이다. 원자핵 주위에서 어떤 전자가 존재하는 확률이 커지고 있는 영역을 가리킨다. 양자역학에 의한 최근의 원자양상은 원자핵의 주위를 타원 궤도를 그리면서 회전하는 전자로서는 표현할 수 없는 것이다. 그 대신 원자핵에서 한정된 거리에 있는 어느 공간에는 전자의 유한존재 확률이 있다는 개념으로 확장되었다.

수소 원자에서는 전자가 존재하는 확률은 원자핵의 근처에서는 적고 조금 떨어진 곳에서는 극대가 되고 머지 않아 감소하며 무한히 먼 데서는 제로가 된다. 이와 같은 경우, 공간 중에서 전자가 존재하는 확률이 비교적 큰 곳을 생각하면 어떤 영역이 결정된다. 수소인 경우

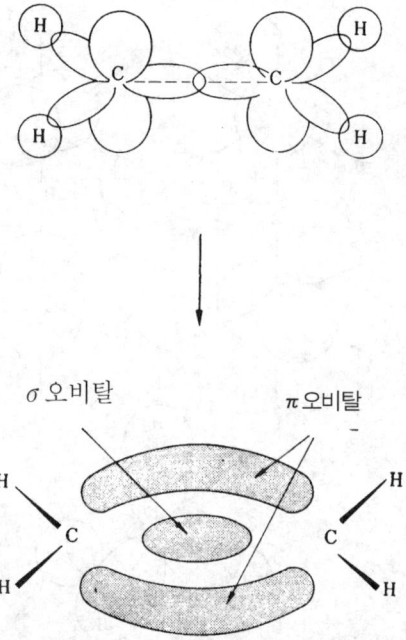

① 에틸렌의 화학결합 : 탄소원자는 어느 것이나 sp^2 혼성 오비탈을 가지고 있으며 이의 겹침(또는 중복)으로 σ 결합을 만든다. sp^2오비탈과 수직으로 있는 2개의 p오비탈이 겹쳐서 π 결합이 생긴다. p오비탈은 sp^2평면의 상하에 위치하고 있는 것에 주의해야 한다. 이중결합은 σ 와 π 의 결합으로 되어 있다.

앞서 말한 존재확률이 높은 공간의 1s오비탈은 구형(球形)이 된다. 이와 같이 공간 안의 어떤 영역을 둘러 싼 것이 원자오비탈(원자궤도)이다.

각 오비탈에는 최대 2개의 스핀이 반대 평형으로 된 전자를 수용할 수 있다. 또한 각 오비탈은 전자구조의 부각(副殼 subshell)에 대응하게 된

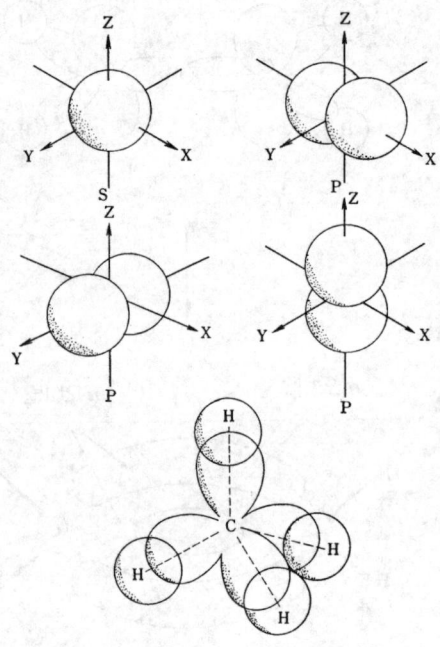

② **메탄의 결합** : 탄소의 sp^3 오비탈이 4개로 된 수소의 s오비탈과 겹치고 있다. 즉, 4개의 σ 결합을 만들고 있다.

다. 오비탈의 모형으로는 이 밖에도 전자구름의 시간평균을 취한 것으로 볼 수도 있다. 분자 안에서도 원자와 동일하게 전자가 원자핵의 결합에 의한 장소 안에서 이동하고 있으므로 분자오비탈(분자궤도)을 생각할 수 있다. 분자오비탈은 원자오비탈이 겹친 것으로 보고 유사하게 다루어진다. 원자오비탈 또는 분자오비탈의 형상이나 에너지는 양자역학을 적용하여 계산할 수 있다. 원자오비탈의 형상은 궤도의 각운동량(角運動量)에 의해 정해진다.

즉, 부각마다 다르다. 각 전자각(shell)에 대해 1개의 s오비탈, 3개의 p오비탈, 5개의 d오비탈, 7개의 f오비탈이 존재할 수 있다.

이하 모두 같지만 s오비탈은 구의 모양이고 p오비탈은 두 개의 부푼 부분이 있는 모양(아령 형상)이며 d오비탈은 더욱 복잡해서 4개가 부풀은 형상을 취하고 있다.

분자오비탈은 원자오비탈과 겹쳐진 결과로 생기는데 이것에도 여러 가지 형태가 있다. 오비탈이 원자핵을 연결하는 축에 관해 완전하게 대칭이면 시그마(σ) 오비탈(궤도)이라고 한다. 수소원자에 있는 2개의 1s오비탈이 겹쳐져 수소분자가 되는 경우가 가장 좋은 예이다.

2개의 p오비탈이 겹쳐져 σ오비탈을 만드는 일도 있다. 그런데 결합축과 직각 방향으로 늘어져 있는 p오비탈끼리 겹친 것은 σ오비탈과는 별도의 π오비탈을 만든다. 이것은 결합한 부분이 마디(節 node)가 되어 그 위와 아래로 분포한다.

π오비탈은 d오비탈이 중복되어서 생기는 경우도 있다. 각각의 분자오비탈도 σ, π결합을 막론하고 반대평형스핀으로 된 2개의 전자를 수용할 수 있다. 에틸렌 등과 같은 2중결합은 σ결합과 π결합의 양쪽으로 되어 있다.

혼성오비탈(hybrid orbital)이라 하는 것은 s, p, d 등의 원자오비탈을 조합시킨 결과로 만들어지는데 여러 가지 화합물의 결합성을 기술하는데 유효하다. 여러 가지 유형이 있으나 탄소를 예로 들어 본다.

탄소는 $1s^2 2s^2 2p^2$의 전자배치를 취하고 있는데 결합전자(외각전자)에는 s오비탈이 1개, 전자로 충만된 p오비탈이 2개, 공백으로 된 p오비탈이 1개 존재하고 있다. 이 4개의 오비탈이 '혼성'을 일으키면 사면체형으로 배열한 sp^3혼성오비탈이 되어 각각 1개의 결합전자를 수용하게 된다.

메탄의 경우, 이 sp^3 혼성오비탈에 4개로 된 수소원자의 1s오비탈이 겹쳐져 각각 σ결합을 만들고 있다. 별도의 혼성양식으로서 s오비탈 1개와 p오비탈 2개가 혼성되어 sp^2혼성오비탈이 생기는 경우도 있다. 이러한 경우에 3개의 sp^2오비탈은 정삼각형 모양으로 서로 120°의 각도로 존재한다. 나머지 1개의 p오비탈은 이 삼각형에 대해 수직인 방향으로 되어 있으며 π 결합에 관여한다.

sp혼성인 경우에는 직선 모양의 오비탈이 된다. d오비탈을 함유하는 더욱 복잡한 오비탈혼성도 무기화합물의 구조를 설명하기 위해 고려되고 있다. 2개로 된 원자오비탈의 결합에서는 2개의 분자오비탈이 생긴다. 한쪽은 결합성 오비탈이며 전자밀도가 2개의 원자핵 중간에서 최대로 되는 것이다. 다른 쪽은 반결합성(反結合性) 오비탈이라 하며 에너지 준위(energy level)가 높고 원자를 분리시키는 경향이 있다.

즉, 원자의 중간에 전자밀도가 제로인 면이 있다. 그러기 때문에 결합성 오비탈에만 2개의 전자가 들어가면 안정하게 되나 양쪽(결합성, 반결합성) 오비탈에 모두 전자가 들어가면 서로 상쇄하게 되므로 사실상 결합은 이루어지지 않는다. 각 원자오비탈이 각각 1개의 결합전자를 가지고 있는 경우에는 결합성오비탈 쪽만이 채워져서 에너지는 낮아지고 제거시킨 인력(引力)쪽이 강해져서 결합은 안정하게 된다.

오산화 안티몬 【antimony pentoxide】 산화안티몬(V)의 항 참조.

오산화 요오드 【iodine pentoxide】 오산화이요오드의 항 참조.

오산화 이요오드 【diiodine pentoxide】 (CAS) iodine oxide REG# =12029-98-0 I_2O_5 단지 오산화요오드라고도 한다. 백색결정성의 고체이다. 요오드산을 200℃로 가열하면 만들 수 있다. 오산화요오드는 요오드산(iodic acid)의 무수물이며 물을 첨가하면 요오드산이 된다. 공기 속의 일산화탄소를 정량하는 데 사용된다.

오산화인 【五酸化燐 phosphorus pentoxide】 산화인(V)의 항 참조.

오수화물 【五水化物 pentahydrate】 화합물 1몰당 5몰의 결정수(water of crystallization)를 갖는 결정성 화합물이다. 황산구리(Ⅱ) 오수화물 $CuSO_4 \cdot 5H_2O$ 등이 그 예이다.

오스뮴 【osmium】 [기호] Os [양성자수] 76 [상대원자질량] 190.2 mp 2730℃ bp 4230℃ 상대밀도 22.6 백금족원소에 속하는 천이금속원소의 한가지이다. 화학적 저항성이 높다. 펜촉이나 베어링 또는 접점(接點)

등에 사용된다.

오스트발트 희석률 【Ostwald's dilution law】 해리의 항 참조.

오염화인 【五鹽化燐 phosphorus pentachloride】 염화인(Ⅴ)의 항 참조.

오일 【oil】 물 이외의 여러 가지 액체를 가리키는데 사용되지만 유지(油脂, 글리세리드)나 석유 등을 가리키는 일이 많다.

오조니드 【ozonide】 오존화물이라고도 한다. 오존 분해의 항 참조.

오존 【ozone】 REG#=10028-15-6 O_3 산소의 동소체(allotrope)이다. 산소기류 속에서 무성방전(無聲放電)을 하면 만들 수 있다. 불안정하며 가열하면 산소로 분해된다. 대기권의 상층에 있으며 생물에 유해한 단파장의 자외선을 흡수한다.

오존은 강력한 산화제이다. 농도를 알려면 요오드화물이온의 수용액을 통해 생성하는 요오드를 티오황산나트륨 표준용액으로 적정(適定 titration)한다. 알켄과 반응하여 오조니드를 만든다. 오존 분해의 항 참조.

오존 분해 【ozonolysis】 알켄과 오존 O_3를 반응시키고 즉시 가수분해에 의해 과산화수소와 카르보닐화합물의 혼합물을 만드는 방법이다. 생성된 카르보닐화합물의 혼합물은 적당한 방법으로 분리하여 확인하고

오존분해
알켄과 오존의 반응에
의한 카르보닐의 생성

이것에서 원래의 화합물 속에 있는 이중결합의 위치를 정한다. 오존 분해는 이전에는 구조를 결정하는 데 매우 중요한 방법이었다.

옥살산 【oxalic acid】 (CAS) ethanedioic acid REG#=144-62-7 $H_2C_2O_4$ 자연에서는 팽이밥(oxalis) 등과 같은 식물 속에 존재한다. 공업적으로는 수산화나트륨과 일산화탄소를 가열해서 옥살산나트륨으로 하고 이것에서 얻는다. 환원제나 표백제 등에 사용한다.

옥소법 【oxo process】 고압(100기압, 150℃)하에서 코발트 촉매 위에 일산화탄소와 수소 및 알켄의 혼합물을 통해 알데히드를 만드는 반응을 말한다. 생성된 알데히드는 즉시 알콜로 변한다. 이 방법에 의해 긴 사슬(고급) 알콜이 공업적으로 제조된다.

옥시 염화인 【phosphorus oxychloride】 산화염화인의 항 참조

옥심 【oxime】 $-\overset{|}{C}=NOH$ 원자단을 함유하는 일련의 화합물이다. 알데히드나 케톤이 히드록실아민과의 반응으로 생성된다.

옥타데센산 【octadecenoic acid】 올레산의 항 참조.

옥타데칸산 【octadecanoic acid】 스테아르산의 항 참조.

옥타데칸산 칼슘 【calcium octadecanoate】 스테아르산칼슘의 항 참조.

옥타브의 법칙 【law of octaves】 뉴랜즈의 법칙의 항 참조.

옥탄 【octane】 REG#=111-65-9 C_8H_{18} 단순히 옥탄이라 할 때는 곧은 사슬의 것(n-옥탄)을 의미한다. 원유를 분류(destructive distillaion)시켜서 만든다. 이성질체가 많이 있으며 정유 과정에서 각각 생성된다. 옥탄가의 항 참조.

옥탄가 【otane rating】 내연 기관 속에서 석유의 효율을 측정하는 척도이다. 옥탄가는 소위 노킹(knocking), 즉 엔진에서 조기착화(早期着火)를 방해하는 성질(안티노킹성)을 나타내는 것이다. 이것은 가솔린 안에서 곧은 사슬의 탄화수소와 분기탄화수소와의 비율에 따라 변화한다. 분기된 탄화수소의 비율이 클수록 안티노킹성은 향상된다. 헵탄(n-헵탄)을 제로(zero), 이소옥탄(isoctane)(2, 2, 4 트리메틸펜탄 trimethylpentane)을 100으로 하여 이 혼합물과 여러 가지 가솔린과의 안티

노킹성을 비교한 것이 옥탄가이다.

옥테트 【octet】 원자의 최외각 전자가 8개로 되어 있는 안정된 구조이다. 옥테트가 완성되면 안정성은 특히 높아진다는 것이 루이스의 옥테트 이론의 기본이다.

① 희유기체원소는 이미 완전한 옥테트를 가지고 있으므로 화학적으로는 비활성이 된다.

② 작은 공유결합성분자에 대한 결합은 중앙의 원자가 주위의 원자와 결합전자쌍을 공유하여 옥테트 구조를 만들면 안정하게 된다. CH_4, H_2O 등이 그 예이다.

③ 전기적으로 양성인 원소는 최외각전자를 상실하여 옥테트형(희유기체구조)의 이온으로 되기 쉽다. 한편 할로겐 등과 같이 전기적으로 음성이 강한 원소는 외부로부터 전자를 빼앗아서 음이온이 되고 옥테트를 완성시키려고 한다. Na^+, Ca^{2+}, Cl^- 등은 모두 이 경우의 예이다.

온도 【溫度 temperature】 물체의 따뜻하고 차가운 정도를 나타내는 말로서, 물리적으로는 열평형 상태를 나타내는 척도이다. 열평형에 있는 두 가지의 물체는 온도가 같다고 한다. 이것은 다음에 나오는 경험사실에 근거한다(열역학 제0법칙). 즉 물체 A와 열평형에 있는 물체 B를 다시 물체 C에 접촉시켜도 열평형이 성립된다면 A와 C를 접촉시켜도 역시 열평형이 이루어진다. A와 C를 직접 접촉시키지 않아도 물체 B를 온도계로 A와 C의 온도가 같은 지의 여부를 조사할 수 있다. 미시적으로 보면 물질구성입자의 미시적인 내부운동(열운동)의 에너지평균을 정하는 척도가 온도이다. 입자의 운동에너지는 충돌 등의 상호작용을 통하여 접촉하는 물체 사이에서 교환되지만, 그 수치가 평균적으로 상쇄되고 평형을 이룰 때 그 두 물체의 온도는 같다. 온도가 변화하면 내부상태도 변화하고 부피·압력 등의 변화도 생긴다. 또 특정한 온도에서는 융해 등의 상변화가 일어난다. 이러한 현상을 이용하여 온도를 수치로 나타내는 실용눈금, 예를 들면 국제실용온도눈금이 정해진다. 가역사이클을 이용하여 물질의 성질과 관계없이 절대적으로 정의된 온도를 절대온도 또는 켈빈온도라고 한다. 통계역학에서 절대온도는 평형계의 미시적인 분포를 규정한다.

온도 눈금 【temperature scale】 실제로 온도를 측정할 때의 척도이다. 몇 개의 온도정점(定點)이 국제적으로 정해져 있어 이것에 의해 온도눈금이 정해진다. 섭씨온도(셀시우스도(Celsius degree))눈금에서는 1기압하의 물의 용융점(빙점)과 비등점을 기준으로 하여 그 사이를 100등분한 것을 1도로 한다. 온도정점 사이의 차이는 온도눈금의 기본폭이라고 한다. 국제온도눈금에는 11개 종류의 온도정점이 정해져 있으며 그 범위는 13.81K서부터 1337.58K이다.

올레산 【oleic acid】 9-octadecenoic acid(Z-) REG#=112-80-1 cis-$CH_3(CH_2)_7$-CH=$CH(CH_2)_7COOH$, 시스-9-옥타데센산이다. 자연에도 글리세리드로서 여러 가지 유지(油脂) 속에서 널리 산출한다.

올레인산 에스테르 【oleate】 올레산(시스-9-옥타데센산)의 에스테르이다.

올레인산염 【oleate】 올레산(시스-9-옥타데센산)의 염(salt)을 말한다.

올레핀 【olefin】 알켄의 항 참조.

옴 【ohm】 [기호] Ω. SI 단위계에서 전기저항의 단위이다. 1V의 전위차로 1A의 전류를 흘려보내는 저항값이 1Ω이다. 1Ω=$1VA^{-1}$. 이전에는 특별한 조건에서의 수은의 저항에 의해 정의되었다.

옹스트롬 【angstrom】 [기호]Å 10^{-10}m. 즉 1억분의 1cm를 나타내는 단위이다. 가시(可視) 자외선의 파장, 또는 분자, 콜로이드입자의 크기 등을 표현하는 데 잘 사용된다. 현재는 대신에 나노미터(nanometer, nm)단위를 사용하는 것이 권장되고 있다.

와커법 【Wacker process】 아세트알데히드 등과 같은 카르보닐화합물을 공업적으로 제조하는 방법을 말한다. 아세트알데히드를 만드는 데는 에틸렌과 공기를 염화팔라듐(Ⅱ)과 염화구리(Ⅱ)를 함유하는 산성용액에 통하게 한다. 이것을 20~60℃로 중간 정도의 압력조건하에서 행한다.

$$C_2H_4 + Pd^{2+} + H_2O \rightarrow CH_3CHO + Pd + 2H^+$$

중간에 팔라듐(Ⅱ)이온과 에틸렌의 착체형성이 관여한다. 구리(Ⅱ)를 첨가하는 것은 위의 반응으로 생긴 금속팔라듐을 산화하기 위해서이다.

$$Pd + 2Cu^{2+} \rightarrow Pd^{2+} + 2Cu^+$$

생성된 구리(Ⅰ)이온은 공기에 의해 산화되어 구리(Ⅱ)로 돌아간다. 이 방법에 따르면 입수하기 쉬운 에틸렌에서 간단하게 아세트알데히드와 또한 아세트산을 제조할 수 있다.

와트 【watt】 [기호] W SI 단위계에서 전력(일률)의 단위이다. $1Js^{-1}$의 일률(작업률)을 1W로 정의한다. $1W = 1Js^{-1}$.

완전 기체 【完全氣體 perfect gas】 기체의 법칙의 항 참조.

완충액 【緩衝液 buffer solution】 산이나 염기를 첨가해도 pH가 거의 변화하지 않고 유지되는 용액을 말한다. 즉 pH의 변화를 완충시키는 작용을 한다. 완충액은 대개 약산과 그 강염기의 염(salt)이 조합된 것이다. 예를 들면 아세트산과 아세트산나트륨의 혼합용액은 아세트산염 완충액(아세테이트 버퍼, acetate buffer)이라 불린다. 이 완충액에 소량의 강산을 첨가하면 H^+는 아세트산나트륨에서의 아세트산이온과 반응하여 유리(遊離(free), 아직 해리되지 않음)된 아세트산의 형태가 된다. 반대로 OH를 첨가한 경우에는 수산화물이온이 아세트산 분자와 반응하여 물과 아세트산이온을 생성하게 된다. 완충작용의 유효성은 완충제의 농도에 따라 정해진다. 아세트산염 외에 인산염, 옥살산염, 타르타르산염, 붕산염, 탄산염 등의 완충액이 사용된다. 생화학에서는 트리스 [트리스(히드록시 메틸) 아미노 메탄]나 베로날 등의 완충액도 빈번하게 사용된다.

왕복 펌프 【displacement pump】 화학 플랜트(chemical plant)에서 액체나 기체 등을 수송하는데 사용하는 펌프의 일종이다. 2행정(two cycle) 펌프의 원리에 의해 작동한다. 우선 피스톤에서 유체의 압력이 증대한다. 어떤 값 이상으로 압력이 증대하면 밸브(valve)가 열려서 내용물은 유출된다. 다음에 피스톤이 돌아오면 압력은 저하되어 유체가 실린더로 들어가고 사이클이 반복된다. 왕복 펌프는 암모니아 합성 등과 같이 높은 압력을 필요로 할 때 사용되는데 밸브를 필요로 하기 때문에 다른 펌프보다도 값이 비싸다. 원심 펌프의 항 참조.

왕수【王水 aqua regia】 1개 용기의 진한 질산과 3개 용기의 진한 염산의 혼합액이다. 이것을 사용하면 금도 용해시킬 수 있으므로 이런 이름이 되었다. 이 중에는 염소와 염화니트로실 NOCl이 포함되어 있다.

요소【尿素 urea】 REG#=57-13-6 $CO(NH_2)_2$ 탄산의 디아미드(diamide)이므로 카르바미드(carbamide)라고 불리기도 한다. 암모니아와 이산화탄소로 만든다. 요소-포르말린수지의 원료이다. 비료로도 대량으로 사용되고 있다. 요소는 많은 동물의 대사최종생성물(代謝最終生成物)이며 소변 속에 존재한다.

요오드【iodine】 [기호] I [양성자수] 53 [상대원자질량] 126.9045, mp 113.5℃ bp 184℃ 상대밀도(비중) 4.95 어두운 자색의 휘발성 고체이며 할로겐원소에 속한다. 바닷물에 존재하고 있으며 여러 가지 해산생물속에서 요오드화물의 형태로 농축된다. 요오드산염의 형태로 광상(鑛床) 속에서 산출되는 양도 적지 않다. 단리하려면 요오드화물용액을 산성인 이산화망간 등의 산화제에 의해 처리한다. 공업적으로도 동일하게 요오드화물을 산화시켜서 만들고 있지만 원료가 요오드산염인 경우에는 이산화황으로 요오드화물이온의 형태로 환원시킨 다음 행한다. 요오드는 단일체인 채로, 또는 화합물의 형태로 많은 용도에 사용되나 화합물의 합성용 외에 사진이나 약제 또는 염료 등을 합성하는 데 사용되는 일이 많다.

요오드는 안정된 할로겐원소 안에서는 전기음성도(electronegativity)가 가장 적으므로 반응성은 더욱 더 약하다. 수소와 천천히 반응해서 요오드화수소 HI 가 된다. 전기적으로 양성(陽性 positive)인 원소의 대부분은 직접 화합하지만 브롬이나 염소에 비하면 반응은 훨씬 느리다. 요오드화이온은 크고 격자 에너지도 작으므로 요오드화물은 대응하는 브롬화물이나 염화물보다도 훨씬 물에 용해되기 쉽다. 은(I), 구리(I),

수은(Ⅱ), 납(Ⅱ)은 불용성의 요오드화물을 생성한다(착이온이 존재하는 경우에는 별도이다).

요오드는 반금속원소와 반응하여 공유결합성의 화합물을 만든다. 유기요오드화물도 이 속에 들어간다. 그러나 대응하는 염화물이나 브롬화물에 비하면 열역학적으로는 훨씬 불안정하며 쉽게 가수분해된다.

산화물은 4종류가 알려져 있는데 그 중에서 오산화이요오드(diiodine pentoxide) I_2O_5가 중요하다. 이 밖의 산화물 I_2O_4, I_4O_9, I_2O_7은 별로 안정되어 있지 않고 결정구조마저 확실하지 않다. 염소나 브롬과 같이 옥소산(oxo acid)도 일련으로 된 것이 있어 이온으로서 IO^-, IO_2^-, IO_3^-, IO_4^-가 알려져 있다. 이 밖의 옥소화학종의 화학적인 성질에는 잘 알려져 있지 않은 것이 많다. 단일체 요오드가 염소와 반응하는 것은 브롬이 염소와 반응하는 경우와 같다.

요오드원자의 이온화 포텐셜은 낮기 때문에 전기적으로 양성(electro-positive)인 요오드를 함유하는 화합물의 생성도 가능하다. 예를 들면 요오드 용액에 고체의 질산은을 첨가하면 I^+이온이 생긴다. 이 이온은 구전자성(求電子性)이 크고 페놀과 같은 방향족화합물과 치환반응을 일으킨다. 요오드의 용액은 사염화 탄소 등의 비전자 공여체성의 용매이면 자색이지만, 에탄올이나 디옥산(dioxane) 등의 전자공여체(donor)성의 용매에서는 갈색이 된다. 요오드의 용액(리골액, 요오드팅크 등)은 소독이나 살균하는 데 사용되지만 독성 원소이므로 눈에 들어가거나 피부에 지나치게 많이 바르는 것은 피해야 한다.

요오드메탄 【iodomethane】　　(CAS)methane, iodo-REG#=74-88-4 CH_3I 요오드화메틸(methyl iodide)을 말한다. 적인(赤燐 red phosphorus)의 존재하에서 메탄올과 요오드를 반응시켜서 만들 수 있는 무색의 액체이다.

요오드산 【iodic acid】　　REG#=7782-68-5 HIO_3 요오드(V)산이고 무색 조해성의 결정성고체이며 단일체 요오드를 진한 질산으로 산화시켜서 만든다. 요오드산은 강력한 산화제이며 요오드화물이온을 함유하는 용액에서 요오드를 유리(遊離 free)한다. 유기물과 심하게 반응하며 때로는 발화하기도 한다. 물속에서는 강산(strong acid)이며 거의 완전하게 해리한다.

요오드(Ⅶ)산 【iodic(Ⅶ) acid】 과요오드산의 항 참조.

요오드산 칼륨 【potassium iodate】 (CAS) iodic acid, potassium salt REG#=7758-05-6 KIO$_3$ 가열한 진한 수산화칼륨용액에 단일체 요오드를 첨가하든가 요오드화칼륨수용액을 전해산화(電解酸化)시켜 만든다. 수화물은 알려져 있지 있다. 요오드화물이나 요오드산의 원료이다. 표준시약으로서 중화적정(中和滴定)이나 산화환원적정의 1차 표준이 된다. 희석산과 요오드화물이온의 공유하에서 쉽게 단일체 요오드로 환원된다.

요오드에탄 【iodoethane】 (CAS) ethane, iodo- REG#=75-03-6 C$_2$H$_5$I 요오드화에틸(ethyl iodide)을 말한다. 무색인 액체의 할로겐화 알킬이다. 적인(赤燐)의 존재하에서 에탄올과 요오드를 반응시키면 생성된다.

요오드포름 【iodoform】 (CAS) methane, triiodo- REG#=75-47-8 CHI$_3$ 아세트알데히드를 요오드화물이 함유된 염기성 용액과 함께 가온하면 생성된다.

$$CH_3CHO + 3I^- + 4OH^- \rightarrow CHI_3 + HCOO^- + 3H_2O$$

이 반응은 메틸케톤 CH$_3$COR에서도 동일하게 일어나고 제2급 알콜이라도 CH$_3$CH(OH)R 유형이면 역시 CHI$_3$을 생성한다. 약품으로 사용된다.

요오드화 나트륨 【sodium iodide】 REG#=7681-82-5 NaI 탄산나트륨이나 수산화나트륨을 요오드화수소산으로 중화시킨 용액을 증발농축시켜 만든다. 무색의 결정이며 입방정계로 결정(crystal)한다. 요오드의 원천으로서 사용되는 외에 의약품이나 사진공업 등에 사용된다. 산성의 요오드화나트륨수용액은 요오드화수소산의 생성에 따라 현저한 환원성을 나타낸다. 탈륨(thallium)을 도우프(dope)한 것은 γ 선의 신틸레이터(scintillator)가 된다.

요오드화 메틸 【methyl iodide】 요오드메탄의 항 참조.

요오드화물【iodide】 할로겐화물의 항 참조.

요오드화 에틸【ethyl iodide】 요오드에탄의 항 참조.

요오드화은【silver iodide】 REG#=7783-96-2 AgI 질산의 수용액에 가용성의 요오드화물수용액을 첨가하면 담황색의 침전으로 생성된다. 자연에서는 요오드화은광(沃化銀鑛)으로 육방정(六方晶)의 형태로서 산출한다. 사진공업에 사용된다. 요오드화은은 암모니아수에는 용해되지 않으나 암모니아가스를 흡수한다. 요오드화은에는 3가지 종류의 변태가 있으며 가열하면 수축하고 냉각시키면 팽창한다.

요오드화 칼륨【potassium iodide】 REG#=7081-11-0 KI 백색의 물에 쉽게 용해되는 성질을 가진 고체이다. 진한 수산화칼륨용액에 단일체 요오드를 첨가하면 요오드화물과 요오드산염이 생성되는 데 요오드산칼륨은 분별 결정(fractional crystallization)으로 제거시킬 수 있다. 요오드화칼륨은 염화나트륨과 같은 암염구조의 입방정을 이룬다. 수용액은 단일체 요오드를 용해시키고 삼요오드화물이온 I_3^- 을 생성한다. 약품용, 특히 갑상선종(요오드의 결핍으로 발병한다)을 치료하는데 사용된다. 희석 산성의 요오드화칼륨수용액은 환원시약이며 과망간산이온을 Mn(II)로, 구리(II)이온을 Cu(I)로 IO_3^-(요오드산)을 $I_2(I_3^-)$까지 환원시킬 수 있다.

용광로【鎔鑛爐 blast furnace】 산화철(III)에서 금속철을 만드는 노를 말한다. 광석과 코크스 및 용융제의 혼합물을 넣고 예열공기를 노의 밑바닥에서 불어넣어 가열한다. 용융제로는 석회석에서 나온 산화칼슘, 또는 백운석(dolomite)을 잘 사용한다. 융해된 선철(pig iron)은 노의 하부에 모이며 여기에서 수거된다.

용량분석【容量分析 volumetric analysis】 정량분석의 고전적인 방법의 하나로서 습식분석법이다. 정확하게 알려진 농도를 가진 표준용액이 양을 정할 필요가 있는 시료용액과 똑같이 반응하는 분량의 부피를 구한다. 이미 알고 있는 농도의 표준용액은 뷰렛에서 소량씩 첨가한다. 이러한 조작을 적정(滴定 titration)이라 한다. 반응이 끝난 점을 종점(end point)이라 부르며 거의 당량점(equivalence point)과 같다. 종점을 결정하는 데는 지시약을 사용하거나 전기적인 방법에 의한다. 빛을 흡수하는 변화를 이용할 때도 있다.

기체혼합물의 분석(가스분석)도 용량분석의 하나이다. 시료기체는 수은상에 포집시켜 부피를 측정한다. 적당한 흡수제와 반응시켜 전후의 부피변화로부터 각 성분을 정량한다.

용리 【溶離 elution】 크로마토그래프 컬럼(chromatograph column)이나 이온교환컬럼에 흡착된 물질을 적당한 용매나 시약용액을 사용해서 제거하는 것을 말한다. 크로마토그래프 컬럼은 선택적으로 혼합물에서 한 종류나 여러 종류의 성분을 흡착한다. 유효하게 이 흡착성분을 회수하려면 구배용리(勾配溶離 gradient elution)가 자주 사용된다. 용리액의 조성을 일정한 비율로 변화시켜 무극성용매로부터 극성이 큰 것으로 바꾸어 나간다. 마지막에는 현저하게 극성이 큰 용매를 사용하여 컬럼상에서 극성이 큰 흡착성분을 용출시킨다. 컬럼 크로마토그래피의 항 참조.

용매 【溶媒 solvent】 다른 물질을 용해시키는 능력을 가진 액체를 말한다. 공업적으로는 '용제'라고 한다. 용매는 용액의 주성분이다.

용매화 【溶媒和 solvation】 용액 속의 이온이 용매분자로부터 받는 인력을 말한다. 예를 들어 물의 경우, 양(positive)으로 대전(帶電 electrification)한 이온은 물분자로 둘러싸이는데 이것은 이온의 양전하(positive electric charge)와 극성물분자의 음(negative)에 대전한 부분과의 사이에서 작용하는 인력의 결과이다. 이 용매화(水化)의 에너지는 이온성의 고체를 용해시켜 양·음이온간의 인력을 능가할 수 있을 정도의 힘을 가지고 있다. 용해된 이온의 물분자에 미치는 인력은 여러 분자층에까지 이른다. 천이금속의 이온인 경우, 가장 인접하고 있는 분자층과의 사이에 착체(錯體 complex)가 형성되어 있는 것도 이상한 일은 아니다.

용액 【溶液 solution】 분자의 레벨에서 두 종류 이상의 화학종류가 균질하게 분산되어 있는 액상의 계를 말한다. 따라서 용액은 균일계이다. 분량이 많은 쪽(주성분)을 용매, 소량의 성분을 용질이라 한다. 용매는 대개 순수상태에서도 액체이다. 용질은 기체, 액체, 고체의 어느 경우에도 있을 수 있다.

용액의 생성은 용매분자와 용질분자 사이의 분자간상호작용에 의한다. 이 상호작용은 '용매화'라고도 한다. 용매화의 에너지는 용해온도에 따라 어느 정도는 변화하는 것 같이 보인다. 고용체 및 용해도의 항 참조.

용융【熔融 fusion】 고체를 융해하여 하나의 덩어리로 고화(固化)시키는 것을 말한다. 용융석영 등은 석영사(石英砂)를 융해시켜 만든다.

용융점【熔融點 melting point】 표준압력(1기압)하에서 고상과 액상이 평형되게 존재하는 온도이다. 특정된 고상에 대해서는 항상 일정한 값이 된다. 공유결합성이 있는 분자의 결정은 대개 낮은 용융점이며 이온성결정은 높은 용융점이다.

용질【溶質 solute】 용매에 용해되어 용액을 만드는 물질을 말한다.

용해도【溶解度 solubility】 특정한 조건하에서 하나의 물질이 다른 물질에 용해되어 포화용액을 만들 때까지 용해하는 양을 말한다. 용해도는 온도와 압력에 따라 변화한다. 용해도를 표시하는 데는 용매 100g당의 용질의 양 또는 몰의 수를 사용하는 경우가 많다. 때로는 용매일정부피당의 용질의 그램수로 표시하는 일도 있다.

용해도적【溶解度積 solubility product】 [기호] Ks 이온성의 고체가 포화수용액과 접촉하여 고상과 액상 사이에 다음과 같은 평형이 존재하고 있는 것으로 한다.

$$AB(s) \rightleftharpoons A^+(aq) + B^-(aq)$$

이 평형에 대한 평형상수는 $[A^+][B^-]/[AB]$로 주어지는데 고체상태의 농도[活量]는 변하지 않으므로 대개 1로 한다. 그러면

$$Ks = [A^+][B^-]$$

이 되며, 이 Ks를 염(Salt) AB의 용해도적이라 한다. 용해도적은 온도

의 함수이다. 만약 염이 A_2B_3형이면
$$Ks=[A]^2[B]^3$$
로 된다. 용해도적은 난용성염(難溶性鹽)에 대해서만 의미를 갖는 값이다. 이온농도의 곱이 용해도적을 초과하면 침전이 생성된다.

용해열【溶解熱 heat of solution】 대상물질 1몰이 특정한 용매에 무한히 희석된 용액으로 용해할 때의 에너지 변화를 말한다(실제로 무한히 희석되는 것은 불가능하므로 충분하게 희박한 용액으로 한다).

용해 정련【溶解精鍊 lixiviation】 혼합물의 가용성 불순물을 물로 세척해서 씻어내는 조작을 말한다. 침출의 항 참조.

우드 합금【Wood's metal】 용해되기 쉬운 성질이 있는 합금(이융성(易融性) 합금)이다. 50%의 비스무트, 25%의 납, 12.5%의 주석과 12.5%의 카드뮴 합금이다. 70℃에서 융해한다. 방화용장치 등에 사용된다.

우라늄【uranium】 [기호] U [양성자수] 92 [상대원자질량] 238.03 mp 1132℃ bp 3818℃ 상대밀도(비중) 18.95 악티늄족원소에 속하는 은백색의 유독한 방사성원소이다. 자연에서는 3가지 종류의 동위체가 존재한다. 즉, ^{238}U(99.283%), ^{235}U(0.711%), ^{234}U(0.005%)이다. 여러 가지 광물 속에서 산출되는데, 섬우라늄광, 역청우라늄광(pitchblende), 카르노타이트 등이 유명하다. 핵분열을 일으키기 쉬운 ^{235}U는 핵연료로서 중요하다. 한편 ^{238}U는 핵분열성을 갖는 ^{239}Pu의 원료이다.

우선성【右旋性 dextrorotatory】 광학활성의 항 참조.

운동 에너지【kinetic energy】 에너지의 항 참조.

원소【元素 element】 그 이상의 간단한 물질로는 분해할 수 없는 물질을 말한다. 어떤 원소의 원자는 모두 동일한 양성자수(원자번호)를 가지고 있다(따라서 전자수도 같고 화학적인 반응성도 함께 같게 된다). 자연에서는 90개 종류의 원소가 지구상에 있다는 것이 알려져 있다. 원자번호 93 이상의 원소(및 47번과 61번 원소)는 다른 원자핵을 높은 에너지 입자로 조사(照射)하여 핵반응을 일으켜서 만든다. 104번 원소의 항 참조.

원소 전환 【元素 transmutation】 방사성 붕괴를 말한다. 또는 입자 충격의 결과로 하나의 원소가 다른 원소로 변화하는 것이다.

원심 분리기 【遠心分離器 centrifuge】 용기(容器)를 고속으로 회전시켜 현탁액의 침전속도를 증대시키는 장치이다.

원심 펌프 【centrifugal pump】 화학공장에서 유체(流體)를 수송하는 데 흔히 사용되는 장치를 말한다. 원심펌프는 고정된 원통내부에 6개~12개의 회전하는 칼날을 갖춘 구조이다. 칼날이 회전하면 유체가 원심력에 의해 펌프 외측으로 밀려 파이프를 통해 외부로 나간다. 원심펌프는 너무 큰 압력차를 나타낼 수는 없으나 기구가 간단하고 값이 싸며 밸브(valve)가 필요없고 또한 고속으로 운전할 수 있는 장점이 있다. 또한 파이프가 막혀도 파손되지 않는다. 일명 소용돌이(와류)펌프라고도 한다.

원유 【原油 crude oil】 석유의 항 참조.

원자 【原子 atom】 화학반응에 관여하는 원소의 최소부분을 말한다. 원자는 중심에 있는 밀도가 높은 양(陽)으로 하전(荷電 charge)된 원자핵과 그 근처에 있는 전자로 구성되어 있다. 원자핵은 중성자와 양자(이 두개를 합쳐서 핵자(nucleon)라고 한다)로 구성된다. 특정한 원소의 화학반응은 전자의 수(즉 원자핵 속에 있는 양자의 수)에 따라 지배된다. 동일한 원소의 원자는 모두 같은 수의 양자를 원자핵 속에 함유하고 있다. 이 수는 양자수, 즉 원자번호가 된다. 어떤 원소에 2개 이상의 동위원소가 존재한다면 원자핵 속에 있는 중성자 갯수의 차이가 원인이 된다.

원자핵 주위에 있는 전자는 몇 개의 그룹으로 나눌 수 있다. 이것을 전자각(電子殼 shell)이라고 한다. 이것은 핵 주위에 있는 주된 오비탈(orbital)에 의한 분류이다. 이 주된 오비탈은 다시 아각(亞殼 sub-shell)으로 나눌 수가 있다. 이것이 원자오비탈이다. 어떤 원자 속에 존재하는 전자는 4가지 종류의 양자수에 의해 특정된다.

① 주양자수(主量子數)(n) : 이것은 주된 에너지 준위를 정한다. n은 자

연수이며 1에서부터 시작한다. 이것에 대응하는 각(殼 shell)은 K, L, M……과 같이 된다. K각($n=1$)은 원자핵에 가장 가깝다. 각 전자각에 수용될 수 있는 전자의 최대수는 $2n^2$이다.

② 오비탈양자수 또는 방위양자수 (l) : 이것은 각운동량(角運動量)을 특정한다. n 이 정해지면 l 은 n-1, n-2………2, 1, 0이라는 한정된 값만을 취한다. 예를 들면 M각($n=3$)에서는 l =2, 1, 0으로 된 3개 종류의 아각이 있다. 이 아각은 오비탈이라고 부르는 경우가 많다. l = 0, 1, 3에 대응하는 오비탈은 s, p, d, f로 나타낸다. 이것은 sharp, principal, diffuse, fundamental의 머리글자이다.

③ 자기양자수(m) : 이 m이 취하는 값은 $-l$, $-(l-1)$, $-(l-2)$,……-1, 0, 1……, $l-2$, $l-1$, l 이다.

이것은 자장(magnetic field) 안에서의 전자오비탈의 배향(配向)을 지배한다.

④ 스핀양자수(m_s) : 전자 자체가 가지고 있는 스핀 각운동량을 정하는 것이다. +1/2과 -1/2의 두 가지 값뿐이다.

원자 속에 있는 전자는 모두 이 4가지 종류의 양자수를 갖고, 파울리의 배타원리(Pauli's exclusion principle)에 의해 동일한 양자수의 조합을 갖는 2개의 전자는 존재하지 않는다. 이것에 따라 원자의 전자구조가 해명된 것이다. 보어 이론의 항 참조.

원자가 전자 【原子價電子 valence electron】 화학 결합생성에 관여하는 외각전자를 말한다.

원자량 【原子量 atomic weight】 상대원자질량의 항 참조.

원자 번호 【原子番號 atomic number】 양성자수를 말한다. 원자핵 속의 양성자(proton)의 수이다. 양성자수의 항 참조.

원자쇄 【原子鎖 chain】 분자 속에서 2개 이상의 원자가 결합하게 되면 원자의 쇠사슬(chain)이 생긴다. 원자쇄에는 곧은 사슬(직쇄 straight chain)과 갈라진 사슬(분기쇄 branched chain)이 있으며 갈라진 사슬인 경우에는 짧은 쪽의 원자사슬을 곁사슬(측쇄 side chain)이라 한다.

원자수 【原子數 atomicity】 1개 분자에 대한 성분원자류의 총항을 말한다. 예를 들면 '메탄은 5원자분자이다' 또는 '피리딘 C_5H_5N의 원자수는 11이다'와 같이 사용한다.

원자열 【原子熱 atomic heat】 듈롱―프티의 법칙의 항 참조.

원자 오비탈 【atomic orbital】 오비탈의 항 참조.

원자 질량 단위 【原子質量單位 atomic mass unit】 [기호] u(가까운 장래에 돌턴(dalton)으로 될 가능성이 있다). 원자나 분자의 질량을 나타내는 데 사용되는 단위이다. 탄소-12의 1개 원자질량의 1/12과 같다. $1u=1.66033\times10^{-27}$ kg.

원자핵 【原子核 nucleus】 원자의 중심에 있으며 양(陽 positive)의 전하(electric charge)와 질량의 대부분을 보유하고 있다. 1개 이상의 핵자(核子 nucleon, 양성자, 중성자)로 구성된다. 주위는 전자구름으로 둘러싸여 있다. 원자핵의 밀도는 거의 $10^{15} kgm^{-3}$이다. 원자핵 안에 존재하는 양성자의 수는 양성자수(원자번호)라 불리며 이것에 의해 원소가 정해진다. 핵자수 또는 질량수란 양성자수와 중성자수의 합이다. 가장 간단한 원자핵은 수소이며 ^1H(양성자)이다. 중성자를 함유하지 않고 양성자 1개만으로 되어 있으며 질량은 1.67×10^{-27}kg이다. 자연에서 산출되는 가장 무거운 원자핵은 ^{238}U이며 92개의 양성자와 146개의 중성자로 구성되어 있다. 질량수 238, 질량은 4×10^{-25}kg, 반지름은 9.54×10^{-15}m이다. 안정된 원자핵을 구성할 수 있는 양성자와 중성자의 조합은 한정되어 있다. 이들 이외의 원자핵은 자연스럽게 붕괴를 일으킨다.
핵을 나타내려면 원소기호의 왼쪽 위에 질량수(핵자수)를 적고 양성자수(원자번호)는 왼쪽 밑에(필요하면) 적는다. 예를 들면 $^{23}_{11}Na$와 같이 된다. 이것은 11번 원소인 나트륨의 질량수 23의 원자핵, 즉 양성자 11개와 중성자 12개(=23-11)로 되어 있는 핵을 나타내고 있다.

원자화열 【原子化熱 heat of atomization】 1몰의 단일체 물질을 완전하게 원자화하는 데 필요한 에너지를 말한다. 열의 항 참조.

웨버 【weber】 [기호] Wb. SI 단위계에서 자속(磁束)의 단위이다. 한번

감은 전기회로에 쇄교(鎖交)하는 자속이 1초 동안에 제로에서 1Wb만큼 균일하게 변화하였을 때 회로에 생기는 기전력이 1V가 된다. 1Wb= 1Vs.

웨스턴-카드뮴 전지 【Weston cadmium cell】 20℃에서 1.0186V의 기전력을 갖는 표준전지이다. H형의 유리관으로 되어 있다. 한쪽 관에는 카드뮴아말감 전극, 다른 한쪽 관은 수은전극이 채워져 있다. 전해액은 황산카드뮴의 포화수용액이며 H형관의 수평관 높이까지 채우고 양쪽의 극을 연결하고 있다. 수은 쪽이 양극이며 기전력은 온도에 따라 근소하게 변화한다.

$E=1.0186-0.000037(T-293)$ (T는 절대 온도)

윌리엄슨의 에테르 합성 【Williamson's synthesis】 비대칭 에테르의 합성법이다. 할로알칸을 나트륨알콕시드의 알콜용액과 환류한다(즉 알콜에 금속나트륨을 용해한 것을 사용한다).

$$R'Cl + RO^-Na^+ \rightarrow R'OR + NaCl$$

이러한 경우 R과 R'에 다른 것을 사용하면 비대칭에테르가 되고 같은 것을 사용하면 대칭에테르가 된다.

윌리엄슨의 연속법 【Williamson's continuous process】 진한 황산을 사용하여 알콜을 탈수시켜 에테르를 만드는 방법을 말한다. 진한 황산과 과량의 알콜을 140℃에서 환류한다.

$$2ROH \rightarrow ROR + H_2O$$

진한 황산은 이 반응의 촉매로서 작용하고 또한 물을 빼앗으므로(탈수반응) 반응을 오른쪽으로 진행시킨다. 생성된 에테르는 당연히 대칭적인 것 뿐이다.

유기 금속 화합물 【organometallic compound】 탄소와 금속의 결합을 갖는 유기화합물을 말한다. 테트라에틸납 $(C_2H_5)_4Pb$ 등이 있다.

유기 파인 케미컬 【fine organic chemicals】 대개 파인 케미컬(fine chemical)이라 할 때는 유기화합물만을 가리킨다. 살충제, 염료, 약품 등과 같이 다품종을 소량으로 생산하는 유기화합물을 총칭한다. 이러한 것에 요구되는 것은 첫째 양보다는 순도(purity)이며 95% 이상이 요구되는 경우도 드물지 않다. 분광학이나 약제 또는 전산분야 등에서 특별한 목적하에 제조된다.

유기 화학 【organic chemistry】 탄소화합물의 화학을 말한다. organic이란 말은 원래 '생(체)물 속에 존재한다'라는 의미이다. 오늘날에는 두서너 가지의 극히 간단한 것을 제외하고는 대부분 탄소를 함유하는 화합물을 유기화합물이라고 한다. 예외가 되는 것은 탄산염이나 탄소의 산화물 또는 시안화물 및 시안산염 등이다(이것들은 무기화학의 연구대상이 된다). 탄소원자는 서로 결합하여 긴 사슬 모양의 골격을 형성할 수 있으므로 대단히 많은 유기화합물이 합성되어 있다. 유기화합물 속에 포함되는 탄소 이외의 원자 중에 주된 것은 수소와 산소이며 다음으로 황, 질소, 할로겐, 인 등이며 이들을 함유하는 화합물도 적지 않다.

유닛 프로세스 【unit process】 화학공업에서 하나의 종합된 반응과정으로 보는 프로세스를 말한다. 예를 들면 알킬화, 증류, 수소화, 열분해, 니트로화 등을 말한다. 공장설계, 장치, 경제성 등은 개개의 화학반응을 별개로 취급하지 않고 이와 같은 유닛 프로세스를 기본으로 하여 구축된다.

유당(락토오스) 【milk sugar, lactose】 (CAS) D-glucose, 4-o-β-galactopyranosyl REG#=63-42-3 우유 속에 약 3% 정도 함유되어 있다(인유(人乳)속에는 훨씬 적다). 글루코스와 갈락토오스가 결합해서 생기는 이당류(二糖類 disaccharide)의 일종이다.

유도 단위 【誘導單位 derived unit】 기본단위에 의해 정의된 여러 가지 단위이며 측정표준값에 기준하는 것은 아니다. 예를 들면 힘의 단위 뉴턴([기호] N)은 킬로그램미터(초)$^{-2}$(kg ms^{-2})로 정의된 유도단위이다. SI 단위계의 항 참조.

유도 효과 【誘導效果 inductive effect】 화합물 속의 원자 또는 원자단이 전자를 흡인하거나 배척하는 효과를 말한다. 이러한 결과로 극성결합이 생긴다.

유디오미터【eudiometer】 가스를 분석하는 데 사용되는 측정기기의 하나이다.

유로퓸【europium】 [기호] Eu [양성자수] 63 [상대원자질량] 151.96 mp 822℃ bp1597℃ 상대밀도 5.24 란탄족금속원소의 하나이며 은백색이다. 다른 란탄족원소와 함께 산출된다. 주된 용도는 컬러TV의 브라운관용 적색형광체로서, 산화물을 산화이트륨과 혼합해서 사용하는 외에 자성합금 등이 있다.

유리【琉璃 glass】 생석회, 탄산소다, 규사 등을 가열, 융해하여 제조하는 견고하고 투명한 물질이다. 이 방법으로 제조되는 유리는 연질유리(소다유리)라 한다. 용도에 따라 산화붕소를 가하여 붕산유리나 납유리, 바륨유리 등으로 불리는 것도 있다. 유리는 무정형물질의 전형적인 예이며 격자 중에 원자나 이온의 긴 주기의 규칙성이 없다. 오히려 아직 결정화되지 않은 과냉각의 액체로 보아야 옳을 것이다. 그러나 같은 비정질(非晶質)의 구조를 갖고 있는 고체도 역시 유리라고 한다.

유리기【遊離基 free radical】 프리 라디칼 또는 라디칼이라고도 한다. 원자 또는 원자단에서 1개가 쌍으로 되지 않은 전자를 가진 것을 말한다. 공유결합이 절단되면 유리기가 된다. 예를 들면

$$CH_3Cl \rightarrow CH_3 \cdot + Cl \cdot$$

광유기반응(光誘起反應)에서 유리기가 생성되는 일이 많다. 유리기는 현저하게 반응성이 풍부한 것이며 극히 특수한 조건하에서만 안정화된다.

유리 단위계【有理單位系 rationalized units】 계의 형상과 관련된 이론적인 형상의 관계식으로 편성되어 있는 단위계로서 예를 들면 SI 단위계가 그 좋은 예이다. 평면의 축과 대칭하는 것의 관계식은 2π, 구(球)대칭에 관련되는 것은 당연히 4π를 계수로서 포함한다.

유분【留分 fraction】 분별 증류할 때 거의 같은 비등점을 나타내는 부분을 모아서 얻게 되는 액체의 혼합물을 말한다.

유사방향족성 【類似芳香族性 pseudoaromaticity】 방향족 화합물의 항 참조.

유사일차 반응 【類似一次反應 pseudo-first order reaction】 특정한 조건하에서 가장 고차적인 반응이 언뜻 보아 1차 반응인 것과 같은 때를 유사일차 반응이라 한다. 예를 들면 과량의 물 속에서 에스테르의 가수분해반응은 반응한 전후에 있어 물의 몰수(mole number) 변화는 거의 없다. 그 결과, 실험한 결과의 반응속도는 에스테르 농도의 1차에 비례한 것과 같이 보인다. 실제로는 물의 농도도 관계되지만 공존하고 있는 물의 양이 많으므로 변화가 나타나지 않는다. 이와 같은 반응을 '1차의 1분자 반응'이라 한다.

유사할로겐 【pseudohalogens】 반응이나 화합물 생성에서 할로겐과 비슷한 거동을 나타내는 몇 개의 간단한 무기화합물의 총칭이다. 예를 들면 디시안 $(CN)_2$, 티오시안(로단) $(SCN)_2$이 있다. 어느 것이나 HCN, KCN, CH_3CN과 같이 할로겐과 동일한 반응을 일으키고 생성물도 비슷하다.

유산 【乳酸 lactic acid】 (CAS) propanoic acid, 2-hydroxy- REG# =50-21-5 α 히드록시프로피온산(hydroxypropionic acid)을 말한다. 광학활성의 항 참조.

유산염 【乳酸鹽 lactate】 유산의 염을 말한다.

유연 비누 【soft soap】 감화 반응(saponification reaction)을 수산화나트륨 대신에 수산화칼륨으로 하여 만든 비누이며 액체 모양으로 된 것도 있다.

육방정 【六方晶 hexagonal crystal】 결정계의 항 참조.

육방 최밀 충전 결정(육방정) 【六方最密充塡結晶(六方晶) hexagonal close-packed crystal】 최밀하게 충전된 원자의 층이 ABAB와 같이 쌓여 생긴다. 제2의 층B는 제1의 층 A의 홈 위에 위치하나 다음 층 A의 제2층 B의 홈에서 아래의 제1층과 같은 위치에 배열한다. 1개 원자 주위의 원자수(배위수)는 항상 12가 된다. 아연이나 마그네슘 등의 금속은 육방최밀충전(HCP)이 된다.

단위격자는 육각주(六角柱)를 이루며 각 정점에 원자가 위치하고 중간에 3개(위에 말한 B층에 해당한다)가 배열하게 된다. 면심입방결정의 항 참조.

육염화 이요오드 【diiodine hexachloride】 REG#=865-44-1 I_2Cl_6 삼염화요오드라고도 한다. 요오드와 과량의 염소를 반응시켜 만들 수 있는 황색결정성 고체이다. 강력한 산화제이며 70℃에서 분해하여 일염화요오드와 염소로 된다.

육탄당 【六炭糖 hexose】 탄소수가 6개인 단당류를 말한다. 예 : 포도당, 과당, 갈락토오스, 만노오스.

육플루오르화 우라늄 【uranium hexafluoride】 (CAS) uranium fluoride(UF_6) REG#=7783-81-5 UF_6 결정성 화합물이며 쉽게 승화한다. 기체확산법에 의해 우라늄의 동위원소를 분리하는 데 이용된다.

율속 단계 【律速段階 rate determining step】 속도결정단계라고도 한다. 다단계의 반응에서 가장 속도가 느린 반응단계를 말한다. 대부분의 화학반응은 다단계의 여러 가지 반응을 조합한 것이며 그 중에서 최저속도의 단계에서 전체의 속도가 결정된다.

전체의 반응속도는 이 율속단계의 속도를 초과할 수는 없다. 예를 들면 과산화수소와 산성인 요오드화칼륨수용액과의 반응에서는 제1단계가 율속단계이다.

$$H_2O_2 + I^- \rightarrow H_2O + OI^- \quad \text{(느리다)}$$
$$H^+ + OH^- \rightarrow HOI \quad \text{(빠르다)}$$
$$HOI + H^+ + I^- \rightarrow I_2 + H_2O \quad \text{(빠르다)}$$

융해 【融解 melting(fusion)】 고체에 열을 가하거나 압력을 변화시킴으로써 액체로 만드는 과정을 말한다.

은 【銀 silver】 [기호] Ag [양성자수] 47 [상대원자질량] 107.87 mp 960℃ bp 2180℃ 상대밀도(비중) 10.5 천이금속원소의 하나이다. 자연에서는 황화물(Ag_2S, 휘은광)이나 염화물(AgCl, 각은광)로서 산출된다.

구리나 납 제련시 부산물로도 얻게 된다. 공기 중에서는 황화은이 생성되므로 서서히 검게 변한다. 화폐용의 합금이나 식기(그릇) 또는 장식품 등에 사용되는 외에 은의 화합물은 사진에서 빼놓을 수 없는 것이다.

은경반응 【銀鏡反應 silver-mirror test】 알데히드기를 검출하는 반응이다. 시료를 여러 방울 채취하여 톨렌스의 시약(Tollens' reagent)과 함께 탕욕안에서 서서히 가열한다. 알데히드는 Ag^+를 Ag로 환원하므로 용기의 안쪽에 선명한 은의 거울이 석출된다. 톨렌스의 시약의 항 참조.

음계율 【音階律 law of octaves】 뉴랜즈의 법칙의 항 참조.

음극 【陰極 cathode】 전기분해에서는 양극(anode) 보다도 음(-)의 전위(electric potential)를 갖는 전극이다. 일반적으로 전기적인 계에 있어, 예를 들면 방전관이나 진공관 등에서는 계 안으로 전자가 진입해 들어오는 터미널(terminal 단자)을 가리킨다.

음이온 【anion】 음전하(negative charge)를 띠고 있는 이온을 말한다. 원자나 분자에 전자가 부착되어서 생긴다. 전기분해에서 음이온은 양극(anode)에 끌린다. 양이온의 항 참조.

음이온 교환 수지 【anionic resin】 주위의 용액과 Cl^-나 OH^-와 같은 음이온을 교환할 수 있는 합성이온 교환체를 말한다. 이러한 이온교환수지는 분석용이나 정제용으로 널리 이용되고 있다. 폴리스틸렌수지골격에 제4급 암모늄 원자단을 도입해서 만든다. 이온교환반응은 다음과 같다(R은 수지골격).

$$R-N(CH_3)_3{}^+Cl^- + KOH \leftrightarrows R-N(CH_3)_3{}^+OH^- + KCl$$

음이온교환수지는 할로겐화물이온을 상호분리하는 데도 이용된다. 혼합물을 수지에 흡착시켜서 각각 용리(溶離 elution)하는 것이다. 이온교환의 항 참조.

음이온성 세제 【anionic detergent】 세제의 항 참조.

응고 【凝固 freezing】 냉각에 의해 액체가 고체로 되는 것을 말한다.

융해의 반대이다.

응고점 【凝固點 freezing point】 대기압(1기압)하에서 액상과 고상이 평형된 상태로 있는 온도를 말한다. 이 온도보다 낮은 곳에서 액체는 고체로 바뀌고 만다. 특정한 액체에 대해서는 항상 일정한 온도이며 고상의 용융점과 서로 같다.

응고점 강하 【凝固點降下 freezing point depression】 용액의 속일적인 성질(colligative properties)의 하나이다. 응고점의 강하도는 용질의 중량 몰농도(molarity)에 비례한다. 이 값은 용질을 조성하는 데는 의존하지 않는다. 농도에 대한 비례상수 K_f 는 응고점강하상수라고 한다(빙점강하상수라고도 한다). 실제적인 응고점의 강하온도는 $\Delta_f = K_f C_M$(C_M은 용질의 중량 몰농도)이기 때문에 K_f 의 단위는 K kgmol^{-1}이 된다. 비등점 상승과 가까운 관계에 있으나 응고점 강하법이 분자량을 측정하는 데 널리 사용되고 있는 것은 정밀도가 높다는 것과 시료가 분해될 염려가 적다는 것에 따른다.

우선 이미 알고 있는 양의 용액을 냉각욕을 사용하여 교반시키면서 천천히 고체화시킨다. 베크만 온도계(Beckmann thermometer)를 사용하여

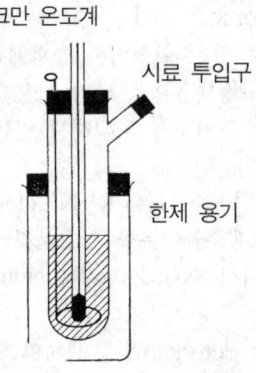

응고점 강하 측정용의 장치

정밀하게 응고점을 측정해 둔다. 이어서 정밀하게 칭량한 용질을 가하여 용매를 가온해서 용해된 용액으로 만든 뒤에 다시 냉각시켜 응고점을 측정한다. 이러한 조작을 몇번이고 반복해서 Δt의 값을 C_M에 대하여 플로트(plot)하고 평균된 K_f를 구한다. 계속하여 미지의 용질을 첨가하고 앞에서 구한 K_f로부터 분자량을 응고점 강하에서 구한다.

정밀한 측정을 하는 데는 듀워병(Dewar flask)과 열전쌍(thermocouple)을 사용하면 좋다. 이론적인 설명은 증기압 강하와 같다. 용매의 응고점은 액상의 증기압 곡선이 고체화한 용매의 증기압 곡선을 절단한 곳에 상당한다. 용질을 첨가하면 액상의 증기압 곡선은 내려가지만 고상(固相)은 변하지 않으므로(공융점(eutectic point)까지) 저하하지 않는다. 따라서 이 두 가지 증기압 곡선의 교차점은 저온측으로 이동한다. 증기압 강하의 항 참조.

응석 【凝析 coagulation】 주로 콜로이드(colloid)의 입자가 집합하여 큰 덩어리로 되는 것을 말한다.

응축 【凝縮 condensation】 냉각에 의해 기체가 액체 또는 고체로 변화하는 것을 말한다. 응결이라고도 한다.

의자형 콘포메이션 【chair conformation】 입체 배좌의 항 참조.

2가 【二價 bivalent(divalent)】 원자가가 2인 것을 말한다. bivalent가 정확하나 근래에는 divalent라고도 많이 사용하고 있다.

이가 알콜 【dihydric alcohol】 디올의 항 참조.

이당류 【二糖類 disaccharide】 2개의 단당류(monosaccharide) 분자가 축합해서 생긴 당(sugar)을 말한다. 설탕(sucrose), 맥아당(maltose) 등이 좋은 예이다. $-O-$결합(글리코시드 결합)으로 연결되어 있다.

EDTA 【ethylenediamine tetraacetic acid】 (CAS) glycine, N, N′-1, 2-ethanediylbis(N-carboxy methyl)- REG#=60-00-4 에틸렌디아민사아세트산이다. 천이금속이온과 킬레이트착체를 만드는데 사용된다. 일반적으로 이나트륨염(Na_2H_2EDTA)이 사용된다.

이량체 【二量體 dimer】 다이머라고도 한다. 2개의 동일한 분자의 결합 또는 회합(association)에 의해 생기는 분자나 화합물을 말한다. 예를 들면 염화알루미늄증기는 이량체 구조이다[$Al_2Cl_6=2(AlCl_3)$].

이리듐 【iridium】 [기호] Ir [양성자수] 77 [상대원자질량] 192.22 mp 2450℃ bp 4130℃ 상대밀도(비중) 22.4 백색으로 된 천이금속이며 내식성(耐蝕性)이 우수하다. 촉매나 장신구 또는 장식품 등에 사용된다. 백금에 혼합해서 경도를 증가시키는 것이 주된 용도이다.

이미노기 【imino group】 이민의 항 참조.

이민 【imine】 $-NH-$라는 원자단을 함유하는 화합물의 총칭이다. 단, 카르보닐기나 수소원자와 직접 결합하고 있는 것은 별도로 한다. 이 원자단은 이미노기라고 한다.

이분자 반응 【二分子反應 bimolecular reaction】 2개의 분자가 관여하는 반응단계를 말한다. 예를 들면 요오드화수소의 분해반응은 이분자반응이다.

$$2HI \rightarrow H_2+I_2$$

이 밖에 다음과 같은 것이 있다.

$$H_2O_2+I_2 \rightarrow OH^- + HIO$$
$$OH^- + H^+ \rightarrow H_2O$$

이분자반응은 모두 2차 반응이다. 그러나 2차 반응이 반드시 이분자반응은 아니다.

2,4-디니트로페닐 히드라진(브라디의 시약) 【2,4-dinitrophenyl hydrazine】 (CAS) hydrazine,2,4-dinitrophenyl-REG#=119-26-6 $C_6H_6N_4O_4$ 오렌지색의 고체이다. 일반적으로는 메탄올 용액으로서 황산의 존재하에서 알데히드나 케톤과 축합시켜 결정성의 유도체(히드라존 hydrazone)를 만드는데 사용된다. 이 유도체는 2,4-디니트로페닐 히드라존이라 불리며 재결정(再結晶)에 의해 간단히 정제(refining)되며 또한 특정한 용융점을 나타내므로 알데히드나 케톤을 판별하는 데 사용된다.

이산화 규소 【二酸化珪素 silicon dioxide】 (CAS) silica REG#= 7631-86-9 SiO_2 대개 실리카라고 한다. 경도가 높은 결정성의 화합물

로서 자연에는 3가지 종류의 변태(석영, 인규석, 크리스토발라이트)로 보통산출 된다. 이밖에 진귀한 것으로 코사이트(coesite), 스티쇼바이트(s-tishovite)가 있다. 석영모래는 대부분이 이산화규소로 되어 있다. 융해석영은 유리 모양의 물질이며 실험장치 등에 잘 사용된다. 유리의 원료이다.

이산화 나트륨 【sodium dioxide】 과산화나트륨의 항 참조.

이산화납 【lead dioxide】 산화납(Ⅳ)의 항 참조.

이산화 망간 【manganese dioxide】 산화망간(Ⅳ)의 항 참조.

이산화 염소 【二酸化鹽素 chlorine dioxide】 REG#=10049-04-4 ClO_2 염소산칼륨과 진한 황산의 반응으로 생기는 오랜지색의 기체이며 강력한 산화제이다. 환원성 물질의 존재하에서는 심한 폭발을 일으킨다. 물의 살균 또는 목재나 펄프(pulp)의 표백 그리고 제분업에서 표백제로도 널리 사용되고 있다. 공업적으로 이산화염소를 만드는 데는 산화알루미늄과 점토를 소성시킨 혼합물을 반응탑에 충전하고 위에서부터 염소산나트륨 수용액을 낙하시키며 아래에서부터 이산화질소가스를 분출하여 이산화염소의 수용액을 얻는 방법이 사용되고 있다.

이산화 이염화황 【sulfur dichloride dioxide】 염화설푸릴의 항 참조.

이산화 질소 【二酸化窒素 nitrogen dioxide】 (CAS) nitrogen oxide(NO_2) REG#=10102-44-0 NO_2 갈색기체이며 사산화이질소를 가열하면 해리의 결과로 얻게 된다. 해리는 140℃에서 거의 완전하게 된다. 더 가열하면 무색의 일산화질소 NO와 산소로 해리한다.

$$2NO_2(g) = 2NO(g) + O_2(g)$$

알칼리금속이나 알칼리토금속의 질산염은 가열해도 변화하지 않으나 그 이외의 금속의 질산염은 열분해에 의해 쉽게 이산화질소를 방출한다.

이산화 탄산 비스무트 【bismuth carbonate oxide】 (CAS) bismuthine, (carbonyl bis(oxy)), is(oxo)-REG#=5892-10-4 $Bi_2O_2CO_3$ 이전에는 탄산비

스무틸 (BiO)₂CO₃이라고 하는 일이 많았다. 질산비스무트와 탄산암모늄의 두 가지 수용액을 혼합하여 침전시켜서 얻게 되는 백색고체이며 BiO^+ 이온을 함유한다.

이산화 탄소【二酸化炭素 carbon dioxide】 REG#=124-38-9 무색, 무취, 불연성의 기체이다. 과량의 산소의 존재하에서 탄소를 연소시키면 얻을 수 있다. 호흡작용에 의해서도 방출된다. 공기 중에는 부피로 0.03% 정도가 함유되어 있다. 식물의 광합성에 의해 이것으로부터 탄수화물이 생성된다. 실험실에서 만드는 데는 금속의 탄산염(대부분은 대리석, 즉 탄산칼슘)에 묽은 산(稀酸)을 작용시켜서 만든다. 공업적으로는 여러 가지 화학과정의 부산물로서 얻게 되는 것을 이용한다. 예를 들면 생석회의 제조 또는 발효시 부산물로 대량 생산된다. 이산화탄소의 주된 수요는 냉각제(고체화시킨 것을 드라이아이스라 한다) 외에 소화기나 탄산음료 등이 있다.

이산화탄소는 탄산의 무수물에 해당한다(따라서 탄산가스라고도 한다). 물 속에서는 다음과 같은 반응으로 탄산이 생긴다.

$$CO_2 + H_2O \rightarrow H_2CO_3$$

이상기체【理想氣體 ideal gas】 기체의 법칙 및 기체분자 운동론의 항 참조.

이성분계 화합물【二成分系化合物 binary compound】 두 가지 종류의 원소로 되어 있는 화합물을 말한다(예: Fe_2O_3, NaCl).

이성질체【異性質體 isomer】 동일한 분자식에서 원자, 원자단의 결합양식이 다르기 때문에 생기는 여러 가지 다른 구조를 갖는 화합물을 말한다. 예를 들면 에탄올과 디메틸에테르는 서로 이성질체이다. 여러 가지 이성질 현상에 대해서는 이성질 현상의 항에 종합해 두었다.

이성질 현상【異性質現象 isomerism】 동일한 분자식을 갖지만 두 종류 이상으로 된 별도의 구조식 또는 입체배열을 갖는 화합물이 존재하는 것을 말한다. 이 별도의 형태는 이성질체(isomer)라고 한다. 예를 들면 C_4H_{10}이라는 조성의 탄화수소는 부탄(n-부탄은 모두 곧은 사슬의 골격을 갖는다)과 2-메틸프로판(이소부탄 분기 골격으로 된 것)이라는 두 가지 종류의 이성질체를 갖는다.

구조이성질체는 화합물의 구조식이 서로 다른 이성질화현상을 가리킨다. 이것은 두 개의 그룹으로 나누어진다. 하나는 완전하게 다른 종류의 화합물이 이성질체 관계인 것(에탄올 C_2H_5OH와 디메틸에테르 CH_3OCH_3)이며 또 하나는 작용기(functional group)의 위치가 다른 것이다.

예를 들면 제 1급 알콜의 1-프로판올 C_3H_7OH와 제 2급 알콜의 프로판올 $(CH_3)_2CHOH$(일반적으로 이소프로판올이라고 한다)의 이성질체 등이 있다.

부탄

2-메틸프로판 (이소부탄)

에탄올

디메틸에테르

1-프로판올

2프로판올

구조이성질체

이중결합에 관한 기하이성질체

회전이 제한된 분자에서의 기하이성질체

평면형 금속착체에서의 기하이성질체

기하이성질체(시스-트랜스 이성질체)

입체이성질현상은 동일한 분자식을 갖는 화합물에서 원자단의 공간적인 배치만이 서로 다른 것을 말한다. 입체 이성질현상은 다음의 두 가지로 크게 나눈다. 시스-트랜스 이성질현상(cis-trans isomerism)은 2개의 원자간 결합에 자유회전이 허용되지 않는 경우에 생긴다. 각 원자는 각각 결합하고 있는 원자단이 동일한 쪽에 있을 때는 cis이성질체, 반대쪽에 있을 때에는 trans이성질체라 한다.

무기화학의 분야에서 금속착체에도 역시 시스-트랜스 이성질현상이 존재하며 2개의 원자단이 인접하여 있는 것을 cis-, 금속이온을 끼고 반대쪽에 있는 것을 trans-로 표시한다.

이전에는 기하이성질체(geometrical isomerism)이라고도 불렀다(현재는

Z-, E-를 사용하는 것을 권장하고 있다. Z는 독일어의 zusammen, E는 entgegen의 머리글자로서 각각 함께, 반대를 의미한다). 광학이성질현상(optical isomerism)은 화합물 속에 경면대칭이 없는 경우에 생긴다. 이 경우에 R형(右手系)의 화합물과 S형(左手系)의 화합물은 별도의 것으로 구별된다. 이들 화합물에는 비대칭원자가 존재하는데 이것을 키랄중심(chiral center)이라 한다. 광학활성의 항 참조.

이소니트릴 【isonitrile】 이소시아니드 또는 카르빌아민이라고도 한다. R-NC의 구조로 된 유기화합물이다.

이소류신 【isoleucine】 REG3 # =73-32-5 (L-체) 아미노산의 하나이다. 3-메틸-2-아미노발레리안산을 말한다. 아미노산의 항 참조.

이소시아니드 【isocyanide】 이소니트릴의 항 참조.

이소시아니드 시험 【isocyanide test】 카르빌아민 반응이라고 하는 일이 많다. 제1급 아민의 검출 테스트이다. 알콜성 수산화칼륨 용액에 시료를 첨가하고 다시 클로로포름을 첨가해서 가온(加溫)하면 제1급 아민이 존재하는 경우에는 이소니트릴(이소시아니드, 카르빌아민)이 생기고 특징 있는 악취를 느낄 수 있다. 이소니트릴은 맹독하다.

이소프렌 【isoprene】 (CAS)1, 3-butadiene, 2-methyl REG#=78-79-5 2-메틸-1, 3-부타디엔이다. 천연고무나 구타페르카 등의 구성단위이다.

이수화물 【二水和物 dihydrate】 분자 또는 염(salt)의 1몰에 대해 2분자의 결정수를 수반해서 결정된 것을 말한다.

이염화 이황 【二鹽化二黃 disulfur dichloride】 (CAS) sulfur chloride REG#=10025-67-9 S_2Cl_2 염화황이라고 하는 경우가 많다. 적색, 발연성의 액체이며 강한 냄새가 난다. 융해된 황에 염소가스를 통해서 만든다. 고무를 경화하는 데 사용된다.

이온 결정 【ionic crystal】 두 종류 이상 원소의 이온으로 이루어진 결정을 말한다. 양이온과 음이온이 일정한 방식에 따라 배열하여 정전인력(electrostatic attraction)으로 결합되어 있다. 염화나트륨이나 염화

세슘 등이 좋은 예이다.

이온 결합 【ionic bond(electrovalent bond)】 화합물 중에서 한쪽의 원자에서 다른 쪽의 원자로 완전하게 전자가 이동하여 생기는 이온 사이의 정전기적 인력에 의한 결합을 말한다. 예로서 Na+Cl에서 Na^+ + Cl^-가 생기는 경우를 들 수 있다. 이온결합은 반대부호의 이온 사이에 작용하는 인력이 같은 부호의 이온 사이의 척력을 제한 것보다 강하기 때문에 결합이 생긴다. 이온결합의 에너지는 10^2~$10^3 KJmol^{-1}$이다. 이온결합성의 화합물은 일반적으로 강체격자(剛體格子 rigid body lattice)로 된 최밀충전구조의 고체이다. 이온결합의 강도는 원자간 거리에 반비례한다. 격자에너지 항에서도 설명되어 있으므로 참조할 것.

이온 교환 【ion exchange】 불용성 물질에서 외권(外圈)의 매질(媒質) 속에 있는 이온과 교환될 수 있는 이온을 함유하는 것이 일으키는 화학반응을 말한다. 최초의 이온교환성 물질은 제올라이트이며 경수를 연화시키는 데 사용되었다. 그 후, 합성수지계의 것이 발전하여 대부분 교체되었다. 이것은 폴리스틸렌 골격에 이온성 기(ionic group)가 결합한 것이다. 교환하는 이온이 양전하로 된 것이면 양이온교환수지, 음전하이온을 치환하면 음이온교환수지라고 한다. 이온교환수지상의 이온(예를 들면 나트륨이온)이 모두 다른 이온으로 교환되면 진한 용액(염화나트륨 수용액)으로 처리하는 경우, 칼슘 등 흡착된 이온이 다시 나트륨이온으로 교환되기 때문에 재생할 수가 있다. 물질 정제나 분석 등 다방면으로 이용된다. 예를 들면 H^+ 또는 OH^-와 교환되는 이온인 경우, 교환시킨 용액을 염기나 산의 표준액에 따라 중화적정해서 함량을 구할 수 있다.

이온 반지름 【ionic radius】 화합물 속에 있는 이온의 유효반지름의 척도를 말한다. 유리이온(free ion)에서는 이 개념이 별로 명확한 것은 아니다. 왜냐하면 원자핵(nucleus)은 '원자구름'으로 둘러싸여 있기 때문이다. 결정 속에서는 이온간의 거리로부터 구할 수 있다. 이온반지름을 정하는 데는 몇 가지 방법이 있으며 그 결과 동일한 이온에 대해 몇 개의 이온반지름의 값이 기록되어 있는 경우도 많다. 주요한 방법으로는 골드슈미트법(Goldschmidt process)과 폴링법(Pauling process)이 있다. 골드슈미트의 이온반지름 값은 여러 가지 이온에서의 일련의 화합물에 대한 데이터의 조합에서 구한 것이다. 한편 폴링의 반지름은 양이온과 음이온 사이의 거리를 좀더 이론적인 방법에 의해 처리하여 각 이온에 적용한 것이다.

이온적 【ionic product】 수소이온과 수산화물(hydroxide) 이온의 농도에 대한 곱[積]을 말한다. $K_W = [H^+][OH^-]$ 물에서 극히 적은 자기해리를 나타내고 있다.

이온화 【ionization】 이온을 생성하는 과정을 말한다. 원자나 분자가 이온화하는 데는 몇 가지 방법이 있다. 어떤 종류의 화학반응에서는 전자 이동의 결과로 이온이 생긴다. 예를 들면 나트륨원자와 염소원자가 반응하면 나트륨에서 염소로 전자가 이동하여 나트륨이온(Na^+)과 염화물이온(Cl^-)이 생긴다. 어떤 종류의 분자는 용액 속에서 이온화한다. 예를 들면 산은 다음과 같은 반응으로 수소이온을 생성한다.

$$H_2SO_4 \rightarrow 2H^+ + SO_4^{2-}$$

용액 속에서 이온화의 추진력이 되는 것은 생성하는 이온의 용매화(solvation)이다. 예를 들면 H^+는 수화(水和)하여 H_3O^+(히드로늄 이온 또는 옥소늄 이온)가 된다.

전리성 방사선(電離性放射線 ionizing radiation)의 작용에 의해서도 이온은 생성된다. 그러므로 가속입자나 광자 등이 분자를 파괴하거나 전자를 원자로부터 떼어낼 정도의 에너지가 있는 것을 사용하면 이온이 생성된다. 즉 $A \rightarrow A^+ + e^-$로 표시된다. 음이온은 원자나 분자가 전자를 포획한 결과 얻게 된다. 이것은 $A + e^- \rightarrow A^-$로 표시할 수 있다.

이온화 에너지 【ionization energy】 이온화 포텐셜의 항 참조.

이온화 포텐셜 【ionization potential】 IP라고 약기한다. 기호로서 I를 사용하는 일이 많다. 어느 특정한 원자(때로는 분자나 원자단)가 기상(氣相)에서 한 개의 전자를 상실하는 데 필요한 에너지를 말한다. 즉 다음의 과정에 대해 필요로 하는 에너지이다.

$$M \rightarrow M^+ + e^-$$

이 값은 금속이 양이온으로 될 수 있는 가능성의 척도이다. 제2 이온화 에너지는 2개의 전자를 제외하고 2가(bivalent 또는 divalent)의 양이온으로 되는 데 필요한 에너지이다.

$$M \rightarrow M^{2+} + 2e^-$$

이온화 포텐셜은 이 표현에 따르면 양의 값이며 전자볼트(electron volt) 단위로 표시한다. 이온화에너지라고 할 때는 1몰(mole)의 물질을 이온화하는 데 필요한 에너지이며 $kJmol^{-1}$(또는 $kcalmol^{-1}$)로 표시한다. 화학분야에서는 위와 같은 제 2, 제 3 이온화 포텐셜은 2가, 3가의 양이온을 생성하는 데 필요한 에너지를 가리키고 있다. 그러나 물리학이나 분광학에서는 별도의 의미를 갖는다. 제 2 이온화 포텐셜이란 두번째로 완만한 속박을 받고 있는 전자를 떼어내 1가의 이온을 만드는 데 필요한 에너지를 가리킨다. 예를 들면 리튬($1s^2 2s^1$)의 경우에 제 2 이온화 에너지는 1s전자를 떼어내 ($1s^1 2s^1$)의 이온을 만드는 데 필요한 에너지에 해당한다.

이온화 포텐셜은 원래 전자충격에 의해 이온을 만드는 데 필요한 전위차(potential difference)이므로 에너지로서 나타낸다.

$$M + e^- \rightarrow M^+ + 2e^-$$

전자볼트 단위로 표시하는 것도 이러한 이유 때문이다.

이원자 분자【二原子分子 diatomic molecule】 하나의 분자가 2개의 원자로 되어 있는 것을 말한다. 수소(H_2), 산소(O_2), 질소(N_2), 할로겐(F_2, Cl_2, Br_2, I_2) 등의 분자는 모두 이원자분자이다.

이중 결합【二重結合 double bond】 공유결합 중, 2조의 전자쌍이 결합에 관여하고 있는 것을 말한다. 1개조의 전자쌍은 단일결합과 등가이며 σ결합이라고 한다. 또 하나는 π결합이라 한다. 일반적으로 2개의 평행선이며 $H_2C=O$와 같이 나타낸다. 다중결합 및 오비탈의 항 참조.

이차반응【二次反應 second-order reaction】 반응 속도가 반응 물질에 대해 두 종류로 된 농도의 곱 또는 한가지 농도의 제곱에 비례하

는 반응을 말한다. 즉
$$\text{반응 속도} = k\,[A][B]$$
또는
$$\text{반응 속도} = k\,[A]^2$$
와 같은 것이다. 예를 들면 에스테르의 묽은 염기 가수분해는 이차반응이다.
$$\text{반응 속도} = k\,[\text{에스테르}][\text{염기}]$$
이차반응의 속도상수는 $mol^{-1}dm^3s^{-1}$의 디멘션(dimension)을 갖는다. 1차반응과는 달리 반응물질이 감소하는 비율은 처음의 농도에 따라 다르다.

이크롬산 나트륨 【sodium dichromate】 (CAS) chromic acid, disodium salt REG#=10588-01-9 $Na_2Cr_2O_7$ 중크롬산나트륨이라고도 한다. 오렌지색의 조해성(deliquescence) 고체이며 물에 잘 용해된다. 크롬철광을 분쇄하여 노(furnace)안에서 산화칼슘과 탄산나트륨으로 융해시켜서 만든다. 이크롬산염의 수용액에 알칼리를 첨가하면 단핵의 크롬산염이 된다. 고온에서는 분해하여 산화크롬(Cr_2O_3)과 크롬산염이 되고 산소를 방출한다. 산화제로서, 특히 유기화학에서 중요하다. 철(II), I 등의 적정(titration)에도 사용된다.

이크롬산염 【dichromate】 $Cr_2O_7^{2-}$를 함유하는 염(salt)이다. 중(重)크롬산염이라고도 한다. 강력한 산화제이다. 이크롬산염칼륨의 항 참조.

이크롬산 칼륨 【potassium dichromate】 (CAS) chromic acid($H_2Cr_2O_7$), dipotassium salt REG#=7778-50-9 $K_2Cr_2O_7$ 등적색(橙赤色)의 고체이며 중(重)크롬산칼륨이라고도 한다. 이크롬산나트륨수용액에 염화칼륨을 첨가해서 결정(crystal)시키든가 크롬산칼륨의 수용액을 산성으로 하면 얻을 수 있다. 냉수에는 이크롬산나트륨보다 잘 용해되지 않지만 온수에는 더 잘 용해된다. 이크롬산칼륨은 산화제로서 용량분석 또는 유기합성에 많이 이용된다. 결정은 삼사정계(triclinic)이며 결정수(water of crystallization)를 함유하지 않고 조해성(潮解性 deliquescence)도 없다. 이크롬산염의 수용액에 알칼리를 첨가하면 크롬산염이 된다.

2-클로로부타-1,3-디엔(클로로프렌)【2-chlorobuta-1,3-diene(chloroprene)】
(CAS) 1,3-butadiene, 2-chloro- REG#=126-98-8 H$_2$C=CH-CCl=CH$_2$ 부타디엔(butadiene)의 염소유도체의 하나이다. 무색의 액체이며 네오프렌 고무의 원료로서 공업적으로 사용된다.

이탄화 칼슘(카바이트)【calcium dicarbide】
탄화칼슘의 항 참조.

이테르븀【ytterbium】
[기호] Yb [양성자수] 70 [상대원자질량] 173.0 mp 819℃ bp 1194℃ 상대밀도(비중) 7.0. 은백색이며 전성(展性 malleability)이 풍부한 금속이다. 란탄족원소의 하나이며 다른 란탄족원소와 함께 산출된다. 강철의 기계적인 성질을 개선하기 위해 합금으로 사용되기도 한다.

이트륨【yttrium】
[기호] Y [양성자수] 39 [상대원자질량] 88.91 mp 1523℃ bp 3337℃ 상대밀도(비중) 4.47. 제 2 천이금속원소의 최초에 위치하는 은백색의 금속원소이다. 모나자이트(monazite)나 제노타임(xenotime) 등에서 거의 다른 란탄족원소와 함께 산출된다. 여러 가지 합금재료 외에 촉매나 인조보석 또는 전자(electronics)용 등에 사용된다. 이트륨-알루미늄-가네트(YAG) 등도 이의 한 예이다. 산화이트륨에 산화유로퓸(europium oxide)을 첨가(dope)한 것은 컬러TV 브라운관의 적색형광체이다.

이형【二形 dimorphism】
다형의 항 참조.

이화 작용【異化作用 catabolism】
복잡한 분자를 더욱 간단한 분자로 분해하려는 대사반응(代謝反應)의 총칭이다. 이화작용은 에너지를 얻기 위한 것이다.

이황화 탄소【二黃化炭素 carbon disulfide】
REG#=75-15-0 무색이고 유독하며 인화성이 있는 액체이다. 메탄과 황으로 만든다. 용매로 널리 사용된다. 순수한 이황화탄소는 냄새가 나지 않으나 대개는 다른 황화합물이 공존하기 때문에 나쁜 냄새가 난다.

인【燐 phosphorus】
[기호] P [양성자수] 15 [상대원자질량] 30.97. mp 44.1℃(白燐) bp 280.5℃ 상대밀도(비중) 2.70 반응성이 풍부한 고체의

비금속원소이다. 제V족의 위에서부터 두번째의 원소이다. 전자배치는 [Ne] $3s^23p^3$이며 질소와 형식적으로는 동일한 구조이다. 반응성은 질소보다 훨씬 크고 자연에는 유리된 형태(단일체)로는 존재하지 않는다. 지구상에는 널리 분포되고 있으나 경제적으로 가치 있는 자원으로는 인광(구아노 guano)과 인회석 정도이다. 인회석에는 플루오로 인회석 $3Ca_3(PO_4)_2 \cdot CaF_2$, 염소인회석 $3Ca_3(PO_4)_2 \cdot CaCl_2$ 등의 변종도 있다. 구아노는 해조(海鳥)의 배설물 안에 있는 어류의 골격에서 생긴 것이다. 인산염의 최대수요는 비료이며 그 다음이 세제(洗劑)의 첨가물이다. 생체조직과 골격 등의 중요한 구성성분이며 대사과정 또는 근육운동 등에도 반드시 필요한 것이다. 단일체의 인을 만드는 데는 공업적으로는 인광(인산칼슘)에 코크스(coke)와 석영사를 혼합하여 전기로(electric furnace)에서 가열한다. 인은 환원되어 황인의 형태가 되고 증류시켜 분리할 수 있다.

$$2Ca_3(PO_4)_2 + 6SiO_2 + 10C \rightarrow P_4 + 6CaSiO_3 + 10CO$$

인에는 동소체가 많이 있지만 잘 알려져 있는 것은 다음의 3가지 종류이다. 구조가 잘 알려져 있지 않은 것도 적지 않다.

① 백인(황인) : P_4 분자성의 고체이며 유기용매(이황화탄소 등)에 용해되며 증류도 된다.
② 적인 : 황인을 가열시켜 만든다. 유기용매에는 용해되지 않는다.
③ 흑인 : 고압하에서 백인을 가열해서 만든다.

인은 제V족의 일원으로 비금속성을 나타내는 원소이며 이온화 포텐셜이 높기 때문에 화합물의 대부분이 공유결합성이다. 인의 화합물은 P(Ⅲ)과 P(Ⅴ)가 대부분이다. 포스핀 PH_3은 암모니아와 비슷한 성질을 어느 정도 가지고 있으나 단일체의 직접적인 반응으로는 생기지 않는다. 5가(quinquevalent)의 인의 수소화물은 알려져 있지 있다.

공기 중에서 단일체의 인이 연소했을 때의 생성물은 대단히 흡습성이 강한 백색의 고체 P_4O_{10}이다. 일반적으로는 오산화인이라고 하나 정식으로는 십산화사인이다. 공기의 공급을 가감하면 P(Ⅲ)의 산화물 P_4O_6을 얻게 되는데 반응되지 않은 단일체의 인도 혼입한 생성물이 된다. 산화물은 물과 반응해서 산을 만든다.

$$P_4O_6 + 6H_2O \rightarrow 4H_2[HPO_3] \text{ (포스폰산)}$$
$$P_4O_{10} + 6H_2O \rightarrow 4H_3PO_4 \text{ (인산)}$$
$$P_4O_{10} + 2H_2O \rightarrow 4HPO_3 \text{ (메타인산)}$$

여러 가지 종류의 폴리인산과 그의 염(salt)이 존재한다. 그 중에는 고리 모양으로 된 것이나 사슬 모양으로 된 것도 있다. 피로인산은 인산을 가열하여 융해해서 만드는데 200℃ 이상으로 가열해서 탈수를 계속하면 메타인산이 된다.

분자량이 1000에서 10000정도인 폴리인산의 염은 세제원료로 사용된다. 분자량이 비교적 작은 것은 경수연화제로서 중요하다.

인의 할로겐화물은 PX_3와 PX_5의 두 가지가 있다. PX_3는 모든 할로겐 원소에 대해 존재하는데 PI_5만은 존재하지 않는다. PX_3는 단일체 끼리의 반응으로 합성된다. PF_3만으로는 반응이 지나치게 심하기 때문에 대개 PCl_3로부터 만든다. PX_3는 PH_3와 동일하게 삼각피라미드형의 분자구조로 되어 있으며 쉽게 가수분해한다. PX_5도 쉽게 가수분해하는데 우선 옥시할로겐화물(산화할로겐화물 또는 할로겐화 포스포릴)이 되고 이어서 인산이 된다.

$$PX_5 + H_2O \rightarrow POX_3 + 2HX$$
$$POX_3 + 3H_2O \rightarrow H_3PO_4 + 3HX$$

기상(氣相)에서 PX_3는 피라미드, PX_5는 이중삼각뿔구조를 이루고 있다. 그러나 사염화탄소 중에서 PCl_5는 염소가교(鹽素架橋)를 함유하는 이량체(8면체 6배위)이다. 고상(固相)에서는 $[PCl_4]^+[PCl_6]^-$와 같은 이온결정이다. $[PCl_4]^+$는 사면체, $[PCl_6]^-$는 팔면체인데 이들은 염소원자의 이동으로 생긴다.

인의 단일체(백인)와 금속이나 반금속과의 반응생성물은 다음과 같다.
① 이온성의 인화물 : Na_3P, Ca_3P_2, Sr_3P_2
② 분자성의 인화물(오히려 인의 ○○화물이라는 것이 적절하다) : P_4S_3, P_4O_6
③ 금속성의 인화물 : Fe_2P

인공 방사능 【人工放射能 artificial radioactivity】 안정된 원자핵에

높은 에너지의 입자를 충돌시켜서 얻게 되는 핵종(核種 nuclide)을 갖는 방사능 또는 그 방사성핵종을 말한다. 예를 들면

$$^{27}_{13}Al + ^{1}_{0}n \rightarrow ^{24}_{11}Na + ^{4}_{2}He$$

의 핵화학방정식에서는 알루미늄핵에 중성자를 조사(照射)하여 나트륨의 동위체가 생성된 것을 나타낸다. 이 나트륨-24는 방사성이다. 원자번호 93번 이상의 원소(초우라늄원소)는 자연에 존재하지 않기 때문에 모두 인공방사성의 핵종이다. 43번(Tc), 61번(Pm)도 동일하다.

인광 【燐光 phosphorescene】 원자에 의해 에너지가 흡수된 후에 다시 전자파(빛)를 방출하는 현상을 말한다. 형광과 합쳐서 루미네센스(luminescence 형인광)라고도 한다. 형광과 다른 점은 여기(勵起 excitation)에 사용한 에너지원을 제거해도 인광은 오랫동안 그대로 남아 있으나 형광은 즉시 소멸되는 점이다. 즉, 수명이 긴 것이 특징이기도 하다. 그러나 이것으로는 엄밀하게 형광과 인광을 구별할 수 있는 정도는 되지 않는다.

일반적으로는 소위 '냉광(cold light, luminescence)'을 의미한다. 일반적인 빛은 고온의 물체에서 방사된다. 인광이라는 명칭과 같이 백인(황인)은 공기 중에서 서서히 산화되고 어두운 곳에서는 빛을 방출하는데 이것은 화학반응에 의한 광이다. 광원(light source)은 반응에 의한 여기상태이며 열에 의한 것은 아니다. 이러한 발광을 케미루미네센스(chemi luminescence)라고 한다. 생화학적인 물질 속에는 바이오루미네센스(bioluminescence)를 나타내는 것이 많다. 바다의 형광석이나 밤하늘의 대나무 또는 썩은 목재 등도 인광을 방출한다.

인듐 【indium】 [기호] In [양성자수] 49 [상대원자질량] 114.82 mp 156.61℃ bp 2080℃ 상대밀도(비중) 7.31. 제ⅢB족에 속하는 은백색의 금속원소이다. 주로 아연광석 안에 미량의 성분으로 산출된다. 합금이나 도금용 외에 전자부품이나 반도체재료에 잘 사용된다.

인산 【燐酸 phosphoric acid】 REG#=7664-38-2 H_3PO_4 소위 오산화인(P_4O_{10})을 물과 반응시키거나 황인을 질산으로 산화시켜 만든다.

순수한 인산은 백색고체이다. 자연에서는 인산염(오르토인산염)의 형태로 산출된다. 삼염기산으로 시판되는 것은 85%가 수용액이다. 수용액은 심한 산의 맛을 나타내며 청량음료 등에 산의 맛을 내는 데도 사용된다.

인산은 약 220℃로 가열하면 탈수하여 피로인산 $H_4P_2O_7$이 된다. 순정품(純正品)을 만드는 데는 염화포스포릴(산화염화인 $POCl_3$)과 인산을 반응시킨다. 메타인산(HPO_3)은 인산을 320℃로 가열해서 만든다. 피로인산과 메타인산은 모두 물 속에서 서서히 가수분해되어 오르토인산이 된다. 가수분해 속도는 고온일수록 크다.

인산은 삼염기산이므로 3가지 종류의 염(salt)을 생성한다. $H_2PO_4^-$, HPO_4^{2-}, PO_4^{3-}를 각각 음이온으로 함유한다. 각각 산성, 중성, 염기성을 나타낸다. 리튬 이외의 알칼리 금속의 인산염은 모두 물에 용해되지만 대부분 다른 금속의 인산염은 물에 용해되지 않는다. 물의 연화제로 쓰이는 외에 비료로서 많이 사용된다.

인산 삼나트륨【trisodium phosphate】 (CAS) phosphoric acid, sodium salt(1:3) REG#=7061-54-9 Na_3PO_4 예전에는 정인산(正燐酸) 소다라고도 하였다. 인산일수소이나트륨을 당량의 수산화나트륨으로 중화하고 증발 농축시켜서 만든다. 백색육방정계의 십이수화물 $Na_3PO_4 \cdot 12H_2O$ 외에 팔수화물도 있다. 이 결정은 풍해성이나 조해성도 나타내지 않는다. 물에 잘 용해되고 가수분해하여 강한 염기성을 나타낸다. 물의 연화제로 사용된다($Na_3PO_4 \cdot 8H_2O$는 순수하나 십이수화물은 1/4~1/7 몰의 NaOH를 함유하는 결정이라는 것이 알려졌다).

인산 수소 이나트륨【disodium hydrogen phosphate】 (CAS) phosphoric acid, disodium salt REG#=7558-79-4 Na_2HPO_4 인산을 수산화나트륨으로 중화적정(中和滴定)하여 페놀프탈레인 지시약이 적색으로 변화하는 점까지 중화시킨 액을 농축해서 만드는 백색고체이다. 수용액에서 얻을 수 있는 것은 풍해성이 현저한 십이수화물 $Na_2HPO_4 \cdot 12H_2O$이다. 풍해생성물은 칠수화물이다. 섬유공업에 이용된다.

인산염【燐酸鹽 phosphate】 인산의 항 참조.

인산 이수소 나트륨【sodium dihydrogen phosphate】 phosphoric acid, sodium salt (1:1) REG#=7558-79-4 NaH_2PO_4 인산을 메틸오렌지를 지시약으로 하여 수산화나트륨으로 적정한 용액에서 만들 수 있는 백색고체이다. 증발 농축으로 일수화물을 만든다. 베이킹 파우더에 첨가하기도 한다. 일수화물은 사방정계로 결정(結晶)한다.

인산 칼슘【calcium phosphate】 (CAS) phosphoric acid, calcium salt(2:3) REG#=7758-87-4 $Ca_3(PO_4)_2$ 자연에서는 인회석 $CaF_2 \cdot Ca_3(PO_4)_2$ 의 성분으로 산출되는 고체이다. 인산염 암석 안에도 있다. 동물골격의 주성분이기도 하며 비료로 널리 사용된다.

인화물【燐化物 phosphide】 인보다도 전기적인 양성이 큰 원소와 인의 화합물이다. Ca_3P_2는 인화칼슘이다.

인화점【引火點 flash point】 가연성의 액체에서 충분한 양의 증기가 발생하여 작은 화염이나 불꽃을 가까이 하면 불이 붙는 온도를 말한다.

인회석【燐灰石 apatite】 자연에서 산출되는 인산칼슘의 광물을 말한다. 대개 플루오르화물이온이나 수산화물이온을 함유한다. 조성은 $Ca(F, OH)_2 \cdot Ca_3(PO_4)_2$이다.

1가【一價 univalent】 원자가와 산화수가 1인 것을 나타낸다. monovalent는 잘못된 표현이다.

104번 원소【element 104】 악티늄족원소 다음에 위치하는 최초의 원소이며 원자번호는 104번, 합성 보고는 소련과 미국의 양쪽 그룹에서 별도로 이루어졌다. 그래서 명칭과 기호도 각각이며 한쪽은 크루차트뮴(Ku), 다른 쪽은 라자포듐(Rf)으로 제안하였다. 그러나 어떤 명칭도 공인되고 있지 않다. 현재는 이러한 혼란을 피하기 위해 운닐쿼듐(Ung unnilquadium, un=1, nil=0, quad=4)을 사용하게 되었다. 105번과 106번 원소에 대해서도 여러 가지 문제가 있으나 각각 운닐펜튬 Unp, 운닐헥슘 Unh이라 부르게 되어 있다.

일산화 나트륨【sodium monoxide】 (CAS) sodium oxide REG#=

1313-59-3 Na₂O 산소의 공급량을 가감해서 나트륨을 연소시키거나 또는 과산화나트륨에 당량의 금속나트륨을 첨가해서 환원했을 때 얻게 되는 백색고체이다. 물이나 산과는 심하게 반응하여 물과는 수산화나트륨, 산과는 대응하는 나트륨염을 생성한다. 입방정계(cubic)로 결정하며 액체암모니아에 용해되어 나트륨아미드와 수산화나트륨이 된다.

일산화납 【lead monoxide】 산화납(Ⅱ)의 항 참조.

일산화 염소 【chlorine monoxide】 일산화이염소의 항 참조.

일산화 이염소 【dichlorine monoxide】 (CAS) chlorine oxide REG# =7791-21-1 Cl₂O 오렌지색의 기체 산화수은(Ⅱ) 위에 염소를 통과시켜 만든다. 강력한 산화제로서 작용한다. 물에 용해되어 하이포염소산을 생성한다.

일산화 이염화황 【sulfur dichloride oxide】 염화티오닐의 항 참조.

일산화 질소 【nitrogen monoxide】 (CAS) nitrogen oxide REG#= 10102-43-9 NO 단순히 산화질소라고 하는 경우도 많다. 무색이고 물에 용해되지 않는 기체이나 2가(bivalent)의 철이온이 있으면 $Fe(NO)^+$ 라는 착이온(complex ion)이 생겨서 용해된다.

가열하면 이 착이온은 분해하여 일산화질소를 방출한다. 일산화질소를 만드는 데는 구리조각을 진한 질산과 반응시킨다. 불순한 생성기체를 Fe(Ⅱ)염 용액에 흡수시키고 가열해서 순수한 일산화질소를 만든다.

공업적으로는 암모니아의 촉매 산화 또는 전기 아크(electric arc) 속에서 N₂와 O₂를 직접 화합시켜서 만든다. 일산화질소는 질소산화물 중에서 가장 열적으로 안정되어 있으며 1000℃이상에서 약간 분해될 뿐이다. 상온에서는 산소와 즉시 반응하여 이산화질소가 된다.

$$2NO(g) + O_2 \rightarrow 2NO_2(g)$$

일산화 칼륨 【potassium monoxide】 potassium oxide REG#= 12136-45-7 K₂O 냉각되어 있을 때는 백색이고 가열되어 있을 때는 황색의 이온성 고체이다. 금속칼륨을 질산칼륨과 혼합해서 가열하면 만들 수 있다. 물에는 심하게 반응하여 용해되면 수산화칼륨용액이 된다.

액체암모니아에 용해시키면 수산화칼륨과 칼륨아미드가 된다.

일산화 탄소【一酸化炭素 carbon monoxide】 REG#=630-08-0 CO 무색이고 가연성이며 맹독한 기체이다. 탄소가 불완전연소함으로써 생긴다. 실험실에서는 포름산을 진한 황산으로 탈수시켜 만든다.

$$HCOOH \rightarrow H_2O + CO$$

공업적으로는 탄소나 천연가스의 산화에 의하거나 수성가스반응에 의해 만든다. 강력한 환원작용을 나타내며 금속제련에 이용된다. 일산화탄소는 중성이며 물에는 거의 용해되지 않는다. 수산화나트륨 수용액과 반응하여 포름산나트륨이 되나 포름산의 무수물은 아니다. 천이금속과 반응하여 금속카르보닐을 생성한다. 일산화탄소의 독성은 헤모글로빈과 매우 안정된 착체를 형성하는 데 따른다.

일시 경도【一時硬度 temporary hardness】 칼슘, 철, 마그네슘 등의 탄산수소염(hydrogen carbonate)을 용존(溶存)한 물의 경도를 말한다. 이러한 물의 경도는 일단 비등(boiling)시킴으로써 감소된다. 일시경도의 근원은 빗물이 이산화탄소를 흡수하여 탄산을 생성시키는 데 따른다.

탄산을 함유한 물이 탄산염 암석과 반응하면 탄산수소염이 생기고 금속이온은 용해된다. 가열하면 바로 반대의 반응이 일어나므로 탄산칼슘 등은 침전되어 제거된다. 만약 제거시키지 않은 상태로 보일러 등에 사용하면 다량의 스켈(scal, 관석(罐石))이 생겨서 효율이 떨어지며 결국에는 폭발할 위험마저 있다. 영구경도 및 경수연화의 항 참조.

일염화 요오드【iodine monochloride】 (CAS) iodine chloride(ICl) REG#=7790-99-0 ICl 암적색 액체이다. 단일체 요오드상에 염소가스를 통과시켜 얻는다. 성질은 성분할로겐과 비슷한 것이다. 비수용매(非水溶媒)로서 또는 유기화학에서 요오드화시약으로 사용된다.

일염화황【一鹽化黃 sulfur monochloride】 이염화이황의 항 참조.

1,6-디아미노헥산【1,6-diaminohexane】 헥사메틸렌디아민의 항 참조.

일차 반응 【一次反應 first-order reaction】 반응속도가 반응물질의 한가지 농도에 비례하는 것과 같은 반응을 말하다. 즉, 반응속도가 반응물질농도에 1차로 비례한다. 예를 들면 과산화수소의 분해는 1차 반응이다.

$$\text{반응속도} = k\,[H_2O_2]$$

방사성물질의 붕괴도 1차반응과 같이 취급한다.

$$\text{붕괴속도} = k\,[\text{방사성 물질}]$$

1차반응에서 반응시약의 일정한 비율이 소비될 때까지의 시간은 초기 농도에 의존하지 않는다. k는 속도상수이며 단위는 s^{-1}이다.

일차 전지 【一次電池 primary cell】 화학반응에 의해 기전력(起電力 electromotive force)을 발생할 수 있는 전지로서 비가역(非可逆), 즉 충전할 수 없는 것을 말한다.

일차 표준 【一次標準 primary standard】 다른 농도의 표준물질을 사용하지 않고 물질을 직접 칭량하여 일정한 부피의 용액으로 하는 것만으로 표준용액을 만들 수 있는 것을 말한다.

1차 표준물질로는 정제(精製 refining)나 건조가 쉬우며 순수한 상태에서 오랫동안 보관되고 공기 또는 CO_2에 의해 변화되지 않으며 분자량(또는 식량(式量), 당량)이 큰 것이 좋다(당량이 크면 칭량의 오차는 적어진다). 더욱이 화학양론적으로 명확한 조성을 가지며 용해성이 우수한 것도 필요하다. 또한 혼입되기 쉬운 불순물의 존재를 쉽게 검지해야 한다.

임계 부피 【critical volume】 임계점에서 1몰(mole)의 물질이 차지하는 부피를 말한다.

임계압 【臨界壓 critical pressure】 기체를 임계온도에서 액화할 때 필요한 최소의 압력을 말한다.

임계 온도 【臨界溫度 critical temperature】 기체를 액화할 수 있는 최고온도를 말한다. 이보다 고온에서는 아무리 압력을 올려도 액화는 되지 않는다. 임계온도가 상온(또는 실온) 이상인 기체(이산화탄소 31.1℃,

염소 144℃ 등)는 그 이전에 액화되어 있었으나 임계 온도가 낮은 기체(산소-118℃, 질소-146℃)는 잘 액화되지 않았다.

임계점 【臨界點 critical point】 밀폐된 용기 속에서 액체를 가열할 때 액상과 기상의 구별이 없어지는 조건을 말한다. 임계온도(T_C) 이하이면 압력을 가함으로써 물질은 액화가 가능하나 T_C 이상의 온도에서는 아무리 압력을 높여도 액화는 되지 않는다. 물질 각각에 대해 임계점은 정해져 있다. 예를 들면 이산화탄소에서는 31.1℃, 73.0 기압이다.

입방정계 【立方晶系 cubic】 단위격자가 입방체인 결정계를 말한다. 가장 간단한 단순입방격자는 입방체의 정점에 각각 1개의 입자가 위치하고 있는 것이다. 등축정계(等軸晶系)라고도 한다. 체심입방격자와 면심입방결정 및 결정계의 항 참조(그림을 참조할 것).

입방 최밀 충전 【立方最密充塡 cubic close packing】 면심입방결정의 항 참조.

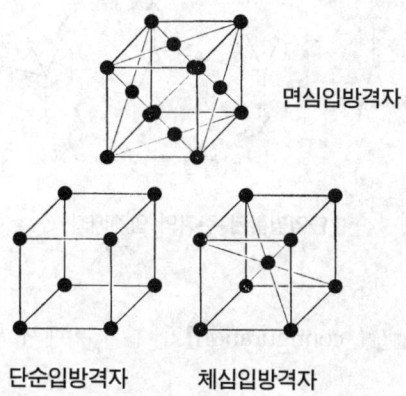

면심입방격자

단순입방격자   체심입방격자

입체 배좌 【立體配座 conformation】 단일결합(single bond)을 축으로 하여 원자나 원자단이 회전했을 때 얻게 되는 분자의 특정한 형태를 말한다. 가능한 입체배좌를 취하는 각각의 형태를 컨포머(conformer)라고 한다.

인접한 탄소원자 위에 있는 특정한 원자나 원자단이 이루는 사이의 각도(2면각)가 변화할 때는 무한대의 컨포머가 존재하는 것도 고려할 수 있다. 실제로는 다음 그림과 같은 전형적인 예가 존재한다.

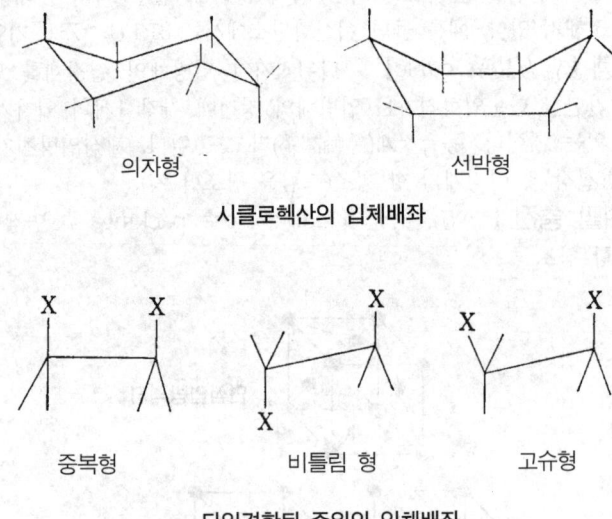

의자형   선박형

시클로헥산의 입체배좌

중복형   비틀림 형   고슈형

단일결합된 주위의 입체배좌

입체 배치 【立體配置 configuration】 분자 속에서 원자나 원자단의 배열을 말한다.

입체 이성질체 【立體異性質體 stereoisomerism】 이성질체의 항 참조

입체 장해 【立體障害 steric hindrance】 입체적 효과의 항 참조.

입체적 효과 【立體的效果 steric effect】 분자의 형상이 그 반응성에 미치는 효과를 말한다. 특히 현저한 것은 분자에 큰 원자단이 결합하

고 있는 경우이다. 이 때문에 반응시제(反應試劑)가 접근하지 못하는 현상(입체장해)이 일어난다.

입체 화학【立體化學 stereochemistry】 분자의 형상과 그 화학적 거동에 미치는 영향에 대해 연구하는 화학의 한 분야를 말한다.

자

자기 양자수【磁氣量子數 magnetic quantum number】 원자의 항 참조.

자당【蔗糖 cane sugar】 $C_{12}H_{22}O_{11}$ 가연성 백색결정이며 물에 용해된다. 160~180℃로 분해하여 사탕수수나 사탕무로 제조한다. 음료·식료품용 감미료, 시럽, 사탕즙, 잼 등을 제조하는 데 사용된다.

자성【磁性 magnetism】 자력의 장(자기장 magnetic field)의 근원이다. 작용과 성질을 연구하는 분야가 자성체론(磁性體論)과 자기 과학이다.

자기장은 이동하는 전하(電荷 charge)에 의해 생긴다. 대규모로는 코일에 전류를 보내는 전자석(電磁石)과 작은 것으로는 원자 속에서 전하의 이동도 자기장의 근원이 된다. 지구나 그 외 행성의 자기장 근원도 대부분 이것이 원인이라고 생각된다.

자기장과 어떠한 상호작용을 나타내는가에 따라 물질을 분류할 수 있다. 이와 같은 상호작용에 대한 차이의 근원은 원자(또는 이온)에 따르고 있다. 반자성(反磁性)은 모든 물질에서 공통적인데 이것은 전자의 궤도운동에 대한 결과이다. 상자성(常磁性 paramagentism)은 전자 스핀에 의한 것이며 전자쌍을 이루지 않은 전자를 갖는 물질의 특성이다. 천이금속이나 유리기(遊離基 free radical) 등과 같이 전자쌍을 이루지 않은 전자를 함유하는 화학종류를 형성하는 것은 화학에서 특히 중요성이 크다. 강자성(強磁性 ferromagnetism)은 전자 스핀에 덧붙여서 자구(磁區) 안의 자기모멘트(magnetic moment)가 배향된 결과로 생기는 가장 강한 자기적인 성질을 말한다.

자외선【紫外線 ultraviolet】 UV라고 약해서 부르는 일이 많다. 전자파의 한 구분이며 가시광(可視光 visible ray)보다도 단파장의 부분을 가리키고 대개 파장으로서 1mm부터 400mm까지를 말한다. 일반적인 유리는 이 영역에서 이미 불투명하게 되기 때문에 석영이 광학재료로서 사용된다. 단파장측에서는 공기도 역시 투명하게 되지 않는다. 자외선은 원자 외각에 있는 각 에너지 준위(energy level) 사이의 천이(遷移 transition)에 따라 방출된다. 자외선은 가시광보다도 고파수(高波數)이고 따라서 높은 에너지를 가지고 있으므로 광분해(光分解 photolysis) 등을 일으키기 쉽다. 전자 방사의 항 참조.

자유도 【自由度 degree of freedom】 ① 입자가 독립적으로 에너지를 얻을 수 있는 운동 상태의 수를 말한다. 단원자 기체(monoatomic gas)에서는 병진(竝進) 운동의 자유도가 3(직교(直交)하는 3축방향)이다. 1원자당의 평균 에너지는 각 자유도당 $1/2\,kT$이기 때문에(k는 볼츠만 상수) 원자의 평균에너지는 $3kT/2$가 된다.

2원자 분자에서는 결합에 수직되게 독립적으로 2개의 회전축을 취하게 되고 진동의 자유도도 한 개가 증가한다. 회전의 자유도 1에 대해 에너지는 $kT/2$이지만 진동의 자유도 1에 대해서는 운동에너지 $kT/2$와 포텐셜에너지(potential energy) $kT/2$의 합, 즉 kT만이 주어진다. 따라서 2원자 분자 1분자당의 평균에너지는 $3kT/2$(병진)$+kT$(회전)$+kT$(진동)$=7kT/2$가 된다.

직선 모양의 3원자 분자는 회전의 자유도가 2원자 분자와 같이 2이나 비선형(非線型) 분자이면 3이다. 따라서 비선형 분자에 대한 진동의 자유도는 분자 내의 원자수를 N으로 하였을 때 $3N-6$이 된다(직선 모양의 분자이면 $3N-5$).

분자 1개당의 평균에너지에 아보가드로 수를 곱하면 1몰당의 기체에너지를 얻게 된다. 따라서 단원자 기체 1몰의 평균에너지는 $3RT/2$(R은 기체상수)가 된다. 이 외의 경우도 동일하게 생각할 수 있다.

② 주어진 계(系 system)의 상태를 기술할 때 독립적으로 선정되는 물리량(압력, 온도 등)을 말한다. 상규칙의 항 참조.

자유 에너지 【free energy】 계(system)가 일을 하는 능력의 척도를 말한다. 깁스함수 및 헬름홀츠함수의 항 참조.

자촉매 작용 【自觸媒作用 autocataiysis】 자촉매 현상이라고도 한다. 촉매의 항 참조.

작세 반응 【Sachse reaction】 천연가스 안의 메탄에서 아세틸렌을 합성시키는 방법을 말한다. 메탄의 일부는 연소시켜서 반응로(reaction furnace)의 온도를 1500℃로 유지한다. 이런 조건 하에서는 나머지 메탄이 분해하여 수소와 아세틸렌으로 된다.

$$2CH_4 \rightarrow C_2H_2 + 3H_2$$

이 방법에 의해 천연가스에서 쉽고 더욱 값싸게 아세틸렌을 만들 수 있게 되었으며 종래의 카바이드 방법은 밀려나고 말았다.

장주기 【長週期 long period】 주기 및 주기율표의 항 참조.

저먼 실버 【German silver】 양은의 항 참조.

저해제 【沮害劑 inhibitor】 촉매독(觸媒毒)이라고도 한다. 촉매의 효율을 내리고 반응속도를 적게 하는 물질을 말한다. 황화수소나 시안화수소 또는 수은이나 비소의 화합물 등은 흡착에 따라 불균일한 계의 촉매작용을 저해하는 일이 많다. 예를 들면 이산화황을 산화하여 삼산화황으로 할 때 촉매로 되는 백금에 대해서는 비소화합물이 현저한 저해제로서 작용한다.

저해제를 음촉매(역촉매 逆觸媒)와 혼동해서는 안 된다. 저해제는 반응속도를 적게 할 뿐이며 반응경로를 바꾸는 일은 없기 때문이다.

적외선 【赤外線 infrared】 전자방사(電磁放射 electromagnetic radiation), 즉 전자파 중에서 가시광선보다도 파장이 긴 것을 말한다. 범위는 대개 $0.7\mu m$서부터 1mm정도까지의 사이이다. 가시광선에 대해 투명해도 적외선에는 불투명한 것이 적지 않다. 예를 들면 유리나 물 등이 그러하다. 암염이나 게르마늄 또는 폴리에틸렌 등을 사용하여 프리즘이나 렌즈 등의 광학계(光學系)를 만든다. 단파장(근적외 近赤外)부에서는 석영을 사용할 수도 있다.

적외선의 방출은 분자규모에서의 전하의 이동, 즉 분자 진동이나 회전에 따라 일어난다. 화학에서 중요한 것은 적외영역에 대한 흡수스펙트럼이다. 어떤 종류의 화학 결합(C-C, C=C, C=O 등)은 각각 특징적인 진동 주파수를 가지고 있으며 적외영역에 그 흡수를 나타낸다. 따라서 알 수 없는 유기화합물 시료의 구조를 조사하는데 적외흡수스펙트럼은 강력한 수단이다. 이미 알고 있는 화합물에 대해서는 '지문(指紋)'과 같이 동정(同定)의 수단으로 사용할 수도 있다. 비교적 장파장의 부분에서는 회전에너지준위(level) 사이의 천이에 대응한 흡수도 나타나기 때문에 이것에서 분자의 크기 등을(관성능률에서) 구할 수도 있다. 전자 방사의 항 참조.

적정【適定 titration】 용량분석법의 하나이다. 알 수 없는 농도의 시료용액에 반응시약의 농도를 알고 있는 용액(적정액)을 뷰렛으로부터 적하(滴下)하여 당량점 또는 종점(end point)까지 사용한 적정액의 양에서 시료의 농도와 양을 구한다. 분석의 항 참조.

적정액【適定液 titrant】 적정의 항 참조.

적철광【赤鐵鑛 hematite (haematite)】 REG#=1317-60-8 Fe_2O_3 자연에서 산출되는 산화철(Ⅲ)이며 철광석에서 주요한 것이다. 보석으로 사용되는 것도 있다.

전극【電極 electrode】 계 안에서 전자 등의 전하를 이동시키는 것을 방출하거나 포집(捕集)하는 기능을 가진 전기적인 장치 또는 부품을 말한다. 정전장(靜電場 electrostatic field) 안에서 하전입자(荷電粒子)를 편향시키는 데도 사용된다(브라운관, 질량분석계 등).

전극 전위【電極電位 electrode potential】 용액 속에서 어떤 원소가 이온을 생성하는 경향을 나타내는 척도를 말한다. 금속 M이 M^+이온을 함유한 용액과 접촉한 경우에 금속이 용해하여 M^+를 생성하고 금속 쪽에는 과잉된 전자가 모인다. 용액 쪽 은 양이온이 증가하여 양(positive)으로 대전(帶電 electrification)하고 반대로 전극 쪽은 음(negative)으로 대전하게 된다. 반대로 생각하면 양이온이 전극 쪽으로 진행하여 전자를 얻으면 금속원자가 되어서 석출하게 된다. 이런 경우에는 전극 쪽이 용액보다도 양으로 대전하게 된다. 여하튼 간에 용액과 고체(전극) 사이에는 전위 차가 나타나기 때문에 어느 정도 이상으로 반응이 진행되는 데 장해가 되므로 여기에 평형상태가 나타난다. 이 평형상태에서 전위 차의 값은 수용액에 이온을 생성시키는 경향의 지표가 된다. 그러나 고립된 반전지(즉 전극 1개와 용액)에서 전위를 측정하는 것은 불가능하다. 전위차를 측정하는 데는 항상 또 하나의 반전지를 사용하여 폐쇄회로를 만들지 않으면 안 된다. 그러므로 전극전위(산화환원전위)는 대개 표준수소전극(수소 반전지)과의 상대값으로서 구하게 된다. 이 수소반전지를 염교(鹽橋 salt bridge)로 문제의 반전지와 접속하고 생성된 기전력을 측정하는 것이다.

반전지를 나타내는 데는 보다 환원된 형을 오른쪽에 기재하게 되어 있다. 그러기 때문에 Cu^{2+} | Cu라는 반전지에서는 반전지 반응이 환원반응이다.

$$Cu^{2+}(aq) + 2e \rightarrow Cu(s)$$

이것과 수소전극을 연결해서 만든 전지는 다음과 같이 된다.

$$Pt(s)H_2(g) | H^+(aq) | Cu^{2+}(aq) | Cu$$

이 전지의 기전력은 표준상태에서 0.34V이다. 따라서 표준단극전위 E°는 Cu^{2+} | Cu 반전지에 대해 0.34V가 된다. 표준상태란 1기압, 298K, 용액 속의 이온은 각각 1mol/l인 경우이다.

반전지는 동일한 원소로 된 두 종류의 이온으로 만들 수도 있다. 예를 들면 Fe^{2+}와 Fe^{3+}와 같은 경우가 이에 해당한다. 이 때는 백금전극을 삽입하여 역시 표준상태에서 기전력을 측정한다.

전기 도금 【電氣鍍金 electroplating】 전기분해에 의해 고체의 표면을 금속의 얇은 막으로 피복하는 것(전착(展着)을 이용하고 있다)을 말한다.

전기 분해 【電氣分解 electrolysis】 전기전도성(傳導性)의 액체(전해액)에 전류를 통해 화학변화를 일으키는 것을 말한다. 전해전류가 흐르면 양이온(cation)은 음극에, 음이온(anion)은 양극을 향해 이동한다. 반응은 전극 상에서 전자의 수수(授受)에 의해 일어난다.

물의 전해에서는(일반적으로 소량의 산을 첨가하여 전류를 흐르기 쉽게 한다) 음극에 수소가, 양극에 산소가 발생한다. 음극에서의 반응은 다음과 같다.

$$H^+ + e^- \to H$$
$$2H \to H_2$$

양극에서는 다음과 같이 된다.

$$OH^- \to OH + e^-$$
$$2OH \to H_2O + O$$

어떤 경우에는 전극물질이 용해한다. 예를 들면 구리판을 전극으로 하여 황산구리(Ⅱ)수용액을 전해하면 양극에서 구리가 용해한다.

$$Cu \to Cu^{2+} + 2e^-$$

전기 음성도 【電氣陰性度 electronegativity】 분자 속에 있는 특정한 원자가 전자를 끌어당기는 경향의 척도를 말한다. 주기율표에서 오른쪽에 있는 원소일수록 큰 전기음성도를 나타낸다(2.5에서 4). 주기율표의 왼쪽에 있는 원소는 0.8~1.5의 범위에서 작은 전기음성도를 나타낸다. 이러한 것은 전기적인 양성(陽性)의 원소라고도 한다. 동일한 분자 내에 있는 다른 전기음성도의 원자는 극성의 결합을 만들고 그 결과, 극성분자를 구성하는 일도 적지 않다.

전기음성도의 개념은 반드시 정밀하게 정의된 것이 아니기 때문에 정확하게 측정할 수 없으며, 몇 가지의 전기음성도의 범위가 존재한다. 값 그 자체는 차이가 나나 상대적인 경향으로는 잘 일치하고 있다. 전자 친화력 및 이온화 포텐셜의 항 참조.

전기 화학 【電氣化學 elecotrochemistry】 용액 속에서 이온의 생성이나 거동을 연구하는 화학의 한 분야이다. 전기분해나 화학반응에 의한 기전력의 발생 등이 포함된다.

전기 화학 계열 【電氣化學系列 electrochemical series】 기전력 계열이라고도 한다. 용액 속의 이온을 함유하는 금속에서 반응의 활성경향을 나타내는 계열을 말한다. 활성이 감소하는 방향으로 배열하면 다음과 같다.

K, Na, Ca, Mg, Al, Zn, Fe, Pb, H, Cu, Hg, Ag, Pt, Au

이 계열 중의 어느 원소도 자신보다 오른쪽에 있는 원소의 이온을 용액에서 제거할 수가 있다. 예를 들면 금속 아연은 Cu^{2+} 이온을 제거한다.

$$Zn(s) + Cu^{2+}(aq) \rightarrow Zn^{2+}(aq) + Cu(s)$$

즉, 아연 쪽이 구리보다도 훨씬 양이온이 되기 쉬운 경향이 있다. 마찬가지로 수소보다 왼쪽에 위치하는 원소는 산과 반응하여 수소를 생성한다.

$$Zn + 2HCl \rightarrow H_2 + ZnCl_2$$

이 계열은 전극전위(표준단극전위)의 상승순서로 배열되어 있다. 즉, 양이온을 생성하는 경향의 척도이다. 각각의 원소에 대하여 $Mn^{n+} \mid M$인 반전지의 전극전위는 수소전극의 E^o를 제로(zero)로 했을 때 $Cu^{2+} \mid Cu$에서는 $E^o = +0.34V$, $Zn^{2+} \mid Zn$에서는 $E^o = -0.76V$이다.

전기 화학 당량 【電氣化學當量 electrochemical equivalent】 [기호] z 1A의 전류가 1초 동안 흘렀을 때 전극에 석출되는 원소의 질량을 말한다.

전도도 적정 【傳導度適定 conductometry】 적정액(titrant)의 전기전도도를 연속적으로 측정하면서 표준용액을 적하(滴下)하여, 종점(end point)보다 훨씬 앞까지 전도도 측정을 한 결과에서 종점을 구하는 방법이다. 지시약을 사용하지 않고 종점을 정할 수 있다. 조작은 대개 전도도 측정용의 셀(cell) 안에서 한다. 셀은 저항브리지회로(resitance bridge circuit) 안에 내장되어 있다. 이 방법은 이온의 이동도가 각각 크게 다른 것을 이용한 것이다. H^+와 OH^-는 특히 큰 이동도를 나타낸다. 이 방법은 약산(weak acid)과 강염기 또는 약염기에서 강산(strong acid)이 조합된 적정(titration)의 종점을 결정하는 데 가장 적합하다. 이러한 경우 변색지시약을 사용해도 명확한 종점은 인정되지 않기 때문이다.

전식 【電蝕 electrolytic corrosion】 전기화학반응에 의한 부식을 말한다. 녹의 항 참조.

전위 【轉位 rearrangement】 어떤 화합물 속에 있는 특정한 원자단이 분자 내의 다른 위치로 이동하여 새로운 화합물을 생성하는 것을 말한다.

전위차 적정 【電位差適定 potentiometric titration】 반응계 안에 전극을 삽입하여 전위차를 측정하면서 시행하는 전기화학적인 용량분석법의 하나이다. 종점(end point)은 전위차를 모니터하여 급격한 변화를 나타낸 곳에서 구한다.

전이 온도 【轉移溫度 transition temperature】 어떤 물질에서 특정한 물리적인 변화가 일어나는 온도를 말한다.

예를 들면 상(相 phase)의 변화, 결정구조의 변화, 자기적인 성질의 변화 등이 일어나는 온도이다.

전자 【電子 electron】 소립자의 하나이다. 음전하 $-1.602192 \times 10^{-19}$C, 정지질량(靜止質量) 9.109558×10^{-31}kg이다. 전자는 모든 원자 속에서 원자핵 주위의 각(殼 shell) 속에 존재한다.

전자각 【電子殼 shell】 동일한 주양자수(主量子數)를 갖는 전자의 집합을 말한다. 초기에 X선을 연구하는 데 사용된 K, L, M이라는 기호를 유용(流用)하였으므로 $n=1$이 K각, $n=2$가 L각, $n=3$이 M각으로 되어 있다.

전자 공여체 【電子供與體 donor】 단순히 도너라고도 한다. 원자나 이온 또는 분자 등에서 전자쌍을 다른 곳에 주어서 공유결합을 만드는 성질을 가진 것을 말한다. 루이스염기의 항 참조.

전자 방사 【電磁放射 electromagnetic radiation】 전기장과 자기장의 진동에 의해 진행전파되는 에너지의 한가지 형태이다.

진동수에 따라 라디오파(radio wave)에서 γ 선까지 분류된다. 전자방사는 광자(photon)의 흐름 또는 파동(전자파)으로 보기도 한다. 파장(λ)과 진동수(ν)의 관계는 다음과 같다.

$$\lambda \nu = c$$

c는 광속이다. 전자파로 운반되는 에너지는 진동수에 의존한다.

전자 방사 스펙트럼

방 사	파장(m)	주파수(Hz)
γ 선	$\sim 10^{-10}$	$10^{19} \sim$
X 선	$10^{-12} \sim 10^{-9}$	$10^{17} \sim 10^{20}$
자 외 선	$10^{-9} \sim 10^{-7}$	$10^{15} \sim 10^{18}$
가시광선	$10^{-7} \sim 10^{-6}$	$10^{14} \sim 10^{15}$
적 외 선	$10^{-6} \sim 10^{-4}$	$10^{12} \sim 10^{12}$
마이크로파	$10^{-4} \sim 1$	$10^{9} \sim 10^{13}$
라디오파	$1 \sim$	$\sim 10^{9}$

*수치는 대략적인 것이다

전자 배치 【電子配置 configuration】 원자 속에서 핵의 주위에 있는 전자의 배열을 말한다. 전자배치는 일련 기호에 의해 나타낸다.

① 정수(整數) : 주양자수(主量子數)에 대응한다. 전자각의 번호이기도 하다.
② 소문자의 영문자 : 방위양자수(부양자수)에 대응한다. 기원은 다음과 같다.

$\quad$ s : $l=0$ ← sharp
$\quad$ p : $l=1$ ← principal
$\quad$ d : $l=2$ ← diffuse
$\quad$ f : $l=3$ ← fundamental

③ 오른쪽 위의 숫자 : 특정한 주양자수와 부양자수(副量子數)의 조(組)에 전자가 몇 개 들어 있는가를 나타낸다.
$1s^2$, $2p^3$, $3d^5$ 등으로 나타낸다.
④ 전자배치의 기저상태(ground state 즉, 에너지가 가장 낮고 안정된 상태) : 다음과 같이 나타내다. 예 : He : $1s^2$, N : $1s^2 2s^2 2p^3$. 이것은 '전자 상자' 모델과 같은 것이다. 일반적으로 전부를 기입하는 일은 없고 희유기체(rare gas)구조를 코어(core 전자심)로 하여, 예를 들면 지르코늄인 경우 [Kr]$4d^2 5s^2$와 같이 기입하는 일이 많다.

전자 볼트 【electronvolt】 [기호] eV 에너지의 단위이며 $1.6021917 \times 10^{-19}$J와 같다. 이것은 단위전하가 1V의 전위차로 된 곳을 이동할 때에 필요한 에너지로서 정의된다. 소립자나 이온의 운동에너지를 기술하거나 분자의 이온화 포텐셜을 나타내는 데 적당한 크기의 단위이다.

전자 부족 화합물 【電子不足化合物 electron-deficient compound】 일반적으로 전자쌍의 생성에 의한 공유결합에서 화합물을 형성하는 데는 전자수가 부족한 화합물을 말한다. 전형적인 예로서 디보란 B_2H_6이 있다. 붕소원자는 2개의 수소원자와 일반적인 공유결합을 이루고 있으나 나머지 수소원자 2개는 2개의 붕소원자를 가교(架橋 cross linkage)로 한 3중심결합을 형성하고 각 3중심결합에는 전자가 2개밖에 함유되지 않는다. 다중심 결합의 항 참조.

전자선 회절 【電子線回折 electron diffraction】 물질의 구조, 특히 기상(氣相) 안에 있는 분자의 형상을 정하기 위한 방법이다. 저압 기체 속에 전자선의 빔(beam)을 유도하여 회절에 의해 사진건판 위에 생기는 동심원(同心圓)을 해석한다. 동심원의 반지름은 분자 속의 원자간 거리에 해당한다. X선 회절의 항 참조.

전자 스핀 공명 【electron spin resonance】 ESR, 전자 상자성 공명(電子常磁性共鳴 EPR)이라고도 한다. 핵자기 공명과 동일한 방법에 의해 분자 안에 있는 쌍을 이루지 않은 전자를 대상으로 하는 것이다. 유리기(遊離基 free radical) 또는 천이금속착체를 연구하는 데는 강력한 수단이다.

전자 에너지 준위 【electronic energy level】 에너지 준위의 항 참조.

전자 친화력 【電子親和力 electron affinity】 [기호] A 원자(때로는 분자, 원자단)가 기상(氣相)에서 전자와 결합하여 음이온이 생길 때 방출되는 에너지를 말한다. 즉,

$$A + e^- \rightarrow A^-$$

라는 반응으로 생기는 에너지이다. 대개 전자볼트(eV) 단위로 기록되며

양(positive)의 값은 발열반응을 나타낸다. 때로는 전자부가과정(電子附加過程)에 대한 몰엔탈피(mole enthalpy)(ΔH)를 의미하는 일이 있다. 이 때의 단위는 $Jmol^{-1}$(또는 $cal\ mol^{-1}$)이며 발열반응이면 마이너스의 부호를 붙인다.

전착【電着 electroplating】 전기분해에 의해 전극상에 고체(금속)의 층을 석출시키는 조작을 말한다. 용액 속의 양이온은 음극상에서 전자를 획득하여 중성원자가 되고 전극상에 석출된다. 예를 들면 황산구리의 수용액을 전기분해하는 경우에는 음극에 구리가 석출된다.

전하【電荷 electric charge】 모든 전기현상의 근원이 되는 실체로서 그 성질은 전기량에 의해 규정된다. 1729년 영국의 글레이는 마찰에 의해 발생한 전기가 금속선을 지나서 이동하는 것을 발견하고 전기라고 하는 실체의 존재를 나타내었다. 또 1733년 프랑스의 뒤페는 전기에는 양·음이 있다는 것을 확정하였다. 1785년 쿨롱의 법칙의 발견에 따라 처음으로 전기량을 정량적으로 파악할 수 있도록 하였다. 전하라는 말을 전기량의 의미로 쓰는 경우도 있다. 전기라고도 하고 양전기와 음전기로 나누며 닫힌 계에서 전기량의 대수합은 불변이다(전하보존법칙). 이것은 모든 상호작용으로 성립한다고 볼 수 있다. 소립자는 그 종류에 따라 정해지는 일정한 전기량을 가지며 전기소량을 e로 하면 0, +e, -e의 어느 하나이다. 이 종류의 전하를 하전이라고 부르는 경우가 많다. 이 크기는 또 소립자와 전자기장과의 상호작용에 대한 세기를 나타내고 있다. 쿼크는 $-e/3$ 또는 $2e/3$의 전하를 가진다고 볼 수 있는데, 단독인 쿼크는 관측되지 않으므로 상술(上述)한 것은 성립한다. 물질을 갖는 전기량은 구성 소립자 전기량의 총합이고, 전기량이 0이 아닐 때는 대전(帶電)하고 있다고 한다. 거시적인 전기장의 이론에서는 참전하·분극전하·자유전하(겉보기전하) 등의 개념이 구별된다.

전해셀【electrolytic cell】 전기분해 및 셀의 항 참조.

전해액【電解液 electrolyte】 양이온과 음이온을 함께 함유하고 이러한 이온의 이동에 의해 전하를 운반하는 액체를 말한다. 전해액은 산 또는 금속염을 물에 용해시켜 만든다. 융해염에서도 이온이 전자를 운반하기 때문에 전해액이다. 액상의 금속은 자유전자가 전하를 운반하고 이온은 움직이지 않기 때문에 전해액이라고는 하지 않는다. 전기 분해의 항 참조.

전해 정련 【電解精鍊 electrolytic refining】 전기 분해를 이용하여 금속을 정련하는 방법이다. 구리의 전해 정련은 황산구리용액을 전해액으로 하여 불순한 금속구리(거친 구리)를 양극, 순수한 구리를 음극으로 해서 전기 분해를 한다. 양극의 거친 구리는 Cu^{2+}로서 용해하고 순수한 구리가 음극상에 석출한다. 이 방법에서는 불순물이 양극니(陽極泥 anode slime)로서 전해조(電解槽) 바닥에 가라앉으며 이것에서 부산물로 은이나 금 등을 얻게 된다.

전해질 【電解質 electrolyte】 어느 용매에 녹였을 때 그 용액이 전기 전도성을 가진 물질을 말한다. 전해질은 용액 속에서 이온에 해리(이온화)하여 전기장이 가해지면 이 이온이 전하를 운반한다. 전해질을 이온화시키는 용매로서는 물을 쓰는 것이 보통인데, 그밖에도 액체암모니아·과산화수소·플루오르화수소 등이 있다. 어느 것이나 유전율이 크고 분자의 전기쌍극자모멘트가 큰 유극성 액체이다. 전해질은 이온화도의 대소에 따라 강전해질과 약전해질로 구별된다. 또 NaCl와 같이 1가의 이온 1개씩 합계 2개의 이온에 이온화하는 것을 1가2원 전해질, K_2SO_4와 같이 2가의 이온 1개와 1가의 이온 2개 합계 3개의 이온에 이온화하는 것을 2가3원 전해질 등이라고 한다. 전해질 염류의 고체는 보통 이온결정을 만들고 융해상태(용융염)에서도 전기전도성을 가진다.

전화당 【轉化糖 invert sugar】 당의 항 참조.

절대 영도 【絶對零度 absolute zero】 열역학 온도의 원점이다. 즉, 0K(또는 -273.15℃)이다.

절대 온도 【絶對溫度 absolute temperature】 [기호] T 섭씨 온도 (Celsius temperature)를 θ로 나타낼 때 다음과 같은 식이 된다.

$$T = 273.15 + \theta \, (K)$$

절대온도눈금은 이상기체(ideal gas)에 대해 샤를의 법칙(Charles' law)을 적용하면 얻게 된다. 즉, $V = V_0(1+\alpha\theta)$
이 된다. 여기서 V는 θ℃에서의 부피, V_0은 0℃에서의 부피이다. α는 기체의 열팽창률이다. 저압하에서는 실재 기체(實在氣體)도 이상기체와 비슷한 성질을 나타내는데 α의 값은 1/273.15가 된다. 따라서 절대온도가 제로(zero)인 점에서 기체의 부피는 이론적으로 말하면 역시 제로가 된다. 실제로는 액화나 고화(固化)가 일어나므로 이대로는 되지 않으나 외부의 압력에 의해 이 점을 구할 수가 있다. 이것으로 -273.15℃가 0K에 상당하는 것을 알 수 있다. 이 눈금은 이상기체 눈금 또는 켈빈온도(Kelvin temperature)라고도 하며 단위는 K(Kelvin)이다(이전에는 °K이었으나 SI단위계에서는 °가 제외되었다). 절대온도는 열역학의 온도눈금과 동일하다.

접촉법 【接觸法 contact process】 황산을 공업적으로 제조하는 방법의 한가지이다. 이산화황과 공기를 가열한 촉매 위를 통해서 삼산화황으로 한다. 촉매로는 산화바나듐(V) 또는 백금 등을 사용한다.
$$2SO_2 + O_2 \rightarrow 2SO_3$$
생성된 삼산화황은 황산에 용해시켜 발연(發煙) 황산으로 만든다.
$$SO_3 + H_2SO_4 \rightarrow H_2S_2O_7$$
발연 황산을 희석시키면 황산이 된다.

정량 분석 【定量分析 quantitative analysis】 시료 속의 한 가지 성분 또는 더욱 많은 성분의 양을 결정하기 위해 시행하는 분석을 말한다. 고전적인 습식법으로는 중량분석과 용량분석이 있다. 광범위한 새로운 정량분석 중에는 폴라로그래피(polarography)나 스펙트럼 분석 등 여러 가지가 포함된다.

정련 【精鍊 smelting】 고온에서 광석으로부터 금속을 추출하는 공업적인 조작을 말한다. 일반적으로는 광석을 탄소(아연이나 주석 등의 광석) 또는 일산화탄소(철광석)로 환원한다. 구리나 납은 산화물을 황화물로 환원하는 방법도 취하고 있다.
$$2Cu_2O + Cu_2S \rightarrow 6Cu + SO_2$$

융제(融劑)를 사용하여 불순물을 슬래그(slag)로 하고 융해된 금속의 위쪽에 모은다.

정방정계 【正方晶系 tetragonal】 결정계의 항 참조.

정벽 【晶癖 crystal habit】 결정의 형상은 결정이 성장하는 양상에 따라 변화한다. 즉, 각각의 면이 성장하는 속도가 다르기 때문에 각각 특정한 형상을 취하게 된다. 이러한 성질을 정벽이라고 한다.

정비례의 법칙 【law of constant proportion】 1779년에 프랑스의 프루스트(Proust)에 의해 제출되었다. 많은 화합물을 분석한 결과에 의하면 화합물 속에 있는 원소 사이의 비는 항상 일정하다는 것이다. 이것에서 순수한 화학물질의 조성은 조제방법에 의하지 않고 불변하다는 것이다. 영어의 명칭으로는 law of composition(정조성률 定組成律)이라고도 한다.

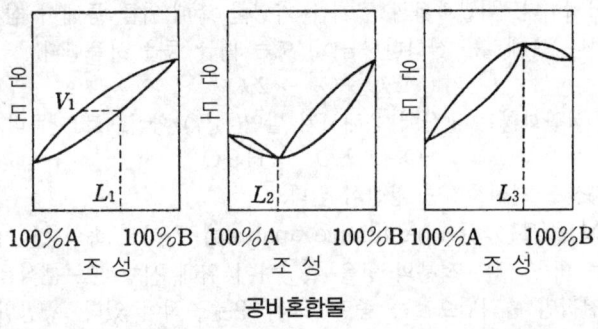

공비혼합물

정비점 혼합물 【定沸點混合物 constant boiling point mixture】 액체의 혼합물과 평형이 되는 기상(氣相) 안에는 액상(液相)보다도 저비점(低沸點) 성분의 비율이 크게 되어 있는 것이 일반적이다. 즉, 라울(Raoult)의 법칙에서 어긋난다. 따라서 액체의 혼합물을 가열하여 계속해서 증류시키면 비등점은 점점 상승한다.

성분비와 비등점의 관계를 나타낸 비등점도를 보면 조성 L_1의 액상과 평형으로 된 기상은 저비점 성분 A의 비율이 크고 V_1과 같은 조성이다. 증류를 계속하면 액상의 조성은 B쪽으로 이동한다. 분자 사이의 인력이 큰 혼합물인 경우, 때로는 이 비등점도에 극대나 극소가 나타나는 일이 있다. 극소가 생기는 경우에는 분별증류(fractional distillation)한 결과로서 처음의 유분(留分 fraction)은 조성 L_2의 정비점 혼합물(공비혼합물 azeotrope)이며 이것이 유거(留去)할 때까지 비등점은 상승하지 않는다. 이 유분을 다시 분별증류하려고 해도 분리되지 않는다. 이와 같은 극소가 비등점도에 나타나는 계로는 물(비등점 100℃)과 에탄올(비등점 78.3℃)의 계가 있으며 공비혼합물은 4.4%의 물을 함유하고 78.1℃의 비등점을 나타낸다.

극대가 비등점도에 나타나는 경우에는 처음에 순수한 유분A(또는 B)가 유출하지만 액상의 조성은 고비점으로 이동하고 최후에 L_3의 조성이 되어서 일정하게 된다. 이 예로는 물(비등점 100℃)과 염화수소(비등점 −80℃)의 혼합물(염산)이 있다. 정비점 염산은(1기압하에서) 80%의 물을 함유하고 108.8℃에서 비등한다. 공비혼합물의 항 참조.

정상상태【定常狀態 stationary state】 유체의 흐름, 열의 전도, 전류 등 동적(動的)이면서 운동의 양상(상태를 결정하는 여러 양)이 시간적으로 불변인 현상을 말한다. 양자론에서는 계의 에너지가 확정값을 유지하고 있는 상태를 말한다. 원자나 분자 등의 에너지준위에는 모두 정상상태가 대응한다.

정색 지시약【呈色指示藥 indicator】 용액의 pH에 의해 가역적으로 색조를 바꾸는 화합물이다. 이 변색을 눈으로 판별하여 용액에 있는 pH의 변화를 알 수가 있다. 산-염기 적정(適定 titration)을 할 때는 적당한 지시약을 선정해서 종점(end point)의 pH가 여러 가지 영역에 있어도 검출할 수 있다.

산화환원 적정에서는 관여된 성분의 어느 하나에 특정한 정색(呈色)을 나타내는 지시약과 산화환원전위 그 자체의 변화에 대응하여 변색하는 실제적인 산화환원지시약이 있다. 앞에 말한 예로는 전분(I_2에 대하여)이나 티오시안산칼륨(Fe(Ⅲ)에 대하여) 등이 있다. 산화환원지시약의 변색전위는 pH지시약의 변색점과 동일하게 생각하면 좋다. 착체적정(錯體適定 complexometric titration)에서는 금속지시약을 사용한다. 금속이온과 착체형성하고 있는 경우나 유리(free)인 경우에 색조가 다른 것을 이용한다.

정성 분석 【定性分析 qualitative analysis】 시료 안의 성분을 확인하는 것을 목적으로 시행하는 분석을 말한다. 고전적인 정석분석에서는 간단한 예비적인 시험을 한 뒤에 정확히 체계화된 분리·확인법에 따라 시행하게 된다. 최신방법으로는 적외흡수나 발광분광분석 등을 빈번하게 사용한다. 정량 분석의 항 참조.

정제 【精製 refining】 물질 속의 불순물을 제거하거나 혼합물에서 순수한 물질을 분리하는 것을 말한다.

정출 【晶出 crystallization】 결정이 생성하는 과정을 말한다. 기체 또는 액체의 물질을 냉각시켜서 고체를 만들면 고상으로서 결정이 생성한다. 포화용액에서도 결정의 정출이 일어난다.

제글러법 【Ziegler process】 트리에틸알루미늄 $Al(C_2H_5)_3$과 사염화티탄을 촉매로 하여 저압하에서 고밀도의 폴리에틸렌을 만드는 방법을 말한다. 이 반응에서는 중간에 $TiCl_3(C_2H_5)$의 생성이 있으며 티탄의 d 오비탈(orbital)과 에틸렌의 π오비탈 사이에 배위결합이 생성한다. 폴리머(polymer)의 사슬길이나 밀도 등은 제어할 수 있다.

제동 방사 【制動放射 bremsstrahlung】 독일어 그대로 표현을 하였으나 영어에서도 bremsstrahlung이라고 한다. brems는 브레이크(brake, 제동)에 해당한다. X선의 항 참조.

제미널 위치 【geminal position】 어떤 분자 안에서 동일한 원자 위를 나타낸다. 예를 들면 1,1-디클로로에탄 CH_3CHCl_2는 제미널의 2할로겐 치환체이다.

제사급 암모늄 화합물 【quaternary ammonium compound】 아민(amine)에 양성자(또는 다른 알킬기)가 첨가되어 생긴 양이온을 함유하는 화합물을 말한다. 가장 간단한 것은 암모니아에서 생기는 암모늄화합물이다. 예를 들면 다음과 같은 것이 있다.
$$NH_3 + HCl \rightarrow NH_4^+ Cl^-$$
메틸아민과 같은 아민도 양성자를 첨가해서 동일한 화합물을 생성시킨다. 예를 들면 다음과 같다.
$$CH_3NH_2 + HX \rightarrow [CH_3NH_3]^+ X^-$$
제4급 암모늄염의 생성은 질소원자상의 고립전자쌍(lone pair)에 따른다. 암모니아에 한정되지 않고 피리딘(pyridine)이나 키놀린(quinoline), 아데닌(adenine)이나 시토신(cytosine), 구아닌(guanine), 티민(thymine) 등의 복소고리질소화합물도 양성자 등을 첨가하여 이온이 된다. 이들을 총칭하여 함질소염기(含窒素鹽基)라고 한다.

제IV족 원소 【group IV elements】

주기율표의 중간 정도에 위치한다. 주족(IVA)과 부족(IVB)으로 나누는데 주족에는 탄소(C), 규소(Si), 게르마늄(Ge), 주석(Sn), 납(Pb), 부족에는 티탄(Ti), 지르코늄(Zr), 하프늄(hafnium)(Hf)이 들어간다. 이것은 천이금속이다. 주족의 가전자(valency electron)는 s^2p^2의 4개이며 불완전한 내각은 아니다. 원자 번호가 증대함에 따라 비금속 → 반금속 → 금속으로 변화된다. 탄소는 비금속원소의 전형이다. 규소나 게르마늄은 반금속, 주석과 납은 금속이다. 다른 원소의 족(group)과 동일하게 최초의 원소만은 나머지 4개 원소와 차이가 크다.

탄소원자는 작고 이온화 포텐셜도 매우 크므로 공유결합을 만들기 쉽다. 또한 다음과 같은 특징이 있다.
① 탄소원자끼리 긴 사슬을 만들기 쉽다.
② p오비탈의 중복이 크므로 다중결합을 만들기 쉽다.
③ 탄소화합물에서는 d오비탈이 이용되지 않는다.
  또한 뚜렷하게 서로 다른 점은 다음과 같다.
① 탄소의 산화물 CO, CO_2는 모두 기체이다. 나머지 원소의 산화물은 SiO_2, Pb_3O_4와 같이 모두 고체이다.
② 방향족과 같은 화합물은 규소 이하의 화합물에서는 생성되지 않는다.

③ 에틸렌이나 카르보닐 화합물에 해당하는 중원소(규소 이하의 원소)의 화합물은 존재하지 않는다.
④ 중원소(重元素)의 배위수(coordination number)는 쉽게 확대되어 6배위 착체를 생성한다(SiF_6^{2-}, $SnCl_6^{2-}$ 등).

제Ⅲ족 원소【group Ⅲ elements】 주기율표 중의 원소그룹의 하나이다. 주족(ⅢA)과 부족(ⅢB)으로 나누는 일이 많다. 주족에는 붕소(B), 알루미늄(Al), 갈륨(Ga), 인듐(In), 탈륨(thallium)(Tl), 부족에는 스칸듐(scandium)(Sc), 이트륨(yttrium)(Y), 란탄(lanthanum)(La), 악티늄(actinium)(Ac)이 들어간다(ⅢA와 ⅢB의 분류방법은 사람에 따라 또는 책에 따라 다르다. 어느 것이 절대적이라 할 수 없다. 부족(ⅢB)의 분류는 별로 편리하지 않으며 오히려 천이금속원소의 일부라고 보는 일이 많다). 란탄 뒤에 이어지는 란탄족원소와 악티늄 뒤의 악티늄족원소군(actinides group)은 일반적으로 별개의 그룹으로 한다.

제Ⅲ족의 주족 원소는 모두 외각전자[價電子 valency electron]로서 s^2p^1을 가지고 있으나 불완전한 내각은 가지고 있지 않다. 따라서 이 족의 원소는 p-블록의 최초 원소가 된다. 다른 족의 원소와 같이 원자번호가 클수록 금속성도 증가한다.

붕소의 원자는 작고 이온화 포텐셜은 크므로 붕소와 다른 원자와의 결합은 대개 공유결합성이 많으며 약간의 분극(分極 polarization)을 나타낸다. 즉, 붕소는 반금속의 일원이기도 하다. 주기율표의 아래로 내려가면 이온화 포텐셜은 감소하고 원자반지름은 커지며 분극도 되기 쉬워 명확한 M^{3+}이온이 생기기 쉽다. 각 원소의 금속성 증가는 수산화물을 비교해 보면 잘 알 수 있다. $B(OH)_3$는 산이며(H_3BO_3, 붕산) 알루미늄과 갈륨의 수산화물은 양쪽성(amphoteric)이다. 산에 용해시키면 Al^{3+}, Ga^{3+}를 생성하나 염기와의 반응에서는 알루신산염이나 갈륨산염이 된다. 인듐과 탈륨의 수산화물은 분명한 염기이다. 또한 p전자만이 떨어져 나간 +1가의 이온도 원자번호가 커지면 안정된다. 예를 들면 Ga(Ⅰ)는 기상(氣相)과 이염화갈륨 $GaCl_2$(실은 $Ga^I(Ga^{III}Cl_4)$) 안에서만 알려져 있으나 1가인 할로겐화인듐 InX는 잘 알려져 있으며 1가의 탈륨화합물은 훨씬 안정되어 있다.

제0족 원소 【group 0 elements】 희유기체원소의 항 참조.

제V족 원소 【group V elements】 주기율표 중의 원소그룹의 하나이다. 주족, 즉 질소(N), 인(P), 비소(As), 안티몬(Sb), 비스무트(Bi)와 부족(VB), 즉 바나듐(V), 니오브(Nb), 탄탈(tantalum)(Ta)로 구분된다. 부족은 천이금속이다. 주족 원소는 불완전한 내각(內殼)을 함유하지 않는다. 원자가전자는 s^2p^3이다.

이온화 포텐셜은 같은 족(group)에서 원자번호가 작은 원소에서는 대단히 높아서 비금속의 성질을 나타내고 전기 음성도도 크다. 비소와 안티몬은 반금속이며 비스무트는 약하지만 금속성을 나타낸다. 산화비스무트(Bi_2O_3)는 산에 용해되고 수산화비스무트 $Bi(OH)_3$를 생성한다.

공유결합생성 에너지의 저하는 원자번호의 증가와 함께 현저해진다. 이에 따라 M(Ⅲ)의 산화상태가 안정하게 된다(질소에서는 d오비탈이 없기 때문에 N(V)는 생기지 않는다). 수소화물 MH_3는 아래로 내려갈수록 불안정해진다. NH_3는 안정하지만 BiH_3는 실온에서 분해된다.

질소는 안정된 다중결합(multiple bond)을 이루고 배위수는 4까지이다. 전기음성도가 크고 N^{3-}까지는 이루어지며 수소결합도 가능하다. 산화물도 다른 원소와는 다른 불규칙성을 나타낸다.

이 족의 원소는 비교적 많은 동소체를 갖는 것도 공통적이다. 질소는 이원자분자의 N_2뿐이나 그외의 것은 비금속성이 탁월한 것부터 금속적인 것까지 여러 가지 많은 형태를 나타낸다. 예를 들면 인에서는 대단히 활성이 풍부한 갈색의 P_1, 사면체분자인 P_4(백인), 사면체가 파괴된 구조로 되어 있는 적인(赤燐)과 자인(紫燐), 또한 육방정계, 층상구조의 흑인(黑燐)이 있다.

비소나 안티몬에는 사면체형 분자인 As_4, Sb_4가 있지만 어느 것이나 층상구조의 동소체보다는 불안정하다. 비스무트는 층상구조형뿐이다. 최근에는 니크티드(pnictide)라고도 불린다.

제올라이트 【zeolite】 자연에서도 널리 산출되는 수화알루미노규산염 광물이며 인공으로 된 것도 있다. 수분의 흡장성(吸臟性) 또는 이온교환성 등을 갖는다. 경수를 연화시키는 데, 또는 정당(精糖)하는 데 공업적으로도 사용된다. 제올라이트는 공간이 많은 결정구조이므로 분자채(molecular sieve)로도 이용된다. 비석(沸石)이라고도 한다. 이온교환 및 분자채의 항 참조.

제VI족 원소【group VI elements】 칼코겐 원소(chalcogens)라고도 한다. 산소(O), 황(S), 셀렌(Se), 텔루르(tellurium)(Te), 폴로늄(polonium)(Po) 등 5개 원소이다(칼코겐이라 할 때는 산소를 별도로 하는 경우가 많다). 불완전한 내각이 없으며 가전자는 s^2p^4이다. 2개의 전자를 얻으면 희유기체구조(옥테트)가 되므로 전자친화성이 크며 비금속으로서의 성질이 탁월하다.

이 족의 원소도 원자번호가 큰 것일수록 금속성이 커지는 경향은 다른 족과 다를 바 없다. 셀렌과 텔루르에는 '금속성'의 동소체가 존재하며 폴로늄은 반금속적인 성질을 나타낸다고 한다(폴로늄은 드물게 산출되므로 연구사례가 매우 적다). 산소를 별도로 한다면 칼코겐원소는 모두 공유결합성의 칼코겐화물을 만든다. 산소는 이온성이 강한 금속산화물을 생성한다. 금속, 비금속을 막론하고 대부분의 원소와 화합물을 생성하나 할로겐화물과는 달리 물에 용해되지 않는 것이 많고, 가령 물에 용해되어도 간단하게 이온화되지 않는다.

산소는 다른 구성원과는 크게 다른 성질을 나타낸다. 이것은 다른 각 족의 원소도 동일하다. 예를 들면 산소는 수소결합을 하나 황부터 아래에 있는 원소는 하지 않는다. 산소가 양(positive)의 산화수를 나타내는 것은 드문 일이다(OF_2, O_2F_2, $O_2^+PtF_6$ 정도). 산소(O_2)는 상자성(常磁性)이다.

산소를 별도로 취급하면 제V족이 나타내는 여러 가지 성질의 변화와 제IV족의 변화는 상당히 비슷한 것이다. 예를 들면 H_2X의 안정성 변화, $SeBr_6^{2-}$와 같은 6배위착체(complex)의 생성, 고차로 된 산화상태의 불안정성, 경계적인 금속성(예를 들면 폴로늄은 수산화물을 만든다) 등이 비슷한 점이다. 산화수는 다채로우며 결합양식도 다양하고 또한 황으로는 긴 사슬의 결합을 이룰 수도 있어서 칼코겐족원소의 화학은 매우 복잡하다.
제이 구리 화합물【cupric compounds】 구리(Ⅱ)의 화합물이다.
제이 금 화합물【auric compound】 3가(tervalent)의 금, 즉 금(Ⅲ)의 화합물이다.
제이 납 화합물【plumbic campound】 Pb(Ⅳ)의 화합물이다.
제이 비소 화합물【arsenic compound】 비소(Ⅴ)의 화합물이다. arsenic 자체도 비소를 의미하므로 혼동을 피하기 위해 As(V)라고 명기해야 한다.
제이 안티몬 화합물【antimonic compound】 안티몬(Ⅴ)의 화합물이다. 제2안티몬이라는 말은 현재 거의 사용되지 않는다.
제이 은 화합물【argentic compound】 은(Ⅱ)의 화합물이다. 제1은, 제2은이라는 말은 거의 사용되는 일이 없다.
제이젤 반응【Zeisel reaction】 에테르와 과량의 옥화수소산(hydroiodic acid)과의 반응을 말한다. 환류(還流 reflux)하면 요오드알칸(iodoalkane)의 혼합물이 생긴다.

$$ROR' + 2HI \rightarrow H_2O + RI + R'I$$

이에 따라 원래의 에테르 구조에 대한 식견을 얻게 된다.
제Ⅱ족 원소【group Ⅱ elements】 알칼리토금속원소의 항 참조.
제이 주석 화합물【stannic compound】 Sn(Ⅳ)의 화합물이다.
제일 구리 화합물【cuprous compound】 구리(Ⅰ)의 화합물이다.
제일 금 화합물【anrous compound】 1가(univalent)의 금, 즉 금(Ⅰ)의 화합물이다.
제일 납 화합물【piumbous compound】 Pb(Ⅱ)의 화합물이다. 이 말은 현재 거의 사용되지 않는다.
제일 비소 화합물【arsenious compound】 비소(Ⅲ)의 화합물이다. 이 말은 거의 사용되지 않는다.
제일 안티몬 화합물【antimonous compound】 안티몬(Ⅲ)의 화합

물이다. 제1안티몬이라는 말은 현재 거의 사용되지 않는다.

제일 은 화합물 【argentous compound】 은(I)의 화합물이다. 제1은, 제2은이라는 말은 거의 사용되지 않는다(대부분의 은화합물은 Ag(I)의 염이기 때문에).

제I족 원소 【group I elements】 알칼리금속원소의 항 참조.

제일 주석 화합물 【stannous compouud】 주석(II)의 화합물이다.

조립 【造粒 granulation】 고체의 반응제나 생성물의 화학반응에 대한 이송성(移送性)을 개선하기 위해 입자의 직경을 크게 하는 과정이다. 입자가 크고 미세한 입자의 혼입이 적을수록 원활하게 이송이 된다. 건식조립은 우선 원하는 크기로 분쇄한 원료를 펠릿(pellet) 형태로 성형해서 만든다. 습식조립에서는 적당한 액체를 첨가하여 페이스트(past) 모양으로 압축해서 건조시킨 다음에 필요한 크기로 절단해서 조립한다.

조성 원리 【組成原理 Aufbau principle】 원자오비탈이 원자번호(양성자수)의 증가에 따라 어떤 순서로 충만되어 가는가를 지배하는 원리를 말한다. 즉, 각 오비탈의 에너지가 증대하는 순서이다. 순서는 다음과 같이 된다.

$1s^2, 2s^2, 2p^6, 3s^2, 3p^6, 4s^2, 3d^{10}, 4p^6, 5s^2$
$4d^{10}, 5p^6, 6s^2, 4f^{14}, 5d^{10}, 6p^6, 7s^2, 5f^{14}, 6d^{10}$

오른쪽 위에 붙인 숫자는 각 에너지 준위(level)에 수용할 수 있는 전자수의 상한이다.

주의 사항

① 훈트의 규칙(Hund rule), 즉 최대다중도규칙이 성립한다. 즉, 축중오비탈(degenerate orbital)에서는 스핀 대(對) 생성은 전자교환이 절반을 초과한 곳에서부터 시작한다.

② 준위(level)가 예측 외인 곳에 나타나지만 이것은 제1, 제2, 제3의 천이금속원소가 출현하는 데 대응하고 있다.

③ f준위가 예측 외인 곳에 출현하고 있는 것은 란탄족원소와 악티늄

족원소에 각각 대응하고 있다.

조촉매 【助觸媒 promotor】 촉매의 효율을 높이기 위해 사용하는 물질이며 단독으로는 촉매의 기능을 발휘하는 일이 없다. 예를 들면 하버법(Haber process)에 의한 암모니아 합성에 대해 철의 촉매능(觸媒能)은 조촉매의 알루미나 또는 산화몰리브덴에 의해 크게 개선된다. 조촉매의 기능에는 아직 잘 알 수 없는 점이 많고 또한 모든 예를 설명할 수 있는 이론도 아직 없다. 보효소의 항 참조.

조해성 【潮解性 deliquescence】 고체물질이 공기 안의 수분을 흡수하여 최종적으로는 수용액이 되는 성질을 말한다. 흡습성의 항 참조.

족 【族 group】 전자배치가 비슷하고 화학적인 성질이 비슷한 일련의 원소집단을 말한다. 대부분의 족은 주기율표의 세로줄에 해당한다(알칼리금속원소는 제 IA족과 같이 된다). 철족(鐵族), 백금족은 약간 다르다.

존재도 【存在度 abundance】 어떤 특정한 원소의 상대적인 존재량을 말한다. 예를 들면 '지각에서 산소의 존재도는 질량비로 약 50%이다'와 같이 사용한다.

존재비 【存在比 abundance】 주어진 시료 속의 어떤 특정한 핵종(안정·방사성에 관계없이)에서 동일한 원소 외에 핵종(nuclide) 전체에 대한 상대적인 양을 말한다. 자연존재비(natural abundance)는 자연에서 산출되는 원소에 대한 각 핵종의 존재비를 말한다. 예를 들면 염소에는 두 종류의 안정동위체가 있다. 질량수 35와 37에 대한 각각의 존재비(자연존재비)는 75.53%, 24.47%이다. 몇 가지 원소에서는 특정한 핵종의 존재비가 기원에 따라 다르게 되는 일도 있다.

종유석 【鍾乳石 stalactite】 석회암 동굴 속에서 볼 수 있는 탄산칼슘의 기둥을 말한다. 천장에서부터 늘어져 있는 것을 종유석, 바닥면 위에 세워져 있는 것을 석순이라고 한다. 지하수가 이산화탄소를 용해하면 약산(weak acid)인 탄산이 생기는데, 이것이 석회석 안의 탄산칼슘을 물에 가용성인 탄산수소칼슘으로 변하게 한다. 동굴 천장에 이 탄산수소칼슘의 수용액이 물방울로 부착하면 반대의 반응이 일어나 탄산칼슘이 침전한다. 오랜 시간이 흐른 뒤에는 천장에서 바닥에 닿을 정도의 종유석이 생긴다. 종유석의 끝에서 바닥에 떨어져 증발한 물방울에서는 역시 탄산칼슘이 침적(沈積)하여 위쪽으로 생장한다. 이에 따라 석순(stalagmite)이 생긴다. 긴 세월이 흐른 뒤에 이 두 가지는 결합하여 하나의 석회암기둥이 된다.

종이 크로마토그래피 【paper chromatography】 혼합물의 분석에 널리 사용되고 있는 방법의 하나이다. 일반적으로는 고정상(固定相)으로 특별히 만든 종이(여과지)를 사용한다. 한쪽 끝의 근처에 연필로 선을 긋고 그 위에 시료용액을 작은 점으로 떨어뜨리고 건조시킨다. 적당한 전개용매를 사용하여 수직으로 보존한 종이의 한 끝(시료를 도포한 점에 가까운 쪽)부터 전개해 나가면 시료혼합물 속의 각 성분이 이동상(移動相)으로 용해하고 용매와 함께 이동한다. 그러나 종이의 셀룰로스(cellulose)는 상당한 수분을 함유하여, 어떤 성분은 다른 성분에 비해 고정상의 친화성이 크거나 작아지는 차이가 생긴다.

상승법으로 전개한 경우에는 전개액이 상승함에 따라 각 성분의 고정상과 이동상의 분배 차이는 확대되고 머지 않아 각각의 성분이 용매 전면의 선 뒤에 띠(band) 모양으로 배열하게 된다. 용매 전면이 종이의 다른 끝까지 도달하면 전개를 중지하여 신속하게 건조시키고 만약 각 성분이 무색이 되면 적당한 정색시약을 분사해서 스폿을 검출한다. 아미노산 등은 닌히드린에 의해 검출한다. 자외선 형광을 발생하는 것은 자외선 램프로 조사(照射)한다. 각 성분이 무엇인가를 정하는 데는 표준용액을 시료로 하여 동일한 조건에서 전개하거나 Rf 값의 표를 사용한다. 간단하게 페이퍼 크로마토그래피를 하는 데는 일반적인 여과지를 사용해도 좋다. 여과지의 중심에 시료를 적하(滴下)하고 용매를 뒤에서부터 천천히 적하한다. 혼합물 속의 각 성분은 이동상과 고정상(여과지) 사이에 분배되어 고리 위에 전개된다. 페이퍼 크로마토그래피는 분배법칙의 응용이기도 하다.

종자 결정 【種子結晶 seed】 기체로부터의 승화(sublimation) 또는 액

체로부터 결정화를 할 때 첨가되는 적은 결정을 말한다. 이 종자는 생성을 목적으로 하는 결정의 조각들이며 결정격자에 성분원자나 이온 또는 분자 등을 규칙적으로 배열해서 큰 결정을 만들기 쉽게 한다.

종점 【終點 end point】 적정(適定 tiration)의 종점을 의미한다. 당량, 용량분석의 항 참조.

좌선성 【左旋性 laevorotatory】 광학활성의 항 참조.

주기 【週期 period】 주기율표에서 1단이 가로로 배열한 것으로 각 주기는 각각에 외각전자(外殼電子)의 충전 상황을 나타내고 외각전자가 1개 첨가되면 오른쪽으로 진행한다. 원소는 원자번호의 순서대로 배열되어 있다. 엄밀히 말하면 수소와 헬륨만으로 하나의 주기를 형성하는데 리튬부터 네온까지의 8개 원소를 단주기(short period)라고 한다($n=2$). $n=3$의 나트륨에서 아르곤까지는 제2단 주기이다. $n=4$가 되면 우선 4s, 이어서 3b, 그 뒤에 4p의 순서로 전자가 충전된다. 칼륨에서 크립톤까지 18개의 원소가 있는데 이것은 대개 장주기(long period)라고 한다. 루비듐에서 크세논까지 18개의 원소도 장주기이다. 조성원리의 항 참조.

주기율 【週期律 periodic law】 오늘날의 주기율표가 기본으로 하고 있는 법칙이다. 1869년 러시아의 멘델레예프(Mendeleev)에 의해 원소를 원자량의 순서로 배열하면 여러 가지 성질이 주기적으로 변화하는 것이 발견되었다. 즉, 원자량의 순으로 배열하면 비슷한 성질을 나타내는 원소가 일정한 간격을 두고 나타난다는 것이다. 몇 가지 예외나 불연속성은 그 뒤 원자핵 속의 양전하(positive electric charge), 즉 원자번호가 확립되어 수정이 이루어짐으로써 근대의 주기율표가 되었다. '원소의 물리·화학적인 성질은 원자번호(양성자수)의 주기적인 함수이다.'

주기율표 【週期律表 periodic table】 원자번호의 순으로 원소를 배열하고 화학적인 성질이 비슷한 것을 동일한 열(列)에 오도록 표로 만든 것으로 가로의 단(段)은 '주기', 세로의 열은 '족(group)'이라 한다.

동일한 단에서 오른쪽으로 가면 금속원소에서 비금속 원소로 이행한다. 각 족에서는 위에서 아래로 내려가면 원자반지름이 커지고 전기적으로 양성이 강하게 되는 경향이 인정된다. 족 및 주기의 항 참조.

주석【朱錫 tin】 [기호] Sn [양성자수] 50 [상대원자질량] 118.7 mp 232℃ bp 2362℃ 상대밀도(비중) 5.8(α), 7.285(β) 저용융점이며 광택이 있는 백색의 금속이다. 주기율표 제IV족의 일원이다. 제IV족 원소 중에서 명백하게 금속성을 나타내는 최초의 원소인데 양쪽성원소의 성질도 많이 가지고 있다. 전자구조는 $[Kr]4d^{10}5s^25p^2$이며 외각에 $5s^25p^2$가 있다. 지각 속에는 0.004%밖에 함유되어 있지 않으나 광석으로는 주석석(朱錫石 SnO_2)의 형태로 분포하고 있다. 인류에게는 청동시대부터 이용해 왔던 원소이다. 당시에는 품위가 높은 것만이 이용되었으나 현재는 1~2%품 정도의 광석이 대상으로 되어 있다. 광석을 제련하는 데는 탄소에 의한 환원을 사용하고 있다.

$$SnO_2+C \rightarrow Sn+CO_2$$

주석은 대량으로 이용되고 또한 비교적 값이 비싼 금속이므로 여러 가지로 주석을 회수하기 위한 프로세스가 가동되고 있다. 그 원료는 주석을 입힌 철판(함석판)의 스크랩(scrap)이다. 건식법은 염소로 처리하여 $SnCl_4$를 생성하여 기화시킨 것을 모으는 방법이다. 염기성용액의 전해도 사용된다.

$$Sn+4OH^- \rightarrow Sn(OH)_4^{2-}+2e^- \text{ (양극)}$$
$$Sn(OH)_4^{2-} \rightarrow Sn^{2+}+4OH \text{ (음극)}$$
$$Sn^{2+}+2e \rightarrow Sn \text{ (음극)}$$

주석의 단일체는 수소와 반응하지 않으나 $SnCl_4$를 환원하면 불안정된 수소화물인 스탄난 SnH_4를 생성한다 스탄난의 불안정성은 주석의 외각오비탈이 뚜렷하지 않은 분포를 하고 있어서 수소의 작은 오비탈과의 중복이 별로 크지 않은 데에 따른다. 주석의 산화물은 Sn(II)와 Sn(IV)의 두 가지가 잘 알려져 있으며 모두 양쪽성이다. 산에 용해하면 각각 Sn(II), Sn(IV)의 염(salt)이 되고 염기(base)와의 반응에서는 아주석산염(亞朱錫酸鹽)과 주석산염을 생성한다.

$SnO + 4OH^- \rightarrow [SnO_3]^{4-}$ (아주석산 이온)$+ 2H_2O$

$SnO_2 + 4OH^- \rightarrow [SnO4]^{4-}$ (주석산이온)$+ 2H_2O$

아주석산 이온쪽이 약간 불안정하다.

할로겐화물로도 SnX_2와 SnX_4가 모두 알려져 있다. SnX_2는 금속주석을 할로겐화수소산에 용해하거나 SnO와 할로겐화수소와의 반응으로 생성된다. SnX_4는 금속주석과 할로겐을 직접 반응시켜서 생성한다. Sn(Ⅱ)의 할로겐화물은 이온성이기는 하나 플루오르화주석(Ⅱ) 이외의 용융점은 대단히 낮아 상당한 공유결합성의 존재를 의미하고 있다. SnX_4는 휘발성이며 약간 분극(分極 polarization)된 공유결합성의 분자로 이루어진다.

Sn(Ⅱ)의 화합물은 쉽게 Sn(Ⅳ)로 산화되기 때문에 우수한 환원제이며 실험실에서도 잘 사용된다.

주석에는 3가지 종류의 동소체가 있으며 α-주석(회색 주석, 다이아몬드 구조), β-주석(백색 주석), γ-주석이라 불린다. β와 γ-주석은 금속성이며 최밀충전(最密充塡 close packing)구조를 이루고 있다. 안정 동위체는 10개 종류가 있으며 모든 원소 중에서 최대이다.

주석은 많은 종류의 합금원료이다. 바비트메탈(babbit metal). 브리타니아 메탈(Britannia metal), 포금(gun metal), 청동(bronze), 백납(pewter), 땜납(solder) 등 잘 알려진 것만도 상당히 있다.

주울 【joule】 [기호] J SI 단위계에서 에너지의 단위이다. 1뉴턴의 힘으로 1m의 거리를 이동하는 데 상당하는 일(에너지)이 1주울이다. 1J=1Nm. 4.184J=1cal.

주철 【鑄鐵 cast iron】 용광로에서 얻은 선철(銑鐵 pig iron)을 다시 용융하여 얻게되는 철과 탄소의 합금을 말한다. 탄소의 함유량은 2.4~4.0%이다. 탄소가 탄화물의 형태로 되어있는 것은 백주철, 흑연(graphite)의 형태를 취하고 있는 것은 회주철이라 한다. 인이나 황 또는 망간 등을 불순물로서 함유한다. 주철은 값이 싸며 이용범위가 넓으므로 여러 방면에 사용되고 있다.

주형 콘포메이션 【舟型 boat conformation】 입체 배좌의 항 참조.

준안정 상태 【準安定狀態 metastable state】 어떤 계가 얼핏보아 평형계와 같아도 더 낮은 에너지를 갖는 진정한 평형상태로 되어있지 않은 상태를 가리킨다. 이 상태에 적당한 교란을 주면 진정한 안정상태로 이행한다. 예를 들면 1기압에서 0℃ 이하의 과냉각수 등은 준안정상태이며 얼음의 미세한 결정 또는 분진(粉塵) 등이 첨가되면 급속하게 동결이 시작된다.

준안정 화학종 【準安定化學種 metastable species】 원자, 이온, 분자 등의 여기 상태(excited state) 중, 기저상태(ground state)로 될 때까지 비교적 긴 수명을 가지고 있는 것을 말한다. 대부분 반응의 중간체는 이 준안정 화학종이다.

중 【重 bi-】 이전에는 산성염을 나타내는 데 사용된 접두사이다. 예를 들면 '중황산소다'는 황산수소나트륨 $NaHSO_4$이다.

중량 몰농도 【molal concentration】 molarity라고도 기입한다. 용액 농도 표현의 하나이며 1kg의 용매에 용해되어 있는 용질의 몰수(mole number)이다.

중량 분석 【重量分析 gravimetric analysis】 화학분석법의 한가지이며 최종분석조작으로서 칭량의 절차가 함유된 것을 말한다. 여러 가지 방법이 있으나 공통항목으로는 다음과 같은 것들을 들 수 있다.
① 정밀하게 칭량한 시료를 용액으로 한다.
② 정량적인 반응에 따라 이미 알고 있는 화합물로서 침전을 만든다.
③ 숙성, 응결 등의 처리를 한다.
④ 여과, 세척을 한다.
⑤ 건조시킨 뒤에 순화합물로서 칭량한다.
이 방법에서는 여과가 중요한 과정이며 특별한 여과지(filter paper)나 유리필터(glass filter) 등이 만들어져 있으므로 구할 수 있다.

중복형 【重複形 eclipsed conformation】 입체 배좌의 항 참조.

중성자 【中性子 neutron】 핵자의 일종으로서 뉴트론이라고도 하며 보통 n 또는 N으로 나타낸다. 전하 0, 질량 939.55MeV, 스핀 1/2인 페르미입자로서 양성자와 함께 아이소스핀의 2중 항을 이루고, 원자핵의 중요한 구성요소이다. 비정상 자기모멘트를 나타내고 그 값은 핵마그네톤의 -1.9131배이다. 평균수명은 약 1.0×10^3s로서 전자와 전자뉴트리노를 방출하고 양성자로 변한다. 졸리오퀴리부부는 베릴륨에 α선을 입사시켰을 때 나오는 매우 센 방사선이 수소를 포함하는 물질에 세게 흡수된다는 것을 발견하였다. 채드윅은 이 방사선을 구성하는 입자가 전기적으로 중성이고 질량이 수소원자핵 질량과 거의 같은 미지(未知)입자라고 생각하여 모든 사실을 설명함으로써 처음으로 중성자의 존재를 명백히 하였다(1932).

중성자는 그 운동에너지 또는 속도에 따라 분류되는 경우가 있다. 핵분열을 포함한 핵반응에서 방출되는 중성자는 대체로 수 MeV인 운동에너지를 가지는데, 그것을 빠른 중성자(고속중성자)라고 부른다. 물질 속에서 감속되어 운동에너지가 1keV 이하가 되는 것을 느린 중성자(저속중성자)라고 부른다. 특히 매질 속 분자의 열운동과 평형에 달한 것을 열중성자(상온에서는 0.025eV 정도), 그보다 약간 높은 운동에너지를 가진 것을 에피서멀중성자, 또 -2500℃ 이하 정도인 온도에 해당하는 운동에너지를 가진 것을 냉(冷) 중성자라고 한다. 최근에는 더욱 저온으로 냉각한 초냉중성자를 만들어 상자 속에 가두는 기술 등도 개발되고 있다.

중성자수 【中性子數 neutron number】 [기호] N 원자 핵 속에 존재하는 중성자의 수를 말한다. 즉, 핵자수(核子數 nucleon number) (A)에서 양자수(proton number) (Z)를 뺀 수이다.

중성자회절 【中性子回折 neutron diffraction】 중성자는 드브로이파의 파장 $\lambda = h/mv$인 파동으로 볼 수도 있다. 적당한 에너지를 가진 중성자는 물질내의 원자간거리와 같은 정도의 파장을 가졌으므로, X선과 마찬가지로 결정 등에 의한 회절현상을 나타낸다.

회절현상을 관찰하기 위해서는 고밀도의 중성자선이 필요하다. 원자로에서 복사되는 열중성자속(束)(보통의 연구용 원자로의 노심부에서 $10^{13\sim15}/cm^2 \cdot s$ 정도)을 쓰면, 그 에너지분포는 파장 약 1Å 부근에 극대를 가지므로 X선회절과 마찬가지인 기하학적 조건 하에서 회절현상이 관측된다. 또 가속기를 이용한 스팔레이션 중성자원에서 발생하는 펄스중성자를 적당한 감속재로서 열중성자화하여 입사원으로 하고, 회절중성자원의 비행시간 분석을 하는 방법으로도 관측된다.

중성자는 원자핵 및 자기모멘트를 갖는 전자에 의하여 산란되는데, 그 중에서 간섭성산란이 회절현상을 일으킨다. 중성자는 단결정, 분말결정 시료, 액체 등에 의한 회절과 같이 X선의 회절과 비슷한 현상을 나타내고, 산란의 모체나 산란상수가 서로 다르기 때문에 여러 가지 특징을 가지고 있다. 원자핵에 의한 산란진폭은 X선의 원자에 의한 산란진폭과 같은 원자번호에 대한 비례성이 없고, 동위원소에 의하여도 값이 달라진다. 또 진폭의 부호를 달리 하는 원자핵도 있다.

중성자의 물질에 의한 참 흡수는 일반적으로 X선보다 훨씬 작고, 결정에 의한 회절 때의 소쇠효과 등도 X선의 경우와 다소 다르다. 이런 특징을 결정구조해석에 응용하고, 결정 속의 가벼운 원자 특히 수소의 위치 결정이나 원자번호에 가까운 원자의 식별 등을 X선회절법보다도 쉽게 할 수 있어서 대부분의 수소화합물이나 합금 등의 구조해석이 가능하다. 또 중성자의 자기산란현상은 X선 등에서는 관측하기 어려운 특징적인 것으로서, 이것에 입각한 자기적 회절선의 해석에 따라 자성체 결정의 자기적 결정구조를 결정할 수 있다.

또 중성자는 격자진동의 포논 또는 스핀파인 마그논과의 상호작용에 의하여 비탄성산란을 받지만, 그 관측은 물질 속 원자운동의 양상을 아는 데 가장 유력한 방법으로 되어 있다. 이 밖에 액체의 구조해석, 자성체 내의 원자자기모멘트 결정, 원자핵의 산란단면적의 측정 등 많은 분야의 연구 수단으로서 응용 범위가 넓다.

중수【重水 heavy water】 D_2O 산화듀테륨(중수소 deuterium oxide)을 말한다.

중수소【重水素 deuterium】 [기호] D 자연에 존재하는 수소 동위체의 하나이며 양자 1개와 중성자 1개로 구성되는 원자핵을 가지고 있다.

따라서 원자량은 대개 경수소(輕水素 light hydrogen, protium)(^{1}H)의 거의 2배이다. 동위체이기 때문에 일반적인 수소와 거의 같은 화학적인 거동을 나타내고 비슷한 화합물을 생성한다. 단, 중수소 화합물의 반응은 대응하는 경수소의 화합물보다도 어느 정도 늦는 경우가 많다. 이것을 이용하여 반응 속도가 수소 원자의 이동에 의해 율속(律速 rate determining)되어 있는가를 확인하는 데 사용되고 있다.

중수소화 화합물【deuterated compound】 화합물 안의 수소원자(양성자)가 적어도 1개는 ^{2}D로 치환된 화합물을 말한다.

중아황산 나트륨【sodium bisulfite】 아황산수소나트륨의 항 참조.

중정석【重晶石 baryte】 자연산의 황산바륨(barium sulfate)을 말한다. 영어로는 heavy spar라고도 한다.

중탄산 나트륨【sodium bicarbonate】 중탄산소다를 말하며 약해서 중조라고도 한다. 탄산수소나트륨의 항 참조.

중탄산 마그네슘【magnesium bicarbonate】 탄산수소마그네슘의 항 참조.

중탄산 바륨【barium bicarbonate】 탄산수소바륨의 항 참조.

중탄산 베릴륨【beryllium bicarbonate】 탄산수소 베릴륨의 항 참조.

중탄산 스트론튬【strontium bicarbonate】 탄산수소스트론튬의 항 참조.

중탄산염【bicarbonate】 탄산수소염의 항 참조.

중탄산 칼륨【potassium bicarbonate】 탄산수소칼륨의 항 참조.

중합【重合 polymerization】 단일 또는 여러 종류의 화합물이 반응하여 중합체(polymer)를 만드는 반응을 말한다. 단일중합체(homopolymer) 생성(단일 중합)은 단일로 된 모노머(monomer)에서 중합체가 생기는 것으로 폴리에틸렌의 생성 등이 이에 해당한다. 공중합(共重合 copolymerization)이란 나일론과 같이 두 종류 이상의 모노머가 중합하여 중합체를 만드는 것이다. 첨가중합(addition polymerization)이란 모노머가 첨가반응으로 중합하는 것으로 별도로 화합물을 생성하는 일은 없다. 축합중합(condensation polymerization)은 중합체를 생성할 때 작은 분자가 이탈하는 것을 말한다(나일론을 생성할 때는 아디프산과 헥사메틸렌디아민에서 폴리아미드가 생기고 물분자가 이탈된다. 즉, 이 반응은 축합중합이다).

중합체【重合體 polymer】 간단한 분자단량체(monomer)가 여러 번 반복하여 결합함으로써 생기는 것으로 분자량이 매우 큰 화합물(고분자)이다. 중합체는 일반적인 경우, 일정한 분자량을 갖지 않는다. 자연에 있는 중합체는 단백질이나 다당류(글리코겐(glycogen)이나 탄수화물)이며 합성중합체로는 폴리에틸렌이나 나일론 등이 있다.

중화【中和 neutralization】 용량분석에서 산과 염기가 화학양론적으로 반응하는 현상을 말한다. 중화점 또는 종점(end point)은 지시약에 의해 결정된다.

중화열【中和熱 heat of neutralization】 1몰의 산 또는 염기가 중화함에 따라 방출되는 에너지를 말한다.

중황산 나트륨【sodium bisulfate】 산성황산나트륨이라고도 한다. 황산수소나트륨의 항 참조.

증기【蒸氣 vapor】 고체 또는 액체가 기화해서 생기는 기체를 말한다. 액체 표면에 있는 입자의 몇 개는 다른 입자와 충돌한 결과로, 액면에서부터 빠져나갈 수 있는 만큼의 에너지를 획득하여 증기 쪽으로 이동한다. 한편 증기의 입자는 충돌로 에너지를 상실하고 액면으로 돌아온다. 온도가 안정해지면 이 양쪽 사이에 평형이 성립하여 그 온도에서의 증기압은 이 평형상태로서 정해진다.

증기 밀도【蒸氣密度 vapor density】 일반적으로는 수소를 기준으로 하여 같은 온도, 같은 압력에서 같은 부피의 수소질량과 시료증기 질량과의 비율로 나타낸다. 증기밀도를 측정함으로써 기화하기 쉬운 화합물의 상대분자 질량(분자량)을 쉽게 구할 수 있다(즉, 수소와의 비율을 2배로 하면 좋다). 측정법에는 빅터마이어법(Victor Meyer's method), 뒤마법(Duma's method), 호프만법(Hofman's method) 등이 사용된다.

증기압 【蒸氣壓 vapor pressure】 증기에 의한 압력을 말한다. 포화증기압(saturated vapor pressure)이란 액체 또는 고체와 평형상태에 있는 증기의 압력이다. 일정한 온도에서도 액체 또는 고체의 각각의 상(phase)에 따라 다른 값을 나타낸다.

증기압 강하 【lowering of vapor pressure】 용액의 속일적인 성질(colligative properties)의 하나이다. 용매의 증기압이 용질을 첨가함으로써 낮아지는 현상이다. 용질과 용매가 모두 휘발성의 것일 때 용질의 농도를 높게 하면 그 전체의 증기압은 용매의 증기압과 용질의 증기압과의 합이지만 어느 것이나 순수한 물질의 증기압보다는 낮아진다. 용질이 비휘발성의 고체인 경우 증기압은 거의 무시되나 이 때 증기압의 저압분(低壓分 : 증기압이 낮아지는 정도)은 용질분자수에 비례하며 용질의 종류에는 의존하지 않는다. 또한 이 비례상수는 용매에 의해 정해진다.

따라서 다른 물질이라도 동일한 용매에 같은 몰(mole)을 가하면 해리(dissociation)를 일으키지 않는 한 같은 증기압 강하를 나타낸다. 용질이 2개 성분으로 해리하면 증기압 강하도 2배가 된다.

증기압 강하의 역학적인 모델로는 용질분자가 액상표면을 덮어 용매분자의 증발을 억제하는 효과를 나타내는 것이 사용된다. 증기압 강하는 분자량의 측정, 특히 고분자물질 등을 대상으로 할 때 잘 사용된다. 라울의 법칙의 항 참조.

증류 【蒸溜 distillation】 액체를 비등시켜서 얻을 수 있는 증기를 농축시키는 과정을 말한다. 액체의 정제(精製 refining) 또는 액체혼합물의 분리에 사용된다. 분해증류, 분별증류, 수증기증류의 항 참조.

증발(기화) 【蒸發(氣化) evaporation】 ① 액체가 기체(증기)로 변화하는 것을 말한다. 비등점에 한하지 않고 어떠한 온도에서도 증발은 발생하나 온도가 높을수록 증발속도는 크다. 액상 속의 분자 중에 어는 비율의 것은 표면에서 떨어져나와 기상으로 빠져나갈 정도의 에너지를 가지고 있다. 이러한 분자는 큰 운동에너지를 가지고 있기 때문에 증발에 의해 액상의 온도는 저하한다.

② 고체에서 기체로 변화하는 것을 말한다. 특히 고체의 용융점 근처에서 일어나는 것으로 고체에서 기체로 변화하는 것을 가리킨다(승화). 표면에 금속의 얇은 막을 증착(蒸着 evaporation) 시키는 데 이 방법이 잘 사용된다.

지르코늄 【zirconium】 [기호] Zr [양성자수] 40 [상대원자질량] 91.22 mp 1850℃ bp 4380℃ 상대밀도(비중) 6.5 지르콘(규산지르코늄) 속에 함유되는 천이금속원소이며 합금강의 제조나 원자로 재료에 사용된다. 원자로용으로 하려면 공존하는 하프늄(hafnium)을 제거하는 것이 중요하다.

지르콘 【zircon】 REG#=14940-68-2 깨끗한 것은 보석이 된다. 규산지르코늄 $ZrSiO_4$의 광물명이다.

지멘스 【siemens】 [기호] S SI단위계에서 전도도(전기전도율)의 단위이다. 이전에는 모(mho [기호] ℧)라고 했던 것이다. $1S1 = Ω^{-1}$

지방산 【fatty acid】 카르복시산의 항 참조.

지방족 고리 화합물 【alicyclic compound】 시클로헥산과 같은 것으로 방향고리가 아닌 고리화합물(cyclic compound)의 총칭이다.

지방족 화합물 【aliphatic compound】 유기화합물 중 알칸, 알켄, 알킨 등의 탄화수소와 그 유도체를 가리킨다. 나아가 이들과 비슷한 성질을 나타내는 것도 포함된다. 대부분의 지방족화합물은 사슬모양의 구조를 취하고 있는데 시클로헥산이나 수크로스(sucrose)와 같이 고리를 포함하는 것도 있다. '지방족'은 벤젠과 비슷한 성질을 갖는 '방향족'에 대응하여 사용된다. 방향족화합물의 항 참조.

지시약 【指示藥 indicator】 정색지시약 및 흡착지시약의 항 참조,

GSC 【gas solid chromatography】 기체·고체크로마토그래피의 약자이다. 가스크로마토그래피의 항 참조.

GLC 【gas liquid chromatography】 기체·액체크로마토그래피의 약자이다. 크로마토그래피의 항 참조.

직쇄 【直鎖 straight chain】 지방족화합물 및 쇄식화합물의 항 참조.

직접 염료 【直接染料 direct dye】 벤지딘(benzidin) 또는 벤지딘유도체의 아조염료(azo dye)를 주로 하는 일군(group)을 총칭해서 말한다. 목면이나 비스코스레이온(viscoserayon) 등 셀룰로스계의 섬유를 직접 염색하는 데 사용된다. 식염이나 황산나트륨을 매염제(媒染劑)로 사용한다.

진공 【眞空 vacuum】 대기압보다 현저하게 낮은 압력의 기체를 함유하는 공간을 말한다. 완전한 진공이면 아무 것도 존재하지 않는다. 실제로는 저진공(10^{-2}Pa 이상)과 고진공(10^{-2}Pa 이하)으로 구별한다. 초고 진공이라고 할 때는 10^{-7}Pa 이하의 압력을 가리킨다.

진사 【辰砂 cinnabar】 REG#=19122-79-3 자연에서 산출되는 적색 황화수은(Ⅱ)이며 수은의 주요한 광석이다. 진사의 이름은 산지[중국 호남성의 진주(辰州)]에 따른 것이다.

질량 【質量 mass】 [기호] m 대상으로 하는 물질의 양을 나타낸다. 질량을 측정하는 데는 두 가지 방법이 있다. 하나는 관성(inertia), 즉 운동의 변화에 저항하는 경향을 이용하는 것이다. 또 한가지는 다른 물체에 의한 만유인력(중력)을 이용하는 것이다. 질량의 SI 기준단위는 킬로그램(kg)이다.

질량 보존의 법칙 【law of conservaion of mass】 1774년 라브와지에(Lavoisier)에 의해 정식화되었다. 이 법칙은 물질의 질량불멸의 법칙이라고도 한다. 즉, 무에서 물질을 창출하는 것도, 물질을 무로 돌려보내는 것도 되지 않는다는 것이다. 화학반응의 전후에 있어서 반응계의 전체 물질의 질량 총합은 생성물의 모든 질량의 합과 같다. 여기서 말하는 '질량'이란 반응에 관여하는 전체 물질을 가리킨다. 고체, 액체, 기체, 때로는 공기도(반응에 관여한다면) 포함된다.

질량 분석계 【質量分析計 mass spectrometer】 기체 또는 고체의

표면에서 이온을 생성하고 각 이온의 질량/전하의 비율(m/e)에 의해 분리 및 분석을 하는 기기를 말한다. 처음으로 이 실험을 시행한 것은 톰슨(J. J Thomson)이며 방전관에서 양(positive)으로 하전된 이온을 이온 흐름에 수직한 전기장과 자기장의 상호작용에 의해 분리하는 데 성공하였다. 소위 파라볼라법(parabolic law)이며 각 이온은 사진건판상에 모으고 흑화도(黑化度)에서 존재비를 구하였다. 매스 스펙트로그래프(mass spectrograph, 질량분석사진기)라고 하는 것도 이 때문이다. 그 뒤 애스턴(Aston)과 니어(Nier)에 의해 개량되어 네온의 자연동위원소의 존재 등이 결정되었다.

최근의 것은 전자조사 등에 의해 시료(대부분은 기체)를 이온화하고 생성된 양이온을 가속하여 고진공의 공간에 주입한다. 전자장의 상호작용에 의해 진로를 굽혀 검출기가 있는 곳에 초점(focal point)을 연결시킨다. 전기장이나 자기장을 가감하여 서로 다른 이온을 검출기가 있는 곳에 모이도록 할 수 있기 때문에 이 결과로 소위 질량 스펙트럼(mass spectrum)을 얻게 된다.

질량분석법에 의하면 상대적인 동위원소질량 또는 분자량을 정밀하게 결정할 수 있고 동위원소 조성도 정확하게 정할 수 있다. 화합물의 동정(同定)과 혼합물의 각 성분을 분석하는 데 있어서도 매우 신뢰할 수 있는 방법이다. 유기화합물의 분자는 전자(electron)충격에 의해 여러 가지 토막이온(fragment ion)으로 나누어진다. 예를 들면 에탄 C_2H_6에서는 CH^+, $C_2H_5^+$, CH_2^+ 등이 생긴다. 이와 같은 여러 가지 형태의 이온의 상대비율에서 미지의 화합물의 구조도 정할 수 있다(mass fragmentgraphy). 표준물질과 비교함으로써 특정 스펙트럼을 나타내는 화합물의 동정이 가능하게 된다.

질량수【質量數 mass number】 핵자수(nucleon number)라고도 한다. 핵종(nuclide) 안의 양성자와 중성자의 개수를 합한 것이다.

질량-에너지 공식【mass-energy equation】 아인슈타인의 공식으로 잘 알려져 있다. $E=mc^2$. 여기서 c는 광속, m은 질량, E는 전체에너지(정지질량에너지, 운동에너지, 퍼텐셜에너지의 총합)를 나타낸다.

이 공식은 아인슈타인의 특수상대성이론의 결과로서 유도된다. 즉, 질량은 에너지의 한 형태이며 에너지도 질량을 갖게 된다. 정지질량에너지가 운동질량에너지로 전환하는 것은 방사성물질에서 나오는 방사선의 방출 또는 원자력 등의 기원이다.

질량 작용의 법칙 【law of mass action】 균일계(homogeneous)의 가역반응에 대해 1867년 노르웨이의 굴베르(Guldberg)와 워게(Waage)에 의해 제출된 법칙이다. $aA+bB+cC+\cdots \rightleftharpoons pP+qQ+rR\cdots$와 같은 가역반응이 평형을 이룰 때 다음과 같은 관계가 성립한다.

$$\frac{[P]^b [Q]^q [R]^r \cdots}{[A]^a [B]^b [C]^c \cdots} = K$$

이 K는 평형상수라고 하며 온도에 의해서만 정해지나 각 성분의 농도에는 의존하지 않는다. 반응계가 기체인 경우에는 농도 [A], [B] 대신에 분압 p_A, p_B를 사용한다. 이 경우에 K는 무차원의 수가 된다.

질산 【窒酸 nitric acid】 REG#=7697-37-2 HNO_3 부식성이 강한 무색, 발연성의 액체이다. 강산(strong acid)이다. 실험실에서는 알칼리 금속의 질산염을 진한 황산과 가열시켜 증류해서 만들 수 있다. 공업적으로는 암모니아를 산화시켜 만들며, 보통은 65%의 산(acid)을 함유하는 수용액(진한 질산)이다. 진한 질산은 황색을 띠고 있는데 이것은 이산화질소 등을 용해시켰기 때문이다. 질산은 강한 산화제이며 대부분의 금속은 산화되어서 질산염이 된다. 이 때 조건에 따라 산화질소나 이산화질소가 방출된다. 질소산화물의 조성은 온도나 질산의 농도 등에 의해 크게 변화한다. 황이나 인(phosphorus) 등의 비금속도 질산으로 산화되어 옥시산(oxy acid)이 된다. 유기물(에탄올 또는 톱밥 등)도 심하게 반응하는데, 벤젠이나 톨루엔(toluen) 등의 유기화합물은 천천히 반응하여 니트로화합물(nitro compound)을 만든다.

질산구리(Ⅱ) 【copper nitrate】 (CAS) nitric acid, copper salt REG#

=3251-23-8 Cu(NO$_3$)$_2$ 질산제이구리라고도 한다. 산화구리(II) 또는 탄산구리(II) 등을 묽은 질산에 용해시켜서 만든다. 결정화시키면 삼수화물 Cu(NO$_3$)$_2$·3H$_2$O를 만들 수 있다. 프리즘 모양의 결정이며 심한 조해성을 나타낸다. 가열하면 산화구리(II), 이산화질소, 산소로 분해한다. 무수물은 백색이며 삼수화물의 결정은 오산화이질소를 용해시킨 질산으로 처리해서 만든다.

질산 나트륨【sodium nitrate】 (CAS) nitric acid, sodium salt REG =7631-99-4 NaNO$_3$ 질산과 수산화나트륨 또는 탄산나트륨의 중화에 의해 생긴다. 자연에서는 칠레초석(Chile saltpeter)으로서 존재하고 남아메리카에서 대량으로 산출된다. 공업용의 불순한 질산나트륨을 칼리슈라 하며 별도로 취급하는 일도 있다. 물에 잘 용해되고 재결정(recrystallization)함으로써 무색, 조해성의 결정이 생성된다. 가열하면 분해되어 산소를 방출하고 아질산나트륨이 된다. 진한 황산과 가열하면 질산을 유리(free)한다. 질산나트륨의 용도는 비료 외에 질산이나 다른 질산염의 원료 등이다. 결정은 사방정계이며 요오드산나트륨과 동일한 형태이다.

질산 비스무트【bismuthyl nitrate】 산화질산비스무트(III)의 항 참조.

질산 셀룰로스【cellulose nitrate】 면화약(綿火藥) 또는 니트로셀룰로스(nitrocellulose)라고도 한다. 셀룰로스를 질산-황산의 혼합물로 처리해서 만들게 되는 것으로 대단히 연소성이 큰 물질이며 폭약으로 사용된다. 니트로셀룰로스라고도 하지만 니트로화합물은 아니고 질산에스테르이다.

질산 알루미늄【aluminum nitrate】 (CAS) nitric acid aluminum salt REG#=13473-90-0 Al(NO$_3$)$_3$·9H$_2$O 새롭게 침전시킨 수산화알루미늄을 질산에 용해시켜 농축해서 만들 수 있는 백색의 결정수화물이다. 금속알루미늄과 묽은 질산은 반응하지 않으므로(금속알루미늄은 부동상태가 된다) 직접 산에 용해시켜 만들 수는 없다.

질산 암모늄【ammonium nitrate】 (CAS) nitric acid, ammonium salt REG#=6484-52-2 NH_4NO_3 무색의 결정성고체이며 물에 잘 용해된다. 100℃의 물 100g에서 871g을 용해한다. 암모니아와 질산을 반응시켜 만든다. 폭약의 원료 또는 비료로서 사용된다.

질산 에스테르【nitrate】 질산의 에스테르이며 대개 폭발성을 갖는다.

질산염【窒酸鹽 nitrate】 질산 HNO_3의 염(salt)이다.

질산은【窒酸銀 silver nitrate】 (CAS) nitric acid, silver salt REG#=7761-88-8 $AgNO_3$ 은을 묽은 질산에 용해시켜 농축, 재결정해서 만든다. 육방정(hexagonal crystal)과 사방정(rhombic crystal)의 두 가지 결정형태가 있다. 열분해하면 이산화질소와 산소를 방출하여 은을 남긴다. 은염 중에서 가장 중요한 것이다. 의약품으로는 사마귀를 제거하는 데 사용된다. 사진공업에서는 여러 가지 할로겐화은의 원료이다. 실험실에서는 분석용 시약으로서 정성용과 정량용으로 범용되고 있다. 질산은은 용액으로나 고체에서도 산화력을 가지며, 알데히드를 카르복시산으로 산화한다. 이 때 은이온이 단일체의 은으로 환원된다. 은경 반응의 항 참조.

질산 칼륨【potassium nitrate】 (CAS) nitric acid, potassium salt REG#=7757-79-1 KNO_3 물에 잘 용해되는 백색고체이다. 질산나트륨과 염화칼륨의 혼합용액을 분별결정시켜서 만든다. 자연에서는 인도나 남아프리카 또는 브라질 등에서 '초석(niter)'으로 산출된다. 가열하면 분해되어 아질산칼륨과 산소가 된다. 질산나트륨과 달리 조해성은 나타내지 않는다. 폭약이나 비료 또는 질산의 원료(실험실에서) 등에 사용된다.

질산 칼슘【calcium nitrate】 (CAS) nitric acid, calcium salt REG#=10124-37-5 $Ca(NO_3)_2$ 조해성이 심하고 물에 잘 용해되는 무색의 염(salt)이다. 사수화물(tetrahydrate)의 결정도 만든다. 수화물결정을 가열하면 우선 무수염이 되나 즉시 분해하기 시작하여 산화칼슘과 이산화질소 및 산소로 분해한다. 질산칼슘은 질소비료로서 사용된다(노르웨

이초석이라는 별명이 있다).

질소【窒素 nitrogen】 [기호.] N [양성자수] 7 [상대원자질량] 14.0067 mp $-210℃$ bp $-195℃$ 밀도 $1.2506 kgm^{-3}$ 제Ⅴ족의 최초 원소이다. 전기음성도가 크고 자연에는 이원자분자(diatomic molecule)기체의 N_2로서 존재한다. 전자배치는 $[He]2s^2 2p^3$이다. 전형적인 비금속원소이며 결합은 대부분이 분극된 공유결합이다. 전기적인 양성이 심한 원소와는 N^{3-}를 함유하는 질소화물을 만든다(예 : Li_3N).

질소는 대기 중에 78%(부피비)를 함유하고 있으나 이밖에 질산나트륨(칠레초석 Chile saltpeter) 등과 같은 형태의 광물로도 산출된다. 공업적으로는 액체공기를 분류시켜서 만드나 순수한 질소가 요구될 때는 아지화물을 열분해 시켜서 얻는다.

$$2NaN_3 \rightarrow 2Na + 3N_2$$

질소기류를 방전관 속을 통해 얻는 소위 '활성 질소'는 일반적인 N_2 분자 외에 여기상태(excited state)의 질소원자를 함유하고 있다.

대개 질소는 이원자분자이며 삼중결합으로 연결되어 해리에너지(dissociation energy)가 대단히 크다($940 kJmol^{-1}$). 따라서 일반적으로는 비활성이며 리튬이나 마그네슘 등 알칼리금속 또는 알칼리토금속 중 소수의 원소와 반응한다. 질소와 수소의 직접반응은 고온·고압이 아니면 일어나지 않으나(400~600℃, 100기압) 공업적으로 중요한 하버법(Haber process)에 의한 암모니아 합성의 기본이다.

질소의 산화물은 적어도 다음의 7개 종류가 알려져 있다.

① N_2O 일산화이질소[아산화질소, 소기(laughing gas)] : 중성의 산화물이다.
② NO 일산화질소 : 산화질소라고도 한다. 이것도 중성의 산화물이다.
③ N_2O_3 산화질소(Ⅲ) : 세스키산화질소 또는 무수아질산이라고도 한다. 불안정하나 산성의 산화물이다.
④ NO_2 이산화질소 : 전에는 과산화질소라고 했던 갈색의 기체이며 물에 용해되어 아질산과 질산으로 불균화한다.
⑤ N_2O_4 사산화이질소 : 이산화질소의 이량체(dimer)이며 NO_2와 평형

을 이룬다.
⑥ N_2O_5 오산화이질소 : 질산의 무수물이다.
⑦ NO_3 삼산화질소

질소는 할로겐과 이성분계의 화합물을 만든다. NF_3, NCl_3 등 외에 할로겐의 아지화물(ClN_3 등)도 알려져 있다. NF_3 이외에는 모두 심한 폭발성을 나타낸다. 안정하다고 하는 NF_3도 폭발을 일으킨 예가 보고되고 있다.

천이금속의 질소화물은 이온성이나 공유결합성도 아니다. 화학양론비도 여러 가지이며 ZnN, W_2N, MN_4N 등이 알려져 있다. 이들은 격자간 질소화물이라고 불리는 일이 많다. 어느 것이나 매우 견고하며 금속의 질소화 처리(가열한 금속을 암모니아가스에 접촉시켜서 행한다)가 이루어지는 것도 이를 이용한 것이다.

질소에는 두 종류의 안정동위원소, 즉 ^{14}N과 ^{15}N이 있다. ^{15}N은 자연에 0.3% 밖에 존재하지 않으나 질량스펙트럼, NMR(nuclear magnetic resonance 핵자기 공명) 등의 표식용에 잘 사용된다.

질소 고정【窒素固定 nitrogen fixation】 공기 중의 질소를 질소화합물로 바꾸는 것을 말한다. 자연에서는 콩과식물의 뿌리에 기생하는 뿌리혹박테리아(root nodule bacteric)나 토양세균 등이 질소고정을 한다. 번개로 소량의 산화질소가 생성되는 것은 산소와 질소의 직접화합에 의한다.

공중질소의 고정은 식물에 있어서 질소화합물이 생장하는 데 반드시 필요한 것이기 때문에 매우 중요성이 높은 문제이다. 농업에서도 매우 다량의 질소비료가 필요하다. 훨씬 이전에는 비르켈란드 아이데법(Birkeland-Eyde process), 즉 번개의 모방이기는 하나 N_2와 O_2의 혼합기체에 전기불꽃을 튀게 하여 NO를 만드는 방법과 시안아미드법(cyanamide process, 이탄화칼슘을 N_2 속에서 가열하여 칼슘시안아미드 $CaCN_2$(석회질소)를 만드는 방법)이 사용되었다. 현재 질소고정의 주력은 하버법(Haber process)에 의한 암모니아의 생산이다.

질소화 붕소【窒素化硼素 boron nitride】 REG#=10043-11-5 BN

질소 속에서 붕소를 1000℃로 가열시켜서 만든다. 두 종류의 결정형태가 있다.

질소화 수소산【窒素化水素酸 hydrazoic acid】 아지화수소산의 항 참조.

질소화 처리(【窒素化處理 nitriding】 표면 경화의 항 참조.

차

착체 【錯體 complex】 금속 또는 이온에 대해 배위결합한 분자나 이온을 함유하는 화학종류를 총칭해서 착체라 한다. 배위하는 화학종류(일반적으로 배위자(ligand)라 한다)는 고립전자쌍, 즉 론페어(lone pair)를 가지고 있다. 암모니아나 물분자가 좋은 예이다. Cl^-나 CN^- 등의 이온도 론페어로 배위한다. 생성된 것은 중성착체 또는 착이온이 된다.

$Cu^{2+} + 4NH_3 \rightarrow [Cu(NH_3)_4]^{2+}$

$Fe^{3+} + 6CN^- \rightarrow [Fe(CN)_6]^{3-}$

$Fe^{2+} + 6CN^- \rightarrow [Fe(CN)_6]^{4-}$ (착체는 대개 [ ] 안에 넣는다).

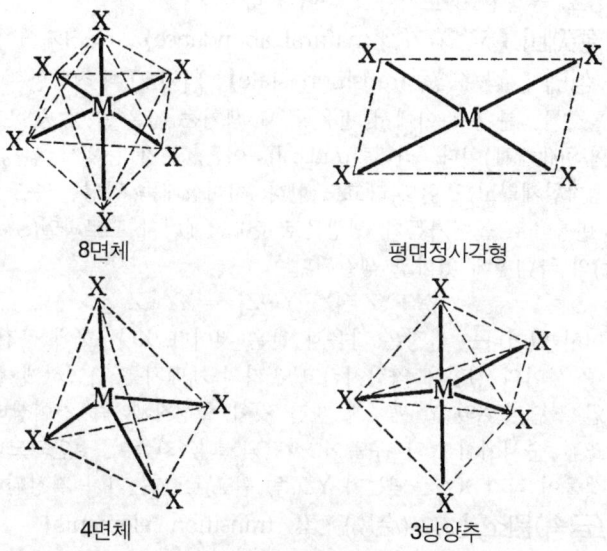

착체의 형상

이러한 착체의 생성은 천이금속원소(transition elements)에서 뚜렷하다. 때로는 부대전자(不對電子)를 함유하는 착체도 생성된다. 이들은 상자성(常磁性 paramagnetism)이며 모두 착색된 것이다.

천연가스 【natural gas】 넓은 뜻으로는 자연의 땅 속에서 산출하는 가스를 말하지만, 보통은 탄화수소를 주성분으로 하는 가연성가스를 가리킨다. 유전지대에서 산출되는 유전가스, 탄전지대에서 산출되는 탄전가스, 석유나 석탄의 성인(成因)과는 관계없이 물에 녹아서 존재하는 수용성가스로 대별된다. 탄전가스・수용성가스는 메탄을 주성분으로 하고 이산화탄소・산소・질소 등을 포함하지만, 상온에서는 가압하여도 액화하지 않는 것이 있는데, 이것을 드라이가스라고 한다. 유전가스는 메탄 외에 프로판・부탄 등을 포함하여 가압하면 상온에서 액화하므로, 이것을 웨트가스라고 한다. 용도로는 메틸알콜・암모니아 등의 화학공업원료, 공장원료, 도시가스 등이 있다.

천연 존재비 【天然存在比 natural abundance】 동위체의 항 참조.

천이 상태 【遷移狀態 transition state】 [기호]≠ 적당한 활성화에너지를 갖는 분자 사이에서 반응할 때 생기는 짧은 수명, 높은 에너지의 화학종(化學種)이다. 라디칼(radical), 이온, 분자 등에서 활성착체(또는 활성착합체라고도 한다)라고도 한다. 천이상태는 일정한 속도로 붕괴하여 반응물로 돌아가든가 생성물로 된다. 에너지 프로파일(energy profile)의 극대점에 있다고 생각된다.

$$X+YZ=[X\cdots Y\cdots Z]\neq=XY+Z$$

여기서 일어나는 과정은 다음과 같은 것이다. X나 YZ에 근접되어서 Y와 Z 사이의 결합을 약화시키고 전자의 재배치를 가능하게 한다. 부분적인 결합이 X와 Y 사이에 생긴 것이 활성착체, 즉 천이상태이다. 실험조건 순서에서 Y의 우측이 절단되느냐, 좌측이 절단되느냐에 따라 생성물이 각각 XY로 되는가 YZ(즉, 원료)로 되는가가 결정된다.

천이(금속)원소 【遷移(金屬)元素 transition elements】 주기율표 중에서 3군(群)에 있는 원소의 총칭이다. 즉, 스칸듐(scandium)에서 아연까지의 제 1천이원소, 이트륨(yttrium)에서 카드뮴(cadmium)까지의 제 2천이원소, 란탄(lanthanum)에서 수은까지의 제 3천이원소이다(악티늄 (actinium)에서 112번 원소까지는 제 4천이원소라고 할 수 있다). 제 1천이원소가 있는 곳에서는 하나 앞인 칼슘의 전자배치는 $3s^23p^64s^2$이나 다음의 스칸듐은 $3s^23p^63d^14s^2$로 된다. 이하 순서대로 3d에 전자가 들어가서 아연은 $3s^23p^63d^{10}4s^2$로 된다. 제 2, 제 3의 천이원소도 같은 방식으로 4d, 5d에 전자가 들어간다. 모두 금속원소이다.

스칸듐과 이트륨 및 란탄족 원소는 대개 희토원소(rare earths)로서 별도로 취급한다. 또한 아연, 카드뮴, 수은의 3개 원소도 불완전한 d각을 갖지 않으므로 천이원소라고 보지 않는 사람도 있다. 따라서 천이원소는 d전자의 존재에 따른 특징 있는 성질을 나타내는 것이 된다. 예를 들면

① 많은 원자가(산화수)를 취한다(Fe^{2+}와 Fe^{3+}, Mn^{2+}, Mn^{3+}, MnO_4^- 등).
② 금속원자나 이온의 배위자와의 착체 형성에 의해 막대한 수의 착체가 생긴다.
③ 착색한 화합물이 많다.
④ d전자각(shell)에 쌍을 이루지 않은 전자를 갖는 것이 많으므로 상자성(paramagnetism)의 화합물을 형성하는 것이 많다.

금속원소, d-블록, 란탄족원소 및 아연족원소의 항 참조.

천청석【celestine】 자연에서 산출되는 황산스트론튬의 광물명이다.

철【鐵 iron】 [기호] Fe [양성자수] 26 [상대원자질량] 55.85 mp 1530℃ bp 2887℃ 상대밀도(비중) 7.9 대부분 광물의 형태로 산출되는 천이금속의 하나이다. 적철광(hematite), 자철광(magnetic iron ore)이 주요광석이다.

탄산염(능철광 siderite)도 자원이 된다. 열코크스, 석회석, 가열공기에 의해 용광로에서 환원하여 정련한다. 코크스와 가열공기에서 일산화탄소가 생성되고 이것에 의해 철광석에서 금속철로 환원이 일어난다. 석회석은 산성의 불순물을 제거하고 용융된 철 위에 슬랙(slag)의 층을

이룬다. 강철을 만들려면 전로(轉爐 converter)나 평로(平爐 open hearth furnace) 등을 이용하여 탄소의 함유량을 감소시킨다. 하버법에서 암모니아 합성의 촉매로 철이 사용된다. 철은 공기 중에서 녹이 슨다. 물과 공기가 존재하는 데서는 수화산화철(Ⅲ)이 생기기 쉽다.

철의 산화상태 중에서 가장 안정된 것은 +3이며 이 이온은 황색이다. 이밖에 +2(녹색) 또는 +6(쉽게 환원을 받는다)도 있다. 철(Ⅱ)의 용액에 수산화나트륨을 첨가하면 녹색의 침전이 생기는데 철(Ⅲ)이면 갈색의 침전이 된다. 철(Ⅱ)용액의 농도는 산성용액이며 표준과망간산칼륨용액으로 적정(titration)하면 구할 수 있다. 철(Ⅲ)을 동일하게 정량하는 데는 적정하기 전에 이산화황을 사용하여 철(Ⅱ)로 환원해 둘 필요가 있다.

청동 【靑銅 bronze】 구리와 주석의 합금이며 주석의 함유량이 0.5%에서 10%까지의 것을 말한다. 황동보다도 경도(hardness)가 크고 압축에 강하며 내식성이 우수하다. 내식성을 증가시키기 위해 아연을 2~4% 첨가한 것을 포금(砲金 gun metal)이라 한다. 영국의 청동화폐는 주석(0.5%)보다도 아연을 많이 함유하고 있다(2.5%). 납(lead)을 첨가하면 가공성이 개선된다.

주석을 전혀 함유하지 않는 구리를 주재(主材)로 하는 합금에도 청동이라 불리는 것이 있다. 예를 들면 알루미늄청동은 구리와 알루미늄의 합금으로서 10% 이하의 알루미늄을 함유하는 것인데 부식과 피로에 강하고 강도 높아 냉각시나 가열시에도 모두 가공이 가능하다. 규소청동은 1~5%의 규소를 함유하는데 내식성이 대단히 우수하다. 베릴륨청동은 1~2%의 베릴륨을 함유하며 매우 단단하고 강도도 높다.

청화법 【靑化法 cyanide process】 광석에서 금을 추출하는 방법의 하나이다. 금광석을 미세한 분말로 분쇄하고 매우 묽은 시안화칼륨수용액으로 처리한다. 금은 시아노착체 $[Au(CN)_2]^-$로 되어서 용해한다. 시아노금(Ⅰ) 착이온을 함유한 용액에 아연을 넣으면 금이 환원되고 여과하면 금이 유리하여 분리된다.

체심 입방 【體心立方 body-centered cubic】 결정구조의 하나이다.

BCC라고 약해서 기입하는 일이 많다. 입방체의 단위격자 중심과 8개 정점(꼭지점)에 동일한 원자나 이온 또는 분자가 위치하고 있는 구조를 말한다. 이러한 형태에서는 배위수가 8이 된다. 면심입방(FCC : face-centered cubic) 구조보다 공간를 충전하는 비율은 적다. 알칼리금속은 이 체심입방구조의 결정을 이룬다.

초【秒 second】 [기호] s. SI 단위계의 기본단위이며 시간의 단위이다. 기저상태(ground state)에 있는 ^{133}Cs원자가 2개의 초미세한 구조준위(structural level) 사이를 천이하는 데 대응한다. 특정한 파장의 전자방사에 대해 9 192 631 770 사이클에 해당하는 시간으로 정의되어 있다.

초고진공【超高眞空 ultrahigh vacuum】 진공의 항 참조.

초미세 구조【hyperfine structure】 hfs라고 약해서 기입하기도 한다. 미세구조의 항 참조.

초석【硝石 niter, saltpeter】 질산칼륨의 항 참조.

초우라늄 원소【transuranic elements】 우라늄(92번)보다도 원자번호가 큰 원소를 말한다. 대부분 악티늄족원소이다. 초우라늄원소는 원자번호가 작은 악티늄족원소에 고에너지의 중성자를 조사(照射 irradiation)해서(연속적인 중성자 포획) 만든다. 일반적으로 짧은 수명의 핵종(nuclide)밖에 얻지 못한다. 넵투늄(neptunium)과 플루토늄(plutonium)은 우라늄광 속에 자연의 중성자를 조사(照射)한 결과, 극히 미량의 존재가 확인되어 있다. 이 중성자는 ^{235}U의 자발 핵분열에 의해 생긴 것이다. 초중원소(超重元素)의 존재 또는 수퍼악티늄족원소 계열(super actinoid series) 등에 대해서는 많은 연구가 있었으나 확증은 아직 없다.

초원심 분리【超遠心分離 ultracentrifuge】 매우 미세한 입자를 고속도 원심분리에 의해 분리하는 것을 말한다. 침강속도(sedimentation velocity)는 입자지름의 함수가 되므로 콜로이드입자나 단백질 등과 같은 거대한 분자의 분자량이나 입자의 질량을 결정하는 데 사용된다.

초유동성【超流動性 superfluidity】 매우 낮은 온도에서 액체헬륨이 나타내는 이상한 성질의 하나이다. 액체헬륨은 2.186k에서 초유동상(超流動相)으로 전이한다. 이 액상은 높은 열전도율을 가지나 마찰을 전혀 나타내지 않고 유동한다. 헬륨의 항 참조.

초화면 【硝化綿 gun cotton】 니트로셀룰로스(nitrocellulose)라고 하는데 이것은 속칭이다. 질산셀룰로스의 항 참조.

촉매 【觸媒 catalyst】 자기 자신은 화학적으로 변화하지 않고 어떤 화학반응의 속도를 변화시키는 물질을 말한다. 물리적으로는 촉매가 변화하는 일도 있다. 예를 들면 큰 덩어리였던 촉매가 반응한 뒤에는 미세한 분말로 되어 있는 일이 있다.

촉매는 매우 미소한 양이라도 반응속도를 현저하게 변화(증대)시키는 일이 드물지 않다. 양촉매는 반응속도를 증가시키는 것이며 반대로 음촉매(역촉매)는 반응속도를 감소시키는 것을 가리킨다. 균일계(homogeneous) 촉매란 반응물질과 동일한 상(phase)(기상이나 액상의 계) 안에서 작용하는 것을 말한다. 이의 좋은 예로는 산화질소(Ⅱ)가 있다. 이것은 이산화황과 산소와의 기상반응에서 균일계의 촉매로 작용한다. 불균일계(heterogenous) 촉매는 반응계와 별도의 상으로서 작용하는 것이다. 석유에 수소를 첨가할 때 가는 가루로 만든 니켈(고상)이 촉매로서 작용하는 것은 불균일계 촉매의 예이다.

촉매의 기능은 촉매가 존재하지 않을 때보다도 활성화 에너지가 작은 속도조절단계를 함유하는 새로운 반응경로를 만드는 데 있다. 촉매는 평형반응에서 생성물을 변화시키는 것은 아니기 때문에 반응물이나 생성물의 농도비는 촉매가 있거나 없어도 평형으로 되어 있으면 서로 같다. 촉매는 반응속도를 증가시키고 윤활하게 평형을 달성하는 기능을 가지고 있다. 자기(自己) 촉매에서는 생성물의 하나가 촉매로서 작용한다. 이 경우에 반응속도는 시간의 경과와 함께 증대하여 최대값이 되고 머지 않아 감소하는 과정을 밟는다. 예를 들면 아세트산에틸(ethyl acetate)의 가수분해반응에서는 생성되는 아세트산이 촉매의 작용을 나타낸다.

촉매독 【觸媒毒 poison】 촉매작용을 방해하는 물질을 말한다.

최밀 충전 【最密充塡 close packing**】** 결정성 고체 중에서 입자(원자 또는 이온)가 배열할 때 가장 가까운 곳에 12개의 입자가 존재하는 구조로 된 것을 말한다. 동일한 평면내에 6개, 1매 위와 1매 아랫층에 각각 3개씩으로 모두 12개가 된다. 이러한 구조이면 공간 내를 더욱 유효하게 이용하여 입자를 충전시킬 수 있다. 두 가지의 최밀충전구조가 있다. 하나는 입방최밀충전 CCP(cubic close packing)이며 다른 하나는 육방최밀충전 HCP(hexagonal close packing)이다.

축전지 【蓄電池 accumulator, storage battery**】** 충전에 의해 전기를 저장할 수 있는 전지를 말한다. 2차 전지 또는 어큐물레이터(accumulator)라고도 한다. 전지 안에서 일어나는 반응은 가역적(可逆的)이다. 방전(discharge)할 때는 충전할 때와 반대의 전류가 흘러서 전지 안에 있던 반응생성물은 출발물질로 돌아간다. 가장 보편적으로 사용되는 것은 자동차용의 납축전지(lead‐acid accumulator)이다.

축중 【縮重 degenerate**】** 서로 다른 양자상태(quantum state)가 동일한 에너지를 가지고 있는 것을 축중 또는 축퇴(縮退)라고 한다. 예를 들면 천이금속원자 중에 5개의 d오비탈은 모두 동일한 에너지이지만 자기양자수(磁氣量子數 magnetic quantum number) m은 각각 다르다. 만약 자장이 바뀌거나 대칭적이 아닌 배위자(ligand)의 배치 속에 놓이게 되면 에너지의 차이가 나타난다. 이런 경우를 축중이 '풀렸다'라고 한다. 영어로는 The degeneracy is 'lifted'라고 한다.

축합고리 【fused ring**】** 고리의 항 참조.

축합 반응 【縮合反應 condensation reaction**】** 2개의 분자가 첨가반응(addition reaction)할 때 작은 분자(물분자인 경우가 많다)의 이탈에 수반하여 일어나는 경우를 축합반응이라고 한다. 알데히드나 케톤 등이 여러 가지 구핵시약(nucleophile)과 일으키는 반응은 대부분이 축합반응이다. 카르보닐기의 탄소에 구핵시약이 첨가되고 이어서 물분자 등의 이탈이 일어난다. 알돌 축합(aldol condensation), 클라이젠 축합(claisen condensation) 등이 있다.

구핵시약	생성물	명칭
NH_3 암모니아	$R'-\underset{OH}{\underset{|}{\overset{R}{\underset{|}{C}}}}-NH_2$	히드록시 아민
H_2NNH_2 히드라진	$\underset{R'}{\overset{R}{>}}C=N-NH_2$	히드라존
$C_6H_5NHNH_2$ 페닐히드라진	$\underset{R'}{\overset{R}{>}}C=N-\underset{C_6H_5}{\overset{H}{N}}$	페닐 히드라존
NH_2OH 히드록실아민	$\underset{R'}{\overset{R}{>}}C=N-OH$	옥심

알데히드와 케톤의 축합반응

축합 중합【縮合重合 condensation polymerization】 중합의 항 참조.

충전재【充塡材 filler】 합성화합물의 물리적인 성질을 변화시키거나 가격을 내리는 것을 목적으로 하여 첨가되는 고체물질을 말한다. 증량재(增量材)라고도 한다. 고무, 플라스틱, 도료, 수지(resin) 등에 대해 슬레이트분(slate powder), 유리섬유(glass fiber), 운모(mica), 목면섬유 등 외에 카본 블랙(carbon black)이나 탄산칼슘 등이 잘 이용된다.

측쇄 【側鎖 side chain】 쇄식 화합물 및 지방족 화합물의 항 참조.

층간 화합물 【層間化合物 intercalation compound】 원래 층 모양 (2차원)의 구조로 된 기본단위 사이에 별개의 성질을 가진 다른 물질이 역시 층의 형태로 들어가서 생긴 화합물을 말한다. 여러 가지가 있으나 금운모(brown mica, $KMg_3(OH)_2Si_2AlO_{10}$)나 백운모($KAl_2(OH)_2Si_3-AlO_{10}$)는 각각 탈크(talc, 활석)나 엽장석의 규산이온층의 1/4이 K^+이온층으로 치환된 층간화합물이라고 볼 수 있다. 흑연(graphite)에 여러 가지 화합물이 들어간 층간화합물도 알려지고 있다. 층상 화합물의 항 참조.

층상 화합물 【層狀化合物 lamellar compound】 얇은 원자층 또는 판 모양의 단위가 겹쳐서 된 결정구조를 가진 화합물을 말한다. 규산염중에서는 활석(talc) $Mg_3(OH)_2Si_4O_{10}$이나 엽장석(petalite, pyrophylite 엽납석) $Al_2(OH)_2Si_4O_{10}$ 또는 운모 등이 전형적이다. 층간 화합물의 항 참조.

치환기 【置換基 substituent】 어떤 화합물 중에서 특정한 원자(또는 원자단) 대신에 결합하고 있는 원자단(때로는 원자)을 말한다. 대부분 수소원자를 치환하고 있는 원자단을 말한다. 벤젠유도체 등은 이의 좋은 예이다.

치환 반응 【置換反應 substitution reaction】 유기화합물의 분자 안에 있는 특정한 원자 또는 원자단이 다른 원자나 원자단으로 치환되는 반응을 말한다. 알칸(alkane)의 수소가 염소로 치환되는 반응 등은 이의 전형이다.

치환반응은 반응시약의 성질에 따라 다음과 같이 3가지 종류로 크게 나뉜다.

① 구핵 치환(nucleophilic substitution) : 이 경우 반응시제는 구핵시약 (nucleophile)이다. 알콜이나 할로겐화합물에서 잘 일어난다. 이러한 화합물에서는 결합전자가 부족한 경향이 있으므로 부분적으로 플러스로

대전(帶電 electrification)하고 있는 탄소원자에 구핵시약이 끌리고 원래 결합하고 있던 원자단이 이탈되어 뒤에 남는다. 예로서 할로알칸의 가수분해와 알콜의 염소화를 든다.

$$C_2H_5Cl + OH^- \rightarrow C_2H_5OH + Cl^-$$
$$C_2H_5OH + HCl \rightarrow C_2H_5Cl + H_2O$$

② 구전자 치환(electrophilic substitution) : 반응시제가 구전자시약(electrophile)인 반응이다.

방향족화합물에 대한 치환반응의 대부분은 이것이다. 벤젠의 니트로화 반응을 NO_2^+에 의하여 행하면 다음과 같이 된다.

$$C_6H_6 + NO_2^+ \rightarrow C_6H_5NO_2 + H^+$$

③ 유리기 치환(free radical substitution) : 반응시제가 유리기(free radical)인 것이다. 이러한 종류의 치환반응은 구전자시약이나 구핵시약의 어느 것에도 반응하지 않는 분자에 대해서도 일어난다. 예를 들면 알칸의 할로겐화 등이 그 예이다.

$$CH_4 + Cl_2 \rightarrow CH_3Cl + HCl$$

치환(substitution)이라는 말은 매우 일반적이며, 치환반응이 틀림없으나 특별한 명칭이 주어지고 있는 것도 적지 않다. 에스테르화, 가수분해, 니트로화 등이 그것이다. 구전자 치환과 구핵 치환 및 프론티어 궤도이론의 항 참조.

치환 활성 【置換活性 labile】 라빌(labile)이라고도 한다. 착체 중, 배위자(ligand)가 쉽게 더욱 강력한 결합을 만드는 다른 배위자로 치환되는 것을 치환활성이라고 한다.

친수성 【親水性 hydrophilicity】 물을 끌어 당기는 성질을 말한다. 형용사는 hydrophilic이다. 친액성의 항 참조.

친액성 【親液性 lyophilicity】 용매와 친화성이 있는 것을 말한다. 용매가 물인 경우에는 친수성(hydrophilic)이라는 용어가 사용된다. 다음과 같은 경우에 사용된다.

① 분자 내의 어떤 원자단 또는 이온에 대하여 : 물 등과 같은 극성용매 속에서는 이온이나 극성기(極性基)가 친액성을 나타낸다. 예를 들면

비누 속의 카르복시산기(carboxylic acid group) $-COO^-$는 분자 내의 친액성(친수성)기(基)이다.

② 콜로이드 분산계에서 분산상(分散相 disperse phase)인 경우 : 친액성 콜로이드(colloid)에서는 분산입자가 분산매(分散媒 continuous phase)와 친화성을 가지고 있으며 매우 안정된 콜로이드를 만든다. 소액성의 항 참조.

7가【七價 septavalent, heptavalent】 원자가(산화수)가 7인 것을 말한다.

칠레 초석【Chile saltpeter】 질산나트륨의 항 참조.

칠수화물【七水化物 heptahydrate】 1몰(mole)의 물질에 대해 7몰의 물이 결정수(water of crystallization)를 이루고 있는 결정성 고체를 말한다.

침강【沈降 sedimentation】 현탁물이 중력 또는 원심력의 효과로 모이는 것을 말한다. 침강의 속도는 입자의 평균 반지름을 추정하는데 유용하다. 이것을 이용하면 초원심(超遠心 ultracentrifugal)에 의해 고분자 물자의 상대적인 분자량을 구할 수 있다.

침전【沈澱 precipitate】 화학반응의 결과 액상 속에 생긴 고상 입자(固相粒子)의 현탁물 또는 그의 집합체를 말한다.

침출【浸出 leaching】 불용성 고체 중에서 가용성 물질을 용매(용제)에 의해 추출하는 것을 말한다. 대규모로는 거대한 탱크에 용제를 넣고 분쇄한 고체를 분산시켜 추출하는 경우가 많다.

침탄【浸炭 carburizing】 표면경화의 항 참조.

카

카날라이트석 【carnalite】 REG#=1318-27-0 KCl·MgCl$_2$·6H$_2$O
칼륨과 마그네슘의 복염화물 광물(複鹽化物鑛物)이다.

카노니칼형 【canonical form】 공명의 항 참조.

카니차로 반응 【Cannizzaro reaction】 강염기(强鹽基)의 존재하에서 알데히드(aldehyde)가 알콜과 카르복시산 이온에 불균화하는 반응을 말한다. 카니차로 반응을 일으키는 알데히드는 알데히드기와 이웃하고 있는 탄소에 수소원자가 결합하고 있지 않은 것에 한정된다. 예를 들면 열수산화나트륨 수용액의 작용에 의해 벤즈알데히드(benzaldehyde)에서 벤질 알콜(benzyl alcohol)과 벤즈산 나트륨(sodium benzoate)이 생긴다.

$$NaOH + 2C_6H_5CHO \rightarrow C_6H_5CH_2OH + C_6H_5COO^-Na^+$$

이 반응은 불균화반응(disproportionation)이며 산화(카르복시산의 생성)와 환원(알콜의 생성)을 함유한다. 포름알데히드(formaldehyde)는 동일하게 포름산과 메탄올로 불균화한다.

$$NaOH + 2HCHO \rightarrow CH_2OH + HCOO^-Na^+$$

카드뮴 【cadmium】 [기호] Cd [양성자수] 48 [상대원자질량] 112.41 mp 320℃ bp 765℃ 상대밀도(비중) 8.7 아연을 제련할 때 부산물로 얻게 되는 천이 금속의 하나이다. 다른 금속과 합금하여 항부식성 합금을 만들거나 중성자 흡습재(원자로용) 또는 알칼리 축전지 등에 이용된다.

카드뮴 전지 【cadmium cell】 웨스턴 카드뮴 전지의 항 참조.

카로의 산 【Caro's acid】 퍼옥소 황산의 항 참조.

카르노 순환 【Carnot cycle】 완전한 열기관(heat engine)으로서 4가

지 과정에 의한 이상적인 가역순환(reversible cycle)을 말한다. 4가지 과정이란, 즉 작업물질에 대해 단열압축, 등온팽창, 단열팽창, 등온압축이다. 이 순환은 4가지 과정을 완료한 뒤에 다시 출발점으로 돌아오고 에너지와 일을 변환한다. 카르노 순환의 효율은 열기관에서 도달할 수 있는 최대값이다. 카르노의 원리의 항 참조.

카르노의 원리 【Carnot's principle】 카르노의 정리(定理)라고도 한다. 어떠한 열기관의 효율도 동일한 온도범위에서 작동하는 가역적인 열기관의 효율을 초과할 수 없다는 것으로, 열역학의 제 2 법칙에서 즉시 유도된다. 이것은 가역열기관의 효율이란 작업물질에 의하지 않고 항상 최대라는 것도 의미한다. T_1인 온도에서 열을 흡수하고 T_2인 온도에서 열을 방출한다고 하면 카르노 사이클의 효율은 $(T_1-T_2)/T_1$이 된다.

카르바미드 【carbamide】 요소의 항 참조.

카르벤 【carbene】 RR'C: 의 구조로 된 반응중간체이다. 2개의 결합전자가 모두 결합(bond)을 이루고 있지 않은 것을 말한다. 가장 간단한 카르벤은 메틸렌 H_2C: 이다. 여러 가지 유기반응의 중간체이기도 하다.

카르보늄 이온 【carbonium ion】 유기화학반응에서 어떤 탄소원자가 전자 부족(electron-deficient)이 되어 그 결과로 양전하(positive charge)를 갖게 된 반응중간체이다. 공유결합으로 결합된 탄소와 보다 전기적 음성인 원자 사이의 결합이 절단되었을 때 카르보늄 이온이 생긴다.

$$C_2H_5Br \rightarrow C_2H_5^+ + Br^-$$

대단히 높은 에너지를 가지고 있으므로 역시 특수한 조건하가 아니면 안정하게 단리(單離 isolation)하는 것은 불가능하다.

카르보닐기 【carbonyl group】 C=O 원자단이다. 알데히드 RCO·H, 케톤 RR'CO, 카르복시산 RCO·OH 등에 함유된다. 당연히 금속 카르보닐 착체(complex)에도 함유되어 있다.

카르보음이온 【carbanion】 유기화학반응에서 어떤 탄소 원자상에 전자가 여분으로 모여 음전하(negative charge)를 갖게 된 반응중간체를 말한다. 카르보음이온이 생성하는 것은 C-H결합에서 염기에 의해 수소원자(프로톤 proton)가 이탈하였을 때(예를 들면 아세트알데히드에서 $^-CH_2CHO$가 생성된다), 또는 유기금속화합물에서 전기적인 양성의 금속과 탄소원자가 결합한 경우 등이다.

카르복시기 【carboxyl group】 카르복시산 안에 있는 -COOH원자단을 말한다.

카르복시산 【carboxylic acid】 일반식 RCOOH로 나타내는 유기화합물의 일군(group)이다. 자연에도 많은 카르복시산이 유리(遊離)된 상태로 식물 속에 존재하고 있으며 에스테르의 형태로는 유지(油脂) 속에 있다. 그러기 때문에 지방산(fatty acid)이라는 별명도 있다. 조제법으로는 다음과 같은 것이 있다.

① 제1급 알콜 또는 알데히드의 산화

$$RCH_2OH + 2\{O\} \rightarrow RCOOH + H_2O$$

② 니트릴의 묽은 염산에 의한 가수분해

$$RCN + HCl + 2H_2O \rightarrow RCOOH + NH_4Cl$$

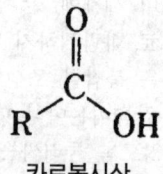

카르복시산

카르복시산이 산성을 나타내는 것은 카르보닐기가 C-O, O-H 결합의 전자를 강하게 끌어당기기 때문이다. 카르복시이온이 생성되면 $RCOO^-$의 형태를 이루나, O-C-O의 원자단 안에서 전자의 비편재화가 일어나서 안정화된다. 카르복시산의 반응으로는 에스테르의 생성, 오염화인과 반응하여 염화아실을 만드는 반응 등을 들 수 있다.

카르빌아민 반응 【carbylamine reaction】 이소시아니드 시험의 항 참조.

카리우스법 【Carius method】 유기화합물 속의 할로겐, 인, 황 성분을 정량분석하는 방법의 한가지이다. 시료를 진한 질산과 가열분해하여, 각 원소를 보통의 분석에 사용하는 것 같은 화학형(化學形)으로 만든다.

카보네이션 【carbonation】 소다수(水) 등과 같은 탄산음료를 만들 때 가압하(加壓下)에서 이산화탄소를 액체로 용해시키는 것을 말한다.

카보런덤 【Carborundum】 탄화규소의 상품명.

카테네이션 【catenation】 분자내에서 원자가 결합하여 쇄상구조(鎖狀構造)를 형성하는 것을 말한다.

카프로산 【caproic acid】 헥산산의 항 참조.

칸델라 【candela】 [기호] cd 빛의 양을 나타내는 SI 기본단위이다. 101 325 파스칼(Pa)의 압력하에서 백금의 용융점(1773.5℃, 1500.3K)에 있는 흑체(黑體 black body)의 1/600000m^2에서 흑체방사(black body radiation) (수직 방향에서)의 방사강도로서 정의된다.

칼곤 【Calgon】 상품명이며 세제에 잘 첨가한다. 비누와 반응하여 스컴(scum)을 형성하는 것으로 바람직하지 않은 용존물질(溶存物質)을 제거하는 데 사용된다. 칼곤은 복잡한 조성의 폴리인산염(polyphosphate)이며 물에 용해되어 있는 칼슘이온이나 마그네슘이온과 반응(착체형성)하여, 세제와는 반응하지 않도록 둘러싸는 작용을 한다.

칼로리 【calorie】 [기호] cal 에너지의 단위이며 4.18J과 같다고 정의되어 있다. 이전에는 1g의 물의 온도를 1℃만큼 상승시키는 데 필요한 열의 양으로서 정의되어 왔다. 그러나 물의 열용량은 온도의 함수이기 때문에 이 정의로는 정확하지가 않다.

평균칼로리 또는 열화학칼로리라는 것(cal_{TH})은 4.184J이다. 한편 국제표 칼로리(cal_{IT})는 4.1868J이다. 이전에 평균 칼로리는 1g의 물을 0℃에서 100℃까지 올리는 데 필요한 열량의 1/100로 정의했으며 15℃칼로리라고 하는 것은 1g의 물을 14.5℃에서 15.5℃까지 올리는 데 필요한 열량을 가리켰다(영양학에서 말하는 칼로리는 큰[大]칼로리(Cal), 즉 킬로칼로리이다).

칼로멜전극 【calomel electrode】 감홍전극이라고도 하며 기준전극으로 널리 이용되고 있다. 그림과 같이 유리용기의 밑바닥에 수은을 깔아 두고 그 위에 풀모양인 감홍(염화수은(Ⅰ))을 놓은 다음, 다시 그 위에 염화칼륨을 $0.1mol/dm^3$, $1mol/dm^3$ 또는 포화용액을 채운다(Hg | Hg_2Cl_2 풀모양 물질 | KCl 용액). 표준 수소전극의 전극전위를 0V로 정하면 포화감홍전극(saturated calomel electrode, SCE)의 전극전위는 20, 25, 30℃의 온도에 대하여 각각 0.2444, 0.2412, 0.2378V이다. 표준 수소전극에서 사용하는 것이 쉬우므로, 이 전극으로 측정한 후 수소전극값으로 환산하는 경우가 많다.

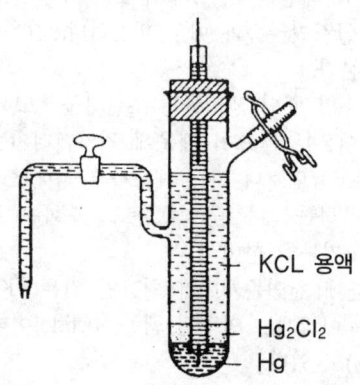

칼륨 【potassium】 [기호] K [양성자수] 19 [상대원자질량] 39.09 mp 63.7℃ bp 756℃ 상대밀도(비중) 0.86 반응성이 풍부한 은백색의 금속원소이다. 영어명칭은 포타슈(나무재(木灰), 항아리(pot)의 재(ash)에서 나온 말이다)에 기인한다. 알칼리금속원소의 세 번째에 위치하고 아르곤형(argon type)의 전자심의 외각에 가전자(價電子 valency electron)로서 $4s'$ 전자를 가지고 있다. 불꽃반응은 특징있는 자색(紫色)이지만 나트륨이 미량이라도 공존하면 강한 황색 스펙트럼으로도 관찰되지 않기 때문에 코발트유리를 통해서 보면 좋다. 칼륨의 이온화 포텐셜은 적고 쉽게 1가의 양이온이 된다. 화학적인 성질도 대부분 K^+에 대한 것이다. 암석권 안에는 2.4% 존재하나 자원으로는 카날라이트석 $KCl \cdot MgCl_2 \cdot 6H_2O$, 알카나석 K_2SO_4 등이 퇴적한 것을 이용한다. 이 이외의 광물, 예를 들면 정장석 $K_2AL_2Si_6O_{10}$ 등에도 상당한 비율로 함유되어 있으나 칼륨자원으로는 거의 이용되지 않는다. 상업적인 칼륨의 이용은 나트륨에 비하면 상당히 한정되어 있다.

공업적으로는 융해수산화칼륨을 전해(electroysis)해서 금속을 만든다. 수산화칼륨을 만드는 데는 카날라이트석에서 마그네슘을 수산화물로서 제거한 용액을 전기분해한다. 수소와 염소가 부산물로서 회수된다. 칼륨의 화학은 다른 알칼리금속과 매우 비슷하다. 다음에 나트륨과 크게 다른 점을 열거해 본다.

① 공기 중에서 연소할 때의 생성물은 초산화물 KO_2이다.
② K^+이온은 Na^+이온보다 크기 때문에 격자에너지는 작아진다. 따라서 칼륨염이 나트륨염보다 큰 용해도를 나타내는 일이 많다.
③ 칼륨염이 대응하는 나트륨염보다도 수화수(水化數 hydration number)가 작아지는 경향이 있다.

칼륨의 동위원소 중에 천연존재비가 최고인 것은 ^{39}K에서 93.1%, 이어서 ^{41}K의 6.8%이다. 이 2개는 안정된 핵종(nuclide)이나 수명이 긴 방사선 핵종 ^{40}K(0.011%)도 있다.

나트륨과 동일하게 이온성의 알킬, 아릴칼륨화합물이 존재한다.

칼리슈 【caliche】 불순한 질산나트륨(칠레 초석 : Chile saltpeter)을 말한다.

칼슘 【calcium】 [기호] Ca [양성자수] 20 [상대원자질량] 40.08 mp 851℃ bp 1487℃ 상대밀도(비중) 1.54 용융점이 낮고 중간 정도로 유연하며 반응성이 풍부한 금속이다. 주기율표에서는 제Ⅱ족의 3단째에 위치한다. 전자배치는 아르곤(argon) 구조로 된 전자심의 외측에 가전자(價

電子 valency electron)로서 2개의 4s전자를 가지고 있다. 칼슘은 지각 속에 널리 분포하고 있으며 클라크수(Clarke number)는 5번째이다. 광상(鑛床 mineral deposit)으로는 쵸크(chalk), 대리석, 석회석 등과 같은 탄산칼슘 $CaCO_3$ 외에 석고 $CaSO_4 \cdot 2H_2O$, 경(硬)석고 $CaSO_4$, 형석 CaF_2, 인회석 $CaF_2 \cdot Ca_3(PO_4)_2$ 등의 형태를 취한다. 더우기 솔베이법 (Solvey process)의 폐액(廢液)에서 대량의 염화칼슘을 얻을 수 있으며 이것만을 원료로 해도 융해염 전해법에 의해 금속칼슘을 제조하는 데는 충분하다. 소석회(수산화칼슘 $Ca(OH)_2$)와 생석회(산화칼슘 CaO)는 석회석을 원료로 하여 대량으로 제조하며 건축용이나 비료용으로 이용되고 있다. 어떤 종류의 칼슘 광물은 값이 싸기 때문에 다른 물질의 자원으로서 채굴되고 있다. 예를 들면 석회석은 이산화탄소의 자원으로서, 석고나 경석고는 황산원료로서, 인회석이나 구아노 등의 인광(燐鑛)은 인산의 자원으로서 채굴되고 있다. 형석은 광범위한 플루오르화학제품의 원료이다.

칼슘은 원자 반지름이 비교적 크고 이온화 포텐셜도 낮으며, 따라서 전기적인 양성의 원소이다. 금속칼슘은 대단히 반응성이 풍부하고 화합물 안에서는 모두 Ca^{2+} 이온의 형태를 취하고 있다.

산화칼슘 CaO는 백색의 이온성 고체이며 공기 중에서 금속칼슘을 연소시키면 생기게 되나, 일반적으로 산화칼슘을 얻는 데는 탄산칼슘을 800℃로 가열하면 된다. 열분해를 하면 이산화탄소가 방출되어서 산화칼슘(생석회)을 얻게 된다. 산화칼슘이나 금속칼슘도 모두 물과 반응하여 수산화칼슘 $Ca(OH)_2$을 생성한다. 질소, 황, 할로겐과 금속 칼슘을 가열하면 각각 질소화칼슘 Ca_3N_2, 황화칼슘 CaS 및 할로겐화칼슘 CaX_2를 얻게 된다. 금속칼슘은 수소와 직접 반응하여 수소화칼슘 CaH_2를 생성한다. 붕소화물, 비소화물, 탄화물, 규소화물도 마찬가지로 단일체(simple substance) 상호간의 반응으로 얻게 된다. 황산칼슘, 탄산칼슘은 어느 것이나 물에 용해되기 어렵다. 칼슘염은 특징 있는 붉은 벽돌색의 화염색 반응을 나타내며 정석분석과 정량분석에 사용된다. 실온에서 금속칼슘의 결정구조는 면심입방격자이나 450℃에서 전이하여 육방최밀충전구조가 된다.

칼슘 시안아미드 【calcium cyanamide】 REG#=156-62-7 $CaCN_2$ 질소기류 중에서 이탄화칼슘(calcium dicarbide)을 800℃ 이상으로 가열시켜서 만든다. '석회질소'로서 비료에 사용되는 것은 천천히 가수분해하여 암모니아가 방출되는 것을 이용한 것이다.

$$CaCN_2 + 3H_2O \rightarrow CaCO_3 + 2NH_3$$

이 밖의 용도로서 목화의 낙엽제나 멜라민 생산 등에도 사용된다.

칼시네이션 【calcination】 경수(hard water)에서 탄산칼슘이 침전하여 생성되는 것을 가리킨다. 일반적으로는 하소(煅燒)(예를 들면 탄산칼슘을 가열해서 생석회를 만드는 것)를 의미하며 스케일을 생성하는 의미로 사용하는 것은 드문 일이다.

칼코겐 원소 【chalcogens】 제Ⅵ족 원소의 항 참조.

캐나다발삼 【canada balsam】 캐나다산 소나무과 식물의 수지에서 만들어지는 연한 황금색으로 쓴맛과 좋은 향내를 가진 끈끈한 액체. 점착성이 세고 굴절률은 1.519~1.526으로 유리 굴절률과 비슷하다. 산값 79.6~98, 비누화값 87.5~105. 오래 방치하면 황갈색으로 변한다. 광학기계의 유리 접합 등에 쓰이고, 또 현미경용 표본을 만들 때도 쓰인다.

캐리어 가스 【carrier gas】 가스크로마토그래피(gas chromatography)에서 시료를 이동시키는 데 사용하는 가스를 말한다.

캘리포늄 【californium】 [기호] Cf [양성자수] 98 [최장수명동위체] ^{251}Cf(800년) 악티늄족원소의 하나이다. 방사성의 초우라늄 원소이며 지구상에서는 자연에 존재하지 않는다. 방사성 동위체가 몇 개 만들어지고 있으나 이 중에 ^{252}Cf는 강력한 중성자원(中性子源)으로서 이용되고 있다.

커플링 반응 【coupling reaction】 2개의 원자단 또는 분자가 결합하는 화학반응을 말한다. 아조 화합물(azo compound)의 생성(diazo coupling) 등이 전형적인 것이다.

컬럼 크로마토그래피 【column chromatography】 주로 중성물질이며 화학적이고 물리적인 성질이 매우 유사한 혼합물을 분해하기 위해 널리 사용되는 방법이다. 컬럼 크로마토그래피에서는 대개 알루미나 또는 실리카젤 등과 같은 고체를 수직으로 세운 관에 채운 컬럼을 사용한다. 시료 혼합물은 컬럼의 꼭대기에서 떨어뜨리고 고상(固相)에 성분을 흡착시킨다. 흡착시킨 각 성분은 적당한 용매를 사용하여 씻어냄으로써 분리한다.

사용하는 알루미나는 전처리(前處理)로서 가열하고 흡착된 기체 등을 제거해 둔다. 대단히 극성(polar)이 강하므로 컬럼에서 어떤 프랙션(fraction)이 용리(溶離 elution) 되는가는 각 성분의 성질에 크게 의존한다. 용리액을 주의해서 잘 선택하면 컬럼에서 각각의 성분을 별도로 용리할 수도 있다. 일반적으로 처음에는 비극성(非極性)의 용매에 의해 용리를 하고 차차 용리액의 극성을 증가시키는 방법을 취한다. 박층 크로마토그래피의 항 비교.

케라틴 【keratin】 경질단백질의 일종. 각질(角質)이라고도 한다. 물에는 녹기 어렵지만 안정된 단백질에서 동물체 보호역할을 하고 있다. 뿔·말굽·손톱·모발·깃털·양모 등에 들어 있다. 물에 거의 녹지 않지만 어느 정도 팽윤(膨潤)한다. 시스틴의 함량이 많기 때문에 펩티드 사슬끼리는 S-S 결합으로 가교되어 있는 것으로 생각되는데, 이것이 녹지 않는 원인으로 볼 수 있다. 진한 알칼리 또는 산화알칼리에는 녹는다. 모발 또는 양모가 천연상태인 케라틴을 α-케라틴, 이것을 수증기 속에서 당겨 2배로 늘린 상태의 것을 β-케라틴이라고 한다. X선 회절에 의하면 길이 방향에 대한 섬유 주기는 전자(前者)는 5.15Å, 후자는 3.38Å. 수증기 또는 묽은 알칼리로 처리하면 원래의 길이보다도 단축되는 초수축 현상도 볼 수 있다. 폴링의 α-나사선은 α-케라틴의 구조로서 제시되었지만, 실제의 α-케라틴은 α-나선이 지름 약 100Å인 구조로 되어 있어 비결정성인 기질 속에 배열되어 있다.

케로신 【kerosine】 파라핀의 항 참조.

케쿨레 구조 【Kekule structure】 벤젠 구조의 한가지 표현이며 시클로헥사트리엔(cyclohexatrien)으로 나타낸다. 두가지 종류의 케쿨레 구조가 벤젠의 공명혼성체 속에 포함되어 있다. 벤젠의 항 참조.

케탈 【ketal】 알콜이 케톤(ketone)에 부가해서 생기는 유기화합물에 대한 일종의 총칭이다. 1개 분자의 알데히드와 1개 분자의 알콜에서 생성하는 케탈은 헤미케탈(hemiketal)이라고 한다. 2개 분자의 알콜과 반응한 경우에는 실제의 케탈이 된다. 아세탈의 항 참조.

케토-엔올 이성질 【keto-enol isomerism】 호변 이성(互變異性)이라고도 한다. 한쪽의 이성질체(isomer)가 케톤이고 다른 쪽의 이성질체가 엔올(enol)이 되는 이성질현상을 말한다. 이 두가지 이성질체는 평형하다. 카르보닐기(carbonyl group)의 이웃에 있는 메틸렌(methylene)의 수소원자가 카르보닐기의 산소원자 위로 전이(transition)하면 엔올형이 된다.

$$\underset{R'}{\overset{R}{\diagdown}}C=O$$
케톤

$$\underset{H}{\diagdown}C=C\underset{}{\diagup}\overset{OH}{}$$
엔올형

$$\underset{H}{\overset{H}{\diagdown}}C-C\overset{O}{\diagup}$$
케토형

케토-엔올 호변이성

케토오스 【ketose】 당(sugar) 속에 케톤기(keton group)를 함유하는 것을 말한다. 예를 들면 과당(fructose) 등이 그 예이다. 당의 항 참조.

케토펜토오스 【ketopentose】 탄소원자수가 5인 케토오스를 말한다.

당의 항 참조.

케토헥소오스 【ketohexose】 육탄당(hexose) 중, 케톤을 함유하는 것을 말한다. 과당(fructose) 등이 그 예이다. 당의 항 참조.

케톤 【ketone】 일반식 RCOR'로 나타내는 1군(群 group)의 유기화합물이다. 카르보닐기에 결합하는 원자단은 알킬기(alkyl group)나 아릴기(aryl group)라도 좋다. 제2급 알콜을 산화해서 만든다(제1급 알콜에서는 알데히드를 얻게 된다). 가장 간단한 것으로 아세톤 CH_3COCH_3 (프로파논 propanone), 메틸에틸케톤 $CH_3COC_2H_5$(부타논 butanone)이 있다. 케톤의 반응은 알데히드의 반응과 비슷한 것이 적지 않다. 카르보닐 원자단은 산소원자 위에 음전하, 탄소원자 위에 양전하가 있도록 분극(polarization)되어 있기 때문에 구핵치환을 일으키기 쉽다. 몇 가지 전형적인 반응으로는 다음과 같은 것이 있다.

① 시안화수소, 아황산수소이온 등을 부가한다.
② 히드록실아민과 히드라진 및 그 유도체와 반응해서 축합생성물을 만든다.
③ 환원에 의하여 제2급 알콜이 된다. 케톤은 잘 산화되지 않으나 강력한 산화제가 존재하면 산화되고 카르복시산의 혼합물이 된다.

펠링 용액(Fehling's solution)이나 톨렌스의 시약(Tollens reagent)과는 반응하지 않고 중합도 일으키지 않는다. 알데히드의 항 비교.

켈달법 【Kjeldahl's method】 유기화합물 속에 존재하는 질소를 정량하는 방법을 말한다. 질소가 함유된 시료를 짙은 황산과 가열하여 황산암모늄의 형태로 바꾸어서 행한다. 황산구리나 황산수은을 촉매로 하는 일이 많다.

이를 위해서는 특별히 목이 긴 켈달 플라스크를 사용한다. 혼합물은 염기성으로 하고 암모니아를 수증기로 증류하여 산의 표준용액에 흡수시켜 중화적정에 의해 정량한다.

켈달 플라스크

켈빈 【kelvin】　[기호] K 열역학적인 온도를 나타내는 SI 기본단위이다. '물의 삼중점(triple point)에서 열역학적인 온도의 1/273.16을 1K로 한다' 라고 정의되어 있다. 제로 켈빈(0K)은 절대영도이다. 1K는 1℃, 즉 섭씨온도 눈금의 1도와 같은 눈금의 폭이다.

코런덤 【corundum】　REG#=1302-74-5 에머리(emery) 또는 강옥(鋼玉)이라고도 한다. 자연에서 산출되는 산화알루미늄의 한가지 형태이며 산화철(Ⅲ), 이산화규소 등을 소량으로 함유하는 일도 있다. 루비나 사파이어도 코런덤의 불순한 형태의 예이다. 여러 가지로 연마제에 이용된다.

코발트 【cobalt】　[기호] Co　[양성자수] 27　[상대원자질량] 58.93 mp 1495℃　bp 2880℃　상대밀도(비중) 8.9　천이금속의 하나이다. 캐나다 등에서 니켈과 함께 산출되는 일이 많다. 합금으로서 자성체, 재단기, 전기로(electric furnace) 재료 등의 용도가 있다.

콘규칙 【corn rule】　광학 활성의 항 참조.

콘스탄탄 【Constantan】　상품명이다. 구리와 니켈의 합금이며 45%의 니켈을 함유한다. 전기저항이 비교적 크고 저항의 온도계수가 적으므로 열전쌍(thermocouple)이나 저항기에 사용된다.

콜라겐 【collagen】　경질단백질의 일종. 생체에서 결합조직의 주성분을 이루고, 뼈·연골·힘줄·피부·고기비늘 등에 있다. 섬유모양의 고체. 물·묽은 산·묽은 알칼리에 녹지 않는 부분이 상당히 있고 팽윤한다. 65℃ 정도로 가온하면 갑자기 줄어들어 냉각해도 거의 늘어나지 않는다. 그러나 포르말린에 담갔던 것은 위의 변화를 가역적으로 한다. 가용성 부분의 콜라겐은 분자량 30만, 길이 2800Å, 두께 15Å의 분자로 3가닥의 펩티드사슬이 3중 오른쪽나선을 만들어 특유의 X선 회절을 나타낸다. 다리 걸침 결합이 생기고 불용성으로 된다. 분자모양으로 분산된 것은 약 38℃에서 예민하게 변성하여 젤라틴이 된다. 글리신·프롤린·히드록시프롤린이 풍부한데, 대부분은 글리신-프롤릴-X의 구조이다. 특수한 아미노산으로서 히드록시리신을 포함한다. 섬유는 전자현미경으로 볼 수 있는 복잡한 횡문(橫紋)구조를 나타낸다.

콜럼븀 【columbium】 미국에서의 니오브(niobium)의 오래된 명칭이다(현재도 때때로 사용되고 있다).

콜레스테롤 【cholesterol】 $C_{27}H_{46}O$ 콜레스테린이라고도 하며 가장 대표적인 스테롤의 일종. 융점 149℃, 고유광회전도 $[α]_D = -39°$ (클로로포름 속에서). 물·알칼리·산에 녹지 않고 유기용매에는 녹지만 석유·에테르·차가운 아세톤·차가운 알콜에는 녹기 어렵다. 함수알콜에서는 일수화물로서 널빤지모양 결정이 얻어진다. 콜레스테롤은 생체 내에서 생산되며, 용혈물에 대하여 적혈구를 보호하는 작용이 있다. 18세기 말경 사람의 담석 속에서 발견되었다. 동물계에 널리 분포되어 있으며 동물세포의 일반적인 성분이다. 특히 뇌·신경조직·부신장기에 많이 들어 있다. 일부는 지방산에스테르가 되어 콜레스탄올이나 7-데히드로콜레스테롤과 함께 존재하기도 한다. 화학구조 연구에는 어려운 점이 많았지만, 담즙산 등 다른 스테로이드와의 관계, 셀렌수소 이탈반응으로 딜스의 탄화수소가 생기는 것 등에서 구조를 알게 되었다. 콜레스테롤의 생합성은 아세트산·메발론산에서 스쿠알렌, 다음에 라노스테롤을 거쳐서 이루어진다. 2,3-옥시드스쿠알렌도 그 중요한 중간체이다.

콜로이드 【colloid】 불균일계(heterogeneous system)의 일종이며 계면이(눈으로는 보이지 않아도) 계의 성질을 정하는데 중요한 역할을 하고 있는 것을 말한다. 콜로이드에서 중요한 성분으로는 다음과 같이 세가지가 있다.
① 분산상 : 일반적으로 많은 분자의 집합으로 되어 있는 입자이다(거대한 분자인 경우에는 1개로 되어 있는 경우도 있다).
② 분산매 : ①에서 말한 입자를 분산시키고 있는 연속적인 매질이다.
③ 분산질과 분산매를 함께 안정되게 보존하기 위한 안정제이다. 대분의 경우, 이것은 전하(electric charge)를 갖는 원자단이다.
분산상 속의 입자는 $10^{-6} \sim 10^{-4}$mm 정도의 크기이다. 밀크, 고무액, 에멀젼(emulsion) 도료 등은 콜로이드의 좋은 예이다. 졸 및 겔의 항 참조.

콜리미터 【collimeter】 분광기(spectrometer) 등과 같은 기기에 사용하는 것으로 빛 등의 방사선에서 평행된 빔(beam)을 만들기 위한 장치이다. 렌즈나 슬릿(slit)을 사용해서 만드는 일이 많다.

콜베 전해 【Kolbe electrolysis】 카르복시산의 나트륨염을 전기분해해서 탄화수소(알칸 alkane)를 만드는 방법이다. 알칸은 카르복시산이온의 양극상에서의 방전과 라디칼을 분해한 결과로 얻게 된다.

$$RCOO^- \rightarrow RCOO\cdot + e$$
$$RCOO\cdot \rightarrow R\cdot + CO_2$$
$$R\cdot RCOO\cdot \rightarrow R-R + CO_2$$
$$2R\cdot \rightarrow R-R$$

이 반응은 커플링 반응(coupling reaction)이기 때문에 짝수의 탄소수를 갖는 알칸만을 얻게 된다.

콜타르 【coal tar】 공기를 차단해서 석탄을 가열하면 만들 수 있다. 여러 가지 유기화합물(벤젠, 톨루엔, 나프탈린 등)의 혼합물이며 상당한 유리탄소(遊離炭素)를 함유한다.

쿠멘법 【cumene process】 벤젠에서 쿠멘(isopropyl benzene)을 경유

하여 페놀을 만드는 공업적인 제조방법의 명칭이다. 인산을 촉매로 하여 250℃, 30기압에서 벤젠과 프로필렌을 반응시키면 쿠멘을 얻게 된다.

$$C_6H_6 + CH_2=CHCH_3 \rightarrow C_6H_5-CH(CH_3)_2$$

이것을 공기산화하면 히드로페르옥시드 $C_6H_5-(CH_3)_2-OOH$가 된다. 이것을 묽은 산으로 가수분해하면 페놀 C_6H_5OH와 아세톤 CH_3COCH_3을 얻게 된다.

쿨로미터 【coulometer】 전기분해에 의해 전기량을 측정하는 측정기기이다. 생성된 물질의 질량 m을 측정해서 전기량 Q 또는 전류값 I를 구한다. 전기화학당량을 z 라고 하면 $Q=m/z$, $I=Q/t=m/zt$가 된다. voltameter라고도 한다.

쿨롱 【coulomb】 [기호] C SI 단위계에서 전기량의 단위이다. 1A의 전류가 1초 동안에 이동하는 전기량과 같다.

퀴륨 【curium】 [기호] Cm [양성자수] 96 [최장수명동위체] ^{247}Cm(1.6×10^7년) mp 1340℃ 상대밀도(비중) 13.5 (계산값) 대단히 독성이 높은 방사성원소이다. 은백색이며 악티늄족원소의 하나이다. 초우라늄원소이며 자연에서는 지구상에 산출되지 않으나 플루토늄을 원료로 해서 만든다. ^{242}Cm, ^{244}Cm의 두가지 동위체는 열기전력 발전기에 이용되고 있다.

퀴리 【curie】 [기호] Ci 방사능의 단위이며 정확히 3.7×10^{10} dps(붕괴/초)에 상당하는 방사성 물질의 양(1dps는 1Becqueral(Bq)로 나타낸다)이다.

큐프로니켈 【cupronickel】 구리와 니켈의 합금 중, 니켈의 함유량이 45%까지의 것을 말한다. 20~30%의 니켈을 함유하는 합금은 전연성(展延性 malleability)이 풍부하고 냉각시나 가열시에도 모두 가공이 쉬우며 또한 내식성이 우수하다. 발전소의 응축기(condenser) 등에 사용되며 25%의 니켈이 함유된 큐프로니켈은 화폐용에도 사용된다. 콘스탄탄의 항 참조.

크레졸 【cresols】 phenol, 2-methyl(o-cresol) REG#=95-48-7,

phenol, 3-methyl(*m*-cresol) REG#=108-39-4, phenol, 4-methyl(*p*-cresol) REG#=106-44-5 CH₃C₆H₄OH 메틸페놀이라고도 한다. 위와 같이 세가지 종류의 위치이성질체가 있다. 수산기(hydroxyl group)에 대해 2-, 3-, 4-의 위치에 메틸기(methyl group)를 갖는 것이 *o*-, *m*-, *p*-의 각 크레졸이다. 혼합물은 콜타르를 분류(fractional distillation)해서 만들며 살균, 소독약으로 사용된다.

크로마토그래피 【chromatography】 복잡한 혼합물을 분리, 분석하기 위하여 사용되는 기법의 하나이다. 여러가지 방법이 이 속에 포함되는데 중요한 것으로는 다음과 같은 것이 있다.

    컬럼 크로마토그래피
    종이 크로마토그래피
    박층 크로마토그래피
    가스 크로마토그래피
    이온교환 크로마토그래피

이러한 여러 가지 크로마토그래피에 공통되는 것으로 비활성의 지지재료에 보존된 고체나 액체(이것을 고정상(固定相)이라고 한다)의 컬럼 한쪽 끝에 시료를 붙이고 기체나 액체(용액)의 유동상(流動相)을 컬럼에 통한다. 시료의 성분은 유동상에 용해되어서 이동해 나간다. 그러나 성분에 따라 고정상의 친화성이 다르기 때문에 어떤 성분의 고정상에 남는 경향이 다른 것보다 크면 이동하는 속도는 떨어진다. 그러기 때문에 혼합물은 유동상의 이동에 따라 각각의 성분으로 분리된다. 정제(refining)를 하기 위해 크로마토그래피를 사용할 때는 컬럼에서 나오는 유출물을 채취하여 수집하게 된다. 분석을 목적으로 하는 경우에는 각각의 성분을 확인할 때 미리 알고 있는 표준물질을 사용하여 컬럼에서 나오는 유출속도만을 비교해도 좋다.

고정상에서 혼합물의 각 성분을 보존하는 데는 흡착(알루미나의 표면 등), 용해(여과지 속의 수분) 등 여러 가지 기구가 있다. R_f 값의 항 참조.

크롤법 【Kroll process】 금속염화물을 금속마그네슘으로 환원해서 금속을 만드는 방법을 말한다. 금속티탄 등을 이러한 방법으로 만든다.
$$TiCl_4 + 2Mg \rightarrow Ti + 2MgCl_2$$

크롬 【chromium】 [기호] Cr [양성자수] 24 [상대원자질량] 52.00 mp 1900℃ bp 2640℃ 상대밀도(비중) 7.19 천이금속의 하나이다. 자연에서는 주로 크롬철광 $FeCr_2O_4$의 형태로 산출된다. 큰 광상(鑛床 mineral deposit)은 아프리카의 짐바브웨에 있다. 사용할 때는 크롬철광을 우선 중크롬산나트륨(sodium dichromate)의 형태로 바꾸고 탄소로 환원해서 산화크롬(Ⅲ)로 만든다. 금속크롬으로 만드는 데는 다시 알루미늄 환원이 필요하다. 스테인리스강 등의 합금으로 사용하는 외에 도금(galvanizing)하는데도 널리 사용되고 있다. 금속크롬은 경도(hardness)가 큰 은백색의 물질이며 실온에서는 부식에 대한 저항성이 크다. 묽은 염산이나 묽은 황산과는 천천히 반응하여 수소를 발생하고 청색의 크롬(Ⅱ)이온을 함유하는 용액이 되는데 이것은 공기산화를 받기 쉬우며 즉시 크롬(Ⅲ)이온으로 된다. 산화상태는 +6의 크롬산염(CrO_4^{2-})이나 중크롬산염(dichromate)($Cr_2O_7^{2-}$)외에 +3(더욱 안정된 것)과 +2를 취한다. 황색의 크롬산염 수용액을 산성으로 하면 오렌지색의 중크롬산이온이 생긴다. 중크롬산염은 실험실에서 잘 사용되는 강산화제이다. 이산화황의 검출 또는 알콜을 산화하는 데도 사용된다.

크롬 백반 【chrome alum】 (CAS) sulfuric acid, chromium(3+), potassium salt(2:1:1) REG#=10141-00-1 황산크롬(Ⅲ)칼륨십이수화물이다. 백반의 항 참조.

크롬산 칼륨 【potassium chromate】 (CAS) chromic acid(H_2CrO_4), dipotassium salt REG#=7789-00-6 K_2CrO_4 선명한 황색의 고체이다. 중크롬산칼륨의 수용액에 수산화칼륨을 첨가시킨 것으로부터 결정으로 얻게 된다. 물에 잘 용해된다. 수용액에 산을 첨가하면 크롬산이온은 중크롬산이온으로 축합(이량체화 二量體化)된다. 모르법(Mohr's process)에 의해 은을 적정(titration)하는 지시약 등에 사용된다. 결정은 황산칼륨과 동일한 형태이다.

크립톤 【krypton】 [기호] Kr [양성자수] 36 [상대원자질량] 83.80mp −157.3℃ bp −153.4℃ 밀도 3.73kgm^{-3} 무색이고 냄새가 나지 않는 단원자(monoatomic)의 기체원소이다. 희유기체원소(noble gases)의 하나이며 대기 중에 극히 조금밖에(부피비로 0.0001%) 존재하지 않는다. 형광램프 등에 사용된다.

크세논 【xenon】 [기호] Xe [양성자수] 54 [상대원자질량] 131.3mp −111.9℃ bp −107.1℃ 밀도 5.89kgm^3 희유기체원소의 하나이다. 무색이고 냄새가 나지 않는 단원자(monoatomic)의 기체이다. 몇 가지 화합물이 생성되는 것이 알려졌다. 전자관(electron tube)이나 방전관 스트로보(discharge tube strobo) 등에 사용된다.

크실렌 【xylene】 벤젠의 2메틸치환체이다. 원유 속에서는 기름의 분획(fraction)중에 함유되어 있는 방향족탄화 수소이며, 용매로서 널리 사용된다. 3가지 종류의 이성질체(isomer)가 있다.

o−크실렌　(CAS) benzene, 1,2−dimethyl−　REG#=95−47−6
m−크실렌　(CAS) benzene, 1,3−dimethyl−　REG#=108−38−3
p−크실렌　(CAS) benzene, 1,4−dimethyl−　REG#=106−42−3

o - 크실렌　　　*m* - 크실렌　　　*p* - 크실렌

크엔산 【citric acid】 (CAS) 1,2,3−propanetricarboxylic acid, 2−hydroxy−　REG#=77−92−9 동식물의 세포 안에서 중요한 역할을 갖는 백색 결정성의 카르복시산이며 여러 가지 과실류에 풍부하게 함유되어 있다. 조직명은 2−히드록시프로판−1,2,3−트리카르본산, 화학식은

$HO_2CCH_2C(OH)(CO_2H)CH_2COOH$이다.

클라드레이트 【clathrate】 '포접 화합물(包接化合物)'이라고 번역하는 일도 있다. 결정성의 호스트 화합물(host compound)에 있는 격자 속에 비교적 작은 게스트 분자(guest molecule)가 포함되어 있는 물질을 말한다. 클라드레이트가 생성되는 것은 적합한 크기로 된 게스트 분자의 존재하에서 호스트 분자를 결정시킬 때이다. 클라드레이트 화합물'이라고도 쓰이는데 호스트와 게스트 사이에는 화합결합이 없고 약한 반데르 발스(van der waals) 결합이 존재할 뿐이기 때문에 참된 화합물에는 들어가지 않는다. 클라드레이트는 바구니 모양의 격자로 형식을 보존하고 있다. 가열이나 용해에 의해 게스트 분자를 방출시키면 호스트 격자는 파괴된다. 이러한 점에서 제올라이트(zeolite)와는 좋은 대조를 이룬다. 제올라이트에서는 게스트 분자가 호스트 격자의 결합을 파괴하지 않고 침입과 탈출을 할 수 있다. 퀴놀(히드로퀴논 hydroquinone)은 이산화황 등을 게스트로 하여 여러 가지 클라드레이트를 만든다(원래 클라드레이트란 파우웰(Powell)이 이러한 종류의 퀴놀포접(화합)물에 준 명칭이었다) .희유가스의 수화물 결정도 클라드레이트이다.

클라이젠 축합 【Claisen condensation】 2개 분자의 에스테르가 축합하여 케토에스테르(ketoester), 즉 1개 분자 속에 에스테르기(ester group)와 케톤(ketone)의 카르보닐기를 함께 함유하는 화합물을 생성하는 반응을 말한다. 염기촉매반응이며 대개 나트륨에톡시드를 사용한다. 아세트산에틸을 나트륨에톡시드로 환류하면 다음과 같은 반응에서 아세토아세트산에틸(ethyl acetoacetate)이 생긴다.

$$2CH_3COOC_2H_5 \rightarrow CH_3CO-CH_2COOC_2H_5 + C_2H_5OH$$

이 반응기구는 알돌축합과 동일하다. 처음에 에스테르에서 양성자를 빼냄으로써 카르보음이온이 생긴다.

$$CH_3CO_2C_2H_5 + {}^-OC_2H_5 \rightarrow {}^-CH_2CO_2C_2H_5 + C_2H_5OH$$

이 카르바니온이 별도로 된 에스테르의 카르보닐기와 반응하여 중간체의 이온이 생기고 이어서 분해하여 케토에스테르와 에톡시드이온이 된다.

클라크 전지 [Clark cell] 오래 전에 기전력(起電力 electromotive force)의 표준으로 사용된 전지의 일종이다. 황산수은을 피복한 수은양극과 아연음극을 갖추고 황산아연수용액을 전해액(electrolyte)으로 한 전지로서 15℃에서 기전력은 1.4345V이다. 웨스턴(Weston)의 카드뮴표준전지가 출현한 뒤부터는 사용되지 않고 있다.

클로라민 [chloramine] (CAS) chloramide REG#=10599-90-3 암모니아와 하이포염소산나트륨(NaOCl)과의 반응으로 생기는 무색의 액체이다. 히드라진 합성의 중간체로서 얻게 되는 불안정한 화합물이며 폭발적으로 불균화하여 염화암모늄과 삼염화질소(폭발성이 강렬하고 위험하다)로 분해한다.

클로랄 [chloral] (CAS) acetaldehyde, trichloro- REG#=75-87-6 CCl_3CHO 트리클로로아세트알데히드(trichloro acetaldehyde)이다. 무색의 액체이며 아세트알데히드를 염소화해서 얻는다. 살충제 DDT의 원료가 된다. 물을 첨가시키면 물을 함유한 클로랄(chloral hydrate)이 된다. 일반적인 경우, 동일한 탄소원자에 2개의 수산기가 결합한 화합물은 불안정하지만 이 경우에는 트리클로로메틸기에 있는 3개 염소원자의 효과 때문에 안정되어 있다. 진정제에 사용된다.

클로로메탄 [chloromethane] (CAS) methane, chloro- REG#=74-87-3 CH_3Cl 염화메틸이라고 하는 일이 많다. 메탄을 염소화해서 만드는 무색의 기체이다. 냉각매 또는 국부마취제로 사용된다.

클로로벤젠 [chlorobenzene] (CAS) benzene, chloro- REG#=108-90-7 C_6H_5Cl 모노클로로벤젠, 클로로벤젠이라고도 한다. 벤젠과 염기를 촉매의 존재하에서 반응시켜서 얻게 되는 무색의 액체이다. 심한 조건하(200기압, 300℃)에서 수산화나트륨과 반응시키면 페놀로 변화시킬 수 있다. 여러 가지 유기화합물의 합성원료로서 사용된다.

클로로아세트산 [chloroacetic acid] (CAS) acetic acid, 1-chloro- REG#=79-11-8 $CH_2ClCOOH$ 모노클로로아세트산 또는 클로로에탄산이라고도 한다. 무색의 결정성 고체와 아세트산의 메틸기에 있는 수소원자 1개를 적인(赤燐)을 촉매로 하여 염소치환하면 얻게 된다. 아세트산보다 강산(strong acid)이지만 이것은 염소원자가 갖는 강한 전자의 흡인성 때문이다. 디클로로아세트산(디클로로에탄산 $CHCl_2COOH$) 및 트리클로로아세트산(트리클로로에탄산 CCl_3COOH)도 동일한 방법으로 만든다. 산으로서의 강도는 염소원자의 수와 함께 증대한다.

클로로에탄 【chloroethane】 (CAS) ethane, chloro- REG#=75-00-3 염화에틸이라고도한다. 에틸렌에 염화수소를 첨가시켜서 얻게 되는 무색의 기체이며 냉각매나 국부 마취제로서 사용된다.

클로로에탄산 【chloroethanoic acid】 클로로아세트산의 항 참조.

클로로포름 【chloroform】 (CAS) methane, trichloro- REG#=67-66-3 $CHCl_3$ 트리클로로메탄이라고도 한다. 무색이고 휘발성이 큰 액체이며 이전에는 마취약으로 사용되었다. 현재 주요한 용도는 용제 외에 다른 염소화유기화합물의 원료이다. 클로로포름은 아세트알데히드나 에탄올 또는 아세톤을 표백분과 반응시키는 반응에 의해 얻는다.

클로로프렌 【chloroprene】 2-클로로부타-1, 3-디엔의 항 참조.

키랄리티 【chirality】 우수계(右手系)와 좌수계(左手系)가 존재하는 것과 같은 성질을 말한다. 화학에서는 광학이성질체가 존재하는 것에 사용된다. 이성질현상 및 광학이성질체의 항 참조.

키랄 중심 【chiral center】 분자 안의 어떤 원자(대개 탄소)에서 4개가 서로 다른 원자단과 결합하고 있는 것을 가리킨다. 이성질현상 및 광학이성질체의 항 참조.

키제르구르 【kieserguhr】 자연에서 산출되는 것으로 극히 다공질의 이산화규소(실리카 SiO_2)이다. 흡착제 또는 촉매담체(catalyst carrier)로서 사용된다. 원어는 독일어이다.

키프의 장치 【Kipp's apparatus】 액체와 고체의 반응에 의해 기체를 만드는 장치를 말한다. 3개의 구상부로 구성되어 있으며 최상부의 구(球sphere, globe)는 굵은 관이며 최하부의 구(대개 반구(半球)이다)와 연결되어 있다. 최상부의 구는 액체를 저장하는 곳이다. 중앙에 있는 구부(球部)에는 인출구(콕(cock)이 부착된 밸브가 있다)가 있으며 고체는 이 구부에 넣는다. 인출구에서 기체를 방출하면 내부의 액면이 상승하여 중앙에 있는 구부로 들어가고 고체와 반응하여 기체를 방출한다. 밸브를 닫으면 내부기체의 압력으로 액면이 아래쪽의 구부로 밀려 내려가고 고체와의 접촉이 차단되어 반응이 중지된다.

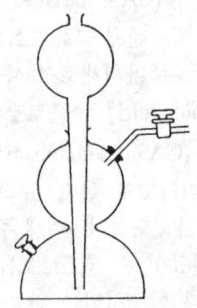

키프의 장치(단면도)

킬레이트 【chelate】 금속의 착체에서 동일한 금속이온에 배위자가 2점 이상의 사이트를 결합하고 있는 것을 말한다. 생성된 착체는 결과로서 고리 모양의 구조를 이룬다. 킬레이트 시약의 예로는 에틸렌디아민(1, 2-디아미노에탄 $NH_2CH_2CH_2NH_2$)을 들 수 있다. 동일한 원자에 2개의 아미노기가 결합하여 킬레이트를 만든다.

이러한 화합물을 2자리 배위자라고 한다(오래 전에는 '2치(齒) 배위자'라고 하였다. 영어의 bidentate는 2개의 이[齒]를 갖는다는 뜻이다). 에틸렌디아민사아세트산(ethylenediamine tetra acetic acide)은 여섯자리 배위자이며 킬레이트 시약의 좋은 예이다. 킬레이트라는 말은 그리스어의 '게의 집게발'을 의미하는 chéle에 근거한다.

CH₂N(CH₂COOH)₂
|
CH₂N(CH₂COOH)₂

EDTA

금속 M과의 킬레이트 화합물

킬로 【kilo】 [기호] k 10^3배를 나타내는 접두사이다. 예 : $1km=10^3m$.

킬로그램 【kilogram】 [기호] kg SI 단위계에서 질량의 기본단위이다. 프랑스의 세브르에 보존되어 있는 국제 도량형원기와 같은 질량으로서 정의되어 있다.

킬로와트시(時) 【kilowatt hour】 [기호] kWh 대개 전기에너지(전력)를 나타내는 데 사용되는 에너지단위이다. 1kW의 전력을 1시간 소비하는 것에 해당하며 $1kWh=3.6\times10^6 J$이다.

타르 【tar】 좁은 뜻으로는 석유건류로 얻어지는 석탄타르를 가리키지만, 넓은 뜻으로는 유기물의 열분해 등으로 생기는 흑색 또는 갈색의 점조(粘稠)한 유상(油狀)물질의 총칭으로 나무타르・석유타르 등을 포함하기도 한다.

① 석탄타르. 비중 1.1~1.2. 특히 저온타르와 구별할 때는 고온타르라고 한다. 수율은 목탄 중량에 대해 3~6%이다. 주로 방향족 탄화수소로 되어 있고, 페놀・크레솔 등의 페놀류, 소량의 피리딘 등의 염기성유, 극히 미량인 이황화탄소, 티오펜 등의 황화합물 등을 포함한다. 석유화학공업이 발달하기 이전에는 방향족 화합물의 가장 중요한 자원이었다. 석탄타르의 유분(留分)은 다음과 같이 나누어진다. ⓐ 경유. 벤젠・톨루엔・크실렌 등을 포함한다. ⓑ 중유. 나프탈렌・페놀・크레솔 등을 포함한다. ⓒ 크레오소트유・나프탈렌・페놀・크레솔・나프톨 등을 포함한다. ⓓ 안트라센유. 안트라센・페난트렌 등을 포함한다. ⓔ 피치(증류잔류분).

② 석유타르. 석유나 그 열분해물의 증류잔사(蒸留殘渣)를 말하고, 석유아스팔트・석유피치・부잔유(釜殘油) 등을 총칭한다.

타르타르산 【tartaric acid】 (CAS) butanedioic acid 2,3-dihydroxy - REG#=87-69-4(L-이성질체) $C_4H_6O_6$ 결정성의 유기산이다. 자연에서는 보통 L-체로 존재한다. 디히드록시숙신산이라고도 한다. 비대칭탄소원자 2개를 가지며, 우회전성인 L-타르타르산(d-타르타르산)과 좌회전성인 D-타르타르산(l-타르타르산)이 있다. 이들 거울상체의 라세미화합물 즉 DL-타르타르산을 포도산이라고 한다. 또 입체이성질체로서 광학비활성인 메소타르타르산이 있다.

① L-타르타르산. 유리산 또는 염으로서 포도 등의 과일 속에 들어 있

다. 주석(tartar, 포도주가 발효할 때 생기는 불순한 타르타르산수소칼륨)을 재결정시켜 물에 녹게 하여 탄산칼슘과 염화칼슘을 넣어 침전시키고, 여기에 묽은 황산을 작용시켜 유리산 용액으로 만들어서 증발 결정화시켜 제조한다. 무색의 기둥모양 결정. 융점 170℃. 수용액은 상쾌한 신맛을 갖는다. 고유광회전도 [α] $_D^{20}$ =+15° (H_2O). 산 해리의 pK_{a1}=2.99, pK_{a2}=4.44. 용해도 139g/100g 물.

② D-타르타르산. 물리적 성질과 화학적 성질이 L-타르타르산과 완전히 같지만 수용액은 좌회전성이다. 포도산의 분할로 얻어진다. L-타르타르산에 물을 넣고 175℃로 20~30시간 가열하면 라세미화가 일어나서 포도산으로 변한다. 이 때 다량의 메소타르타르산도 생긴다.

③ 포도산. 라세미산, 파라타르타르산이라고도 한다. L-타르타르산과 함께 포도알 속에 들어 있는 경우가 있다. 푸마르산을 과망간산칼륨으로 산화해도 얻어진다. 광회전성은 없고 분할하면 L-타르타르산과 D-타르타르산으로 나누어진다. L-타르타르산보다 물에 녹기 어렵고 용해도는 20.6g/100g 물(20℃). 수용액에서 일수화물로 결정한다. 100℃에서 물을 잃고 205℃에서 녹음과 동시에 분해된다.

④ 메소타르타르산. 광학활성체로 분할할 수 없다. 일수화물로서 결정한다. 무수물의 융점 151℃. 산 해리의 pK_{a1}=3.20, pK_{a2}=4.85. 용해도 125g/100g 물(25℃). 말레산을 과망간산칼륨으로 산화시키면 순수한 것이 얻어진다. 수소칼륨염이 차가운 물에 녹기 쉬운 점을 이용하여 L-타르타르산, D-타르타르산 및 포도산으로 분리할 수 있다. 동물의 체내에서는 대부분 비활성이다. 광학활성의 항 참조.

타르타르산 에스테르 【tartrate】 주석산의 에스테르이다. tartarate가 아닌 것은 염(salt)과 동일하다.

타르타르산염 【tartrate】 주석산의 염(tartarate가 아닌 것에 주의)이다.

탄닌 【tannine, tannin】 식물계에 널리 존재하는 물질로서 가수분해에 의해 주로 갈산 등의 다가페놀산이 생기는 혼합물의 총칭. 수렴작용을 가진다. 보통은 탄닌 즉 몰식자(沒食子)나 오배자(五倍子)에서 얻은 것은 가수분해에 의해 갈산 및 소량의 글루코오스가 생긴다. 대부분 무색의 무정형물질로 물에 녹기 쉽고 수용액은 산성을 나타내어 철(Ⅲ)염에 따라 무색의 침전이 생긴다. 이 성질을 응용하여 잉크를 만든다. 탄닌은 단백질·젤라틴을 물에 녹지 않는 물질로 바꾼다. 가죽을 무두질하는 것은 이것을 응용한 것이다. 매염제, 의약으로도 쓰인다.

탄닌산【tannic acid】 $C_{14}H_{10}O_9$ 갈산의 뎁시드로 m-갈로일갈산이라고도 한다. 일반적인 것은 이수화물의 결정. 융점 268℃(분해). 쓴맛을 내고 콜로이드 용액을 침전시키는 등 성질은 탄닌과 비슷하다. 탄닌의 가수분해로 생긴다. 또 탄닌을 탄닌산이라고 하기도 한다.

탄산【炭酸 carbonic acid】 H_2CO_3 이산화탄소 수용액 속에 들어 있으며 수용액으로만 알려져 있다. 수용액 속에서는 $CO_2+H_2O \rightleftharpoons H_2CO_3$의 열평형 상태에 있지만, 이 평형은 왼쪽으로 편중되어 있고 또 반응속도도 작다. 매우 약한 2가의 산으로서 $pK_1=6.35$, $pK_2=10.33(25℃)$ 천연수 속에 있어서 풍화나 탄산염의 침전에 큰 역할을 한다.

탄산 나트륨【sodium carbonate】 (CAS) carbonic acid, sodium salt(1:2) REG#=497-19-8 Na_2CO_3 소다회(soda ash)라고 하는 것이다. 백색 무정형상의 고체이며 습한 공기 중에서 수화물(hydrate)을 형성하므로 고결(固結)한다. 암모니아 소다법(솔베이법: Solvey process)으로 생산된다. 수용액으로 결정시키면 큰 반투명의 십수화물(十水化物)을 얻게 된다. 소위 세탁소다란 이것을 가리킨다. 공기 중에서는 풍해하여 일수화물 $Na_2CO_3·H_2O$가 된다. 탄산나트륨은 수산화나트륨의 생산에도 다량으로 이용된다. 세탁소다는 가정용 세제로 사용된다. 수용액은 가수분해에 의해 염기성이 된다.

$$CO_3^{2-}+H_2O \rightarrow HCO_3^-+OH^-$$

강산(strong acid)의 농도를 정하기 위한 표준물질로서 용량분석에 널리 사용된다.

탄산납(Ⅱ) 【lead (Ⅱ) carbonate】 (CAS) carbonic acid, lead salt REG#=598-63-0 $PbCO_3$ 백색이고 유독한 분말이다. 자연에서는 백납광으로 산출된다. 사방정계(rhombic system)의 결정이다. 가용성납염(질산납(Ⅱ) 등)의 냉수용액에 탄산암모늄을 첨가하면 침전으로서 얻게 된다.

탄산 리튬 【lithium carbonate】 (CAS) carbonic acid, dilithium salt REG#=554-13-2 Li_2CO_3 가용성의 리튬염수용액에 과량의 탄산나트륨을 첨가하면 침전하는 백색고체이다. 과량의 이산화탄소가 존재하면 탄산수소리튬이 되어 용해한다. 수소기류 속에서 780℃로 가열하면 열분해에 의해 산화리튬과 이산화탄소로 변화한다. 탄산리튬은 단사정계의 결정이며 다른 알칼리금속의 탄산염과 달리 물에 잘 용해되지 않는다. 오히려 탄산마그네슘이나 탄산칼슘과 비슷하지만 이것은 주기율표상의 사행유사성(斜行類似性)의 표시이기도 하다.

탄산마그네슘 【magnesium carbonate】 (CAS) carbonic acid, magnesium salt(1:1) REG#=546-93-0 $MgCO_3$ 백색고체이다. 자연에서는 능고토광(magnesite)으로서 산출된다. 이 밖에 탄산칼슘과 결합한 백운석(dolomite $CaCO_3 \cdot MgCO_3$)으로도 산출된다. 물에 용해되기 어려우며 묽은 산에 용해시켜 이산화탄소를 방출한다. 약제로서 사용되나 주로 완서제산재용(緩徐製酸劑用)으로 쓰인다. 가열시키면 쉽게 분해해서 산화마그네슘이 되는데 이것은 중요한 내화물이다. 탄산마그네슘은 이 이외에 아스베스토(asbesto)와 혼합해서 고열용 배관을 피복하는 데도 사용된다.

탄산 바륨 【barium carbonate】 (CAS) carbonic acid, barium salt(1:1) REG#=513-77-9 $BaCO_3$ 자연에서 독중석(毒重石)으로 산출된다. 백색이며 불용성의 염이다. 바륨염의 용액에 알칼리의 탄산염을 첨가하면 쉽게 침전한다. 가열하면 가역적으로 분해하여 산화바륨과 이산화탄소가 된다.

$$BaCO_3 \rightleftharpoons BaO + CO_2$$

살충제로 사용된다.

탄산 베릴륨 【beryllium carbonate】 (CAS) carbonic acid, beryllium salt REG#=13106-47-3 BeCO₃ 수산화베릴륨의 현탁액(suspension)에 이산화탄소를 장시간 통해서 얻은 용액을 이산화탄소 분위기 속에서 농축하고 여과시켜 얻을 수 있다. 대단히 불안정한 고체이다.

탄산 비스무틸 【bismuthyl carbonate】 이산화탄산비스무트(Ⅲ)의 항 참조.

탄산수소나트륨 【sodium hydrogen carbonate】 (CAS) carbonic acid, mono-sodium salt REG#=144-55-8 NaHCO₃ 중탄산나트륨 또는 중조(重曹)라고도 한다. 탄산나트륨이나 수산화나트륨의 수용액에 과량의 이산화탄소를 통하면 침전한다. 염화나트륨과 탄산수소암모늄의 진한 용액을 냉각시에 혼합해도 좋다. 가열하면 물과 이산화탄소를 방출하여 탄산나트륨이 된다. 베이킹파우더의 주요한 성분이며 레모네이드나 소화제 등에도 사용된다. 수용액은 가수분해에 의해 염기성이 된다. 결정은 단사정계(monoclinic system)이다.

탄산수소리튬 【lithium hydrogen carbonate】 (CAS) carbonic acid, monolithium salt REG#=5006-97-3 LiHCO₃ 수용액만이 알려져 있다. 탄산리튬이 현탁한 수용액에 이산화탄소를 분출시켜서 만든다. 가열하면 이산화탄소를 방출하고 탄산리튬이 침전한다. 탄산수소리튬의 수용액은 약용으로는 '리티아수(水)'라는 이름으로 사용된다.

탄산수소 마그네슘 【magnesium hydrogen carbonate】 (CAS) carbonic acid, magnesium salt (2:1) REG#=7786-30-3 Mg(HCO₃)₂ 중탄산마그네슘이라고도 한다. 실온에서의 고체는 알려져 있지 않다. 탄산마그네슘의 현탁액에 이산화탄소를 통하면 수용액으로서 얻게 된다.

$$MgCO_3 + H_2O + CO_2 \rightarrow Mg(HCO_3)_2$$

일시적인 경수(hard water)에서 경도 원인의 하나이기도 하다.

탄산수소 바륨 【barium hydrogen carbonate】 (CAS) carbonic acid, barium salt(2:1) REG#=7100-62-1 Ba(HCO₃)₂ 중탄산바륨(barium bicarbonate)이라고도 하였다. 탄산바륨을 현탁한 물에 이산화탄소를 냉각시킨 상태에서 용해한 용액은 탄산수소바륨을 함유한다. 고체로는 생성되지 않으며 가열하면 이산화탄소를 방출하고 탄산 바륨이 침전한다.

$$BaCO_3 + H_2O + CO_2 \rightleftharpoons Ba(HCO_3)_2$$

탄산수소 베릴륨 【beryllium hydrogen carbonate】 (CAS) carbonic acid, beryllium salt(2:1) Be(HCO₃)₂ 탄산베릴륨의 현탁액에 이산화탄소를 작용시켜서 얻게 되는 용액 속에 존재한다. 이 생성반응은 가열에 의해 역행한다.

$$BeCO_3 + CO_2 + H_2O \rightleftharpoons Be(HCO_3)_2$$

탄산수소 스트론튬 【strontium hydrogen carbonate】 (CAS) carbonic acid, strontium salt(2:1) REG#=7100-64-3 Sr(HCO₃)₂ 탄산스트론튬의 냉수 현탁액에 이산화탄소를 통한 용액 안에 존재하는 화합물이다. 가열하면 이산화탄소를 방출하여 탄산스트론튬이 침전한다.

탄산수소염 【炭酸水素鹽 hydrogen carbonate】 중탄산염(bicarbonate)이라고도 한다. HCO_3^-의 염이며 예로는 $NaHCO_3$ 등이 있다.

탄산수소 칼륨 【potassium hydrogen carbonate】 (CAS) carbonic acid, monopotassium salt (1:1) REG#=298-14-6 KHCO₃ 중탄산칼륨(potassium bicarbonate)이라고도 한다. 탄산칼륨의 포화수용액에 이산화탄소를 통해서 얻게 되는 백색고체이다. 자연에서도 calcinite로서 산출된다. 탄산수소나트륨보다 훨씬 물에 용해되기 쉽다. 가열하면 물과 이산화탄소를 방출하여 탄산칼륨(potassium carbonate)이 된다. 단사정계(monoclinic system)이며 수용액은 염기성이다.

탄산수소 칼슘 【calcium hydrogen carbonate】 (CAS) carbonic acid, calcium salt(2:1) REG#=3983-19-5 Ca(HCO₃)₂ 중탄산칼슘이라고도 한다. 탄산칼슘을 이산화탄소를 함유하는 수용액에 용해시킨 것으로부터 다음과 같은 반응으로 얻게 된다.

$$CaCO_3 + H_2O + CO_2 \rightarrow Ca(HCO_3)_2$$

탄산수소칼슘은 일시적인 경수(hard water)의 원인이다. 실온에서 고체는 되지 않는다.

탄산 스트론튬【strontium carbonate】 (CAS) carbonic acid, strontium salt(1:1) REG#=1633-05-2 $SrCO_3$ 자연에서는 스트론티안(strontium)석으로 산출되는 백색고체이다. 물에 용해되지 않는다. 산화물이나 수산화물 위에 이산화탄소를 통하여 얻을 수 있다. 스트론튬염(strontium salt)의 수용액에 이산화탄소를 분출시켜도 좋다. 이 경우에는 침전을 시켜서 얻을 수 있다. 폭죽을 제조할 때 홍색 착색제로 사용하는 외에 특수한 금속의 야금시 슬래그(slag) 형성제로 사용된다.

탄산 암모늄【ammonium carbonate】 (CAS) carbonic acid, ammonium salt(1:2) REG#=10361-29-2 $(NH_4)_2CO_3$ 프리즘 모양 또는 판 모양의 결정이며 물에 잘 용해된다. 가열에 의해 물과 암모니아 및 이산화탄소로 쉽게 분해된다. 현재 일반적으로 사용되는 '탄산모늄'은 실제로는 카르바민산 암모늄(ammoniumcarbamate)과 탄산수소암모늄(ammonium bicarbonate)의 복염(double slat)이다.

탄산암모늄은 염화암모늄과 탄산칼슘을 복분해시켜 만드나 공기 중에 방치하면 분해하여 탄산수소암모늄과 암모니아로 된다. 과량의 암모니아와 반응시키면 탄산암모늄으로 돌아간다. 일반적으로 사용되는 '탄산암모늄'은 베이킹파우더나 각성제, 염색용, 양모의 세척용 등에 이용되고 있다.

탄산염【炭酸鹽 carbonate】 탄산(H_2CO_3)의 염이며 CO_3^{2-} 이온을 함유한다.

탄산 칼륨【potassium carbonate】 (CAS) carbonic acid, dipotassium salt(1:2) REG#=584-08-7 K_2CO_3 백색이고 흡습성의 고체이며 르블랑법(Leblane process)에 의해 염화칼륨으로부터 생성되나, 일반적으로는 플레히드법(수산화칼륨에 가압한 탄산가스를 분출하는 방법)에 의해 만든다. 실험실에서는 탄산수소칼륨을 열분해해서 순정품을 만든다. 솔베이법(Solvey process)으로는 만들 수 없다. 물에 잘 용해되며 가수분해 때문에 강한 염기성을 나타낸다. 실험실에서는 건조제로 사용되지만 공업적으로는 연질비누나 경질유리의 원료로서 빼놓을 수 없는 것이며 염색공업에도 이용된다. 탄산칼륨은 10℃에서 25℃ 사이의 물에서 결정시키면 $K_2CO_3 \cdot 3H_2O$가 되는데 100℃에서는 물분자를 방출하여 $K_2CO_3 \cdot H_2O$가 된다. 130℃까지 온도가 상승하면 무수물의 K_2CO_3가 된다. 수용액에 첨가해서 염석에 의해 알콜 등을 유리(free)시키는데 유효하다.

탄산 칼슘 【calcium carbonate】 (CAS) carbonic acid, calcium salt(1 : 1) REG#=471-34-1 $CaCO_3$ 백색고체이다. 자연에서는 두 가지 종류의 결정형(방해석(calcite)과 선석(aragonite))으로 산출된다. 대리석, 석회석, 백아(白亞) 등의 구성성분은 대부분이 방해석이다. 탄산칼슘은 또한 백운석(dolomite, $CaCO_3 \cdot MgCO_3$) 속에도 함유된다. 물에는 거의 용해되지 않으나 빗물은 이산화탄소를 함유하므로 탄산수소칼슘의 형태로 변화해서 용해된다. 이것은 일시적인 경수(hard water)의 원인이기도 하다. 탄산칼슘은 솔베이법의 주원료이나 그 밖의 유리, 모르타르, 시멘트 등에도 빼놓을 수 없는 재료이다.

탄소 【炭素 carbon】 [기호] C [양성자수] 6 [상대원자질량] 12.01 mp 3570℃ bp 4827℃ 상대밀도(비중) 3.51 주기율표에서 제Ⅳ족의 처음에 위치하는 원소이다. 생체의 주요한 구성성분이며 중요한 탄소자원의 대부분이 생물에서 기원한다. 예를 들면 탄산염(석회석, 백아), 화석연료(석탄, 석유, 천연가스) 등이 있다. 백운석(dolomite)도 탄산염이다. 지각(earth surface) 속에는 0.032% 밖에 함유되어 있지 않다. 단일체로 된 탄소의 산출은 적으나 다이아몬드와 흑연(graphite)의 두 가지 형태가 있다.

공업적으로 필요로 하는 그래파이트는 코크스나 소량의 아스팔트 또는 점토를 고온으로 가열하는 애치슨법(Acheson's process)에 의해 대량으로 생산된다. 불순한 탄소도 금속을 정련(smelting)할 때 환원제로서 대량으로 소비되고 있다. 다이아몬드도 보석으로서의 수요보다 훨씬 대량으로 연마와 채굴용의 용도가 있으며 질이 나쁜 소립자의 다이아몬드가 다량으로 소비되고 있다. 3000℃의 고압 하에서 다이아몬드와 그래파이트는 서로 전환할 수 있으나 경제적인 면에서 다이아몬드 합성은 수지가 맞지 않는다.

탄소는 공기 중에서 연소하여 이산화탄소 CO_2와 일산화탄소 CO를 생성한다. 이산화탄소는 물에 용해되어서 약산(weak acid)인 탄산 H_2CO_3을 생성한다. 이 산은 여러 가지 금속의 탄산염(carbonate)의 기본이 된다. 일산화탄소는 물에 거의 용해되지 않으나 알칼리 수용액과는 반응하여 포름산의 이온을 생성한다.

$$CO + OH^- \rightarrow HCO_2^-$$

탄소를 황과 붉게 가열하면 쉽게 이황화탄소가 되나 질소와 직접 반응하는 일은 없다. 시안(디시안 dicyan) (CN_2)은 금속의 시안화물(예를 들면 시안화구리 CuCN)을 열분해해서 만든다.

흑연(그래파이트)　　　　다이아몬드
탄소의 구조

고온에서는 탄소와 여러 가지 금속이 반응하여 탄화물을 생성한다. 또한 탄화물은 금속산화물과 탄소를 가열하거나 탄화수소와 금속을 가열시켜도 만들 수 있다. 전기적인 양성원소의 이온성 탄화물(CaC_2)에서 반금속 원소와의 공유결합성 탄화물(SiC)에 이르기까지 여러 가지가 알려져 있으나 Cr, Mn, Fe, Co, Ni 등의 천이금속에서는 격자간 탄화물(침입형 탄화물)이 알려져 있다.

C-N결합을 함유하는 화합물은 탄소의 무기화학에서 크고 또한 중요한 분야이다. 시안화수소(청산) HCN과 시안화물, 시안산 HNCO와 시안산염, 티오시안산 HNCS와 티오시안화물(로단화물) 등이 있다.

천연동위체 조성은 ^{12}C가 98.89%, ^{13}C가 1.11%이며 방사성의 ^{14}C는 상층대기 중에서 ^{14}N의 지속중성자를 포획한 결과 생성되나 대단히 미소한 양이다. 반감기는 5570년이며 (방사성)탄소연대측정법(radio carbon dating)은 이것을 이용한 것이다.

탄소 연대 측정법 【炭素年代測定法 carbon dating】 고고학 시료 등으로 생체 기원의 오래된 정도를 측정하는 방법의 하나이다. 대기중에서 우주선의 작용에 의해 생성되는 ^{14}C가 β방출체에서 반감기(half-life)가 일정(5570년)한 것을 이용한다. 생체 안에서 ^{14}C는 대기 중과 동일한 함유량이나 생물이 죽으면 방사성탄소는 지수함수적으로 감소해 나간다. 따라서 ^{12}C와 ^{14}C의 비율을 측정하면 생물이 사망한 때부터 현재까지 경과한 시간을 알 수 있다.

이러한 방법이 유효성을 발휘할 수 있는 것은 약 2만년 정도로 오래된 것까지가 가장 적합하다. 물론 여러 가지 방법에 따라 7만년 정도로 오래된 것까지는 가능하다. 8000년 정도까지의 비교적 새로운 것에서는 탄소연대가 연륜연대학에 의해 교정된다. 즉, $^{12}C/^{14}C$의 비율을 연대를 미리 알고 있는 수목의 연륜을 측정해서 확인하고 있다.

탄수화물 【炭水貨物 carbohydrate】 자연에 널리 존재하는 것으로 일반식 $C_x(H_2O)_y$로 표시되는 화합물의 총칭(명칭에서 탄소의 수화물이라 속단하지 않도록 주의할 것)이다. 일반적으로 당(sugar)과 다당류(polysaccharide)로 크게 나눈다.

탄수화물은 생체계에서 에너지의 저장과 구조요소라는 두 가지 역할을 하고 있다. 식물체는 거의 15%의 탄수화물을 함유하나 동물체는 약 1%이다. 생체는 간단한 당에서 다당류를 합성하는(동화작용) 일이나 고분자인 것을 훨씬 간단한 분자로 분해해서 에너지를 방출시키는(이화작용) 일도 가능하다.

탄탈 【tantalum】 [기호] Ta [양성자수] 73 [상대원자질량] 180.95mp 3000℃ bp 5400℃ 상대밀도(비중) 16.6 천이금속원소(transition elements)의 한가지이다. 강도(strength)가 우수하며 부식에 저항하고 가공하기 쉽다. 터빈의 날개나 외과나 치과 등에서 수술용으로 사용한다.

탄화 【炭化 carbonization】 유기화합물을 고온에서 불완전하게 산화(탈수소)하여 탄소의 형태로 바꾸는 것을 말한다.

탄화규소 【炭化硅素 silicon carbide】 REG#=409-21-2 SiC 카보런덤(Carborundum)은 상품명이나 별칭으로 사용되고 있다. 이산화규소(석영사)를 코크스로 전기로(electric furnace)에서 가열하여 만들며, 흑색의 매우 단단한 고체로서 우수한 연마제이다.

탄화물 【炭化物 carbide】 탄소와 탄소보다 전기적으로 양성인 원소와의 화합물을 말한다. 다음과 같이 세 가지 종류로 크게 나눈다.

① 이온성인 탄화물 : C^4이온을 함유하는 것으로는 탄화알루미늄 Al_4C_3 등이 있다. 이러한 형태의 탄화물은 물과 반응하여 메탄을 생성하므로 이전에는 메타니드라고도 하였다. 또 한가지는 이탄화물 C_2^{2-} 이온 C≡C⁻를 함유한 것이며 잘 알려진 예로는 이탄화칼슘(calcium dicarbide)이 있다. 탄화칼슘 또는 단순히 카바이드라고 하는 일도 많다. 이러한 형태의 탄화물은 물과 반응해서 아세틸렌을 생성하기 때문에 아세틸렌화물(아세틸리드)이라고 한다. 이온성인 탄화물은 전기적인 양성이 강한 금속에만 생긴다. 모두 결정성이다.

② 공유결합성 탄화물 : 탄화규소(카보런덤 SiC)나 탄화붕소 B_4C_3와 같이 거대한 분자구조를 이루고 있다. 모두 경도(hardness)가 높고 고융점이다. 그밖의 공유성의 탄소화합물은 CO_2, CS_2, CH_4 등 모두 분자성이다.

③ 격자간 탄화물 : 천이금속의 격자 사이에 탄소원자가 들어간 구조의 탄화물을 말한다. 예를 들면 탄화티탄 TiC 등이 좋은 예이다. 모두 경도가 크고 금속적인 성질을 나타낸다. 탄화니켈 Ni_3C와 같은 여러 종류의 탄화물은 이온성 탄화물과 격자간 탄화물의 중간성질을 나타낸다.

탄화 칼슘 【calcium carbide】 REG#=75-20-7 CaC_2 칼슘아세틸리드, 칼슘카바이드 또는 이탄화칼슘(calcium dicarbide)이라는 명칭으로도 알려져 있다. 순수한 것은 무색의 고체이다. 전력값이 싼 나라에서는 산화칼슘과 코크스를 전기로(electric furnace)에서 2000℃ 이상으로 강하게 가열하여 대량으로 만들고 있다. 물을 첨가하면 다음과 같은 반응에 의해 아세틸렌이 생성되며 공업화학약품의 출발물질로서 중요한 위치를 차지하고 있다.

$$CaC_2 + 2H_2O \rightarrow Ca(OH)_2 + C_2H_2 \uparrow$$

이산화칼슘 안에서 탄소는 이산화물이온 C_2^{2-}의 형태로 존재하고 있다. 아세틸렌의 항 참조.

탄화 텅스텐 【tungsten carbide】 두 종류의 탄화텅스텐이 알려져 있다. 모두 단일체끼리 분쇄, 가열시켜서 만든다. 조성은 W_2C와 WC이다. 어느 것이나 경도가 크고 절단용의 공작기계 또는 연마제로서 널리 사용된다. WC는 용융점이 2770℃이며 전기를 유도한다. W_2C는 2780℃의 용융점을 나타내는데 전도성은 WC보다 나쁘다. 화학적으로 반응성이 부족하나 염소와 과격한 조건에서 반응시키면 WCl_6을 생성한다.

탈륨 【thallium】 [기호] Tl [양성자수] 81 [상대원자질량] 204.37 mp 303.5℃ bp 1457℃ 상대밀도(비중) 11.85 연한 회백색의 전성(展性 malleability)이 있는 금속원소이며 제Ⅲ족에 속한다. 납광석이나 황철광 속에 미소한 양의 불순물로서 산출된다. 독성이 강해 이전에는 살충제 등에도 사용되었다. 현재의 용도는 광전지(photoelectric cell), 적외선 검출기, 저융점 유리등이다.

탈리 반응 【脫離反應 elimination reaction】 유기화합물에서 물 또

는 할로젠화 수소분자가 떨어져 나가 불순화 화합물이 생기는 반응을 말한다. 알콜에서 물이 떨어져 나가고 알켄이 생기는 반응 등은 이의 전형이다. 탈리반응은 치환반응(substitution reaction)과 경합해서 일어나는 일이 많다. 따라서 반응조건에 의해 생성물이 변화하는 일도 많다. 예를 들면 브로모에탄(bromoethane)과 수산화나트륨의 반응에서는 브롬화수소의 탈리에 의한 에틸렌의 생성과 브롬원자의 수산이온에 의한 치환으로 생기는 에탄올의 생성이 있는데, 알콜용액이면 앞에 말한 반응이 일어나고 수용액이면 뒤에 말한 반응이 일어난다.

탈수 【脫水 dehydration】 ① 물질에서 물을 제거하는 것을 말한다. ② 물질 속에서 수소와 산소를 원자비로 2:1이 되도록 제거하는 반응을 말한다. 예를 들면 프로판올(propanol)의 탈수를 가열한 경석(輕石) 위에서 시행하면 프로필렌(propylene)을 얻게 된다.

$$C_3H_3OH \rightarrow C_3H_3CH=CH_2+H_2O$$

텅스텐 【tungsten】 [기호] W [양성자수] 74 [상대원자질량] 183.85 mp 3380℃ bp 5530℃ 상대밀도(비중) 19.3 자연에서는 철망간중석(wolframite (Fe, Mn)WO$_4$) 또는 회중석(scheelite CaWO$_4$)으로 산출된다. 이전에는 볼프람(wolfram)이라고 하였다(독일어에서는 현재도 그렇게 부른다). 백열전구의 필라멘트(filament) 등에 사용된다.

테라- 【tera-】 [기호] T 10^{12}배(1조배)를 나타내는 접두사이다. 1TW (테라와트)=10^{12} W.

테르밋 【thermite】 금속알루미늄의 분말과 산화철(Ⅲ)의 혼합물이다. 연소하면 산화물은 환원되어 금속철이 생성된다. 매우 발열적이며 고온이 되므로 융해철이 생긴다. 테르밋은 소이탄이나 강철을 용접하는 데 사용된다.

테르븀 【terbium】 [기호] Tb [양성자수] 61 [상대원자질량] 204.37 mp 1356℃ bp 3123℃ 상대밀도(비중) 8.23 연하며 전성(malleability)과 연성(ductility)이 풍부한 은백색의 원소이다. 란탄족원소의 하나이다. 다른 희토류원소(rare earths)와 함께 산출된다. 전자장치 등에서 도프(dope)

제 등에 사용된다.

테르펜【terpene】 식물 속에서 산출되는 불포화의 탄화수소이며 일반식(C_5H_8)$_n$으로 표시되는 것의 총칭이다.

테슬라【tesla】 [기호] T SI단위계에서 자속밀도(磁束密度)의 단위이다. $1m^2$당 1Wb(웨버)의 자속에 상당한다. $1T=1Wbm^{-2}$(cgs단위계의 자속밀도단위 $1Gauss=1maxwell/cm^2=10^{-4}T$).

테크네튬【technetium】 [기호] Tc [양성자수] 43 [최장수명동위체] ^{97}Tc(2.6×10^6년) mp 2130℃ bp 4620℃ 상대밀도(비중) 11.5 몰리브덴(molybdenum)의 중성자 조사 또는 우라늄의 핵분열 생성물에서의 분리로 얻는다. 방사성 핵종(nuclide)만 존재한다.

테트라에틸납【tetraethyl lead】 (CAS) plumbane, tetraethyl- REG#=78-00-2 Pb(C_2H_5)$_2$ 유독한 액체이며 물에 용해되지 않고 유기용매에는 용해된다. 납(lead)과 나트륨의 합금 및 염화에틸(1-클로로에탄)을 반응시켜서 만든다. 생성물은 수증기 증류로 분리한다. 내연기관용 연료의 옥탄값(octane number)을 증가시키기 위한 첨가제로서 널리 사용된다.

테트라히드리도알루민산 리튬【lithium tetrahydridoaluminate】 (CAS) aluminate(-1), tetrahydro, lithium REG#=16853-85-3 $LiAlH_4$ 수소화알루미늄리튬 또는 리튬알라나트라고도 한다. 과량의 수소화리튬과 무수염화 알루미늄의 반응으로 얻을 수 있는 백색의 고체이며 물과는 심하게 반응한다. 강력한 환원제이며 케톤이나 카르복시산을 대응하는 알콜로까지 환원해 버린다. 무기화학의 방면에서는 수소화물 합성의 원료이다.

테플론【Teflon】 폴리테트라플루오르 에틸렌(polytetrafluoro ethylene)의 상품명이다.

텔루르【tellurium】 [기호] Te [양성자수] 52 [상대원자질량] 127.61 mp 449.5℃ bp 989.8℃ 상대밀도(비중) 6.24 연한 은백색의 반금속 원소이며 제Ⅵ족(칼코겐 chalcogen) 원소의 하나이다. 자연에서는 여러 가지

금속과 화합하여 산출되는 외에 자연 텔루르도 얻을 수 있다. 스테인리스강 등 합금성질의 개선용으로 첨가한다.

토륨 【thorium】 [기호] Th [양성자수] 90 [상대원자질량] 232.04 mp 1750℃ bp (약)4750℃ 상대밀도(비중) 11.72 악티늄족원소의 하나이며 연성(ductility)이 있는 은백색의 금속으로 유독하고 방사성이다. 토르석 등 여러 가지 광물로 자연에서 산출된다. 몇 가지 장수명의 동위원소가 발견되었다. 마그네슘과의 합금이 일렉트로닉스 공업에 사용되며 핵연료로도 귀중하다.

토르 【torr】 압력의 단위이다. $101325/760 Pa = 133.322 Pa = 1$ torr. 밀리미터 수은주와 동일하게 취급해도 좋다.

톤 【ton, tonne】 영국과 미국에서는 미터톤이라고 한다. 10^3kg, 즉 1메가그램이다(야드 파운드법에서는 2000파운드를 1톤이라 한다).

톨렌스의 시약 【Tollen's reagent】 디아민은 이온 $[Ag(NH_3)_2]^+$의 수용액과 질산은수용액에 수산화나트륨을 적하하여 산화은을 침전시키고 이 산화은을 암모니아수에 용해시킨다. 톨렌스 시약은 알데히드의 은경 반응(silver-mirror test) 시험에 사용되는 외에 아세틸렌 유도체 중, 말단에 삼중결합이 존재하는 것을 검출하는 데 사용된다. 황색의 아세틸렌화은이 침전한다.

$$RC \equiv CH + Ag^+ \rightarrow RC \equiv C^- Ag^+ + H^+$$

은경 반응의 항 참조.

톨루엔 【toluene】 (CAS) benzene, 1-methyl-REG#=108-88-3 $CH_3C_6H_5$ 벤젠과 비슷한 구조 및 성질을 가지고 있는 무색의 액체방향족탄화수소이다. 벤젠에 비하면 독성이 낮기 때문에 용매로서 널리 사용된다. TNT(trinitrotoluene)의 원료로도 대량으로 소비되고 있다. 공업적으로는 콜타르를 분류시켜 얻거나 원유 속의 메틸시클로헥산을 탈수소해서 만든다. 이 반응에는 고온, 고압 하에서 산화알루미늄과 산화몰리브덴의 혼합물이 촉매가 된다.

$$C_6H_{11}CH_3 \rightarrow C_6H_5CH_3 + 3H_2$$

툴륨 【thulium】 [기호] Tm [양성자수] 69 [상대원자질량] 168.93 mp 1545℃ bp 1947℃ 상대밀도(비중) 9.31 연하고 연성과 전성이 풍부한 은백색의 금속이다. 란탄족원소의 하나이며 다른 란탄족원소와 함께 산출된다.

트랜스 【trans-】 어떤 화학결합 또는 어떤 특정한 구조에 관해 반대측에 위치하는 2개의 원자단을 갖는 것을 나타내는 접두사이다.

트레오닌 【threonine】 REG#=72-19-5(L-체) $CH_3-CH(OH)-CH(NH_2)COOH$ α-아미노 β-히드록시 부티르산이다. 부재(不齋) 탄소가 2개이나 아미노기와 수산기의 상대배치에 따라 알로 이성질체(allo-threonine)가 존재한다. 아미노산의 항 참조.

트레이서 【tracer】 화학반응 또는 물리적인 과정을 연구하기 위하여 사용한다. 대부분은 목적으로 하는 원소 중에서 특정한 동위원소를 사용한다. 동위원소의 항 참조.

트로필륨 이온 【tropylium ion】 (CAS) cycloheptatrienylium ion REG# =26811-29-9 $C_7H_7^+$ 대칭하는 평면칠원고리구조의 양이온이며 비벤젠계의 방향족성을 나타낸다.

트리글리세리드 【triglyceride】 글리세린의 3개 수산기가 모두 에스테르화한 것이다. 글리세리드의 항 참조.

트리니트로톨루엔 【trinitrotoluene】 (CAS) benzene, 2-methyl-1,3,5-trinitro- REG#=118-96-7 $CH_3C_6H_2(NO_2)_3$ TNT라고 하는 일이 많다. 황색의 결정성 고체이다. 폭약에 사용되는 불안정한 고체이며 톨루엔의 니트로화에 의해 3개의 니트로기가 메틸기에 대해서 2-, 4-, 6-위치에 도입되어 생긴다.

트리메틸알루미늄 【trimethylaluminum】 (CAS) aluminum, trimethyl- REG#=97-93-8 $Al(CH_3)_3$ 염화디메틸알루미늄을 나트륨 환원해서 얻을 수 있는 무색의 액체이다. 공기와 접촉하면 발화한다. 물, 산, 알콜, 아민과도 심하게 반응한다. 고밀도 폴리에틸렌과 합성할 때 제글러(Ziegler) 촉매로 사용된다.

트리브로모메탄【tribromomethane】 브로모포름의 항 참조.

트리올【triol】 3가 알콜의 항 참조.

트리요오드메탄【triiodomethane】 요오드포름의 항 참조.

트리튬【tritium】 [기호] T 삼중수소라고도 한다. 수소의 동위원소이며 질량수는 3이고 방사성을 갖는다. 양자 1개와 중성자 2개로 되는 원자핵을 갖는데 저에너지의 β선을 방출하여 반감기 12.3년에서 ^{3}He로 변한다. 일반적인 경수소를 함유하는 화합물 안에서 일부 또는 전부의 수소를 트리튬으로 치환한 화합물을 삼중수소화 화합물 또는 트리튬화 화합물이라고 한다.

트리튬화 화합물【tritiated compound】 화합물 안의 경수소(프로톤)의 일부를 ^{3}H, 즉 트리튬으로 치환한 화합물을 말한다.

트립토판【tryptophan】 REG#=73-22-3(L-형) $C_6H_4NHC_2HCH_2CH(NH_2)COOH$ 인돌고리(indole ring)를 갖는 아미노산이다. 필수아미노산의 하나이다. 아미노산의 항 참조.

티로신【tyrosine】 REG#=60-18-4(L-형)$HOC_6H_4CH_2CH(NH_2)COOH$ 방향고리를 함유하는 아미노산의 일종이다. p-히드록시페닐알라닌(hydroxyphenylalanine)에 해당한다. 도파(DOPA=dioxyphenylalanine)의 전구체(前驅體)이다. 아미노산의 항 참조.

TNT【trinitrotoluene】 트리니트로톨루엔의 항 참조.

티오알콜【thioalcohol】 티올(Thiol) 또는 메르캅탄(mercaptane)이라고도 한다. RSH형으로 된 일군(group)의 화합물이다. 알콜의 산소원자를 황으로 치환한 것을 말한다. 대개 나쁜 냄새가 난다.

티오에테르【thioether】 RSR'의 일반식을 갖는 화합물이며 유기 설피드(sulfide)라고 하는 일이 많다.

티오황산 나트륨【sodium thiosulfate】 (CAS) thiosulfuric acid, disodium salt REG#=7772-98-7 $Na_2S_2O_3$ 하이포(hypo)라고도 한다. 아황산나트륨의 끓는 수용액과 황(硫黃華 flower of sulfur)을 반응시키거나, 끓는 수산화나트륨 속에 현탁한 황과 이산화황을 반응시키면 얻을 수 있는

백색고체이다. 물에 잘 용해되고 큰 무색의 오수화물로 결정된다. 묽은 산과 반응하여 황과 이산화황을 유리한다.

사진의 정착제로서 사용되며 공업면에서는 탈염소제로 이용된다. 정량분석에서 사용하는 표준용액은 오수화물로부터 만든다. 가열하면 황산나트륨과 황화나트륨으로 불균화한다.

티오황산염 【thiosulfate】 $S_2O_3^{2-}$ 를 함유하는 염을 말한다.

티탄 【titanium】 [기호] Ti [양성자수] 22 [상대원자질량] 47.90mp 1680℃ bp 3280℃ 상대밀도(비중) 4.5 천이금속의 하나이며 자연에서는 산화티탄(Ⅳ)의 형태 외에 티탄철광($FeTiO_3$) 등으로 산출된다. 산화티탄의 형태로 변화시킨 후 염화물로 하여 금속나트륨으로 환원하면 금속티탄이 된다.

티탄은 고온에서 반응성이 풍부하다. 우주산업에서는 저밀도와 내식성 및 강도(strength)를 활용한 넓은 용도를 갖는다. 산화수 +2, +3, +4의 화합물이 많으나 그 중에서도 +4가의 화합물이 가장 안정하다.

틱소트로피 【thixotropy】 외력에 의한 점도의 변화를 말한다. 고분자 물질의 용액은 휘저으면 액체상태(낮은 점도)가 되나 방치해 두면 높은 점도가 된다. 마요네즈, 토마토케찹, 페인트 등이 틱소트로피를 나타내는 예이다.

파

파동 역학 【波動力學 wave mechanics】 양자론의 항 참조.

파라-【para-】 ① 이원자 분자에서 두 원자의 핵스핀(nuclear spin)이 반대 방향으로 되어 있는 것을 가리킨다(예 : 파라수소, 파라중수소).
② 벤젠의 2치환체 중에 1.4-치환체를 가리킨다. 벤젠유도체의 계통적 명명법으로 사용된다. 파라디니트로벤젠(p-디니트로벤젠)은 1.4-디니트로벤젠을 말한다.

파라 수소 【para-hydrogen】 수소의 항 참조.

파라알데히드 【paraldehyde】 (CAS) 1, 3, 5- trioxane, 2, 4, 6-trimethyl REG#=123-63-7 알데히드의 고리모양 삼량체(트리메틸트리옥산)를 말한다.

파라포름알데히드 【paraformaldehyde】 포름알데히드의 중합체를 가리킨다.

파라핀 【paraffin】 ① 석유를 유분(留分 fraction)하는 하나로서 케로신(등유)을 말한다.
② 포화된 지방족 탄화수소로 알칸을 말한다.

파라핀 왁스 【paraffin wax】 석유에서 얻을 수 있는 것으로 고체인 탄화수소의 혼합물이다.

파셴 계열 【Paschen series】 여기(勵起 excitation)된 수소원자의 스펙트럼으로 적외부에 나타난다. 이 계열은 세 번째의 여기상태에 들어가는 것으로 전자를 만드는 것이며 파장(λ)은 다음과 같은 식으로 나타낸다.

$$1/\lambda = R(1/3^2 - 1/n^2)$$

n은 4이상의 정수, R은 리드베리 상수이다. 스펙트럼 계열의 항 참조.

파수 【波數 wave number】 [기호] σ 파에 대한 파장의 역수, 즉 단위거리 사이에 몇 주기(period)의 파가 들어가는가를 나타낸다. 분광학에서 잘 사용된다. 단위는 m^{-1}을 사용하고 사인파(sine wave)의 표시 등에서는 $k(=2\pi\sigma)$를 파수라고 하는 일이 많다(분광학에서는 진공 속의 파장의 역수를 cm^{-1}단위로 나타내는 일이 많다. cm^{-1}은 카이저(kayser)라고도 한다).

파스칼 【pascal】 [기호] Pa SI 단위계에서 압력의 단위이다. $1m^2$당 1N에 상당한다. $1Nm^{-2}=1Pa$.

파얀스 규칙 【Fajans' rule】 이온성 화합물의 공유결합성을 분극효과에 기초하여 기술하는 규칙을 말한다. 양이온은 반지름의 감소와 전하(electric charge)의 증대에 의해 분극성이 증가한다. 그 결과 공유결합성은 양이온의 분극성과 음이온의 피분극성(被分極性)의 증대와 함께 커진다(여기까지는 파얀스 규칙의 제 1과 제 2를 종합한 것이다). 제 3의 규칙으로는 희유기체구조를 취하지 않는 양이온쪽이(반지름이 동일하면) 완전한 옥테트구조(octet structure)의 양이온보다도 공유결합성이 커진다. 예를 들면 Na^+와 Cu^+는 거의 동일한 크기이나 Cu^+가 분극성이 크다. 이것은 Na^+의 완전한 옥테트 구조를 이루는 전자에 비해 Cu^+의 주위에 있는 d전자는 핵(nuclear)을 충분히 차단하고 있지 않기 때문이다.

파운달 【poundal】 [기호] pdl 피트·파운드·초(feet pound second) 단위계에서 힘의 단위이다. $1 pdl=0.138255N$. 거의 사용되지 않는다.

파울리의 원리 【Pauli's exclusion principle】 배타 원리의 항 참조.

π 결합 【pi bond】 오비탈의 항 참조.

파이로미터 【pyrometer】 고온계라고도 한다. 화학공업에서 반응 가마(reaction oven) 안의 높은 온도를 측정하기 위한 기기를 말한다.

π 오비탈 【pi orbital】 오비탈의 항 참조.

파장 【波長 wavelength】 [기호] λ 파(wave)의 완전한 1주기에서 양 끝 사이의 거리를 말한다. 파장은 속도 c와 주파수 ν에 관계되어 있다.

$$c = \nu \lambda$$

8가 【8價 octavalent】 원자가(산화수)가 8개 있는 것을 말한다. OsO_4는 8가의 오스뮴(osmium) 화합물이다.

팔라듐 【palladium】 [기호] Pd [양성자수] 46 [상대원자질량] 106.4 mp 1552℃ bp 3140℃ 상대밀도(비중) 12.0 백금족 원소에 속하는 천이금속 원소의 하나이며 캐나다에서 산출되는 백금광석 등에 포함되어 있다. 전기릴레이[繼電器]용 또는 수소화반응의 촉매로서의 용도가 있다.

팔미트산 【palmitic acid】 (CAS) haxadecanoic acid) REG#=57-10-3 $CH_3(CH_2)_{14}COOH$ 곧은 사슬의 지방산이며 자연에서는 글리세리드로서 유지(油脂) 속에 존재한다. 글리세리드의 항 참조.

팔수화물 【八水和物 octahydrate】 1개 분자 또는 1식량(式量)당 8개의 결정수(water of crystallization)를 갖는 결정성 화합물이다.

패러데이 【faraday】 [기호] F 1몰(mole)의 1가 이온이 방전하는 데 필요한 전기량을 말한다.
$1F = 9.4648670 \times 10^4 C$(쿨롱)이다. 패러데이 법칙의 항 참조.

패러데이 법칙 【Faraday's laws】 마이클 패러데이가 얻은 전기분해에 관한 법칙으로 두 가지가 있다.
① 전기를 통할 때 화학변화의 양은 통과한 전기량에 비례한다.
② 일정한 전하를 통했을 때 일어나는 화학변화의 양은 이온 각각에 따라 서로 다른 일정한 값이 된다.
더 엄밀하게 말하면 화학변화량은 상대적인 이온질량과 이온의 전하에 비례한다.
즉, 전하 Z, 상대이온질량 M의 이온을 mg만큼 석출시키는 데 필요한 전기량 Q는 다음과 같이 된다.
$$Q = FmZ/M$$
F는 패러데이 상수라고 하며 1패러데이($= 9.4648670 \times 10^4 C$)와 같다.

패러데이 상수 【Faraday constant】 패러데이 법칙의 항 참조.

패러드 【farad】 [기호] F SI 단위계에서 정전용량(靜電容量 electrostatic

capacity)의 단위이다. 콘덴서의 양쪽 극판이 1C(쿨롱)으로 하전(荷電)되고 그 사이의 전위차(potential difference)가 1V일 때 이 콘덴서의 정전용량은 1패러드이다. $1F = 1CV^{-1}$.

퍼말로이 【Permalloy】 니켈을 주성분으로 한 대표적인 고투자율 합금의 상품명. Ni 78.5, Fe 21.5%인 조성합금이 가장 높은 투자성을 나타낸다. 미국 벨연구소의 아놀드(H.D. Arnold)와 엘멘(G.W. Elmen)이 개발하고 웨스턴일렉트릭사(社)가 시판하였다. Ni-Fe합금은 Ni_3Fe상(相)이 규칙격자 변태를 나타내므로 열처리에 의해 자성은 민감하게 변화한다. 600℃에서 구리판 위로의 급냉, 자기장 속에서의 서냉, 수소처리에 의한 불순물의 환원 제거 등으로 자성은 크게 개선된다. 소량의 Mo, Cr, Mn을 첨가함으로써 규칙격자의 생성이 억제되기 쉽고, 실용상 특성의 재현성이 좋아져서 이들 합금은 초퍼말로이(Super Permalloy), 슈퍼말로이(Supermalloy) 등의 명칭으로 시판되고 있다. 니켈 대부분은 약자기장 속에서, 적은 것은 강자기장 속에서의 자심 재료로 쓰인다.

퍼무티트 【Permutit】 상품명이나 일반적인 명칭과 같이 사용되고 있다. 물에 용해되어 있는 바람직하지 않은 용질을 제거하는 물질이며 알루미노규산나트륨을 주성분으로 하는 제올라이트이다. 경수 속의 칼슘이나 마그네슘의 이온을 퍼무티트에 통과시키면 그 속에 있는 나트륨이온과 치환한다. 즉, 이온교환(ion exchange)이 일어난다. 이용할 수 있는 모든 나트륨이온이 소비되어 버리면 염화나트륨의 포화용액으로 세척해서 다시 이용할 수 있다. 과량의 나트륨이온은 퍼무티트 속의 칼슘이나 마그네슘 이온을 몰아 낼 수 있다.

퍼옥소 황산 【peroxo-monosulfuric acid】 REG#=7722-86-3 H_2SO_5 카로산(Caro's acid)이라고도 한다. 과산화수소와 황산의 반응으로 생성되는 백색고체이며 강력한 산화제이다.

페놀 ① 【phenol】 (CAS) benzene, 1-hydroxy- REG#=108-95-2 C_6H_5OH 석탄산이라고도 한다. 백색결정성의 고체이며 여러 가지 유기화합물의 원료로서의 용도가 있다(나일론의 원료 등). 또한 소독약에도 사용된다.

페놀 ②【phenol】 방향고리의 탄소에 수산기가 결합된 일련의 유기화합물의 총칭이다. 페놀은 알콜과 상당히 다른 성질을 나타낸다. 특기할 만한 것으로서 알콜은 산성이 매우 약하나 페놀은 훌륭한 약산(weak acid)이다. 이것은 방향고리의 전자흡인성에 기인한다.

페놀을 합성하는 데는 설폰산(sulfonic acid)의 나트륨염을 수산화나트륨과 융해하는 방법을 사용한다.

$$C_6H_5SO_2ONa + 2NaOH \rightarrow C_6H_5ONa + Na_2SO_3 + H_2O$$

이것을 황산으로 처리하면 페놀이 유리(遊離 free)한다.

$$2C_6H_5ONa + H_2SO_4 \rightarrow Na_2SO_4 + 2C_6H_5OH$$

페놀의 반응으로서 중요한 것을 몇 가지 들어 본다.

① 수산기를 염소원자로 치환 : 이것은 오염화인과의 반응에 의한다.
② 카르복시산 에스테르의 생성 : 할로겐화아실과의 반응에 의한다.
③ 에테르의 생성 : 염기성의 조건하에서 할로겐화알킬과 반응시키면 알킬아릴에테르가 생긴다.

이 밖에 벤젠고리(benzene ring)상에서의 치환도 일어난다. 수산기의 효과에 따라 2-, 4-위치가 치환활성으로 된다.

페놀수지【phenol resin】 페놀류와 포름알데히드와의 첨가·축합을 통해 얻어지는 열경화성수지를 말한다. 베이클라이트(상품명 bakelite)로 알려져 있다. 페놀의 양쪽 오르토위치와 파라위치가 주로 $-CH_2-$ 결합으로 이어진 그물모양구조를 갖는다. 산촉매에서는 첨가보다 축합이 먼저 일어나고, 처음에 사슬모양의 올리고머인 부드러운 고체(노볼락)가 얻어진다. 이것과 헥사메틸렌테트라민, 충전재를 혼련(混練)한 성형가루를 가열하고 가교경화한다. 알칼리 촉매에서는 첨가가 우선으로 메티롤기($-CH_2OH$)가 많이 들어있는 페놀이나 2량체의 혼합물인 기름모양의 레졸이 얻어진다. 이것을 종이·천 등에 함침 후 가열·가교경화하여 적층품으로 만든다. 레졸은 접착제로도 쓰인다. 페놀수지는 기계적 강도, 전기절연성, 내열성, 내산성이 우수하나 비교적 알칼리에 약하다.

페놀프탈레인 【phenolphthalein】
(CAS) 1 (3H)-isobenzofuranone, 3,3-bis(4-hydroxyphenyl)- REG#=77-09-8 산-염기 지시약, 산성쪽에서는 무색, 염기성색은 홍색이며 변색범위는 pH 8~9.6이다. 약산(weak acid)을 강염기로 적정(滴定)하는 경우와 같이, 당량점(equivalence point)의 pH가 염기성쪽에 있는 경우에 사용된다. 옥살산이나 타르타르산수소칼륨 등을 수산화칼륨으로 적정하는 경우에 적합하다.

페닐기 【phenyl group】
벤젠에서 유도되는 C_6H_5-원자단을 말한다.

페닐알라닌 【phenylalanine】
REG#=63-91-2(L-체) $C_6H_5CH_2CH(NH_2)COOH$ 필수아미노산의 하나이다. 난백의 알부민, 카제인 등에 함유된다. 물이나 에탄올에 약간 용해된다. 아미노산의 항 참조.

페닐에텐 【phenylethene】
스티렌의 항 참조.

페닐 히드라존 【phenyl hydrazone】
카르보닐 화합물과 페닐히드라진을 축합시켜서 얻게 되는 결정성화합물을 말한다. 히드라존의 항 참조.

페로센 【ferrocene】
REG#=102-54-5 $Fe(C_5H_5)_2$ 오렌지색의 결정성 고체이다. 철(Ⅱ)이온이 2개의 시클로펜타디에닐 이온에 끼어 있는 구조의 샌드위치 화합물의 전형이다. 결합에는 철의 d전자와 시클로펜타디에닐 고리에 있는 π전자의 중복이 크게 관여하고 있다. 융융점은 173℃이며 유기용매에 잘 용해되고 고리 위에서 치환반응을 일으킨다. 산화하면 청색의 페리시늄이온$(C_5H_5)_2Fe^+$가 된다. 조직명은 di-π-cyclopentadienyl iron(Ⅱ)이다.

페로 자성(강자성) 【强磁性 ferromagnetism】
자성의 항 참조.

페르뮴 【fermium】
[기호] Fm [양성자수] 100 [최장수명동위원소] ^{257}Fm (80일) 악티늄족원소의 하나이며 초우라늄원소에 속한다. 자연에서는 산출되지 않고 단수명의 핵종(nuclide)이 인공적으로 제작될 뿐이다.

페르미 【fermi】
10^{-15}m에 해당하는 길이의 단위이다. 1 yukawa라고도 한다. 1 fermi =1 fm=10^{-15}m. 이전에는 원자물리학이나 핵물리학에서 사용되었다.

페타- 【peta-】
[기호] P 10^{15}배(1000조 배)를 나타내는 접두사이다.

페트로케미칼즈 【petrochemicals】 천연가스 및 원유에서 얻을 수 있는 여러 가지 화학약품이나 석유화학제품을 말한다.

펜탄 【pentane】 REG#=109-66-0 C_5H_{12} 곧은 사슬이며 탄소수가 5인 포화탄화수소를 말한다. 원유를 분류해서 만든다.

펜탄산 【pentanoid acid】 발레르산의 항 참조.

펜토오스 【pentose】 오탄당(五炭糖)을 말한다. 아라비노오스(arabinose)나 리보오스(ribose)와 같이 탄소수가 5인 당이다.

펜틸기 【pentyl group】 $C_5H_{11}-$원자단이다. 아밀기라고 하는 경우가 많다.

펠링 용액 【Fehling's solution】 알데히드기의 검출에 사용되는 시약을 말한다. 새롭게 조제한 황산구리(Ⅱ)와 로셸염(Rochelle salt, 타르타르산칼륨나트륨)의 염기성수용액을 말한다. 이 용액과 알데히드를 혼합해서 가열하면 알데히드는 카르복시산에 산화되어 산화구리(Ⅰ)의 적갈색 침전이 생긴다. 타르타르산이온은 구리(Ⅱ)이온과 착체를 형성하여 수산화구리의 침전이 생기지 않도록 마스크(mask)하기 위해 사용된다.

펨토- 【femto-】 [기호] f 10^{-15}배를 나타내는 접두사이다.

펩티드 【peptide】 2개 이상의 아미노산이 결합해서 생기는 $-CO-NH-$기를 갖는 화합물의 총칭이다.

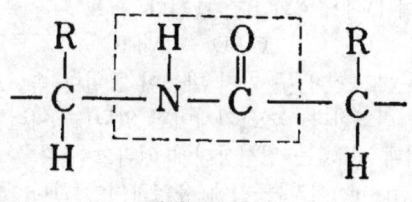

펩티드 결합

편광 【偏光 polarization】 횡파(橫波 transversal wave)의 진동에서 진동이 특정한 면(面) 안에 한정되는 현상을 말한다. 예를 들면 전자파

(electromagnetic wave)인 경우에 진동하는 전기장과 자기장이 서로 직각을 이루어 진행방향에 수직인 면 안에서 진동하고 있다. 전기벡터를 생각하면, 일반적으로는 아무렇게나 모든 방향으로 진동하고 있지만 반사 또는 편광자(偏光子 polarizer)의 투과 등에 의해 이 전기벡터의 방향이 제한되기 때문에 한 평면 안에서만 전기장(자기장)의 진동이 된다. 이것을 평면편광이라고 한다.

평로법 【平爐法 open-hearth process】 선철을 정련하여 강철을 만드는 방법의 하나이다. 연료가스와 공기(또는 산소)의 혼합기체를, 용해된 선철을 가득 넣은 속으로 분사시켜서 제강(製鋼)을 한다. 불순물과 탄소분 등은 산화되어서 제거된다. 노벽(爐壁)은 석회 등으로 내장(lining)하여 슬랙(slag)을 형성시킨다.

평면 정사각형 착체 【平面正四角形錯體 square-planar complex】 착체의 항 참조.

평면 편광 【平面偏光 plane polarization】 전자방사의 편광형식의 하나이다. 진동이 일어나는 면이 완전하게 한쪽 방향으로만 정해져 있는 것을 말한다.

평형 【平衡 equilibrium】 가역적인 화학반응을 생각한다. A와 B가 반응하여 C와 D가 생긴다고 하면

$$A+B \rightarrow C+D$$

가역이므로 C와 D에서 A와 B도 생긴다.

$$C+D \rightarrow A+B$$

A, B, C, D의 농도는 이 두 가지 반응이 동일한 속도로 일어나는 상태에 이르기까지 변화한다. 농도(기체이면 압력)는 이러한 상태에 이르면 일정해진다. 이때 이 계는 평형상태에 있다고 한다.

평형은 동적(dynamic)이라는 것에 유의하여야 한다. 즉, 반응이 정지하는 것이 아니라 양쪽방향으로 동일한 속도로 진행하고 있는 것이다. 성분의 양은 평형의 위치를 정하지만 조건(압력, 온도 등)이 변화하면 평형의 위치는 다시 변화하는 것이 일반적이다.

평형 상수 【平衡常數 equilibrium constant】 다음과 같은 화학평형계
$$xA+yB = zC+wD$$
에서 각 괄호 안에 들어 있는 것을 각각의 농도라고 하면
$$[C]^z[D]^w/[A]^x[B]^y$$
라고 하는 비(比)는 위의 평형이 성립하고 있으면 일정한 값을 취한다. 이 값을 K_c로 나타내며 농도평형상수라고 한다. 이 값의 단위는 반응의 화학양론(化學量論), 즉 반응계와 생성계의 분자수 차이로 정해진다. 기체반응에서는 농도 대신에 압력을 사용하는 경우가 많으며, 이 때는 압력평형상수 K_p로서 나타낸다. K_p와 K_c는 생성계의 몰수(mole number)에서 반응계의 몰수를 뺀 값을 n이라고 하면 전체압력이 p일 때에 $K_p=K_cP^{-n}$이라는 관계가 된다. 예를 들면
$$3H_2+N_2=2NH_3$$
의 평형에서 n은 $2-(1+3)=-2$이다.

폐고리 【ring closure】 분자 속에서 사슬 구조(chain structure)의 일부가 다른 분자 안의 부분과 반응하여 원자의 윤(輪 ring)을 생기게 하는 것을 말한다.

포금 【砲金 gun metal】 청동의 항 참조.

포도당 【葡萄糖 grape sugar】 글루코스의 항 참조.

포르말린 【formalin】 포름알데히드의 수용액(~40%)을 말한다. 원래는 상품명이었다.

포르밀기 【formyl group】 HCO-원자단이다.

포름산 【formic acid】 REG#=64-18-6 HCOOH 메탄산이라고도 한다. 액체의 카르복시산, 포름산나트륨과 황산을 반응시켜 만든다. 강력한 환원제이다. 처음에 개미를 증류시켜 만들었으므로 개미산이라고 한다. 쐐기풀 속에도 함유되어 있다.

포름산 나트륨 【sodium formate】 formic acid, sodium salt REG#=141-53-7 HCOONa 10기압 이하에서 수산화나트륨과 일산화탄소를 200℃에서 반응시키면 백색고체로서 얻을 수 있다. 포름산을 수산

화나트륨으로 중화시킨 수용액에서도 얻을 수 있다.

포름산 에스테르 【formate】 포름산의 에스테르로서 메탄산에스테르라고도 한다.

포름산염 【formate】 포름산의 염을 말하며 메탄산염이라고도 한다.

포름알데히드 【formaldehyde】 REG#=50-00-0 HCHO 무색이고 기체의 알데히드로서 메탄올을 은촉매(銀觸媒)의 존재하에 500℃에서 산화시켜 만든다.

$$2CH_3OH + O_2 \rightarrow 2HCHO + 2H_2O$$

요소(尿素 urea) - 포르말린수지의 원료이기도 하다. 40% 수용액을 포르말린이라 한다. 생물시료 등을 보존하는 데 널리 사용된다. 포르말린을 가열하면 탈수축합(脫水縮合)이 일어나 폴리메탄올(폴리옥시메틸렌)

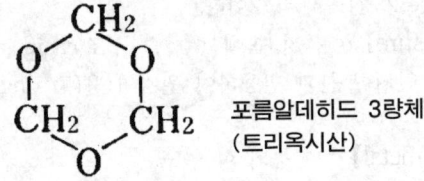

포름알데히드 3량체
(트리옥시산)

을 얻게 된다. 이것은 이전에 파라포름알데히드라고 불렸던 것이다. 산성용액에서 증류하면 삼량체(트리옥시산 $C_3H_6O_3$)를 얻게 된다.

포수 클로랄 【chloral hydrate】 (CAS)1, 1-ethanediol, 2, 2, 2-trichloro- REG#=302-17-0 클로랄의 항 참조.

포스포늄 이온 【phosphonium ion】 PH_4^+ 이온을 말한다.

포스폰산 【phosphonic acid】 REG#=13598-36-2 H_3PO_3 아인산(phosphorous acid)이라 불리었으나 아인산은 $(HO)_3P$를 가리키므로 $H_2[HPO_3]$에는 포스폰산이라 하는 것이 적당하다. 산화인(Ⅲ)(P_4O_6) 또는 삼염화인 PCl_3을 가수분해해서 만들며 무색이고 조해성(潮解性 deliquescene)의 고체이다. 이염기산(二鹽基酸)에서 $H_2PO_3^-$ 과 HPO_3^{2-}

의 두 가지 이온을 생성한다. 유연한 환원작용을 나타낸다. 포스폰산을 가열하면 불균화하여 포스핀과 인산이 된다.(아인산트리메틸(trimethyl)은 $P(OCH_3)_3$이나 이것에 대응하는 유리(遊離 free)의 아인산은 존재하지 않는다).

포스핀 【phosphine】 REG#=7803-51-2 PH_3 무색의 기체이며 물에 약간 용해되고 특징이 있는 나쁜 냄새가 난다(아세틸렌램프의 냄새는 포스핀에 의한다). 인화(燐化) 칼슘을 가수분해하거나 황인(黃燐)을 진한 알칼리 수용액과 반응시키면 생성한다. 포스핀은 공기 중에서 자연히 연소되나 이것은 혼재하는 디포스핀 P_2H_4때문이다. 산소를 차단해서 450℃로 가열하면 성분원소로 분해된다. 산소 중에서는 연소하여 인의 산화물을 생성한다. 금속염의 수용액에 통하면 인화물을 생성하여 침전한다. 암모늄과 동일하게 포스포늄이온을 생성하고 염(salt)도 만든다. 금속이온에 대해서는 배위자도 된다. 포스핀의 수소원자를 알킬기, 아릴기로 치환한 것도 만들 수 있다.

포스핀산 【phosphinic acid】 REG#=6303-21-5 H_3PO_2 이전에는 차아인산(hypophosphorous acid)이라 하였으나 해리(解離 dissociation)하는 양성자는 1개뿐이므로 포스핀산이라 하는 것이 적당하다 ($H[H_2PO_2]$). 백색고체의 일염기산(monobasic acid)이며 수용액 속에서는 $H_2PO_2^-$ 음이온이 된다. 황인과 수산화나트륨의 반응으로 포스핀을 만들 때 나트륨염을 얻게 되므로 이것에서 유리산(遊離酸 free acid)을 만들 수 있다. 강력한 환원제이다.

포접 화합물 【包接化合物 enclosure compound】 클라드레이트의 항 참조.

포트 【phot】 [기호] ph $1m^2$당 1루멘(lumen)의 조도(照度 illuminance)를 말한다. cgs 단위계에서 조도의 단위이다. 1 ph=100 lx.

포화 용액 【飽和溶液 saturated solution】 일정한 온도에서 용질의 최대평형량을 함유하고 있는 용액을 말한다. 용질과 평형을 이루는 용액은 포화용액이다. 포화용액을 서서히 냉각하면 고체의 석출(析出)은 볼 수 없고 그대로 용액으로서의 상태가 계속되는 일이 있다. 이와 같은 용액을 과포화용액이라 한다.

포화 증기 【飽和蒸氣 saturated vapor】 고상(固相) 또는 액상(液相)과 평형을 이루는 증기를 말한다. 포화증기의 압력은 주어진 온도에서 최대의 값(이것을 포화증기압이라 한다)을 취한다. 포화증기의 온도를 내리면 증기는 응축한다. 때로는 냉각시켜도 응축이 되지 않고 그대로 기상(氣相)으로 그치는 일이 있는데 이와 같은 기상을 과포화증기라 한다.

포화 화합물 【飽和化合物 saturated compound】 유기화합물 중에서 이중결합이나 삼중결합을 일체 함유하지 않는 것을 말한다. 포화화합물은 치환반응을 일으키는데 전체 원자가 가능한 모든 단일결합을 형성하고 있는 이상, 부가반응은 일어나지 않는다.

폴라로그래피 【polarography】 전기분석법의 한 가지이며 인가전압(applied voltage)에 대해 전류값을 플로트(plot)해서 실시한다. 특별하게 설계된 전해셀(electrolytic cell)을 사용한다. 분극되기 쉬운 전극으로서 적하수은음극(滴下水銀陰極)을 사용하고 대극(對極)에는 수은전지를 양극으로 한다. 분석에 유용한 반응은 수은음극상에서 일어나는 환원반응이며 산화환원전위(酸化還元電位) E의 순으로 방전이 일어난다. 얻어진 데이터는 인가전압에 대한 전류값($i-E$도(圖))으로 나타내는데 이것을 폴라로그램(polarogram)이라고 한다. 인가전압을 변경하면 이온이 방전하는 전위(電位)에서 전류값이 상승한다. 전류값은 계단 모양으로 증가하는데 계단 절반의 전류에 대응하는 전위를 반파(半波) 전위 $E_{1/2}$이라고 한다. 폴라로그래피가 가장 적합한 조건은 $10^{-2} \sim 10^{-4}$M인 곳이다. 반파전위는 이온을 확인하는 데 유효하며 대부분의 원소를 분석할 수 있다. 최근에 개량된 변법(變法)에서는 ppm 자리로 된 것도 정량(定量)할 수 있다.

폴로늄 【polonium】 [기호] Po [양성자수] 84 [최장수명동위체] ^{209}Po(109년) mp 254℃ bp 962℃ 상대밀도(비중) 9 주기율표 제VIA족의 아래 끝에 위치하는 방사성의 금속원소이다. 자연에서는 우라늄광 속에 매우 미량이 존재하고 있다. 30개 종류 이상의 방사성동위원소가 알려져 있으나 대부분이 α 입자의 방사체이다. 폴로늄210(RaF)은 인공위성용의 열기전력전지로서 검토되고 있다.

폴리스티렌 【polystyrene】 (CAS) ethene, 1-phenyl, homopolymer REG#=9003-53-6 스티렌(페닐에틸렌) 중합에 의해 만들어지는 합성중합체(polymer)이다. 팽창된 폴리스티렌은 많은 기포를 함유하므로 단열제 또는 포장의 패킹(packing)으로도 사용된다.

폴리아미드 【polyamide】 나일론과 같이 단량체(monomer)가 펩티드 결합으로 연결된 합성중합체이다.

폴리에스테르 【polyester】 알콜과 카르복시산에서 생긴 폴리머로서 단량체가 $-O-CO-$ 결합(에스테르결합)에서 긴 사슬로 연결된 것을 말한다. 테트론(tetlon) 등을 예로 들 수 있다.

폴리에텐 【polyethene】 폴리에틸렌의 항 참조.

폴리에틸렌 【polyethylene】 (CAS) ethene, homopolymer REG#= 9002-88-4 에틸렌의 중합으로 만들어지는 합성폴리머이다.

모노머	폴리머	
$\underset{H}{H}C=C\underset{H}{H}$	$-\overset{H}{\underset{H}{C}}-\left(\overset{H}{\underset{H}{C}}-\overset{H}{\underset{H}{C}}\right)_n-\overset{H}{\underset{H}{C}}-$	폴리에틸렌
$\underset{H}{CH_3}C=C\underset{H}{H}$	$-\overset{H}{\underset{H}{C}}-\left(\overset{CH_3}{\underset{H}{C}}-\overset{H}{\underset{H}{C}}\right)_n-\overset{CH}{\underset{H}{C}}-$	폴리프로필렌
$\underset{H}{Cl}C=C\underset{H}{H}$	$-\overset{H}{\underset{H}{C}}-\left(\overset{Cl}{\underset{H}{C}}-\overset{H}{\underset{H}{C}}\right)_n-\overset{Cl}{\underset{H}{C}}-$	폴리염화비닐

낮은 밀도로 유연한 것과 높은 밀도로 단단한 것이 있는데 이 두 가지는 용도에 따라 생산되고 있다. 제글러법(Ziegler process) 등으로 합성이 이루어진다.

폴리엔【polyene】 분자 안에 2개 이상의 이중결합을 함유하는 탄화수소이다.

폴리 염화 비닐【polyvinyl chloride】 (CAS) ethene, 1-chloro-, homopolymer REG#=9002-86-2 PVC라고 약칭한다. 1-클로로에틸렌(염화비닐)의 중합으로 만들어지는 합성중합체로서 강도(strength)가 우수하여 여러 가지 용도에 이용되고 있다.

폴리우레탄【polyurethane】 합성중합체의 일종으로 단량체(monomer) 상호간의 결합이 -NH-CO-O-기(基)로 된 것의 총칭이다. 이소시아네이트(isocyanate) RNCO와 알콜을 축중합시켜 만든다.

폴리클로로에텐【polychloroethene】 폴리염화비닐의 항 참조.

폴리테트라플루오로에틸렌【polytetrafluoroethylene】 (CAS) ethene, tetrafluoro-, homopolymer REG#=9002-84-0 PTFE라고 약칭한다. 테프론은 상품명이다. 테트라플루오로에틸렌 $CF_2=CF_2$를 중합시켜 만드는 합성폴리머이다. 고온에서도 잘 분해되지 않고 마찰계수가 매우 작은 것이 특징이다. 프라이팬이나 베어링 등 용도가 넓다.

폴리프로펜【polypropene】 폴리프로필렌의 항 참조.

폴리프로필렌【polypropylene】 (CAS) 1-propere, homopolymer REG#=9003-07-0 프로필렌을 중합시켜 만드는 합성폴리머이다. 폴리에틸렌과 비슷하나 강도가 크고 가볍다. 제글러법(Ziegler process)에 의해 중합된다.

표면 경화【表面硬化 case hardening】 기어(gear)나 크랭크축(crankshaft) 등에 쓰이는 강철의 표면을 처리해서 경도(hardness)를 증대시키는 방법이다. 오래 전부터 해왔던 방법은 침탄처리(浸炭處理)이다.
이것은 탄소가 풍부한 분위기 속에서 가열하여 표면층 근처의 탄소함유량을 증가시키는 방법이다. 질소화처리는 강철의 표면에서 질소를 확산시켜 구조 중에 현저하게 단단한 질소화물의 입자를 만들게 한다. 침탄질소화라는 두 가지 방법을 함께 행하는 방법도 잘 사용된다.

표면 부유액【表面浮遊液 supernatant】 침전 또는 침적물의 상부에 존재하는 투명한 액체를 말한다.

표면장력【表面張力 surface tension】 액체는 모두 그 표면을 가능한 작게 하려는 경향이 있어서 외력의 작용이 무시될 때는 대체로 구형(球形)을 취한다. 이 현상은 액체분자 사이의 인력에 기인되는 것으로서, 액체표면을 따라 일종의 장력이 작용하기 때문이다. 이것을 표면 장력이라 하고, 액체의 표면에 평행하고 액면 위 단위길이의 선에 직각으로 작용하는 응력으로 나타낸다.

표면장력은 액체의 표면을 등온적으로 단위면적만큼 증가할 때의 일과 같고, 단위면적마다 축적된 표면자유에너지로 생각할 수 있다. 원래 액체의 자유표면 즉 액상-기상의 경계면에서 보고 안 것이지만, 액체-액체, 고체-기체, 고체-액체, 고체-고체 등 서로 다른 상의 경계면에서도 마찬가지의 장력이 작용하는데, 이것을 일반적으로 계면장력이라고 한다. 두 상 각각의 속에서 분자간의 인력과 두 상 사이 분자의 인력이 종합된 결과라고 볼 수 있다.

실제로 측정되는 것은 액체-기체 및 액체-액체인 경우 즉 액체의 계면장력인데, 그것은 온도와 더불어 감소하고, 또 물질의 화학구조와도 관계가 있다. 용액의 계면장력은 용질의 종류와 농도에 관계한다.

표면 활성제【表面活性劑 surfactant】 비누나 ABS와 같이 표면장력을 저하시키는 작용을 갖는 물질을 말한다.

표백분【漂白粉 bleaching powder】 백색고체이며 수산화칼슘과 염화칼슘 및 하이포염소산칼슘의 혼합물이다. 대규모로 합성하는 데는 경사진 원통을 반응용기로 하여 위에서 수산화칼슘 분말을 주입하고 밑에서 염소기류를 통과하여 반응시킨다. 펄프나 섬유의 표백 또는 물의 살균 등에 사용된다. 표백력의 근원은 이산화탄소를 함유하는 공기와의 접촉에 의해 생기는 하이포염소산 HClO의 산화력에 의한다.

$Ca(ClO)_2 \cdot Ca(OH)_2 \cdot CaCl_2 + 2CO_2 \rightarrow 2CaCO_3 + CaCl_2 + 2HClO$

표식 【label】 화학반응과정 등을 해명하기 위해 사용되는 안정동위원소 또는 방사성 동위원소를 말한다.

표준 압력 【標準壓力 standard pressure】 국제적으로 정해진 압력의 단위를 말한다. 0℃에서 760mmHg, 즉 101 325pa($\approx 10^5$pa)이다. 1기압이라는 명칭이 편의상 사용되고 있다. 일기예보에서 사용하고 있는 바(bar)는 100kPa와 같다(1mbar=100pa. 앞으로는 헥토파스칼(hectopascal)이 채용된다).

표준 온도 【標準溫度 standard temperature】 국제적으로 결정된 온도 정점(定點)을 말한다. 1기압하에서 물의 빙점, 즉 0℃=273.15K이다. STP의 항 참조.

표준 용액 【標準溶液 standard solution】 일정한 부피 안에 미리 알고 있는 시약의 농도를 함유하는 용액을 말한다. 조제하는 데는 메저링 플라스크(measuring flask)를 사용한다. 1차 표준물질을 직접 칭량(秤量)하여 일정한 부피의 액체(대부분 물이다)에 용해시킨다. 순수한 물질을 얻기 어려운 경우에는 별도로 이미 알고 있는 농도의 표준용액을 사용해서 표정조작(標定操作)을 한다.

표준 전극 【標準電極 standard electrode】 전극의 전위(electric-potential)를 측정하기 위해 사용하는 반전지(半電池 half-cell)를 말한다. 수소전극이 기본적인 표준전극이나 감홍전극(甘汞電極 calomel electrode) 또는 은/염화은전극 등을 많이 사용하고 있다.

표준 전지 【標準電池 standard cell】 기전력을 표준으로 해서 사용할 수 있도록 만든 특수한 전지이다. 클라크 전지 (Clark cell)나 웨스턴-카드뮴 전지(Weston cadmium cell) 등을 말한다.

푸라노스 【furanose】 오원고리(탄소원자 4개와 산소원자 1개)로 된 당(sugar)을 말한다. 당의 항 참조

푸란 【furan】 푸르푸란이라고도 한다. 산소원자 1개를 포함하는 5원자 고리 헤테로고리화합물로서 방향족성을 나타낸다. 무색의 클로로포름

냄새가 나는 액체. 비점 32℃. 물에 녹지 않는다. 피로점액산을 가압 하에서 가열하면 이산화탄소를 발하여 푸란이 된다. 소나무의 타르 속에 들어 있고, 염산에서 습기 찬 소나무 조각이 녹색으로 물드는 반응(송재반응)으로 검출된다.

산에 대해 불안정하나 알칼리에는 안정적이다. 나트륨아말감으로 환원되지 않고 니켈촉매에 의한 수소첨가로서 테트라히드로푸란이 된다. 할로겐 첨가는 하지 않고 브롬과 작용하면 치환되어 α, α'-디브로모푸란이 생긴다. 수소원자를 한 개 제거한 기를 푸릴기, α-푸란알데히드를 푸르푸랄, 카르복시산을 피로점액산, α위치의 수소원자를 $-CH_2-$로 치환한 기를 푸르푸릴기라고 한다. 두 고리인 벤조푸란을 쿠마론, 디히드로쿠마론을 쿠마란이라고 한다. 인접한 탄소원자에 카

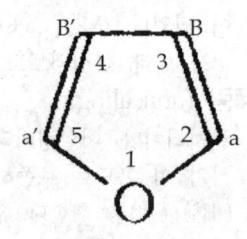

르복시기가 붙은 디카르복시산의 산무수물이나 γ-락톤은 푸란 또는 히드로푸란 고리를 갖는다. 프탈산무수물, 말레산무수물, 숙신산무수물 등은 그 예이고, 유도체에는 프탈리드, 풀기드 등이 있다.

푸린 【purine】 피리미딘 고리와 이미다졸 고리의 축합고리로 이루어진 헤테로고리화합물. 그림과 같이 토토머로 존재한다. 무색의 바늘모양 결정. 융점 216~217℃. 물, 따뜻한 알콜에 녹는다. 1산 염기로서도

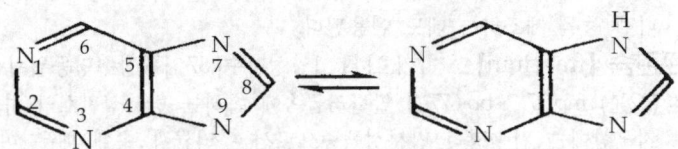

작용 하지만 산으로서 금속유도체를 만들기도 한다.

푸린핵을 갖는 화합물에는 아데닌, 구아닌, 크산틴, 요산 등과 카페인, 테오브로민 등 알칼로이드가 있다. 이들 유도체의 대부분은 염기성으로 푸린 염기라고 하며 생화학상 중요한 것이 많다.

푸마르산 【fumalic acid】 부텐 이산의 항 참조.

풀러토 【fuller's earth】 공업용으로 촉매 또는 흡착제에 사용되는 자연의 점토를 말한다. 표백업자(fuller)가 사용하였기 때문에 이런 이름이 되었다. (Mg, Ca)O·Al_2O_3·$5SiO_2$·$1\sim 8H_2O$의 조성이다. 표백토라고도 한다. 산성백토도 이것과 비슷한 것이다.

풀림 【annealing】 금속의 물리적인 성질을 변화시키기 위해 행하는 열처리이다. 어닐링이라고도 한다. 금속을 적당한 온도까지 승온(昇溫)시켜 이 온도로 보존하고 천천히 냉각하여 구하려는 크기의 세립구조(細粒構造)를 취한다. 압연가공 등에 의해 금속의 내부에 생긴 변형을 제거하기 위해 행하는 처리방법이다. 금속의 유연성 증가 또는 가공성을 증대시키기 위해서도 이용된다(유리세공 등에서도 동일하게 이루어지고 있다).

풍해 【風解 efflorescence】 결정성의 수화물을 공기 속에 방치하면 결정수를 방출해서 점점 분말화하는 것을 말한다.

프라세오디뮴 【praseodymium】 [기호] Pr [양성자수] 59 [상대원자질량] 140.91 mp 931℃ bp 3212℃ 상대밀도(비중) 6.77 란탄족원소의 하나이다. 은백색이며 전성(展性 malleability)이 풍부한 금속원소이다. 다른 란탄족원소와 함께 산출된다. 합금, 촉매, 서치라이트용 외 유리나 에나멜 등을 제조하는 데도 이용된다.

프란슘 【francium】 [기호] Fr [양성자수] 87 [최장수명동위원소] ^{223}Fr (22분) mp 27℃ bp 677℃ 알칼리금속에 속하는 방사성원소의 하나이다. 지구상에는 단수명의 방사성핵종으로서 우라늄광 속에 매우 미량만이 존재할 뿐이다. 현재 16의 핵종이 알려져 있다.

프로메튬 【promethium】 [기호] Pm [양성자수] 61 [최장수명동위원소]

^{145}Pm(18년) mp 약168℃ bp 2460℃ 상대밀도(비중) 7.22 란탄족원소의 하나이다. 방사성의 동위원소만이 존재하고 자연에는 존재하지 않는다. 우라늄의 핵분열 생성물 중에 있으며 인공적으로 분리·농축된 것은 방사선원(radiation source)으로서 이용된다.

프로트악티늄 【protactinium】 [기호] Pa [양성자수] 91 [최장수명동위원소] ^{231}Pa(32480년) mp 1600℃ 이하 상대밀도(비중) 15.4(계산값) 독성이 있는 방사성원소이다. 악티늄족원소의 3번째에 위치하고 우라늄광 속에서 약간 발견된다. 우라늄의 분열생성물 중에도 있다.

프로판 【propane】 REG#=74-98-6 C_3H_8 원유의 휘발성 성분으로, 또는 열분해생성물에서 얻을 수 있다. 주된 용도는 가정용 열원이다. 가압에 의해 액화하고 봄베(bomb)에 저장하여 쉽게 운반할 수 있다. 알칸(파라핀계 탄화수소)의 제3번째 구성원이다.

프로판산 【propanoic acid】 프로피온산의 항 참조.

프로판알 【propanal】 프로피온알데히드의 항 참조.

프로판온 【propanone】 아세톤의 항 참조.

프로판올 【propanol】 C_3H_7OH이나 두 가지 종류가 있다. 어느 것이나 무색이고 가연성의 액체이다.
① 프로판-1-올 혹은 1-프로판올 REG # =71-23-8
② 프로판-2-올 혹은 2-프로판올(공업계에서는 이소프로판올이라 한다). REG # =67-63-0

프로판1, 2, 3-트리올 【propane 1, 2, 3-triol】 글리세린의 항 참조.

프로페노니트릴 【propenonitrile】 아크릴니트릴과 같은 성분으로서 아크릴고무나 아크릴섬유를 제조하는 데 사용된다.

프로펜 【propene】 프로필렌의 항 참조.

프로피온산 【propionic acid】 (CAS) propanoic acid REG#=79-09-4 C_2H_5COOH 무색이며 자극적인 냄새가 나는 카르복시산이다. 물과 임의의 비율로 혼합한다.

프로피온알데히드 【propionaldehyde】 (CAS) propanal REG#=123

-38-6 C₂H₅COOH 무색의 액체이며 산화하면 프로피온산이 된다.

프로필기 【propyl group】 C₃H₇-원자단을 말한다.

프로필렌 【propylene】 (CAS) propene REG#=115-07-1 C₃H₆ 기체 알켄의 하나이다. 원유에서 얻게 되는 것으로 기화하기 쉬운 프렉션(fraction) 안에 있는데 일반적으로는 중유 등을 열분해해서 만든다. 2-프로판올이나 쿠멘(cumene) 등의 합성원료이다. 아세톤이나 폴리프로필렌의 제조에도 사용된다.

프론티어 오비탈 이론 【frontier orbital theory】 궤도(orbital)의 대칭성과 화학반응경로의 관련을 해명한 이론이다. 최고피점궤도(最高被占軌道)를 HOMO, 최저공궤도(最低空軌道)를 LUMO라고 약칭하면 '화학반응은 한쪽 분자의 LUMO와 다른쪽 분자의 HOMO의 중복이 최대가 되는 위치와 방향에서 일어난다'라고 요약할 수 있다.

프롤린 【proline】 REG#=147-85-3(L-체) C₅H₉NO₂ 피로리딘-2-카르복시산이다. 단백질 구성 아미노산의 하나이다. 정확하게는 아미노산이다(-NH₂를 갖지 않는다). 젤라틴에 많이 함유되어 있다. 아미노산의 항 참조.

프루프 【proof】 주류의 에탄올 함량을 측정하는 척도이다. 영국과 미국에서는 용법이 약간 다르다.

영국 : 42.28%의 에탄올을 함유하는 알콜음료를 가리킨다. 이것은 16℃에서 57.1%(부피백분율)에 해당한다.

미국 : 부피백분율 50%로 정해져 있다.

프루프도(度)는 대개 백분비로 기록하게 되어 있다. 따라서 영국에서 만든 위스키의 100° 프루프는 부피백분율로 57.1%, 80° 프루프이면 0.8×57.1=45.68%의 에탄올을 함유하고 있는 것이다.

프리델-크래프트 반응 【Friedel-Crafts reaction】 벤젠고리에 알킬기 또는 아실기를 도입하는 반응을 말한다. 방향족의 탄화수소를 할로알칸 또는 할로겐화아실과 무수염화알루미늄을 촉매로 하여 환류시킨다. 알킬유도체 또는 케톤을 각각 얻게 된다.

$$C_6H_6+CH_3I \rightarrow C_6H_5CH_3+HI$$
$$C_6H_6+CH_3COCl \rightarrow C_6H_5COCH_3+HCl$$

염화알루미늄은 루이스산이며 염소원자의 고립전자쌍(lone pair)을 수용하기 때문에 클로로알칸은 분극하여 탄소원자상에 양전하를 갖게 한다. 이어서 구전자치환(求電子置換)이 일어난다.

플라스마 [plasma] 방전하는 경우에 볼 수 있는 이온과 전자의 혼합물이다. 물질에 대해 제4의 존재라고 일컬어지는 일도 있다.

플라스터·드·파리 [plaster of Paris] 무수황산칼슘을 말한다.

플라스틱 [plastic] 열과 압력 또는 그 양자(兩者)에 의해 소성 변형시켜 성형할 수 있는 고분자물질의 총칭. 그 성형품 개개를 가리키는 경우도 있다. 이와 같은 고분자물질에는 천연수지와 합성수지가 있는데, 플라스틱이라고 하면 후자를 가리키는 것이 보통이며 열가소성수지와 열경화성수지로 대별된다.

플랑크 상수 [Planck constant] [기호] h 주파수 ν의 포톤(光子 photon)이 운반하는 에너지 E를 나타내는 비례상수이며 대단히 중요하고 또한 근본적인 상수의 하나이다. 양자역학적인 표현에 의하면 $E=h\nu$이다. h의 값은 SI단위로 6.626196×10^{-34} Js이다. 관측량이 양자화되는 여러 가지 관계식 안에 가끔 출현한다.

플럭셔널 분자 [fluxional molecule] 분자 내의 치환활성분자라고 하는 번역어가 제안된 일도 있다. 실온에서 분자 안에 있는 성분원자와 상대위치가 급속하게 변화하여 일반적으로 생각하고 있는 구조의 개념이 맞지 않는 것을 말한다. 즉, 어떤 특정한 구조도 10^{-2}초 이하의 생명밖에 갖지 못하는 분자이다. 예를 들면 ClF_3은 $-60°C$ 이하에서 분명히 T형의 분자구조이나 실온에서는 불소원자가 염소원자의 표면 위를 움직이며 특정된 1개를 구별할 수 없다. 이 밖에도 많은 예가 있다. stereochemically nonrigid molecule 라고도 한다.

플럭스 [flux] ① 납땜(soldering)을 할 때 금속표면을 깨끗이 하여 산화물을 제거하는 데 사용된다. 땜납의 항 참조.

② 금속을 용해(함유물을 분리한다)할 때 규산염 등에 있는 불순물과 결합시켜서 낮은 용융점의 슬랙(slag)을 만들기 위해 첨가하는 것을 말한다.
③ 용제(溶劑) : 세라믹스원료나 규산염 등의 융해온도를 내리기 위해 첨가하는 물질의 총칭이다. 규산염을 분석할 때 첨가하는 탄산나트륨이나 피로황산칼륨, 유리나 광택을 낼 때 첨가하는 산화연 또는 붕사 등이 그 예이다.

플럼반 【plumbane】 REG#=15875-18-0 PbH_4 수소화납(Ⅳ)을 말한다. 무색의 불안정한 기체이며 마그네슘과 납[鉛]의 합금을 산으로 처리하면 얻을 수 있다.

플레어 스택 【flare stack】 불필요한 가연성 기체를 꼭대기에서 연소하여 제거시키기 위한 연통을 말한다.

플루오로카본 【fluorocarbon】 탄화수소의 수소원자를 플루오르원자로 치환한 것을 말한다. 플루오로카본은 반응성이 없고 고온으로 해도 안정하다. 에어로솔(aerosol), 추진제, 윤활유, 테프론(합성한 폴리테트라플루오로에틸렌), 냉매 등 여러 가지 용도가 있다.

플루오르 【fluorine】 [기호] F [양성자수] 9 [상대원자질량] 18.99840 mp-223℃ bp-118℃ 밀도 $1.696 kgm^{-3}$ 약간 녹황색을 띤 매우 반응성이 풍부한 기체원소이다. 할로겐(제ⅦA족 원소)의 첫번째에 위치한다. 자연에는 형석(螢石 CaF_2), 빙정석(氷晶石 Na_3AlF_6) 등의 광물 외에 여러 가지 광물 속에 약간이나마 널리 분포하고 있다. 지각 중에는 염소보다 약간 많아 0.065%정도 함유되어 있다. 매우 반응성이 풍부하기 때문에 분리되는 것은 다른 할로겐보다 훨씬 늦다. 현재는 융해된 KHF_2를 전해시켜 만든다. 용기는 구리나 강철제의 것을 사용해야 한다. 화학적인 방법으로 분리[單離]하는 것은 불가능하다.

플루오르화합물의 용도는 넓으며 제강업이나 유리공업 외에 에나멜 제조, 우라늄의 제련, 알루미늄 제조 등이 주요 용도이고 또한 유기플루오르화합물의 용도도 넓어지고 있다. 플루오르는 이미 알고있는 원소 중에서 가장 전기음성도가 크고 동시에 반응성도 크다. 대부분 모든 원소의 단일체와 직접 반응하지만 이 중에는 희유기체인 크세논까지 포함된다. 다른 원소와 화합한 경우, 높은 산화수(酸化數)의 화합물을 만들기 쉬운 것도 플루오르의 강한 산화력을 나타내는 것이다.

이온성의 플루오르화물은 F^- 이온을 함유하고 있는데 이것은 O^{2-} 와 비슷한 크기나 성질을 나타낸다. 황이나 인 등과 같이 전기적으로 음성이 큰 원소와는 공유결합성이 여러 가지인 화합물을 생성한다(예 : SF_6, PF_5, NF_3). 유기화합물에 있어서도 수소원자가 플루오르원자로 치환됨으로써 많은 화합물을 얻고 있으며 C-F 결합은 공유결합으로 매우 안정되어 있다. 테트라플루오로에틸렌 $F_2C=CF_2$, 디플루오로벤젠 $C_6H_4F_2$, 트리플루오로아세트산 CF_3COOH 등이 그 예이다.

수소와는 어두운 곳에서도 폭발적으로 반응하여 플루오르화수소 HF를 생성하나 수소결합 때문에 회합이 현저하고 비등점도 HCl보다 훨씬 높다(비등점 HF 19℃, HCl -85℃).

다른 할로겐과 틀려서 플루오르는 옥시산을 만들지 않는다. 산화플루오르 OF_2는 정확히 말하면 이플루오르산소라고 하는 것이며 물과 반응해서 플루오르화수소를 생성한다.

플루오르는 대단히 큰 전기음성도를 가지고 있으므로 이웃원소와의 결합에서 전자를 끌어당기는 힘이 크다. 따라서 CF_3COOH는 강산(强酸 strong acid)이나 CH_3COOH는 약산(弱酸 weak acid)이다. 때로는 플루오르의 배위수가 1보다 클 때가 있는데 이런 경우는 사슬 모양의 $(SF_5)_n$과 같은 화합물도 형성된다. 희유기체인 크세논마저도 400℃에서 플루오르와 반응하여 XeF_2, XeF_4를 생성한다. 600℃에서 더 고압으로 하면 XeF_6도 생성된다.

플루오르단일체나 플루오르화수소는 모두 대단히 위험한 물질이며 전용의 특별한 장치 안에서 취급해야 한다. 장갑이나 보호마스크가 절대로 필요하며 혹시 이러한 물질에 접촉되면 즉시 응급처치를 해야 한다.

플루오르첨가 【fluoridation】　충치를 예방하기 위해 수도물에 소량의 플루오르화물을 넣는 것을 말한다.

플루오르화 【fluorination】 할로겐화의 항 참조.

플루오르화 나트륨 【sodium fluoride】 REG#=7681-49-4 NaF 플루오르화수소산을 탄산나트륨 또는 수산화나트륨으로 중화시켜서 얻게 되며, 물에 용해되는 백색고체이다. 단일체 상호간의 반응은 지나치게 격렬하므로 위험하다. 황산과 반응해서 플루오르화수소를 유리시킨다. 세라믹용의 에나멜, 살균제, 부패방지제 외에 충치예방에 사용된다.

플루오르화물 【fluoride】 할로겐화물의 항 참조.

플루오르화 수소 【hydrogen fluoride】 (CAS) hydrofluoric acid REG#=7664-39-3 HF 형석(플루오르화칼슘)과 진한 황산의 반응으로 얻게 되는 무색의 액체이다.

$$CaF_2(s) + H_2SO_4(l) \rightarrow CaSO_4(aq) + 2HF$$

유독, 부식성의 증기를 발생한다. 플루오르화수소는 할로겐화수소 중에서는 그 성질이 독특한데, 강하고 단단한 수소결합 때문에 H-F 단위가 긴 사슬의 지그재그 구조로 여러 개 연결된 것이다. 석유화학공업에서 촉매로 널리 사용되고 있다. 플루오르화수소산의 항 참조.

플루오르화 수소산 【hydrofluoric acid】 REG#=7664-39-3 플루오르화수소의 수용액이다. 무색의 액체로 약산이지만 규산염을 용해하므로 유리의 부식제 등으로 사용된다. 플루오르화수소의 원자간 거리는 작기 때문에 H-F 결합의 에너지가 매우 크고, 그 결과 결합은 잘 끊어지지 않는다. 양자(proton)의 공여력이 작기 때문에 플루오르화수소산은 약산이다. 결합에너지의 항 참조.

플루오르화 알루미늄 【aluminum fluoride】 (CAS) aluminum fluoride REG#=7784-18-1 AlF₃ 백색 결정성의 고체이다. 물에는 거의 용해되지 않고 유기용매에도 용해되지 않는다. 알루미늄을 전해 정련(electrolytic refining)할 때 빙정석(cryolite) Na_3AlF_6의 첨가물로서 첨가되는 것이 주된 용도이다.

플루오르화 칼슘형 구조 【calcium fluoride structure】 형석형 구

조라고도 한다. 칼슘이온은 8개의 플루오르이온 주위에 입방체형으로 배위하고 플루오르이온은 사면체형으로 4개의 칼슘이온 주위에 배위하고 있다.

플루토늄 【plutonium】 [기호] Pu [양성자수] 94 [최장수명동위원소] ^{244}Pu mp 641℃ bp 3232℃ 상대밀도(비중) 19.84 악티늄족원소의 하나이다. 맹독한 은백색의 방사성원소이다. 초우라늄원소이며 우라늄광 속에 극미량이 존재하나 천연우라늄의 중성자 포획으로 쉽게 생성된다. ^{239}Pu는 핵분열성이며 핵연료나 원자폭탄의 원료 등으로 사용된다.

피라노스 【pyranose】 당(sugar)중에 5개의 탄소원자와 1개의 산소원자로 된 6원고리(테트라히드로피란고리)를 함유하는 것을 말한다.

피로 황산 【pyrosulfuric acid】 발연 황산의 항 참조.

피리독신 【pyridoxine】 비타민B_6의 별명. 아데르민(adermine)이라고도 한다. 비타민B 복합체의 하나. 비타민B_6 작용을 가진 천연물질로서는 이 밖에 그 유도체 피리독살(4위치가 CHO), 피리독사민(pyridoxamine, 4위치가 CH_2NH_2)이 있다.

피리독신 유리염기의 융점은 160℃. 염산염의 융점은 204~206℃(분해). 물·알칼리에 쉽게 녹으나 아세톤에는 약간 녹기 어려우며 에테르·클로로포름에 녹지 않는다. 쌀겨·밀 배자·효모·간장·당밀 등에 들어 있다. 흰쥐에 대한 항피부염성 인자, 미생물의 성장 촉진 인자로 보고 있으나, 사람에 대한 결핍증은 아직 명백하지 않다. 생리적으로는 오히려 피리독살이나 피리독사민에 유도되어 그 5위치 알콜의 인산에스테르의 형태로 다양한 아미노산대사(아미노기전이, 탈탄산, 라세미화 등)

에 관여하는 효소로서 중요한 구실을 하고 있다. 성인소요량은 남자는 2.2mg/일, 여자는 2.0mg/일.

피리딘 【pyridine】 REG#=110-86-1 C₅H₆N
복소고리 방향족화합물의 하나이다. 벤젠과 동일하게 평면6각형이고 등전자구조(等電子構造)이다. 탄소-탄소의 π결합전자와 질소상의 고립전자쌍이 6원고리상에 비편재하고 있다. 콜타르 등에서 분리된다. 우수한 유기용매이며 여러 가지 유기화합물 합성의 원료이기도 하다.

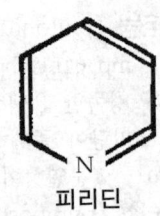
피리딘

PVC 【polyvinyl chloride】 폴리염화비닐의 약칭이다.

p-블록 원소 【p-block elements】 붕소족(제ⅢB족), 탄소족(제ⅣB족), 질소족(제ⅤB족), 산소족(제ⅥB족), 할로겐(제ⅦB족) 및 희유기체의 각 원소를 총칭해서 이렇게 말한다. 결합전자가 p각(殼)을 충전해 나가는 원소의 계열이다. 전형적인 원소에서 알칼리금속과 알칼리토금속의 각 원소를 제외한 것에 해당한다.

피셔-트로피쉬 합성 【Fischer-Tropsch process】 일산화탄소와 수소를 1:2로 혼합하고 촉매의 존재하에서 200℃로 반응시켜 탄화수소, 특히 발동기용의 연료를 합성하는 방법을 말한다. 일산화탄소는 수성가스(water gas)로부터 얻거나 천연가스를 원료로 하여 만든다. 촉매에는 세분화된 니켈을 사용한다. 제2차 대전 중에 독일에서 사용하였으나 현재도 원유획득이 곤란한 지역에서는 상당한 규모로 시행하고 있다.

psi 【pound per aquare inch】 야드 파운드(yard pound)법에서 압력의 단위이다. 영국과 미국에서 잘 사용된다. psi=pound/inch² 이다. 1psi=0.07031kg/cm²=0.06805atm.

pH 수용액의 수소이온농도(정확히는 활량(活量))에 대한 음의 상용로그값이다. 25℃의 순수한 물에서의 수소이온농도는 $1.00 \times 10^{-7} \mathrm{mol}\, l^{-1}$이므로 pH는 7.00이 된다. 산을 첨가하면 수소이온의 농도가 증대하고 pH

는 7보다 작아진다. 수산화이온이 증가하연 수소이온의 농도는 감소하고 pH는 7보다 커진다. pH의 대략적인 값은 지시약으로 알 수 있으나 정확하게는 전기화학적인 측정을 해야 한다.

pK 산해리상수(酸解離常數)에 대한 음의 상용로그이다. p$K=-\log_{10}K = \log_{10}(1/K)$.

피코-【pico-】 [기호] p 10^{-12}배를 나타내는 접두사이다. 예를 들면 1pF(pico-farad)=10^{-12}F이다.

PTFE【polytetrafluoroethylene】 폴리테트라플루오로에틸렌의 약칭이다.

피티히 반응【Fittig reaction】 부르츠 반응의 항 참조.

피펫【pipette, pipet】 용액의 일정량을 한쪽 용기에서 다른 쪽의 용기로 이동시키는 데 사용하는 기구이다. 대개 한 개의 저장용기에서 일정량의 시약을 몇 개의 시료에 첨가하는 데 사용한다.

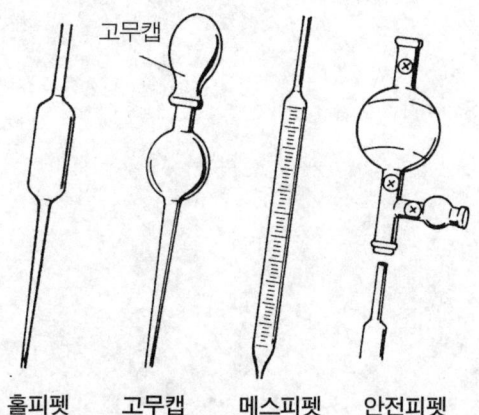

홀피펫 고무캡 메스피펫 안전피펫

홀피펫과 메스피펫의 두 종류가 있으며 전자는 정밀한 측정용량(단, 일정한 용량)에, 후자는 눈금이 새겨져 있으며 정밀도는 떨어지나 가변용량의 채취와 이동에 사용된다. 대개 입으로 흡인하나 독물 등은 고무로 만든 밸브(안전피펫)를 사용하는 것이 좋다(고무캡 피펫은 일본에서 발명된 것이다).

필립스법 【Phillips process】 실리카와 알루미늄을 담체(擔體 carrier)로 한 산화크롬(Ⅲ)을 촉매로 하여 고밀도의 폴리에틸렌을 합성하는 방법이다. 반응조건은 150℃, 30기압이다. 제글러법의 항 참조.

하

하버법 【Haber process】 암모니아의 공업적인 생산법으로 중요한 공중질소고정법의 하나이다. 생성된 암모니아는 비료용 외에 질산의 원료로도 사용된다. 반응은 다음과 같은 평형을 이용한다.

$$N_2 + 3H_2 \rightleftharpoons 3NH_3$$

질소는 액체공기를 분류시켜 얻는다. 수소는 천연가스 등과 같은 탄화수소를 산화시켜 만든다. 질소와 산소는 모두 정제(refining)한 뒤에 정확한 혼합비로 혼합시킨다. 암모니아의 평형량은 저온일수록 크지만 실온에서는 반응속도가 적고 평형에 도달하는 일이 거의 없다. 따라서 반응온도로는 대개 480℃ 전후를 사용한다. 고압이 암모니아 생성에 유리하므로 280기압마다 가압한다. 촉매로서 철에 소량의 산화칼륨과 산화알루미늄을 첨가한 것이 사용된다. 수량은 거의 15%이다. 혼합기체를 -80℃로 냉각하고 암모니아를 액화시켜 인출한다.

하이젠베르크의 불확정성 원리 【Heisenberg's uncertainty principle】 전자와 같은 작은 입자에 대해 위치와 운동량을 동시에 무제한의 정확도로 구하는 것은 불가능하다는 원리이다. 이 불확정성은 입자를 검출하기 위해 전자파 등이 입자에 충돌하여 입자 원래의 위치를 크게 변화시키는 데 기인한다. 하이젠베르크의 불확정성 원리는 결코 '실험 오차'에 의한 것이 아니고 과학적인 '관측'의 한계를 나타낸 것으로, 파동성과 입자성의 이중성질을 입자가 갖고 있다는 것을 표현하고 있다. 지금, 어떤 방향을 취해서 위치의 불확정성을 Δx, 운동량의 불확정성을 Δp라고 하면 $\Delta x \Delta p \sim h/4\pi$가 된다. 여기서 h는 플랑크 상수(Planck constant)이다.

하이포브롬산 【hypobromous acid】 REG#=10035-10-6 HBrO 브롬(Ⅰ)산이다. 산화수은(Ⅱ)와 브롬수를 반응시켜 담황색의 액체(수용액)

를 만든다. 강력한 표백제이다. 양성자를 방출하는 능력이 매우 약하므로 수용액도 약산이다. 강력한 산화제로서 작용한다.

하이포염소산 【hypochlorous acid】 REG#=7790-92-3 HClO 염소가스를 물에 통과시키면 수용액으로서 얻게 된다. 표백제로 사용되며 염소수의 강력한 살균작용의 원인도 이것에 의한 것이다. 이 산의 수율(收率 yield)을 높이는 데는 염소수를 소량의 염화수은(Ⅱ)와 혼합하면 좋다. 수용액 속에서 Cl-O의 결합은 O-H의 결합보다도 훨씬 절단되기 쉬우므로 이의 HOCl는 양성자 도너(donor)로는 매우 약한 것이 된다. 즉, 심한 약산(weak acid)이라 할 수 있다.

하이포인산 【hypophosphorous acid】 포스핀산의 항 참조.

하프늄 【hafnium】 [기호] Hf [양성자수] 72 [상대원자질량] 178.49 mp 2220℃ bp 5230℃ 비중13.3 지르코늄 광물 속에서 볼 수 있는 천이금속이며 가공이 어렵다. 공기 중에서 연소시킬 수 있다. 원자로재료에 사용된다.

한제 【寒劑 freezing mixture】 두 가지 종류이상의 물질을 혼합하면 저온이 되는 혼합계를 말한다. 얼음과 식염의 혼합물(-20℃) 등은 자주 볼 수 있는 예이다.

한천 【寒天 agar-agar】 일종의 헤미셀룰로오스. 홍조(주로 우뭇가사리속 *Gelidium*)의 세포막 속에 있다. 우뭇가사리를 말려서 열탕으로 침출하여 냉각 응고시킨 묵 같은 것을 얼려서 말린 것. 주성분은 D-갈락토스와 3,6-안히드로-L-갈락토스에서 $\alpha 1 \to 3$ 및 $\beta 1 \to 4$ 결합을 반복하고 있지만, 일부로서 $\beta 1 \to 3$ 및 $\alpha 1 \to 4$ 결합을 하는 것도 있다. 또 D-갈락토스에 피루브산이 아세탈 결합한 부분 및 황산에스테르화 갈락탄 부분도 포함된다. 뜨거운 물에는 녹지만 차가워지면 겔화된다. 식품, 사진공업, 의약, 섬유, 화장품, 세균의 배지(培地) 등 광범위하게 쓰인다. 자연계에서 얻어지는 것은 칼슘염으로 되어 있다.

할로겐 【halogen】 주기율표 제ⅦB족에 속하는 플루오르(F), 염소(Cl), 브롬(Br), 요오드(I), 아스타틴(At)의 5개 원소에 대한 총칭이다. 할로겐은 최외각에 7개, 즉 희유기체구조를 이루는 데는 전자 1개가 부족하다. 그러므로 할로겐은 큰 전자친화력(electron affinity)과 큰 전기음성도(electro negativity)를 나타낸다. 그 중에서도 플루오르는 전기음성도가 최대인 원소이다. 할로겐의 전기음성도가 큰 것은 전기적으로 양성인 원소(알칼리금속이나 알칼리토금속원소 등)에서 전자를 빼앗아 1가(univalent)의 음이온(X^-)이 되는 성질과 전기음성도가 중간 정도 이상인 원소와 단일결합을 이루는 성질의 근원이기도 하다. 전자의 예로는 NaCl, KBr, CsI, CaF_2 등이 있고 후자의 예에는 HCl, SiF_4, SF_4, CH_3Br, Cl_2O 등이 있다.

할로겐은 모두 2원자분자 X_2를 생성한다. 이 할로겐 단일체(simple substance)는 여러 가지 다른 화합물, 단일체 등과의 반응활성이 풍부하다. 할로겐 중에서는 원자번호가 증대함에 따라 전자구름(electron cloud)의 반지름은 증대하고 분극하기 쉽게되나 전기음성도와 반응활성은 감소하는 경향이 확실하게 나타난다. 이러한 점으로 보아 요오드에서의 극소수의 양하전(positive charge)의 화학종을 별도로 한다면, 양하전 화학종은 할로겐원소의 화학에는 거의 관여하지 않는다는 것도 알 수 있다. 염소보다도 아래에 위치하는 원소에서는 산화수가 +1에서 +7까지의 화학종이 존재한다(HOCl, $HBrO_3$, HIO_4 등).

단일체가 갖는 산화력은 $F_2 > Cl_2 > Br_2 > I_2$ 의 순서로 감소한다. 반대로 이온이 갖는 환원력은 $F^- < Cl^- < Br^- < I^-$ 의 순서로 증대한다. 따라서 할로겐의 단일체는 주기율표에서 그 아래의 위치에 있는 할로겐화물을 산화시킬 수 있다.

$$Cl_2 + 2Br^- \rightarrow Br_2 + 2Cl^-$$

여러 가지 유기할로겐화합물이 생성되나 그 중에서도 C-F 결합은 안정되어 있으며 화학적으로 비활성이다.

C-Cl결합도 방향족화합물에서는 안정되어 있으나 지방족의 화합물에서는 별로 안정하지 않으므로 구핵치환을 받는 등 반응성을 나타낸다.

할로겐화 【halogenation】 분자 속에 할로겐원자를 도입하는 반응을 말한다. 각각의 할로겐에 따라 염소화나 브롬화와 같이 부르는 일이 많다. 다음과 같은 몇가지 방법이 있다.
① 단일체 할로겐과의 직접 반응: 가열해서 고온으로 하든가 광화학반응(photochemical reaction)에 의한다.
$$CH_4 + Cl_2 \rightarrow CH_3Cl + HCl$$
② 이중결합의 부가
$$CH_2=CH_2 + Cl_2 \rightarrow CH_2ClCH_2Cl$$
③ 수산기를 함유하는 화합물과 할로겐화 시약과의 반응: 예를 들면 PCl_5 등을 사용한다.
$$C_2H_5OH + PCl_5 \rightarrow C_2H_5Cl + POCl_3 + HCl$$
④ 방향족화합물인 경우는 염화알루미늄을 촉매로 하여 직접 할로겐화가 가능하다.
$$2C_6H_6 + Cl \rightarrow 2C_6H_5Cl$$
⑤ 동일하게 방향족화합물에서는 염화구리(I)을 촉매로 하여 디아조늄염(diasonium salt)과 염화물이온을 반응시킴으로써 염소화가 가능하다.
$$C_6H_5N_2^+ + Cl^- \rightarrow C_6H_5Cl + N_2$$

할로겐화물 【halide】 할로겐을 함유하는 화합물의 총칭이며 무기화합물과 유기화합물에 따라 약간 다른 의미를 갖는다. 무기화합물 중에서도 전기적 양성인 원소의 할로겐화물은 할로겐화물 이온을 함유한다(예: 염화나트륨 Na^+Cl^-, 브롬화칼륨 K^+Br^-). 천이금속원소의 할로겐화물은 때에 따라서는 공유결합성이다. 비금속원소의 할로겐화물은 대개 공유결합성이며 휘발성이 높은 것이 많다. 사염화탄소 CCl_4나 사염화규소 $SiCl_4$ 등이 그 예이다. 할로겐화물은 원소에 따라 각각 플루오르화물(fluoride), 염화물(chloride), 브롬화물(bromide), 요오드화물'(iodide)이라 한다. 유기할로겐화물에 대해서는 할로알칸과 할로겐화아실 및 할로포름의 항을 참조할 것.

할로겐화 아실 【acyl halide】 산할로겐화물(acid halide)이라고도 하는 일이 있다. 일반식 RCOX로 나타내는 유기화합물이다. 여기서 X는 할로겐원자이며 염화아실, 브롬화아실과 같이 부른다. 할로겐화아실은 카르복시산과 할로겐화시약을 반응시켜 만든다. 할로겐화제에는 오염화인 PCl_5이나 염화티오닐 $SOCl_2$ 등이 잘 사용된다.

$$RCOOH + PCl_5 \rightarrow RCOCl + POCl_3 + HCl$$
$$RCOOH + SOCl_2 \rightarrow RCOCl + SO_2 + HCl$$

할로겐화아실은 자극성이 있는 증기를 방출하며 습한 공기 중에서는 발연한다. 수산기나 아미노기 등을 함유하는 화합물의 활성양성자에 대해서 현저한 반응성을 나타낸다. 아실화의 항 참조.

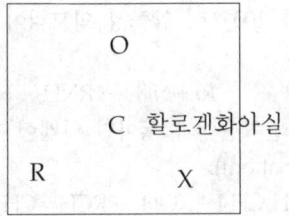

할로겐화 알킬 【alkyl halide】 할로알칸의 항 참조.

할로알칸 【haloalkane】 할로겐화알킬이라고도 한다. 알칸 속의 수소원자 1개 이상이 할로겐으로 치환된 유기화합물의 일군을 가리킨다. 직접 반응시켜 만드는 일도 있으나 그 외 합성법으로는 다음과 같은 것이 있다.

① 알콜과 할로겐화수소산 또는 할로겐화인과의 반응(적인(赤燐)과 요오드의 혼합물을 사용하는 일도 있다)

$$ROH + HBr \rightarrow RBr + H_2O$$
$$ROH + PCl_5 \rightarrow RCl + POCl_3 + HCl$$

② 알켄에 대한 할로겐화수소의 부가반응

$$RCH = CH_2 + HBr \rightarrow RCH_2CH_2Br$$

할로알칸은 알칸보다도 훨씬 반응성이 풍부하므로 여러 가지 유기화합물의 합성원료로서 널리 사용되고 있다. 특히 중요한 것으로는 구핵치환반응에 의해 할로겐원자를 다른 작용기(functional group)와 치환할 수 있다는 것을 들 수 있다. 이러한 경우는 요오드화알킬이 반응성이 더 높다. 몇 가지 반응에 대한 예를 들어 본다.

① 수산화칼륨 수용액을 환류(reflux)하면서 끓이면 알콜이 된다

$$RI + OH^- \rightarrow ROH + I^-$$

② 알콜성 시안화칼륨용액과 환류하면서 끓이면 니트릴이 생긴다.

$$RI + CN^- \rightarrow RCN + I^-$$

③ 알콕시드와 환류하면 에테르가 된다.

$$RI + {}^-OR' \rightarrow ROR' + I^-$$

④ 밀봉관 속에서 100℃로 알콜성 암모니아와 반응시키면 아민이 된다.

$$RI + NH_3 \rightarrow RNH_2 + HI$$

⑤ 수산화칼륨의 알콜용액과 끓이면 알켄이 생긴다(할로겐화수소의 탈리(脫離, elimination)).

$$RCH_2CH_2I + KOH \rightarrow RCH = CH_2 + KI + H_2O$$

이외의 반응에 대해서는 부르츠 반응 및 그리냐르 시약의 항을 참조할 것.

할로포름 【haloform】 메탄의 3할로겐치환체 CHX_3를 말한다. 즉, 플루오로포름 CHF_3, 클로로포름 $CHCl_3$, 브로모포름 $CHBr_3$, 요오드포름 CHI_3이다[$CH(NO_2)_3$을 니트로포름이라 하는 것도 여기에서 유래한 것이다].

함빙정 【含氷晶 cryohydrate】 얼음과 어떤 종류의 염류와의 2성분계 공정(共晶, eutectic crystal)을 말한다. 크라이오하이드레이트라고도 한다. 공융혼합물의 항 참조.

함염 【含鹽, saline】 염류(鹽類)를 함유하고(용해되어) 있다는 것을 나타낸다. 특히 염화나트륨 등과 같이 알칼리금속의 할로겐화물을 의미하는 일이 많다.

함질소 염기 【含窒素鹽基, nitrogenous base】 제4급 암모늄화합물의 항 참조.

합금 【合金 alloy】 두 종류 이상으로 된 금속의 혼합물(청동이나 황동 등), 또는 금속에 소량의 비금속을 함유한 것(강철 등)을 말한다. 합금에는 전체가 균질인 혼합물로 된 것과 한쪽에 있는 상(相, phase)의 미세한 입자가 다른 쪽에 있는 상 안에 분산되어 있는 것이 있다.

합성 【合成 synthesis】 간단한 화합물을 원료로 하여 목적하는 화합물을 만드는 것을 말한다.

합성용 가스 【synthesis gas】 천연가스의 스팀리포밍(steam reforming)으로 생성되는 일산화탄소와 수소의 혼합기체를 말한다. 여러 가지 유기화합물을 합성할 때의 출발원료이다.

$$CH_4 + H_2O \rightarrow CO + 3H_2$$

해리 【解離, dissociation】 분자가 2개의 분자, 원자, 이온, 라디칼(radical) 등으로 분해되는 것을 말한다. 일반적으로는 이 분해반응이 가역적인 경우(예를 들면 다음과 같은 약산의 해리)를 말한다.

$$CH_3COOH + H_2O \rightleftharpoons CH_3COO^- + H_3O^+$$

해리 상수 【解離常數, dissociation constant】 해리반응의 평형상수를 가리킨다. 예를 들면 다음과 같은 해리반응이 있다고 하자.

$$AB = A + B$$

해리상수 K는 다음과 같이 된다.

$$K = [A][B] / [AB]$$

해리도 a를 사용하면 원래의 AB n몰(mole)이 부피 V안에 존재한다면 해리상수는 다음과 같이 된다.

$$K = a^2 n / (1-a)V$$

이 식은 2개 분자로 해리하는 경우의 식인 것에 유의해야 한다. 산(acid)해리상수 Ka는 산의 용액 속에서 해리평형상수이다.

$$HA + H_2O \rightarrow H_3O^+ + A$$

물의 농도는 불변이므로 1로 해두면

$$Ka = [H_3O^+][A^-] / [HA]$$

산해리상수는 산의 강도(strength)의 척도이다. 동일하게 염기해리상수

(K_b)도 정의할 수 있다. 앞의 $K= \alpha^2 n /(1-\alpha)V$라는 식을 산해리상수에 응용하면 오스트발트의 희석률(Ostwald's dilution law)이 유도된다. 특히 약산과 같이 α가 대단히 작은 때는 $K=\alpha^2 n/V$, $\alpha=C=\sqrt{V}$가 된다. 여기에서 C는 상수이다. 따라서 해리도 α는 희석도의 제곱근에 비례한다.

해머밀 【hammer mill】 고체물질을 고속으로 원하는 크기까지 분쇄하거나 마쇄하기 위한 기계이며 화학공업에서 자주 사용된다. 타격에 의해 분쇄한다. 비교적 연한 재료를 분쇄하는 데 사용되는 일이 많다. 볼밀의 항 참조.

해산염 【海酸鹽, muriate】 염화물의 오래된 명칭이다. 염산은 muriaticacid라고 하였다. '포타슈(potash)의 해산염'이란 오늘날의 염화칼륨 KCl이다.

핵 【核 nucleus】 ① 원자핵의 약칭. ② 어느 상(相) 속에서 다른 새로운 상으로 발생하고자 하는 작은 입자. ③ 착물의 중심으로 이루어지는 원자로서 중심원자라고도 한다. 대부분 1개이지만 복수인 경우도 있다. ④ 유기고리화합물의 고리를 말한다. 예를 들면 벤젠핵, 피리딘핵 등. ⑤ =세포핵.

핵분열 【核分裂 nuclear fission】 주로 우라늄, 토륨, 플루토늄과 같이 무거운 원자핵에서 일어나는 핵반응으로 원자핵에서 질량이 별로 다르지 않은 둘 이상의 원자핵으로 분열하는 것을 말한다. 원자핵분열이라고도 한다. 보통 2개로 분열하는 것을 가리키지만, 3개로 분열하는 3체 분열도 있다. 핵분열을 일으키는 성질을 가진 물질(원자핵)을 핵분열성 물질, 분열하여 생긴 원자핵을 핵분열파편이라고 한다.

핵분열은 1938년 한(O. Hahn)이 발견하였는데, 분열할 때 방출되는 막대한 에너지(한 개의 핵분열당 200MeV)를 이용하여 그 뒤에 원자력이 개발되었다. 외부의 아무런 자극도 없이 일어나는 자발핵분열도 있으나, 중성자·양성자·α입자·γ선 등을 부딪쳐서 원자핵을 들뜨게 하면 분열이 일어나기 쉽다. 분열 직후의 핵분열파편에서는 다시 2~3개

정도의 중성자(γ선이나 전자도)가 연달아 방출되는 경우가 많다.

따라서 중성자의 충격으로 일어나는 핵분열은 중성자를 연쇄운반체로 하는 연쇄반응을 일으킬 가능성이 있다. 이것이 원자로나 원자폭탄에 있어서 기본적인 핵반응이다. 다만 핵분열이 계속적으로 잘 일어나게 하기 위해서는 중성자의 속도가 특정한 범위 내에 있어야만 되는 경우가 많고, 또 중성자의 손실을 적게 하여 임계에 도달하도록 하는 연구가 필요하다.

핵융합 【核融合 nuclear fusion】 일반적으로는 가벼운 원자핵끼리의 반응으로 비교적 큰 에너지를 방출하는 경우를 말한다. 항성의 에너지원이라고 볼 수 있는 수소융합반응이나 헬륨융합반응은 소립자반응을 포함하는 것으로 반응은 느리다. 지상에서 검토중인 것은 반응이 빠른 조환(組換)반응으로서, 1) ^{2}H(d, n)^{3}He, 2) ^{2}H(d, p)^{3}H, 3) ^{3}H(d, n)^{4}He, 4) ^{3}He(d, p)^{4}He, 5) ^{6}Li(n, α)^{3}H, 6) ^{7}Li(n, nα)^{3}H 등이 있어 수 MeV에서 수십 MeV의 에너지가 방출된다. 수소폭탄은 중수소화리튬 ^{2}HLi에 핵분열폭탄으로 점화되어 얻어지는 연쇄반응적 열핵반응으로 위의 3), 5), 6) 등을 조합한 것이다.

제어핵융합반응이라는 것은 이러한 반응 또는 동종의 반응을 폭발적이 아닌 지속적인 에너지원으로 사용하고자 하는 것으로, 핵분열의 경우와는 달라서 대량의 방사선폐기물이 생기지 않는 것이 특징이다. 이 반응을 지속시키는데는 수억 도의 온도를 유지하여야 하는데, 이와 같은 초고온에서의 물질은 모두 완전이온화되므로 그와 같은 상태(플라스마)인 물질을 어떻게 제어하느냐가 핵융합에너지 실현의 제1단계가 된다.

핵자기 공명 【核磁氣共鳴, nuclear magnetic resonance】 NMR이라 약칭된다. 핵스핀(nuclear spin)을 이용하는 연구수단의 하나이다. 스핀을 갖는 핵이 외부자장 속에 있을 때 그 에너지상태는 분열하여 몇 개의 이산적(離散的)인 값을 취하게 된다(양자화 된다). 이것은 자장 안에서 핵스핀 자기 모멘트의 배향(配向)차이에 의한다. 예를 들면 양성자(수소의 원자핵)는 핵스핀(I)이 1/2이지만 $2I+1=2$. 즉 2개의 에너지상태를 취한다. 이 두 가지 에너지 상태의 차이에 해당하는 전자파를 조사하면 상태 사이에 천이(transition)가 일어난다. 이것을 검출하는 것이 핵자기공명 흡수이다.

화학에서 여러 가지 분자의 구조를 결정할 때의 기초적이고 분광적(分光的)인 방법의 하나이다. 전자파의 주파수를 고정해 두고 자장을 변화(소인, 掃引)하는 방법과 반대로 자장을 고정하고 주파수를 변화시키는 방법이 있다. 공명점(共鳴點, resonance point)에서는 전자파의 주파수가 에너지 준위(level)차이에 해당하므로 흡수가 일어난다. 공명점의 차이는 핵 주위의 전자상태, 즉 분자 내의 위치로 정해진다. 따라서 분자 내에 여러 가지 양성자가 있으면 각각 별도의 위치에서 흡수가 나타난다. 이러한 차이를 화학시프트(chemical shift)라 한다.

에탄올이면 CH_3, CH_2, OH에 해당하는 3개의 흡수가 관찰되며 강도는 양성자 수에 비례하여 3 : 2 : 1이 된다. 유기화합물의 구조결정에 대해서 양성자의 NMR은 대단히 강력한 방법이다.

핵자수 【核子數, nucleon number】 질량수의 항 참조.

핵종 【核種, nuclide】 양성자수와 핵자수로 기술되는 원자핵의 종(양성자수=원자번호로 기술되는 것이 원소이다). 예를 들면 ^{23}Na, ^{24}Na, ^{24}Mg는 각각 서로 다른 핵종이며 다음과 같은 의미를 나타낸다.

$^{23}_{11}Na$: 양자 11개, 중성자 12개를 함유한다.

$^{24}_{11}Na$: 양자 11개, 중성자 13개를 함유한다.

$^{24}_{12}Na$: 양자 12개, 중성자 12개를 함유한다.

핵종이라는 말은 원자핵을 가리키는 경우나 원자 전체를 가리키는 경우에도 사용된다.

헤르츠 【hertz】 [기호] Hz SI단위계에서 주파수의 단위이다. 1사이클/초(즉 s^{-1})로서 정의된다. 주기적으로 반복되는 과정, 예를 들면 진동이나 파동 등에 대해 사용된다. 주기성이 없는 과정(방사붕괴 등)은 s^{-1}. 즉 매초 얼마라는 것 뿐이며 Hz는 사용하지 않는다.

헤모글로빈 【hemoglobin (haemoglobin)】 적혈구 속에 존재하는 적

색의 색소단백질이며 폐에서 신체조직으로 산소를 운반하는 기능을 가지고 있다. 4개의 헴(hem) 분자가 골격이 되는 단백질(글로빈)과 결합한 것으로 헴은 철을 함유하는 착체이다. 헤모글로빈의 가장 중요한 성질로는 철 원자 1개당 1개 분자의 산소와 결합하여 옥시헤모글로빈(oxyhemoglobin)을 생성하는 기능을 들 수 있다. 옥시헤모글로빈은 선홍색이다. 헤모글로빈 속의 철은 2가[Fe(Ⅱ)]이며 산소가 부가되어도 산화수는 변하지 않는다.

헤모글로빈의 폴리펩티드사슬(polypeptide chain)에는 여러 가지 변화가 있으며 그에 따라 여러 가지 헤모글로빈이 존재한다. 산소의 결합은 산소분압(分壓)에 의해 변화하여, 고압의 산소하에서는 옥시헤모글로빈이 많아지며 산소분압이 내려가면 산소를 방출하게 된다.

헤미 수화물 【-水化物, hemihydrate】 화합물의 2개 분자에 대해 1개 분자의 결정수(結晶水)가 대응하고 있는 수화물의 결정을 말한다. $2CaSO_4 \cdot H_2O$(plaster of Paris) 등이 있다.

헤미아세탈 【hemiacetal】 아세탈의 항 참조.

헤미케탈 【hemiketal】 케탈의 항 참조.

헤테로리시스 【heterolytic fission, heterolysis】 공유결합이 절단될 때 2개의 결합전자가 2개 모두 한쪽으로 잔존하는 것을 말한다. 그 결과로 양이온과 음이온이 생긴다.

$$RX \rightarrow R^+ + X^-$$

호모리시스의 항 참조.

헥사데칸산 【hexadecanoic acid】 팔미트산의 항 참조.

헥사메틸렌 디아민 【hexamethylene diamine】 (CAS) 1.6-hexane diamine REG#=124-69-4 6,6-나일론의 출발 원료인 긴 사슬의 디아민이다. 시클로헥산을 원료로 하여 만든다. 나일론의 항 참조.

헥사플루오로 알루민산 나트륨 【sodium hexafluoro aluminate】 (CAS) aluminate(3-), hexafluoro-sodium salt(1:3) REG#=15096-52-3 $Na_3[AlF_6]$ 자연에서는 빙정석으로 산출된다. 그린랜드 남부에 큰

광상(鑛床, mineral deposit)이 있다. 무색에서부터 백색으로 된 것이 많으나 불순물에 의해 적색에서 갈색의 것도 있다. 알루미늄 제조의 융제이다. 단사정계(munoclinic system)이나 얼핏 보면 입방정(cubic)에 가까운 형상을 취하고 있다.

헥산 【hexane】 REG#=110-54-3 C_6H_{14} 휘발성이 용이한 원유의 성분을 분류시켜 만드는 액체의 알칸이다. 주로 용매나 용제로서 사용된다.

헥산산 【hexanoic acid】 REG#=142-62-1 $CH_3(CH_2)_4COOH$ 우유나 야자유 등의 식물유 속에 글리세리드(glyceride)로서 존재한다. 곧은 사슬의 지방산이다. 산 자체도 기름의 형상이다. 관용명으로는 카프론산(caproic acid)이라고 한다.

헥소오스 【hexose】 육탄당의 항 참조.

헥실기 【hexyl group】 C_6H_{13} - 로 나타내는 곧은 사슬의 알킬기이다.

헥토- 【hecto-】 [기호] h 10^2배를 의미한다. 예를 들면 1hm(헥토미터)=10^2m이다.

헨리 【henry】 [기호] HSI단위계의 전자유도(電磁誘導, inductance) 단위이다. 1A의 전류에 대해 1Wb(weber)의 자속(磁束, magnetic flux)이 생기는 닫힌 회로(closed circuit)의 인덕턴스(inductance)를 1 H로 정의한다. $1 H=1WbA^{-1}$.

헨리의 법칙 【Henry's law】 용존하고 있는 기체의 농도 C는 용액과 평형을 이룬 기체상 속에서 그 기체가 차지하는 분압 p에 비례한다. 즉, $p=hC$이다. 여기서 h는 비례상수이다. 이 관계는 이상용액의 라울법칙(Raoult's law)과 동일한 형태이다. 헨리의 법칙에서 기체의 부피용해도는 압력에 의존하지 않는다는 결과를 유도한다

헬륨 【helium】 [기호] He [양성자수] 2 [상대원자질량] 4.008 mp-272.2℃(26기압) bp-268.94℃ 밀도 0.1785kgm^{-3}(0℃, 1기압) 무색이며 단원자(單原子, monoatomic)의 기체이다. 희유기체원소(제0족 원소)의 최초의 구성원이다. 전자배치는 $1s^2$이며 원자핵은 양자 2개와 중성자 2

개로 되어 있다(즉, α입자와 동일하다. 자연에는 이 이외에 얼마 안되는 ^{3}He도 있다). 이온화 에너지가 대단히 크며 그러므로 어떠한 화학반응시약에 대해서도 완전히 저항할 수 있다.

대기 중에 5.2×10^{-4}%정도가 함유되어 있는데 어떤 종류의 가스 웰(gas well)에서 나오는 천연가스에는 7%나 함유되는 경우도 있다. 우주에서는 수소 다음으로 풍부한 원소이다. 태양의 에너지원은 수소의 핵융합에 의해 헬륨이 생성되는 과정이다. 미국과 소련의 헬륨자원은 거의 천연가스에서 회수하고 있으며, 암모니아 합성에 천연가스를 사용하고 있는 경우에는 부산물로서 헬륨을 회수하기도 있다. 불활성기체(inert gas)로서 널리 사용되고 있는데, 특히 값싼 대체물(질소가스)로서 반응성이 풍부한 경우에는 역시 헬륨의 독무대라 할 수 있다. 고온야금이나 용접 등에 사용되는 외에 잠수할 때 산소의 희석제(헬륨은 질소보다도 물에 용해되는 것은 적으므로)로서 이용된다. 또한 로켓액체연료의 가압매체로도 사용된다. 기구나 비행선 등에도 이용되며 액화시켜 저온물리의 연구나 초전도 자석 등에도 사용되고 있다.

헬륨은 일반적인 의미에서 삼중점(三重點)을 갖지 않는 유일한 물질이라는 특이성을 가지고 있다. 즉 액상, 고상, 기상의 세 가지 상태가 공존하는 점이 없다. 이 원인은 원자간 힘에 있으며 일반적인 경우, 고체를 형성하기 위한 원자 사이의 인력이 매우 작고 영점에너지와 거의 같은 크기이다. 2.2K에서 헬륨은 액체의 헬륨 Ⅰ에서 Ⅱ라는 별도의 액상으로 전이(轉移)한다. 헬륨 Ⅱ는 현저하게 낮은 점도를 가지고 있으며 또한 초유동성(超流動性)을 나타낸다. 점도가 낮기 때문에 두께가 여러 원자 정도의 막으로 되며 벽면을 상승하는 현상을 볼 수 있다.

헬륨의 또 한가지 동위체인 ^{3}He는 삼중수소(tritium)의 붕괴생성물(壞變生成物)이며 핵반응으로도 생성된다.

헬름홀츠 함수【Helmholtz function】 헬름홀츠의 자유에너지라고도 한다. 다음 식으로 정의되는 열역학적인 함수 F를 말한다.

$$F = U - TS$$

여기서 U는 내부에너지, T는 열역학적인 온도, S는 엔트로피이다.

등온과정에서 유효한 일(work)의 척도이다. 자유에너지의 항 참조.

헬-볼라르-젤린스키 반응 【Hell-Volard-Zelinsky reaction】 할로겐화인의 존재 하에 할로겐치환의 카르복시산을 합성하는 반응을 말한다. 할로겐치환은 카르복실기의 이웃(α자리)에서 일어난다. Br_2와 PBr_3을 사용하면 다음과 같이 반응한다.

$$RCH_2COOOH \rightarrow RCHBrCOOH \rightarrow RCBr_2COOH$$

헵탄 【heptane】 REG#=142-82-5 C_7H_{16} 무색의 액체알칸이다. 석유를 정제(refining)해서 만들며 용매로서 잘 사용된다.

현탁액(질) 【懸濁液(質) suspension】 서스펜션이라고도 한다. 고체 또는 액체의 미립자가 액체 속에 분산하고 있을 때는 현탁액이며 기상 속에 분산하고 있는 경우에는 현탁질이라고 한다.

형광 【螢光 fluoresence】 인광의 항 참조.

형광제 【螢光劑 fluorescein】 형광성의 색소이며 흡착지시약이나 브롬을 검출하는 데 사용한다.

형석 【螢石 fluorospar, fluorite】 자연에서 산출되는 플루오르화칼슘 CaF_2이다.

형석형 구조 【螢石型構造 fluorite structure】 플루오르화칼슘형 구조의 항 참조.

형인광체 【螢燐鑛體 phosphor】 형광이나 인광을 방출하는 물질을 말한다.

호모리시스 【homolysis (homolytic fission)】 공유결합이 해열하는 경우, 양쪽 원자에 전자가 각 1개씩 잔존한 유리기(遊離基, free radical)가 각각 생성하는 반응을 말한다.

호변이성 【互變異性, tautomerism】 2개의 이성질체가 있어서 서로 다른 쪽으로 변화할 수 있으며, 일반적으로는 평형혼합물로 되어 있는 이성질현상을 말한다. 각 이성질체는 토토머(tautomer)라고 한다. 수소 원자의 이동에 의해 일어나는 일이 많다. 케토 엔올 이성의 항 참조.

호변이형 【互變二形, enantiotropy】 어떤 원소의 단일체(simple substance)가 서로 다른 온도조건 하에서 별도의 형태[고상(固相)]로서 안전하게 존재하는 것을 말한다. 황 등이 좋은 예이다. 두 가지 고체상이 존재할 수 있는 조건은 일정한 압력 하에서는 일정한 온도가 된다(자유도가 1이다).

호프만법 【Hofmann's Method】 휘발성 액체의 증기압을 측정하는 데 잘 사용했던 것으로 비교적 오래된 방식이다. 미리 알고 있는 시료의 양을 수은기압계의 관 속에 넣는다. 관은 가열재킷으로 싸둔다. 증기의 부피는 직접 읽을 수 있기 때문에 미리 알고 있는 온도하에서 증기압은 대기압에 상당하는 수은주 높이와 그 때의 기압계의 수은주 높이와의 차이로써 얻을 수 있다. 고온이면 수은증기의 압력분의 보정(補正)도 해야 한다. 이 방법이 우수한 것은 비등점까지 가열하면 분해되는 물질에도 이용할 수 있다는 것이다. 뒤마법 및 빅터마이어법의 항 참조.

호프만 분해 【Hofmann degradation】 산아미드(acid amide)에서 제1급 아민을 합성하는 방법의 하나이다. 아미드를 수산화나트륨 수용액 및 브롬과 함께 환류하면서 끓인다.

$RCONH_2 + NaOH + Br_2 \rightarrow RCONHBr + NaBr + H_2O$

$RCONHBr + OH^- \rightarrow RCON^- \cdot Br + H_2O$

$RCON^-Br \rightarrow R-N=C=O + Br^-$

$RNCO + 2OH^- \rightarrow RNH_2 + CO_3^{2-}$

이 반응은 탄소수 하나가 적은 아민이 되므로 분해(degradation)라는 명칭이 붙는다.

혼성 오비탈 【hybrid orbital】 오비탈 항 참조.

혼합물 【混合物 mixture】 두 종류 이상의 물질이 서로 화학결합을 형성하지 않고 하나의 계를 이루는 것을 말한다. 균일계 혼합물(용액, 혼합기체 등)에서 구성분자는 균일하게 혼합하고 단일의 상으로 되어 있으며, 불균일계 혼합물에서는 별도의 상(phase)으로 되어 있다. 예를 들면 화약, 시멘트, 어떤 종류의 합금 등이 그 예이다. 혼합물과 화합물의 차이는 다음과 같다.
① 혼합물 속의 성분을 나타내는 화학적인 성질은 순수한 물질이 나타내는 성질과 동일하다.
② 물리적인 수법(증류나 결정화 등)에 의해 혼합물에서 순수한 물질을 분리할 수 있다.
③ 성분의 비율은 가변(可變)이다. 더욱이 어떤 종류의 혼합물에서는 가변영역이 일정한 한계 안에 있는 일도 있다.

혼화성【混和性, miscibility】 두 종류 이상의 물질이 함께 섞였을 때 서로가 용해하여 단일의 상(phase)을 형성하는 성질을 말한다. 고분자화학에서는 약간 다른 의미로 사용한다.

홀뮴【holmium】　[기호] Ho [양성자수] 67 [상대원자질량] 164.93 mp 1474℃ bp 2695℃ 비중 8.80 은백색이며 전성(展性, malleability)이 풍부하고 연한 금속이다. 란탄족원소의 하나이며 다른 희토류원소와 함께 산출된다. 용도는 거의 없다.

화씨 온도 눈금【Fashrenheit scale】　빙점을 32℃, 비등점을 212℃(1기압하에서)로 하는 온도의 척도이다. 과학적으로 이 온도가 사용되는 일은 없다. 섭씨온도(C)와 화씨온도(F)의 환산은 다음과 같은 식에 의한다.

$$C/5=(F-32)/9$$

'화씨'는 중국 발음에 의한 취음자(取音字)이다(華=Hua≒Fa). 온도 눈금의 항 참조.

화약【火藥 explosive, powder】　일반적으로 화약류 중에서 화약 및 폭약을 화약이라 부르고 있다. 화약류는 화약, 폭약 및 화공품으로 분류되며, 연소에 의해 발사 또는 추진을 주목적으로 하는 것만을 화약이라고 정의하고 있다. 대표적인 화약으로서는 탄환의 발사에 사용되는 흑색화약 및 무연화약, 그리고 로켓에 사용되는 콘포제트 추진약이 있다(로켓추진약). 좁은 뜻인 화약의 특징은 격렬한 폭발은 일으키지 않고 공기의 보급만으로 빠른 연소(폭발)를 일으키는 경우이다.

화염색 시험 【火炎色試驗 flame teat】 백금선에 미량의 시료를 얹고 무색으로 된 분젠 버너(Bunsen burner)의 화염 속에 넣었을 때 화염이 착색하는 것을 이용한 예비적인 정성분석법이다.

화염색 반응에 대한 정색

원 소	화염색
리 튬	홍 색
나트륨	황 색
칼 륨	담자색
칼 슘	벽돌색
스트론튬	적 색
바 륨	녹 색

화염 속에서 시료는 휘발하고 원자화하는데 원자의 몇 가는 여기(勵起, excitation)되어 금속원소에 각각 특유한 파장의 빛을 방출한다. 따라서 화염의 특징적인 색으로 원소 각각의 존재가 나타난다. 동일한 원리를 응용한 것이 발광분광분석이다.

화폐용 금속 원소 【貨幣用金屬元素 coinage metals】 제IB족의 3개 원소(구리, 은, 금)이며 모두 전성(展性, malleable)이 풍부하다. 외각(外殼)에 s^1을 갖는 전자구조이나 내각(內殼)의 d각이 가득 차 있는 점이 알칼리금속원소와 다르다. 알칼리금속원소보다도 높은 이온화 포텐셜을 갖는다. 표준단극전위도 큰 양(positive)의 값이기 때문에 산화되기 어렵다. 알칼리금속과 또 한가지 다른 점은 산화상태가 단일하지 않다는 것이다.

구리는 수용액 속에서 수화된 청색의 Cu(II) 이온을 생성하나 CN^- 등의 이온이 있으면 무색의 CuCN 등과 같은 Cu(I)의 화합물이 된다. 수는 적으나 Cu(III)의 화합물도 알려져 있다. 은은 $AgNO_3$ 등의 Ag(I) 화합물 외에 고체에서만 안정된 Ag(II) 화합물도 알려져 있다. 금의 가장 일반적인 산화상태는 Au(III)이다. 시안화물이온 등이 존재하면

Au(Ⅰ)도 안정되고 [Au(CN)$_2$]$^-$ 등도 얻게 된다. 매우 많은 배위화합물이 알려져 있는 것도 알칼리금속원소와 다르다. 일반적으로는 천이금속의 일원으로서 취급되는 일이 많다.

화학 결합 【化學結合 chemical bond】 2개 이상의 원자나 원자단 사이에서 작용하여 원자를 서로 보존하는 상호작용을 말한다. 결합에너지에는 큰 폭이 있으며 분자 사이의 약한 결합(0.1 kJmol^{-1})에서부터 대단히 강한 화학결합(10^3kJmol^{-1})에 이른다. 결합에너지, 배위결합, 공유결합, 이온결합, 수소결합 및 금속결합의 항 참조.

화학 결합비의 법칙군 【laws of chemical combination】 18세기에서 19세기 초에 걸쳐 확립된 일련의 화학법칙이다. 화학반응의 정량적인 연구의 중요성이 인식된 결과로 유도된 것이다.
① 질량 보존의 법칙(물질 불멸의 법칙)(Lavoisier 1774년)
② 정비례의 법칙(Proust 1799년)
③ 배수비례의 법칙(Dalton 1804년)
이러한 세 가지 법칙은 돌턴의 원자론(1808년)의 전개에 있어서 중요한 역할을 하였다. ① 질량보존의 법칙 ② 정비례의 법칙 및 ③ 배수비례의 법칙의 항 참조.

화학 공업 【化學工業, chemical engineering】 화학공업공장의 설계나 보수, 또는 온도나 압력의 극한값에 대한 내성이나 내부식성 등을 다루는 공업의 한 분야이다. 실험실에서의 그램규모의 생산과정을 화학공장에서의 톤규모의 생산과정으로 변환하는 것도 포함된다. 화학공업은 적당한 단위공정을 연결하여 대규모의 생산과정을 조성하거나 열이나 물질의 이동, 증류 등의 여러 가지 파라미터(parameter)도 연구한다.

화학량론 【化學量論 stoichiometry】 원어대로 스토이키오메트리라고도 한다. 어떠한 원소가 어떤 비율로 화합해서 화합물을 만들고 있는가를 나타낸다. 화학량론적인 화합물이란 성분원자의 비율을 간단한 정수비(整數比)로 나타낼 수 있는 것을 말한다.

화학식 【化學式 formula】 화합물을 원소의 화학기호와 원자수(밑에 쓰는 작은 문자)로 나타내는 표현을 말한다. 실험식, 분자식 및 구조식의 항 참조.

화학 흡착 【化學吸着, chemisorption】 흡착의 항 참조.

화합물 【化合物 compound】 서로 다른 원소의 원자가 일정한 조성비로서 화학적으로 결합하여 생기는 물질을 말한다. 물리적인 방법으로 성분원자를 나눌 수는 없다. 화합물을 생성하거나 변화시키는 데는 화학반응이 필요하다. 화합물의 존재는 반드시 그 화합물이 안정해야 한다는 의미는 아니다. 1초 이하의 수명밖에 갖지 않는 화합물도 많이 존재하고 있다.

확산 【擴散, diffusion】 원자나 분자 등의 입자가 열운동을 하고 그 결과로 생기는 기체나 액체, 때로는 고체의 이동을 말한다. 예를 들면 물 속에 잉크 한 방울을 떨어뜨리면 천천히 전체적으로 확산해 가는 것을 알 수 있다. 고체 속에서 확산하는 것은 상온에서는 대단히 느리다.

확산 분리법 【擴散分離法, atmolysis】 기체 입자의 확산속도차이를 이용하여 기체성분을 분리하는 것(우라늄의 동위원소분리 등은 6플루오르화우라늄 UF_6의 확산분리를 적용하는 것이 많다)을 말한다.

환류 【還流, reflux】 콘덴서(냉각기)를 비치한 용기 속에서 액체를 기화시켜 증기로 만든 다음, 이것을 냉각해서 생긴 액체를 다시 용기 속으로 돌려보내는 것을 말한다. 환류냉각기를 사용하면 액체를 장시간에 걸쳐 손실없이 비등점으로 보존할 수가 있다. 유기화학에서 반응을 일으킬 때 널리 사용되는 조작법의 하나이다.

환원 【還元, reduction】 어떤 화합물에 대해 산소를 뺏거나 수소를 부가시키는 것을 말한다. 가장 일반적으로는 원자, 분자, 이온 중 어느 것이라도 전자를 취득한 경우에는 '환원되었다'라고 한다.

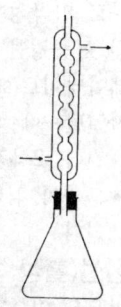

환류 장치의 예

환원제에 의해 화학적으로 환원하거나 전기적으로 음극을 환원하는 일도 있다.

예를 들면

$$2Fe^{3+} + Cu \rightarrow 2Fe^{2+} + Cu^{2+}$$

여기서는 Cu가 환원제이며 Fe^{2+}가 환원되어진 것이다. 또한

$$2H_2O + SO_2 + 2Cu^{2+} \rightarrow 4H^+ + SO_4^{2-} + 2Cu^+$$

의 반응에서는 SO_2가 환원제이며 Cu^{2+}가 Cu^+로 환원되어 있다. 염화주석(II)(염화제일주석), 이산화황, 아황산수소이온, 히드록실아민염산염 등이 잘 알려진 환원제이다. 산화환원의 항 참조.

환원 전위 【還元電位, reduction potential】 전극전위의 항 참조.

환원제 【還元劑, reducing agent】 환원의 항 참조.

활동량 【活動量, active mass】 단위부피당의 몰 수(mole number)를 말한다. 일반적으로는 $l(dm^3)$당의 몰 수를 말한다. 질량작용의 법칙의 항 참조.

활량 【activity】 활동도 또는 활동농도라고도 한다. 실재의 용액을 이상용액과 동일하게 취급할 수 있도록 보정한 열역학적인 농도이다.

활석 【滑石 talc】 탈크라고도 한다. 이상적인 화학조성은 $Mg_3(Si_4O_{10})(OH)_2$. 삼사결정계. 잎모양 또는 비늘모양. 가장 부드러운 광물 중의 하나로 만곡성이 있다. 무색에서 백색, 담색인 착색도 있다. 모스굳기도 1인 표준광물. 밀도 $2.82g/cm^3$. 덩어리모양의 비누돌(soapstone)이나 스테아타이트(steatite)의 주요 구성광물이다. 열 및 전기전도율이 낮다. 가열탈수에 의해 900℃ 이상에서 엔스터타이트에 토포택시 전이를 일으킨다. 2차적 변질광물로서 초염기성암이나 변성암 속에서 산출된다. 세분하여 감마제, 약품, 화장품, 제지, 세라믹스의 마그네슘 원료 등에 쓰인다.

활성선(활성 방사선) 【活性線(活性放射線), actinic radiation】 화학반응을 일으키는 방사선을 말한다. 좁은 뜻으로는 자외선을 가리킨다.

활성 착체 【活性錯體, activated complex】 활성착합체(活性錯合體)

활성탄【活性炭 activated charcoul】 목탄의 항 참조.

활성화 에너지【activation energy】 입자나 분자 등이 반응할 때 필요한 최소의 에너지를 말한다. 즉 반응을 시작하는 데 필요한 에너지를 말한다. 반응이 흡열반응이든 발열반응이든 관계없다. 활성화에너지는 반응을 일으키기 위해 넘어야만 하는 '에너지 장벽'이라고도 한다. 아레니우스의 식의 항 참조.

황【黃 sulfur】 [기호] S [양성자수] 16 [상대원자질량] 32.06 mp 118.9℃ bp 444.6℃ 상대밀도(비중) 2.07 융점(melting point)이 낮은 비금속고체 원소이다. 제Ⅵ족의 두번째 구성원이며 전자구조는 [Ne]$3s^2 3p^4$이다. 자연에서는 단일체의 형태이며 시칠리아섬이나 일본 등의 화산지대에서 산출되는 외에 미국 남부의 지층(地層) 속에도 대량으로 존재한다. 더욱 대량으로는 황화철광(FeS_2) 또는 황산염암석($CaSO_4$ 등)의 형태로 지각 속에 존재하고 있으나 지각 전체로 보면 0.5% 정도이다. 흙 속의 황은 플래시법(Frash process)으로 추출된다. 과열수증기를 삼중관으로 지하에 도입하여 융해된 황을 펌프로 퍼올린다. 과열수증기는 삼중관의 가장 외측을 통하게 한다.

광상(mineral deposit) 속에 도달하면 우선 황을 융해시키고 중앙의 관에서 공기를 보내 액화된 황을 상승시키도록 한다. 퍼올린 황은 냉각하면 고화하기 때문에 지표에서 쉽게 모을 수가 있다. 황화물을 정련(smelting)할 때도 다량의 황이 부성(副成)되나 이것은 직접 산화황의 혼합물(SO_2/SO_3)로 변화시켜 황산을 제조(접촉법)하는 곳으로 보낸다. 황에는 잘 알려져 있는 많은 동소체가 존재한다. 더욱이 각 상(phase)의 관계는 복잡하다. 상온 상압에서 안정된 형은 사방황(斜方黃)이며 90℃이상에서는 단사황(單斜黃)과 평형을 이룬다. 어느 것이나 왕관모양의 S_8고리의 분자를 함유하나 결정구조(crystal structure)는 전혀 다르다. 융해된 황을 물 속에서 급랭시키면 고무 모양의 황이 생긴다. 이것은 약간의 탄성이 있다. 이 구조는 황의 긴 사슬이 나선모양으로 늘어난 것이라고 볼 수 있다. 동일한 족(族 group)의 셀렌과 텔루르에는 회색의 금속성 동소체의 존재가 확인되지만 황에는 아직 발견되지 않고 있다.

황은 수소와 직접 반응하여 황화수소를 생성하나 실온에서는 이 평형이 원료쪽으로 지나치게 기울어져 황화수소 발생용으로는 사용하지 않는다. 산소 속에서는 특징 있는 청색 화염을 내면서 연소하고 이산화황 SO_2와 흔적량의 삼산화황이 생긴다. 여러 가지 옥시산도 생성하나 이 중에는 퍼옥소기(peroxo group)나 $-S_n-$기를 함유하는 것도 있다. 할로겐화물에 대해서는 4종의 플루오르화물 S_2F_2, SF_4, SF_6, S_2F_{10}과 3종의 염화물 S_2Cl_2, SCl_2, SCl_4 외에 브롬화물 1종(S_2Br_2)만이 알려져 있을 뿐이다(요오드화물(iodide)은 없다). SF_6을 별도로 하면 모든 할로겐화황은 가수분해되기 쉽고 SO_2나 때로는 H_2S를 방출하며 할로겐화수소를 부산물로 생성한다. SF_6은 예외적으로 대단히 안정하다.

유기화학에서는 플루오르화시약으로 SF_4, 염소화시약으로 S_2Cl_2, SCl_2가 흔히 이용된다. 염화황은 고무에 가황(加黃 vulcanization)시키는 데도 사용된다. 육플루오르화황은 단일체끼리의 반응으로 만들어지나 사플루오르화황은 SCl_2와 NaF의 반응으로 합성된다. 염소의 공급량을 가감하여 황과 반응시켰을 때의 생성물은 S_2Cl_2이다. 과량으로 염소가 있으면 고차(高次)의 염화물도 생성한다.

$$2S + Cl_2 \rightarrow S_2Cl_2$$
$$S_2Cl_2 + Cl_2 \rightarrow 2SCl_2$$

이러한 2성분계의 할로겐화물 외에 2개의 계열을 이루는 옥시할로겐화물이 있다. 하나는 할로겐화티오닐(산화이할로겐화황, SOX_2, X=F, Cl, Br이며 I는 없음)이고 또 하나는 할로겐화설퍼릴(이산화이할로겐화황, SO_2X_2, X=F, Cl, Br. I로 된 것은 없다)이다.

여러 가지 금속은 단일체 황과 직접 반응하여 여러 가지 구조의 황화물을 만든다. 알칼리금속원소와 알칼리토금속원소의 황화물은 모두 이온성이며 결정 속에 S^{2-}이온을 함유한다. 물에 용해시키면 가수분해를 일으켜 염기성을 나타낸다.

$$S^{2-} + H_2O \rightarrow SH^- + OH^-$$

천이금속의 황화물도 많이 알려져 있다. 식에서는 FeS, CoS, NiS와 같이 기입되지만 실제로는 공유결합성이 강하고 또한 비화학양론적(非化學量論的)이기도 하다. 금속의 황화물 외에 비금속원소의 황화물도 현저하게 복잡성을 나타낸다. Si, As, P, N, Sb 등의 황화물에는 분자성으로 된 것과 중합체(polymer)로 된 것이 있다. 예를 들면 $(SiS_2)_n$, $(SbS_3)_n$, N_4S_4, As_4S_4, P_4S_3 등이 있다. 황은 또한 다종다양한 유기화합물을 만든다. 대부분은 황화수소계의 나쁜 냄새가 난다.

황동(놋쇠) 【黃銅, brass】 구리[銅, copper]와 아연의 합금이며 아연이 50%이하인 것을 말한다. 아연의 양이 적은 것은 붉은색을 띤 황금색이나 아연의 양이 증대함에 따라 붉은색이 상실되고 금색에서 은백색까지 얻게 된다. 가공이 쉬우며 내식성(耐蝕性)도 있다. 아연 함유율이 35% 이하인 것은 냉시가공(冷時加工)이 되고 얇게 늘여서 판 모양으로 하거나 가는 선으로 빼거나 또는 관(tube)으로 가공해서 사용한다. 아연 함유율이 35~46%인 것은 더욱 단단하고 강도도 크지만 열가공할 필요가 있다. 제3의 원소를 첨가함으로써 황동의 성질은 상당히 변화하거나 개선된다. 납(lead)의 첨가에 따라 가공성은 증가하고 알루미늄이나 주석(tin)을 첨가하면 내식성이 개선된다. 청동 및 양은의 항 참조.

황산 【黃酸, sulfuric acid】 REG#=7664-93-9 H_2SO_4 주로 접촉법으로 만들어지는 것으로 무색, 점성의 기름 모양의 액체이다. 희석하는 데는 잘 저어주면서 물을 소량 첨가시키는 것을 반복한다. 진한 황산은 산화력이 있으며 탈수제이기도 하다. 묽은 황산은 강한 이염기산(二鹽基酸)이며 금속의 탄산염을 용해시켜 황산염을 만든다. 활성된 금속은 묽은 황산에 용해하여 수소를 방출한다.

진한 황산은 실험실에서 기체의 건조제로 사용하는 외에 에틸렌이나 질산을 제조하는 데도 사용된다. 공업적으로는 비료(황산암모늄, 과인산석회 등)외에 레이온, 세제 등의 용도가 있다. 금속의 산세척이나 축전지의 전해액 등도 중요한 용도이다. 접촉법의 항 참조.

황산(Ⅳ) 【黃酸, sulfuric(Ⅳ) acid】 아황산의 항 참조.

황산구리(Ⅱ) 【copper(Ⅱ) sulfate】 (CAS) sulfuric acid, copper salt REG#=7758-98-7 $CuSO_4$ 황산제이구리 또는 담반(膽礬, blue vitriol) 이라고도 한다. 산화구리(Ⅱ) 또는 탄산구리(Ⅱ)를 묽은 황산에 용해하여 결정시키면 오수화물이 된다. 이것은 삼사정계(三斜晶系) 청색의 결정이다. 공업적으로는 묽은 황산과 구리조각의 혼합물에 공기를 분출시켜서 만든다. 생성된 용액은 순환시켜 황산구리(Ⅱ)의 농도가 충분히 높아질 때까지 계속한 뒤에 결정을 채취한다. 물에 잘 용해된다. 100℃로 가열하면 일수화물 $CuSO_4 \cdot H_2O$가 되고 250℃로 가열하면 무수물이 된다. 무수의 황산구리(Ⅱ)는 백색이며 현저한 흡습성(吸濕性)을 갖는다. 물을 흡수하면 청색이 된다. 다시 가열하면 산화구리(Ⅱ)와 삼산화황이 된다. 황산구리(Ⅱ)는 식품보존용이나 살균제(보르도액) 외에 염색이나 도금공업 등에 이용된다.

황산 나트륨 【sodium sulfate】 (CAS) sulfuric acid, sodium salt(1:2) REG#=7757-72-6 Na_2SO_4 염화나트륨과 진한 황산의 혼합물을 가열해서 만든다. 공업적으로는 르블랑법(Leblanc process)의 제1단계로 만든다. 두 종류의 수화물이 알려져 있으며 하나는 글라우버염 $Na_2SO_4 \cdot 10H_2O$(자연에서는 밀라비라이트(망초)로서 산출된다)이며 유리제조, 의약품(설사약) 등에 사용된다. 또 하나는 7수화물 $Na_2SO_4 \cdot 7H_2O$이다. 십수화물은 공기 중에서 풍해하여 무수물(無水物, anhydride)이 되며 (탈수망초) 이 무수물은 유기화학에서 탈수나 건조제로서 널리 사용된다. 실온에서 무수의 황산나트륨은 사방정계(rhombic system)로 결정하나 250℃에서 전이점(轉移點)이 있고 고온쪽에서는 육방정계가 된다. 십수화물은 단사정계(monoclinic system)이다.

황산납(Ⅱ) 【lead(Ⅱ) sulfate】 (CAS) sulfuric acid, lead salt(1:1) REG#=7446-14-2 $PbSO_4$ 백색의 결정성 고체이다. 자연에서는 황산납광으로 산출된다. 물에 거의 용해되지 않는다. 가용성의 납(Ⅱ)염수용액(鹽水溶液)에 황산이온을 첨가하면 침전되어 얻을 수 있다. 수산화납

(Ⅱ)과 물의 혼합액을 합치면 히드록시황산납(Ⅱ)으로 변화한다. 이 히드록시황산납(Ⅱ)도 안료로서 널리 사용된다.

황산 리튬 【lithium sulfate】 (CAS) sulfuric acid, dilithium salt REG#=10377-48-7 Li_2SO_4 과량의 산화리튬 또는 탄산리튬을 묽은 황산에 첨가해서 만든다. 물에 잘 용해되며 일수화물의 결정을 이룬다. 다른 알칼리금속의 황산염과 달리 명반을 만들지 않고 동일한 형태의 결정도 되지 않는다.

황산 마그네슘 【magnesium sulfate】 (CAS) sulfuric acid, magnesium salt(1:1) REG#=7487-88-9 $MgSO_4$ 자연에서도 여러 가지 다른 광물과 함께 산출된다. 칠수화물 $MgSO_4 \cdot 7H_2O$는 엡솜염(사리염)으로 알려져 있는데 탄산마그네슘을 황산과 반응시켜 만든다.

황산마그네슘은 설사약으로 쓰이는 외에 바륨중독 또는 바르비트르산염(barbiturate) 중독의 해독제로도 사용된다. 섬유공업에서는 염색이나 사이징(sizing) 등에 사용하는 외에 인조섬유의 제조 또는 비료로도 사용한다.

황산 바륨 【barium sulfate】 (CAS) sulfuric acid, barium salt REG#=7727-43-7 $BaSO_4$ 자연에서는 중정석(重晶石)으로 산출되는 백색고체이다. 물에 잘 용해되지 않으므로 염화바륨수용액에 황산을 첨가하면 쉽게 침전하여 얻을 수 있다. 공업약품으로 중요하다. 표면피복용 도료 중에 안료나 첨가제로서 사용되며 blanc fixe라는 이름으로 불린다. 유리공업이나 고무공업으로 사용되는 외에 종이의 충전제나 X선 촬영의 조영제(造影劑)로 사용되고 있다.

황산 베릴륨 【beryllium sulfate】 (CAS) sulfuric acid, beryllium salt REG#=13510-49-1 산화베릴륨을 진한 황산으로 처리하면 얻을 수 있는 것으로 쉽게 용해되는 성질이 있는 백색고체이다. 가열하면 산화베릴륨이 된다. 물의 존재하에 가열하면 용해하여 산성용액이 된다.

황산 수소 나트륨 【sodium hydrogen sulfate】 (CAS) sulfuric acid, monosodium salt REG#=7681-38-1 $NaHSO_4$ 중황산소다라고도 한

다. 진한 황산과 질산나트륨의 반응 또는 황산으로 수산화나트륨을 중화한 용액 등에서 얻을 수 있다. 진한 황산과 염화나트륨의 같은 몰(mole) 혼합물을 가열해도 얻는다. 수용액은 강산성이며 일수화물을 결정해서 석출한다. 가열하면 수분도 방출되나 더 가열하면 피로황산(pyrosulfuric acid) 나트륨 $Na_2S_2O_7$이 된다. 이것은 황산나트륨과 삼산화황으로 분해한다. 황산수소 나트륨은 값이 싼 황산원료로서 잘 사용된다. 염색공업 등에 주로 많이 이용된다.

황산 스트론튬【strontium sulfate】 (CAS) sulfuric acid, strontium salt REG#=7759-02-6 $SrSO_4$ 자연에서도 천청석(天靑石 celestine)으로 산출되며 백색이고 물에 잘 용해되지 않는 고체이다. 수산화스트론튬, 산화스트론튬, 탄산스트론튬 등을 황산에 용해시켜 만든다. 페인트용의 안료로서 황산바륨 대신에 사용되는 일이 있다.

황산 아연【黃酸亞鉛, zinc sulfate】 (CAS) sulfuric acid, zinc salt REG#=7733-02-0 $ZnSO_4$ 산화아연이나 탄산아연을 묽은 황산에 용해하여 농축시켜 만들며 백색고체이다. 결정시키면 30℃이하에서는 칠수화물 $ZnSO_4 \cdot 7H_2O$를, 30℃이상에서는 육수화물 $ZnSO_4 \cdot 6H_2O$를 얻게 된다. 100℃에서는 일수화물 $ZnSO_4 \cdot H_2O$를 얻는다. 450℃에서 비로소 무수황산아연이 된다. 물에 잘 용해된다. 섬유공업용이나 의약(안약) 등에 사용된다.

황산 알루미늄【aluminum sulfate】 (CAS) sulfuric acid, aluminum salt(3:2) REG#=10043-01-1 $Al_2(SO_4)_3 \cdot 18H_2O$ 백색결정성의 고체이다. 종이의 사이징(sizing)이나 배수의 침전처리, 소화기용의 포말제(기포제) 또는 난연화제(難燃化劑)로 사용된다. 수용액은 가수분해하여 $Al(H_2O)_5(OH)^{2+}$를 생성하고 수소이온이 증가하므로 약산성을 나타낸다. 황산반토이다.

황산 알루미늄 칼륨【aluminum potassium sulfate】 (CAS) sulfuric acid, aluminum potassium salt (2:1:1) REG#=10043-67-1 $KAl(SO_4)_2 \cdot 12H_2O$ 물에 용해되는 백색고체이며 알콜에는 용해되지 않

는다. 황산칼륨과 황산알루미늄을 같은 몰(mole)로 혼합한 수용액을 결정시켜 만든다. 매염제(媒染劑), 물처리시약, 가죽을 무두질하는 데 등에 사용된다.

황산 암모늄 【ammonium sulfate】 (CAS) sulfuric acid, ammonium salt REG#=10043-02-4 $(NH_4)_2SO_4$ 수용성의 무색결정성 고체이다. 주의해서 가열하면 황산수소암모늄이 되나 강하게 가열하면 질소, 암모니아, 이산화황과 물로 분해한다. 공업적으로는 황산과 암모니아를 반응시켜 만든다. 암모늄의 염류 중 가장 잘 알려진 것이며 비료로서 널리 사용되고 있다. 비료로서의 결점으로는 토양을 산성화하는 것이다.

황산 에스테르 【sulfate】 황산의 에스테르를 말한다.

황산염 【黃酸鹽 sulfate】 황산의 염을 말한다.

황산 제이철 【ferric sulfate】 황산철(Ⅲ)의 항 참조.

황산 제일철 【ferrous sulfate】 황산철(Ⅱ)의 항 참조.

황산철(Ⅱ) 【黃酸鐵 iron (Ⅱ) sulfate】 (CAS) sulfuric acid, iron salt(1:1) REG#=7720-78-7 $FeSO_4$ 황산제일철 또는 녹반(綠礬 green vitriol)이라고 하였다. 자연에서도 광물(녹반석 또는 코펠라스)로서 산출된다. 공업적으로는 황철광으로부터 만든다. 실험실에서는 금속철을 과량의 황산에 용해시켜서 만든다. 결정화하면 녹색의 칠수화물이 된다. 주의해서 가열하면 무수물을 얻게 되나 더욱 강하게 가열하면 분해하기 시작하고 산화철(Ⅲ)과 이산화황 및 삼산화황이 된다. 수화물 결정은 공기 속에 방치하면 산화되어 히드록시황산철(Ⅲ) $Fe(OH)SO_4$가 된다. 조제(調製)한 직후의 황산철(Ⅱ)는 산화질소 NO를 흡수한다(황반응). 황산철(Ⅱ)칠수화물은 황산아연, 황산마그네슘, 황산니켈, 황산코발트 등의 칠수화물과 동일한 형이다.

황산철(Ⅲ) 【黃酸鐵 iron(Ⅲ) sulfate】 (CAS) sulfuric acid, iron salt(3:2) REG#=10028-22-5 $Fe_2(SO_4)_3$ 황산제이철이라고도 한다. 황산철(Ⅱ)를 묽은 황산용액 속에서 과산화수소 또는 질산 등으로 산화하

면 얻게 된다. 결정을 만들면 백색의 구수화물 $Fe_2(SO_4)_3 \cdot 9H_2O$를 얻게 된다. 무수염(無水鹽)은 수화물을 천천히 가열시켜서 만든다. 가열하면 산화철(Ⅲ)과 삼산화황으로 분해한다. 알칼리금속의 황산염과 철명반(iron alum)을 만든다.

황산 칼륨【potasaium sulfate】 (CAS) sulfuric acid, dipotassium salt REG#=7778-80-5 K_2SO_4 수산화칼륨이나 탄산칼륨을 묽은 황산으로 중화시켜서 만들며 백색결정이다. 스타스프루트의 암염광산(岩鹽鑛山) 등에서 암염의 부산물로도 얻을 수 있다. 물에 잘 용해되어서 중성용액이 된다. 담배 등에 대한 칼리비료(potassic manure)로 사용하는 외에 명반을 제조하는 데도 많이 사용된다. 무수물은 사방정계($\beta - K_2SO_4$)이다.

황산 칼슘【calcium sulfate】 (CAS) sulfuric acid, calcium salt REG#=7778-18-9 $CaSO_4$ 자연에서는 무수석고[硬石膏]로서 널리 산출된다. 이수화물의 석고(질이 좋은 것은 알라바스터(alabaster), 즉 설화(雪花)석고라 한다. $CaSO_4 \cdot 2H_2O$)도 잘 알려져 있다. 가열하면 결정수(water of crystallzation)를 잃고 무수황산칼슘(소석고, $2CaSO_4 \cdot H_2O$)가 된다. 이것을 Plaster of Paris라고도 한다. 소석소를 물에 개어 결정수를 보충하면 즉시 고화하여 원래의 석고가 된다. 이것을 이용하여 석고상을 만들거나 뼈가 부러진 손이나 다리를 고정하는 데(깁스) 사용한다(깁스라는 말은 석고의 독일명 Gypsum에 의한 것이다). 황산칼슘은 물에 약간 용해되지만 영구 경수의 근원이기도 하다. 제지, 도료, 세라믹스 등을 제조하는 데 사용되고 있다.

황화광【黃化鑛 blende】 자연에서 산출되는 황화물의 광석을 말한다.

황화 나트륨【sodium sulfide】 REG#=1313-82-2 Na_2S 황색에서 적색의 고체이다. 황산나트륨을 탄소(일산화탄소 또는 수소도 무방하다)로 환원시켜 얻는다. 부식성이 있다. 조해(潮解, deliquescence)하여 황화수소를 방출한다. 여러 가지 수화물이 있으나 수화수 4.5, 5, 9로 된 것이 비교적 안정하다. 물에 잘 용해되고 가수분해한다. 수용액은 강염기성이다.

황화납 【lead sulfide】 REG#=1314-87-0 PbS 흑색의 고체이다. 자연에서는 방연광(方鉛鑛, galena)으로서 산출된다. 가용성의 납염(鉛鹽) 수용액에 황화수소를 통하면 흑색의 침전이 얻어진다. 이전에는 정류기(整流器)나 검파기(광석라디오) 등에 사용되었다.

황화물 【黃化物 sulfide】 ① 황과 전기적인 양성이 강한 원소와의 화합물이다. 가장 간단한 황화물은 S^{2-} 이온을 함유한다. 다(多)황화물은 S_x^{2-} 이온을 함유한다. ② 티오에테르(thioether)를 말한다(설피드).

황화 수소 【黃化水素 hydrogen sulfide】 REG#=7783-06-4 H_2S 무색이고 부식된 계란 냄새가 나는 유독한 기체이다. 일반적으로 황화철(Ⅱ)을 묽은 염산과 반응시켜 만든다. 검출하는 데는 연당지(鉛糖紙, 아세트산납종이)를 사용하거나 질산납수용액을 통하여 흑색으로 침전하는 황화납의 생성을 이용한다. 수용액(황화수소수)은 약산성이다. 염화철(Ⅲ)의 수용액과 황화수소의 반응에서는 염화철(Ⅱ)와 염산이 생기고 황이 침전한다. 대부분의 금속 화합물은 물에 용해되지 않는데, 이 성질을 이용하여 정성분석(定性分析, 계통분석)을 한다. 산소 속에서는 청색의 화염을 내면서 연소하여 이산화황과 물이 된다. 북해유전에서 나오는 천연가스는 황화수소를 함유하므로 가정으로 보내오기 전에 탈황조작(脫黃操作)을 하고 있다.

황화 수은(Ⅰ) 【黃化水銀 mercury(Ⅰ) sulfide】 (CAS) mercury sulfide (Hg_2S) REG#=51595-71-2 Hg_2S 황화 제일수은이라고도 한다. 산화수은(Ⅰ)과 같이 이 화합물의 존재에도 약간의 의심스러운 점이 있다. 수은을 차가운 진한 황산으로 장시간 동안 처리할 때 얻게 되는 흑색의 침전이다. 별도의 방법으로 수은(Ⅰ)염의 수용액에 황화수소를 통하거나 황화알칼리를 첨가하는 방법도 있다. 황화수은(Ⅰ)은 생성되어도 즉시 불균화(不均化)를 일으켜 황화수은(Ⅱ)와 금속수은으로 되는 것 같다.

황화 수은(Ⅱ) 【黃化水銀 mercury(Ⅱ) sulfide】 (CAS) mercury

sulfide(HgS) REG#=1344-48-5 HgS 주(朱), 은주(銀朱), 황화제2수은 이라고도 한다. 자연에서는 진사(辰砂, cinnabar, 적색고체) 외에 흑색 변태의 메타(meta) 진사로서 산출된다. 수은(Ⅱ)염의 수용액에 황화수소를 통해서 얻어지는 것은 흑색형이다. 가열하면 승화하여 적색형이 된다. 묽은 염산이나 묽은 질산에는 용해되지 않으나 가열된 진한 질산이나 왕수(王水, aqua regin)에는 분해되어 용해한다. 적색안료(pigment)로서 널리 사용된다.

황화 아연 【黃化亞鉛 zinc sulfide】 REG#=1314-98-3 ZnS 황과 금속아연에서 직접 합성된다. 염기성의 아연 염수용액에 황화수소를 통하거나 황화암모늄을 첨가하면 백색의 무정형(無定形, amorphous) 침전으로 얻게 된다. 자연에서는 섬아연광(閃亞鉛鑛, zincblende)이나 부르츠광(Wurtzits) 등의 형태로 산출된다. 묽은 산에 용해되어 황화수소를 발생한다. 불순한 황화아연은 형광(螢光)을 낸다. 안료에 사용하거나 형광스크린의 재료로 쓰인다.

황화 제이 수은 【黃化第二水銀 mercuric sulfide】 황화 수은(Ⅱ)의 항 참조.

황화 제일 수은 【黃化第一水銀 mercurous sulfide】 황화 수은(Ⅰ)의 항 참조.

황화 주석(Ⅱ) 【黃化朱錫 tin(Ⅱ)·sulfide】 (CAS) tin sulfide(1:1) REG#=1314-95-0 SnS 주석과 황을 직접 반응시켜 생성되는 회색의 고체이다. 265℃이상에서는 불균화(不均化)하여 단일체(simple substance)주석과 황화주석(Ⅳ)로 변한다. 황화제일주석이라고도 한다. $2SnS(s) \rightarrow SnS_2(s) + Sn(s)$

황화 주석(Ⅳ) 【黃化朱錫 tin(Ⅳ) sulfide】 (CAS) tin sulfide(1:2) REG#=1315-01-1 SnS_2 가용성의 Sn(Ⅳ)염의 수용액에 황화수소를 통하여 얻게 되는 황색의 고체이다. 결정질로 된 것은 모자이크 골드(mosaic gold)라고 하는데 주석박(朱錫箔, tinfoil)이나 분말을 황 및 염화암모늄과 혼합해서 얻을 수 있다. 안료로서 사용된다.

황화 철광 【黃化鐵鑛 pyrite】 금속황화물 광석의 총칭이다. 황동광, 황철광 등을 함유한다. 좁은 뜻으로는 황철광 FeS_2만을 가리킨다.

황화 칼륨 【potassium sulfide】 REG#=1312-73-8 K_2S 황갈색의 고체이다. 수산화칼륨수용액에 황화수소가스를 포화시키고, 다시 같은 부피의 수산화칼륨수용액을 첨가해서 만든다. 공업적으로는 황산칼륨을 탄소로 고온환원해서 만든다. 용액에서는 오수화물 $K_2S \cdot 5H_2O$가 결정된다. 가수분해 때문에 수용액은 강염기성(强鹽基性)을 띤다.

회취법 【灰吹法, cupellation】 금이나 은 등의 귀금속을 쉽게 산화할 수 있는 금속(일반적으로 납)을 사용하여 불순물에서 분리하는 방법을 말한다. 불순한 원금속을 납합금으로 하여 노(furnace)안에서 가열하고 가열된 공기를 표면으로 분출시킨다. 납 등의 비금속(base metal)은 산화물의 형태가 되고 뒤에 금이나 은이 남는다.

효소 【酵素, enzyme】 분자량이 10만에서 1천만 정도의 단백질로서 특정한 생화학적 반응의 촉매작용을 한다. 어떤 효소는 특정의 물질(기질)을 다른 물질(생성물)로 전환시키는 반응을 기질과 결합하여 중간적 착체를 형성하는 것으로 지배한다. 효소분자는 대개 기질분자보다 훨씬 크다.

무기의 촉매와 효소의 차이점은 다음과 같다.

① 선택성이 크다. 효소는 광학이성질체도 판별한다.
② 온도가 상승하면 효소는 변성(變性)하므로 반응속도가 감소한다.
③ pH의 큰 변화에 의해 파괴된다.
④ 중금속이온이 낮은 농도로 존재해도 비활성화된다.

효율 【效率 efficiency】 일반적으로 그리스문자의 η로 표시한다. 에너지 변환과정에 있어서, 계(system)에서 이용가능한 형태로 얻을 수 있는 에너지를 계에 입력되는 에너지에 대한 비율로서 나타낸다. 가역적인 열기관(heat engine)에서는 T_1을 고온열원, T_2를 저온열원으로 했을 때 다음과 같이 나타낸다.

$$\eta = (T_1 - T_2) / T_1$$

휘발성 【揮發性 volatility】 기화(氣化, vaporization)하기 쉬운 성질을 말한다.

휘선 스펙트럼 【line spectrum】 선스펙트럼의 항 참조.

휘켈 법칙 【Huckel rule】 방향족화합물의 항 참조.

흑색 화약 【黑色火藥 gun powder】 황, 목탄, 질산칼륨의 혼합물이다. 폭약으로 사용된다.

흑연 【黑鉛, graphite】 그래파이트의 항 참조.

흡수 【吸收 absorption】 기체가 액체나 고체 속으로 들어가는 과정을 말한다. 액체가 고체로 들어가는 것도 나타낸다. 흡수에서 피흡수(被吸收) 물질은 흡수제(吸收劑)의 전체 속으로 들어간다. 기체나 액체를 흡수하는 고체는 대부분 다공질(多孔質)의 구조를 취한다. 고체에 기체가 흡수되는 것은 수착(收着)이라고도 한다. 흡착의 항 참조.

흡수 스펙트럼 【absorption spectrum】 스펙트럼의 항 참조.

흡습성 【吸濕性 hygroscopicity】 대기 중에서 수증기를 흡수하는 성질을 나타낸다. 형용사형은 hygroscopic이다. 조해성의 항 참조.

흡열적 【吸熱的 endothermic】 어떤 과정에 수반하여 열이 흡수될 때(외부에서 열이 유입되거나 계의 온도가 저하한다) 흡열과정에 있다고 표현한다. 질산암모늄과 같은 염류(鹽類)가 물에 용해되는 과정은 흡열적인 것이 많다. 발열적의 항 참조.

흡장 【吸藏 occlusion】 ① 소량의 물질이 결합되는 일 없이 다른 물질의 결정 등에 들어가는 과정을 말한다. 예를 들면 결정이 생성될 때 내부의 공간에 액체가 들어간다. ② 기체가 고체로 흡착하는 것도 흡장이라고 하는 일이 있다. 예를 들면 '팔라듐(palladium)은 수소를 흡장한다'라고 한다.

흡착 【吸着 adsorption】 고체나 액체의 표면에 분자나 원자가 층을 이루어서 집합하는 과정을 말한다. 모든 고체의 표면에는 주변의 기체 분자가 흡착해서 층을 형성하고 있다. 흡착층이 화합결합에 의해 보존되어 있는 경우를 화학흡착(chemisorption)이라 한다. 가장 약한 반 데르 발스력(van der Waals force)의 흡착은 물리흡착(physisorption)이라 한다.

흡착 지시약 【吸着指示藥 adsorption indicator】 침전적정(沈澱適定) 할 때 사용되는 지시약의 일종이다. 당량점(當量點 equivalence point)에서 침전입자에 흡착되는 이온의 종류와 성질이 변화하는 것을 이용하고 있다. 형광성 색소의 플루오레세인(fluorescein) 등이 흔히 쓰인다. 예를 들면 염화나트륨을 질산은으로 적정(titration)할 때, 염화은의 침전이 생성되고 표면에는 나트륨이온과 염화물이온이 흡착한다. 당량점을 초과하면 용액 속에는 은이온과 질산이온이 많아지고 은이온이 침전에 흡착하게 된다. 이 때 플루오레세인의 음이온이 공존하면 질산이온보다 훨씬 침전에 흡착되기 쉬우므로 백색의 침전은 핑크색(pink color)으로 정색(呈色)하여 종점(end point)을 판별할 수 있게 된다.

희박 【稀薄 dilute】 용질의 양이 용매의 양에 비해 훨씬 적은 것을 나타낸다. dil.이라고 기입하는 일이 많다. 상대적인 것으로 흔적량 밖에 함유하지 않으며, 매우 희미한 용액에서 정성분석(定性分析 qualitative analysis) 등에 사용하는 '희산'등과 같이 2M 정도의 용액을 가리키는 일도 있다. 농후의 항 참조.

희생 방식 【犧牲防蝕 sacrificial protection】 전해부식(電解腐蝕 electrolysis corrosion), 특히 녹(rust)에 대한 방호(防護) 방법의 하나이다. 예를 들면 강철성의 파이프라인을 배관할 때 아연이나 마그네슘의 막대를 파이프라인 근처에 일정한 간격으로 매설하고 파이프라인과 도선으로 접속한다. 철의 녹은 Fe^{2+}이온이 표면에 접촉하여 있는 물에 용해되는 전기화학적인 과정부터 시작한다. 이때 더욱 전기적인 양성이 큰 아연과 같은 원소를 공존시키면 Zn^{2+}가 우선적으로 용출하기 때문에 철은 보호된다. 바꾸어 말하면 아연봉이 파이프라인 방식의 희생으로 되어 있는 것이다. 동일한 현상은 아연도금한 철판에서도 일어난다. 표면에 상처(또는 흠)가 생기면 철의 표면이 노출되나 모든 아연이 용해되어 없어질 때까지는 철은 용해되지 않는다(함석판인 경우에는 철이 주석보다 전기적으로 양성이기 때문에 반대로 먼저 용해되어 버리는 점에 주의할 것).

희유기체 원소【稀有氣體元素 noble gases】   제0족 원소이며 비활성기체(inert gas)라고도 한다. 단원자기체이며 비등점이 낮다. 대단히 전기음성도(電氣陰性度 electronegativity)가 큰 할로겐(제VIIB족 원소)과 전기적 양성인 알칼리금속(제ⅠA 원소)의 중간에 위치한다. 원자번호가 작은 것부터 헬륨(He) 네온(Ne), 아르곤(Ar), 크립톤(Kr), 크세논(Xe), 라돈(Rn)의 6개 원소가 있다. s, p의 각 에너지준위(energy level)가 모두 전자로 채워져 있는 폐각구조(閉殼構造, 껍질이 닫힌 구조)를 취하고 있으며, 그 결과 화학반응성은 부족하고 이온화에너지는 대단히 크게 되어 있다. 이 희유기체형 전자구조의 안정성은 다수의 이온성과 공유결합성 화합물의 원자가를 정할 때 중요한 요인이 되고 있다. 1962년 이전에는 희유기체원소는 '불활성기체'라고 하였으며 화합물은 전혀 알려지지 않았다(수화물이나 포접화합물(enclosure compound)은 별도로 한다). 그러나 크세논의 이온화포텐셜(ionization potential)은 강력한 산화제에 대해서는 화합물을 이룰 수 있을 정도의 크기이며 그 결과 헥사플루오르 백금(V)산염을 비롯하여 플루오르화물, 산화물, 옥시플루오르화물 등이 만들어졌다. 크립톤의 플루오르화물도 불안정하지만 보고되어 있다.

아르곤은 대기 중에 약 1%정도 함유되어 있으나 다른 희유기체원소는 흔적량밖에 없다. 액체공기의 분류에 의해 네온에서 크세논까지가 분리되는데 헬륨은 미국의 천연가스가 주원료이다. 아르곤의 주요 원료는 암모니아합성용의 공장 폐기가스이다. 비활성인 점을 이용하여 여러 가지 용도로 사용되는데, 용접이나 전구충전용 또는 분말야금이나 고온야금(교반가스) 등에도 아르곤을 잘 사용한다. 방전관(네온, 크세논 등)에도 이용되나 화학반응에서는 비활성의 담체(擔體, 운반체)가스(carrier gas)로서 헬륨이나 아르곤이 보통 사용되고 있다.

네온이나 헬륨은 심해잠수용 산소의 희석가스로서 사용되고 있는데 이것은 혈중의 용해도가 작은 것을 이용하고 있다. 액체헬륨은 저온을 얻는 데 사용되며 초전도자석 등에는 반드시 필요하다. 라돈은 방사성이며 α 입자원으로서 의료용에 자주 사용된다. 헬륨과 아르곤은 모두 방사선붕괴의 생성물로서 여러 가지 광물 속에 존재한다. 칼륨을 함유한 광물에서는 ^{40}K의 전자포획에 의해 ^{40}Ar이 생성되며 이것은 연대측정에 이용된다. 라돈 중에 ^{222}Rn은 라듐(^{226}Ra)의 붕괴로 생기는데 가장 수명이 긴 동위체이나 반감기는 3.85일에 지나지 않는다.

희토류 원소 【稀土類元素 rare earths】 좁은 뜻으로는 란탄족원소를 말한다. 넓은 뜻으로는 스칸듐과 이트륨을 포함한 것이다. 란탄족원소의 항 참조.

히드라존 【hydrazone】 유기화합물 중, 원자단 >C=NNH$_2$를 함유하는 일군의 화합물이다. 알데히드나 케톤 등의 카르보닐화합물과 히드라진의 결합으로 생긴다. 히드라존은 결정성이 좋고 예리한 용융점을 나타내는 경우가 많으므로 원래의 카르보닐 화합물의 확인에 사용된다. 페닐히드라존 C$_6$H$_5$NHNH$_2$의 유도체는 페닐히드라존 >C=NNHC$_6$H$_5$라고 하는데 이것도 동일하게 사용된다.

히드라진 【hydrazine】 REG#=302-01-2 N$_2$H$_4$ 무색의 액체이며 암모니아를 하이포염소산나트륨으로 산화하거나 또는 기상(氣相)에서 암모니아를 염소 산화하여 만든다. 히드라진은 약염기로서 강산(strong acid)과 염(salt)을 만든다(예 ; N$_2$H$_4 \cdot$2HCl, N$_2$H$_5^+ \cdot$SO$_4^-$).
히드라진은 강력한 환원제이며 귀금속의 염을 환원해서 금속을 생성한다. 무수히드라진은 산소 속에서 자연연소를 일으키며 산화제와는 폭발적으로 반응한다. 일수화물(히드라진 히드라드 hydrazine hydrade)은 액체연료로서 제트엔진이나 로켓 등에 이용된다.

히스티딘 【histidine】 REG#=71-00-1(L-체) C$_3$N$_2$H$_3$ -CH$_2$CH(NH$_2$) COOH β-4(5)-이미다조릴-α-아미노프로피온산을 말한다. 아미노산의 항 참조.

부록

원자량표
소립자 일람표
각종 물리상수
그리스 문자 알파벳
원소의 주기율표(장주기형)

원자량표

$Ar(^{12}C) = 12$

원소명	원소기호	원자번호	원자량
수 소	H	1	1.00794±7
헬 륨	He	2	4.00260
리 튬	Li	3	6.941*
베릴륨	Be	4	9.01218
붕 소	B	5	10.81
탄 소	C	6	12.011
질 소	N	7	14.0067
산 소	O	8	15.9994*
플루오르	F	9	18.998403
네 온	Ne	10	20.179
나트륨	Na	11	22.98977
마그네슘	Mg	12	24.305
알루미늄	Al	13	26.98154
규 소	Si	14	28.0855*
인	P	15	30.97376
황	S	16	32.06
염 소	Cl	17	35.453
아르곤	Ar	18	39.948
칼 륨	K	19	39.0983
칼 슘	Ca	20	40.08
스칸듐	Sc	21	44.9559
티 탄	Ti	22	47.88*
바나듐	V	23	50.9415
크 롬	Cr	24	51.996
망 간	Mn	25	54.9380
철	Fe	26	55.847
코발트	Co	27	58.9332
니 켈	Ni	28	58.69
구 리	Cu	29	63.546*

원자량표

(계속)

원소명	원소기호	원자번호	원자량
아 연	Zn	30	65.39
갈 륨	Ga	31	69.72
게르마늄	Ge	32	72.59
비 소	As	33	74.9216
셀 렌	Se	34	78.96*
브 롬	Br	35	79.904
크립톤	Kr	36	83.80
루비듐	Rb	37	85.4678*
스트론튬	Sr	38	87.62
이트륨	Y	39	88.9059
지르코늄	Zr	40	91.224
니오브	Nb	41	92.9064
몰리브덴	Mo	42	95.94
테크네튬	Tc	43	(98)
루테늄	Ru	44	101.07*
로 듐	Rh	45	102.9055
팔라듐	Pd	46	106.42
은	Ag	47	107.8682
카드뮴	Cd	48	112.41
인 듐	In	49	114.82
주 석	Sn	50	118.69*
안티몬	Sb	51	121.75*
텔루르	Te	52	127.60*
요오드	I	53	126.9045
크세논	Xe	54	131.29*
세 슘	Cs	55	132.9054
바 륨	Ba	56	137.33
란 탄	La	57	138.9055*
세 륨	Ce	58	140.12

원자량표

(계속)

원소명	원소기호	원자번호	원자량
프라세오디뮴	Pr	59	140.9077
네오디뮴	Nd	60	144.24*
프로메튬	Pm	61	(145)
사마륨	Sm	62	150.36*
유로퓸	Eu	63	151.96
가돌리늄	Gd	64	157.25*
테르븀	Tb	65	158.9254
디스프로슘	Dy	66	162.50*
홀뮴	Ho	67	164.9304
에르븀	Er	68	167.26*
툴륨	Tm	69	168.9342
이테르븀	Yb	70	173.04*
루테튬	Lu	71	174.967
하프늄	Hf	72	178.49*
탄탈	Ta	73	180.9479
텅스텐	W	74	183.85*
레늄	Re	75	186.207
오스뮴	Os	76	190.2
이리듐	Ir	77	192.22*
백금	Pt	78	195.08*
금	Au	79	196.9665
수은	Hg	80	200.59*
탈륨	Tl	81	204.383
납	Pb	82	207.2
비스무트	Bi	83	208.9804
폴로늄	Po	84	(209)
아스타틴	At	85	(210)
라돈	Rn	86	(222)
프란슘	Fr	87	(223)

원자량표

(계속)

원소명	원소기호	원자번호	원자량
라 듐	Ra	88	226.0254
악티늄	Ac	89	227.0278
토 륨	Th	90	232.0381
프로트악티늄	Pa	91	231.0359
우라늄	U	92	238.0289
넵투늄	Np	93	237.0482
플루토늄	Pu	94	(244)
아메리슘	Am	95	(243)
퀴 륨	Cm	96	(247)
버클륨	Bk	97	(247)
캘리포늄	Cf	98	(251)
아인시타이늄	Es	99	(252)
페르뮴	Fm	100	(257)
멘델레븀	Md	101	(258)
노벨륨	No	102	(259)
로렌슘	Lr	103	(260)
(운닐크아듐)	(Unq)	104	(261)
(운닐펜튤)	(Unp)	105	(262)
(운닐헥슘)	(Unh)	106	(263)

이 표에 나타난 값의 신뢰도는 끝의 자리에서 ±1, *표가 있는 경우에는 ±3이다. ( )안에 있는 숫자는 그 원소에 대해 이미 알고 있는 최장 반감기를 갖는 동위체의 질량수이다. 이 원자량표는 국제순정(國際純正)과 응용 화학 연합(IUPAC) 원자량 및 동위체 존재비 위원회(1981년)에 따른다.

소립자 일람표

소립자	기호	전하	질량	스핀
렙톤				
전자	e	−1	0.511	1 / 2
뉴트리노	ν_e	0	0	1 / 2
	ν_μ	0	0	1 / 2
뮤중간자	μ^-	−1	105.66	1 / 2
	μ^+	+1	105.66	1 / 2
바리온				
양성자(프로톤)	p	+1	938.26	1 / 2
중성자(뉴트론)	n	0	939.55	1 / 2
크사이입자	Ξ^0	0	1314.9	1 / 2
	Ξ^-	−1	1321.3	1 / 2
시그마입자	Σ^+	+1	1189.5	1 / 2
	Σ^0	0	1192.5	1 / 2
	Σ^-	−1	1197.4	1 / 2
람다입자	Λ	0	1115.5	1 / 2
오메가입자	Ω^-	−1	1672.5	3 / 4
중성자(메손)				
케이중간자	K	−1	493.8	0
	K	+1	493.8	0
파이중간자	π^+	+1	139.6	0
	π^0	0	135	0
	π^-	−1	139.6	0
화이중간자	Φ	0	1020	1
프사이중간자	ψ	0	3095	1
이타중간자	η	0	548.8	0

입자의 질량은 에너지/(광속)^2 단위로 표시하게 되어 있다.
위의 표에서 단위는 MeV/c^{2}이다.
1MeV/c^2≒1.78×10^{-30}kg

각종 물리상수

양	크기	단위
광 속	2.997925×10^9	ms^{-1}
플랑크상수	6.626196×10^{-27}	Js
볼츠만상수	1.380622×10^{-23}	JK^{-1}
아보가드로상수	6.022169×10^{23}	mol^{-1}
양성자의 질량	1.672614×10^{-27}	kg
중성자의 질량	1.674920×10^{-27}	kg
전자의 질량	9.109558×10^{-31}	kg
양성자·전자의 전하	$\pm 1.6021917 \times 10^{-18}$	C
전자와 비전하(比電荷)	-1.758796×10^{11}	Ckg^{-1}
표준상태에 대한 몰부피	2.24136×10^{-2}	$m^3 mol^{-1}$
패러데이상수	9.468670×10^4	$Cmol^{-1}$
물의 삼중점온도	273.16	K
절대영도	-273.15	℃
진공의 투전율(透電率)	$8.8541853 \times 10^{-12}$	Fm^{-1}
진공의 투자율(透磁率)	$4\pi \times 10^{-7}$	Hm^{-1}
슈테판상수	5.66961×10^{-8}	$Wm^{-2}K^{-4}$
기체상수	8.31434	$Jmol^{-1}K^{-1}$
중력의 상수	6.6732×10^{-11}	$Nm^2 kg^{-2}$

그리스문자 알파벳

A	α	Alpha	(알파)	N	ν	Nu	(뉴)
B	β	Beta	(베타)	Ξ	ξ	Xi	(크사이)
Γ	γ	Gamma	(감마)	O	o	Omicron	(오미크론)
Δ	δ	Delta	(델타)	Π	π	Pi	(파이)
E	ε	Epsilon	(엡실론)	P	ρ	Rho	(로)
Z	ζ	Zeta	(제타)	Σ	σ	Sigma	(시그마)
H	η	Eta	(이타)	T	τ	Tau	(타우)
Θ	θ	Theta	(시타)	Υ	υ	Upsilon	(웁실론)
I	ι	Iota	(이오타)	Φ	ϕ	Phi	(화이)
K	κ	Kappa	(카파)	X	χ	Chi	(카이)
Λ	λ	Lambda	(람다)	Ψ	ψ	Psi	(프사이)
M	μ	Mu	(뮤)	Ω	ω	Omega	(오메가)

원소의 주기율표(장주기형)

족\주기	I A	II A	III A	IV A	V A	VI A	VII A	VIII			I B	II B	III B	IV B	V B	VI B	VII B	0
1	1H																	2He
2	3Li	4Be											5B	6C	7N	8O	9F	10Ne
3	11Na	12Mg											13Al	14Si	15P	16S	17Cl	18Ar
4	19K	20Ca	21Sc	22Ti	23V	24Cr	25Mn	26Fe	27Co	28Ni	29Cu	30Zn	31Ga	32Ge	33As	34Se	35Br	36Kr
5	37Rb	38Sr	39Y	40Zr	41Nb	42Mo	43Tc	44Ru	45Rh	46Pd	47Ag	48Cd	49In	50Sn	51Sb	52Te	53I	54Xe
6	55Cs	56Ba	57~71	72Hf	73Ta	74W	75Re	76Os	77Ir	78Pt	79Au	80Hg	81Tl	82Pb	83Bi	84Po	85At	86Rn
7	87Fr	88Ra	89~103															

희토류

*란타노이드	57La	58Ce	59Pr	60Nd	61Pm	62Sm	63Eu	64Gd	65Tb	66Dy	67Ho	68Er	69Tm	70Yb	71Lu
**악티노이드	89Ac	90Th	91Pa	92U	93Np	94Pu	95Am	96Cm	97Bk	98Cf	99Es	100Fm	101Md	102No	103Lr

찾아보기

1,6−diaminohexane   343
2-butanone   141
2,4−dinitrophenyl hydrazine   326
2−chlorobuta−1,3−diene (chloroprene)   336
atomic mass unit   270
b.c.c.   164
bivalent(divalent)   325
c.g.s. system   224
dl−form   78
d−block elements   77
D−form   78
d−form   78
element   341
ethylenediamine tetraacetic acid   325
face‑centered cubic crystal   273
gas liquid chromatography   383
gas solid chromatography   382
infrared   240
ionization potential   240
I‑form   240
levo‑form, laevo‑form   90
L−form   275
m.k.s. system   275
NIFE cell   57
Normal Temperature and Pressre   275
nuclear magnetic resonance   274

octavalent   447
pi bond   446
pi orbital   446
polytetrafluoroethylene   471
polyvinyl chloride   470
pound per aquare inch   470
p‑block elements   470
quadrivalent   165
quinquevalent   297
Rf value   249
septavalent, heptavalent   401
SI units   267
standard Temperature and Pressure   270
s‑block elements   267
trinitrotoluene   443
univalent   341
X‑ray   273
X‑ray crystallography   273
X‑ray diffraction   273
α−rays   257
γ radiation   5
γ ray   5
δ-bond   70

【 A 】

absolute alcohol   108
absolute temperature   360

518 찾아보기

absolute zero 360
absorption 504
absorption spectrum 504
abundance 371
abundance 371
accelerator 1
accelerator 1
acceptor 264
accumulator, storage battery 397
acetal 234
acetaldehyde 236
acetamide 236
acetate 234
acetate 235
acetate 236
acetate 270
acetate 270
acetic acid 234
acetone 234
acetyl chloride 291
acetyl group 237
acetylation 237
acetylene 237
Acheson's process 260
acid 167
acid anhydride 168
acid dissociation constant 172
acid halide 172
acid salt, acidic salt 169
acid value 168
acid-dye 169
acidic 169
acidic hydrogen 172

acidimetry 172
acidity constant 168
actinic radiation. 492
actinides 243
actinium 243
actinoids 243
activated charcoul 493
activated complex 492
activation energy 493
active mass 492
activity 151
activity 492
acyclic compound 205
acyl group 238
acyl halide 476
acylation 238
addition polymerization 140
addition reaction 139
adduct 227
adenine 227
adiabatic change 62
adipic acid 228
adrenalin(e) 227
adsorption 504
adsorption indicator 505
aerosol 270
agar−agar 474
agate 96
air 14
air gas, producer gas 123
alabaster 247
alanine 247
alcohol 255

aldehyde 245
aldohexose 246
aldol 246
aldol reaction(aldol condensation) 246
aldopentose 246
aldose 246
alginic acid 244
alicyclic compound 382
aliphatic compound 382
alkali 250
alkali metals 250
alkalimetry 282
alkaline-earth metals 252
alkaloid 250
alkane 249
alkene 253
alkoxide 254
alkyl group 257
alkyl halide 477
alkylbenzene 257
alkyne 256
allotrope 72
allotropy 247
alloy 479
Alnico 245
alum 104
alumina 247
aluminum 247
aluminum acetate 235
aluminum bromide 157
aluminum chloride 291
aluminum fluoride 468

aluminum hydroxide 207
aluminum nitrate 386
aluminum oxide 181
aluminum potassium sulfate 498
aluminum sulfate 498
aluminum trimethyl 248
amalgam 230
americium 230
amide 232
amine 232
amino acids 230
amino group 230
aminobenzene 230
aminoethane 232
ammine 258
ammonia 258
ammoniacal 258
ammonium carbonate 433
ammonium chloride(sal ammoniac) 292
ammonium ion 258
ammonium nitrate 387
ammonium sulfate 499
amorphous 108
amount of substance 110
ampere 259
amphoteric, ampholyte 264
amylopectin 233
amylose 233
anabolism 74
analysis 146
Andrews' experiment 261
angstrom 306

anhydride 107
anhydrite 12
aniline 227
anion 323
anionic detergent 323
anionic resin 323
annealing 462
anode 261
anode sludge 261
anodizing 261
anrous compound 369
antarcticite 48
anthracene 244
antibonding orbital 115
antimonic compound 369
antimonous compound 369
antimony 244
antimony (III) chloride 291
antimony pentoxide 302
antimony trichloride 190
antimony trioxide 189
antimony(V) oxide 180
antimony(III) chloride oxide 181
antimony(III) oxide 180
antimonyl chloride 291
antioxidant 177
apatite 341
aqua regia 308
aqueous solution 214
arene 229
argentic compound 369
argentic oxide 19
argentous compound 370

arginine 229
argon 229
aromatic compound 126
aromaticity 126
Arrhenius equation 228
arsenic 163
arsenic compound 369
arsenic hydride 213
arsenic(V) oxide 178
arsenic(III) chloride 289
arsenic(III) oxide 178
arsenious compound 369
arsine 229
artificial radioactivity 338
aryl group 230
asbestos, asbestus 196
ascorbic acid 237
asparagine 238
aspartic acid 238
astatine 238
asymmetric atom 160
atm(atmosphere) 41
atmolysis 491
atmosphere 65
atom 315
atomic heat 317
atomic mass unit 317
atomic number 316
atomic orbital 317
atomic weight 316
atomicity 317
atto- 242
Aufbau principle 370

auric chloride 293
auric compound 369
autocataiysis 351
Avogadro constant 233
Avogadro's law 233
azeotrope 16
azeotropic distillation 15
azide 241
azimuth, bearings 126
azine 241
azo compound 240
azo dye 240
azoimide 240

【 B 】

back electromotive force (back e.m.f.) 276
baking powder 132
ball mill 138
Balmer series 122
banana bond(bent bond) 98
band spectrum 129
bar 113
Barft process 114
barium 113
barium bicarbonate 379
barium carbonate 430
barium chloride 288
barium hydrogen carbonate 431
barium hydroxide 206
barium oxide 177
barium peroxide 19

barium sulfate 497
barn 115
baryta 113
baryte 379
base 281
base metal 159
base unit 42
base-catalyzed reaction 282
basic 281
basic aluminum acetate 281
basic salt 281
basic slag 281
batch process 128
battery 124
bauxite 138
Beckmann thermometer 132
benzaldehyde 133
benzene 132
benzenecarbaldehyde 133
benzenecarbonyl chloride 289
benzenecarbonyl group 133
benzenecarboxylic acid 133
benzenesulfonic acid 133
benzoic acid 133
benzoyl chloride 289
benzoyl group 133
benzoylation 133
benzyl alcohol 134
benzyl group 134
Bergius process 130
berkelium 130
beryl 53
beryllium 130

beryllium bicarbonate 379
beryllium carbonate 431
beryllium chloride 288
beryllium hydrogen carbonate 432
beryllium hydroxide 207
beryllium oxide 177
beryllium sulfate 497
Bessemer process 131
bicarbonate 379
bimolecular reaction 326
binary compound 328
biochemical oxygen demand 195
biochemistry 194
Birkeland-Eyde process 129
bismuth 163
bismuth carbonate oxide 327
bismuth trichloride 190
bismuth(III) chloride 289
bismuth(III) chloride oxide 181
bismuth(III)nitrate oxide 184
bismuthyl carbonate 431
bismuthyl chloride 289
bismuthyl compound 164
bismuthyl nitrate 386
bittern 14
bitumen 164
bi− 376
blanc fixe 158
blast furnace 311
bleaching powder 459
blende 500
blue vitriol 63

boat conformation 376
body-centered cubic 394
Bohr theory 135
boiling point 160
boiling point diagram 160
boiling, ebullition 160
Boltzmann constant 138
bomb calorimeter 139
bond 11
bond energy 11
borane 135
borate 152
borax 151
borax bead test 151
boric acid, boracid acid 152
boride 154
Born-Haber cycle 136
boron 152
boron hydride 213
boron nitride 389
boron oxide 178
boron tribromide 189
boron trichloride 190
boron trifluoride 191
borosilicate 151
Bosch's process 135
bowl classifier 137
Boyle's law 137
Brady's reagent 155
Bragg's equation 154
branched chain 144
brass 495
bremsstrahlung 364

Brin process　　　158
bromic(Ⅰ) acid　　156
bromic(Ⅴ) acid　　156
bromide　156
bromination　156
bromine　155
bromine trifluoride　191
bromoethane　155
bromoform　155
bromomethane　155
bronze　394
brown ring test　4
Brownian motion　154
Brϕnsted-Lowry's theory　158
buffer solution　307
bumping　71
Bunsen burner　149
Bunsen cell　149
burette　154
butanal　141
butane　141
butanedioic acid　142
butanoic acid　142
butanol　141
buta-1, 3-diene　141
butenedioic aoid　142
butyl group　　　142
butyraldehyde　142
butyric acid　　　142
by-product　140

【 C 】

cadmium　403
cadmium cell　403
calcination　410
calcite　126
calcium　408
calcium carbide　438
calcium carbonate　434
calcium chloride　294
calcium cyanamide　410
calcium dicarbide　336
calcium fluoride structure　468
calcium hydrogen carbonate　432
calcium hydroxide　208
calcium nitrate　387
calcium octadecanoate　304
calcium oxide　185
calcium phosphate　341
calcium stearate　218
calcium sulfate　500
Calgon　406
caliche　408
californium　410
calomel　5
calomel electrode　407
calomel electrode　5
calorie　406
calorific value　123
calx　39
canada balsam　410
candela　406
cane sugar　349

Cannizzaro reaction 403
canonical form 403
capillarity, capillary phenomenon 105
caproic acid 406
carbamide 404
carbanion 404
carbene 404
carbide 437
carbocyclic compound 13
carbohydrate 436
carbolic acid 197
carbon 434
carbon dating 436
carbon dioxide 328
carbon disulfide 336
carbon monoxide 343
carbon tetrachloride 167
carbonate 433
carbonation 406
carbonic acid 429
carbonium ion 404
carbonization 437
carbonyl group 404
Carborundum 406
carboxyl group 405
carboxylic acid 405
carburizing 401
carbylamine reaction 405
Carius method 406
carnalite 403
Carnot cycle 403
Carnot's principle 404

Caro's acid 403
carrier gas 410
case hardening 458
cast iron 375
catabolism 336
catalyst 396
catenation 406
cathode 323
cation 262
cation resin 262
cationic detergent 263
caustic potash 1
caustic soda 1
celestine 393
cell 202
cellulose 203
cellulose acetate 235
cellulose nitrate 386
Celsius scale 200
cement 222
cementite 221
centigrade scale 202
centi― 202
centrifugal pump 315
centrifuge 315
ceramics 200
cerium 200
cerussite 129
cesium 201
cesium chloride structure 289
chain 316
chain reaction 278
chair conformation 325

chalcogens   410
chalk   129
charcoal   106
Charles'law   195
chelate   424
chemical bond   490
chemical engineering   490
chemisorption   491
Chile saltpeter   401
chiral center   423
chirality   423
chloral   422
chloral hydrate   454
chloramine   422
chlorate   285
chloric (I) acid   285
chloric (III) acid   285
chloric (V) acid   285
chloric (VII) acid   285
chloric acid   285
chloride   288
chlorination   286
chlorine   283
chlorine dioxide   327
chlorine monoxide   342
chlorite   240
chloroacetic acid   422
chlorobenzene   422
chloroethane   423
chloroethanoic acid   423
chloroform   423
chloromethane   422
chloroplatinic acid   288

chloroprene   423
chlorous acid   240
cholesterol   415
chromatography   418
chrome alum   419
chromic anhydride   108
chromic oxide   183
chromium   419
chromium(II) oxide   186
chromium(III) oxide   186
chromium(IV) oxide   186
chromium(VI) oxide   186
chromophore   123
chromous oxide   184
chromyl chloride   294
cinnabar   383
cis-   222
cis-trans isomerism   222
citric acid   420
Claisen condensation   421
Clark cell   422
clathrate   421
cleavage   134
close packing   397
coagulation   325
coal tar   416
coal, mineral coal   197
cobalt   414
cobalt(II) oxide   185
cobalt(III) oxide   186
cobaltic oxide   183
cobaltous oxide   184
coenzyme   137

coinage metals   489
collagen   414
colligative properties   204
collimeter   416
colloid   416
color   193
colorimetric analysis   163
columbium   415
column chromatography   411
combustion   277
common salt   225
complex   391
component   200
compound   491
conc.(concentrated)   53
concentration   53
condensation   325
condensation polymerization   398
condensation reaction   397
conductometry   355
configuration   346
configuration   357
conformation   345
conjugated   16
constant boiling point mixture
                              362
Constantan   414
contact process   361
continuous phase   145
continuous process   277
continuous spectrum   278
cooling curve   51
coordination bond, dative bond

127
coordination number   127
copolymerization   17
copper   26
copper (Ⅰ) chloride   286
copper (Ⅱ) chloride   286
copper compound   27
copper nitrate   385
copper(Ⅰ) oxide   173
copper(Ⅱ) oxide   174
copper(Ⅱ) sulfate   496
corn rule   414
corrosion   141
corundum   414
coulomb   417
coulometer   417
coupling   11
coupling reaction   410
covalent bond   16
covalent crystal   17
covalent radius   17
cresols   417
critical point   345
critical pressure   344
critical temperature   344
critical volume   344
cross linkage   1
crucible   70
crude oil   315
cryohydrate   478
cryolite   164
cryoscopic constant   164
crystal   9

crystal habit   362
crystal structure   10
crystal system   9
crystalline   10
crystallite   110
crystallization   364
crystallography   11
cubic   345
cubic   76
cubic close packing   345
cumene process   416
cupellation   503
cupric compounds   369
cupronickel   417
cuprous compound   369
curie   417
curium   417
cyanamide process   223
cyanide   223
cyanide process   394
cyanogen   223
cyanohydrin   222
cyclic compound   13
cyclization   13
cyclohexane   224
cyclopentadiene   224
cyclopentadienyl ion   224
cysteine   222
cystine   222

【 D 】

Dalton's atomic theory   71
Dalton's law   146
Dalton's law   71
Daniell cell   59
de Broglie wave   75
debye   77
deca-   69
decahydrate   226
deci−   67
decomposition   149
decrepitation   122
defect   8
degenerate   397
degradation   76
degree of freedom   350
dehydration   439
deliquescence   371
delocalization   159
delocalized bond   158
denatured alcohol(methylated spirits)   135
denaturing   134
dendritic growth   215
density   111
deoxyribonucleic acid   67
depolarizer   5
derived unit   319
desiccating agent   7
desiccation   7
desiccator   67
destructive distillation   150
detergent   201
deuterated compound   379
deuterium   75

deuterium 378
Dewar flask 75
Dewar structure 75
dextrin 69
dextrorotatory 314
diagonal relationship 165
diamagnetism 120
diamond 60
diatomaceous earth 33
diatomic molecule 334
diazonium salt 77
diazotization 77
dichlorine monoxide 342
dichlorine oxide 182
dichloroacetic acid 78
dichloroethanoic acid 78
dichromate 335
diethyl ether 78
diffusion 491
dihydrate 331
dihydric alcohol 325
diiodine hexachloride 322
diiodine pentoxide 302
dilead(II) lead(IV) oxide 166
dilute 505
dimer 325
dimorphism 336
dinitrogen oxide 233
dinitrogen tetroxide 167
diol 78
diphosphane 78
diphosphine 78
dipole moment 226

direct dye 383
disaccharide 325
dislocation 77
disodium hydrogen phosphate 340
disodium tetraborate decahydrate 166
disperse dyes 145
disperse phase 145
dispersion force 145
displacement pump 307
disproportionation 150
dissociation 479
dissociation constant 479
distillation 381
disulfur dichloride 331
Doebereiner's triad 74
dolomite 129
dolomite 71
donor 356
donor− 70
double bond 334
double salt 138
Downs process 60
dry cell 7
dry ice 75
dryer 7
Dulong-Petit's law 75
Duma's method 74
Duralumin 74
dye 282
dyne 60
dysprosium 77

【 E 】

ebullioscopic constant　162
eclipsed conformation　376
Edison cell　266
efficiency　503
efflorescence　462
einsteinium　240
elastomer　275
elecotrochemistry　354
electric charge　359
electrochemical equivalent　355
electrochemical series　354
electrode　352
electrode potential　352
electrolysis　353
electrolyte　359
electrolyte　360
electrolytic cell　359
electrolytic corrosion　355
electrolytic refining　360
electromagnetic radiation　356
electromotive series　41
electron　356
electron affinity　358
electron diffraction　358
electron spin resonance　358
electronegativity　354
electronic energy level　358
electronvolt　358
electron−deficient compound
　　　　　　　　　　358
electrophile　28
electrophilic addition　28
electrophilic substitution　28
electroplating　353
electroplating　359
element　314
elevation of boiling point　161
elimination reaction　438
elution　312
emission spectrum　125
empirical formula　226
emulsion　266
emulsion　267
enantiomer　264
enantiotropy　486
enclosure compound　455
end point　373
endothermic　504
energy　265
energy level　265
energy profile　265
enol　266
enthalpy　274
entropy　274
enzyme　503
epimerism　273
epoxide　272
epoxyethane　272
Epsom salt　272
equilibrium　452
equilibrium constant　453
equipartition of energy　265
equivalence point　65
equivalent　65

erbium 266
erg 266
Erlenmeyer flask 266
ester 269
esterification 269
ethanal 270
ethanamide 270
ethane 270
ethanoic acid 270
ethanol 270
ethanoyl chloride 292
ethanoyl group 270
ethene 271
ether 271
ethoxyethane 271
ethyl bromide 157
ethyl acetate 235
ethyl alcohol 272
ethyl chloride 292
ethyl ethanoate 270
ethyl iodide 311
ethylamine 272
ethylene 271
ethylene oxide 272
ethylenediamine tetraacetic acid 272
ethyleneglycol 271
ethyne 271
eudiometer 320
europium 320
eutectic 17
evaporation 381
exa— 273

excimer 274
excitation 276
excitation energy 276
excited state 276
exclusion principle 128
exothermic 124
exothermic reaction 123
explosive, powder 488

【 F 】

flux 465
face-centered cubic crystal 104
Fajans' rule 446
farad 447
faraday 447
Faraday constant 447
Faraday's laws 447
Fashrenheit scale 488
fatty acid 382
Fehling's solution 451
femto- 451
fermentation 124
fermi 450
fermium 450
ferric chloride 293
ferric oxide 183
ferric sulfate 499
ferrocene 450
ferromagnetism 450
ferrous chloride 293
ferrous oxide 184
ferrous sulfate 499

찾아보기

filler 398
filter pump 206
filtration 275
filtration 275
fine organic chemicals 318
fine structure 110
firedamp 6
first-order reaction 344
Fischer-Tropsch process 470
Fittig reaction 471
flame teat 489
flare stack 466
flash photolysis 199
flash point 341
fluorescein 486
fluoresence 486
fluoridation 467
fluoride 468
fluorination 468
fluorine 466
fluorite structure 486
fluorocarbon 466
fluorospar, fluorite 486
fluxional molecule 465
folic acid 295
formaldehyde 454
formalin 453
formate 454
formate 454
formic acid 453
formic acid 6
formula 491
formyl group 453

fraction 320
fractional crystallization 145
fractional distillation 145
francium 462
free energy 350
free radical 320
freeze-drying, lyophilization 71
freezing 323
freezing mixture 474
freezing point 324
freezing point depression 324
Friedel-Crafts reaction 464
frontier orbital theory 464
froth flotation 141
fructose 18
fuel cell 276
fuller's earth 462
fumalic acid 462
functional group 20
fundamental unit 40
fungicide 187
furan 460
furanose 460
fused ring 397
fusion 313

【 G 】

gadolinium 1
galactose 4
galena 125
gallium 4
Galvanic cell 6

galvanizing   70
gas   41
gas chromatography   2
gas constant   41
gas laws   42
gas solid chromatography   40
gas-liquid chromatography   41
gaseous diffusion separation   40
gasoline   1
gauche conformation   14
gauss   4
Gay-Lussac's law   8
gel   8
gel filtration   8
geminal position   364
geometrical isomerism   42
German silver   262
German silver   351
germanium   7
germanium(Ⅳ) oxide   173
Gibbs function   42
giga   40
glacial acetic acid   164
glass   320
glass   36
Glauber's salt   36
glucose   36
glutamic acid   36
glutamine   36
glyceride   36
glycerine   37
glycine   37
glycogen   37

gold   37
gold (Ⅲ) chloride   286
gold compound   39
Goldschmidt process   14
Graham's law   34
grain   34
gram   34
gram-atom   34
gram-equivalent   34
gram-molecule   34
granulation   370
grape sugar   453
graphite   34
graphite   504
graphite   196
gravimetric analysis   376
gray   34
Grignard reagent   34
ground state   41
group   371
group 0 elements   367
group Ⅰ elements   370
group Ⅴ elements   367
group Ⅱ elements   369
group Ⅲ elements   366
group Ⅳ elements   365
group Ⅵ elements   368
gun cotton   396
gun metal   453
gun powder   504
gypsum   196

【 H 】

Haber process   473
hafnium   474
half-cell   120
half-life   115
halide   476
haloalkane   477
haloform   478
halogen   474
halogenation   475
hammer mill   480
hard vacuum   12
hard water   12
hardening   12
hardness   11
heat   279
heat engine   279
heat exchanger   279
heat of atomization   317
heat of combustion   277
heat of formation   194
heat of neutralization   380
heat of reaction   120
heat of solution   314
heavy water   378
hecto-   484
Heisenberg's uncertainty principle   473
helium   484
Hell-Volard-Zelinsky reaction   486
Helmholtz function   485

hematite (haematite)   352
hemiacetal   483
hemihydrate   483
hemiketal   483
hemoglobin (haemoglobin)   482
henry   484
Henry's law   484
heptahydrate   401
heptane   486
hertz   482
heterocyclic compound   138
heterogeneous   150
heterolytic fission, heterolysis   483
hexadecanoic acid   483
hexagonal close-packed crystal   321
hexagonal crystal   321
hexamethylene diamine   483
hexane   484
hexanoic acid   484
hexose   322
hexose   484
hexyl group   484
histidine   507
Hofmann degradation   487
Hofmann's Method   487
holmium   488
homocyclic compound   72
homogeneous   34
homologous series   73
homologues   73
homolysis (homolytic fission)

486

Huckel rule 504
hybrid orbital 487
hydration 215
hydrazine 507
hydrazoic acid 241
hydrazoic acid 390
hydrazone 507
hydride 213
hydrobromic acid 157
hydrochloric acid 282
hydrofluoric acid 468
hydrogen 209
hydrogen bonding 212
hydrogen bromide 157
hydrogen carbonate 432
hydrogen chloride 290
hydrogen electrode 212
hydrogen fluoride 468
hydrogen peroxide 19
hydrogen sulfide 501
hydrogenation 212
hydrolysis 2
hydrophilicity 400
hydrophobicity 204
hydroxide 208
hygroscopicity 504
hyperfine structure 395
hypobromous acid 473
hypochlorous acid 474
hypophosphorous acid 474

【 I 】

ideal gas 328
ignition point 124
imine 326
imino group 326
indicator 363
indicator 382
indium 339
inductive effect 319
inert gas 151
infrared 351
inhibitor 351
inorganic chemistry 107
insolubility 150
instrumentation 40
intercalation compound 399
intermolecular forces 147
internal energy 50
internal resistance 50
interstitial compound 8
interstitial defect 8
inversion 120
invert sugar 360
iodic acid 309
iodic(VII) acid 310
iodide 311
iodine 308
iodine monochloride 343
iodine pentoxide 302
iodine trichloride 190
iodoethane 310
iodoform 310

찾아보기 **535**

iodomethane 309
ion exchange 332
ionic bond(electrovalent bond) 332
ionic crystal 331
ionic product 333
ionic radius 332
ionization 333
ionization energy 333
ionization potential 333
iridium 326
iron 393
iron (Ⅱ) sulfate 499
iron(Ⅱ) chloride 294
iron(Ⅱ) oxide 184
iron(Ⅲ) chloride 294
iron(Ⅲ) oxide 185
iron(Ⅲ) sulfate 499
irreversible process 158
irreversible reaction 150
isobar 73
isobar 76
isocyanide 331
isocyanide test 331
isoelectronic structure 76
isoleucine 331
isomer 328
isomerism 328
isomorphism 73
isonitrile 331
isoprene 331
isotherm 76
isothermal change 76

isotone 73
isotonic 76
isotope 72
isotopic mass, isotopic weigh 73
isotopic number 73
isotropy 75

【 J 】

jeweller's rouge 134
joule 375

【K】

Kekule structure 412
kelvin 414
keratin 411
kerosene 76
kerosine 411
ketal 412
keto-enol isomerism 412
ketohexose 413
ketone 413
ketopentose 412
ketose 412
kieserguhr 423
killed spirits 240
kilo 425
kilogram 425
kilowatt hour 425
kinetic energy 314
kinetic isotope effect 120
kinetic theory 147

kinetics 119
Kipp's apparatus 423
Kjeldahl's method 413
Kolbe electrolysis 416
Kroll process 418
krypton 420

【L】

label 460
labile 400
lactam 83
lactate 321
lactic acid 321
lactone 84
lactose 84
laevorotatory 373
lake 86
lamellar compound 399
lamp black 85
lanthanides 84
lanthanoids 84
lanthanons 84
lanthanum 84
laser 86
lattice 8
lattice energy 9
laughing gas 203
lauric acid 82
law of conservaion of mass 383
law of conservation of energy
265
law of constant proportion 362

law of isomorphism 73
law of mass action 385
law of multiple proportions 127
law of octaves 304
law of octaves 323
lawrencium 87
laws of chemical combination
490
Le Chatelier's principle 90
leaching 401
lead 48
lead (Ⅱ) carbonate 430
lead dioxide 327
lead monoxide 342
lead sulfide 501
lead(Ⅱ) acetate 235
lead(Ⅱ) carbonate hydroxide 208
lead(Ⅱ) oxide, litharge 174
lead(Ⅱ) sulfate 496
lead(Ⅱ)ethanoate 270
lead(Ⅳ) hydride 214
lead(Ⅳ) oxide 174
lead-acid accumulator 49
lead-chamber process 278
Leblanc process 89
Leclanch? cell 90
leucine 87
Lewins'Octet theory 89
Lewis acid 88
Lewis base 89
Liebig condenser 92
ligand 127
lime 197

lime water 198
limestone 197
line spectrum 504
line spectrum 198
liquefied petroleum gas 261
liquid 260
liquid air 260
liquid crystal 260
litharge 112
lithia 94
lithia water 94
lithium 92
lithium aluminum hydride 214
lithium carbonate 430
lithium chloride 287
lithium hydride 213
lithium hydrogen carbonate 431
lithium hydroxide 206
lithium oxide 175
lithium sulfate 497
lithium tetrahydridoaluminate 440
litmus 94
litre, liter 92
lixiviation 314
localized bond 31
lone pair 13
long period 351
lowering of vapor pressure 381
Lowry-Brønsted's theory 82
lumen 88
luminescence 88
lutetium 89

lux 89
Lyman series 83
lyophilicity 400
lyophobicity 204
lysine 92

[M]

macromolecular crystal 14
macromolecule 13
magnesia 96
magnesite 53
magnesite 95
magnesium 95
magnesium bicarbonate 379
magnesium carbonate 430
magnesium chloride 287
magnesium hydrogen carbonate 431
magnesium hydroxide 206
magnesium oxide 175
magnesium peroxide 19
magnesium sulfate 497
magnetic quantum number 349
magnetism 349
malachite 17
maleic acid 99
malt sugar 100
maltose 99
manganate(Ⅶ) 99
manganate. 99
manganese 99
manganese dioxide 327

manganese sesquioxide 201
manganese(Ⅱ) oxide 175
manganese(Ⅲ) oxide 175
manganese(Ⅳ) oxide 176
manganic oxide 183
manganous oxide 183
mannose 98
manometer 96
marble 67
Markovnikoff's rule 97
marsh gas 203
masking, sequestration 97
mass 383
mass number 384
mass spectrometer 383
mass spectrum 99
mass-energy equation 384
matrix 100
matte 100
maxwell 100
mechanism 118
mega- 100
melting point 313
melting(fusion) 322
membrance 98
mendelevium 103
Mendius reaction 103
menthol 103
mercuric chloride 293
mercuric oxide 183
mercuric sulfide 502
mercurous chloride 293
mercurous sulfide 502

mercury 214
mercury cell 214
mercury(Ⅰ) chloride 290
mercury(Ⅰ) oxide 179
mercury(Ⅰ) sulfide 501
mercury(Ⅱ) chloride 290
mercury(Ⅱ) oxide 180
mercury(Ⅱ) sulfide 501
merrcurous oxide 183
meso-form 101
meta- 101
metabolism 67
metabolite 67
metal 38
metal carbonyl complex 39
metaldehyde 101
metallic bond 38
metallic crystal 38
metallocene 102
metalloid 115
metallurgy 261
metals 38
metastable species 376
metastable state 376
metathesis 101
methanal 101
methane 101
methanoate 101
methanoate 101
methanoic acid 101
methanol 101
methinine 102
methoxy group 102

methyl a1cohol　102
methyl acetate　235
methyl benzene　102
methyl bromide　156
methyl chloride　287
methyl ethanoate　270
methyl ethyl ketone　102
methyl iodide　310
Methyl Orange　102
methyl phenol　103
Methyl Red　102
methylation　103
methylene　102
methylene group　102
metric system　111
metric ton　111
mho　104
micron　111
microwave　97
micro-　97
milk sugar, lactose　319
milli-　111
millimeter of mercury　111
mirror image　12
Misch metal　110
miscibility　488
Mitscherlich's law　111
mixture　487
mo1ecu1ar crystal　147
molal concentration　376
molar amount　107
molarity, molar concentration
　　　　106

mole　106
mole fraction　107
molecular formula　147
molecular orbital　147
Molecular Sieve　107
molecular sieve　148
molecular spectrum　147
molecular weight　147
molecularity　119
molecule　146
molybdenum　107
monoatomic　62
monochlorobenzene　105
monochloroethylene　105
monoclinic crystal　62
monomer　105
monosaccharide　61
monotropy　105
mordant　99
Moseley's law　106
mother liquor　106
Mu metal　110
multicenter bond　61
multiple bond　60
muriate　480
mutarotation　134

[N]

nano-　45
naphtha　47
naphthalene　47
nascent hydrogen　123

Natta process 45
natural abundance 392
natural gas 392
neodymium 51
neon 51
neoprene 51
neptunium 51
neutralization 380
neutron 376
neutron diffraction 377
neutron number 377
Newlands'law 53
newton 53
nichrome 55
nickel 54
nickel carbonyl 54
nickel silver, German silver 262
nickel(II) oxide 174
nickel(III) oxide 174
nickel-iron accumulator 54
nicotinic acid 54
ninhydrin 57
niobium 53
niter, saltpeter 395
nitrate 387
nitrate 387
nitration 56
nitric acid 385
nitric oxide 184
nitriding 390
nitrile 56
nitrite 242
nitrite 242

nitro compound 56
nitro group 55
nitrobenzene 55
nitrocellulose 55
nitrogen 388
nitrogen dioxide 327
nitrogen fixation 389
nitrogen monoxide 342
nitrogenous base 478
nitroglycerine 55
nitronium ion 55
nitrophenol 55
nitrous acid 241
nitryl ion 57
nobelium 52
noble gases 506
non-benzenoid aromatic 163
non-metal 159
non-polar solvent 159
non−polar compound 159
normal solution 33
normality 33
nuclear fission 480
nuclear fusion 481
nuclear magnetic resonance 481
nucleon number 482
nucleophile 29
nucleophilic addition 29
nucleophilic substitution 29
nucleus 317
nucleus 480
nuclide 482
nylon 45

【 O 】

occlusion 504
octadecanoic acid 304
octadecenoic acid 304
octahydrate 447
octane 304
octet 305
Oersted(Oe) 266
ohm 306
oil 303
oil of vitriol 52
oleate 306
oleate 306
olefin 306
oleic acid 306
oleum 123
onium ion 297
open-hearth process 452
optical activity 23
optical isomerism 23
optical resolution 22
optical rotation 198
optical rotatory dispersion 198
orbital 298
order of reaction 120
ore 21
organic chemistry 319
organometallic compound 318
ortho-hydrogen 298
ortho-phosphoric acid 298
ortho-phosphorous acid 298
ortho− 297

osmium 302
osmotic pressure 191
Ostwald's dilution law 303
otane rating 304
oxalic acid 304
oxidant 183
oxidation 173
oxidation number 179
oxide 176
oxidizing acid 178
oxidizing agent 180
oxime 304
oxo process 304
oxygen 169
ozone 303
ozonide 303
ozonolysis 303

【 P 】

palladium 447
palmitic acid 447
paper chromatography 372
para- 445
para-hydrogen 445
paraffin 445
paraffin wax 445
paraformaldehyde 445
paraldehyde 445
paramagnetism 192
partial ionic character 140
partial pressure 146
partition coefficient 144

pascal 446
Paschen series 445
passive state 140
Pauli's exclusion principle 446
pentahydrate 302
pentane 451
pentanoid acid 451
pentose 451
pentyl group 451
peptide 451
perchloric acid 20
perfect gas 307
period 373
periodic acid 20
periodic law 373
periodic table 373
Permalloy 448
permanent hardness 297
permanganate 18
Permutit 448
peroxide 19
peroxo−monosulfuric acid 448
peta− 450
petrochemicals 451
petroleum 196
pewter 129
Phase 191
phase diagram 192
phase equilibrium 193
phase rule 192
phenol 448
phenol resin 449
phenolphthalein 450

phenyl group 450
phenyl hydrazone 450
phenylalanine 450
phenylethene 450
Phillips process 472
phlogiston theory 277
phosphate 340
phosphide 341
phosphine 455
phosphinic acid 455
phosphonic acid 454
phosphonium ion 454
phosphor 486
phosphorescene 339
phosphoric acid 339
phosphorous acid 229
phosphorus 336
phosphorus chloride oxide 181
phosphorus oxychloride 304
phosphorus pentabromide 298
phosphorus pentachloride 303
phosphorus pentoxide 302
phosphorus tribromide 189
phosphorus trichloride 190
phosphorus trioxide 189
phosphorus(V) bromide 158
phosphorus(V) oxide 183
phosphorus(III) bromide 157
phosphorus(III) chloride 292
phosphorus(III) oxide 182
phosphorus(V) chloride 293
phosphoryl chloride 295
phot 455

photochemical reaction　26
photochemistry　26
photoelectric effect　21
photoelectron　21
photoemission　21
photoionization　21
photolysis　21
photosynthesis　26
physical change　109
physical chemistry　109
physisorption　109
pico−　471
pig iron　198
pigment　243
pipette, pipet　471
piumbous compound　369
Planck constant　465
plane polarization　452
plasma　465
plaster of Paris　465
plastic　465
platinic chloride　293
platinum　128
platinum(Ⅱ) chloride　288
platinum black　129
platinum(Ⅳ) chloride　288
platinum-iridium　128
platium metals　128
plumbane　466
plumbic campound　369
plutonium　469
poison　396
polar　35

polar bond　143
polar molecule　35
polar solvent　35
polarizability　144
polarization　143
polarization　451
polarography　456
polonium　456
polyamide　457
polyatomic　60
polychloroethene　458
polycrystalline　59
polycyclic　61
polyene　458
polyester　457
polyethene　457
polyethylene　457
polyhydric alcohol　59
polymer　380
polymerization　379
polymorphism　61
polypropene　458
polypropylene　458
polysaccharide　59
polystyrene　457
polytetrafluoroethylene　458
polyurethane　458
polyvinyl chloride　458
potasaium sulfate　500
potassium　407
potassium bicarbonate　379
potassium bromide　156
potassium carbonate　433

potassium chlorate 285
potassium chloride 294
potassium chromate 419
potassium cyanide 223
potassium dichromate 335
potassium hydride 214
potassium hydrogen carbonate 432
potassium hydroxide 207
potassium iodate 310
potassium iodide 311
potassium manganate(VII) 99
potassium monoxide 342
potassium nitrate 387
potassium nitrite 242
potassium permanganate 18
potassium sulfide 503
potassium superoxide 19
potentiometric titration 356
poundal 446
powder metallurgy 144
praseodymium 462
precipitate 401
pressure 259
primary cell 344
primary standard 344
proline 464
promethium 462
promotor 371
proof 464
propanal 463
propane 463
propane 1, 2, 3−triol 463

propanoic acid 463
propanol 463
propanone 463
propene 463
propenonitrile 463
propionaldehyde 463
propionic acid 463
propyl group 464
propylene 464
protactinium 463
protein 61
proton 262
proton number 262
pseudo-first order reaction 321
pseudoaromaticity 321
pseudohalogens 321
purine 461
pyranose 469
pyridine 470
pyridoxine 469
pyrite 503
pyrolysis 280
pyrometer 446
pyrophoric 124
pyrosulfuric acid 469

【 Q 】

qualitative analysis 364
quantitative analysis 361
quantization 264
quantum 263
quantum electrodynamics 264

quantum mechanics　264
quantum number　263
quantum state　263
quantum theory　263
quartz　196
quaternary ammonium compound
　　　　　　　　364
quenching　63
quenching　203
quicklime　194

【 R 】

racemate　82
racemic mixture　82
racemization　82
rad　81
radian　81
radiation　124
radical　82
radioactive　125
radioactive dating　125
radioactivity　125
radiocarbon dating　81
radiochemisty　125
radioisotope　125
radiolysis　125
radiometric dating　125
radiowaves　81
radium　81
radon　81
Raney nickel　81
Raoult's law　82

rare earths　507
Raschig process　82
rate constant　120
rate determining step　322
rate of reaction　119
rationalized units　320
rayon　85
reactant　119
reagent　224
rearrangement　356
red lead　276
redox　187
reducing agent　492
reduction　491
reduction potential　492
refining　364
reflux　491
reforming　94
refractory　50
refractory　51
Regnault's method　89
relative atomic mass　192
relative density　192
relative molecular mass　192
rem　87
resin　215
resonance　15
retort　87
reverbatory furnace　118
reversible change　3
reversible reaction　3
rhenium　85
rheology　85

rhodium 87
rhombic crystal 165
ribonucleic acid 90
ribose 90
ring 13
ring closure 453
rock salt 259
roentgen 88
Rose's metal 87
rotary dryer 87
rubber 13
rubidium 88
rusting 52
ruthenium 89

【 S 】

saccharide 65
Sachse reaction 351
sacrificial protection〗 505
sal ammoniac 187
salicylic acid 188
saline 478
salt bridge 281
salt hydrate 282
samarium 165
sand 105
Sandmeyer reaction 194
sandwich compound 194
saponification 6
saturated compound 456
saturated solution 455
saturated vapor 456

scandium 216
Schiff's base 225
Schiff's reagent 225
Schotten-Baumann reaction 205
Schottky defect 205
second 395
second-order reaction 334
sedimentation 401
seed 372
selenium 203
semicarbazone 201
semiconductor 116
semipermeable membrane 121
semipolar bond 115
serine 201
sesqui— 201
shell 356
sherardizing 239
short period 63
side chain 399
side reaction 140
siemens 382
silver-mirror test 323
silane 225
silica 225
silica gel 225
silicates 31
silicide 34
silicon 32
silicon carbide 437
silicon dioxide 326
silicones 225
siloxanes 225

찾아보기 **547**

silver 322
silver bromide 157
silver chloride 292
silver iodide 311
silver nitrate 387
silver oxide battery 182
silver(I) oxide 181
silver(II) oxide 182
single bond 63
sintering 203
slag 221
slaked lime 204
slurry 221
smelting 361
soap 159
soda ash 204
sode lime 204
sodium 45
sodium acetate 234
sodium aluminate 248
sodium amide(sodamide) 47
sodium azide 241
sodium benzenecarboxylate 133
sodium benzoate 133
sodium bicarbonate 379
sodium bisulfate 380
sodium bisulfite 379
sodium bromide 156
sodium carbonate 429
sodium chlorate 285
sodium chloride 287
sodium chloride structure 259
sodium cyanide 223

sodium dichromate 335
sodium dihydrogen phosphate 341
sodium dioxide 327
sodium ethanoate 270
sodium fluoride 468
sodium formate 453
sodium hexafluoro aluminate 483
sodium hydride 213
sodium hydrogen carbonate 431
sodium hydrogen sulfate 497
sodium hydrogen sulfite 243
sodium hydroxide 206
sodium iodide 310
sodium monoxide 341
sodium nitrate 386
sodium nitrite 242
sodium orthophosphate 298
sodium peroxide 18
sodium sulfate 496
sodium sulfide 500
sodium sulfite 242
sodium superoxide 18
sodium thiosulfate 443
soft soap 321
soft water 278
sol 205
solder 78
solid 14
solid solution 14
solubility 313
solubility product 313

548 찾아보기

solute 313
solution 312
solvation 312
solvent 312
Solvey process 205
solvolysis 205
sorption 215
specific amount 162
specific gravity 164
specific rotatory power 163
spectral line 220
spectral series 220
spectrographic analysis 122
spectrometer 142
spectrophotometer 220
spectroscope 220
spectroscopy 143
spectrum 219
speltar 220
speotrograph 220
sphalerite, zincblende 199
spin 220
square-planar complex 452
stabilization energy 244
stabilizer 243
staggered conformation 164
stainless steel 150
stainless steel 218
stalactite 371
stalagmite 196
standard cell 460
standard electrode 460
standard pressure 460

standard solution 460
standard temperature 460
stannane 216
stannic compound 369
stannous compouud 370
starch 52
state density 192
states of matter 109
stationary state 363
steam distillation 214
steam reforming 219
stearate 218
stearate 218
stearic acid 218
steel 6
step 118
steradian 217
stereochemistry 347
stereoisomerism 346
steric effect 346
steric hindrance 346
steroid 217
still 219
stoichiometry 490
straight chain 383
Strecker synthesis 218
strontia 219
strontium 218
strontium bicarbonate 379
strontium carbonate 433
strontium chloride 291
strontium hydrogen carbonate
432

찾아보기 **549**

strontium hydroxide 207
strontium oxide 180
strontium sulfate 498
structural formula 29
structural isomerism 29
styrene 219
sub-shell 227
sublimate 221
sublimation 221
substituent 399
substitution reaction 399
substrate 41
succinic acid 216
sugar 63
sulfa drugs 198
sulfate 499
sulfate 499
sulfide 501
sulfide 199
sulfite 243
sulfonamide 198
sulfonation 199
sulfonic acid 198
sulfur 493
sulfur dichloride dioxide 327
sulfur dichloride oxide 342
sulfur monochloride 343
sulfur trioxide 189
sulfuric acid 495
sulfuric(IV) acid 496
sulfurous acid 242
sulfuryl chloride 289
supercooling 17

superfluidity 395
superheating 20
supernatant 459
superoxide 19
superphosphate 20
supersaturated solution 20
supersaturated vapor 20
supplementary units 137
surface tension 459
surface−active agent, surfactant 12
surfactant 459
suspension 486
synthesis 479
synthesis gas 479

【 T 】

talc 492
tannic acid 429
tannine, tannin 428
tantalum 437
tar 427
tartaric acid 427
tartrate 428
tartrate 428
tautomerism 486
technetium 440
Teflon 440
tellurium 440
temperature 305
temperature scale 306
temporary hardness 343

tera— 439
terbium 439
ternary compound 190
terpene 440
tervalent 188
tesla 440
tetraethyl lead 440
tetragonal 362
tetrahedral compound 165
tetrahydrate 167
thallium 438
thermite 439
thermochemistry 281
thermodynamic temperature 280
thermodynamics 280
thin-layer chromatography 114
thioalcohol 443
thioether 443
thionyl chloride 295
thiosulfate 444
thixotropy 444
thorium 441
threonine 442
thulium 442
tin 374
tin (II) chloride 293
tin(II) oxide 184
tin(II) sulfide 502
tin(IV) chloride 293
tin(IV) hydride 214
tin(IV) oxide 184
tin(IV) sulfide 502
titanium 444

titanium(IV) chloride 295
titanium(IV) oxide 187
titrant 352
titration 352
Tollen's reagent 441
toluene 441
ton, tonne 441
torr 441
tracer 442
transition elements 392
transition state 392
transition temperature 356
transmutation 315
transport number 214
transuranic elements 395
trans— 442
triatomic 190
tribromomethane 443
triclinic 189
triglyceride 442
trigonal 189
trigonal bipyramid 189
trihydrate 190
trihydric alcohol 188
triiodomethane 443
triiron tetroxide 167
trimer 188
trimethylaluminum 442
trimolecular reaction 189
trinitrotoluene 442
triol 443
trioxygen 189
triple bond 190

triple point   190
trisodium phosphate   340
tritiated compound   443
tritium   443
tropylium ion   442
tryptophan   443
tungsten   439
tungsten carbide   438
tyrosine   443

【 U 】

ultracentrifuge   395
ultrahigh vacuum   395
ultraviolet   349
unimolecular reaction   62
unit   63
unit cell   63
unit process   319
universal indicator   98
unsaturated compound   150
unsaturated solution   150
unsaturated vapor   150
uranium   314
uranium hexafluoride   322
urea   308

【 V 】

vacancy   14
vacuum   383
vacuum distillation   5
valence electron   316

valence(valency)   1
valeric acid   122
valine   122
van der Waals force   116
van der Waals'equation   116
van't Hoff factor   121
van't Hoff isochore   121
vanadium   113
vanadium(V) oxide   177
vapor   380
vapor density   380
vapor pressure   381
vaporization   42
vat dyes   6
vermillion   129
vicinal position   164
Victor Meyer's method   164
vinyl group   160
visible ray   3
vitreous   36
volatility   504
volt   139
voltaic cell   138
volumetric analysis   311
vulcanization   4

【 W 】

Wöhler's synthesis   139
Wacker process   306
Walden inversion   122
washing soda   202
water   108

water gas 208
water of crystallization 10
water softening 12
watt 307
wave number 446
wavelength 446
weak acid 261
weak base 261
weber 317
Weston cadmium cell 318
wet cell 221
white lead 277
Williamson's continuous process 318
Williamson's synthesis 318
witherite 70
wolfram 139
wood alcohol 106
Wood's metal 314
wrought iron 278
Wurtz reaction 140

【 X 】

xenon 420
xylene 420

【 Y 】

ytterbium 336
yttrium 336

【 Z 】

Zeisel reaction 369
zeolite 367
zero point energy 297
zeroth order reaction 297
Ziegler process 364
zinc 238
zinc chloride 291
zinc group elements 239
zinc oxide 180
zinc sulfate 498
zinc sulfide 502
zincate 239
zincblende structure 199
zircon 382
zirconium 382
zwitterion, ampholyte ion 264

최신 화학용어사전

● ● ●

발 행 일	2003년 1월 5일 초판 1쇄 2005년 11월 1일 초판 2쇄
저 자	John Daintith
발 행 인	김 주 목
발 행 처	**大光書林**

서울특별시 광진구 구의동 242-133
TEL. (02) 455-7818(代)
FAX. (02) 452-8690

등 록	1972. 11. 30 제10-24호
ISBN	89-384-0342-4

● ● ●

정가 15,000원